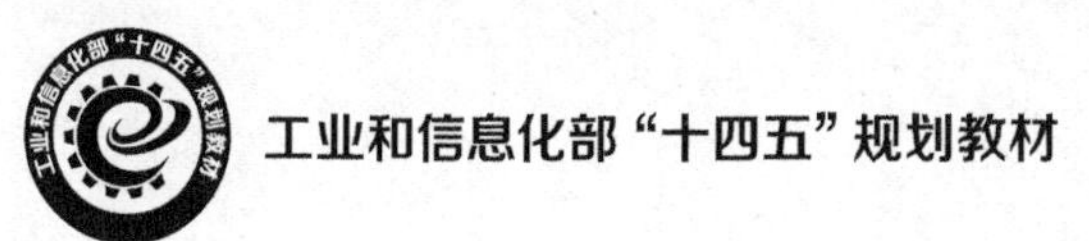

工业和信息化部“十四五”规划教材

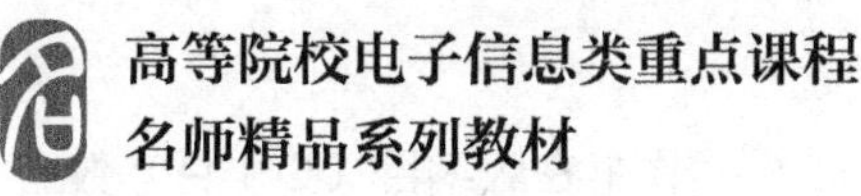

高等院校电子信息类重点课程
名师精品系列教材

数字信号处理及应用

第2版 | 微课版

卢光跃◎主编

黄庆东 包志强 黄琼丹◎副主编

人民邮电出版社

北京

图书在版编目（CIP）数据

数字信号处理及应用 ： 微课版 / 卢光跃主编. -- 2版. -- 北京 ： 人民邮电出版社, 2022.1
高等院校电子信息类重点课程名师精品系列教材
ISBN 978-7-115-57889-1

Ⅰ. ①数… Ⅱ. ①卢… Ⅲ. ①数字信号处理－高等学校－教材 Ⅳ. ①TN911.72

中国版本图书馆CIP数据核字(2021)第229121号

内 容 提 要

本书系工业和信息化部“十四五”规划教材，注重理论普适性与应用特殊性相结合，过程推导与仿真验证相结合，能力培养与价值塑造相结合。全书共 8 章，主要分三个部分。第一部分为数字信号与系统的分析方法，内容包括：离散时间信号与系统、离散时间信号与系统的频域分析、离散傅里叶变换、快速傅里叶变换。第二部分为系统的设计与实现，内容包括：滤波器的实现方法、IIR 数字滤波器设计、FIR 数字滤波器设计。第三部分为相关理论知识对应的实验内容。编者在改版本书的过程中，特意对本书进行了信息化建设，尤为注重对知识点进行深入浅出的诠释和喜闻乐见的立体化呈现。

本书可作为高等院校电子类、通信类、自动化类等相关专业的教材，也可用于硕士研究生相关课程的教学参考，还可作为广大科技工作者的参考书。

◆ 主　　编　卢光跃
副 主 编　黄庆东　包志强　黄琼丹
责任编辑　王　宣
责任印制　王　郁　马振武
◆ 人民邮电出版社出版发行　　北京市丰台区成寿寺路 11 号
邮编　100164　　电子邮件　315@ptpress.com.cn
网址　https://www.ptpress.com.cn
固安县铭成印刷有限公司印刷
◆ 开本：787×1092　1/16
印张：20.75　　　　2022 年 1 月第 2 版
字数：535 千字　　　　2025 年 1 月河北第 7 次印刷

定价：69.80 元

读者服务热线：(010)81055256　印装质量热线：(010)81055316
反盗版热线：(010)81055315
广告经营许可证：京东市监广登字 20170147 号

前　言

本书在工业和信息化部"十四五"规划教材研究基地（西部地方高校"新基建"教材建设重点研究基地）的支持下，由长期从事数字信号处理教学改革、课程建设、课堂教学与科学研究工作的一线教师编写而成。自第 1 版问世以来，时隔约 10 个寒暑后，本书迎来了再版。过去的 10 年，是计算机技术和电子信息技术快速更新、不断迭代的 10 年，也是高等教育教学经历革命性变革的 10 年。与此同时，编者讲授的"数字信号处理"课程教学本身也经历了长足的发展：获评陕西省精品资源共享课程和国家级一流本科课程。在综合考虑外因与内因的基础上，编者团队决定对《数字信号处理及应用》进行改版，以使其能够更好地服务高校教学。

本次改版，编者在保持第 1 版的"数字信号处理系统的分析、设计和实现"的基本体系结构、"理论普适性与应用特殊性相结合"的特色、"理论性与实践性相融通"的编写风格的基础上，贯彻"知识传授＋能力培养＋价值塑造"三位一体育人理念，并在以下几个方面做了改进，进而形成了本书特色。

本书特色

1 清晰化搭建体系结构

编者精心梳理了全书知识脉络，并采用新形态呈现模式，合理重构了全书内容，补充了部分数学推导，重新绘制了部分插图，增加了各章内容的思维导图，充实了各章的小结，使得本书的知识体系结构更加清晰、完善。

2 多元化呈现知识内容

编者与时俱进地借助二维码增加了纸质书的内容呈现维度，扩大了信息承载空间。读者可以通过扫描二维码等方式获取数字信号处理相关重点难点知识对应的形象易懂的 Flash 动画讲解微课视频，还可以获取数字信号相关的通信特色案例，提升自己对理论知识与工程应用的融通能力。

3 创新性融入特色案例

编者修订、更新和改进了能够体现通信特色的案例，并增加了以通信应用为例的综合性习题，有利于读者提高综合运用信号处理基础理论知识、分析和解决特定工程领域中的复杂工程问题的能力，进而实现经典理论知识的活化。

4 立体化打造教辅资源

本书配套了丰富且优质的教辅资源，包括全书 PPT、教案、教学大纲、实验大纲、特色案例及源代码、课后习题及答案、拓展阅读、电子附录等。读者可以通过人邮教育社区（www.ryjiaoyu.com）搜索本书并下载相关资源。需要说明的是，支持交互的 Flash 动画文件亦可通过该社区进行下载。

学时建议

本书在“学时建议表”中给出了针对理论教学的学时建议。授课教师可以根据所在学校关于本课程的学时安排情况，对各章节的建议学时进行适当调整。特别说明：关于本书第 8 章的上机实验，授课教师可以按照具体内容的对应关系分配到各章节进行实践教学。

学时建议表

章序	章名	建议学时
1	离散时间信号与系统	6
2	离散时间信号与系统的频域分析	10
3	离散傅里叶变换	10
4	快速傅里叶变换	6
5	滤波器的实现方法	4
6	IIR 数字滤波器设计	6
7	FIR 数字滤波器设计	6
全书建议总学时		48

编者团队

本书由西安邮电大学卢光跃教授担任主编，对全书内容进行审阅和指导，并编写第 3、4 章的内容，制作教学案例等教辅资源；黄庆东副教授编写第 2、6、7 章的内容及第 5 章的部分内容，同时设计并提供全书重点难点知识的 Flash 展示内容；包志强副教授编写第 1、8 章的内容及第 5 章的部分内容；黄琼丹副教授绘制各章知识导图，并参与各章修订，负责各章课后习题的汇编及教材信息化建设等工作。邵朝、王军选、孙长印、单洁、兰蓉、郑文秀、翟永智、来毅、万鹏武、甄立、刘超文、任德峰、杜剑波、卢津、刘卫华、雷博、杨辉、付银娟、庞胜利、李波、王殿伟等老师为本书的修订与完善提出了许多宝贵的意见，在此表示诚挚感谢。

由于编者水平有限，书中难免存在不足之处，敬请广大读者批评指正。读者可将勘误与改进建议发至编者邮箱：DSP_xiyou@163.com。

编　者

2021 年冬于西安

前言

本书在工业和信息化部“十四五”规划教材研究基地（西部地方高校“新基建”教材建设重点研究基地）的支持下，由长期从事数字信号处理教学改革、课程建设、课堂教学与科学研究工作的一线教师编写而成。自第1版问世以来，时隔约10个寒暑后，本书迎来了再版。过去的10年，是计算机技术和电子信息技术快速更新、不断迭代的10年，也是高等教育教学经历革命性变革的10年。与此同时，编者讲授的“数字信号处理”课程教学本身也经历了长足的发展：获评陕西省精品资源共享课程和国家级一流本科课程。在综合考虑外因与内因的基础上，编者团队决定对《数字信号处理及应用》进行改版，以使其能够更好地服务高校教学。

本次改版，编者在保持第1版的“数字信号处理系统的分析、设计和实现”的基本体系结构、“理论普适性与应用特殊性相结合”的特色、“理论性与实践性相融通”的编写风格的基础上，贯彻“知识传授+能力培养+价值塑造”三位一体育人理念，并在以下几个方面做了改进，进而形成了本书特色。

本书特色

1 清晰化搭建体系结构

编者精心梳理了全书知识脉络，并采用新形态呈现模式，合理重构了全书内容，补充了部分数学推导，重新绘制了部分插图，增加了各章内容的思维导图，充实了各章的小结，使得本书的知识体系结构更加清晰、完善。

2 多元化呈现知识内容

编者与时俱进地借助二维码增加了纸质书的内容呈现维度，扩大了信息承载空间。读者可以通过扫描二维码等方式获取数字信号处理相关重点难点知识对应的形象易懂的Flash动画讲解微课视频，还可以获取数字信号相关的通信特色案例，提升自己对理论知识与工程应用的融通能力。

3 创新性融入特色案例

编者修订、更新和改进了能够体现通信特色的案例，并增加了以通信应用为例的综合性习题，有利于读者提高综合运用信号处理基础理论知识、分析和解决特定工程领域中的复杂工程问题的能力，进而实现经典理论知识的活化。

4 立体化打造教辅资源

本书配套了丰富且优质的教辅资源，包括全书PPT、教案、教学大纲、实验大纲、特色案例及源代码、课后习题及答案、拓展阅读、电子附录等。读者可以通过人邮教育社区（www.ryjiaoyu.com）搜索本书并下载相关资源。需要说明的是，支持交互的Flash动画文件亦可通过该社区进行下载。

学时建议

本书在“学时建议表”中给出了针对理论教学的学时建议。 授课教师可以根据所在学校关于本课程的学时安排情况，对各章节的建议学时进行适当调整。 特别说明：关于本书第 8 章的上机实验，授课教师可以按照具体内容的对应关系分配到各章节进行实践教学。

学时建议表

章序	章名	建议学时
1	离散时间信号与系统	6
2	离散时间信号与系统的频域分析	10
3	离散傅里叶变换	10
4	快速傅里叶变换	6
5	滤波器的实现方法	4
6	IIR 数字滤波器设计	6
7	FIR 数字滤波器设计	6
全书建议总学时		48

编者团队

本书由西安邮电大学卢光跃教授担任主编，对全书内容进行审阅和指导，并编写第 3、4 章的内容，制作教学案例等教辅资源；黄庆东副教授编写第 2、6、7 章的内容及第 5 章的部分内容，同时设计并提供全书重点难点知识的 Flash 展示内容；包志强副教授编写第 1、8 章的内容及第 5 章的部分内容；黄琼丹副教授绘制各章知识导图，并参与各章修订，负责各章课后习题的汇编及教材信息化建设等工作。 邵朝、王军选、孙长印、单洁、兰蓉、郑文秀、翟永智、来毅、万鹏武、甄立、刘超文、任德峰、杜剑波、卢津、刘卫华、雷博、杨辉、付银娟、庞胜利、李波、王殿伟等老师为本书的修订与完善提出了许多宝贵的意见，在此表示诚挚感谢。

由于编者水平有限，书中难免存在不足之处，敬请广大读者批评指正。 读者可将勘误与改进建议发至编者邮箱：DSP_xiyou@163.com。

编　者

2021 年冬于西安

目录

第1章

离散时间信号与系统

第2章

离散时间信号与系统的频域分析

第3章

离散傅里叶变换

第4章 快速傅里叶变换

第5章 滤波器的实现方法

第6章 IIR数字滤波器设计

第7章 FIR 数字滤波器设计

第8章 数字信号处理实验

第 1 章

离散时间信号与系统

本章将从时域的角度介绍离散时间信号与系统，知识导图如图 1-0-1 所示。

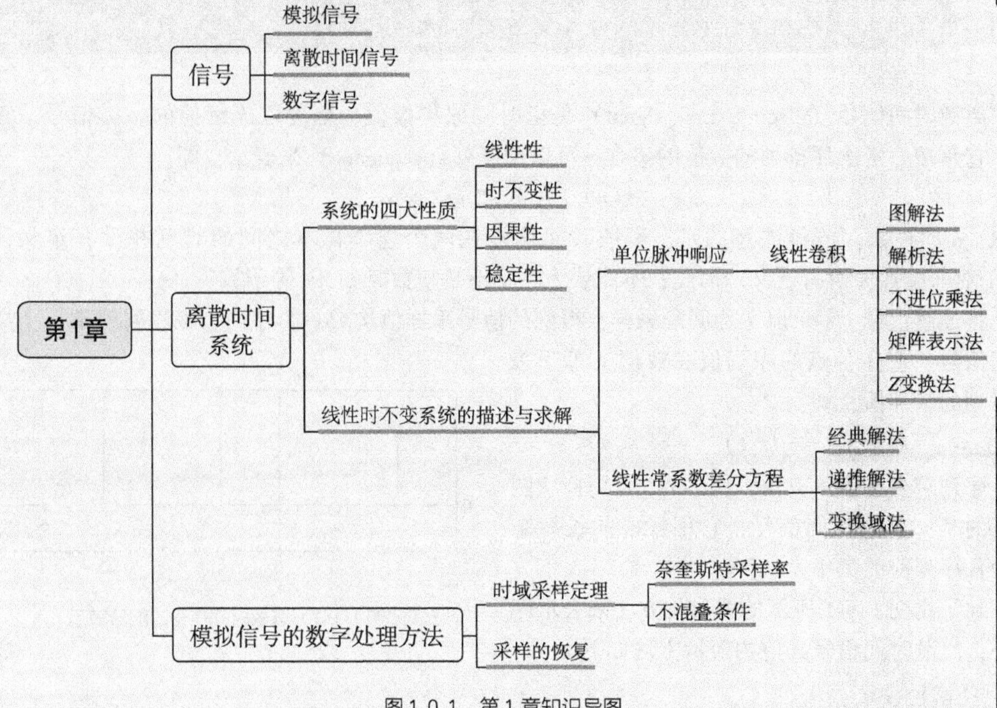

图 1-0-1　第 1 章知识导图

信号通常是关于一个或几个自变量的函数。仅有一个自变量的信号，称为一维信号（如电路系统中的电压信号或电流信号）；有两个以上自变量的信号，称为多维信号（如数字图像、视频信号等）。本书仅研究一维数字信号及其处理的理论与技术。物理信号的自变量有多种，可以是时间、距离、温度、位置等。本书研究的信号是一维时间信号。

根据信号自变量和函数的取值情况，信号可分为模拟信号、离散时间信号和数字信号。系统按照其输入/输出信号的类型，可分为模拟系统、离散时间系统和数字系统，当然也存在由模拟系统和数字系统所构成的混合系统。

如果信号的自变量和函数值都连续取值，则称这种信号为模拟信号（或时域连续信号），如语音信号、温度信号等；如果自变量的取值是离散的，而函数值是连续的，则称这种信号为离散时间信号（或时域离散信号），这种信号通常来源于对模拟信号的采样；如果信号的函数值和自变量均取离散值，则称其为数字信号。由于计算机或者专用数字处理芯片的位数是有限的，用它们分析和处理信号时，信号的函数值必须用有限位二进制编码表示，这样信号的取值就不再是连续的，而是离散的。这种用有限位二进制编码表示的离散时间信号就是数字信号，因此数字信号是幅度量化后的离散时间信号。

数字信号处理最终要处理的是数字信号，但为了简单，在理论研究中一般研究离散时间信号与系统。数字信号与离散时间信号的不同之处是数字信号存在量化误差。

本章作为全书的基础，主要介绍离散时间信号的表示方法和离散时间信号、离散时间线性时不变系统的时域分析方法，最后介绍模拟信号的数字处理方法。

1.1 离散时间信号

离散时间信号（discrete-time signal）是指时间取离散值、幅度取连续值的一类信号，实际上，它是按一定次序排列的数值的集合，可以用序列（sequence）来表示，即

$$x(n), \ -\infty < n < +\infty$$

式中，n 取整数。值得注意的是，离散时间信号在两个连续样本之间的时刻并没有定义，即 $x(n)$ 对非整数 n 没有定义。因此，不能认为在 n 不是整数时 $x(n)$ 等于零。

将连续信号 $x_a(t)$ 以 T 为间隔采样，得到的信号采样值构成一个序列。该序列就是一个离散时间信号。它在各点的序列值在数值上等于采样时刻的采样值，即

$$x(n) = x_a(t)\big|_{t=nT} = x_a(nT), \ -\infty < n < +\infty$$

序列有多种表示方法，图 1-1-1 是用杆状图表示的某一离散时间信号，它用线段的长短来代表各序列值的大小。

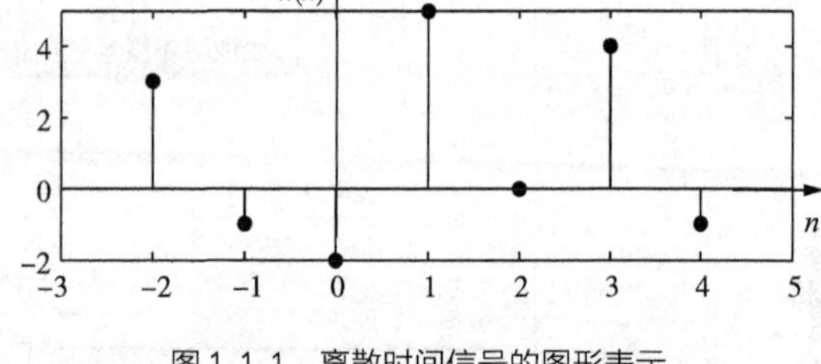

图 1-1-1　离散时间信号的图形表示

除了用图 1-1-1 所示的图形化方法来表示序列外，离散时间信号其他的表示方法如下。

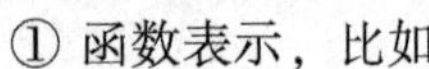

① 函数表示，比如

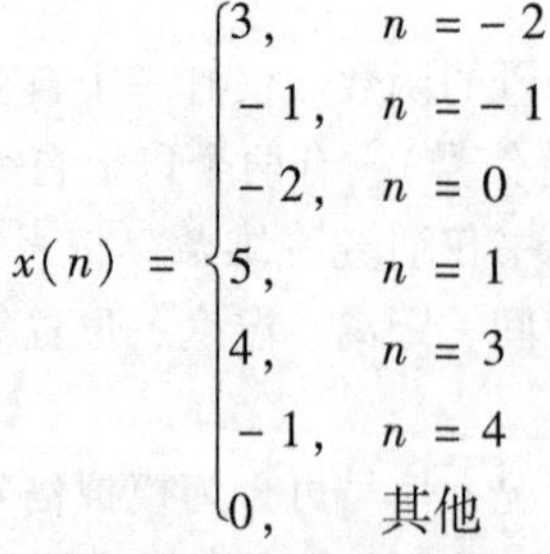

$$x(n) = \begin{cases} 3, & n=-2 \\ -1, & n=-1 \\ -2, & n=0 \\ 5, & n=1 \\ 4, & n=3 \\ -1, & n=4 \\ 0, & \text{其他} \end{cases}$$

② 表格表示，比如

n	…	−3	−2	−1	0	1	2	3	4	5	…
$x(n)$	…	0	3	−1	−2	5	0	4	−1	0	…

③ 序列表示，比如

$$x(n)=\{\cdots 0,3,-1,-\underline{2},5,0,4,-1,0,\cdots\}$$

其中，时间零点（$n=0$）由符号“_”进行指示。

一个有限长序列还可以表示为

$$x(n)=\{2,3,-\underline{2},4,6,3,1\}$$

其中，有限长序列 $x(n)$ 包括 7 个样本点，因此它是一个 7 点序列。

1.1.1 常用典型序列

在离散时间信号与系统的研究中，会经常遇到许多常用信号，它们都有着非常重要的作用。下面介绍这些常用信号。

1. 单位采样序列

单位采样序列（unit sample sequence）表示为 $\delta(n)$，其定义为

$$\delta(n)=\begin{cases}1, & n=0\\0, & n\neq 0\end{cases} \tag{1-1-1}$$

即单位采样序列除了在 $n=0$ 处的值为 1 外，在其他处的值均为 0，也称其为单位脉冲序列。与模拟信号单位冲激函数 $\delta(t)$ 类似，$\delta(t)$ 除了在 $t=0$ 处外，处处为 0，但不同之处在于，$\delta(t)$ 在 $t=0$ 处取值为无穷大，对时间 t 积分为单位面积。单位采样序列 $\delta(n)$ 和单位冲激函数 $\delta(t)$ 如图 1-1-2 所示。

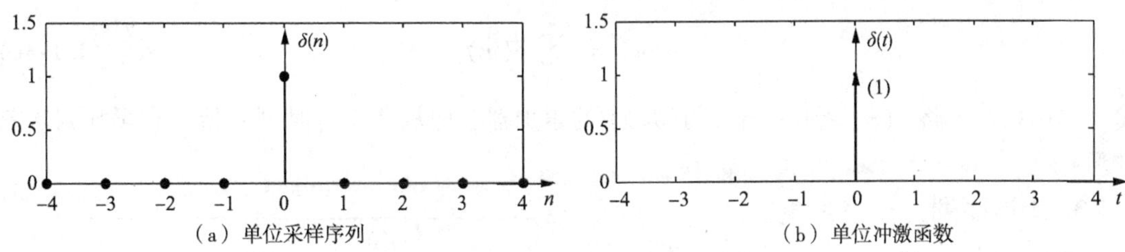

（a）单位采样序列　（b）单位冲激函数

图 1-1-2　单位采样序列和单位冲激函数

单位采样序列的移位序列可以表示为 $\delta(n-n_0)$，其在 $n=n_0$ 时刻序列值为 1，而在 $n\neq n_0$ 时的其他整数位置序列值为 0。$\delta(n-n_0)$ 的图形表示如图 1-1-3（图中 $n_0=2$）所示。

2. 单位阶跃序列

单位阶跃序列（unit step sequence）表示为 $u(n)$，其定义为

$$u(n)=\begin{cases}1, & n\geqslant 0\\0, & n<0\end{cases} \tag{1-1-2}$$

单位阶跃序列如图 1-1-4 所示。$u(n)$ 与连续信号中的单位阶跃函数 $u(t)$ 类似。

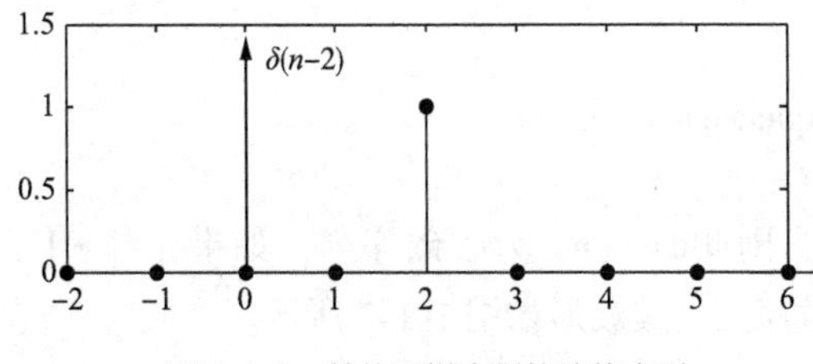

图 1-1-3　单位采样序列的移位序列

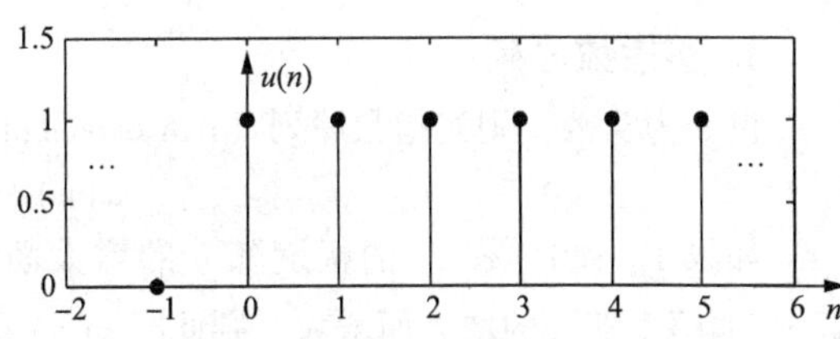

图 1-1-4　单位阶跃序列

单位阶跃序列的移位序列，如 $u(n-1)$ 和 $u(n-4)$ 分别如图 1-1-5（a）和（b）所示。其

中，$u(n-1)$ 在 $n \geqslant 1$ 时的值为 1，n 取其他整数时其值为 0；而 $u(n-4)$ 与 $u(n-1)$ 情况类似，不同的是，$u(n-1)$ 是 $u(n)$ 向右移 1 个整数单位所得到的，$u(n-4)$ 则是 $u(n)$ 向右移 4 个整数单位所得到的。

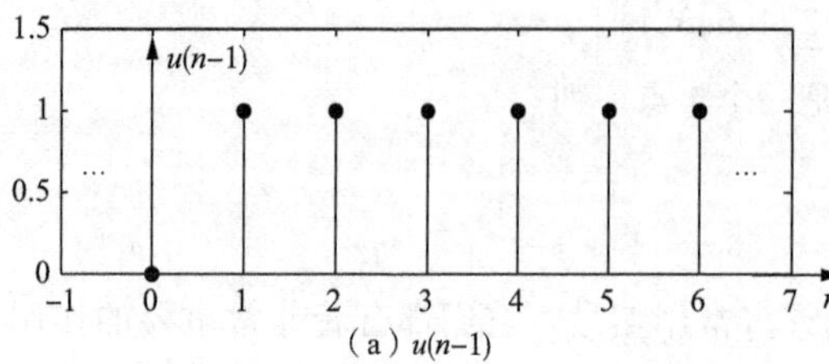

（a）$u(n-1)$

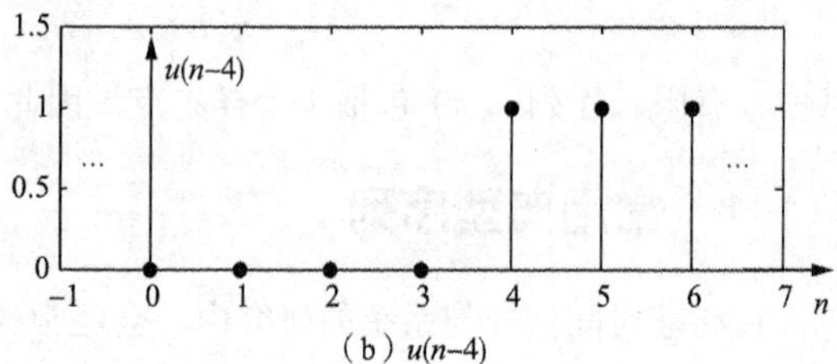

（b）$u(n-4)$

图 1-1-5　单位阶跃序列的移位序列

由单位采样序列和单位阶跃序列的定义，或直接由图 1-1-2 ~ 图 1-1-5 可以得到 $\delta(n)$ 和 $u(n)$ 的关系为

$$\delta(n) = u(n) - u(n-1) \tag{1-1-3a}$$

$$u(n) = \sum_{l=0}^{\infty} \delta(n-l) \tag{1-1-3b}$$

式（1-1-3b）说明单位阶跃序列可以被看成由 $\delta(n)$ 及无穷多个右移位序列 $\delta(n-l)$ 之和构成，l 取正整数。令 $n-l=m$，代入式（1-1-3b）得

$$u(n) = \sum_{m=-\infty}^{n} \delta(m) \tag{1-1-3c}$$

式（1-1-3c）可将 $u(n)$ 看作一个关于 $\delta(n)$ 的累加器，即从负无穷时刻开始一直累加到当前时刻 n。

3. 矩形序列

矩形序列（rectangular sequence）表示为 $R_N(n)$，其定义为

$$R_N(n) = \begin{cases} 1, & 0 \leqslant n \leqslant N-1 \\ 0, & \text{其他} \end{cases} \tag{1-1-4}$$

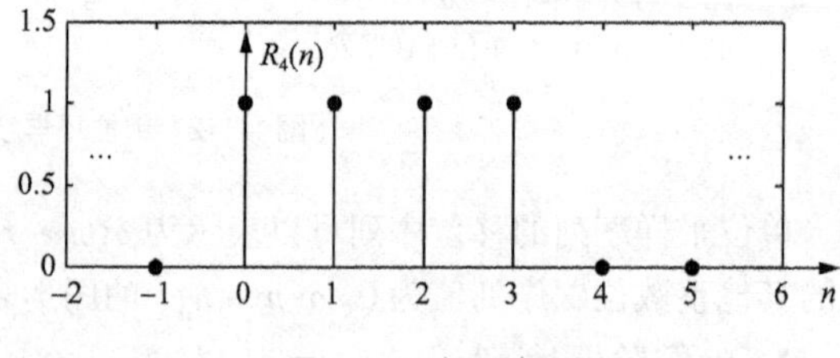

图 1-1-6　矩形序列

式中，$R_N(n)$ 的下标 N 为矩形序列的长度。图 1-1-6 表示 $N=4$ 时的矩形序列 $R_4(n)$。矩形序列也可用单位采样序列 $\delta(n)$ 和单位阶跃序列 $u(n)$ 表示为

$$R_N(n) = \sum_{m=0}^{N-1} \delta(n-m) \tag{1-1-5}$$

$$R_N(n) = u(n) - u(n-N) \tag{1-1-6}$$

4. 实指数序列

设 a 为实数，则实指数序列（real exponential sequence）定义为

$$x(n) = a^n u(n)$$

如果 $|a|<1$，$x(n)$ 的幅度随 n 的增大而减小，则此时 $x(n)$ 为收敛序列；如果 $|a|>1$，$x(n)$ 的幅度随 n 的增大而增大，则此时 $x(n)$ 为发散序列。其波形如图 1-1-7 所示。

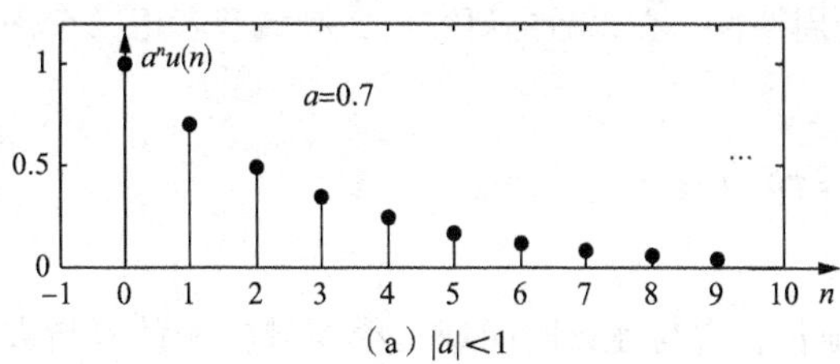

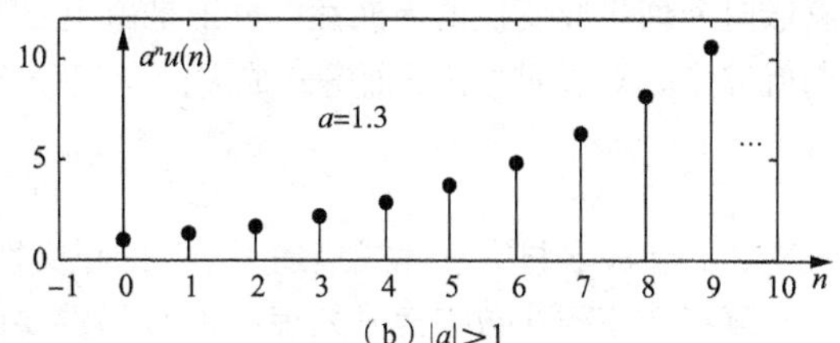

图 1-1-7　实指数序列

5. 正弦序列

正弦序列（sinusoidal sequence）定义为

$$x(n) = \sin(\omega n) \tag{1-1-7}$$

式中，ω 为正弦序列的数字域频率，它表示序列变化的速率。考虑相邻两时刻（如 n 和 $n-1$）采样点的相位差

$$\Delta\varphi = \omega n - \omega(n-1) = \omega$$

可见，数字域频率 ω 表示了相邻两个序列值之间的相位差，其单位为弧度（rad）。于是，数字域频率的取值范围为 $[-\pi,\pi)$ 或 $[0,2\pi)$。图 1-1-8（a）和图 1-1-8（b）分别表示了 $\omega = \pi/4$ 和 $\omega = 8/5$ 时的正弦序列波形。

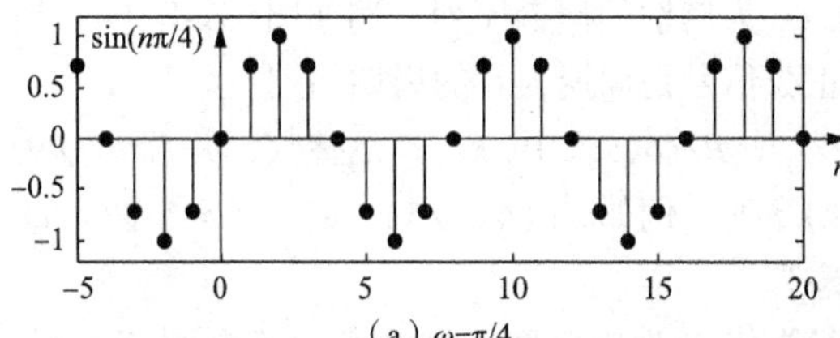

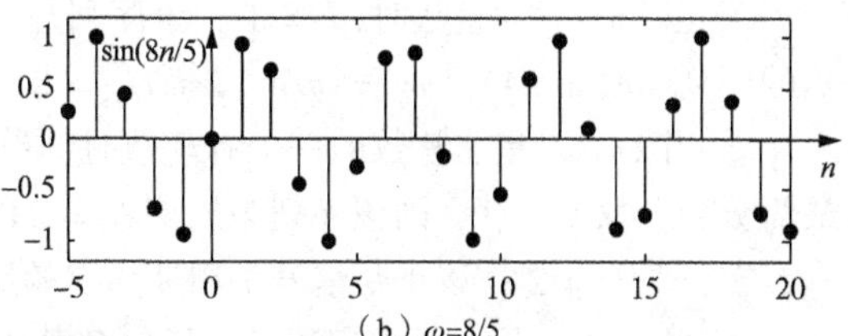

图 1-1-8　正弦序列

正弦序列可以看作由连续正弦信号 $\sin\Omega t$ 采样得到的，即

$$\begin{aligned} x(n) &= x_a(t)\big|_{t=nT} = \sin(\Omega t)\big|_{t=nT} \\ &= \sin(\Omega nT) \end{aligned} \tag{1-1-8}$$

比较式（1-1-7）和式（1-1-8），可以得到数字域频率 ω 与模拟角频率 Ω 的关系为

$$\omega = \Omega T \tag{1-1-9}$$

这表明由连续信号等间隔采样得到的序列，其模拟角频率 Ω 与数字域频率 ω 成线性关系。因为采样频率 f_s 与采样间隔 T 互为倒数，所以式（1-1-9）也可以写成

$$\omega = \frac{\Omega}{f_s} \tag{1-1-10}$$

上式表示数字域频率是模拟角频率对采样频率的归一化频率。事实上，式（1-1-9）具有普遍意义。

6. 复指数序列

复指数序列（complex exponential sequence）可以定义为

$$x(n) = e^{j\omega n} = \cos(\omega n) + j\sin(\omega n)$$

式中，ω 为数字域频率。由于 n 取整数，下面等式成立。

$$e^{j\omega n} = e^{j(\omega+2\pi M)n}, M = 0, \pm1, \pm2, \cdots$$

这表明复指数序列 $e^{j\omega n}$ 中的 ω 具有以 2π 为周期的周期性，其周期性直接决定了后续研究的离散时间傅里叶变换的周期性。也正是由于 $e^{j\omega n}$ 的周期性，在以后的研究中，频域只考虑一个周期就够了。对于 $e^{j\omega n}$ 有下面等式成立。

$$\int_{-\pi}^{\pi} e^{j\omega n}e^{-j\omega m}d\omega = 2\pi\delta(n-m)$$

式中，n 与 m 取整数。此式描述了 $e^{j\omega n}$ 的正交性。

复指数序列在数字信号处理中占有很重要的地位，它与连续时间域（模拟域）中的复指数信号 $e^{j\Omega t}$ 的作用相同。利用它能够将周期信号进行正交分解，分解后的系数（傅里叶级数）与信号频谱之间有密切联系。复指数序列 $e^{j\omega n}$ 与复指数信号 $e^{j\Omega t}$ 的不同之处在于数字域频率 ω 是周期的。

7. 周期序列

如果对所有的 n，存在一个最小的正整数 N，使关系式 $x(n) = x(n+N)$ 成立，则称 $x(n)$ 是周期为 N 的周期序列（periodic sequence）。周期信号也可记为 $\tilde{x}(n)$ 。下面讨论正弦序列的周期性。

设 $x(n) = A\sin(\omega_0 n + \varphi)$ ，那么

$$x(n+N) = A\sin[\omega_0(n+N)+\varphi] = A\sin(\omega_0 n + \varphi + \omega_0 N)$$

如果 $x(n)$ 为周期序列，则要求 $x(n) = x(n+N)$ ，即

$$\omega_0 N = 2\pi k \text{ 或 } N = (2\pi/\omega_0)k$$

式中，k 和 N 均取整数，而且 k 的取值要保证 N 是最小的正整数。于是，正弦序列（包括余弦序列及复指数序列）的周期性与 $2\pi/\omega_0$ 有着密切关系，具体有以下 3 种情况：

① 当 $2\pi/\omega_0$ 为整数时，$k=1$ ，该序列是以 $2\pi/\omega_0$ 为周期的周期序列。例如图 1-1-8（a）所示的序列 $\sin(\pi n/4)$ ，$\omega_0 = \pi/4$ ，$2\pi/\omega_0 = 8$ ，该正弦信号是周期为 8 的周期序列。

② 当 $2\pi/\omega_0$ 是非整数的一个有理数时，设 $2\pi/\omega_0 = P/Q$ ，式中，P 、Q 是整数，并且 P/Q 为最简分数。取 $k=Q$ ，则该序列为周期 $N=P$ 的周期序列。例如 $\sin(4\pi n/5)$ ，$\omega_0 = 4\pi/5$ ，$2\pi/\omega_0 = 5/2$ ，取 $k=2$ ，该正弦信号是周期为 5 的周期序列。

③ 当 $2\pi/\omega_0$ 是一个无理数时，任何整数 k 都不能使 N 为正整数，则该序列不是周期序列。例如，在图 1-1-8（b）中，$\omega_0 = 8/5$ ，$2\pi/\omega_0 = 5\pi/2$ 为无理数，该正弦信号就不是周期序列。

8. 任意序列

任意序列都可以用单位采样序列的移位加权和表示，即

$$x(n) = \sum_{m=-\infty}^{+\infty} x(m)\delta(n-m) \tag{1-1-11}$$

式中

$$\delta(n-m) = \begin{cases} 1, & n = m \\ 0, & n \neq m \end{cases}$$

例如，图 1-1-1 所示的信号 $x(n)$ 用式（1-1-11）可表示为

$$x(n) = 3\delta(n+2) - \delta(n+1) - 2\delta(n) + 5\delta(n-1) + 4\delta(n-3) - \delta(n-4)$$

任意序列的这种表示方法在信号与系统的分析中非常有用，本书将使用式（1-1-11）来研究系统。

1.1.2 序列的运算

序列加法

序列乘法

序列的运算包括加法、乘法、移位（shift）、反转（reverse）和尺度（scaling）变换等。

1. 加法和乘法

两个序列的加法和乘法是指两个序列中相同序号的序列值进行相加和相乘，如图 1-1-9 所示。

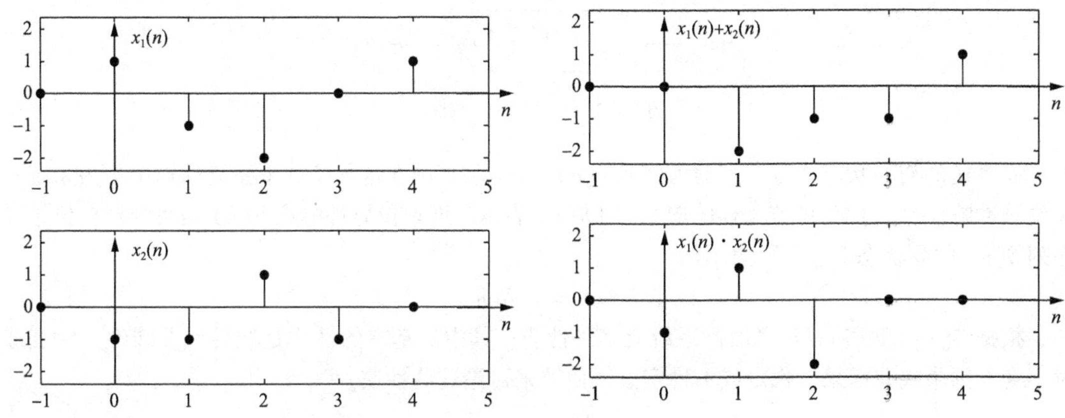

图 1-1-9　序列的加法和乘法

2. 移位、 反转和尺度变换

设原始序列为 $x(n)$，序列的移位 $x(n-n_0)$ 是指序列 $x(n)$ 沿时间轴向左（$n_0<0$）或向右（$n_0>0$）平移 n_0 个单位后得到的序列。向左平移形成的序列称为原始序列的超前序列，向右平移形成的序列称为原始序列的延时序列。序列的反转 $x(-n)$ 是指序列以纵坐标（$n=0$）为对称轴左右交换而得到的序列。序列的尺度变换 $x(mn)$（m 为整数）则是指 $x(n)$ 序列每隔 m 个点取一个点所形成的一个新序列。以上 3 种运算如图 1-1-10 所示。

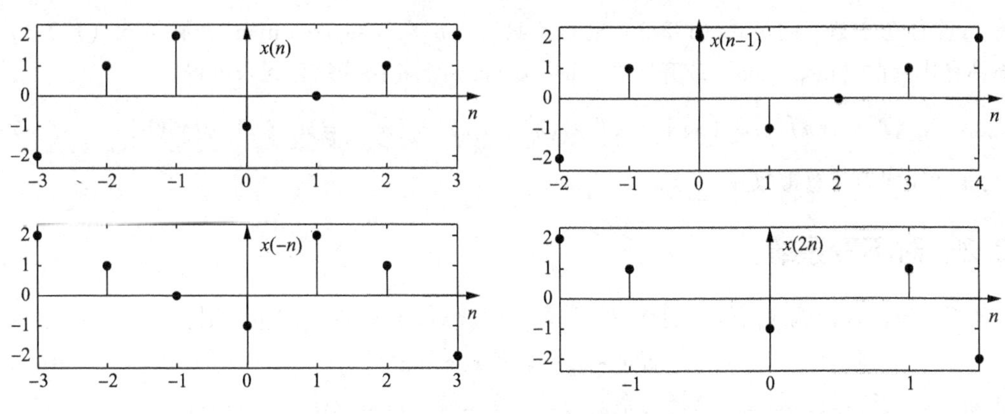

图 1-1-10　序列的移位、 反转和尺度变换

1.2　离散时间系统

设系统的输入为序列 $x(n)$，经过运算或变换得到一个输出序列 $y(n)$。所谓离散时间系统（discrete-time system）指的就是这个运算或变换，它可以用 $T[\cdot]$ 来表示。这样输入和输出的关系可表示为

$$y(n)=T[x(n)]$$

上式可用图 1-2-1 所示的框图描述。

系统概述

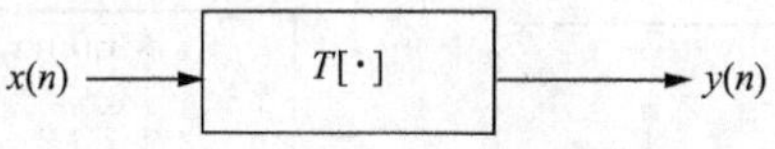

图 1-2-1　离散时间系统框图

设系统的初始状态为零，若输入信号 $x(n)=\delta(n)$，则在这种条件下系统的输出称为系统的单位脉冲响应（又称为单位采样响应），用 $h(n)$ 表示。即单位脉冲响应 $h(n)$ 是系统对单位采样序列 $\delta(n)$ 的零状态响应，可表示为

$$h(n)=T[\delta(n)] \tag{1-2-1}$$

根据 $T[\cdot]$ 的性质，离散时间系统有多种性质，其中最基本的性质是线性或非线性、时变或时不变、因果或非因果、稳定或不稳定。下面就来讨论这些性质。

1.2.1　线性系统

系统四大性质的判定

满足叠加性和齐次性的系统称为线性系统（linear system）。若序列 $y_1(n)$ 和 $y_2(n)$ 分别是输入序列 $x_1(n)$ 和 $x_2(n)$ 的输出响应，则

$$y_1(n)=T[x_1(n)],\quad y_2(n)=T[x_2(n)]$$

如果系统是线性系统，则有下列关系式成立：

$$T[x_1(n)+x_2(n)]=T[x_1(n)]+T[x_2(n)]=y_1(n)+y_2(n) \tag{1-2-2}$$

$$T[ax_1(n)]=aT[x_1(n)]=ay_1(n) \tag{1-2-3}$$

式中，a 是任意常数。满足式（1-2-2）的系统具有可加性（superposition）；满足式（1-2-3）的系统具有比例性（proportion）或齐次性（homogeneity）。将两式结合起来可得

$$T[ax_1(n)+bx_2(n)]=aT[x_1(n)]+bT[x_2(n)]=ay_1(n)+by_2(n) \tag{1-2-4}$$

式中，a 和 b 均为任意常数。

1.2.2　时不变系统

如果系统的输出响应随输入的移位而移位，即若 $y(n)=T[x(n)]$，则有

$$y(n-n_0)=T[x(n-n_0)] \tag{1-2-5}$$

式中，n_0 为任意整数，那么称这样的系统为时不变系统（time-invariant system）。

例 1-2-1　某系统 $T[\cdot]$，若输入 $x(n)$，则输出 $y(n)=ax(n)+b$，a 和 b 为任意常数。判断该系统是否为线性时不变系统。

解　（1）判断线性性

① 设序列 $y_1(n)$ 和 $y_2(n)$ 分别是输入序列 $x_1(n)$ 和 $x_2(n)$ 的输出响应，则有

$$y_1(n)=T[x_1(n)]=ax_1(n)+b$$

$$y_2(n)=T[x_2(n)]=ax_2(n)+b$$

② 若序列 $x(n)=mx_1(n)+lx_2(n)$，其中 m 和 l 为任意常数，$y(n)$ 为输入序列 $x(n)$ 的输出响应，则有

$$\begin{aligned}y(n)&=T[x(n)]=T[mx_1(n)+lx_2(n)]=a[mx_1(n)+lx_2(n)]+b\\&=amx_1(n)+alx_2(n)+b\end{aligned}$$

③ 综合上述结果，显然 $T[mx_1(n)] + T[lx_2(n)] \neq T[mx_1(n) + lx_2(n)]$ ，因此该系统不是线性系统。

（2）判断时不变性

① 将输出信号平移 n_0 个单位，得 $y(n-n_0) = ax(n-n_0) + b$

② 将序列的移位序列 $x(n-n_0)$ 作为输入信号，得到输出信号为

$$T[x(n-n_0)] = ax(n-n_0) + b$$

③ 由此可见，$y(n-n_0) = T[x(n-n_0)]$ ，因此该系统是时不变系统。

由以上分析可知，该系统为非线性时不变系统。

离散时间系统中，最简单最常用的是线性时不变系统，在工程实践中，许多物理过程（如通信系统中的恒参信道、数字音频处理、图像处理等）可以用线性时不变系统来近似模拟。

1.2.3 系统的因果性和稳定性

系统的因果性（causality）是指系统在 n 时刻的输出只取决于 n 时刻及 n 时刻以前的输入序列，而与 n 时刻以后的输入无关，即系统因果性要求先有原因（输入）后有结果（输出），这样的系统称为因果系统（causal system）。如果系统在 n 时刻的输出还与 n 时刻以后的输入有关，则称这样的系统为非因果系统。因果系统是物理可实现系统。

对线性时不变系统而言，其具有因果性的充分必要条件是

$$h(n) = 0\ ,\ n<0 \tag{1-2-6}$$

另外，满足式（1-2-6）的序列称为因果序列。

系统的稳定性（stability）是指系统对于每一个有界的输入，都会产生一个有界的输出，即有界的输入产生有界的输出（bounded input bounded output，BIBO）。这样的系统称为稳定系统（stable system）。线性时不变系统具有稳定性的充分必要条件是

$$\sum_{n=-\infty}^{+\infty} |h(n)| < \infty \tag{1-2-7}$$

即稳定系统的单位脉冲响应绝对可和。

例 1-2-2 某系统 $T[\cdot]$ ，输入为 $x(n)$ ，输出为 $y(n) = x(n-1) + x(n) + x(n+1)$ ，请判断该系统的因果性和稳定性。

解 由于 $y(n) = x(n-1) + x(n) + x(n+1)$ ，所以在 n 时刻的输出不仅与 n 时刻及 n 时刻以前（即 $n-1$ 时刻）的输入有关，还与 n 时刻以后（即 $n+1$ 时刻）的输入有关，故该系统为非因果系统。

如果输入 $x(n)$ 有界，即 $|x(n)| \leqslant M$ ，则

$$|y(n)| \leqslant |x(n-1)| + |x(n)| + |x(n+1)| \leqslant 3M$$

即输出有界，故该系统为稳定系统。

例 1-2-3 设线性时不变系统的单位脉冲响应 $h(n) = a^n u(n)$ ，式中，a 是实常数。试分析系统的因果稳定性。

解 由于 $n<0$ 时，$h(n) = 0$ ，所以系统是因果系统。为判断其稳定性，据式（1-2-7）有

$$\sum_{n=-\infty}^{+\infty}|h(n)| = \sum_{n=0}^{+\infty}|a|^n = \lim_{N\to+\infty}\sum_{n=0}^{N-1}|a|^n = \lim_{N\to+\infty}\frac{1-|a|^N}{1-|a|}$$

只有当 $|a|<1$ 时，$\sum_{n=-\infty}^{+\infty}|h(n)| = \frac{1}{1-|a|}$ 收敛。若 $|a|\geqslant 1$，则 $\sum_{n=0}^{+\infty}|a|^n$ 值趋于无穷大，此时系统不稳定。因此该系统稳定的条件是 $|a|<1$。

系统稳定时，$h(n)$ 的模值随 n 的加大而减小，此时序列 $h(n)$ 称为收敛序列。如果系统不稳定，$h(n)$ 的模值随 n 的加大而不变或加大，则称序列 $h(n)$ 为发散序列。

1.3 离散时间系统的描述

描述一个离散时间系统，可以从不同的角度来进行；可以直接描述系统的特性，也可以不考虑系统的具体结构，只研究系统的输入和输出之间的关系。线性时不变系统的直接描述方法是用单位脉冲响应进行的；而描述系统输入和输出之间的关系则是利用差分方程（difference equation）实现的。

1.3.1 用单位脉冲响应与卷积表示线性时不变系统

系统的单位脉冲响应 $h(n)$ 是描述线性时不变系统的主要方法，如式（1-2-1）可重写为

$$h(n) = T[\delta(n)] \tag{1-3-1}$$

若系统 $T[\cdot]$ 是线性时不变系统，按式（1-1-11），其输入信号 $x(n)$ 可表示成

$$x(n) = \sum_{m=-\infty}^{+\infty}x(m)\delta(n-m)$$

这样，系统的输出为

$$y(n) = T\left[\sum_{m=-\infty}^{+\infty}x(m)\delta(n-m)\right]$$

线性卷积解析

根据线性时不变的性质，利用线性系统 $T[\cdot]$ 满足叠加原理这一特性，对上式进行变换可得

$$y(n) = \sum_{m=-\infty}^{+\infty}x(m)T[\delta(n-m)]$$

再根据时不变系统 $T[\cdot]$ 的性质，即 $T[\delta(n-m)] = h(n-m)$，可得

矢量内积运算与互联网思维

$$\begin{aligned} y(n) &= \sum_{m=-\infty}^{+\infty}x(m)h(n-m) \\ &= x(n) * h(n) \end{aligned} \tag{1-3-2}$$

式中，“$*$”代表卷积（convolution）运算。式（1-3-2）称为线性卷积（或卷积）公式。

式（1-3-2）表明线性时不变系统的输出等于输入序列与该系统单位脉冲响应的卷积。因此只要知道线性时不变系统的单位脉冲响应，按照式（1-3-2），对于任意输入都可以求出该系统的输出。可见，线性卷积运算在描述线性时不变系统的过程中起着非常重要的作用。下面介绍线性卷积运算的求解过程。

按照式（1-3-2），卷积可以通过下面几个步骤完成：(1) 将 $x(n)$ 和 $h(n)$ 用 $x(m)$ 和 $h(m)$ 表示，并将 $h(m)$ 进行反转，形成 $h(-m)$；(2) 将 $h(-m)$ 移位 n，得到 $h(n-m)$。当 $n>0$

时，序列右移；当$n<0$时，序列左移；(3) 将$x(m)$和$h(n-m)$相同m的序列值对应相乘后，再相加。这样即可得到当前n样本点位置处的输出$y(n)$。

由上述讨论可知，卷积运算中的主要运算是反转、移位、相乘和相加。为了与后面要学习的循环卷积、周期卷积等相区别，这里的卷积又被称为线性卷积。对于两个序列$x(n)$和$h(n)$，若它们的非零值长度分别是N和M，则卷积结果$y(n)=x(n)*h(n)$的非零值长度为$M+N-1$。

线性卷积服从交换律、结合律和分配律，即：

$$x(n)*h(n)=h(n)*x(n) \tag{1-3-3}$$

$$x(n)*[h_1(n)*h_2(n)]=[x(n)*h_1(n)]*h_2(n) \tag{1-3-4}$$

$$x(n)*[h_1(n)+h_2(n)]=x(n)*h_1(n)+x(n)*h_2(n) \tag{1-3-5}$$

以上3个性质读者可自己证明。

这3条性质给系统带来很大的灵活性。例如，设$h_1(n)$和$h_2(n)$分别是两个线性时不变子系统的单位脉冲响应，$x(n)$表示输入序列。按照式（1-3-4）右端，信号通过$h_1(n)$系统后再通过$h_2(n)$系统，等效于信号通过单位脉冲响应为$h_1(n)*h_2(n)$的一个系统（按照式（1-3-4）左端），如图1-3-1所示。式（1-3-4）表明级联系统的单位脉冲响应等于两子系统单位脉冲响应的卷积。

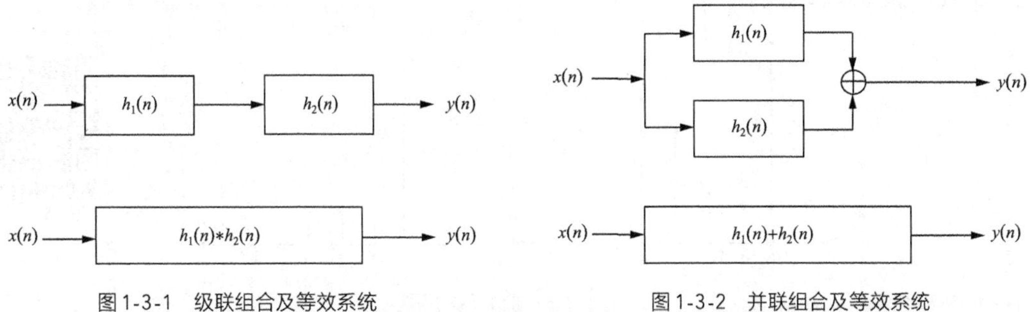

图1-3-1 级联组合及等效系统

图1-3-2 并联组合及等效系统

同样，按照式（1-3-5），信号同时通过两个系统输出之和，等效于信号通过两子系统和的系统输出，如图1-3-2所示。换句话说，并联系统的单位脉冲响应等于两个子系统单位脉冲响应之和。

需要再次说明的是，关于级联、并联系统的单位脉冲响应与原系统单位脉冲响应的关系，是基于线性卷积的性质，而线性卷积是基于线性时不变系统满足线性叠加原理的性质，因此对于非线性或者非时不变系统，上述结论不成立。

例1-3-1 设某线性时不变系统$T[\cdot]$，若系统输入为$x(n)$，则请分别求出系统的单位脉冲响应为$h(n)=\delta(n)$、$h(n)=\delta(n-n_0)$和$h(n)=\delta(n)+\delta(n-n_0)$时系统的输出$y(n)$。

解 ① 系统输入为$x(n)$，系统的单位脉冲响应为$h(n)=\delta(n)$，由系统输入和输出的关系可得

$$y(n)=x(n)*h(n)=x(n)*\delta(n)=\sum_{m=-\infty}^{+\infty}x(m)h(n-m)=\sum_{m=-\infty}^{+\infty}x(m)\delta(n-m)=x(n)$$

故单位脉冲响应为$\delta(n)$的系统，其输出和输入序列$x(n)$相同（这样的系统称为恒等系统），即任何信号与单位脉冲序列的线性卷积等于其本身。

② 若系统输入为$x(n)$，系统的单位脉冲响应为$h(n)=\delta(n-n_0)$，则可得

$$y(n)=x(n)*h(n)=x(n)*\delta(n-n_0)=\sum_{m=-\infty}^{+\infty}x(m)\delta(n-n_0-m)=x(n-n_0)$$

故系统的输出是系统输入序列$x(n)$的延时序列$x(n-n_0)$（这样的系统称为延时系统），即任何

信号与延时的单位脉冲序列的线性卷积等于延时的输入信号。

③ 若系统输入为 $x(n)$，系统的单位脉冲响应为 $h(n) = \delta(n) + \delta(n - n_0)$，则可得

$$y(n) = x(n) * h(n) = x(n) * [\delta(n) + \delta(n - n_0)] = x(n) + x(n - n_0)$$

故系统的输出是系统输入序列 $x(n)$ 与其延时序列 $x(n - n_0)$ 之和。实际上，此系统描述的是数字通信中的一个双径延时信道。

由上面的例子可见，信号通过恒等系统后，既不发生幅度变化，也不发生延时，离散时间恒等系统的单位脉冲响应就是单位采样序列 $\delta(n)$。任何序列与单位采样序列 $\delta(n)$ 的线性卷积都为原始序列。信号经过延时系统后，信号的幅度不发生变化，但是其会产生一定的延时。

因为线性卷积在系统分析方面起着非常重要的作用，因此下面讨论其计算方法。常用的计算方法有图解法、解析法、不进位乘法、矩阵表示方法和 Z 变换方法。下面我们通过例 1-3-2 对各种方法分别进行讨论，其中 Z 变换相关知识详见本书后续内容。

例 1-3-2 设 $x(n) = nR_5(n)$，$h(n) = R_4(n)$，$x(n)$ 和 $h(n)$ 如图 1-3-3 所示。求 $x(n)$ 和 $h(n)$ 的线性卷积结果 $y(n)$。

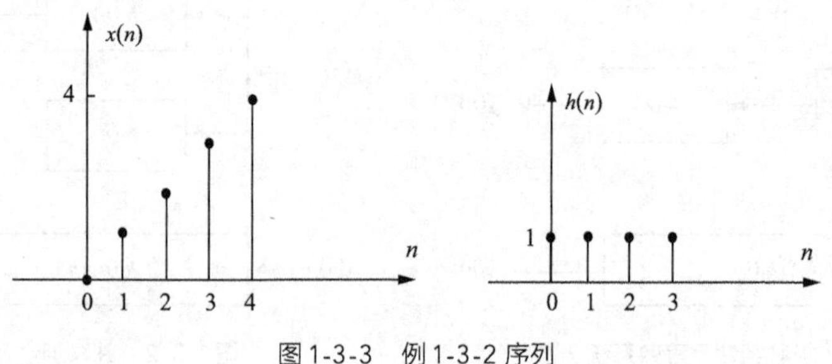

图 1-3-3　例 1-3-2 序列

解　(1) 图解法求卷积

为了直观地了解卷积的运算，可以利用图形方法实现卷积的计算。其计算依据仍然是式（1-3-2），计算过程中主要涉及序列的反转、移位、相乘和相加。需要注意的是，在卷积计算中求和自变量是变量 m。

① 将 $x(n)$ 和 $h(n)$ 进行变量代换，分别用 $x(m)$ 和 $h(m)$ 表示（图1-3-4（a）和图1-3-4（b））。

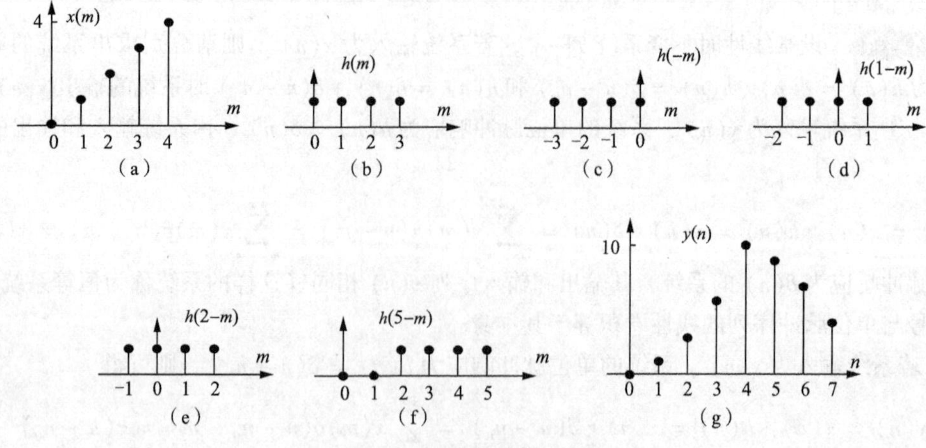

图 1-3-4　图解法求卷积过程

② 将 $h(m)$ 进行反转，形成 $h(-m)$（见图 1-3-4（c））；将 $h(-m)$ 移位，得到 $h(n-m)$（见图 1-3-4（d）、图 1-3-4（e）、图 1-3-4（f））。

③ 将 $x(m)$ 依次和 $h(n-m)$ 相乘，再相加，得到 $y(n)$（见图 1-3-4（g））。

（2）解析法求卷积

由卷积定义式

$$y(n) = \sum_{m=-\infty}^{+\infty} x(m)h(n-m)$$

求卷积，首先要确定卷积求和的上下限。求和的上下限可根据 $x(m)$ 和 $h(n-m)$ 的非零值区间确定。由于本例中 $x(m)$ 的非零值区间为 $1 \leqslant m \leqslant 4$，$h(n-m)$ 的非零值区间为 $0 \leqslant n-m \leqslant 3$，即 $n-3 \leqslant m \leqslant n$，由两个非零值区间可得 n 的取值区间为 $1 \leqslant n \leqslant 7$，它们的乘积 $x(m) \cdot h(n-m)$ 的非零值区间应满足：

$$1 \leqslant m \leqslant 4 \text{ 和 } n-3 \leqslant m \leqslant n$$

因此，当 $n<1$、$n>7$ 时，$y(n) = 0$；

由 $n-3<1$ 和 $4 \geqslant n \geqslant 1$，得 $1 \leqslant n<4$ 时，$y(n) = \sum_{m=1}^{n} m \cdot 1 = \dfrac{n(n+1)}{2}$；

由 $n-3 \geqslant 1$ 和 $1 \leqslant n \leqslant 4$，得 $n = 4$ 时，$y(n) = \sum_{m=1}^{4} m \cdot 1 = 10$；

由 $1 \leqslant n-3 \leqslant 4$ 和 $n>4$，得 $4<n \leqslant 7$ 时，$y(n) = \sum_{m=n-3}^{4} m \cdot 1 = \dfrac{(8-n)(n+1)}{2}$

$y(n)$ 用公式表示为

$$y(n) = \begin{cases} n(n+1)/2, & 1 \leqslant n \leqslant 3 \\ 10, & n = 4 \\ (8-n)(n+1)/2, & 4<n \leqslant 7 \\ 0, & \text{其他} \end{cases}$$

由此可知，解析法得到的结果与图解法得到的结果一致。

讨论：通过上述计算可以看出，求和上下限的确定是求卷积的一个重要环节。对于特殊的序列，如因果序列，卷积的上下限有一定的规律。

① 如果 $x(n)$ 为因果序列，则

$$x(n) * h(n) = \sum_{m=0}^{+\infty} x(m)h(n-m)$$

② 如果 $h(n)$ 为因果序列，则

$$x(n) * h(n) = \sum_{m=-\infty}^{n} x(m)h(n-m) = \sum_{m=0}^{+\infty} h(m)x(n-m)$$

③ 如果 $x(n)$、$h(n)$ 均为因果序列，则

$$x(n) * h(n) = \sum_{m=0}^{n} x(m)h(n-m), \ n \geqslant 0$$

读者可以根据因果序列的定义，推导出上述 3 个式子。

（3）不进位乘法求卷积

当序列 $x(n)$ 和 $h(n)$ 的非零值长度分别为有限 N 和 M 时，可采用“不进位乘法”求两序列的线性卷积。

对于图 1-3-3 所示的序列 $x(n)$ 和 $h(n)$，可以分别表示为 $x(n) = \{\underline{0},1,2,3,4\}$ 和 $h(n) =$

$\{\underline{1},1,1,1\}$。对于序列 $x(n)$ 和 $h(n)$ 有

$$\begin{aligned} x(n)*h(n) &= x(n)*[\delta(n)+\delta(n-1)+\delta(n-2)+\delta(n-3)] \\ &= x(n)*\delta(n)+x(n)*\delta(n-1)+x(n)*\delta(n-2)+x(n)*\delta(n-3) \\ &= x(n)+x(n-1)+x(n-2)+x(n-3) \end{aligned}$$

按照上面的解析式，可将计算过程表示为类似乘法的样式：

$$\begin{array}{rcccccccl} & 0 & 1 & 2 & 3 & 4 & & & \\ \times & & 1 & 1 & 1 & 1 & & & \\ \hline & 0 & 1 & 2 & 3 & 4 & & & x(n) \\ & & 0 & 1 & 2 & 3 & 4 & & x(n-1) \\ & & & 0 & 1 & 2 & 3 & 4 & x(n-2) \\ + & & & & 0 & 1 & 2 & 3 \; 4 & x(n-3) \\ \hline & \underline{0} & 1 & 3 & 6 & 10 & 9 & 7 \; 4 & \end{array}$$

最后的结果为 $y(n)=\{\underline{0},1,3,6,10,9,7,4\}$，$y(n)$ 中左边第一个值对应的序号为序列 $x(n)$ 和 $h(n)$ 的初始位序之和，因此左边第一个值对应的序号为零。

（4）矩阵表示法求卷积

对于序列 $x(n)=\{\underline{0},1,2,3,4\}$ 和 $h(n)=\{\underline{1},1,1,1\}$，它们的卷积长度为 8，利用序列 $x(n)$ 构造相应的 8 阶卷积矩阵，利用 $h(n)$ 通过尾部补零得到 8×1 矢量，于是线性卷积可用矩阵相乘的形式表示为

$$\begin{pmatrix} 0 & & & & & & & \\ 1 & 0 & & & & & & \\ 2 & 1 & 0 & & & & & \\ 3 & 2 & 1 & 0 & & & & \\ 4 & 3 & 2 & 1 & 0 & & & \\ & 4 & 3 & 2 & 1 & 0 & & \\ & & 4 & 3 & 2 & 1 & 0 & \\ & & & 4 & 3 & 2 & 1 & 0 \end{pmatrix}_{8\times8} \begin{pmatrix} 1 \\ 1 \\ 1 \\ 1 \\ 0 \\ 0 \\ 0 \\ 0 \end{pmatrix}_{8\times1} = \begin{pmatrix} 0 \\ 1 \\ 3 \\ 6 \\ 10 \\ 9 \\ 7 \\ 4 \end{pmatrix}_{8\times1}$$

卷积之后序列的起点等于原来两序列的起点之和，卷积之后序列的终点等于原来两序列的终点之和，其中，矩阵中空白处元素的数值为零，在这里省略未写。

（5）Z 变换法求卷积

根据 Z 变换的定义式 $X(z)=\sum_{n=-\infty}^{+\infty}x(n)z^{-n}$，以及 Z 变换与时间域卷积的关系可以完成卷积计算。由于时间域的卷积相当于 Z 变换域内的乘积，即

$$y(n)=x(n)*h(n)=\{\underline{0},1,2,3,4\}*\{\underline{1},1,1,1\}$$

对应的 Z 变换为

$$\begin{aligned} Y(z) &= X(z)H(z) \\ &= (\underline{0}z^{0}+1z^{-1}+2z^{-2}+3z^{-3}+4z^{-4})\times(\underline{1}z^{0}+1z^{-1}+1z^{-2}+1z^{-3}) \\ &= 0z^{0}+(0+1)z^{-1}+(0+1+2)z^{-2}+(0+1+2+3)z^{-3}+ \\ &\quad (1+2+3+4)z^{-4}+(2+3+4)z^{-5}+(3+4)z^{-6}+(4)z^{-7} \\ &= 0z^{0}+1z^{-1}+3z^{-2}+6z^{-3}+10z^{-4}+9z^{-5}+7z^{-6}+4z^{-7} \end{aligned}$$

故可得到卷积结果为 $y(n)=\{\underline{0},1,3,6,10,9,7,4\}$。

1.3.2　用线性常系数差分方程表示线性时不变系统

用式（1-3-6）表示一个N阶线性常系数差分方程，如下：

$$\sum_{i=0}^{N} a_i y(n-i) = \sum_{j=0}^{M} b_j x(n-j), a_0 = 1 \tag{1-3-6}$$

式中，a_i、b_j均为常数，$x(n)$和$y(n)$分别表示系统的输入序列和输出序列，且$x(n-j)$、$y(n-i)$都是一次幂，$x(n)$和$y(n)$序列不存在彼此相乘的项，因此式（1-3-6）被称为线性常系数差分方程（linear constant-coefficient difference equation）。差分方程的阶数是由$y(n-i)$项中i的最大值与最小值之差确定的，故式（1-3-6）所确定的是N阶常系数差分方程。

1.3.3　线性常系数差分方程的求解

已知系统的输入序列，通过求解差分方程可以求出输出序列。求解差分方程的基本方法有以下3种。

① 经典解法：这种方法类似于模拟系统中求解微分方程的方法。它包括齐次解与特解，由边界条件求待定系数，但较麻烦，实际中很少采用，故不进行介绍。

② 递推解法：这种方法简单，且适合于用计算机求解，但只能得到数值解；对于阶次较高的线性常系数差分方程，不容易得到封闭解。

③ 变换域法：这种方法是将差分方程变换到Z变换域进行求解，方法简单有效。这部分内容将会在本书Z变换部分进行介绍。

本节仅介绍递推解法求解线性常系数差分方程。将方程式（1-3-6）改写成

$$y(n) = \sum_{j=0}^{M} b_j x(n-j) - \sum_{i=1}^{N} a_i y(n-i) \tag{1-3-7}$$

由式（1-3-7）可以看出，如果计算n时刻的输出，则需要知道系统n时刻及n时刻以前的M个输入序列值，还需要知道n时刻以前的N个输出信号值，而n时刻以前的N个输出信号值就是求解差分方程必需的N个初始条件。初始条件不同，差分方程的解也不同。因此，差分方程和相应的初始条件能够一起描述一个线性时不变系统。

例1-3-3　设系统用差分方程$y(n) = ay(n-1) - x(n)$描述，其中，a为一常数，输入序列$x(n) = \delta(n)$，初始条件为（1）$y(n) = 0(n>0)$；（2）$y(n) = 0(n<0)$；（3）$y(-1) = 1$，$y(n) = 0(n<-1)$。针对上面的初始条件，分别求输出序列$y(n)$。

解　（1）当初始条件为$y(n) = 0(n>0)$时

由初始条件可知，为求得输出序列$y(n)$，需要向负方向递推。该差分方程为一阶常系数差分方程，故需要一个初始条件来求解方程，初始条件为$y(1) = 0$。由$y(n) = ay(n-1) - x(n)$得到

$$y(n-1) = a^{-1}(y(n) + \delta(n))$$

$n = 1$时，　$y(0) = a^{-1}(y(1) + \delta(1)) = 0$

$n = 0$时，　$y(-1) = a^{-1}(y(0) + \delta(0)) = a^{-1}$

$n = -1$时，　$y(-2) = a^{-1}(y(-1) + \delta(-1)) = a^{-2}$

……

$n = -m$时，　$y(-m-1) = a^{-m-1}$

用n代替$-m-1$，得到

$$y(n)=a^{n}u(-n-1)$$

可以注意到，求解过程是由初始条件向 $n<0$ 方向递推的，得到的输出为一非因果序列。由于初始条件为零，所以此时系统的输出 $y(n)$ 就是系统的单位脉冲响应 $h(n)$ 。

（2）初始条件为 $y(n)=0(n<0)$ 时

由初始条件可知，为求得输出序列 $y(n)$ ，需要向正方向递推。该差分方程为一阶常系数差分方程，故需要一个初始条件来求解方程，初始条件为 $y(-1)=0$ 。

$$y(n)=ay(n-1)-x(n)$$

$n=0$ 时，$$y(0)=ay(-1)-\delta(0)=-1$$

$n=1$ 时，$$y(1)=ay(0)-\delta(1)=-a$$

$n=2$ 时，$$y(2)=ay(1)-\delta(2)=-a^{2}$$

……

$n=m$ 时，$$y(m)=-a^{m}$$

用 n 代替 m ，得到

$$y(n)=-a^{n}u(n)$$

可以注意到，求解过程是由初始条件向 $n>0$ 方向递推的，得到的输出为一因果序列。实际上，此时系统的输出是系统输入为 $\delta(n)$ 时的零状态响应，也就是系统的单位脉冲响应，故此时 $h(n)=-a^{n}u(n)$ 。

（3）初始条件为 $y(-1)=1$, $y(n)=0(n<-1)$ 时有

$$y(n)=ay(n-1)-x(n)$$

$n=0$ 时，$$y(0)=ay(-1)-\delta(0)=a-1$$

$n=1$ 时，$$y(1)=ay(0)-\delta(1)=a(a-1)$$

$n=2$ 时，$$y(2)=ay(1)-\delta(2)=a^{2}(a-1)$$

……

$n=m$ 时，$$y(m)=a^{m}(a-1)$$

用 n 代替 m ，得到

$$y(n)=a^{n}(a-1)u(n)+\delta(n+1)$$

可注意到，求解过程是向 $n>0$ 方向递推的，输出的结果为一非因果序列。由于初始条件不为零，所以此时系统的输出 $y(n)$ 不是系统的单位脉冲响应 $h(n)$ 。

该例表明，对于同一个差分方程和同一个输入信号，当初始条件不同时，所得到的输出信号是不相同的。对于实际因果可实现系统，用递推解法求解，总是由初始条件向 $n>0$ 的方向递推，得到一个因果解。但对于差分方程，其本身也可以向 $n<0$ 方向递推，得到的是非因果解。因此差分方程本身并不能确定系统是因果系统还是非因果系统，还需要用初始条件进行限制。

用差分方程求系统的单位采样响应，由于单位采样响应是当系统输入为 $\delta(n)$ 时的零状态响应，因此只要令差分方程中的输入序列为 $\delta(n)$ ，N 个初始条件都为零，其解就是系统的单位采样响应。由此可见，例 1-3-3（1）求出的 $y(n)$ 就是该非因果系统的响应，而例 1-3-3（2）求出的 $y(n)$ 则是此因果系统的单位脉冲响应。

例 1-3-4 设系统用差分方程 $y(n)=ay(n-1)-x(n)$ 描述，其中 a 为一常数，若初始条件为 $y(-1)=1$ ，试分析该系统是否是线性非时变系统。

解　如果系统具有线性非时变性质，则必须满足式（1-2-4）和式（1-2-5）。下面通过设输入信号 $x_1(n)=\delta(n), x_2(n)=\delta(n-1)$，$x_3(n)=\delta(n)+\delta(n-1)$ 来检验系统是否是线性非时变系统。

（1）当 $x_1(n)=\delta(n)$，$y_1(-1)=1$ 时

$$y_1(n)=ay_1(n-1)-x_1(n)$$

由例1-3-3（3）的结果可知

$$y_1(n)=a^n(a-1)u(n)$$

（2）当 $x_2(n)=\delta(n-1)$，$y_2(-1)=1$ 时

$$y_2(n)=ay_2(n-1)-x_2(n)$$

$$y_2(n)=ay_2(n-1)-\delta(n-1)$$

$n=0$ 时，　$y_2(0)=ay_2(-1)-\delta(-1)=a$

$n=1$ 时，　$y_2(1)=ay_2(0)-\delta(0)=a^2-1$

$n=2$ 时，　$y_2(2)=ay_2(1)-\delta(1)=a(a^2-1)$

……

$n=m$ 时，　$y_2(m)=a^{m-1}(a^2-1)$

用 n 代替 m，并综合上述递推过程，可得

$$y_2(n)=(a^2-1)a^{n-1}u(n-1)+a\delta(n)$$

（3）当 $x_3(n)=\delta(n)+\delta(n-1)$，$y_3(-1)=1$ 时

$$y_3(n)=ay_3(n-1)-x_3(n)$$

$$y_3(n)=ay_3(n-1)-[\delta(n)+\delta(n-1)]$$

$n=0$ 时，　$y_3(0)=ay_3(-1)-[\delta(0)+\delta(-1)]=a-1$

$n=1$ 时，　$y_3(1)=ay_3(0)-[\delta(1)+\delta(0)]=a(a-1)-1$

$n=2$ 时，　$y_3(2)=ay_3(1)-[\delta(2)+\delta(1)]=a[a(a-1)-1]$

……

$n=m$ 时，　$y_3(m)=a^{m-1}[a(a-1)-1]$

用 n 代替 m，并综合以上递推过程，可得

$$y_3(n)=a^{n-1}[a(a-1)-1]u(n-1)+(a-1)\delta(n)$$

（4）判断系统是否是时不变系统。由条件（1）和条件（2）得到

$$y_1(n)=T[\delta(n)]=a^n(a-1)u(n)$$

$$y_2(n)=T[\delta(n-1)]=(a^2-1)a^{n-1}u(n-1)+a\delta(n)$$

$$y_2(n)\neq y_1(n-1)$$

由此可知，该系统不是时不变系统。

（5）判断系统是否是线性系统。由条件（1）、条件（2）和条件（3）得到

$$y_3(n)=T[\delta(n)+\delta(n-1)]=a^{n-1}[a(a-1)-1]u(n-1)+(a-1)\delta(n)$$

$$T[\delta(n)]+T[\delta(n-1)]=y_1(n)+y_2(n)=[a^n(a-1)u(n)]+[(a^2-1)a^{n-1}u(n-1)+a\delta(n)]$$

$$y_3(n)\neq y_1(n)+y_2(n)$$

故该系统也不是线性系统。

如果该系统的初始条件改成 $y(n)=0(n<0)$，则其为线性时不变系统。

最后要说明的是，一个线性常系数差分方程描述的系统不一定是线性时不变系统，这和系统的初始状态有关。如果系统是因果的，输入 $x(n)=0(n<n_0)$ 时，输出 $y(n)=0(n<n_0)$，那

么该系统是线性时不变系统。

1.3.4 线性卷积与相关函数之间的关系

在信号处理中经常要研究两个信号的相似性，或一个信号经过一段时间延迟后与其自身的相似性，以实现信号的检测、识别与提取等。例如，在通信系统中经常用到的相关解调、时间同步。相关（correlation）函数是描述随机信号的重要数字特征，有着广泛的用途，例如，噪声中信号的检测、信号中隐含周期性的检测、信号相关性的检测、信号时延长度的检测等。

如果两个能量有限的信号为 $x(n)$ 和 $y(n)$，则

$$r_{xy}(m) = \sum_{n=-\infty}^{+\infty} x(n)y(n+m) \tag{1-3-8}$$

为信号 $x(n)$ 和 $y(n)$ 的互相关函数。式（1-3-8）表示，$r_{xy}(m)$ 在时刻 m 的值等于将 $x(n)$ 保持不动而 $y(n)$ 移位 m 个样本后两个序列对应相乘再相加的结果。

如果 $y(n) = x(n)$，则上面定义的互相关函数变成自相关函数

$$r_x(m) = \sum_{n=-\infty}^{+\infty} x(n)x(n+m) \tag{1-3-9}$$

自相关函数 $r_x(m)$ 反映了信号 $x(n)$ 和其自身经过一段时间延迟后的 $x(n+m)$ 的相似程度。

比较互相关函数的定义和线性卷积（convolution）的定义，可以发现它们有某些类似之处。令 $g(n)$ 为 $x(n)$ 和 $y(n)$ 的线性卷积，即

$$g(n) = \sum_{m=-\infty}^{+\infty} x(m)y(n-m) \tag{1-3-10}$$

为了与互相关函数比较，将式（1-3-10）中的 m 和 n 对换可得

$$g(m) = \sum_{n=-\infty}^{+\infty} x(n)y(m-n) = x(m) * y(m) \tag{1-3-11}$$

比较式（1-3-11）和式（1-3-8），可得相关和卷积的时域关系为

$$r_{xy}(m) = \sum_{n=-\infty}^{+\infty} x(n)y(n+m) = x(m) * y(-m) \tag{1-3-12}$$

同理，对自相关函数，有

$$r_x(m) = x(m) * x(-m) \tag{1-3-13}$$

需要注意的是，卷积是表示线性时不变系统的输入、输出和单位脉冲响应之间的一个基本关系；相关是表示两信号之间的相关性，与系统无关。计算 $x(n)$ 和 $y(n)$ 的互相关时，两个序列都不反转，只是将 $y(n)$ 在时间轴上移位后与 $x(n)$ 对应相乘再相加即可。而计算二者的卷积时，需要先将一个序列反转后再移位；为了用卷积表示相关，则需要将其中一个序列先反转一次，作卷积时会再反转一次，这样两次反转相抵消，相当于没有进行反转。

1.4 模拟信号的数字处理方法

模拟信号的数字处理方法就是将待处理的模拟信号经过采样、量化和编码形成数字信号，并采用数字信号处理技术进行处理；处理完毕，若需要，再转换成模拟信号。其原理框图如图1-4-1 所示，图中 A/D（analog/digital）转换和 D/A（digital/analog）转换分别是模/数转换和数/模转换。本节主要介绍 A/D 转换和 D/A 转换中的采样和恢复。

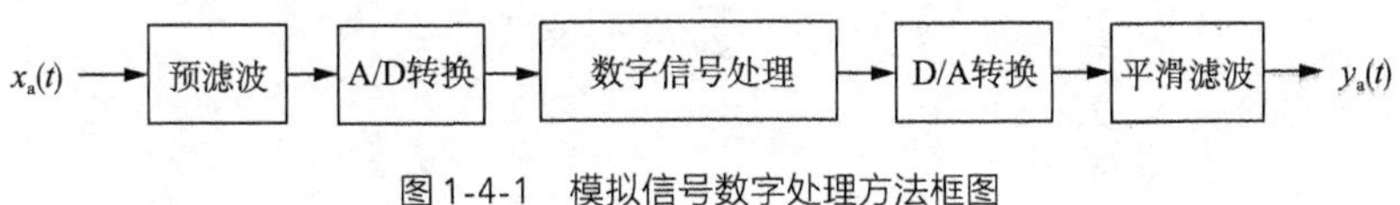

图1-4-1 模拟信号数字处理方法框图

1.4.1 采样定理

将模拟信号转换为数字信号由A/D转换完成。A/D转换的原理框图如图1-4-2所示。

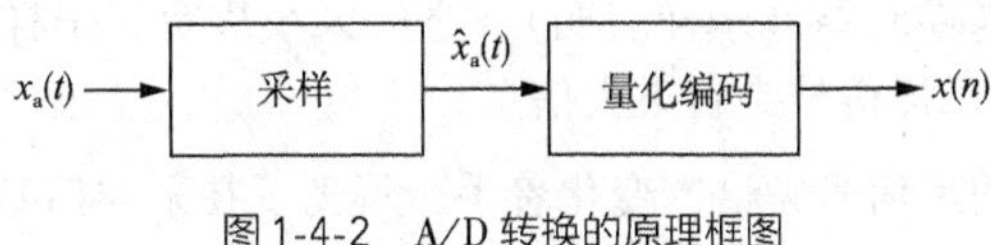

图1-4-2 A/D转换的原理框图

图1-4-2中的采样是将模拟信号 $x_a(t)$ 转换成采样信号 $\hat{x}_a(t)$，量化编码是将采样信号 $\hat{x}_a(t)$ 转换成数字信号 $x(n)$。

对模拟信号 $x_a(t)$ 采样可以看作模拟信号 $x_a(t)$ 通过一个开关S。设开关每隔时间 T 闭合一次，每次闭合的时间 $\tau \ll T$，则在开关的输出端得到其采样信号 $\hat{x}_a(t)$。开关S的作用可以等效成一宽度为 τ、周期为 T 的矩形脉冲串 $P_T(t)$，采样信号 $\hat{x}_a(t)$ 就是模拟信号 $x_a(t)$ 与 $P_T(t)$ 相乘的结果，如图1-4-3所示。如果让开关S的闭合时间 $\tau \to 0$，则矩形脉冲串 $P_T(t)$ 变成单位冲激串，用 $P_\delta(t)$ 表示。$P_\delta(t)$ 中每个单位冲激位于采样点上，强度为1。理想采样就是模拟信号 $x_a(t)$ 与 $P_\delta(t)$ 相乘的结果，如图1-4-4所示。

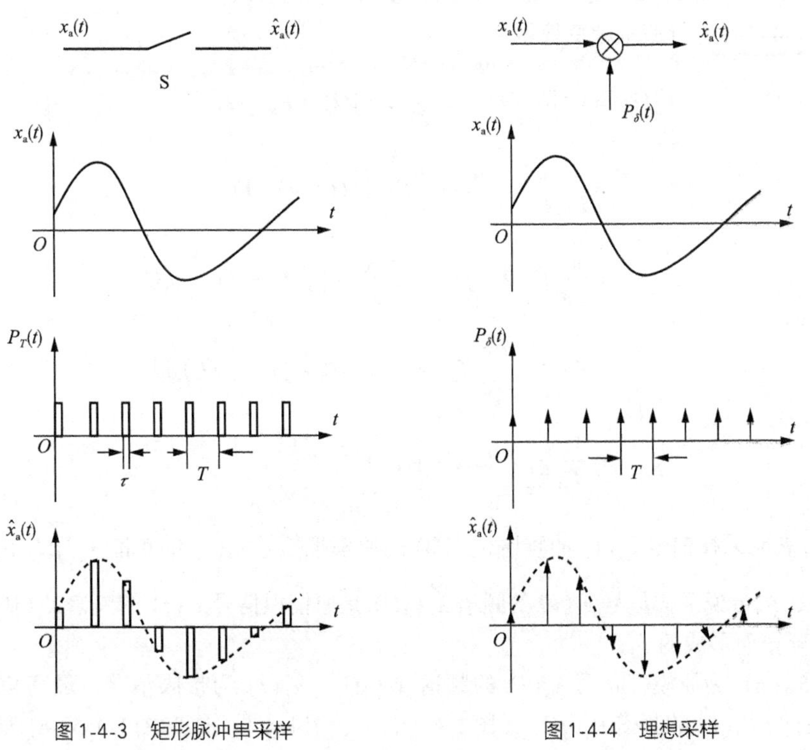

图1-4-3 矩形脉冲串采样　　　图1-4-4 理想采样

上述理想采样过程可表示为

$$P_\delta(t) = \sum_{n=-\infty}^{+\infty} \delta(t - nT) \tag{1-4-1}$$

$$\hat{x}_a(t) = x_a(t) \cdot P_\delta(t) = \sum_{n=-\infty}^{+\infty} x_a(t)\delta(t - nT) = \sum_{n=-\infty}^{+\infty} x_a(nT)\delta(t - nT) \tag{1-4-2}$$

式中，$\delta(t)$ 是单位冲激信号，只有当 $t = nT$ 时，才有非零值。

在上述讨论中，脉冲间隔（脉冲周期）T 是一个非常重要的量，也是在理想采样过程中唯一可以设计的参数，称之为采样间隔（采样周期），它的大小决定了采样信号 $\hat{x}_a(t)$ 和原模拟信号 $x_a(t)$ 的相似程度，或者说采样信号是否丢失信息。

下面从研究理想采样前后信号频谱的变化着手，得到了在采样信号 $\hat{x}_a(t)$ 完全保留原模拟信号 $x_a(t)$ 的信息的情况下，采样间隔的选取方法。定义采样频率 $f_s = 1/T$，并设原模拟信号 $x_a(t)$ 为带宽有限的低通型信号，其最高频率为 $f_c = \Omega_c/2\pi$。令

$$X_a(j\Omega) = \mathrm{FT}[x_a(t)]$$

$$\hat{X}_a(j\Omega) = \mathrm{FT}[\hat{x}_a(t)]$$

$$P_\delta(j\Omega) = \mathrm{FT}[P_\delta(t)]$$

其中 FT[ ] 指连续时间傅里叶变换，式（1-4-1）的傅里叶变换为

$$P_\delta(j\Omega) = \mathrm{FT}[P_\delta(t)] = \frac{2\pi}{T}\sum_{k=-\infty}^{+\infty} \delta(j\Omega - jk\Omega_s) \tag{1-4-3}$$

式中，$\Omega_s = 2\pi/T$，称为采样角频率，单位为弧度/秒（rad/s）。

对式（1-4-2）进行傅里叶变换得到

$$\begin{aligned}
\hat{X}_a(j\Omega) &= \mathrm{FT}[\hat{x}_a(t)] = \frac{1}{2\pi}X_a(j\Omega) * P_\delta(j\Omega) \\
&= \frac{1}{2\pi}\int_{-\infty}^{+\infty} X_a(j\theta) \cdot P_\delta[j(\Omega - \theta)]\mathrm{d}\theta \\
&= \frac{1}{2\pi}\int_{-\infty}^{+\infty} X_a(j\theta) \cdot \frac{2\pi}{T}\sum_{k=-\infty}^{+\infty} \delta[j(\Omega - \theta) - jk\Omega_s]\mathrm{d}\theta \\
&= \frac{1}{T}\sum_{k=-\infty}^{+\infty} \int_{-\infty}^{+\infty} X_a(j\theta) \cdot \delta(j\Omega - j\theta - jk\Omega_s)\mathrm{d}\theta \\
&= \frac{1}{T}\sum_{k=-\infty}^{+\infty} X_a(j\Omega - jk\Omega_s)
\end{aligned} \tag{1-4-4}$$

式（1-4-4）表明采样信号 $\hat{x}_a(t)$ 的频谱 $\hat{X}_a(j\Omega)$ 是原模拟信号 $x_a(t)$ 的频谱 $X_a(j\Omega)$ 沿频率轴每隔 Ω_s 重复一次，或者说采样信号 $\hat{x}_a(t)$ 的频谱 $\hat{X}_a(j\Omega)$ 是原模拟信号 $x_a(t)$ 的频谱 $X_a(j\Omega)$ 以 Ω_s 为周期进行周期延拓而形成的。

图 1-4-5（a）为原模拟信号 $x_a(t)$ 的频谱 $X_a(j\Omega)$，$x_a(t)$ 为带限信号，最高角频率为 Ω_c。图 1-4-5（b）为 $P_\delta(t)$ 的频谱 $P_\delta(j\Omega)$，图 1-4-5（c）、图 1-4-5（d）和图 1-4-5（e）都是采样信号 $\hat{x}_a(t)$ 的频谱 $\hat{X}_a(j\Omega)$。对图 1-4-5（c），由于所选取的采样间隔 $T(T = 2\pi/\Omega_s)$ 较小，能够保证

$\Omega_s > 2\Omega_c$，所以频谱 $X_a(j\Omega)$ 周期延拓形成的图形没有出现重叠现象；在这种情况下，可以用低通滤波器从采样信号中不失真地提取原模拟信号 $x_a(t)$。图1-4-5（d）选取的采样间隔 T_s 刚好能够保证 $\Omega_s = 2\Omega_c$，此时是临界采样状态。而图1-4-5（e），由于所选取的采样间隔 T 较大，不能保证 $\Omega_s \geqslant 2\Omega_c$，所以频谱 $X_a(j\Omega)$ 周期延拓形成的图形出现了重叠现象，这种现象被称为频谱混叠现象。从而无法利用低通滤波器得到原模拟信号 $x_a(t)$。

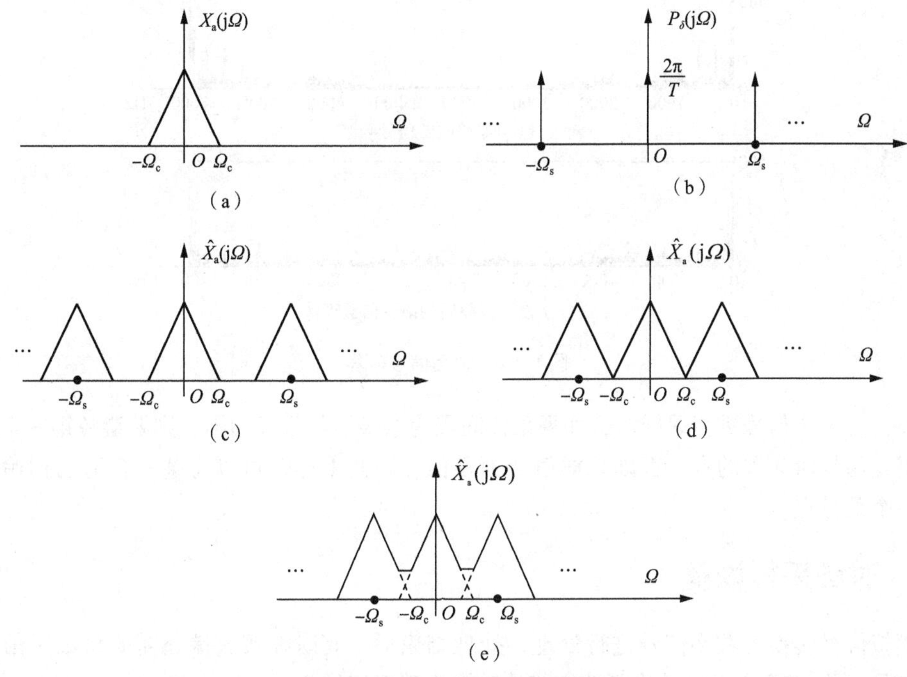

图1-4-5 采样信号的频谱

以上内容总结为如下采样定理。

① 对连续时间信号 $x_a(t)$ 以间隔 T 进行等间隔采样，得到采样信号 $\hat{x}_a(t)$ 的频谱 $\hat{X}_a(j\Omega)$ 是原模拟信号 $x_a(t)$ 的频谱 $X_a(j\Omega)$ 以 $\Omega_s(\Omega = 2\pi f_s)$ 为周期进行周期延拓而形成的。

② 设连续时间信号 $x_a(t)$ 是一个带限模拟信号，其最高频率为 f_c，上述采样信号 $\hat{x}_a(t)$ 只有在采样频率 $f_s(=1/T) \geqslant 2f_c$ 时，$\hat{x}_a(t)$ 才可不失真地恢复 $x_a(t)$。否则会造成采样信号中的频谱混叠现象，不可能无失真地恢复原模拟信号。

一般称 $f_s/2$ 为折叠频率，只要信号的最高频率不超过该频率，就不会出现频谱混叠现象，否则，超过 $f_s/2$ 的频谱会“折叠”回来形成频谱混叠现象。通常把最低允许的采样频率 $f_s = 2f_c$ 称为奈奎斯特（Nyquist）频率，最大允许的采样间隔 T 称为奈奎斯特间隔。图1-4-1所示的模拟信号数字处理方法框图中的“预滤波”就是预先滤出模拟信号中高于折叠频率 $f_s/2$ 的频率成分，从而减少或消除频谱混叠现象。

例如，语音信号的最高频率一般为3.4kHz。在对其采样时，考虑到要预留一定的保护带宽，通常会采用8kHz的采样速率，这样可以使采样后的信号频谱不发生混叠，如图1-4-6（b）所示。如果不满足采样定理，则会发生混叠现象，如图1-4-6（c）所示。图1-4-6（c）中采用的采样速率为4kHz，可以发现在600Hz～3400Hz频率范围内有明显的频谱混叠现象。

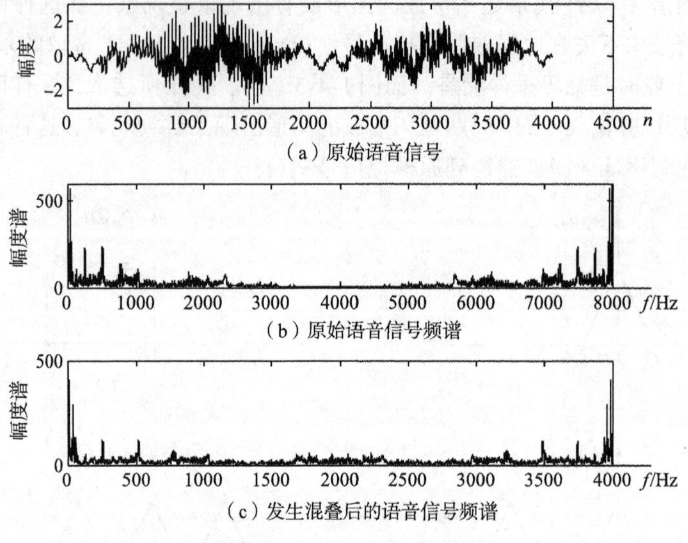

图1-4-6　语音信号频谱

此外，对正弦信号进行采样时，如果采样间隔为奈奎斯特采样间隔，则要避免第一个采样点选择成正弦函数值为零的点，否则采样值全为零值。因此采样时可以将某一合适的初始相位处作为第一个采样点。

1.4.2　时域采样恢复

将模拟信号转换为数字信号进行处理，处理结束后，有时在接收端还需要将数字信号恢复为模拟信号，此时可用 D/A 转换将数字信号转换为模拟信号。

在介绍采样定理时，已经讲到对模拟信号 $x_a(t)$ 采样时只要采样频率满足 $f_s \geqslant 2f_c$，采样信号的频谱 $\hat{X}_a(j\Omega)$ 就不会发生频谱混叠现象，如图 1-4-5（c）和图 1-4-5（d）所示。在这种情况下用图 1-4-7 所示的理想低通滤波器 $G(j\Omega)$ 对采样信号 $\hat{x}_a(t)$ 进行滤波，可以得到不失真的原模拟信号 $x_a(t)$。下面用数学表达式表示上述过程。

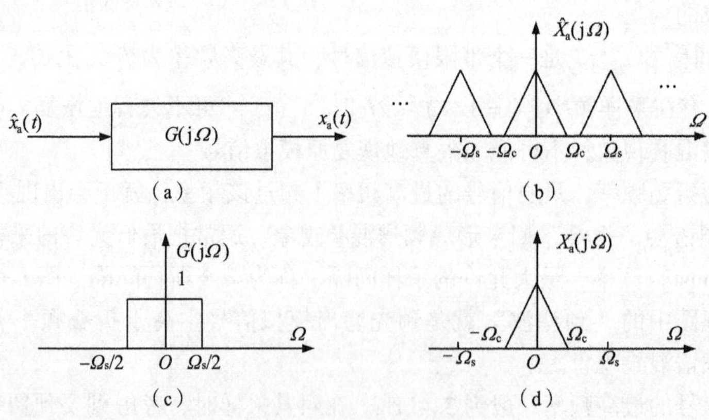

图1-4-7　理想恢复

理想低通系统的频率响应为

$$G(\mathrm{j}\Omega)=\begin{cases}T, & |\Omega|<\Omega_s/2 \\ 0, & |\Omega|\geqslant\Omega_s/2\end{cases} \tag{1-4-5}$$

其单位冲激响应可表示为

$$\begin{aligned} g(t) &= \frac{1}{2\pi}\int_{-\infty}^{+\infty}G(\mathrm{j}\Omega)\mathrm{e}^{\mathrm{j}\Omega t}\mathrm{d}\Omega \\ &= \frac{1}{2\pi}\int_{-\Omega_s/2}^{\Omega_s/2}T\mathrm{e}^{\mathrm{j}\Omega t}\mathrm{d}\Omega \\ &= \frac{\sin(\Omega_s t/2)}{\Omega_s t/2} \end{aligned}$$

将 $\Omega_s=2\pi f_s=2\pi/T$ 代入上式得

$$g(t)=\frac{\sin(\pi t/T)}{\pi t/T}=Sa(\pi t/T) \tag{1-4-6}$$

式中：$Sa(t)=\sin t/t$，称为抽样函数。函数 $Sa(t)$ 有时会被写为 $\mathrm{sinc}(t)$ 形式，$\mathrm{sinc}(t)=\sin\pi t/\pi t$。$g(t)$ 的波形如图1-4-8所示。在 $t=0$ 处，$g(t)=1$，当 $t=nT$ 时，$g(t)=0$。另外，$g(t)$ 为无限长波形，而且是非因果函数，故理想低通滤波器是物理不可实现的。

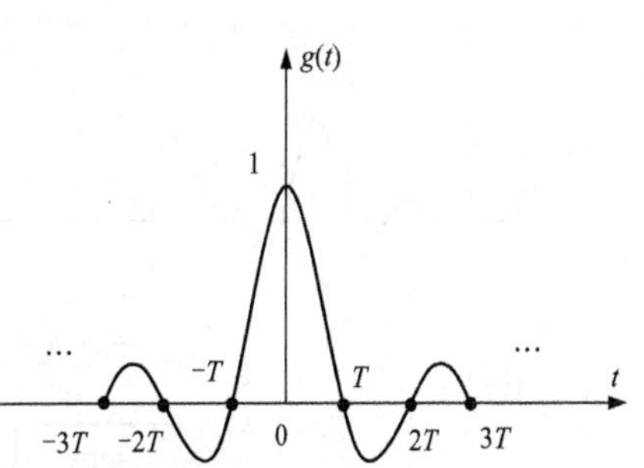

图1-4-8　低通滤波器的时域波形

理想低通滤波器的输出为

$$x_a(t)=\hat{x}_a(t)*g(t)=\int_{-\infty}^{+\infty}\hat{x}_a(\tau)g(t-\tau)\mathrm{d}\tau$$

将式（1-4-2）代入上式，得

$$\begin{aligned} x_a(t) &= \int_{-\infty}^{+\infty}\sum_{n=-\infty}^{+\infty}x_a(nT)\delta(\tau-nT)g(t-\tau)\mathrm{d}\tau \\ &= \sum_{n=-\infty}^{+\infty}x_a(nT)\int_{-\infty}^{+\infty}\delta(\tau-nT)g(t-\tau)\mathrm{d}\tau \\ &= \sum_{n=-\infty}^{+\infty}x_a(nT)g(t-nT) \end{aligned}$$

将式（1-4-6）代入上式，得

$$x_a(t)=\sum_{n=-\infty}^{+\infty}x_a(nT)\frac{\sin[\pi(t-nT)/T]}{\pi(t-nT)/T}=\sum_{n=-\infty}^{+\infty}x_a(nT)Sa\left(\frac{\pi(t-nT)}{T}\right) \tag{1-4-7}$$

式中，$g(t-nT)$ 是 $g(t)$ 的移位函数。由式（1-4-7）可以看到，在各采样点（$t=nT$）上，$g(t-nT)=1$，可以保证恢复的 $x_a(t)$ 等于原采样值；在采样点之间，$x_a(t)$ 由各采样值 $x_a(nT)$ 乘以 $g(t-nT)$ 函数后叠加而成。信号的理想恢复过程如图1-4-9所示。这种用理想低通滤波器恢复的模拟信号完全等于原模拟信号 $x_a(t)$。这种恢复是一种无失真的、理想的恢复。函数 $g(t)$ 称为内插函数，式（1-4-7）则称为内插公式。

实际中采用的D/A转换框图如图1-4-10所示。图中解码的作用是将数字信号转换为离散信号值，零阶保持器和平滑滤波器的输出信号分别如图1-4-11（b）和图1-4-11（c）所示。

零阶保持器是将前一个采样值保持到下一个采样值到来时，然后跳到新的采样值并保持；这相当于采样信号和一个宽度为采样间隔 T 的矩形方波信号 $h(t)$ 进行线性卷积的结果，而此矩形方波信号 $h(t)$ 在频域体现低通滤波器特性。这样就用一个物理可实现的低通滤波器来代替理想低通。对 $h(t)$ 进行傅里叶变换，得到该低通滤波器的频率响应 $H(\mathrm{j}\Omega)$ 为

$$H(\mathrm{j}\Omega) = \int_{-\infty}^{+\infty} h(t)\mathrm{e}^{-\mathrm{j}\Omega t}\mathrm{d}t = \int_{0}^{T} \mathrm{e}^{-\mathrm{j}\Omega t}\mathrm{d}t = T\frac{\sin(\Omega T/2)}{\Omega T/2}\mathrm{e}^{-\mathrm{j}\Omega T/2}$$

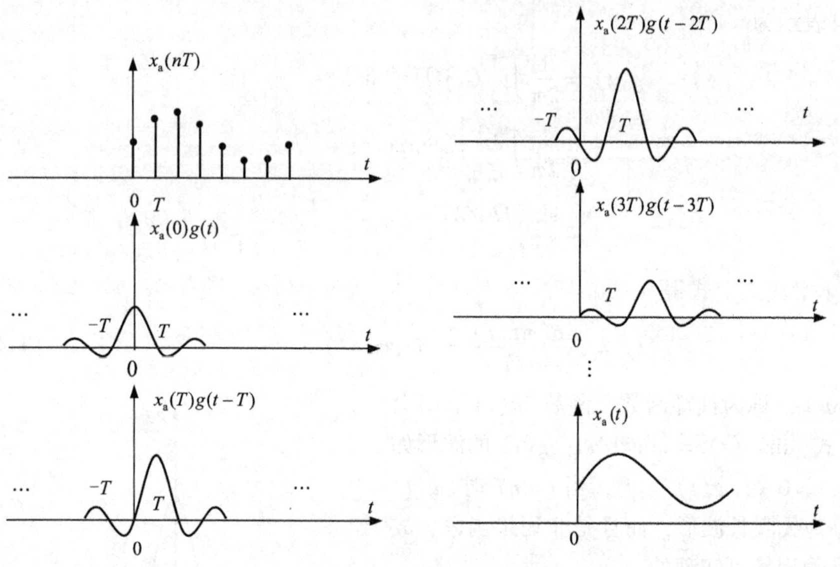

图 1-4-9　信号的理想恢复过程

图 1-4-10　D/A 转换框图

图 1-4-12 绘出了 $h(t)$ 波形及 $H(\mathrm{j}\Omega)$ 的幅度特性和相位特性图形。

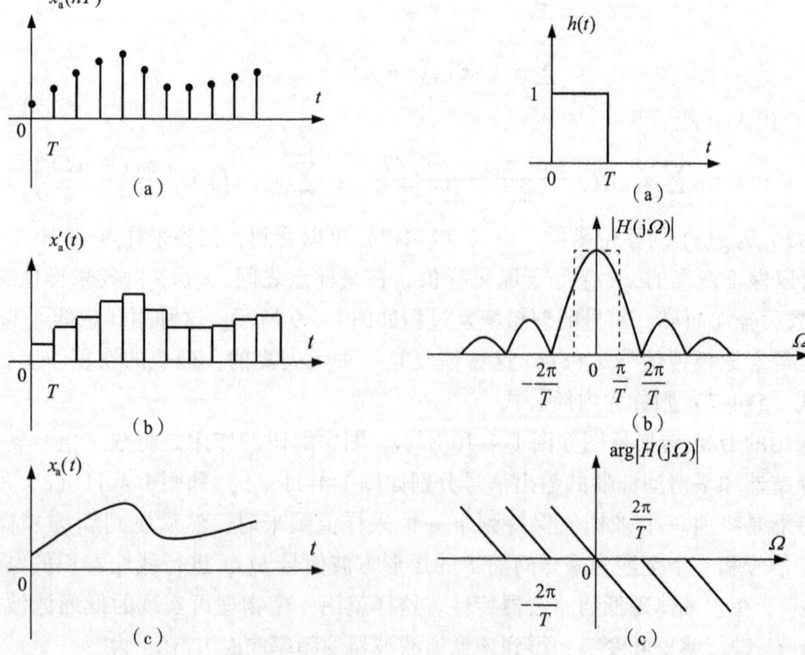

图 1-4-11　零阶保持器和平滑滤波器的输出　　图 1-4-12　零阶保持器的时域和频域特性

由图1-4-12可以看到零阶保持器具有低通滤波器的特性，能够起到将离散信号恢复成模拟信号的作用。图中虚线表示理想低通滤波器的幅度特性。零阶保持器的幅度特性与理想低通滤波器相比，在 $|\Omega|>\pi/T$ 区域有较大的值，即恢复的模拟信号有较多的高频成分；表现在时域，恢复出的模拟信号呈阶梯状，如图1-4-11（b）所示。因此，在图1-4-10所示的D/A转换框图中最后加上平滑滤波器，用以滤除阶梯信号中的高频成分。

由零阶保持器恢复的模拟信号有一定程度的失真，但零阶保持器简单，容易实现；因此，在实际中经常使用。

1.5 本章小结

本章讲述了离散时间信号系统的表示，详细介绍了模拟信号的数字处理方法，并讨论了信号采样与重建的条件，即要求符合时域采样定理。小结如下。

第1章复习

① 离散信号用序列表示，常用的离散信号有单位采样信号、单位阶跃信号、矩形信号、正弦信号、指数信号和复指数信号。

② 常用的一类系统是线性时不变系统，可以用单位脉冲响应和线性常系数差分方程实现对系统的描述。需要注意的是，线性常系数差分方程所代表的系统并不一定是线性时不变系统，系统的性质与初始条件密切相关。另外，要学会分析系统的因果性和稳定性。

③ 在模拟信号的数字处理方法中，采用采样定理和内插公式非常重要，它们可以保证模拟信号在处理过程中不失真。

习题1

【1-1】 一个离散时间信号 $x(n)$ 定义为

$$x(n)=\begin{cases}1+\dfrac{n}{3}, & -3\leqslant n\leqslant -1\\ 1, & 0\leqslant n\leqslant 3\\ 0, & \text{其他}\end{cases}$$

（1）计算信号 $x(n)$ 的值并画出它的图形。

（2）分别求出如下情况下的 $x(n)$：先将 $x(n)$ 反转再延迟4个样本单位；先将 $x(n)$ 延迟4个样本单位再反转。

（3）请写出由 $x(n)$ 得到 $x(-n+k)$ 的过程。

（4）请问能否用 $\delta(n)$ 和 $u(n)$ 来表示信号 $x(n)$？如果能，请写出表示式。

【1-2】 试证明

（1）$\delta(n)=u(n)-u(n-1)$　　（2）$u(n)=\sum\limits_{m=-\infty}^{n}\delta(m)=\sum\limits_{m=0}^{\infty}\delta(n-m)$

【1-3】 判断下面的序列是否是周期的，若是周期的，则确定其周期。

（1）$x(n)=\sin\left(\dfrac{\pi}{3}n+\dfrac{\pi}{5}\right)$　　（2）$x(n)=e^{j\left(\frac{1}{4}n+\frac{\pi}{5}\right)}$

【1-4】 判断下列系统的线性、时不变性、因果性和稳定性。

(1) $y(n) = \cos[x(n)]$ (2) $y(n) = \sum_{m=-\infty}^{n+1} x(m)$

(3) $y(n) = x(n)\cos(\omega_0 n)$ (4) $y(n) = x(-n+1)$

(5) $y(n) = |x(n)|$ (6) $y(n) = x(n)u(n)$

(7) $y(n) = x(n) + nx(n+1)$ (8) $y(n) = x(-n)$

(9) $y(n) = \text{sign}[x(n)]$ (10) $y(n) = \begin{cases} x(n), & 若 x(n) \geqslant 0 \\ 0, & 若 x(n) < 0 \end{cases}$

【1-5】 计算下面两个信号的卷积，并画出卷积结果 $y(n)$。

$$x(n) = \begin{cases} \frac{1}{3}n, & 6 \geqslant n \geqslant 0 \\ 0, & 其他 \end{cases}, h(n) = \begin{cases} 1, & -2 \leqslant n \leqslant 2 \\ 0, & 其他 \end{cases}$$

(1) 采用不进位乘法求解。 (2) 采用解析法求解。

【1-6】 计算下面几对信号的卷积 $y(n) = x(n) * h(n)$。

(1) $x(n) = a^n u(n), h(n) = b^n u(n)$，当 $a = b$ 及 $a \neq b$ 时的结果。

(2) $x(n) = \begin{cases} 1, & n = -2,0,1 \\ 2, & n = -1 \\ 0, & 其他 \end{cases}, h(n) = \delta(n) - \delta(n-1) + \delta(n-4) + \delta(n-5)$。

(3) $x(n) = u(n+1) - u(n-4) - \delta(n-5), h(n) = [u(n+2) - u(n-3)] \cdot (3 - |n|)$。

(4) $x(n) = u(n) - u(n-5), h(n) = u(n-2) - u(n-8) + u(n-11) - u(n-17)$。

【1-7】 由差分方程

$$y(n) + \frac{1}{2}y(n-1) = x(n) + 2x(n-2)$$

描述的系统的输入为

$$x(n) = \{1,2,\underline{3},4,2,1\}$$

通过递推解法求解系统的零状态响应。

【1-8】 单位脉冲响应分别为 $h_1(n) = \delta(n) - \delta(n-1), h_2(n) = h(n), h_3(n) = u(n)$ 的三个系统级联在一起。此级联系统的单位脉冲响应 $h_s(n)$ 是什么？连接的次序对整个系统有影响吗？

【1-9】 一个因果线性时不变系统对输入 $x(n) = \{1,\underline{3},3,1\}$ 的零状态响应为 $y(n) = \{\underline{1},4,6,4,1\}$，计算其单位脉冲响应。

【1-10】 有一模拟信号 $x_a(t) = \cos(2\pi ft + \varphi)$，其中 $f = 30\text{Hz}$，$\varphi = \pi/2$。

(1) 求信号 $x_a(t)$ 的周期。

(2) 用采样间隔 $T = 0.01\text{s}$ 对 $x_a(t)$ 进行采样，写出采样信号 $\hat{x}_a(t)$ 的表达式。

(3) 画出对应 $\hat{x}_a(t)$ 的离散时间信号 $x(n)$ 的波形，并求出 $x(n)$ 的周期。

【1-11】 幅度调制信号的表达式为 $f(t) = x_a(t)\cos(\Omega_c t)$，其中，$x_a(t)$ 是奈奎斯特频率为 Ω_N 的基带调制信号，$\cos(\Omega_c t)$ 为载波。求 $f(t)$ 的奈奎斯特频率。

【1-12】 有一理想抽样系统，$\Omega_s = 6\pi\text{rad/s}$，抽样后经理想低通滤波器还原，理想低通滤波器的幅频响应为 $G(\text{j}\Omega) = \begin{cases} 0.5, & |\Omega| < 3\pi \\ 0, & |\Omega| \geqslant 3\pi \end{cases}$，今有两个输入 $x_{a1}(t) = \cos(2\pi t)$，$x_{a2}(t) = \cos(5\pi t)$，它们经过抽样还原后的输出信号 $y_{a1}(t)$ 和 $y_{a2}(t)$ 是否失真？

【1-13】 数字基带传输系统的发射机由线路编码模块、窄脉冲生成模块和发送滤波器三部分组成，其作用是把来自信源的二进制序列 $\{b_n\}$ 变成信号波形 $s(t)$ 。请完成如下题目。

（1）线路编码模块：线路编码模块的主要功能是将二进制序列 $\{b_n\}$ 映射成电平 $\{a_n\}$ ，如果是单极性码，则将“0”映射为零电平，“1”映射为正电平；如果是双极性码，则将“0”映射为负电平，“1”映射为正电平。设二进制序列 $\{b_n\}$ 为 $\{\underline{1},1,1,0,1,0,0,1\}$ ，分别求出单极性码和双极性码对应的电平 $\{a_n\}$ 。

（2）窄脉冲生成模块：产生码元间隔为 T_s 的冲激串，第 n 个冲激串的强度为编码电平 a_n，窄脉冲生成器的输出为

$$\delta_{T_s}(t) = \sum_{n=-\infty}^{\infty} a_n \delta(t - nT_s)$$

画出线路生成模块中的 $\{a_n\}$ 对应的 $\delta_{T_s}(t)$ 的波形。

（3）发送滤波器：发送滤波器完成把电平 $\{a_n\}$ 变成发送波形。设发送滤波器的冲激响应为 $h(t)$ ，发送波形 $s(t)$ 为窄脉冲生成器的输出 $\delta_{T_s}(t)$ 作用于系统 $h(t)$ 的零状态响应。如果 $h(t) = g_{T_s}(t) = \begin{cases} A, & 0 < t \leqslant T_s \\ 0, & \text{其他} \end{cases}$ ，其中 A 为常数，则请画出线路生成模块中 $\{a_n\}$ 分别为单、双极性电平时发送滤波器的输出波形 $s(t)$ 。

第 2 章

离散时间信号与系统的频域分析

本章主要介绍离散时间信号的几大变换，包括离散时间傅里叶变换、Z 变换和离散傅里叶级数及系统的频域分析，知识导图如图 2-0-1 所示。

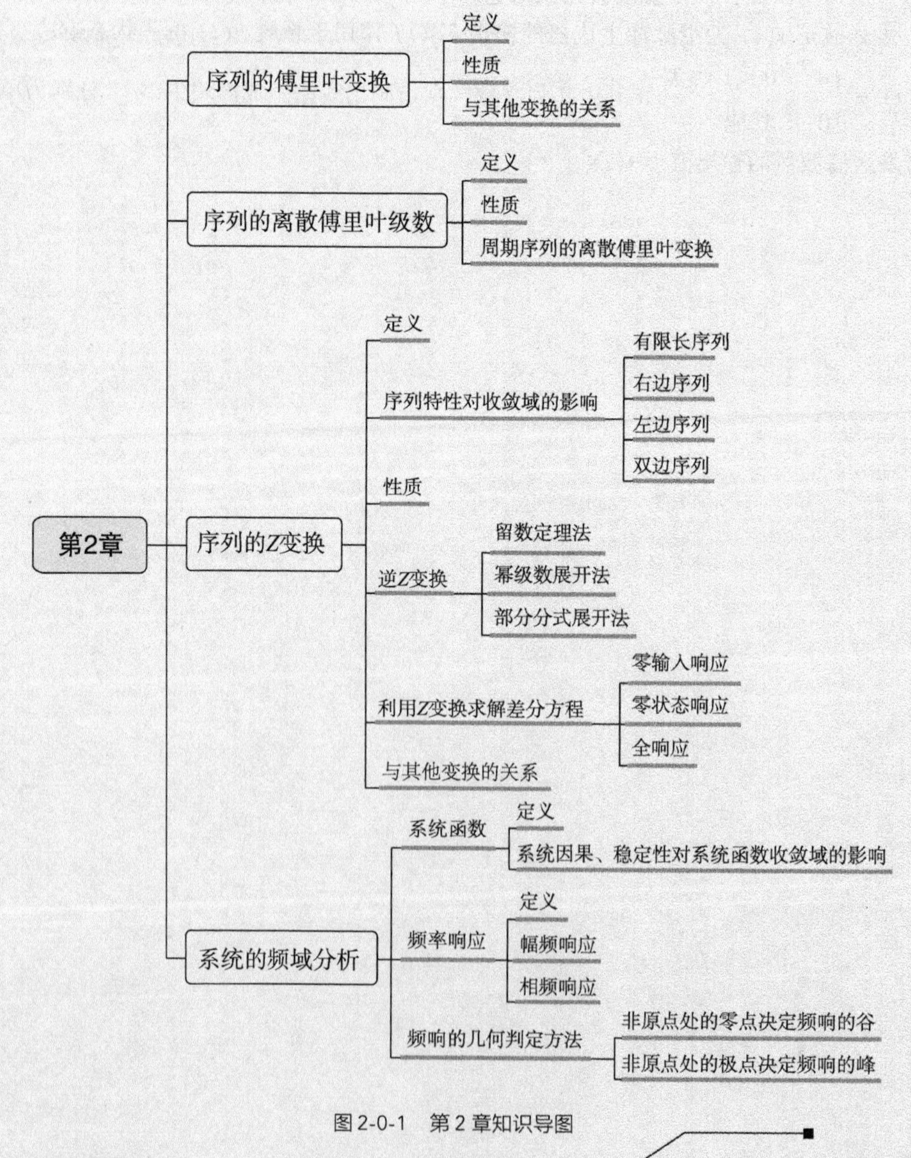

图 2-0-1　第 2 章知识导图

第 1 章介绍了一些常用的典型离散时间信号，这些信号是用来描述复杂信号的基本函数或者是构建复杂信号的基石；模拟信号转换成离散时间信号的采样过程；系统的概念、系统的基本性质及系统的描述方法。

为了实现对系统的设计，需要在了解信号和系统基本概念的基础上，实现对信号和系统性质的分析和掌握。那么，如何实现信号和系统的分析呢？信号的分析方法主要有时域分析方法和频域分析方法。在对模拟信号与系统进行时域分析时，信号用连续时间函数表示，系统则用微分方程描述；在进行频域分析时，往往采用傅里叶变换或拉普拉斯变换方法。与此类似，正如第 1 章介绍的，对离散时间信号与系统进行时域分析时，信号用序列表示，系统用差分方程描述；进行频域分析时，则往往采用序列的傅里叶变换或 Z 变换描述。Z 变换在离散时间信号与线性时不变系统分析中发挥的作用，正如拉普拉斯变换在连续时间信号与线性时不变系统分析中发挥的作用一样。本章将着重介绍离散时间信号与系统的频域分析方法，这些内容是全书的重要基础。

2.1 序列的傅里叶分析

2.1.1 序列傅里叶变换

傅里叶的故事

序列 $x(n)$ 的傅里叶变换（discrete time fourier transform，DTFT）也称为离散时间傅里叶变换，其定义式为

$$X(\mathrm{e}^{\mathrm{j}\omega}) = \mathrm{DTFT}[x(n)] = \sum_{n=-\infty}^{+\infty} x(n)\mathrm{e}^{-\mathrm{j}\omega n}, \quad -\pi < \omega \leqslant +\pi \tag{2-1-1}$$

序列傅里叶变换存在的充分必要条件是序列 $x(n)$ 满足绝对可和的条件，即

$$\sum_{n=-\infty}^{+\infty} |x(n)| < \infty \tag{2-1-2}$$

离散时间傅里叶变换的逆变换为

$$x(n) = \mathrm{IDTFT}[X(\mathrm{e}^{\mathrm{j}\omega})] = \frac{1}{2\pi}\int_{-\pi}^{\pi} X(\mathrm{e}^{\mathrm{j}\omega})\mathrm{e}^{\mathrm{j}\omega n}\mathrm{d}\omega, \quad -\infty < n < +\infty \tag{2-1-3}$$

离散时间傅里叶变换和其逆变换是一一对应的。事实上，对式（2-1-1）两边同乘 $\mathrm{e}^{\mathrm{j}\omega m}$，并在 $-\pi \sim \pi$ 内对 ω 进行积分，可得

离散时间傅里叶变换

$$\begin{aligned}\int_{-\pi}^{\pi} X(\mathrm{e}^{\mathrm{j}\omega})\mathrm{e}^{\mathrm{j}\omega m}\mathrm{d}\omega &= \int_{-\pi}^{\pi}\sum_{n=-\infty}^{+\infty} x(n)\mathrm{e}^{-\mathrm{j}\omega n}\mathrm{e}^{\mathrm{j}\omega m}\mathrm{d}\omega \\ &= \sum_{n=-\infty}^{+\infty} x(n)\int_{-\pi}^{\pi}\mathrm{e}^{\mathrm{j}\omega(m-n)}\mathrm{d}\omega\end{aligned}$$

利用复指数序列的正交性，即

$$\int_{-\pi}^{\pi}\mathrm{e}^{\mathrm{j}\omega(m-n)}\mathrm{d}\omega = 2\pi\delta(n-m) \tag{2-1-4}$$

可得

$$\int_{-\pi}^{\pi} X(\mathrm{e}^{\mathrm{j}\omega})\mathrm{e}^{\mathrm{j}\omega m}\mathrm{d}\omega = \sum_{n=-\infty}^{+\infty} x(n)2\pi\delta(n-m) = 2\pi x(m)$$

所以

$$x(n) = \frac{1}{2\pi}\int_{-\pi}^{\pi} X(\mathrm{e}^{\mathrm{j}\omega})\mathrm{e}^{\mathrm{j}\omega n}\mathrm{d}\omega$$

式（2-1-1）和式（2-1-3）组成一对傅里叶变换公式，而式（2-1-2）是DTFT存在的充分必要条件。如果引入冲激函数，则一些绝对不可和的序列（如周期序列）的傅里叶变换可用冲激函数的形式表示出来，这部分内容将在后面的章节中进行介绍。

例 2-1-1 设 $x(n) = R_N(n)$，其中 N 为某一正整数，求序列 $x(n)$ 的傅里叶变换。

解 根据定义

$$X(e^{j\omega}) = \text{DTFT}[x(n)] = \sum_{n=-\infty}^{+\infty} x(n)e^{-j\omega n} = \sum_{n=-\infty}^{+\infty} R_N(n)e^{-j\omega n}$$

$$= \sum_{n=0}^{N-1} e^{-j\omega n} = \frac{1-e^{-j\omega N}}{1-e^{-j\omega}} = \frac{e^{j\omega N/2}-e^{-j\omega N/2}}{e^{j\omega/2}-e^{-j\omega/2}} \cdot \frac{e^{-j\omega N/2}}{e^{-j\omega/2}}$$

$$= \frac{\sin\dfrac{\omega N}{2}}{\sin\dfrac{\omega}{2}} e^{-j\frac{N-1}{2}\omega}$$

若取 $N = 4$，则

$$X(e^{j\omega}) = \frac{\sin 2\omega}{\sin\omega/2} e^{-j\frac{3}{2}\omega} \tag{2-1-5}$$

相应地，$X(e^{j\omega})$ 的幅度和相位随 ω 变化分别称为该信号的幅度谱和相位谱，并表示为

$$|X(e^{j\omega})| = \left|\frac{\sin(2\omega)}{\sin(\omega/2)}\right|$$

$$\arg[X(e^{j\omega})] = -\frac{3}{2}\omega$$

分析上式可知，幅度谱第一过零点为 $2\pi/N = 2\pi/4$，即 $\pi/2$，故信号带宽为 $\pi/2$。在 $[0, 2\pi)$ 内，过零点分别在 $\pi/2$ 的整数倍处，即 $\pi/2$、π 和 $3\pi/2$。幅度谱的主瓣宽度为第一过零点带宽的两倍，即为 π；另外，序列幅度谱在 2π 整数倍处的值（即该序列的直流分量 $X(e^{j\omega})|_{\omega=0} = \sum_{n=-\infty}^{+\infty} x(n)$）为序列宽度 N，如图 2-1-1 所示。

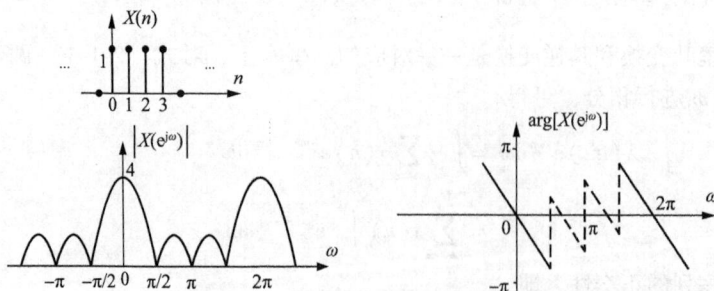

序列傅里叶变换的意义（1）

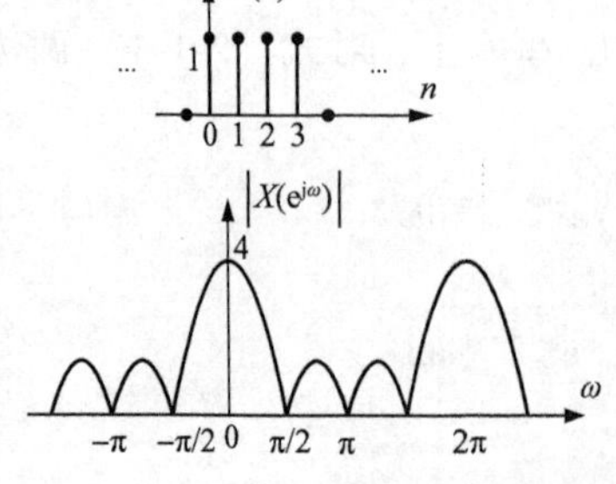

序列傅里叶变换的意义（2）

图 2-1-1 $R_4(n)$ 的幅度谱与相位谱曲线

正如图 2-1-1 所示，$R_4(n)$ 的频谱涵盖整个频段，但其主要能量集中在主瓣范围内。实际上，许多信号的频谱中都含有无数个不同频率的分量，或者说很多信号所占有的频带严格地说都是无限的。信号通过系统传输时，由于系统的带宽通常都为有限的，往往不可能将信号中所包含的所有频率分量都进行有效的传输，而只要保证信号能量的大部分能得到有效传输就够了。为了达到这一目的，传输系统必须保证能将占有信号大部分能量的那些频率分量进行有效的传输。

为此，在通信系统中，就需要将信号加到载波上，进行适当的调制（modulation），使低通型信源的信息变为适合信道传输的形式。

为了描述系统和所传输的信号在占有频带上的这种关系，需要定义信号的有效带宽（简称为信号带宽），它是指从零频率到需要考虑的信号最高频率的频率范围。在工程应用中，定义信号带宽的方法主要有以下两种。

①对于频谱或频谱的包络具有 sinc 函数形式的信号，通常定义其带宽为 sinc 函数主瓣宽度的一半，即从零频率到 sinc 函数第一过零点的频率范围。

②对于其他形状的频谱，工程上通常将信号频谱的幅度从最大值降低到最大值的 $1/\sqrt{2}$ 时所对应的频率范围定义为信号的带宽，此时，信号的功率下降到峰值的一半，即比峰值功率下降 3dB，因此该带宽又被称为半功率带宽。

例 2-1-2 若 $x(n)$ 的 DTFT 为 $X(e^{j\omega})$，试计算 $x^*(n)$、$x(-n)$ 和 $x^*(-n)$ 的 DTFT。

解 由定义式 $X(e^{j\omega}) = \text{DTFT}[x(n)] = \sum_{n=-\infty}^{+\infty} x(n)e^{-j\omega n}$ 可得

$$(1)\ \text{DTFT}[x^*(n)] = \sum_{n=-\infty}^{+\infty} x^*(n)e^{-j\omega n} = \left[\sum_{n=-\infty}^{+\infty} x(n)e^{j\omega n}\right]^*$$

$$= \left[\sum_{n=-\infty}^{+\infty} x(n)e^{-j(-\omega)n}\right]^* = X^*(e^{-j\omega})$$

$$(2)\ \text{DTFT}[x(-n)] = \sum_{n=-\infty}^{+\infty} x(-n)e^{-j\omega n} = \sum_{n=-\infty}^{+\infty} x(n)e^{-j(-\omega)n} = X(e^{-j\omega})$$

$$(3)\ \text{DTFT}[x^*(-n)] = \sum_{n=-\infty}^{+\infty} x^*(-n)e^{-j\omega n} = \left[\sum_{n=-\infty}^{+\infty} x(-n)e^{-j\omega(-n)}\right]^*$$

令 $m=-n$，可得

$$\text{DTFT}[x^*(-n)] = \left[\sum_{m=-\infty}^{+\infty} x(m)e^{-j\omega m}\right]^* = X^*(e^{j\omega})$$

通过例 2-1-2，从（1）的结果可知，时域共轭对应频域共轭翻转，即 $\text{DTFT}[x^*(n)] = X^*(e^{-j\omega})$；从（2）的结果可知，时域翻转对应频域翻转，即 $\text{DTFT}[x(-n)] = X(e^{-j\omega})$；从（3）的结果可知，时域共轭翻转对应频域共轭，即 $\text{DTFT}[x^*(-n)] = X^*(e^{j\omega})$。总体来说，一个域的翻转对应于另一个域的翻转，而一个域的共轭对应于另一个域的共轭翻转。

2.1.2 序列傅里叶变换的性质与定理

离散时间傅里叶变换和连续时间傅里叶变换一样，具有很多重要性质。这些性质不仅深刻地揭示了离散时间信号时域特性与频域特性的关系，而且对简化信号的变换和反变换也很有用。另外，熟悉这些性质和定理有助于从频域分析并解决问题。由于离散傅里叶变换与离散时间傅里叶级数之间有着密切的关系，因此傅里叶变换的许多性质可以直接移植到傅里叶级数中去。

1. 周期性

由定义式 $X(e^{j\omega}) = \sum_{n=-\infty}^{+\infty} x(n)e^{-j\omega n}$ 可以得到

$$X(e^{j(\omega+2\pi M)}) = \sum_{n=-\infty}^{+\infty} x(n)e^{-j(\omega+2\pi M)n} = X(e^{j\omega}),\quad M\text{ 为整数} \tag{2-1-6}$$

即序列的频谱是频率 ω 的周期函数，其周期是 2π。由式（2-1-6）可知，正是复指数序列 $e^{j\omega n}$ 的周期性（periodicity）造成了 DTFT 的周期性。

于是，式（2-1-1）也可理解为周期信号 $X(e^{j\omega})$ 的傅里叶级数形式，$x(n)$ 正是其傅里叶系数。式（2-1-6）表明 $x(n)$ 的频谱 $X(e^{j\omega})$ 在 $\omega=0$ 和 $\omega=2\pi M$ 处相同，都表示信号 $x(n)$ 的直流分量；离开这些点越远频率越高，故 $\omega=\pi$ 是其最高频率。离散时间傅里叶变换的周期性使其与连续时间傅里叶变换有了显著的区别，于是，对序列进行傅里叶变换 $X(e^{j\omega})$ 分析时，ω 只须在 $-\pi\sim\pi$ 或 $0\sim2\pi$ 即可。

2. 线性

设 $X_1(e^{j\omega})=\text{DTFT}[x_1(n)]\ X_2(e^{j\omega})=\text{DTFT}[x_2(n)]$，则

$$\text{DTFT}[ax_1(n)+bx_2(n)]=aX_1(e^{j\omega})+bX_2(e^{j\omega}) \tag{2-1-7}$$

式中，a、b 为常数，即序列傅里叶变换是线性（linearity）的。

3. 时移性和频移性

设 $X(e^{j\omega})=\text{DTFT}[x(n)]$，则其时移（time shifting）信号的 DTFT 为

$$\text{DTFT}[x(n-n_0)]=\sum_{n=-\infty}^{+\infty}x(n-n_0)e^{-j\omega n}=\sum_{m=-\infty}^{+\infty}x(m)e^{-j\omega(m+n_0)}=e^{-j\omega n_0}X(e^{j\omega}) \tag{2-1-8}$$

可见，时移信号的 DTFT 是在原始信号 DTFT 的基础上叠加线性相位而得的。为了方便记忆，式(2-1-8) 可以简单描述为“时域右移位（$n_0>0$ 时）引起负的线性相移”；该性质也可反过来说，“负的线性相移导致时域右移位”。从信号通过系统的角度来说，如果系统的作用仅仅是对输入信号引入负的线性相移，则输出信号相对于输入信号也仅仅是时域右移位，这并不会造成信号畸变，因此在设计系统时，理想的系统应为线性相移的。

类似地，对频移（frequency shifting）信号而言，

$$X(e^{j(\omega-\omega_0)})=\text{DTFT}[e^{j\omega_0 n}x(n)]=\sum_{n=-\infty}^{+\infty}x(n)e^{-j\omega n}e^{j\omega_0 n}=\sum_{n=-\infty}^{+\infty}x(n)e^{-j(\omega-\omega_0)n} \tag{2-1-9}$$

式（2-1-9）实际上是信号 $e^{j\omega_0 n}$ 对信号 $x(n)$ 进行时域调制。为了方便记忆，式（2-1-9）也可以简单描述为“时域调制，频域谱搬移”。

4. 对称性

由于信号频谱是信号在频域的表示，因此当信号具有某种对称性（symmetry）时，其必然会在它的傅里叶变换中有所体现。为了分析频谱的特性，首先介绍共轭对称与共轭反对称的概念。

（1）共轭对称序列与共轭反对称序列

如果序列 $x_e(n)$ 满足

$$x_e(n)=x_e^*(-n) \tag{2-1-10}$$

则称 $x_e(n)$ 为共轭对称（conjugate symmetry）序列。

为研究共轭对称序列的性质，将 $x_e(n)$ 用其实部 $x_{er}(n)$ 和虚部 $x_{ei}(n)$ 之和的形式表示为

$$x_e(n)=x_{er}(n)+jx_{ei}(n)$$

在上式等号的两边用 $-n$ 代替 n，并对等号两边取共轭，得到

$$x_e^*(-n)=x_{er}(-n)-jx_{ei}(-n)$$

对比上面两式，根据式（2-1-10）可得

$$x_{er}(n)=x_{er}(-n)$$

$$x_{ei}(n)=-x_{ei}(-n)$$

由上面两式得到重要结论：共轭对称序列的实部是偶函数，而虚部是奇函数。

类似地，可将共轭反对称（conjugate antisymmetry）序列定义为

$$x_o(n) = -x_o^*(-n) \tag{2-1-11}$$

将 $x_o(n)$ 用其实部 $x_{or}(n)$ 和虚部 $x_{oi}(n)$ 之和的形式表示为

$$x_o(n) = x_{or}(n) + jx_{oi}(n)$$

在上式等号的两边用 $-n$ 代替 n，对等号两边同时取共轭，并根据式（2-1-11）可得

$$x_{or}(n) = -x_{or}(-n)$$

$$x_{oi}(n) = x_{oi}(-n)$$

由上面两式得到重要结论：共轭反对称序列的实部是奇函数，而虚部是偶函数。

例 2-1-3　试分析 $x(n) = e^{j\omega n}$ 的对称性。

解　根据定义，将 $x(n)$ 的 n 用 $-n$ 代替，再取共轭可得

$$x^*(-n) = (e^{-j\omega n})^* = e^{j\omega n} = x(n)$$

满足式（2-1-10），故 $x(n)$ 是共轭对称序列。

对于一般序列而言，其均可表示为共轭对称与共轭反对称序列之和的形式，即

$$x(n) = x_e(n) + x_o(n) \tag{2-1-12}$$

为求出 $x_e(n)$ 和 $x_o(n)$，用 $-n$ 代替式（2-1-12）中的 n，再在等号两边同时取共轭，得

$$x^*(-n) = x_e(n) - x_o(n) \tag{2-1-13}$$

将式（2-1-12）和式（2-1-13）分别做加法和减法运算，整理可得

$$x_e(n) = \frac{1}{2}[x(n) + x^*(-n)] \tag{2-1-14}$$

$$x_o(n) = \frac{1}{2}[x(n) - x^*(-n)] \tag{2-1-15}$$

同样，对于频域函数 $X(e^{j\omega})$，也可以将其表示为共轭对称部分 $X_e(e^{j\omega})$ 与共轭反对称部分 $X_o(e^{j\omega})$ 之和的形式

$$X(e^{j\omega}) = X_e(e^{j\omega}) + X_o(e^{j\omega}) \tag{2-1-16}$$

其中，$X_e(e^{j\omega})$ 和 $X_o(e^{j\omega})$ 分别满足

$$X_e(e^{j\omega}) = X_e^*(e^{-j\omega}) \tag{2-1-17}$$

$$X_o(e^{j\omega}) = -X_o^*(e^{-j\omega}) \tag{2-1-18}$$

将式（2-1-16）与其取共轭后的式子相加或相减，并结合式（2-1-17）和式（2-1-18）可得

$$X_e(e^{j\omega}) = \frac{1}{2}[X(e^{j\omega}) + X^*(e^{-j\omega})] \tag{2-1-19}$$

$$X_o(e^{j\omega}) = \frac{1}{2}[X(e^{j\omega}) - X^*(e^{-j\omega})] \tag{2-1-20}$$

（2）序列傅里叶变换的对称性

序列傅里叶变换的对称性主要体现在建立序列实、虚部的傅里叶变换与原始序列傅里叶变换的共轭对称部分和共轭反对称部分之间关系的过程中。

将序列 $x(n)$ 表示为实部 $x_r(n)$ 与虚部 $x_i(n)$ 之和的形式

$$x(n) = x_r(n) + jx_i(n) \tag{2-1-21}$$

其中

$$x_r(n) = \frac{1}{2}[x(n) + x^*(n)]$$

$$jx_i(n) = \frac{1}{2}[x(n) - x^*(n)]$$

对上面两式分别进行 DTFT，并直接利用共轭序列的 DTFT 结果，得

$$\text{DTFT}[x_r(n)] = \frac{1}{2}[X(e^{j\omega}) + X^*(e^{-j\omega})] = X_e(e^{j\omega}) \tag{2-1-22}$$

$$\text{DTFT}[jx_i(n)] = \frac{1}{2}[X(e^{j\omega}) - X^*(e^{-j\omega})] = X_o(e^{j\omega}) \tag{2-1-23}$$

因此

$$X(e^{j\omega}) = X_e(e^{j\omega}) + X_o(e^{j\omega}) = \text{DTFT}[x_r(n)] + \text{DTFT}[jx_i(n)]$$

最后得到重要结论：序列分成实部与虚部两部分，实部的 DTFT 为原始序列 DTFT 的共轭对称部分，虚部和 j 乘积的 DTFT 为原始序列 DTFT 的共轭反对称部分。

同样，若将序列 $x(n)$ 表示为共轭对称部分 $x_e(n)$ 和共轭反对称部分 $x_o(n)$ 之和的形式，即

$$x(n) = x_e(n) + x_o(n) \tag{2-1-24}$$

对 $x_e(n)$ 和 $x_o(n)$ 分别进行 DTFT 运算，并直接利用共轭翻转序列的 DTFT 结果，则可得

$$\text{DTFT}[x_e(n)] = \frac{1}{2}[X(e^{j\omega}) + X^*(e^{j\omega})] = \text{Re}[X(e^{j\omega})] = X_r(e^{j\omega})$$

$$\text{DTFT}[x_o(n)] = \frac{1}{2}[X(e^{j\omega}) - X^*(e^{j\omega})] = j\text{Im}[X(e^{j\omega})] = jX_i(e^{j\omega})$$

因此对式（2-1-24）进行 DTFT 可以得到

$$X(e^{j\omega}) = \text{DTFT}[x_e(n)] + \text{DTFT}[x_o(n)] = X_r(e^{j\omega}) + jX_i(e^{j\omega})$$

最后得到重要结论：序列的共轭对称部分 $x_e(n)$ 的 DTFT 对应着原始序列 DTFT 的实部，而序列的共轭反对称部分 $x_o(n)$ 的 DTFT 对应着原始序列 DTFT 的虚部与虚数符号 j 之积。

综合序列傅里叶变换的对称性，可得出它们之间的关系如下

$$x(n) = x_e(n) + x_o(n) = x_r(n) + jx_i(n)$$

$$\text{IDTFT} \uparrow\downarrow \text{DTFT}$$

$$X(e^{j\omega}) = X_r(e^{j\omega}) + jX_i(e^{j\omega}) = X_e(e^{j\omega}) + X_o(e^{j\omega})$$

实际上，实际的序列具有更特殊的性质，例如，待分析的信号是实序列、实偶对称序列或实奇对称序列，其频谱会有什么特性呢？为此可以对信号进行进一步的分解。

在继续讨论之前，先对下面用到的双下标进行说明。下标“ er ”表示“共轭对称部分的实部”，“ ei ”表示“共轭对称部分的虚部”，“ or ”表示“共轭反对称部分的实部”，“oi”表示“共轭反对称部分的虚部”；下标“ re ”表示“实部中的共轭对称部分”，“ ro ”表示“实部中的共轭反对称部分”，“ ie ”表示“虚部中的共轭对称部分”，“io”表示“虚部中的共轭反对称部分”。

如果进一步划分序列的共轭对称部分，可以将其分为共轭对称部分的实部和虚部，表示为

$$x_e(n) = x_{er}(n) + jx_{ei}(n) \tag{2-1-25}$$

由此可以得到

$$x_{er}(n) = \frac{1}{2}[x_e(n) + x_e^*(n)] \tag{2-1-26}$$

对式（2-1-26）等号的两边进行 DTFT，得到

$$\begin{aligned}\mathrm{DTFT}[x_{\mathrm{er}}(n)] &= \mathrm{DTFT}\left\{\frac{1}{2}[x_{\mathrm{e}}(n)+x_{\mathrm{e}}^{*}(n)]\right\}\\ &= \frac{1}{2}[X_{\mathrm{r}}(\mathrm{e}^{\mathrm{j}\omega})+X_{\mathrm{r}}^{*}(\mathrm{e}^{-\mathrm{j}\omega})] = X_{\mathrm{re}}(\mathrm{e}^{\mathrm{j}\omega})\end{aligned} \tag{2-1-27}$$

同理，对 $\mathrm{j}x_{\mathrm{ei}}(n)$ 进行 DTFT，很容易得到

$$\begin{aligned}\mathrm{DTFT}[\mathrm{j}x_{\mathrm{ei}}(n)] &= \mathrm{DTFT}\left\{\frac{1}{2}[x_{\mathrm{e}}(n)-x_{\mathrm{e}}^{*}(n)]\right\}\\ &= \frac{1}{2}[X_{\mathrm{r}}(\mathrm{e}^{\mathrm{j}\omega})-X_{\mathrm{r}}^{*}(\mathrm{e}^{-\mathrm{j}\omega})] = X_{\mathrm{ro}}(\mathrm{e}^{\mathrm{j}\omega})\end{aligned} \tag{2-1-28}$$

最后得到重要结论：序列的共轭对称部分的实部 $x_{\mathrm{er}}(n)$ 的 DTFT 对应着原始序列 DTFT 的实部的共轭对称部分；而虚数符号 j 和序列的共轭对称部分的虚部乘积 $\mathrm{j}x_{\mathrm{ei}}(n)$ 的 DTFT 对应着原始序列 DTFT 的实部的共轭反对称部分。

如果进一步划分序列的共轭反对称部分，则可以将其分为共轭反对称部分的实部和虚部，表示为

$$x_{\mathrm{o}}(n) = x_{\mathrm{or}}(n)+\mathrm{j}x_{\mathrm{oi}}(n) \tag{2-1-29}$$

由此可以得到

$$x_{\mathrm{or}}(n) = \frac{1}{2}[x_{\mathrm{o}}(n)+x_{\mathrm{o}}^{*}(n)] \tag{2-1-30}$$

对式（2-1-30）等号的两边进行 DTFT，得到

$$\begin{aligned}\mathrm{DTFT}[x_{\mathrm{or}}(n)] &= \frac{1}{2}\{\mathrm{DTFT}[x_{\mathrm{o}}(n)]+\mathrm{DTFT}[x_{\mathrm{o}}^{*}(n)]\}\\ &= \frac{1}{2}\left\{\frac{1}{2}[X(\mathrm{e}^{\mathrm{j}\omega})-X^{*}(\mathrm{e}^{\mathrm{j}\omega})]+\frac{1}{2}[X^{*}(\mathrm{e}^{-\mathrm{j}\omega})-X(\mathrm{e}^{-\mathrm{j}\omega})]\right\}\\ &= \frac{1}{2}\left\{\frac{1}{2}[X(\mathrm{e}^{\mathrm{j}\omega})+X^{*}(\mathrm{e}^{-\mathrm{j}\omega})]-\frac{1}{2}[X_{\mathrm{e}}(\mathrm{e}^{-\mathrm{j}\omega})+X^{*}(\mathrm{e}^{\mathrm{j}\omega})]\right\}\\ &= \frac{1}{2}[X_{\mathrm{e}}(\mathrm{e}^{\mathrm{j}\omega})-X_{\mathrm{e}}(\mathrm{e}^{-\mathrm{j}\omega})]\\ &= \frac{1}{2}[X_{\mathrm{e}}(\mathrm{e}^{\mathrm{j}\omega})-X_{\mathrm{e}}^{*}(\mathrm{e}^{\mathrm{j}\omega})]\\ &= \mathrm{j}X_{\mathrm{ei}}(\mathrm{e}^{\mathrm{j}\omega})\end{aligned} \tag{2-1-31}$$

对 $\mathrm{j}x_{\mathrm{oi}}(n)$ 进行 DTFT，参照上面的过程，很容易得到

$$\begin{aligned}\mathrm{DTFT}[\mathrm{j}x_{\mathrm{oi}}(n)] &= \mathrm{DTFT}\left\{\frac{1}{2}[x_{\mathrm{o}}(n)-x_{\mathrm{o}}^{*}(n)]\right\}\\ &= \frac{1}{2}[X_{\mathrm{o}}(\mathrm{e}^{\mathrm{j}\omega})-X_{\mathrm{o}}^{*}(\mathrm{e}^{\mathrm{j}\omega})] = \mathrm{j}X_{\mathrm{oi}}(\mathrm{e}^{\mathrm{j}\omega})\end{aligned} \tag{2-1-32}$$

最后得到重要结论：序列的共轭反对称部分的实部 $x_{\mathrm{or}}(n)$ 的 DTFT 对应着原始序列 DTFT 的虚部中共轭反对称部分和虚数符号 j；而虚数符号 j 和序列的共轭反对称部分的虚部的乘积 $\mathrm{j}x_{\mathrm{oi}}(n)$ 的 DTFT 对应着原始序列 DTFT 的虚部中共轭对称部分和虚数符号 j。

综合分析序列共轭对称部分和共轭反对称部分进一步划分的 DTFT 结果，可将其傅里叶变换的关系总结如下

$$
\begin{array}{ccccccccc}
x(n) & = & x_{er}(n) & + & jx_{ei}(n) & + & x_{or}(n) & + & jx_{oi}(n) \\
 & & \text{IDTFT}\Updownarrow\text{DTFT} & & \text{IDTFT}\Updownarrow\text{DTFT} & & \text{IDTFT}\Updownarrow\text{DTFT} & & \text{IDTFT}\Updownarrow\text{DTFT} \\
X(e^{j\omega}) & = & X_{re}(e^{j\omega}) & + & X_{ro}(e^{j\omega}) & = & jX_{ei}(e^{j\omega}) & + & jX_{oi}(e^{j\omega})
\end{array}
$$

（3）实因果序列的对称性

下面利用 DTFT 的对称性，分析实因果序列 $h(n)$ 的对称性，并推导其偶函数 $h_e(n)$ 和奇函数 $h_o(n)$ 与 $h(n)$ 之间的关系。

对于实因果序列 $h(n)$，其虚部为零，故其共轭反对称部分 $H_o(e^{j\omega})$ 为零，即 $H(e^{j\omega}) = H_e(e^{j\omega})$。于是，$H(e^{j\omega})$ 的实部是偶函数、虚部是奇函数。按照式（2-1-14）和式（2-1-15），可以得到

$$h(n) = h_e(n) + h_o(n)$$
$$h_e(n) = (1/2)[h(n) + h(-n)]$$
$$h_o(n) = (1/2)[h(n) - h(-n)]$$

因为 $h(n)$ 是实因果序列，所以 $h_e(n)$ 和 $h_o(n)$ 可以表示为

$$h_e(n) = \begin{cases} h(0), & n = 0 \\ \frac{1}{2}h(n), & n > 0 \\ \frac{1}{2}h(-n), & n < 0 \end{cases} \tag{2-1-33}$$

$$h_o(n) = \begin{cases} 0, & n = 0 \\ \frac{1}{2}h(n), & n > 0 \\ -\frac{1}{2}h(-n), & n < 0 \end{cases} \tag{2-1-34}$$

相应地，实因果序列 $h(n)$ 也可以分别用 $h_e(n)$ 和 $h_o(n)$ 表示为

$$h(n) = h_e(n)u_+(n) \tag{2-1-35}$$

$$h(n) = h_o(n)u_+(n) + h(0)\delta(n) \tag{2-1-36}$$

式中

$$u_+(n) = \begin{cases} 2, & n > 0 \\ 1, & n = 0 \\ 0, & n < 0 \end{cases}$$

由式（2-1-33）和式（2-1-34）可以得到重要结论：实因果序列 $h(n)$ 完全可以仅由其偶对称分量 $h_e(n)$ 恢复，或从频域角度理解，只需要知道实因果序列 $h(n)$ 对应 $H(e^{j\omega})$ 的实部 $H_{er}(e^{j\omega})$ 即可获得 $h(n)$ 的所有信息；而如果在已知 $h(0)\delta(n)$ 信息的条件下，$h(n)$ 完全可以由其奇对称分量 $h_o(n)$ 和补充的 $h(0)\delta(n)$ 信息来恢复。

例 2-1-4 已知实因果序列 $x(n) = a^n u(n)$，$0 < a < 1$，求其偶对称分量 $x_e(n)$ 和奇对称分量 $x_o(n)$。

解 根据 $x(n) = x_e(n) + x_o(n)$，按照式（2-1-33），可以得到

$$x_e(n)=\begin{cases}x(0)\\ \dfrac{1}{2}x(n)\\ \dfrac{1}{2}x(-n)\end{cases}=\begin{cases}1, & n=0\\ \dfrac{1}{2}a^n, & n>0\\ \dfrac{1}{2}a^{-n}, & n<0\end{cases}$$

按照式（2-1-34），可以得到

$$x_o(n)=\begin{cases}0\\ \dfrac{1}{2}x(n)\\ -\dfrac{1}{2}x(-n)\end{cases}=\begin{cases}0, & n=0\\ \dfrac{1}{2}a^n, & n>0\\ -\dfrac{1}{2}a^{-n}, & n<0\end{cases}$$

$x(n)$、$x_e(n)$ 和 $x_o(n)$ 的波形如图 2-1-2 所示。

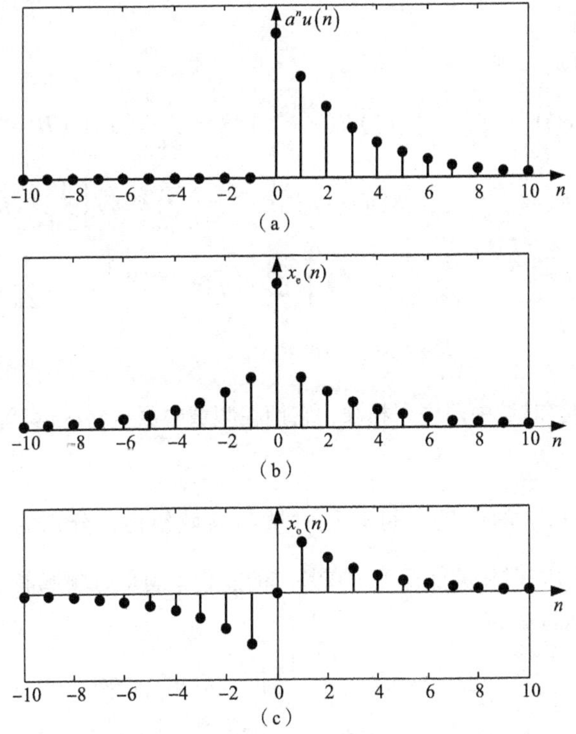

图2-1-2　实因果序列及其偶对称分量和奇对称分量

5. 卷积定理

（1）时域卷积定理

设

$$y(n)=x(n)*h(n) \tag{2-1-37}$$

则

$$Y(e^{j\omega})=X(e^{j\omega})H(e^{j\omega}) \tag{2-1-38}$$

证： $\mathrm{DTFT}[x(n)*h(n)]=\sum_{n=-\infty}^{+\infty}[x(n)*h(n)]e^{-j\omega n}=\sum_{n=-\infty}^{+\infty}\left[\sum_{m=-\infty}^{+\infty}x(m)h(n-m)\right]e^{-j\omega n}$

$$= \sum_{m=-\infty}^{+\infty} x(m)\mathrm{e}^{-\mathrm{j}\omega m} \sum_{n=-\infty}^{+\infty} h(n-m)\mathrm{e}^{-\mathrm{j}\omega(n-m)} = X(\mathrm{e}^{\mathrm{j}\omega})H(\mathrm{e}^{\mathrm{j}\omega})$$

由定理可见，当序列经过线性时不变系统时，其输出等于输入序列与系统的单位脉冲响应的线性卷积，该结论从频域角度来看，输出序列的 DTFT 为输入序列的 DTFT 与系统频率响应 $H(\mathrm{e}^{\mathrm{j}\omega})$ 的乘积。可见，线性时不变系统的输出 $y(n)$ 可以用式（2-1-37）在时域求解，也可以在频域按式（2-1-38）求输出序列的频谱 $Y(\mathrm{e}^{\mathrm{j}\omega})$，再作逆变换得到输出信号 $y(n)$。

在通信系统中，如果系统单位脉冲响应为 $h(n) = \delta(n-n_0)$，$h(n)$ 的 DTFT 为 $H(\mathrm{e}^{\mathrm{j}\omega}) = \mathrm{e}^{-\mathrm{j}\omega n_0}$，则输入信号 $x(n)$ 通过系统后，其输出序列可以表示为

$$y(n) = x(n) * \delta(n-n_0) = x(n-n_0)$$

根据时域卷积定理，输出序列的频域形式为 $Y(\mathrm{e}^{\mathrm{j}\omega}) = \mathrm{e}^{-\mathrm{j}\omega n_0}X(\mathrm{e}^{\mathrm{j}\omega})$。这描述了一个理想的离散时间通信系统，也就是说，信号通过此系统只产生时延，不发生变形，体现在频域中就是原始信号频谱产生了线性相移。

（2）频域卷积定理

设 $y(n) = x(n)h(n)$，则

$$Y(\mathrm{e}^{\mathrm{j}\omega}) = \frac{1}{2\pi}\int_{-\pi}^{\pi} X(\mathrm{e}^{\mathrm{j}\theta})H(\mathrm{e}^{\mathrm{j}(\omega-\theta)})\mathrm{d}\theta = \frac{1}{2\pi}X(\mathrm{e}^{\mathrm{j}\omega}) * H(\mathrm{e}^{\mathrm{j}\omega}) \tag{2-1-39}$$

证明： $\mathrm{DTFT}[x(n)h(n)] = \sum_{n=-\infty}^{+\infty}[x(n)h(n)]\mathrm{e}^{-\mathrm{j}\omega n} = \sum_{n=-\infty}^{+\infty} x(n)\left[\frac{1}{2\pi}\int_{-\pi}^{\pi} H(\mathrm{e}^{\mathrm{j}\theta})\mathrm{e}^{\mathrm{j}\theta n}\mathrm{d}\theta\right]\mathrm{e}^{-\mathrm{j}\omega n}$

$$= \frac{1}{2\pi}\int_{-\pi}^{\pi} H(\mathrm{e}^{\mathrm{j}\theta})\left[\sum_{n=-\infty}^{+\infty} x(n)\mathrm{e}^{-\mathrm{j}(\omega-\theta)n}\right]\mathrm{d}\theta = \frac{1}{2\pi}\int_{-\pi}^{\pi} H(\mathrm{e}^{\mathrm{j}\theta})X(\mathrm{e}^{\mathrm{j}(\omega-\theta)})\mathrm{d}\theta$$

$$= \frac{1}{2\pi}X(\mathrm{e}^{\mathrm{j}\omega}) * H(\mathrm{e}^{\mathrm{j}\omega})$$

频域卷积定理表明，时域中两序列相乘，它们在频域中服从卷积运算。

6. 帕斯瓦尔定理

离散非周期信号 $x(n)$ 的能量 E 可以从时域和频域给定，分别为 $\sum_{n=-\infty}^{+\infty}|x(n)|^2$ 和 $\frac{1}{2\pi}\int_{-\pi}^{\pi}|X(\mathrm{e}^{\mathrm{j}\omega})|^2\mathrm{d}\omega$。一个信号在时域的能量等于在频域的能量，满足时频域能量守恒，此即为帕斯瓦尔定理（Parseval theorem）

$$\sum_{n=-\infty}^{+\infty}|x(n)|^2 = \frac{1}{2\pi}\int_{-\pi}^{\pi}|X(\mathrm{e}^{\mathrm{j}\omega})|^2\mathrm{d}\omega \tag{2-1-40}$$

证明： $\sum_{n=-\infty}^{\infty}|x(n)|^2 = \sum_{n=-\infty}^{\infty} x(n)x^*(n) = \sum_{n=-\infty}^{\infty} x^*(n)\left[\frac{1}{2\pi}\int_{-\pi}^{\pi} X(\mathrm{e}^{\mathrm{j}\omega})\mathrm{e}^{\mathrm{j}\omega n}\mathrm{d}\omega\right]$

$$= \frac{1}{2\pi}\int_{-\pi}^{\pi} X(\mathrm{e}^{\mathrm{j}\omega})\sum_{n=-\infty}^{\infty} x^*(n)\mathrm{e}^{\mathrm{j}\omega n}\mathrm{d}\omega$$

$$= \frac{1}{2\pi}\int_{-\pi}^{\pi} X(\mathrm{e}^{\mathrm{j}\omega})X^*(\mathrm{e}^{\mathrm{j}\omega})\mathrm{d}\omega = \frac{1}{2\pi}\int_{-\pi}^{\pi}|X(\mathrm{e}^{\mathrm{j}\omega})|^2\mathrm{d}\omega$$

帕斯瓦尔定理表明，信号在时域拥有的能量可以由其频谱在单位频率内的能量 $\frac{1}{2\pi}|X(\mathrm{e}^{\mathrm{j}\omega})|^2$ 在整个频率范围内积分求得，相应地，$|X(\mathrm{e}^{\mathrm{j}\omega})|^2$ 表示了信号能量在不同频率上的分布情况，故称之为 $x(n)$ 的能量谱密度。

7. 对偶性

如果非周期序列 $x(n)$ 的 DTFT 为 $X(\mathrm{e}^{\mathrm{j}\omega})$，则有

$$X(e^{j\omega}) = \text{DTFT}[x(n)] = \sum_{n=-\infty}^{+\infty} x(n)e^{-j\omega n}$$

由于 $X(e^{j\omega})$ 是以 2π 为周期的连续函数，当将其视为一个周期信号 $X(e^{jt})$ 时，可以把它展开为连续时间傅里叶级数。由于此时信号的周期为 2π，其基波频率为1，于是有

$$X(e^{jt}) = \sum_{n=-\infty}^{+\infty} a(n)e^{jtn} \tag{2-1-41}$$

其中，$a(n)$ 是傅里叶级数的系数。比较上面两式，可以得出

$$x(n) = a(-n)$$

也就是说，如果

$$x(n) \xleftrightarrow{\text{DTFT}} X(e^{j\omega})$$

则有

$$X(e^{jt}) \xleftrightarrow{\text{FS}} x(-n)$$

上面两式给出了在DTFT与连续时间傅里叶级数之间存在的一种对偶（duality）关系。

利用这些对偶关系，可以很方便地将离散时间傅里叶级数的时域性质对偶到频域的相应性质，或者将DTFT的性质对偶到连续时间傅里叶级数中去。例如，可以由傅里叶级数

$$X(e^{-jt}) = \sum_{n=-\infty}^{+\infty} a(n)e^{-jtn} = \sum_{n=-\infty}^{+\infty} a(-n)e^{jtn}$$

对比离散傅里叶变换

$$X(e^{-j\omega}) = \sum_{n=-\infty}^{+\infty} x(n)e^{-j\omega(-n)}$$

可知，可以将 $X(e^{-jt}) \xleftrightarrow{\text{FS}} x(n)$ 对偶到频域，得到 $x(-n) \xleftrightarrow{\text{DTFT}} X(e^{-j\omega})$。同样也可以由DTFT的性质 $x(-n) \xleftrightarrow{\text{DTFT}} X(e^{-j\omega})$ 对偶得到连续时间傅里叶级数的性质 $X(e^{-jt}) \xleftrightarrow{\text{FS}} x(n)$。类似地，由DTFT的性质 $x^*(n) \xleftrightarrow{\text{DTFT}} X^*(e^{-j\omega})$ 对偶得到连续时间傅里叶级数的性质 $X^*(e^{-jt}) \xleftrightarrow{\text{FS}} x^*(-n)$，读者可以自己推证更多的对偶性质。

表2-1-1综合了序列傅里叶变换的性质，这些性质在分析问题和实际应用中很重要。

表2-1-1　序列傅里叶变换的性质

序　列	傅里叶变换
$x(n), y(n)$	$\text{DTFT}[x(n)] = X(e^{j\omega})$, $\text{DTFT}[y(n)] = Y(e^{j\omega})$
$ax(n) + by(n)$	$aX(e^{j\omega}) + bY(e^{j\omega})$, a, b 为常数
$x(n - n_0)$	$e^{-j\omega n_0}X(e^{j\omega})$
$x^*(n)$	$X^*(e^{-j\omega})$
$x(-n)$	$X(e^{-j\omega})$
$x(n) * y(n)$	$X(e^{j\omega}) \cdot Y(e^{j\omega})$
$x(n) \cdot y(n)$	$\frac{1}{2\pi}[X(e^{j\omega}) * Y(e^{j\omega})]$
$nx(n)$	$j[dX(e^{j\omega})/d\omega]$
$\text{Re}[x(n)]$	$X_e(e^{j\omega})$
$j\text{Im}[x(n)]$	$X_o(e^{j\omega})$
$x_e(n)$	$\text{Re}[X(e^{j\omega})]$
$x_o(n)$	$j\text{Im}[X(e^{j\omega})]$
$\sum_{n=-\infty}^{+\infty} \|x(n)\|^2$	$\frac{1}{2\pi}\int_{-\pi}^{\pi} \|X(e^{j\omega})\|^2 d\omega$

2.1.3 离散傅里叶级数

考虑一个周期为 N 的周期序列 $\tilde{x}(n)$，即对于所有 n，$\tilde{x}(n)=\tilde{x}(n+N)$，复指数信号 $\mathrm{e}^{\mathrm{j}\frac{2\pi}{N}n}$ 就是一个以 N 为周期的信号。如果把以 N 为周期的所有离散时间复指数信号组合起来，则可以构成一个信号集

$$\phi_k(n)=\left\{\mathrm{e}^{\mathrm{j}\frac{2\pi}{N}kn}\right\},k=0,\pm1,\pm2,\cdots \tag{2-1-42}$$

N 是这个信号集的基波周期。由于该信号集中的每一个信号的频率都是基波频率 $2\pi/N$ 的整数倍，因此称它们是成谐波关系的。然而与连续时间成谐波关系的复指数信号集 $\{\mathrm{e}^{\mathrm{j}k\Omega_0 t}\}$ 不同的是，信号集 $\phi_k(n)$ 中只有 N 个信号是独立的（它们之间是相互正交的）。这是因为任何在频率上相差 2π 整数倍的复指数序列都是相同的，也就是说，在 $\phi_k(n)$ 中总有

$$\phi_k(n)=\phi_{k+rN}(n)$$

其中，r 为整数。

很明显，如果将信号集 $\phi_k(n)$ 中所有独立的 N 个信号线性组合起来，它们的组合一定也是以 N 为周期的离散时间信号。因此，有可能用成谐波关系的复指数信号的线性组合来表示离散时间周期信号，这种表示就是离散时间傅里叶级数（discrete-tme fourier series，DFS）。

周期信号 $\tilde{x}(n)$ 可表示为成谐波关系的复指数序列的线性组合

$$\tilde{x}(n)=\sum_{k=0}^{N-1}\tilde{A}_k\mathrm{e}^{\mathrm{j}\frac{2\pi}{N}kn} \tag{2-1-43}$$

式（2-1-43）被称为周期序列 $\tilde{x}(n)$ 的 DFS，$\tilde{A}_k$ 表示其 DFS 的系数，也被称为 $\tilde{x}(n)$ 的频谱系数，通常 $\tilde{A}_k$ 是一个关于 k 的复函数。DFS 的表达式说明，以 N 为周期的周期序列可以分解成 N 个独立的复指数谐波分量。

由于信号 $\mathrm{e}^{\mathrm{j}(2\pi/N)kn}$ 只在 k 取相继的 N 个整数值时对应的信号才是独立的，因而 DFS 是一个有限项的级数。在式（2-1-43）的求和中，从 $k=0$ 开始，取足 N 个连续的整数值，这样就可以用 $\mathrm{e}^{\mathrm{j}(2\pi/N)kn}$ 把 $\tilde{x}(n)$ 完全表示出来。这一点与连续时间傅里叶级数有根本区别。

可以证明，当 $\tilde{x}(n)$ 是实周期序列时，傅里叶级数的系数满足

$$\tilde{A}_k^*=\tilde{A}_{-k}$$

由此可以推得 $\tilde{A}_k$ 的实部是关于 k 的偶函数，虚部是关于 k 的奇函数；$\tilde{A}_k$ 的模是偶函数，$\tilde{A}_k$ 的相位是奇函数。

为了确定式（2-1-43）给出的 DFS 的系数，对式（2-1-43）等号的两边同乘以 $\mathrm{e}^{-\mathrm{j}(2\pi/N)kn}$，并将相继的 N 项对 n 求和，得到

$$\sum_{n=0}^{N-1}\tilde{x}(n)\mathrm{e}^{-\mathrm{j}\frac{2\pi}{N}rn}=\sum_{n=0}^{N-1}\left[\sum_{k=0}^{N-1}\tilde{A}_k\mathrm{e}^{\mathrm{j}\frac{2\pi}{N}kn}\right]\mathrm{e}^{-\mathrm{j}\frac{2\pi}{N}rn} \tag{2-1-44}$$

交换式（2-1-44）等号右边的求和次序，可得

$$\sum_{n=0}^{N-1}\tilde{x}(n)\mathrm{e}^{-\mathrm{j}\frac{2\pi}{N}rn}=\sum_{k=0}^{N-1}\tilde{A}_k\sum_{n=0}^{N-1}\mathrm{e}^{\mathrm{j}\frac{2\pi}{N}(k-r)n} \tag{2-1-45}$$

由于

$$\sum_{n=0}^{N-1} e^{j\frac{2\pi}{N}(k-r)n} = \begin{cases} N, & (k-r) = 0, \pm N, \pm 2N, \cdots \\ 0, & \text{其他} \end{cases} \tag{2-1-46}$$

因此式（2-1-45）等号的右边只有当 $(k-r)$ 等于零或者是 N 的整数倍时，才不为零。如果将 r 的取值范围选为与 k 的取值范围相同，则当 $k=r$ 时，式（2-1-45）等号的右边等于 $N\tilde{A}_k$；当 $k \neq r$ 时，等号的右边为零。于是式（2-1-45）可改写为

$$\tilde{A}_k = \frac{1}{N}\sum_{n=0}^{N-1} \tilde{x}(n) e^{-j\frac{2\pi}{N}kn} \tag{2-1-47}$$

根据式（2-1-47）就可以确定 DFS 的系数 $\tilde{A}_k$。如果对式（2-1-47）中 k 的取值范围不加限制，使其可以取任何整数，则很容易得到

$$\tilde{A}_k = \tilde{A}_{k+N} \tag{2-1-48}$$

这意味着，DFS 的系数是以 N 为周期的，即周期序列的频谱是以 N 为周期的，这一点与连续时间周期信号的频谱有根本区别，因此只要取够 $\tilde{A}_k$ 的一个周期，就可以按照式（2-1-43）叠加成周期序列 $\tilde{x}(n)$。通常把 $\tilde{A}_k$ 中 k 从 0 到 $N-1$ 取值的这个周期称为 $\tilde{x}(n)$ 频谱的主值周期，简称为主周期。

如果令 $\tilde{X}(k) = N\tilde{A}_k$，则式（2-1-47）可以重写为

$$\tilde{X}(k) = \sum_{n=0}^{N-1} \tilde{x}(n) e^{-j\frac{2\pi}{N}kn} \tag{2-1-49}$$

式（2-1-49）中称 $\tilde{X}(k)$ 为周期序列 $\tilde{x}(n)$ 的 DFS。式（2-1-43）可以用 $\tilde{X}(k)$ 重新表示为

$$\tilde{x}(n) = \frac{1}{N}\sum_{k=0}^{N-1} \tilde{X}(k) e^{j\frac{2\pi}{N}kn} \tag{2-1-50}$$

用 DFS[·] 表示求离散傅里叶系数（正变换），用 IDFS [·] 表示求离散傅里叶级数展开式（逆变换），则式（2-1-49）和式（2-1-50）可重写为

$$\tilde{X}(k) = \mathrm{DFS}[\tilde{x}(n)] = \sum_{n=0}^{N-1} \tilde{x}(n) e^{-j\frac{2\pi}{N}kn}, \ -\infty < k < \infty \tag{2-1-51}$$

$$\tilde{x}(n) = \mathrm{IDFS}[\tilde{X}(k)] = \frac{1}{N}\sum_{k=0}^{N-1} \tilde{X}(k) e^{j\frac{2\pi}{N}kn}, \ -\infty < n < \infty \tag{2-1-52}$$

式（2-1-51）和式（2-1-52）称为离散傅里叶级数对。式（2-1-52）表明将周期序列分解成 N 次谐波，第 k 个谐波幅度（系数）为 $\tilde{X}(k)/N$、频率为 $\omega_k = 2\pi k/N, k=0,1,2,\cdots,N-1$。其中，$k=0$ 对应周期信号的直流分量；$k=1$ 对应其基波分量，基波频率为 $2\pi/N$。

2.1.4　离散傅里叶级数的性质

DFS 与 DTFT 有许多相似的性质，同时与后面将要学到的 DTFT 之间的许多性质有直接联系。这里只讨论 DFS 几个重要的性质，其他的性质可以借鉴 DTFT 的性质，有兴趣的读者可以自行推导。

1. 线性

假设 $\tilde{x}_1(n)$ 和 $\tilde{x}_2(n)$ 是周期为 N 的两个周期序列，它们的 DFS 分别表示为 $\tilde{X}_1(k) = \mathrm{DFS}[\tilde{x}_1(n)]$，$\tilde{X}_2(k) = \mathrm{DFS}[\tilde{x}_2(n)]$，则

$$\mathrm{DFS}[a\tilde{x}_1(n)+b\tilde{x}_2(n)]=a\tilde{X}_1(k)+b\tilde{X}_2(k) \tag{2-1-53}$$

式中，a,b 为任意常数。

2. 时域移位

周期序列 $\tilde{x}(n)$ 移位 m 个单位后得 $\tilde{x}(n-m)$，则

$$\mathrm{DFS}[\tilde{x}(n-m)]=\mathrm{e}^{-\mathrm{j}\frac{2\pi}{N}km}\tilde{X}(k) \tag{2-1-54}$$

证明：

$$\begin{aligned}\mathrm{DFS}[\tilde{x}(n-m)]&=\sum_{n=0}^{N-1}\tilde{x}(n-m)\mathrm{e}^{-\mathrm{j}\frac{2\pi}{N}kn}\\&=\sum_{n'=m}^{N-1+m}\tilde{x}(n')\mathrm{e}^{-\mathrm{j}\frac{2\pi}{N}k(n'-m)}=\mathrm{e}^{\mathrm{j}\frac{2\pi}{N}km}\sum_{n'=m}^{N-1+m}\tilde{x}(n')\mathrm{e}^{-\mathrm{j}\frac{2\pi}{N}kn'}\end{aligned}$$

上面式中求和项 $\tilde{x}(n')\mathrm{e}^{-\mathrm{j}\frac{2\pi}{N}kn'}$ 以 N 为周期，所以对于任意一个周期，求和结果相同。将上式的求和区间改为从 0 值开始的区间（即主值周期），则得

$$\mathrm{DFS}[\tilde{x}(n+m)]=\mathrm{e}^{\mathrm{j}\frac{2\pi}{N}km}\sum_{n'=0}^{N-1}\tilde{x}(n')\mathrm{e}^{-\mathrm{j}\frac{2\pi}{N}kn'}=\mathrm{e}^{\mathrm{j}\frac{2\pi}{N}km}\tilde{X}(k)$$

3. 频域移位

周期序列 $\tilde{x}(n)$ 的频谱 $\tilde{X}(k)$ 在频域上移位 $\pm l$ 个单位 $\tilde{X}(k\pm l)$，相当于时域对 $\tilde{x}(n)$ 进行调制。

$$\mathrm{DFS}[\mathrm{e}^{\mp\mathrm{j}\frac{2\pi}{N}nl}\tilde{x}(n)]=\tilde{X}(k\pm l) \tag{2-1-55}$$

式（2-1-55）的证明方法与时域移位的证明方法类似，直接对 $\tilde{X}(k\pm l)$ 进行 IDFS 即可得到 $\mathrm{e}^{\mp\mathrm{j}\frac{2\pi}{N}nl}\tilde{x}(n)$，或者将 $\tilde{X}(k\pm l)$ 代入 IDFS 的定义即可得到结论。

4. 圆周卷积（圆卷积）

设 $\tilde{X}_1(k)=\mathrm{DFS}[\tilde{x}_1(n)]$，$\tilde{X}_2(k)=\mathrm{DFS}[\tilde{x}_2(n)]$，若 $\tilde{X}_3(k)=\tilde{X}_1(k)\cdot\tilde{X}_2(k)$，则

$$\tilde{x}_3(n)=\mathrm{IDFS}[\tilde{X}_3(k)]=\sum_{m=0}^{N-1}\tilde{x}_1(m)\tilde{x}_2(n-m)=\sum_{m=0}^{N-1}\tilde{x}_2(m)\tilde{x}_1(n-m) \tag{2-1-56}$$

证 直接对式（2-1-56）等号的两边进行 DFS，则有

$$\begin{aligned}\tilde{X}_3(k)&=\mathrm{DFS}[\tilde{x}_3(n)]\\&=\sum_{n=0}^{N-1}\left[\sum_{m=0}^{N-1}\tilde{x}_1(m)\tilde{x}_2(n-m)\right]\mathrm{e}^{-\mathrm{j}\frac{2\pi}{N}kn}=\sum_{m=0}^{N-1}\tilde{x}_1(m)\sum_{n=0}^{N-1}\tilde{x}_2(n-m)\mathrm{e}^{-\mathrm{j}\frac{2\pi}{N}kn}\\&=\sum_{m=0}^{N-1}\tilde{x}_1(m)\sum_{n'=-m}^{N-1-m}\tilde{x}_2(n')\mathrm{e}^{-\mathrm{j}\frac{2\pi}{N}k(n+m)}=\sum_{m=0}^{N-1}\tilde{x}_1(m)\mathrm{e}^{-\mathrm{j}\frac{2\pi}{N}km}\sum_{n'=-m}^{N-1-m}\tilde{x}_2(n')\mathrm{e}^{-\mathrm{j}\frac{2\pi}{N}kn'}\end{aligned}$$

上式中 $\tilde{x}_2(n')\mathrm{e}^{-\mathrm{j}\frac{2\pi}{N}kn'}$ 以 N 为周期，所以在其任意一个周期内，求和结果不变。因此

$$\tilde{X}_3(k)=\sum_{m=0}^{N-1}\tilde{x}_1(m)\mathrm{e}^{-\mathrm{j}\frac{2\pi}{N}kn}\cdot\sum_{n'=0}^{N-1}\tilde{x}_2(n')\mathrm{e}^{-\mathrm{j}\frac{2\pi}{N}kn'}=\tilde{X}_1(k)\cdot\tilde{X}_2(k)$$

式（2-1-56）是一个卷积公式，但它不同于前面讨论的线性卷积，这里的卷积只在一个周期内进行，即求和变量 m 从 0 到 $(N-1)$ 取值，所以式（2-1-56）所示的卷积称为圆周卷积（circular convolution）。圆周卷积的结果也是以 N 为周期的周期序列。

2.1.5 周期序列的傅里叶变换

周期序列 $\tilde{x}(n)$ 不满足绝对可和条件，因此周期序列的 DTFT 不存在；但因为其具有周期性，可以展成 DFS，在引入奇异函数 $\delta(\omega)$ 后，可以在形式上表示出其序列傅里叶变换，所以可以用 DTFT 将离散时间周期信号与非周期信号的表示统一起来。

1. 周期序列的 DTFT

如果序列 $x(n)=1,(n=-\infty,\cdots,-1,0,1,\cdots,\infty)$，则它所对应的 DTFT 是频域内的一个以 2π 为周期的均匀冲激串。现在来考察频域内的均匀冲激串在时域中对应什么信号。假设某信号的频域形式如下

$$X(\mathrm{e}^{\mathrm{j}\omega})=2\pi\sum_{r=-\infty}^{+\infty}\delta(\omega-\omega_0-2\pi r) \tag{2-1-57}$$

根据式（2-1-3）可以求得

$$x(n)=\mathrm{IDTFT}\left[2\pi\sum_{r=-\infty}^{+\infty}\delta(\omega-\omega_0-2\pi r)\right]=\int_{-\pi}^{\pi}\delta(\omega-\omega_0)\mathrm{e}^{\mathrm{j}\omega n}\mathrm{d}\omega=\mathrm{e}^{\mathrm{j}\omega_0 n} \tag{2-1-58}$$

可见，复指数序列 $\mathrm{e}^{\mathrm{j}\omega_0 n}$ 的 DTFT 为式（2-1-57）所示的均匀冲激串。同时，由于周期序列 $\tilde{x}(n)$ 可以通过 DFS 表示成一组复指数序列的加权求和，即

$$\tilde{x}(n)=\frac{1}{N}\sum_{k=0}^{N-1}\tilde{X}(k)\mathrm{e}^{\mathrm{j}k\omega_0 n} \tag{2-1-59}$$

其中，$\omega_0=2\pi/N$，因此，根据式（2-1-57）及 DTFT 的线性性质，$\tilde{x}(n)$ 的 DTFT 可表示为

$$X(\mathrm{e}^{\mathrm{j}\omega})=\mathrm{DTFT}[\tilde{x}(n)]=\sum_{k=0}^{N-1}2\pi\frac{\tilde{X}(k)}{N}\sum_{r=-\infty}^{+\infty}\delta(\omega-k\omega_0-2\pi r) \tag{2-1-60}$$

如果将式（2-1-60）中 k 的取值范围扩大到所有整数，则式（2-1-60）可以简化为

$$X(\mathrm{e}^{\mathrm{j}\omega})=\mathrm{DTFT}[\tilde{x}(n)]=\frac{2\pi}{N}\sum_{k=-\infty}^{+\infty}\tilde{X}(k)\delta(\omega-k\omega_0) \tag{2-1-61}$$

式中，$\tilde{X}(k)$ 为 $\tilde{x}(n)$ 的 DFS，$\delta(\omega)$ 是单位冲激函数，即

$$\delta(\omega)=\begin{cases}1, & \omega=0\\0, & \omega\neq 0\end{cases}$$

式（2-1-61）就是周期序列的傅里叶变换表达式。

2. 帕斯瓦尔定理

对于周期序列 $\tilde{x}(n)$，也有相应的帕斯瓦尔定理。但由于周期信号的能量是无限的，因此相应的帕斯瓦尔定理的形式有所不同。可以证明，对周期信号有

$$\frac{1}{N}\sum_{n=\langle N\rangle}|\tilde{x}(n)|^2=\sum_{k=\langle N\rangle}|\tilde{A}_k|^2 \tag{2-1-62}$$

其中，N 是周期序列的周期；$\langle N\rangle$ 表示取连续的 N 个值，即取足一个周期；$\tilde{A}_k$ 是 $\tilde{x}(n)$ 的离散傅里叶级数系数。式（2-1-62）表明，对周期信号在时域上求得的平均功率等于在频域上求得的功率，相应地，$|\tilde{A}_k|^2$ 为周期信号的功率谱。

例 2-1-5 试求单位阶跃序列 $u(n)$ 的 DTFT 表达式。

解 序列 $u(n)$ 的 DTFT 并不存在，但可引入冲激函数将其写成傅里叶变换表达式。

$$u(n) = \frac{1}{2}[1 + \mathrm{sgn}(n) + \delta(n)]$$

将上式等号两边写成 DTFT 形式，令 $x_1(n) = 1$，则 $x_1(n)$ 可看作 $\delta(n)$ 以 $N = 1$ 为周期延拓所得的周期序列，即 $x_1(n) = \sum_{m=-\infty}^{\infty} \delta(n - m)$。

由式（2-1-60）可知，$x_1(n)$ 的 DTFT 形式的表达式为：

$$X_1(e^{j\omega}) = \mathrm{DTFT}[x_1(n)] = \sum_{k=0}^{N-1} 2\pi \tilde{x}_1(k) \sum_{r=-\infty}^{\infty} \delta(\omega - 2\pi r)$$

其中 $\tilde{x}_1(k) = 1$，故 $X_1(e^{j\omega}) = 2\pi \sum_{r=-\infty}^{\infty} \delta(\omega - 2\pi r)$。

又 $\mathrm{DTFT}[\delta(\mathrm{n})] = 1$，即

$$\mathrm{sgn}(n) = \begin{cases} 1, & n > 0 \\ 0, & n = 0 \\ -1, & n < 0 \end{cases}$$

$$\mathrm{sgn}(n) = u(n) - u(-n)$$

$$\mathrm{DTFT}[\mathrm{sgn}(n)] = \frac{1}{1 - e^{-j\omega}} - \frac{1}{1 - e^{j\omega}} = \frac{-j\sin\omega}{1 - \cos\omega}$$

于是

$$\begin{aligned} \mathrm{DTFT}[u(n)] &= \frac{1}{2}\left[1 - \frac{-j\sin\omega}{1 - \cos\omega}\right] + \pi \sum_{k=-\infty}^{\infty} \delta(\omega - 2\pi k) \\ &= \frac{1 - e^{j\omega}}{(1 - e^{-j\omega})(1 - e^{j\omega})} + \pi \sum_{k=-\infty}^{\infty} \delta(\omega - 2\pi k) \\ &= \frac{1}{1 - e^{-j\omega}} + \pi \sum_{k=-\infty}^{\infty} \delta(\omega - 2\pi k) \end{aligned}$$

表 2-1-2 中综合给出了一些基本序列的傅里叶变换。

表 2-1-2　基本序列的傅里叶变换

序列	傅里叶变换
$\delta(n)$	1
$a^n u(n)$, $\lvert a \rvert < 1$	$(1 - ae^{-j\omega})^{-1}$
$R_N(n)$	$e^{-j\frac{N-1}{2}\omega} \frac{\sin\omega N/2}{\sin\omega/2}$
$u(n)$	$(1 - e^{-j\omega})^{-1} + \sum_{k=-\infty}^{+\infty} \pi\delta(\omega - 2\pi k)$
$x(n) = 1$	$2\pi \sum_{k=-\infty}^{+\infty} \delta(\omega - 2\pi k)$
$e^{j\omega_0 n}$, $2\pi/\omega_0$ 为有理数	$2\pi \sum_{k=-\infty}^{+\infty} \delta(\omega - \omega_0 - 2\pi k)$
$\cos\omega_0 n$, $2\pi/\omega_0$ 为有理数	$\pi \sum_{k=-\infty}^{+\infty} \delta(\omega - \omega_0 - 2\pi k) + \delta(\omega + \omega_0 - 2\pi k)$
$\sin\omega_0 n$, $2\pi/\omega_0$ 为有理数	$-j\pi \sum_{k=\infty}^{+\infty} \delta(\omega - \omega_0 - 2\pi k) - \delta(\omega + \omega_0 - 2\pi k)$

例 2-1-6　设 $x(n) = R_4(n)$，将其分别以 $N = 8$、$N = 16$ 为周期进行周期延拓，得到周期

序列 $\tilde{x}(n)$，分别求其 DFS 和 DTFT，并给出相应的图形表示。

解 (1) $N=8$ 时

$$\tilde{X}_1(k)=\sum_{n=0}^{N-1}\tilde{x}(n)\mathrm{e}^{-\mathrm{j}\frac{2\pi}{N}kn}=\sum_{n=0}^{7}\tilde{x}(n)\mathrm{e}^{-\mathrm{j}\frac{2\pi}{8}kn}$$

$$=\sum_{n=0}^{3}\mathrm{e}^{-\mathrm{j}\frac{\pi}{4}kn}=\frac{1-\mathrm{e}^{-\mathrm{j}\frac{\pi}{4}k4}}{1-\mathrm{e}^{-\mathrm{j}\frac{\pi}{4}k}}=\frac{\mathrm{e}^{-\mathrm{j}\frac{\pi}{2}k}\left(\mathrm{e}^{\mathrm{j}\frac{\pi}{2}k}-\mathrm{e}^{-\mathrm{j}\frac{\pi}{2}k}\right)}{\mathrm{e}^{-\mathrm{j}\frac{\pi}{8}k}\left(\mathrm{e}^{\mathrm{j}\frac{\pi}{8}k}-\mathrm{e}^{-\mathrm{j}\frac{\pi}{8}k}\right)}=\mathrm{e}^{-\mathrm{j}\frac{3\pi}{8}k}\frac{\sin\frac{\pi}{2}k}{\sin\frac{\pi}{8}k}$$

$$X_1(\mathrm{e}^{\mathrm{j}\omega})=\frac{2\pi}{N}\sum_{k=-\infty}^{+\infty}\tilde{X}(k)\delta\left(\omega-\frac{2\pi}{N}k\right)$$

$$=\frac{\pi}{4}\sum_{k=-\infty}^{+\infty}\mathrm{e}^{-\mathrm{j}\frac{3\pi}{8}k}\frac{\sin\frac{\pi k}{2}}{\sin\frac{\pi k}{8}}\delta\left(\omega-\frac{\pi k}{4}\right)$$

周期序列 $\tilde{x}(n)$ 的 DFS 的模 $|\tilde{X}_1(k)|$ 和其 DTFT 的模如图 2-1-3 所示。对比图 2-1-3（b）和图 2-1-3（c）可以看出，对于同一个周期信号，其 DFS 和 DTFT 分别取模后的形状是一样的，不同的是 DTFT 用单位冲激函数表示（用带箭头的竖线表示）。因此，周期序列的频谱分布用其 DFS 和 DTFT 表示都可以，但画图时要注意单位冲激函数的画法。

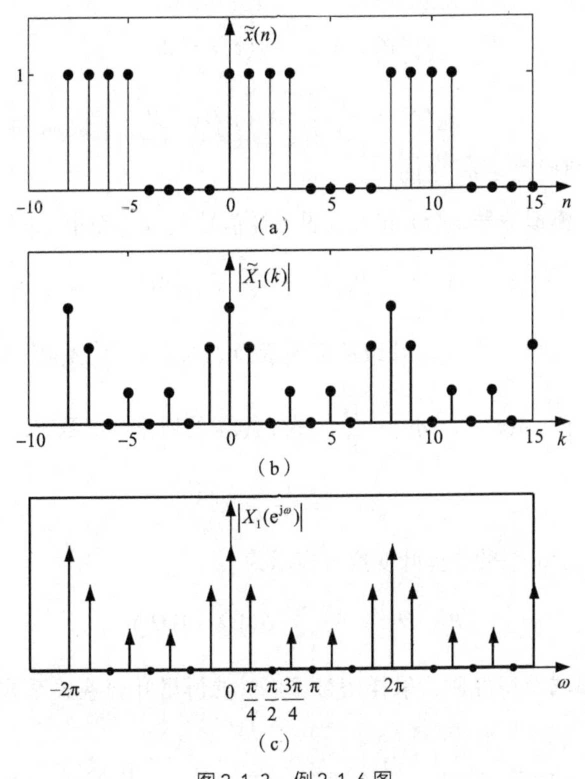

图2-1-3 例2-1-6图

(2) $N=16$ 时

$$\tilde{X}_2(k)=\sum_{n=0}^{N-1}\tilde{x}(n)\mathrm{e}^{-\mathrm{j}\frac{2\pi}{N}kn}=\sum_{n=0}^{15}\tilde{x}(n)\mathrm{e}^{-\mathrm{j}\frac{2\pi}{16}kn}$$

$$= \sum_{n=0}^{3} e^{-j\frac{\pi}{8}kn} = \frac{1-e^{-j\frac{\pi}{8}k4}}{1-e^{-j\frac{\pi}{8}k}} = \frac{e^{-j\frac{\pi}{4}k}(e^{j\frac{\pi}{4}k}-e^{-j\frac{\pi}{4}k})}{e^{-j\frac{\pi}{16}k}(e^{j\frac{\pi}{16}k}-e^{-j\frac{\pi}{16}k})} = e^{-j\frac{3\pi}{16}k}\frac{\sin\frac{\pi}{4}k}{\sin\frac{\pi}{16}k}$$

$$X_2(e^{j\omega}) = \frac{2\pi}{N}\sum_{k=-\infty}^{+\infty}\tilde{X}(k)\delta\left(\omega-\frac{2\pi}{N}k\right)$$

$$= \frac{\pi}{8}\sum_{k=-\infty}^{+\infty} e^{-j\frac{3\pi}{16}k}\frac{\sin\frac{\pi k}{4}}{\sin\frac{\pi k}{16}}\delta\left(\omega-\frac{\pi k}{8}\right)$$

请思考 $N=16$ 与 $N=8$ 时周期序列 $\tilde{x}(n)$ 的 DFS 的模 $|\tilde{X}_1(k)|$、$|\tilde{X}_2(k)|$ 和 DTFT 的模 $|X_1(e^{j\omega})|$、$|X_2(e^{j\omega})|$ 有什么异同？

2.1.6 离散时间信号傅里叶变换与模拟信号傅里叶变换的关系

离散时间信号是通过对模拟信号采样得到的，于是，离散时间信号的频谱 $X(e^{j\omega})$ 可通过 DTFT 得到，而模拟信号的频谱 $X_a(j\Omega)$ 可通过傅里叶变换得到，那么，$X_a(j\Omega)$ 与 $X(e^{j\omega})$ 之间存在什么关系呢？

模拟信号 $x_a(t)$ 的傅里叶变换对可表示为

$$X_a(j\Omega) = \int_{-\infty}^{+\infty} x_a(t)e^{-j\Omega t}dt \tag{2-1-63}$$

$$x_a(t) = \frac{1}{2\pi}\int_{-\infty}^{+\infty} X_a(j\Omega)e^{j\Omega t}d\Omega \tag{2-1-64}$$

式中，t 和 Ω 的取值范围均在 $\pm\infty$ 之间。

根据前面的讨论，模拟信号 $x_a(t)$ 和其理想采样信号 $\hat{x}_a(t)$ 之间的关系可表示为

$$\hat{x}_a(t) = x_a(t)\cdot P_\delta(t) = \sum_{n=-\infty}^{+\infty} x_a(nT)\delta(t-nT) \tag{2-1-65}$$

式中 $P_\delta(t) = \sum_{n=-\infty}^{+\infty}\delta(t-nT)$，其傅里叶级数可表示为 $P_\delta(t) = \sum_{k=-\infty}^{+\infty} A_k e^{jk\Omega_s t}\left(\Omega_s = \frac{2\pi}{T}\right)$，相应的傅里叶级数系数 $A_k = \frac{1}{T}\int_{-T/2}^{+T/2}\delta(t)e^{-jk\Omega_s t}dt = \frac{1}{T}$，故 $P_\delta(t)$ 的傅里叶级数表示为

$$P_\delta(t) = \frac{1}{T}\sum_{k=-\infty}^{+\infty} e^{jk\Omega_s t} \tag{2-1-66}$$

根据式（2-1-61），$P_\delta(t)$ 的傅里叶变换可表示为

$$P_\delta(j\Omega) = \frac{2\pi}{T}\sum_{k=-\infty}^{+\infty}\delta(j\Omega-jk\Omega_s) \tag{2-1-67}$$

根据傅里叶变换频域卷积性质，采样信号 $\hat{x}_a(t)$ 的傅里叶变换关系式用式（1-4-4）表示，重写如下

$$\hat{X}_a(j\Omega) = \mathrm{FT}[\hat{x}_a(t)] = \frac{1}{2\pi}X_a(j\Omega) * P_\delta(j\Omega) = \frac{1}{T}\sum_{k=-\infty}^{+\infty} X_a(j\Omega-jk\Omega_s) \tag{2-1-68}$$

如果对模拟信号 $x_a(t)$ 进行采样得到序列 $x(n)$，则在数值上有如下关系

$$x(n) = x_a(nT) \tag{2-1-69}$$

其中，n 取整数，T 为采样间隔。序列 $x(n)$ 的 DTFT 用式（2-1-1）和式（2-1-3）表示，重写如下

$$X(\mathrm{e}^{\mathrm{j}\omega}) = \mathrm{DTFT}[x(n)] = \sum_{n=-\infty}^{+\infty} x(n)\mathrm{e}^{-\mathrm{j}\omega n}, \ -\pi < \omega \leqslant +\pi \tag{2-1-70}$$

$$x(n) = \mathrm{IDTFT}[X(\mathrm{e}^{\mathrm{j}\omega})] = \frac{1}{2\pi}\int_{-\pi}^{\pi} X(\mathrm{e}^{\mathrm{j}\omega})\mathrm{e}^{\mathrm{j}\omega n}\mathrm{d}\omega, \ -\infty < n < +\infty \tag{2-1-71}$$

那么由式（2-1-69）可知，此时 $X_{\mathrm{a}}(\mathrm{j}\Omega)$ 与 $X(\mathrm{e}^{\mathrm{j}\omega})$ 之间必然存在着某种关系，而数字频率 ω 与模拟频率 Ω 之间也存在必然的联系。下面从式（2-1-64）与式（2-1-70）来展开研究，尝试最终能够获知 $X_{\mathrm{a}}(\mathrm{j}\Omega)$ 与 $X(\mathrm{e}^{\mathrm{j}\omega})$ 之间的联系。

将 $t = nT$ 代入式（2-1-64），得到

$$x_{\mathrm{a}}(nT) = \frac{1}{2\pi}\int_{-\infty}^{+\infty} X_{\mathrm{a}}(\mathrm{j}\Omega)\mathrm{e}^{\mathrm{j}\Omega nT}\mathrm{d}\Omega \tag{2-1-72}$$

比较式（2-1-71）与式（2-1-72），它们在数值上相等，但由于两个等式等号右边的积分区间不统一，故无法直接得出 $X_{\mathrm{a}}(\mathrm{j}\Omega)$ 与 $X(\mathrm{e}^{\mathrm{j}\omega})$ 之间的关系。下面对式（2-1-72）进行积分区间的转换。先将式（2-1-72）的积分区间表示成无限多个宽度为 $2\pi/T$ 的积分区间，于是 $x_{\mathrm{a}}(nT)$ 可表示为

$$x_{\mathrm{a}}(nT) = \frac{1}{2\pi}\sum_{r=-\infty}^{+\infty}\int_{(2r-1)\pi/T}^{(2r+1)\pi/T} X_{\mathrm{a}}(\mathrm{j}\Omega)\mathrm{e}^{\mathrm{j}\Omega nT}\mathrm{d}\Omega \tag{2-1-73a}$$

改变式（2-1-73a）的积分区间为 $(-\pi/T, \pi/T]$，可以得到

$$x_{\mathrm{a}}(nT) = \frac{1}{2\pi}\sum_{r=-\infty}^{+\infty}\int_{-\pi/T}^{\pi/T} X_{\mathrm{a}}(\mathrm{j}(\Omega - 2\pi r/T))\mathrm{e}^{\mathrm{j}(\Omega - 2\pi r/T)nT}\mathrm{d}\Omega \tag{2-1-73b}$$

交换积分和求和次序，得到

$$x_{\mathrm{a}}(nT) = \frac{1}{2\pi}\int_{-\pi/T}^{\pi/T}\sum_{r=-\infty}^{+\infty} X_{\mathrm{a}}(\mathrm{j}(\Omega - 2\pi r/T))\mathrm{e}^{\mathrm{j}n\Omega T}\mathrm{e}^{-\mathrm{j}2\pi rn}\mathrm{d}\Omega \tag{2-1-74}$$

式中，r 和 n 均取整数，故 $\mathrm{e}^{-\mathrm{j}2\pi rn} = 1$，整理可得

$$x_{\mathrm{a}}(nT) = \frac{1}{2\pi}\int_{-\pi/T}^{\pi/T}\sum_{r=-\infty}^{+\infty} X_{\mathrm{a}}(\mathrm{j}(\Omega - 2\pi r/T))\mathrm{e}^{\mathrm{j}n\Omega T}\mathrm{d}\Omega \tag{2-1-75}$$

由于数字频率与模拟频率之间的关系可表示为

$$\omega = \Omega T = \Omega/f_{\mathrm{S}} \tag{2-1-76}$$

式中，$f_{\mathrm{S}} = 1/T$ 为采样频率。将式（2-1-76）代入式（2-1-75），得到

$$x_{\mathrm{a}}(nT) = \frac{1}{2\pi}\int_{-\pi}^{\pi}\frac{1}{T}\sum_{r=-\infty}^{+\infty} X_{\mathrm{a}}\left(\mathrm{j}\frac{\omega}{T} - \mathrm{j}\frac{2\pi}{T}r\right)\mathrm{e}^{\mathrm{j}\omega n}\mathrm{d}\omega \tag{2-1-77}$$

现比较式（2-1-77）与式（2-1-71），可直接得到

$$X(\mathrm{e}^{\mathrm{j}\omega}) = \frac{1}{T}\sum_{r=-\infty}^{+\infty} X_{\mathrm{a}}\left(\mathrm{j}\frac{\omega}{T} - \mathrm{j}\frac{2\pi}{T}r\right) \tag{2-1-78}$$

对比式（2-1-78）和式（2-1-68）可知，实际上将式（2-1-76）代入式（2-1-68），使 $\Omega = \omega/T$，同时 Ω_{s} 用 $\Omega_{\mathrm{s}} = 2\pi f_{\mathrm{S}} = 2\pi/T$ 替代，就可以直接由式（2-1-68）的 $\hat{X}_{\mathrm{a}}(\mathrm{j}\Omega)$ 得到式（2-1-78）的 $X(\mathrm{e}^{\mathrm{j}\omega})$。由此得到重要结论：采样信号 $\hat{x}_{\mathrm{a}}(t)$ 的傅里叶变换 $\hat{X}_{\mathrm{a}}(\mathrm{j}\Omega)$ 和由模拟信号 $x_{\mathrm{a}}(t)$ 采样得到的序列 $x(n)$ 的离散时间傅里叶变换 $X(\mathrm{e}^{\mathrm{j}\omega})$ 是一致的，它们都是 $X_{\mathrm{a}}(\mathrm{j}\Omega)$ 以 $\Omega_{\mathrm{s}} = 2\pi/T$ 为周期进行周期延拓得到的。它们之间可通过关系式 $\omega = \Omega T$ 进行相互转换。

为了使模拟频率和数字频率的对应关系更加明了，在一些文献中经常会用到归一化频率来表示。归一化频率是无量纲量，进行归一化后数字频率和模拟频率的刻度是一样的，这样它们之间的关系更为一目了然。归一化频率常用 $f' = f/f_{\mathrm{S}}$ 或 $\Omega' = \Omega/\Omega_{\mathrm{S}}$，$\omega' = \omega/2\pi$ 表示，f'、Ω' 和 ω' 都

是无量纲量，刻度是一样的，它们之间的对应关系为

$$\frac{f}{f_S} = \frac{\Omega}{\Omega_S} = \frac{\omega}{2\pi}$$

几个频率之间的对应关系可根据上式推导出来，如 $\Omega_S = 2\pi f_S = 2\pi/T$ ，另外可推得对应的数字频率 $\omega_S = \Omega_S T = 2\pi$ 。将 f 、Ω 、ω 、f' 、Ω' 和 ω' 的定标值对应关系用图 2-1-4 所示。图 2-1-4 表明，模拟折叠频率 $f_S/2$ 对应数字频率 π ；如果满足采样定理，则要求模拟信号最高频率 f_C 不能超过 $f_S/2$ ；如果不满足采样定理，则会在折叠频率（即 $f = f_S/2$ 和 $\omega = \pi$ ）附近引起频谱混叠。

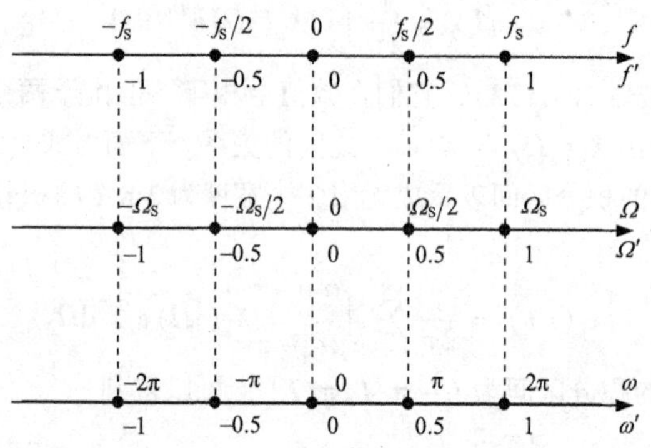

图 2-1-4 模拟频率与数字频率的定标关系

模拟频率与数字频率的定标关系

例 2-1-7 设 $x_a(t) = \cos(2\pi f_0 t)$ ，$f_0 = 20\text{Hz}$ ，以采样频率 $f_S = 80\text{Hz}$ 对 $x_a(t)$ 进行采样，得到采样信号 $\hat{x}_a(t)$ 和对应值相等的序列 $x(n)$ ，求 $x_a(t)$ 和 $\hat{x}_a(t)$ 的傅里叶变换及 $x(n)$ 的 DTFT。

解

$$\begin{aligned} X_a(\mathrm{j}\Omega) &= \int_{-\infty}^{+\infty} x_a(t)\mathrm{e}^{-\mathrm{j}\Omega t}\mathrm{d}t \\ &= \int_{-\infty}^{+\infty} \cos(2\pi f_0 t)\mathrm{e}^{-\mathrm{j}\Omega t}\mathrm{d}t \\ &= \frac{1}{2}\int_{-\infty}^{+\infty} [\mathrm{e}^{\mathrm{j}2\pi f_0 t} + \mathrm{e}^{-\mathrm{j}2\pi f_0 t}]\mathrm{e}^{-\mathrm{j}\Omega t}\mathrm{d}t \\ &= \pi[\delta(\mathrm{j}\Omega - \mathrm{j}2\pi f_0) + \delta(\mathrm{j}\Omega + \mathrm{j}2\pi f_0)] \end{aligned}$$

由计算可知，$X_a(\mathrm{j}\Omega)$ 是在 $\Omega = \pm 2\pi f_0$ 处的单位冲激函数，强度为 π 。如果以 $f_s = 80\text{Hz}$ 对 $x_a(t)$ 进行等间隔采样得到采样信号 $\hat{x}_a(t)$ ，则按照式（2-1-65），$\hat{x}_a(t)$ 与 $x_a(t)$ 的关系为

$$\hat{x}_a(t) = \sum_{n=-\infty}^{+\infty} \cos(2\pi f_0 nT)\delta(t - nT)$$

$\hat{x}_a(t)$ 的傅里叶变换由式（2-1-68）确定，即以 $\Omega_S = 2\pi f_S$ 为周期将 $X_a(\mathrm{j}\Omega)$ 周期延拓，结果可表示为

$$\begin{aligned} \hat{X}_a(\mathrm{j}\Omega) &= \mathrm{FT}[\hat{x}_a(t)] \\ &= \frac{1}{T}\sum_{k=-\infty}^{+\infty} X_a(\mathrm{j}\Omega - \mathrm{j}k\Omega_s) \\ &= \frac{\pi}{T}\sum_{k=-\infty}^{+\infty} [\delta(\mathrm{j}\Omega - \mathrm{j}k\Omega_s - \mathrm{j}2\pi f_0) + \delta(\mathrm{j}\Omega - \mathrm{j}k\Omega_s + \mathrm{j}2\pi f_0)] \end{aligned}$$

由采样得到的序列 $x(n)$ 可表示为

$$x(n) = x_a(nT) = \cos(2\pi f_0 nT)$$

其 DTFT 可按照式（2-1-78）计算，实际上将 $\Omega = \omega/T$ 和 $\Omega_s = 2\pi f_S = 2\pi/T$ 代入 $\hat{X}_a(j\Omega)$ 中即可得 $X(e^{j\omega})$ 为

$$X(e^{j\omega}) = \frac{\pi}{T}\sum_{k=-\infty}^{+\infty}[\delta(\omega f_S - k2\pi f_S - 2\pi f_0) + \delta(\omega f_S - k2\pi f_S + 2\pi f_0)]$$

将 $f_S = 80\text{Hz}$ 和 $f_0 = 20\text{Hz}$ 代入上式，计算 $\delta(\cdot)$ 函数圆括号中为零时的 ω 值，可得 $\omega = k2\pi \pm \pi/2$，根据 $\delta(\omega f_S) = \frac{1}{|f_S|}\delta(\omega)$，可将 $X(e^{j\omega})$ 表示为

$$X(e^{j\omega}) = \pi\sum_{k=-\infty}^{+\infty}\left[\delta\left(\omega - k2\pi - \frac{\pi}{2}\right) + \delta\left(\omega - k2\pi + \frac{\pi}{2}\right)\right]$$

2.2 序列的 Z 变换

在离散时间傅里叶分析中，将复指数信号 $e^{j\omega n}$ 作为基本信号单元。然而，对于不满足绝对可和的信号，其傅里叶变换不存在，无法实现对其的频域分析。若把复指数信号 $e^{j\omega n}$ 扩展为信号 z^n（$z = re^{j\omega}$），就有可能对其进行复频域分析，此时就可得到信号的 Z 变换，显然，Z 变换是 DTFT 的推广，DTFT 是 Z 变换的特例。Z 变换在系统分析和设计中起到了非常重要的作用。

2.2.1 定义

序列 $x(n)$ 的 Z 变换定义为

$$X(z) = \sum_{n=-\infty}^{+\infty} x(n)z^{-n} \tag{2-2-1}$$

式中，z 是一个复变量，用极坐标表示为 $z = re^{j\omega}$，它所在的复平面被称为 z 平面。注意在定义中，对 n 求和是在 $\pm\infty$ 之间进行的，称为双边 Z 变换。如果求和范围是 $n \geqslant 0$，则序列 $x(n)$ 的 Z 变换可表示为

$$X(z) = \sum_{n=0}^{+\infty} x(n)z^{-n} \tag{2-2-2}$$

这种 Z 变换称为单边 Z 变换。对于因果序列，用双边 Z 变换和单边 Z 变换定义计算出的结果是一样的。本书如不做特殊说明，则用双边 Z 变换对信号进行分析和处理。

2.2.2 收敛域

浅谈收敛域

1. 收敛域的定义

Z 变换存在的条件是式（2-2-1）中等号右边的级数收敛，也就是要求级数绝对可和，即满足

$$\sum_{n=-\infty}^{+\infty} |x(n)z^{-n}| < \infty \tag{2-2-3}$$

使式（2-2-3）成立的 z 变量的取值区域被称为收敛域（region of convergence，ROC）。一般

收敛域用环状域表示，即

$$R_{x-} < |z| < R_{x+}$$

将 $z = re^{j\omega}$ 代入上式可得 $R_{x-} < r < R_{x+}$。可见，收敛域就是以 R_{x-} 和 R_{x+} 为半径的两个圆所形成的环状区域，如图 2-2-1 所示。R_{x-} 和 R_{x+} 被称为收敛半径，特别地，R_{x-} 可以小到零，R_{x+} 可以大到无穷大。

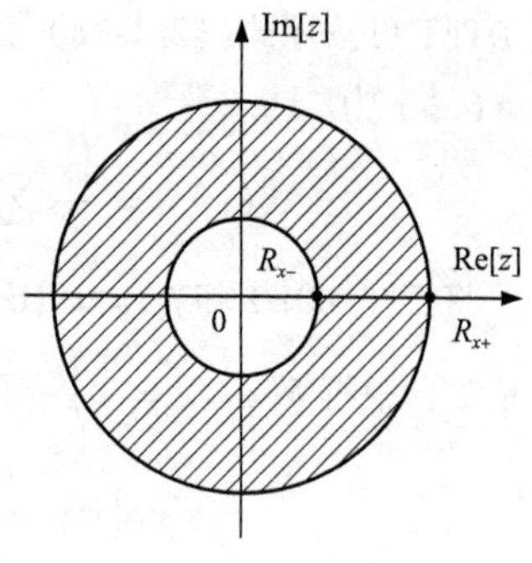

图 2-2-1　Z 变换的收敛域

一般地，Z 变换是一个有理函数，用两个多项式之比表示为

$$X(z) = \frac{P(z)}{Q(z)}$$

其中，分子多项式 $P(z)$ 的根是 $X(z)$ 的零点，分母多项式 $Q(z)$ 的根是 $X(z)$ 的极点。在极点处 Z 变换不存在，因此收敛域中不能有极点，且收敛域总是用极点限定其边界。

2. 序列的特性对收敛域的影响

序列的特性与其 Z 变换的收敛域有直接的关系，序列特性不同，所对应的收敛域也不同，因此了解它们之间的关系有助于 Z 变换和逆 Z 变换的计算。

（1）有限长度序列

有限长度序列是满足下式的序列

$$x(n) = \begin{cases} x(n), & n_1 \leqslant n \leqslant n_2 \\ 0, & \text{其他} \end{cases}$$

其 Z 变换为

$$X(z) = \sum_{n=n_1}^{n_2} x(n) z^{-n}$$

Z 变换的收敛域因为 n_1 和 n_2 的取值不同可分为如下 3 种情况：

① 当 $n_1 < 0, n_2 \leqslant 0$ 时，序列为有限长左序列，在其 Z 变换中，仅有正幂次方项，故其 Z 变换的收敛域为 $0 \leqslant |z| < \infty$；

② 当 $n_1 < 0, n_2 > 0$ 时，序列为有限长双边序列，在其 Z 变换中，既有正幂次方项，也有负幂次方项，故其 Z 变换的收敛域为 $0 < |z| < \infty$；

③ 当 $n_1 \geqslant 0, n_2 > 0$ 时，序列为有限长右序列，在其 Z 变换中，仅有负幂次方项，故其 Z 变换的收敛域为 $0 < |z| \leqslant \infty$。

例 2-2-1　求 $x(n) = R_N(n)$ 的 Z 变换及其收敛域和零、极点。

解

$$X(z) = \sum_{n=-\infty}^{+\infty} x(n) z^{-n} = \sum_{n=0}^{N-1} z^{-n} = \frac{1 - z^{-N}}{1 - z^{-1}}$$

这是一个因果的有限长度序列，因此收敛域为 $0 < |z| \leqslant +\infty$。由计算结果的分母可知，似乎 $z = 1$ 是 $X(z)$ 的极点，但同时分子多项式在 $z = 1$ 处也有一个零点，极、零点对消。由此可知 $X(z)$ 的零点为 $z = e^{j\frac{2\pi}{N}k}$，$k = 1, 2, \cdots, N-1$。

（2）右序列

右序列满足下式

$$x(n)=\begin{cases}x(n), & n\geqslant n_1\\0, & \text{其他}\end{cases}$$

在 $n_1<0$ 时，其 Z 变换为

$$X(z)=\sum_{n=n_1}^{+\infty}x(n)z^{-n}=\sum_{n=n_1}^{-1}x(n)z^{-n}+\sum_{n=0}^{+\infty}x(n)z^{-n}$$

式中，第一项中的序列是有限长左序列，收敛域为 $0\leqslant|z|<+\infty$，第二项中的序列为因果序列，收敛域为 $R_{x-}<|z|\leqslant\infty$，$R_{x-}$ 是第二项的收敛半径。同时考虑两项，则收敛域为 $R_{x-}<|z|<\infty$。若 $n_1>0$，则该右序列为因果序列，其收敛域包含无穷大，即 $R_{x-}<|z|\leqslant\infty$。

例 2-2-2 求 $x(n)=a^nu(n)$ 的 Z 变换。

解
$$X(z)=\sum_{n=-\infty}^{+\infty}x(n)z^{-n}=\sum_{n=0}^{+\infty}a^nz^{-n}=\frac{1}{1-az^{-1}}$$

最后一个等号若要成立，则要求 $|az^{-1}|<1$，因此收敛域为 $|z|>|a|$。

---

(3) 左序列

左序列满足下式

$$x(n)=\begin{cases}x(n), & n\leqslant n_2\\0, & \text{其他}\end{cases}$$

其 Z 变换为

$$X(z)=\sum_{n=-\infty}^{n_2}x(n)z^{-n}$$

收敛域为

$$0<|z|<R_{x+}$$

式中，R_{x+} 是由 $X(z)$ 的极点所确定的边界。

例 2-2-3 求 $x(n)=-a^nu(-n-1)$ 的 Z 变换。

解
$$X(z)=\sum_{n=-\infty}^{+\infty}x(n)z^{-n}=-\sum_{n=-\infty}^{-1}a^nz^{-n}=-\sum_{n=1}^{+\infty}a^{-n}z^{n}=-\sum_{n=0}^{+\infty}a^{-n}z^{n}+1$$

$$=-\frac{1}{1-a^{-1}z}+1=\frac{-a^{-1}z}{1-a^{-1}z}=\frac{1}{1-az^{-1}}$$

序列收敛要求 $|a^{-1}z|<1$，即收敛域为 $|z|<|a|$。

比较上述两个例题，虽然时间序列不同，但 Z 变换的结果表达形式完全相同，只是收敛域不同，即因果序列的收敛域为某个圆外，非因果序列的收敛域为某个圆内。因此，Z 变换需要和收敛域结合起来才能确定其与一个序列之间的唯一对应关系。

(4) 双边序列

一个双边序列可以被看作一个左序列和一个右序列相加，其 Z 变换为

$$X(z)=\sum_{n=-\infty}^{+\infty}x(n)z^{-n}=\sum_{n=-\infty}^{n_1}x(n)z^{-n}+\sum_{n=n_1+1}^{+\infty}x(n)z^{-n}$$

其收敛域为 $R_{x-}<|z|<R_{x+}$，R_{x-} 是右序列的收敛半径，R_{x+} 是左序列的收敛半径。值得注意的是，若 $R_{x-}\geqslant R_{x+}$，则序列的 Z 变换不存在。

例 2-2-4 $x(n)=a^{|n|}$，a 为实数，求 $x(n)$ 的 Z 变换及其收敛域。

解 $X(z)=\sum_{n=-\infty}^{+\infty}x(n)z^{-n}=\sum_{n=-\infty}^{+\infty}a^{|n|}z^{-n}=\sum_{n=-\infty}^{-1}a^{-n}z^{-n}+\sum_{n=0}^{\infty}a^{n}z^{-n}=\sum_{n=1}^{+\infty}a^{n}z^{n}+\sum_{n=0}^{\infty}a^{n}z^{-n}$

第一部分收敛域为 $|az|<1$，解得 $|z|<|a|^{-1}$；第二部分收敛域为 $|az^{-1}|<1$，解得 $|z|>|a|$。如果 $|a|<1$，则两部分的公共收敛域为 $|a|<|z|<|a|^{-1}$，其 Z 变换为

$$X(z)=\frac{az}{1-az}+\frac{1}{1-az^{-1}}=\frac{1-a^{2}}{(1-az)(1-az^{-1})},\quad |a|<|z|<|a|^{-1}$$

如果 $|a|>1$，则没有公共收敛域，因此 $X(z)$ 不存在。

2.2.3 逆变换

已知序列的 Z 变换及其收敛域而求该序列称为逆 Z 变换。序列的 Z 变换及其逆 Z 变换表示如下

$$X(z)=\sum_{n=-\infty}^{+\infty}x(n)z^{-n},\quad R_{x-}<|z|<R_{x+} \tag{2-2-4}$$

$$x(n)=\frac{1}{2\pi\mathrm{j}}\oint_{c}X(z)z^{n-1}\mathrm{d}z,\ c\in(R_{x-},R_{x+}) \tag{2-2-5}$$

式（2-2-5）中的 c 是 $X(z)$ 的收敛域 (R_{x-},R_{x+}) 中的一条逆时针的闭合曲线，如图 2-2-2 所示。

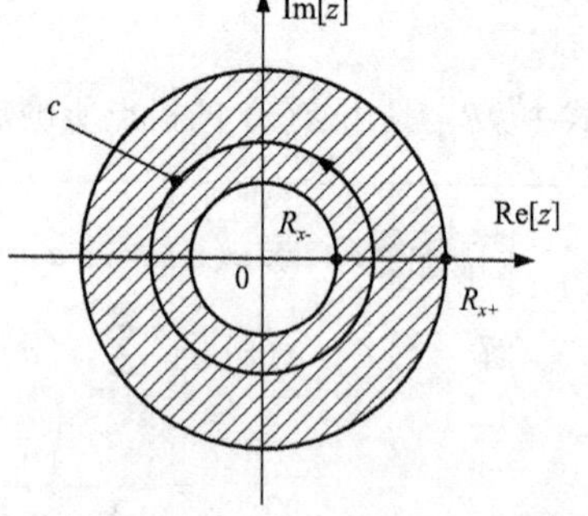

图 2-2-2 围线积分路径

直接利用式（2-2-5）计算逆 Z 变换比较麻烦，常用的 3 种方法是：留数定理法、幂级数展开法和部分分式展开法。

1. 留数定理法

如果 $X(z)z^{n-1}$ 在围线 c 内的极点用 z_k 表示，则根据留数定理（residue theorem）可得

$$\frac{1}{2\pi\mathrm{j}}\oint_{c}X(z)z^{n-1}\mathrm{d}z=\sum_{k}\mathrm{Res}[X(z)z^{n-1},z_k] \tag{2-2-6}$$

式中，$\mathrm{Res}[X(z)z^{n-1},z_k]$ 表示被积函数 $X(z)z^{n-1}$ 在极点 $z=z_k$ 的留数。于是，逆 Z 变换是围线 c 内所有极点的留数之和。如果 z_k 是单阶极点，则根据留数定理可得

$$\mathrm{Res}[X(z)z^{n-1},z_k]=(z-z_k)X(z)z^{n-1}\big|_{z=z_k} \tag{2-2-7}$$

如果 z_m 是 N 阶极点，则根据留数定理可得

$$\mathrm{Res}[X(z)z^{n-1},z_m]=\frac{1}{(N-1)!}\frac{\mathrm{d}^{N-1}}{\mathrm{d}z^{N-1}}[(z-z_m)^{N}X(z)z^{n-1}]\bigg|_{z=z_m} \tag{2-2-8}$$

因此，由式（2-2-8）可知，对于 N 阶极点，需要求 $N-1$ 次导数。

对于式（2-2-6），如果 c 内有多阶极点，而 c 外没有多阶极点，则可以根据留数辅助定理改

求 c 外所有极点的留数之和，使问题简单化。

设 $X(z)z^{n-1}$ 在 z 平面上有 N 个极点，在收敛域内的封闭曲线 c 将 z 平面上的极点分成两部分：一部分是 c 内极点，有 N_1 个，用 z_{1k} 表示；另一部分是 c 外极点，有 N_2 个，用 z_{2k} 表示，故有 $N = N_1 + N_2$ 。根据留数辅助定理可得

$$\sum_{k=1}^{N_1} \mathrm{Res}[X(z)z^{n-1}, z_{1k}] = -\sum_{k=1}^{N_2} \mathrm{Res}[X(z)z^{n-1}, z_{2k}] \tag{2-2-9}$$

注意：式（2-2-9）成立的条件是 $X(z)z^{n-1}$ 的分母阶次比分子阶次必须高二阶以上。

例 2-2-5　已知 $X(z) = \dfrac{1}{1 - az^{-1}}$ ，$|z| > a$ ，用留数定理法求其逆 Z 变换。

解

$$x(n) = \frac{1}{2\pi j}\oint_c z^{n-1} \frac{\mathrm{d}z}{1 - az^{-1}}$$

令

$$F(z) = \frac{1}{1 - az^{-1}} z^{n-1} = \frac{z^n}{z - a}$$

显然，$F(z)$ 的极点与 n 的取值有关。由于收敛域 $|z| > a$ ，$x(n)$ 是因果的右序列。当 $n < 0$ 时，$x(n)$ 一定是零。当 $n \geqslant 0$ 时，$z = a$ 是 $F(z)$ 的单阶极点。

$$x(n) = \mathrm{Res}[F(z), a] = (z - a)\frac{z^n}{z - a}\bigg|_{z=a} = a^n$$

故 $x(n) = a^n u(n)$ 。

例 2-2-6　$X(z) = \dfrac{z^2}{(4 - z)\left(z - \frac{1}{4}\right)}$ ，收敛域为 $\frac{1}{4} < |z| < 4$ ，用留数定理法求逆 Z 变换。

解　逆 Z 变换公式为

$$x(n) = \frac{1}{2\pi \mathrm{j}}\oint_c \frac{z^2}{(4 - z)\left(z - \frac{1}{4}\right)} z^{n-1} \mathrm{d}z$$

求被积函数 $F(z) = \dfrac{z^2 z^{n-1}}{(4 - z)\left(z - \frac{1}{4}\right)} = \dfrac{z^{n+1}}{(4 - z)\left(z - \frac{1}{4}\right)}$ 的极点。

当 $n \geqslant -1$ 时，极点为 $z = \frac{1}{4}$ 和 $z = 4$ 。

当 $n \leqslant -2$ 时，极点为 $z = \frac{1}{4}$ 、$z = 4$ 和 $z = 0$（ $|n + 1|$ 阶）。

（1）当 $n \geqslant -1$ 时

被积函数 $F(z)$ 在围线 c 内只有 $z = \frac{1}{4}$ 处的一个一阶极点，则

$$x(n) = \mathrm{Res}\left[\frac{z^{n+1}}{(4 - z)\left(z - \frac{1}{4}\right)}, \frac{1}{4}\right]$$

$$= \left[\left(z - \frac{1}{4}\right)\frac{z^{n+1}}{(4 - z)\left(z - \frac{1}{4}\right)}\right]\Bigg|_{z=\frac{1}{4}}$$

$$= \frac{1}{15}\left(\frac{1}{4}\right)^{n} = \frac{4^{-n}}{15}, n \geqslant -1$$

即
$$x(n) = \frac{1}{15}\left(\frac{1}{4}\right)^{n} u(n+1)$$

（2）当 $n \leqslant -2$ 时

被积函数 $F(z)$ 在围线 c 内有一个一阶极点 $z = \frac{1}{4}$ 和一个 $|n+1|$ 阶极点 $z = 0$，而在围线 c 外只有一个一阶极点 $z = 4$，所以由留数辅助定理得：

$$x(n) = -\text{Res}\left[\frac{z^{n+1}}{(4-z)\left(z-\frac{1}{4}\right)}, 4\right]$$

$$= -\left[(z-4)\frac{z^{n+1}}{(4-z)\left(z-\frac{1}{4}\right)}\right]\Bigg|_{z=4}$$

$$= \frac{1}{15}4^{n+2}, n \leqslant -2$$

即
$$x(n) = \frac{4^{-n}}{15}u(n+1) + \frac{4^{n+2}}{15}u(-n-2)$$

---

2. 幂级数展开法

幂级数展开法（power series expansion）是通过将 Z 变换 $X(z)$ 展开成 z 的幂级数形式，进而求得 Z 变换。由 Z 变换的定义式可知，信号 $x(n)$ 的 Z 变换为

$$X(z) = \sum_{n=-\infty}^{+\infty} x(n)z^{-n} = \cdots + x(-1)z + x(0) + x(1)z^{-1} + \cdots + x(n)z^{-n} + \cdots$$

即 z 的幂级数，而且幂级数展开式通项的系数就是要求的信号 $x(n)$ 。因此，只要将 Z 变换 $X(z)$ 展开成上述幂级数的形式，就可以得到信号 $x(n)$ 的序列。

对于有理 Z 变换 $X(z)$ 的幂级数展开可以借助于代数中的长除法进行，即将 $X(z)$ 的分子和分母多项式按 z 的升幂或降幂排列，然后用分子多项式除以分母多项式，所得的商就是 $X(z)$ 的幂级数展开式。需要注意的是，升幂排列时，得到的序列为非因果的；降幂排列时，得到的序列为因果的。

例 2-2-7 已知 $X(z) = \dfrac{1+\frac{1}{2}z^{-1}}{1-\frac{3}{2}z^{-1}+\frac{1}{2}z^{-2}}$，收敛域为 $|z|>1$，用幂级数展开法求其逆 Z 变换。

解 由于 $X(z)$ 的收敛域为 $|z|>1$，所以 $X(z)$ 所对应的时域信号 $x(n)$ 一定是因果序列，其幂级数展开式中只有 z 的负幂次项。因此，对 $X(z)$ 用长除法展开成幂级数时，分子和分母多项式应按降幂排列，即

$$
\begin{array}{r l}
 & 1+2z^{-1}+\frac{5}{2}z^{-2}+\cdots \\
1-\frac{3}{2}z^{-1}+\frac{1}{2}z^{-2} \Big) & 1+\frac{1}{2}z^{-1} \\
 & \underline{1-\frac{3}{2}z^{-1}+\frac{1}{2}z^{-2}} \\
 & 2z^{-1}-\frac{1}{2}z^{-2} \\
 & \underline{2z^{-1}-3z^{-2}+z^{-3}} \\
 & \frac{5}{2}z^{-2}-z^{-3} \\
 & \underline{\frac{5}{2}z^{-2}-\frac{15}{4}z^{-3}+\frac{5}{4}z^{-4}} \\
 & \frac{11}{4}z^{-3}-\frac{5}{4}z^{-4} \\
 & \cdots
\end{array}
$$

$$X(z) = \sum_{n=0}^{+\infty} x(n)z^{-n} = 1 + 2z^{-1} + \frac{5}{2}z^{-2} + \cdots$$

所以，$n<0$，$x(n)=0$；$x(0)=1$，$x(1)=2$，$x(3)=5/2$，…。

如果上题中的收敛域变为 $|z|<1/2$（即收敛域在单位圆内），那么 $X(z)$ 所对应的时域信号 $x(n)$ 是一个非因果序列，幂级数展开式中只有 z 的正幂次项。此时对 $X(z)$ 用长除法展开成幂级数时，分子和分母多项式应按升幂排列，即

$$
\begin{array}{r l}
 & z+5z^{2}+13z^{3}+\cdots \\
\frac{1}{2}z^{-2}-\frac{3}{2}z^{-1}+1 \Big) & \frac{1}{2}z^{-1}+1 \\
 & \underline{\frac{1}{2}z^{-1}-\frac{3}{2}+z} \\
 & \frac{5}{2}-z \\
 & \underline{\frac{5}{2}-\frac{15}{2}z+5z^{2}} \\
 & \frac{13}{2}z-5z^{2} \\
 & \underline{\frac{13}{2}z+\frac{39}{2}z^{2}+13z^{3}} \\
 & \frac{29}{2}z^{2}-13z^{3} \\
 & \cdots
\end{array}
$$

$$X(z) = \sum_{n=-\infty}^{-1} x(n)z^{-n} = z + 5z^{2} + 13z^{3} + \cdots$$

所以，$n\geqslant 0$，$x(n)=0$；$x(-1)=1$，$x(-2)=5$，$x(-3)=13$，…。

值得注意的是，当 Z 变换 $X(z)$ 的收敛域是一个圆环时（即所对应的时域信号为双边信号），必须先把 $X(z)$ 的收敛域分为圆环外圆以内的部分（对应的时域信号为非因果信号）和圆环内圆以外的部分（对应的时域信号为因果信号），然后再分别应用幂级数展开法展开。

例如，双边信号 $x(n)$ 的 Z 变换为

$$X(z)=\frac{\frac{3}{2}z^{-1}-\frac{3}{2}z^{-2}+\frac{3}{4}z^{-3}}{(1-3z^{-1}+2z^{-2})\left(1-\frac{1}{4}z^{-2}\right)}$$

$$=\frac{z^{-1}}{1-3z^{-1}+2z^{-2}}+\frac{\frac{1}{2}z^{-1}}{1-\frac{1}{4}z^{-2}},1/2<|z|<1$$

在利用幂级数展开法求逆 Z 变换时，首先应把 $X(z)$ 分为

$$\frac{z^{-1}}{1-3z^{-1}+2z^{-2}},\ |z|<1\ \text{和}\ \frac{\frac{1}{2}z^{-1}}{1-\frac{1}{4}z^{-2}},1/2<|z|$$

然后再分别对这两项用长除法进行幂级数展开。此外，用这种方法求得的结果通常只有 $x(n)$ 的若干个值，不容易据此写出信号 $x(n)$ 的表达式。

3. 部分分式展开法

部分分式展开法是将 $X(z)$ 展开为部分分式之和，并根据 $X(z)$ 的收敛域是每一部分分式收敛域的公共部分，来确定每一部分分式的收敛域。由于常用信号 Z 变换的一般形式是 $1/(1-az^{-1})$，所以 $X(z)$ 应按 $1/(1-az^{-1})$ 形式展开成部分分式，此时用这种部分分式展开法求逆 Z 变换较方便。

设 $x(n)$ 的 Z 变换 $X(z)$ 是有理函数，分母多项式是 N 阶，分子多项式是 M 阶，将 $X(z)$ 展成一些简单的常用部分分式之和，然后按分式求各部分的逆变换，再相加，即可得到原始序列 $x(n)$。设 $X(z)$ 只有 N 个一阶极点 z_m，则

$$X(z)=A_0+\sum_{m=1}^{N}\frac{A_m z}{z-z_m} \tag{2-2-10}$$

$$\frac{X(z)}{z}=\frac{A_0}{z}+\sum_{m=1}^{N}\frac{A_m}{z-z_m} \tag{2-2-11}$$

观察式（2-2-11），$\frac{X(z)}{z}$ 在极点 $z=0$ 的留数为系数 A_0，在极点 $z=z_m$ 的留数为系数 A_m。

$$A_0=\text{Res}\left[\frac{X(z)}{z},0\right] \tag{2-2-12}$$

$$A_m=\text{Res}\left[\frac{X(z)}{z},z_m\right] \tag{2-2-13}$$

求出系数 $A_m\ (m=1,2,\cdots,N)$ 后，很容易求得序列 $x(n)$。

例 2-2-8 已知 $X(z)=\dfrac{1+\frac{1}{2}z^{-1}}{1-\frac{3}{2}z^{-1}+\frac{1}{2}z^{-2}}$，收敛域为 $|z|>1$，用部分分式展开法求其逆 Z 变换。

解 若用部分分式展开法，则有

$$\frac{X(z)}{z}=\frac{z^{-1}+\frac{1}{2}z^{-2}}{1-\frac{3}{2}z^{-1}+\frac{1}{2}z^{-2}}=\frac{z+\frac{1}{2}}{z^2-\frac{3}{2}z+\frac{1}{2}}=\frac{z+\frac{1}{2}}{\left(z-\frac{1}{2}\right)(z-1)}=\frac{A}{z-\frac{1}{2}}+\frac{B}{z-1}$$

$$A=\mathrm{Res}\left[\frac{X(z)}{z},\frac{1}{2}\right]=\left(z-\frac{1}{2}\right)\frac{z+\frac{1}{2}}{\left(z-\frac{1}{2}\right)(z-1)}\Bigg|_{z=\frac{1}{2}}=-2$$

$$B=\mathrm{Res}\left[\frac{X(z)}{z},1\right]=(z-1)\frac{z+\frac{1}{2}}{\left(z-\frac{1}{2}\right)(z-1)}\Bigg|_{z=1}=3$$

$$\frac{X(z)}{z}=\frac{-2}{z-\frac{1}{2}}+\frac{3}{z-1}$$

故可得部分分式展开式

$$X(z)=X_1(z)+X_2(z)=\frac{-2}{1-\frac{1}{2}z^{-1}}+\frac{3}{1-z^{-1}},\ |z|>1$$

所以

$$X_1(z)=\frac{-2}{1-\frac{1}{2}z^{-1}},\ |z|>1/2$$

$$X_2(z)=\frac{3}{1-z^{-1}},\ |z|>1$$

$X_1(z)$ 的极点是 $z=1/2$，收敛域取 $|z|>1/2$，对应的序列为因果序列 $x_1(n)=-2(1/2)^n u(n)$；$X_2(z)$ 的极点是 $z=1$，收敛域取 $|z|>1$，对应的序列为因果序列 $x_2(n)=3u(n)$。故 $x(n)=x_1(n)+x_2(n)=[-2(1/2)^n+3]u(n)$。

如果 $X(z)$ 的收敛域变为 $1>|z|>1/2$，则有

$$X_1(z)=\frac{-2}{1-\frac{1}{2}z^{-1}},\ |z|>1/2$$

$$X_2(z)=\frac{3}{1-z^{-1}},\ |z|<1$$

所以

$$x_1(n)=-2(1/2)^n u(n),\ x_2(n)=-3u(-n-1)$$

$$x(n)=x_1(n)+x_2(n)=-2(1/2)^n u(n)-3u(-n-1)$$

常用序列的 Z 变换如表 2-2-1 所示。

表 2-2-1　常用序列的 Z 变换

序列	Z 变换	收敛域
$\delta(n)$	1	整个 z 平面
$u(n)$	$\dfrac{1}{1-z^{-1}}$	$\|z\|>1$
$-u(-n-1)$	$\dfrac{1}{1-z^{-1}}$	$\|z\|<1$
$\delta(n-m)$	z^{-m}	整个 z 平面，除去 $\begin{cases}0 & (若\ m>0)\\ \infty & (若\ m<0)\end{cases}$
$a^n u(n)$	$\dfrac{1}{1-az^{-1}}$	$\|z\|>\|a\|$
$R_N(n)$	$\dfrac{1-z^{-N}}{1-z^{-1}}$	$\|z\|>0$
$-a^n u(-n-1)$	$\dfrac{1}{1-az^{-1}}$	$\|z\|<\|a\|$
$nu(n)$	$\dfrac{z^{-1}}{(1-z^{-1})^2}$	$\|z\|>1$
$\mathrm{e}^{\mathrm{j}\omega_0 n}u(n)$	$\dfrac{1}{1-\mathrm{e}^{\mathrm{j}\omega_0}z^{-1}}$	$\|z\|>1$

2.2.4　Z 变换与拉普拉斯变换、序列傅里叶变换的关系

1. Z 变换与拉普拉斯变换

对连续时间信号 $x_{\mathrm{a}}(t)$ 采样得采样信号 $\hat{x}_{\mathrm{a}}(t)$

$$\hat{x}_{\mathrm{a}}(t)=x_{\mathrm{a}}(t)\sum_{n=-\infty}^{+\infty}\delta(t-nT)=\sum_{n=-\infty}^{+\infty}x_{\mathrm{a}}(nT)\delta(t-nT) \tag{2-2-14}$$

其拉普拉斯变换式为

$$\hat{X}(s)=\int_{-\infty}^{+\infty}\hat{x}_{\mathrm{a}}(t)\mathrm{e}^{-st}\mathrm{d}t \tag{2-2-15}$$

Z 变换式为

$$X(z)=\sum_{n=-\infty}^{+\infty}x(n)z^{-n} \tag{2-2-16}$$

将式（2-2-14）代入式（2-2-15）得

$$\begin{aligned}\hat{X}(s)&=\int_{-\infty}^{+\infty}\hat{x}_{\mathrm{a}}(t)\mathrm{e}^{-st}\mathrm{d}t=\int_{-\infty}^{+\infty}\sum_{n=-\infty}^{+\infty}x_{\mathrm{a}}(nT)\delta(t-nT)\mathrm{e}^{-st}\mathrm{d}t\\&=\sum_{n=-\infty}^{+\infty}x_{\mathrm{a}}(nT)\int_{-\infty}^{+\infty}\delta(t-nT)\mathrm{e}^{-st}\mathrm{d}t=\sum_{n=-\infty}^{+\infty}x_{\mathrm{a}}(nT)\mathrm{e}^{-sTn}\end{aligned} \tag{2-2-17}$$

因为在数值上 $x(n)=x_{\mathrm{a}}(nT)$，所以当 $z=\mathrm{e}^{sT}$ 时，式（2-2-16）与式（2-2-17）等价，即

$$X(z)\big|_{z=\mathrm{e}^{sT}}=\hat{X}(s) \tag{2-2-18}$$

式（2-2-18）说明，连续时间信号 $x_{\mathrm{a}}(t)$ 的抽样信号 $\hat{x}_{\mathrm{a}}(t)$ 对应的拉普拉斯变换 $\hat{X}(s)$ 与 $x(n)$ 的 Z 变换的关系是复变量 s 平面到 z 平面的映射变换关系

$$z=\mathrm{e}^{sT}$$

2. Z 变换与序列傅里叶变换

比较 Z 变换和序列傅里叶变换的表达式，如下

$$X(z)=\sum_{n=-\infty}^{+\infty}x(n)z^{-n} \tag{2-2-19}$$

$$X(\mathrm{e}^{\mathrm{j}\omega})=\sum_{n=-\infty}^{+\infty}x(n)\mathrm{e}^{-\mathrm{j}\omega n}$$

如果 $X(z)$ 在 $z=\mathrm{e}^{\mathrm{j}\omega}$ 处收敛，则在式（2-2-19）取 $z=\mathrm{e}^{\mathrm{j}\omega}$ 时有

$$X(\mathrm{e}^{\mathrm{j}\omega})=X(z)\big|_{z=\mathrm{e}^{\mathrm{j}\omega}} \tag{2-2-20}$$

即，如果序列 Z 变换的收敛域包括单位圆，则单位圆上的 Z 变换就是序列的频谱。由此可见，离散时间傅里叶变换就是单位圆上的 Z 变换。单位圆在 Z 变换中所起的作用，类似于 s 平面中 $\mathrm{j}\Omega$ 轴在拉普拉斯变换中所起的作用。

3. Z 变换与周期序列傅里叶级数

现在来研究 Z 变换与周期序列傅里叶级数之间的关系。如果离散时间信号 $x(n)$ 是一个有限长度序列，即存在一个整数 N_0 使得 $x(n)$ 在 $0\leqslant n\leqslant(N_0-1)$ 以外为零，若取 $n>N_0$，则式（2-2-1）可写为

$$X(z)=\sum_{n=0}^{N-1}x(n)z^{-n}$$

令 $z=\mathrm{e}^{\mathrm{j}\frac{2\pi}{N}k}$，上式变为

$$X(k)=X(z)\big|_{z=\mathrm{e}^{\mathrm{j}\frac{2\pi}{N}k}}=\sum_{n=0}^{N-1}x(n)\mathrm{e}^{-\mathrm{j}\frac{2\pi}{N}kn},0\leqslant k\leqslant(N-1) \tag{2-2-21}$$

若将 $x(n)$ 以 N 为周期进行周期延拓，则形成周期信号 $\tilde{x}(n)$，此周期信号的傅里叶级数为

$$\tilde{X}(k)=\mathrm{DFS}[\tilde{x}(n)]=\sum_{n=0}^{N-1}\tilde{x}(n)\mathrm{e}^{-\mathrm{j}\frac{2\pi}{N}kn}=\sum_{n=0}^{N-1}x(n)\mathrm{e}^{-\mathrm{j}\frac{2\pi}{N}kn},-\infty<k<+\infty \tag{2-2-22}$$

比较式（2-2-21）和式（2-2-22），可以发现式（2-2-21）描述的是在 z 平面中，单位圆上 Z 变换的 N 点等间隔采样，且只采样一周所得到的 N 个样值；而式（2-2-22）描述的是对单位圆上 Z 变换进行等间隔 N 点重复采样，即在圆周上进行周而复始的采样，且每旋转一周即完成 N 个点的采样，这样永无休止地旋转和采样。

2.2.5 Z 变换的性质与定理

利用 Z 变换的重要性质和定理可以方便地处理有关 Z 变换和逆 Z 变换的问题。假定序列 $x(n)$ 的 Z 变换为 $X(z)$，记为 $\mathrm{ZT}[x(n)]=X(z)$，$X(z)$ 收敛域为 $R_{x-}<|z|<R_{x+}$；序列 $y(n)$ 的 Z 变换为 $Y(z)$，记为 $\mathrm{ZT}[y(n)]=Y(z)$，$Y(z)$ 收敛域为 $R_{y-}<|z|<R_{y+}$。

1. 线性

Z 变换是一种线性变换，满足齐次性和叠加性，即对任意常数 a,b 有

$$\mathrm{ZT}[ax(n)+by(n)]=aX(z)+bY(z),R_-<|z|<R_+ \tag{2-2-23}$$

式中，$R_-=\max[R_{x-},R_{y-}]$，$R_+=\min[R_{x+},R_{y+}]$。

如果 $aX(z)+bY(z)$ 的极点是 $X(z)$ 和 $Y(z)$ 的极点的并集，则其收敛域为 $R_{x-}<|z|<R_{x+}$ 和 $R_{y-}<|z|<R_{y+}$ 的公共部分；如果 $aX(z)+bY(z)$ 这一组合使得一部分零点和极点对消，则其收敛域可能会扩大。读者根据 Z 变换的定义容易证明以上结论。

2. 序列移位

位移性表示序列移位后的 Z 变换与原始序列 Z 变换的关系。在实际中可能遇到序列的左移

（超前）或右移（延迟）两种不同情况，所取的变换形式又可能有单边 Z 变换与双边 Z 变换，它们的位移性基本相同，但又各具不同的特点。下面分几种情况进行讨论。

（1）双边 Z 变换

若序列 $x(n)$ 的双边 Z 变换为

$$\mathrm{ZT}[x(n)] = X(z)$$

则序列移位后，它的双边 Z 变换等于

$$\mathrm{ZT}[x(n-m)] = z^{-m}X(z) \tag{2-2-24}$$

证明

$$\mathrm{ZT}[x(n-m)] = \sum_{n=-\infty}^{\infty} x(n-m)z^{-n} = z^{-m}\sum_{n'=-\infty}^{\infty} x(n')z^{-n'} = z^{-m}X(z)$$

式中，m 为任意正整数。由式（2-2-24）可以看出，序列移位只会使 Z 变换在 $z=0$ 或 $z=\infty$ 处的零极点情况发生变化。如果 $x(n)$ 是双边序列，则 $X(z)$ 的收敛域为环形区域（即 $R_{x1}<|z|<R_{x2}$），在这种情况下序列移位并不会使 Z 变换的收敛域发生变化。

（2）单边 Z 变换

若 $x(n)$ 是双边序列，其单边 Z 变换为

$$\mathrm{ZT}[x(n)u(n)] = X(z)$$

则序列左移后，它的单边 Z 变换等于

$$\mathrm{ZT}[x(n+m)u(n)] = z^{m}\left[X(z) - \sum_{n=0}^{m-1} x(n)z^{-n}\right] \tag{2-2-25}$$

证明

$$\mathrm{ZT}[x(n+m)] = \sum_{n=0}^{\infty} x(n+m)z^{-n} = z^{m}\sum_{n=0}^{\infty} x(n+m)z^{-(n+m)}$$

令 $n' = n+m$，则上式可写成

$$\mathrm{ZT}[x(n+m)] = z^{m}\sum_{n'=m}^{\infty} x(k)z^{-n'} = z^{m}\left[\sum_{n'=0}^{\infty} x(n')z^{-n'} - \sum_{n'=0}^{m-1} x(n')z^{-n'}\right] = z^{m}\left[X(z) - \sum_{n'=0}^{m-1} x(n')z^{-n'}\right]$$

式中，m 为正整数。同样，可以得到右移序列的单边 Z 变换为

$$\mathrm{ZT}[x(n-m)u(n)] = z^{-m}\left[X(z) + \sum_{n=-m}^{-1} x(k)z^{-n}\right] \tag{2-2-26}$$

证明

$$\mathrm{ZT}[x(n-m)] = \sum_{n=0}^{\infty} x(n-m)z^{-n} = \sum_{n=0}^{m-1} x(n-m)z^{-n} + z^{-m}\sum_{n=m}^{\infty} x(n-m)z^{-(n-m)}$$

令 $n' = n-m$，则上式可写成

$$\mathrm{ZT}[x(n-m)] = z^{-m}\sum_{n'=-m}^{-1} x(n')z^{-n'} + z^{-m}\sum_{n'=0}^{\infty} x(n')z^{-n'} = z^{-m}\left[X(z) + \sum_{n'=-m}^{-1} x(n')z^{-n'}\right]$$

对于 $m=1,2$ 的情况，式（2-2-25）和式（2-2-26）可以写成

$$\mathrm{ZT}[x(n+1)u(n)] = zX(z) - zx(0)$$

$$\mathrm{ZT}[x(n+2)u(n)] = z^{2}X(z) - z^{2}x(0) - zx(1)$$

$$\mathrm{ZT}[x(n-1)u(n)] = z^{-1}X(z) + x(-1)$$

$$\mathrm{ZT}[x(n-2)u(n)] = z^{-2}X(z) + z^{-1}x(-1) + x(-2)$$

如果 $x(n)$ 是因果序列，则式（2-2-26）右边的 $\sum_{n'=-m}^{-1} x(n')z^{-n'}$ 项都等于零。于是，右移序列的单边 Z 变换变为

$$\mathrm{ZT}[x(n-m)u(n)] = z^{-m}X(z) \tag{2-2-27}$$

而左移序列的单边 Z 变换仍为

$$\mathrm{ZT}[x(n+m)u(n)] = z^{m}\left[X(z) - \sum_{n=0}^{m-1}x(n)z^{-n}\right] \tag{2-2-28}$$

3. 乘以指数序列

$a^n x(n)$ 的 Z 变换为

$$\mathrm{ZT}[a^n x(n)] = X(a^{-1}z)\ ,\ |a|R_{x-} < |z| < |a|R_{x+} \tag{2-2-29}$$

证明

$$\mathrm{ZT}[a^n x(n)] = \sum_{n=-\infty}^{\infty} a^n x(n)z^{-n} = \sum_{n=-\infty}^{\infty} x(n)\ (a^{-1}z)^{-n} = X(a^{-1}z)$$

由于 $X(z)$ 的收敛域为 $R_{x-} < |z| < R_{x+}$，故 $X(a^{-1}z)$ 的收敛域为 $R_{x-} < |a^{-1}z| < R_{x+}$，即 $|a|R_{x-} < |z| < |a|R_{x+}$。

4. z 域微分

$$\mathrm{ZT}[nx(n)] = -z\frac{\mathrm{d}X(z)}{\mathrm{d}z}\ ,\ R_{x-} < |z| < R_{x+} \tag{2-2-30}$$

证明

$$\frac{\mathrm{d}X(z)}{\mathrm{d}z} = \frac{\mathrm{d}}{\mathrm{d}z}\left[\sum_{n=-\infty}^{\infty}x(n)z^{-n}\right]\ ,\ R_{x-} < |z| < R_{x+}$$

交换求和与求导的次序，则得

$$\frac{\mathrm{d}X(z)}{\mathrm{d}z} = \sum_{n=-\infty}^{\infty}x(n)\frac{\mathrm{d}}{\mathrm{d}z}(z^{-n}) = -z^{-1}\sum_{n=-\infty}^{\infty}nx(n)z^{-n} = -z^{-1}\mathrm{ZT}[nx(n)]$$

$$\mathrm{ZT}[nx(n)] = -z\frac{\mathrm{d}X(z)}{\mathrm{d}z},\quad R_{x-} < |z| < R_{x+}$$

5. 复序列取共轭

$$\mathrm{ZT}[x^*(n)] = X^*(z^*)\ ,\ R_{x-} < |z| < R_{x+} \tag{2-2-31}$$

证明

$$\begin{aligned}\mathrm{ZT}[x^*(n)] &= \sum_{n=-\infty}^{\infty}x^*(n)z^{-n} = \sum_{n=-\infty}^{\infty}[x(n)\ (z^*)^{-n}]^* \\ &= \left[\sum_{n=-\infty}^{\infty}x(n)\ (z^*)^{-n}\right]^* \\ &= X^*(z^*), R_{x-} < |z| < R_{x+}\end{aligned}$$

6. 序列卷积

若 $y(n) = x(n) * h(n)$，则

$$Y(z) = X(z)H(z)\ ,\quad R_- < |z| < R_+ \tag{2-2-32}$$

式中，$R_- = \max[R_{x-}, R_{y-}]$，$R_+ = \min[R_{x+}, R_{y+}]$，如果有一些零、极点对消，则其收敛域可能会扩大。

证明

$$\begin{aligned}Y(z) &= \mathrm{ZT}[x(n) * h(n)] = \sum_{n=-\infty}^{\infty}[x(n) * h(n)]z^{-n} = \sum_{n=-\infty}^{\infty}\left[\sum_{m=-\infty}^{\infty}x(m)h(n-m)\right]z^{-n} \\ &= \sum_{m=-\infty}^{\infty}x(m)\left[\sum_{n=-\infty}^{\infty}h(n-m)z^{-n}\right] = \sum_{m=-\infty}^{\infty}x(m)z^{-m}H(z) = X(z)H(z)\end{aligned}$$

7. 初值定理

如果 $x(n)$ 是因果序列，则有 $x(0) = \lim\limits_{z\to\infty}X(z)$

证明 由于 $x(n)$ 是因果序列

$$X(z) = \sum_{n=0}^{\infty}x(n)z^{-n} = x(0) + x(1)z^{-1} + x(2)z^{-2} + \cdots$$

故可得

$$\lim_{z\to\infty}X(z) = x(0)$$

8. 终值定理

如果 $x(n)$ 是因果序列，且 $X(z)$ 仅可在 $z = 1$ 处有一阶极点，其他极点都在单位圆以内，则有 $\lim\limits_{n\to\infty}x(n) = \lim\limits_{z\to 1}[(z-1)X(z)]$。

证明 利用序列的移位性质可得

$$\mathrm{ZT}[x(n+1) - x(n)] = (z-1)X(z) = \sum_{n=-\infty}^{\infty}[x(n+1) - x(n)]z^{-n}$$

再利用 $x(n)$ 为因果序列可得

$$(z-1)X(z) = \sum_{n=-1}^{\infty}[x(n+1) - x(n)]z^{-n} = \lim_{n\to 8}\sum_{m=-1}^{n}[x(m+1) - x(m)]z^{-m}$$

分析 $(z-1)X(z)$ 的收敛域。由于 $X(z)$ 在单位圆上只有在 $z = 1$ 处可能有一阶极点，函数 $(z-1)X(z)$ 将抵消掉这个 $z = 1$ 处的可能极点，因此 $(z-1)X(z)$ 的收敛域将包括单位圆，即在 $1 \leqslant |z| \leqslant \infty$ 上都收敛，所以可以取 $z \to 1$ 的极限，即

$$\begin{aligned}\lim_{z\to 1}[(z-1)X(z)] &= \lim_{n\to 8}\sum_{m=-1}^{n}[x(m+1) - x(m)] \\ &= \lim_{n\to\infty}\{[x(0) - 0] + [x(1) - x(0)] + [x(2) - x(1)] + \cdots + [x(n+1) - x(n)]\} \\ &= \lim_{n\to\infty}[x(n+1)] = \lim_{n\to\infty}x(n)\end{aligned}$$

由于 $\lim\limits_{z\to 1}[(z-1)X(z)]$ 是 $X(z)$ 在 $z = 1$ 处的留数，因此终值定理也可用留数表示，即

$$\lim_{n\to\infty}x(n) = \lim_{z\to 1}(z-1)X(z) = \mathrm{Res}[X(z),1]$$

9. 复卷积定理

若 $w(n) = x(n)\cdot y(n)$，则

$$W(z) = \frac{1}{2\pi \mathrm{j}}\oint_c X(v)Y\left(\frac{z}{v}\right)v^{-1}\mathrm{d}v\text{ , }R_{x-}R_{y-} < |z| < R_{x+}R_{y+} \tag{2-2-33}$$

式中，C 是 v 平面上 $X(v)$ 和 $Y\left(\frac{z}{v}\right)$ 公共收敛域内环绕原点的一条逆时针旋转的闭合曲线。式 (2-2-33) 中的 X 和 Y 可以交换位置。

证明

$$\begin{aligned}W(z) = \mathrm{ZT}[w(n)] = \mathrm{ZT}[x(n)y(n)] &= \sum_{n=-\infty}^{\infty}x(n)y(n)z^{-n} \\ &= \sum_{n=-\infty}^{\infty}\left[\frac{1}{2\pi \mathrm{j}}\oint_c X(v)v^{n-1}\mathrm{d}v\right]y(n)z^{-n} \\ &= \frac{1}{2\pi \mathrm{j}}\sum_{n=-\infty}^{\infty}y(n)\left[\oint_c X(v)v^{n}\frac{\mathrm{d}v}{v}\right]z^{-n}\end{aligned}$$

$$= \frac{1}{2\pi j}\oint_c \left[X(v)\sum_{n=-\infty}^{\infty} y(n)\left(\frac{z}{v}\right)^{-n}\right]\frac{dv}{v}$$

$$= \frac{1}{2\pi j}\oint_c X(v)Y\left(\frac{z}{v}\right)v^{-1}dv, \quad R_{x-}R_{y-} < |z| < R_{x+}R_{y+}$$

10. 帕斯瓦尔定理

如果 $X(z)$ 和 $Y(z)$ 的收敛半径满足下列关系

$$R_{x-}R_{y-} < 1 = |z| < R_{x+}R_{y+}$$

则

$$\sum_{n=-\infty}^{+\infty} x(n)y^*(n) = \frac{1}{2\pi j}\oint_c X(v)Y^*\left(\frac{1}{v^*}\right)v^{-1}dv \tag{2-2-34}$$

式中，C 是 v 平面上 $X(v)$ 和 $Y^*\left(\frac{1}{v^*}\right)$ 公共收敛域内的一条逆时针旋转的闭合曲线。

证明

令 $w(n) = x(n)y^*(n)$，由于 $\mathrm{ZT}[y^*(n)] = Y^*(z^*)$，利用复卷积公式可得

$$W(z) = \mathrm{ZT}[w(n)] = \sum_{n=-\infty}^{\infty} x(n)y^*(n)z^{-n} = \frac{1}{2\pi j}\oint_c X(v)Y^*\left(\frac{z^*}{v^*}\right)v^{-1}dv$$

由于假设条件中已规定收敛域满足 $R_{x-}R_{y-} < 1 = |z| < R_{x+}R_{y+}$，因此 $|z| = 1$ 在收敛域内，也就是 $W(z)$ 在单位圆上收敛，故

$$W(z)\big|_{z=1} = \frac{1}{2\pi j}\oint_c X(v)Y^*\left(\frac{1}{v^*}\right)v^{-1}dv$$

同时

$$W(z)\big|_{z=1} = \sum_{n=-\infty}^{\infty} x(n)y^*(n)z^{-n}\Big|_{z=1} = \sum_{n=-\infty}^{\infty} x(n)y^*(n)$$

因此

$$\sum_{n=-\infty}^{\infty} x(n)y^*(n) = \frac{1}{2\pi j}\oint_c X(v)Y^*\left(\frac{1}{v^*}\right)v^{-1}dv$$

如果 $y(n)$ 是实序列，则上式两边共轭号（$*$）可取消。若 $x(n)$ $y(n)$ 满足绝对可和条件，也就是 $X(v)$ $Y(v)$ 在单位圆上收敛，式（2-2-34）中 c 取单位圆，令 $v = e^{j\omega}$，ω 由 $-\pi$ 变到 π，相当于 c 沿单位圆周旋转一周，则可得

$$\sum_{n=-\infty}^{+\infty} x(n)y^*(n) = \frac{1}{2\pi}\int_{-\pi}^{\pi} X(e^{j\omega})Y^*(e^{j\omega})d\omega \tag{2-2-35}$$

令 $x(n) = y(n)$，得到前面讲过的能量定理，即

$$\sum_{n=-\infty}^{+\infty} |x(n)|^2 = \frac{1}{2\pi}\int_{-\pi}^{\pi} |X(e^{j\omega})|^2 d\omega \tag{2-2-36}$$

式（2-2-36）表明在时域中计算得到的信号的能量值与在频域中计算得到的信号的能量值相同。

2.2.6 利用 Z 变换求解差分方程

前面已经介绍了差分方程的递推解法，下面介绍利用 Z 变换的解法。这种方法将差分方程变成了代数方程，使求解过程更简单。

需要特别指出的是，在求解系统的差分方程时，如果系统的起始状态为0，而且激励信号是因果信号，则可以用单边或者双边 Z 变换来求解；如果系统的起始状态不为0，或者激励信号不

是因果信号，则只能用单边 Z 变换来求解。之所以如此，是因为双边 Z 变换和单边 Z 变换的移位性质有所不同，而只有利用单边 Z 变换的移位性质，才能将系统的起始状态或非因果序列中小于 0 的序列值包括在求解过程之中。

下面讨论利用单边 Z 变换求解差分方程，这也是单边 Z 变换的主要应用之一。一个 N 阶线性时不变离散系统，若其激励为 $x(n)$，响应为 $y(n)$，则其激励和响应之间的关系可以用下述 N 阶常系数线性差分方程来描述。

$$\sum_{k=0}^{N} a_k y(n-k) = \sum_{j=0}^{M} b_j x(n-j) \tag{2-2-37}$$

如果序列 $y(n)$ 的单边 Z 变换为 $Y(z)$，则其移位序列 $y(n-k)$ 的单边 Z 变换为

$$\begin{aligned}
\mathrm{ZT}[y(n-k)u(n)] &= \sum_{n=0}^{\infty} y(n-k)z^{-n} \\
&= z^{-k}\sum_{l=-k}^{\infty} y(l)z^{-l} \\
&= z^{-k}\left[\sum_{l=0}^{\infty} y(l)z^{-l} + \sum_{l=-k}^{-1} y(l)z^{-l}\right] \\
&= z^{-k}\left[Y(z) + \sum_{l=-k}^{-1} y(l)z^{-l}\right]
\end{aligned}$$

如果激励信号是因果信号，且系统是因果系统，那么对式（2-2-37）两边取 Z 变换，并应用移位特性可求得

$$\sum_{k=0}^{N} a_k z^{-k}\left[Y(z) + \sum_{l=-k}^{-1} y(l)z^{-l}\right] = \sum_{j=0}^{M} b_j X(z)z^{-j}$$

由此可得

$$Y(z) = \frac{\sum_{j=0}^{M} b_j z^{-j}}{\sum_{k=0}^{N} a_k z^{-k}}X(z) - \frac{\sum_{k=0}^{N} a_k z^{-k}\sum_{l=-k}^{-1} y(l)z^{-l}}{\sum_{k=0}^{N} a_k z^{-k}} \tag{2-2-38}$$

式中，$y(l)$ 为系统的起始状态，l 的取值范围为 $-N \leqslant l \leqslant -1$。

显然，当输入 $x(n)=0$ 时，由式（2-2-38）可求得系统零输入响应的 Z 变换，它等于式（2-2-38）等号右边的第二项，即

$$Y(z) = -\frac{\sum_{k=0}^{N} a_k z^{-k}\sum_{l=-k}^{-1} y(l)z^{-l}}{\sum_{k=0}^{N} a_k z^{-k}} \tag{2-2-39}$$

而当系统的起始状态 $y(l)=0, (-N \leqslant l \leqslant -1)$ 时，由式（2-2-38）可求得系统零状态响应的 Z 变换，它等于式（2-2-38）等号右边的第一项，即

$$Y(z) = \frac{\sum_{j=0}^{M} b_j z^{-j}}{\sum_{k=0}^{N} a_k z^{-k}}X(z) \tag{2-2-40}$$

而式（2-2-38）表示的是完全响应的 Z 变换。这样，只要分别对上述三式求逆变换即可求得系统的完全响应、零输入响应和零状态响应，即

$$y(n) = \mathrm{ZT}^{-1}[Y(z)]$$

从上面的分析可以看到，式（2-2-38）从 Z 变换域说明了零输入响应和零状态响应的含义，

并反映了完全响应与零输入响应、零状态响应之间的关系，它表明：零输入响应由系统起始状态确定，而与系统激励无关；零状态响应由系统激励信号确定，而与系统起始状态无关；完全响应等于零输入响应及零状态响应之和。

下面通过一个具体的例子来说明利用 Z 变换求解差分方程的过程。

例 2-2-9 用 Z 变换求解如下差分方程。

$$y(n)-\frac{1}{2}y(n-1)=u(n)\ ,\ y(-1)=1$$

解 对差分方程等号两边取 Z 变换。

$$Y(z)-\frac{1}{2}z^{-1}[Y(z)+y(-1)z]=\frac{z}{z-1}$$

整理上式可得

$$\left(1-\frac{1}{2}z^{-1}\right)Y(z)=\frac{z}{z-1}+\frac{1}{2}y(-1)$$

$$Y(z)=\frac{1}{\left(1-\frac{1}{2}z^{-1}\right)}\frac{z}{z-1}+\frac{\frac{1}{2}y(-1)}{\left(1-\frac{1}{2}z^{-1}\right)}$$

将起始状态 $y(-1)=1$ 代入上式，并进行整理可得

$$Y(z)=\frac{z}{z-1/2}\frac{z}{z-1}+\frac{1}{2}\frac{z}{z-1/2}=\frac{2z}{z-1}-\frac{z}{z-1/2}+\frac{1}{2}\frac{z}{z-1/2}$$

上式中等号右边第三项为零输入响应，其余两项为零状态响应。对上式求逆即可得到零输入响应和零状态响应，以及完全响应。

完全响应为

$$y(n)=[2-(1/2)^n+(1/2)^{n+1}]u(n)=[2-(1/2)^{n+1}]u(n)$$

零状态响应为

$$y_1(n)=[2-(1/2)^n]u(n)$$

零输入响应为

$$y_2(n)=(1/2)^{n+1}u(n)$$

2.3 系统的频域分析

用 Z 变换对系统进行复频域分析，可以了解系统的因果性和稳定性，还可以了解系统的零、极点对系统频率特性的影响。

2.3.1 传输函数与系统函数

设线性时不变系统的单位脉冲响应为 $h(n)$，对 $h(n)$ 进行序列傅里叶变换和 Z 变换，得

$$H(e^{j\omega})=\sum_{n=-\infty}^{+\infty}h(n)e^{-j\omega n}$$

$$H(z) = \sum_{n=-\infty}^{+\infty} h(n) z^{-n}$$

其中，$H(e^{j\omega})$ 称为系统的传输函数（或系统频率响应函数），它表征系统的频率特性；$H(z)$ 称为系统的系统函数，它表征系统的复频率特性。

对 N 阶差分方程

$$\sum_{i=0}^{N} a_i y(n-i) = \sum_{j=0}^{M} b_j x(n-j), \quad a_0 = 1$$

等号两边作 Z 变换，得

$$\sum_{i=0}^{N} a_i z^{-i} Y(z) = \sum_{j=0}^{M} b_j z^{-j} X(z)$$

则系统函数的一般表达式为

$$H(z) = \frac{Y(z)}{X(z)} = \frac{\sum_{j=0}^{M} b_j z^{-j}}{\sum_{i=0}^{N} a_i z^{-i}} \tag{2-3-1}$$

如果 $H(z)$ 的收敛域包含单位圆 $|z| = 1$，则 $H(z)$ 与 $H(e^{j\omega})$ 的关系如下

$$H(e^{j\omega}) = H(z)\big|_{z=e^{j\omega}} \tag{2-3-2}$$

式（2-3-2）表明单位脉冲响应在单位圆上的 Z 变换就是系统的频率函数。

2.3.2 用系统函数的极点分布分析系统的因果性与稳定性

因果系统的单位脉冲响应 $h(n)$ 满足

$$h(n) = 0, \quad n<0 \tag{2-3-3}$$

因此，系统函数 $H(z)$ 的收敛域一定包含∞，也就是说∞不是 $H(z)$ 的极点，那么 $H(z)$ 的极点一定分布在某个圆内；这个圆的半径是 $H(z)$ 的所有极点中绝对值最大的那个极点的绝对值。若 $H(z)$ 有 N 个极点，即 $z_1, z_2, \cdots, z_N$，设 z_k 是式中绝对值最大的极点，则 $H(z)$ 的收敛域为 $|r|>|z_k|$。稳定系统要求系统的单位脉冲响应 $h(n)$ 满足

$$\sum_{n=-\infty}^{+\infty} |h(n)| < \infty \tag{2-3-4}$$

而单位脉冲响应 $h(n)$ 的 Z 变换存在要求

$$\sum_{n=-\infty}^{+\infty} |h(n) z^{-n}| < \infty \tag{2-3-5}$$

因此稳定系统的系统函数 $H(z)$ 的收敛域应包含单位圆 $|z| = 1$，即稳定系统的极点不在单位圆上。对于因果稳定系统，其系统函数的极点应全部分布在单位圆内，相应地，其收敛域可以表示为：$|r| < |z| < \infty, |r| < 1$。

例 2-3-1 已知系统的系统函数为 $H(z) = \dfrac{1}{(1-2z^{-1})\left(1-\frac{1}{2}z^{-1}\right)}$，分析系统的因果性与稳定性。

解 $H(z)$ 的极点为：$z = \frac{1}{2}, z = 2$。

① 收敛域为 $|z|>2$ 时，$H(z)$ 是因果系统；因为收敛域不包含单位圆，所以系统不稳定。其单位脉冲响应 $h(n)$ 通过求逆 Z 变换可得 $h(n)=\left(\frac{4}{3}\times 2^{n}-\frac{1}{3}2^{-n}\right)u(n)$，这是一个因果序列，但其不收敛。

② 收敛域为 $\frac{1}{2}<|z|<2$ 时，$H(z)$ 是非因果系统；因为收敛域包含单位圆，所以系统稳定。其单位脉冲响应 $h(n)=-\frac{4}{3}\times 2^{n}u(-n-1)-\frac{1}{3}2^{-n}u(n)$，这是一个非因果序列，但其收敛。

③ 收敛域为 $0<|z|<\frac{1}{2}$ 时，$H(z)$ 是非因果系统；因为收敛域不包含单位圆，所以系统不稳定。其单位脉冲响应 $h(n)=\left(-\frac{4}{3}\times 2^{n}+\frac{1}{3}2^{-n}\right)u(-n-1)$，这是一个非因果序列，且其不收敛。

2.3.3　用系统函数的零、极点分布分析系统的频率特性

对式（2-3-1）进行因式分解，则 $H(z)$ 在形式上可以写为

$$H(z)=A\frac{\prod_{r=1}^{M}(1-c_{r}z^{-1})}{\prod_{r=1}^{N}(1-d_{r}z^{-1})} \tag{2-3-6}$$

式中，$A=b_0/a_0$，c_r 是 $H(z)$ 的零点，d_r 是其极点。A 参数影响传输函数的幅度大小；影响系统频率特性的是零点 c_r 和极点 d_r 的分布。将分子与分母同乘 z^{M+N}，并将 $z=\mathrm{e}^{\mathrm{j}\omega}$ 代入其中得传输函数（假设系统稳定）。

$$H(\mathrm{e}^{\mathrm{j}\omega})=Az^{N-M}\left.\frac{\prod_{r=1}^{M}(z-c_{r})}{\prod_{r=1}^{N}(z-d_{r})}\right|_{z=\mathrm{e}^{\mathrm{j}\omega}}=A\mathrm{e}^{\mathrm{j}\omega(N-M)}\frac{\prod_{r=1}^{M}(\mathrm{e}^{\mathrm{j}\omega}-c_{r})}{\prod_{r=1}^{N}(\mathrm{e}^{\mathrm{j}\omega}-d_{r})} \tag{2-3-7}$$

在 z 平面上，$\mathrm{e}^{\mathrm{j}\omega}-c_r$ 用一个由零点 c_r 指向单位圆 $\mathrm{e}^{\mathrm{j}\omega}$ 上点 B 的向量 $\overrightarrow{c_rB}$ 表示，同样 $\mathrm{e}^{\mathrm{j}\omega}-d_r$ 用一个由极点 d_r 指向单位圆 $\mathrm{e}^{\mathrm{j}\omega}$ 上点 B 的向量 $\overrightarrow{d_rB}$ 表示，$\overrightarrow{c_rB}$ 和 $\overrightarrow{d_rB}$ 分别称为零点矢量和极点矢量，如图 2-3-1 所示。

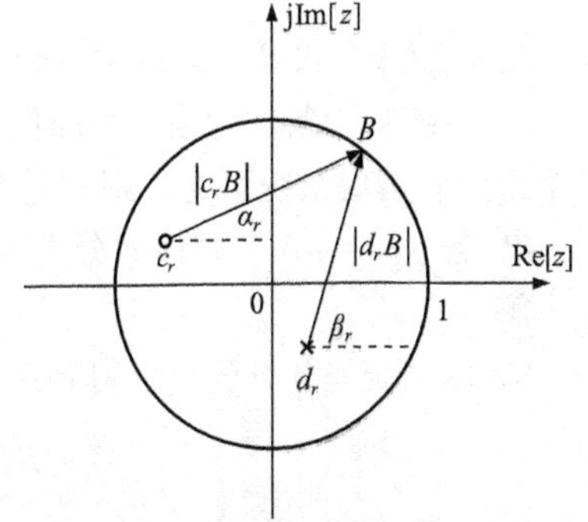

图 2-3-1　系统函数的零点矢量和极点矢量

矢量 $\overrightarrow{c_rB}$ 和 $\overrightarrow{d_rB}$ 用极坐标表示为

$$\overrightarrow{c_rB}=|c_rB|\mathrm{e}^{\mathrm{j}\alpha_r}$$

$$\overrightarrow{d_rB}=|d_rB|\mathrm{e}^{\mathrm{j}\beta_r}$$

其中 α_r，β_r 分别为 $\overrightarrow{c_rB}$ 和 $\overrightarrow{d_rB}$ 的辐角。因此系统传输函数可表示为

$$H(\mathrm{e}^{\mathrm{j}\omega}) = A\mathrm{e}^{\mathrm{j}\omega(N-M)}\frac{\prod_{r=1}^{M}|c_rB|\mathrm{e}^{\mathrm{j}\alpha_r}}{\prod_{r=1}^{N}|d_rB|\mathrm{e}^{\mathrm{j}\beta_r}} = A\mathrm{e}^{\mathrm{j}\omega(N-M)}\frac{\mathrm{e}^{\mathrm{j}\sum_{r=1}^{M}\alpha_r}\prod_{r=1}^{M}|c_rB|}{\mathrm{e}^{\mathrm{j}\sum_{r=1}^{N}\beta_r}\prod_{r=1}^{N}|d_rB|}$$

$$= A\mathrm{e}^{\mathrm{j}[\omega(N-M)+\sum_{r=1}^{M}\alpha_r-\sum_{r=1}^{N}\beta_r]}\frac{\prod_{r=1}^{M}|c_rB|}{\prod_{r=1}^{N}|d_rB|}$$

$$= |H(\mathrm{e}^{\mathrm{j}\omega})|\mathrm{e}^{\mathrm{j}\varphi(\omega)} \tag{2-3-8}$$

$$|H(\mathrm{e}^{\mathrm{j}\omega})| = |A|\frac{\prod_{r=1}^{M}|c_rB|}{\prod_{r=1}^{N}|d_rB|} \tag{2-3-9}$$

$$\varphi(\omega) = \omega(N-M) + \sum_{r=1}^{M}\alpha_r - \sum_{r=1}^{N}\beta_r \tag{2-3-10}$$

系统频率响应函数的系统幅频特性由式（2-3-9）确定。式（2-3-9）说明，系统的幅频响应等于零点矢量长度之积比极点矢量长度之积。由图2-3-1和式（2-3-9）可以得出：当B点沿单位圆旋转至距离零点c_r最近时，零点矢量最短，零点矢量的模最小，则幅度值$|H(\mathrm{e}^{\mathrm{j}\omega})|$最小，对应系统的阻带；原点与点$B$的连线和横坐标轴的夹角（代表数字频率）就是阻带的中心频率。类似地，当点B沿单位圆旋转至距离极点d_r最近时，极点矢量最短，极点矢量的模最小，则幅度值$|H(\mathrm{e}^{\mathrm{j}\omega})|$最大，对应系统的通带；原点与点$B$的连线和横坐标轴的夹角就是通带的中心频率。

了解零极点对系统幅频特性的影响对滤波器的设计和应用十分重要。在后面讲述滤波器设计的章节中将会介绍采用零极点累试法来设计滤波器。实际上就是合理地布置零极点的位置，调节幅频特性的衰落特点，进而实现频率选择性衰落的效果，使有用信号所在频率范围内的信号能够尽可能不失真地通过，而那些有用信号频率范围以外的信号尽可能地被抑制。在通信领域，实际的频率选择性衰落信道所体现的也是类似现象，它的幅频特性不是恒定的，而是根据实际物理环境的不同幅频特性体现在不同频率位置处的起伏与衰落的现象。

例 2-3-2 设某一系统由差分方程$y(n) = by(n-1) + ax(n) + x(n-1)$描述。

① 系统初始条件为当$n<0$时$y(n) = 0$，若$|a| \geqslant 1$，$|b| = 0$，则该差分方程描述了怎样一个系统？若此系统可逆，则其逆系统为怎样一个系统？

② 若$b = -a^*$，则该差分方程描述了怎样一个系统？

解

① 由系统差分方程可以得到系统函数为

$$H(z) = a + z^{-1} = z^{-1}(az+1)$$

由上式可知，系统零点为$z = -1/a$，极点为$z = 0$，所以系统的收敛域为除原点以外的整个z平面，故可知系统因果、稳定；另外也可以由系统差分方程判断系统的因果性与稳定性。系统单位脉冲响应为$h(n) = a\delta(n) + \delta(n-1)$，所以当$n<0$，$h(n) = 0$时，系统是因果系统；由$\sum_{n=-\infty}^{\infty}|h(n)| < \infty$可知系统稳定。实际上，此系统为一严格最小相位系统，其逆系统也是一严格

最小相位系统。

当然，如果题设条件 $|b| \neq 0$，则需要根据系统的初始条件来判断系统的因果性与稳定性。如果系统初始条件为 $n<0$ 时 $h(n)=0$，且 $|b| \leqslant 1$，那么此时的系统也是最小相位系统。此时，系统函数为 $H(z)=\frac{a+z^{-1}}{1-bz^{-1}}$，收敛域为 $|z|>|b|$。

对于一个因果、稳定的系统，若它的所有零点和极点都在单位圆内，则这样的系统是最小相位系统。最小相位系统的逆系统 $1/H(z)$ 也是因果、稳定的最小相位系统，因为此时只不过是系统的零点变成了逆系统的极点，系统的极点变成了逆系统的零点。

这里有必要简单介绍一下系统的可逆性；若系统的输入可以由所观测到的系统输出唯一地确定，则称系统是可逆的。为使系统是可逆的，必须保证系统对不同输入产生不同的输出。若系统 $H(z)$ 可逆，其逆表示为 $H_{\mathrm{I}}(z)=1/H(z)$，则有 $H(z)H_{\mathrm{I}}(z)=1$。

② 由系统差分方程可以得到系统函数，并代入条件 $b=-a^{*}$ 可得

$$H(z)=\frac{a+z^{-1}}{1-bz^{-1}}=\frac{z^{-1}-b^{*}}{1-bz^{-1}}$$

由上式可知，系统零点为 $z=\frac{1}{b^{*}}$，极点为 $z=b$；由上式可以得到

$$H(\mathrm{e}^{\mathrm{j}\omega})H^{*}(\mathrm{e}^{\mathrm{j}\omega})=\frac{\mathrm{e}^{-\mathrm{j}\omega}-b^{*}}{1-b\mathrm{e}^{-\mathrm{j}\omega}}\left(\frac{\mathrm{e}^{-\mathrm{j}\omega}-b^{*}}{1-b\mathrm{e}^{-\mathrm{j}\omega}}\right)^{*}=\frac{\mathrm{e}^{-\mathrm{j}\omega}-b^{*}}{1-b\mathrm{e}^{-\mathrm{j}\omega}}\frac{\mathrm{e}^{\mathrm{j}\omega}-b}{1-b^{*}\mathrm{e}^{\mathrm{j}\omega}}=1$$

由上式可以得到

$$|H(\mathrm{e}^{\mathrm{j}\omega})|=1$$

由以上分析可知，此系统的幅频响应为1，故此系统的传输函数描述了一个全通系统。

特别地，若题设条件 $a=-b^{*}=0$，则此时 $H(z)=z^{-1}$，可知极点为 $z=0$，系统幅频特性函数 $|H(\mathrm{e}^{\mathrm{j}\omega})|=1$，相位特性 $\varphi(\omega)=-\omega$。由于当 ω 逆时针从 $\omega=0$ 旋转到 $\omega=2\pi$ 时，极点矢量的长度始终为1。由此可以得到结论：位于原点处的零点或者极点，由于零点矢量长度或者极点矢量长度始终为1，因此原点处的零极点不影响系统的幅频特性。

全通系统成立的充要条件是 $H(\mathrm{e}^{\mathrm{j}\omega})H^{*}(\mathrm{e}^{\mathrm{j}\omega})=1$，也可表示为 $|H(\mathrm{e}^{\mathrm{j}\omega})|=1$。其对应的时域条件可表示为

$$h(n)*h^{*}(-n)=\delta(n)$$

对应的 Z 变换域等效条件是

$$H(z)H^{*}(1/z^{*})=1$$

上式说明，在 $H(z)$ 的每一个极点（或零点）的共轭镜像对称位置处有一个零点（或极点），全通系统各个极点对其幅频特性的影响会被对应的零点对幅频的影响所抵消。注意：全通系统作为一个分析工具，没有必要使其一定是因果和稳定的，只要求其零点与极点之间是共轭镜像成对出现的。一般全通系统的系统函数可表示为

$$H(z)=\prod_{k=1}^{N}\frac{z^{-1}-b_k^{*}}{1-b_k z^{-1}}$$

它是多个全通子系统级联所得。

例 2-3-3 已知 $H(z)=1-z^{-N}$，试定性画出系统的幅频特性。

解 将系统函数变形为

$$H(z)=1-z^{-N}=\frac{z^N-1}{z^N}$$

相应地，其零点满足

$$z^N-1=0, z^N=e^{j2\pi k}$$

$$z=e^{j\frac{2\pi}{N}k},\quad k=0,1,2,\cdots,N-1$$

可见其有 N 个零点由分子多项式的根决定。$H(z)$ 的极点为 $z=0$，这是一个 N 阶极点，它不影响系统的幅频响应。

N 个零点等间隔分布在单位圆上，设 $N=8$，零极点分布图如图 2-3-2（a）所示。当 ω 从零变化到 2π 时，每遇到一个零点，系统幅频响应的幅度便为零，而在两个零点的中间幅度最大，形成峰值。幅度零值点频率为：$\omega_k=\frac{2\pi}{N}k$（$k=0,1,\cdots,N-1$）。据此分析，可以定性画出该系统的幅频特性函数如图 2-3-2（b）所示。一般将具有图 2-3-2（b）所示的系统幅频特性函数的滤波器称为梳状滤波器。

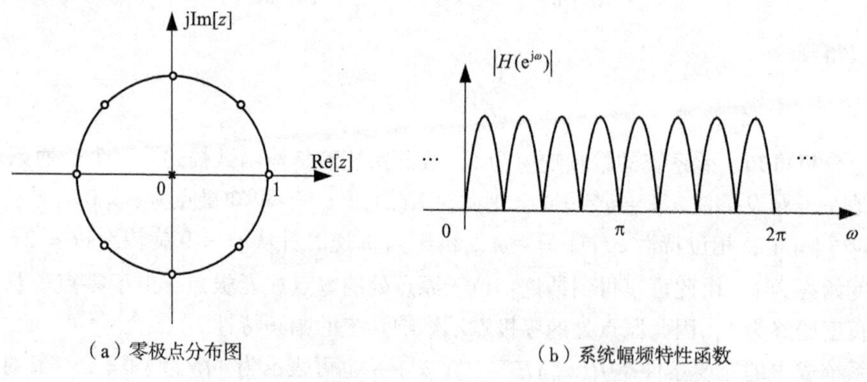

图 2-3-2 梳状滤波器的零极点分布图及系统幅频特性函数

在雷达系统中，梳状滤波器可用于消除固定目标回波。雷达为了能够分离运动目标和固定目标，必须消除固定目标的回波，由于固定目标回波出现的周期和振幅可假定不变，而其谱线位于发射信号频率的整数倍处，因而在理想情况下，就可用梳状滤波器使这些频率点位置的输出为零，达到消除固定目标回波的目的。实际上，这也是通信中常见的频率选择性衰落现象的一个实际应用。

分析系统的幅频特性

综合例题 设某一系统由差分方程 $y(n)=y(n-1)+y(n-2)+x(n-1)$ 描述。

① 求系统的系统函数 $H(z)$，并画出零极点分布图。

② 限定系统是因果系统，写出 $H(z)$ 的收敛域，并求出其单位脉冲响应 $h(n)$。

③ 限定系统是稳定系统，写出 $H(z)$ 的收敛域，并求出其单位脉冲响应 $h(n)$。

④ 求出系统的频率响应，定性画出响应的幅频特性曲线，并分析其幅频特性。

⑤ 设输入 $x(n)=\delta(n)+\delta(n-1)$，在系统因果的条件下，求输出 $y(n)$。

解　① 对差分方程等号两边求 Z 变换可得

$$Y(z)=Y(z)z^{-1}+Y(z)z^{-2}+X(z)z^{-1}$$

所以

$$H(z)=\frac{Y(z)}{X(z)}=\frac{z^{-1}}{1-z^{-1}-z^{-2}}$$

式中，零点为 $z_0=0$，极点为 $z_1=\frac{1+\sqrt{5}}{2}$，$z_2=\frac{1-\sqrt{5}}{2}$，其零极点分布图如图2-3-3（a）所示。

② 若限定系统是因果的，则收敛域为 $\frac{1+\sqrt{5}}{2}<|z|\leqslant\infty$

$$F(z)=H(z)z^{n-1}=\frac{z^n}{(z-z_1)(z-z_2)}$$

当 $n<0$ 时，　$h(n)=0$

当 $n\geqslant 0$ 时，

$$\begin{aligned}h(n)&=\text{Res}[F(z),z=z_1]+\text{Res}[F(z),z=z_2]\\&=\frac{1}{\sqrt{5}}\left[\left(\frac{1+\sqrt{5}}{2}\right)^n-\left(\frac{1-\sqrt{5}}{2}\right)^n\right]u(n)\end{aligned}$$

综合以上结果得 $h(n)=\frac{1}{\sqrt{5}}\left[\left(\frac{1+\sqrt{5}}{2}\right)^n-\left(\frac{1-\sqrt{5}}{2}\right)^n\right]u(n)$

③ 若限定系统是稳定的，则收敛域包含单位圆，为 $\frac{1-\sqrt{5}}{2}<|z|<\frac{1+\sqrt{5}}{2}$。当 $n\geqslant 0$ 时，围线 c 内有一个极点 $z_2=\frac{1-\sqrt{5}}{2}$，则

$$h(n)=\text{Res}[F(z),z=z_2]=-\frac{1}{\sqrt{5}}\left(\frac{1-\sqrt{5}}{2}\right)^n$$

当 $n<0$ 时，围线 c 内有两个极点 $z=0$（n 阶）和 $z_2=\frac{1-\sqrt{5}}{2}$，则改求 c 外部极点 $z_1=\frac{1+\sqrt{5}}{2}$ 的留数，可求得

$$h(n)=-\text{Res}[F(z),z=z_1]=-\frac{1}{\sqrt{5}}\left(\frac{1+\sqrt{5}}{2}\right)^n$$

综合以上结果得

$$h(n)=\begin{cases}-\frac{1}{\sqrt{5}}\left(\frac{1-\sqrt{5}}{2}\right)^n, & n\geqslant 0\\ -\frac{1}{\sqrt{5}}\left(\frac{1+\sqrt{5}}{2}\right)^n, & n<0\end{cases}$$

④ 系统的频率响应函数为 $H(e^{j\omega})=H(z)|_{z=e^{j\omega}}=\frac{e^{-j\omega}}{1-e^{-j\omega}-e^{-j2\omega}}$，其系统幅频特性函数如图2-3-3（b）所示。系统零点为 $z_0=0$，极点为 $z_1=\frac{1+\sqrt{5}}{2}$，$z_2=\frac{1-\sqrt{5}}{2}$；零点在原点处，不影响幅频特性，极点的位置影响系统幅频特性。从图2-3-3（b）中可以看出，当 ω 逆时针从0开始

旋转时，在 $\omega=0$ 方向有一极点 z_1，所以此处在幅频特性中会体现一个峰值；随着 ω 的增大，系统幅频特性函数呈下降趋势，当旋转到 $\omega=\pi/2$ 位置处时，会出现一个谷值，这是因为当前位置在两个极点的中间，说明此时 $|H(e^{j\omega})|$ 受到两极点的影响最小；当 ω 继续旋转，并逐渐靠近极点 z_2 时，可以看到此时系统幅频特性函数呈上升趋势，当 ω 变化到 π（约为数值 3.142）时，此方向存在极点 z_2，故在幅频特性中会体现一个峰值。

⑤ 设输入 $x(n)=\delta(n)+\delta(n-1)$，在系统因果的条件下，对应的输出为

$$
\begin{aligned}
y(n) &= x(n)*h(n) \\
&= [\delta(n)+\delta(n-1)]*\frac{1}{\sqrt{5}}\left[\left(\frac{1+\sqrt{5}}{2}\right)^n-\left(\frac{1-\sqrt{5}}{2}\right)^n\right]u(n) \\
&= \frac{1}{\sqrt{5}}\left[\left(\frac{1+\sqrt{5}}{2}\right)^n-\left(\frac{1-\sqrt{5}}{2}\right)^n\right]u(n)+\frac{1}{\sqrt{5}}\left[\left(\frac{1+\sqrt{5}}{2}\right)^{n-1}-\left(\frac{1-\sqrt{5}}{2}\right)^{n-1}\right]u(n-1)
\end{aligned}
$$

具体的 MATLAB 程序如下。

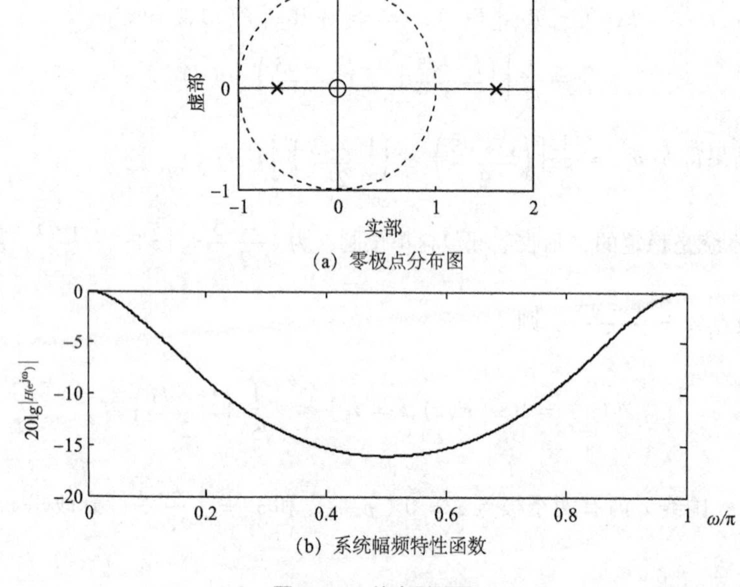

(a) 零极点分布图

(b) 系统幅频特性函数

图 2-3-3　综合例题图

```
den = [1 -1 -1];                  % 系统函数分母系数
num = [0 1];                      % 系统函数分子系数
subplot(211)
zplane(num,den)                   % 系统函数零极点分布图
axis([-1 2 -1 1])
grid on
[h,w] = freqz(num,den)            % 系统频率响应函数
subplot(212)
plot(w,20* log(abs(h)))
grid on
```

2.4 本章小结

本章讲述了序列傅里叶变换和 Z 变换，通过这两种变换可以对信号和系统进行频域和复频域分析，以获得更多的信息。

① DTFT 可对离散信号与系统进行频率变换，信号的频谱或系统的传输函数是连续函数，此函数的频率变量 ω 以 2π 为周期。另外，DTFT 是线性变换，它还具有一些重要的性质。

② DFS 是指对周期离散信号进行频率变换（利用奇异函数也可以将其表示为 DTFT 形式）。周期离散信号的频谱是离散周期的。

③ Z 变换可对离散信号与系统进行复频率变换；Z 变换的逆变换比较麻烦（采用 IDTFT 和 IDFS 计算较方便），需要采用间接方法计算；Z 变换的性质有助于解决 Z 变换及其逆变换的问题。系统的复频率表示称为系统函数，利用系统函数的零、极点可以分析系统的特性。

④ 总结本章各种变换之间的关系，可以表示如图 2-4-1 所示。

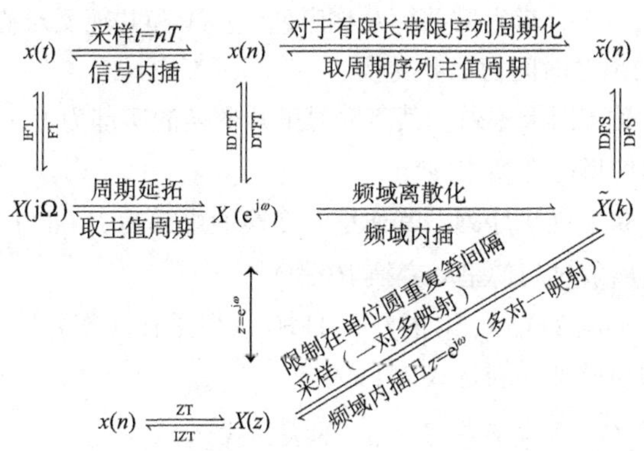

图 2-4-1 各种变换间的关系

习题 2

【2-1】用 $X(e^{j\omega})$ 和 $Y(e^{j\omega})$ 分别表示 $x(n)$ 和 $y(n)$ 的离散时间傅里叶变换，求下列各序列的离散时间傅里叶变换：

(1) $x(-n)$　　(2) $x(2n)$

(3) $x^*(-n)$　　(4) $x(n)*y(n)$

(5) $x(n-n_0)$　　(6) $(n+1)x(n)$

(7) $x(n)^2$　　(8) $x(n)\cdot y(n)$

(9) $(-1)^n x(n)$　　(10) $y(n)=\begin{cases}x(n/2), & n\text{ 为偶数}\\ 0, & n\text{ 为奇数}\end{cases}$

【2-2】求具有以下傅里叶变换的信号：

(1) $X(e^{j\omega})=\begin{cases}1, & |\omega|\leqslant\omega_0\\ 0, & \omega_0<|\omega|\leqslant\pi\end{cases}$　　(2) $X(e^{j\omega})=\cos^2(\omega)$

【2-3】 设信号 $x(n)=\delta(n)+\delta(n-2)$，将 $x(n)$ 以6为周期进行周期延拓，形成周期序列 $\tilde{x}(n)$，画出 $x(n)$ 和 $\tilde{x}(n)$ 的波形，求出 $\tilde{x}(n)$ 的离散时间傅里叶级数 $\tilde{X}(k)$ 和离散时间傅里叶变换 $X(\mathrm{e}^{\mathrm{j}\omega})$。

【2-4】 如果信号 $x(n)=\{-1,2,\underline{-3},2,-1\}$，无须计算 $X(\mathrm{e}^{\mathrm{j}\omega})$，求以下值：

（1）$X(\mathrm{e}^{\mathrm{j}0})$　　（2）$\int_{\pi}^{-\pi}X(\mathrm{e}^{\mathrm{j}\omega})\mathrm{d}\omega$

（3）$X(\mathrm{e}^{\mathrm{j}\pi})$　　（4）$\int_{\pi}^{-\pi}|X(\mathrm{e}^{\mathrm{j}\omega})|^2\mathrm{d}\omega$

【2-5】 求以下序列的傅里叶变换：

（1）$x(n)=\delta(n-2)$　　（2）$x(n)=u(n)-u(n-4)$

（3）$x(n)=2^nu(-n)$　　（4）$x(n)=\left(\frac{1}{4}\right)^nu(n+4)$

（5）$x(n)=\alpha^n\cos(\omega_0n)u(n)$，$|\alpha|<1$　　（6）$x(n)=\alpha^n\sin(\omega_0n)u(n)$，$|\alpha|<1$

（7）$x(n)=\{\underline{-2},-1,0,1,2\}$　　（8）$x(n)=\begin{cases}A(2M+1-|n|), & |n|\leqslant M\\0, & |n|>M\end{cases}$

【2-6】 若 $x(n)=R_4(n)$，求它的共轭对称序列 $x_{\mathrm{e}}(n)$ 和共轭反对称序列 $x_{\mathrm{o}}(n)$，画出它们的图形，并分别求它们的离散时间傅里叶变换。

【2-7】 若序列 $h(n)$ 是实因果序列，其离散傅里叶变换的实部为 $H_{\mathrm{R}}(\mathrm{e}^{\mathrm{j}\omega})=1+\cos(2\omega)$，求序列 $h(n)$ 及其离散时间傅里叶变换 $H(\mathrm{e}^{\mathrm{j}\omega})$。

【2-8】 若序列 $h(n)$ 是实因果序列，其傅里叶变换的虚部为 $H_{\mathrm{I}}(\mathrm{e}^{\mathrm{j}\omega})=-\sin\omega$，若已知 $h(0)=1$，求序列 $h(n)$ 及其离散时间傅里叶变换 $H(\mathrm{e}^{\mathrm{j}\omega})$。

【2-9】 已知 $x_{\mathrm{a}}(t)=\cos(2\pi f_0t)$，式中 $f_0=1\mathrm{kHz}$，以采样频率 $f_s=3\mathrm{kHz}$ 对其进行采样。

（1）写出 $x_{\mathrm{a}}(t)$ 的傅里叶变换表达式 $X_{\mathrm{a}}(\mathrm{j}\Omega)$。

（2）写出采样信号 $\hat{x}_{\mathrm{a}}(t)$ 和离散信号 $x(n)$ 的表达式。

（3）分别写出 $\hat{x}_{\mathrm{a}}(t)$ 的傅里叶变换和 $x(n)$ 的离散时间傅里叶变换表达式。

【2-10】 求出信号 $x_1(n)$、$x_2(n)$ 和 $x_3(n)$ 的离散时间傅里叶变换，并画出它们的图形。

（1）$x_1(n)=\{1,1,\underline{1},1,1\}$　　（2）$x_2(n)=\{1,0,1,0,\underline{1},0,1,0,1\}$

（3）$x_3(n)=\{1,0,0,1,0,0,\underline{1},0,0,1,0,0,1\}$

（4）试分析在 $X_1(\mathrm{e}^{\mathrm{j}\omega})$、$X_2(\mathrm{e}^{\mathrm{j}\omega})$ 和 $X_3(\mathrm{e}^{\mathrm{j}\omega})$ 之间是否存在什么关系？如果存在，则分析其物理意义。

（5）证明：如果 $x_k(n)=\begin{cases}x(n/k), & n/k\text{为整数}\\0, & \text{其他}\end{cases}$，那么 $X_k(\mathrm{e}^{\mathrm{j}\omega})=X(\mathrm{e}^{\mathrm{j}k\omega})$。

【2-11】 如果非周期序列 $x(n)$ 的离散时间傅里叶变换为 $X(\mathrm{e}^{\mathrm{j}\omega})$，则请证明周期序列

$$y(n)=\sum_{l=-\infty}^{\infty}x(n-lN)$$

的傅里叶级数系数是

$$A_k=\frac{1}{N}X\left(\frac{2\pi}{N}k\right),\qquad k=0,1,\cdots,N-1$$

【2-12】 设序列 $x(n)$ 的离散时间傅里叶变换为

$$X(e^{j\omega})=\frac{1}{1-ae^{-j\omega}}$$

求以下信号的傅里叶变换。

(1) $x(2n+1)$　　(2) $e^{j\frac{n}{2}\pi}x(n+2)$

(3) $x(-2n)$　　(4) $x(n)\cos(0.3n\pi)$

(5) $x(n)*x(n-1)$　　(6) $x(n)*x(-n)$

【2-13】设序列 $x(n)$ 的离散时间傅里叶变换为 $X(e^{j\omega})$，如题图 2-13 所示。求出以下信号的傅里叶变换，并画出它们的图形。

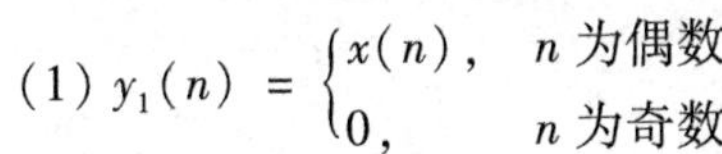

(1) $y_1(n)=\begin{cases}x(n), & n\text{ 为偶数}\\0, & n\text{ 为奇数}\end{cases}$

(2) $y_2(n)=x(2n)$

(3) $y_3(n)=\begin{cases}x(n/2), & n\text{ 为偶数}\\0, & n\text{ 为奇数}\end{cases}$

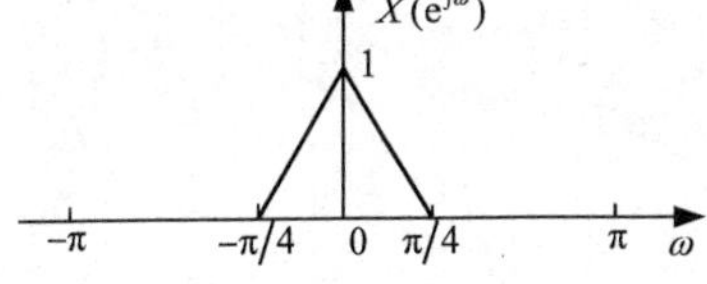

题图 2-13　信号频谱图

【2-14】求下列各序列的 Z 变换和收敛域，并在 z 平面上画出零极点分布图。

(1) $x(n)=\{3,0,0,0,0,\underline{6},1,-4\}$　　(2) $x(n)=\begin{cases}(1/2)^n, & n\geqslant 5\\0, & n<4\end{cases}$

(3) $x(n)=\begin{cases}(1/3)^n, & n\geqslant 0\\(1/2)^{-n}, & n<0\end{cases}$　　(4) $x(n)=\begin{cases}(1/3)^n-2^{-n}, & n\geqslant 0\\0, & n<0\end{cases}$

(5) $x(n)=2^{-n}u(n)$　　(6) $x(n)=2^{-n}u(-n)$

(7) $x(n)=-2^{-n}u(-n-1)$　　(8) $x(n)=\delta(n-1)$

【2-15】已知：

$$X(z)=\frac{5z^{-1}}{(1-2z^{-1})(3-z^{-1})}$$

求出 $X(z)$ 对应的所有可能的序列。

【2-16】已知

$$X(z)=\frac{-3z^{-1}}{2-5z^{-1}+2z^{-2}}$$

求出 $X(z)$ 对应的所有可能的序列。

【2-17】分别用长除法、部分分式展开法求下列 $X(z)$ 的逆 Z 变换：

(1) $X(z)=\dfrac{1-\frac{1}{3}z^{-1}}{1-\frac{1}{4}z^{-2}}$，$|z|>\dfrac{1}{2}$

(2) $X(z)=\dfrac{1-2z^{-1}}{1-\frac{1}{4}z^{-2}}$，$|z|<\dfrac{1}{2}$

【2-18】设线性时不变系统由下面的差分方程描述：

$$y(n)=0.2y(n-1)+x(n)+0.8x(n-1)$$

(1) 求系统的系统函数 $H(z)$，并画出零极点分布图；

(2) 限定系统是因果的，确定 $H(z)$ 的收敛域，求出系统的单位脉冲响应 $h(n)$；

（3）限定系统是稳定的，确定 $H(z)$ 的收敛域，求出系统的单位脉冲响应 $h(n)$ 。

【2-19】设线性时不变因果系统由下面的差分方程描述：

$$y(n)=0.8y(n-2)-y(n-1)+x(n)+0.5x(n-1)$$

（1）求系统的系统函数 $H(z)$ ，并画出零极点分布图；

（2）确定 $H(z)$ 的收敛域，并求出系统的单位脉冲响应 $h(n)$ 。

（3）写出系统传输函数 $H(\mathrm{e}^{\mathrm{j}\omega})$ 。

（4）设输入为 $x(n)=\mathrm{e}^{\mathrm{j}\omega_0 n}$ ，求输出 $y(n)$ 。

第3章 离散傅里叶变换

本章主要介绍离散傅里叶变换及其应用，知识导图如图 3-0-1 所示。

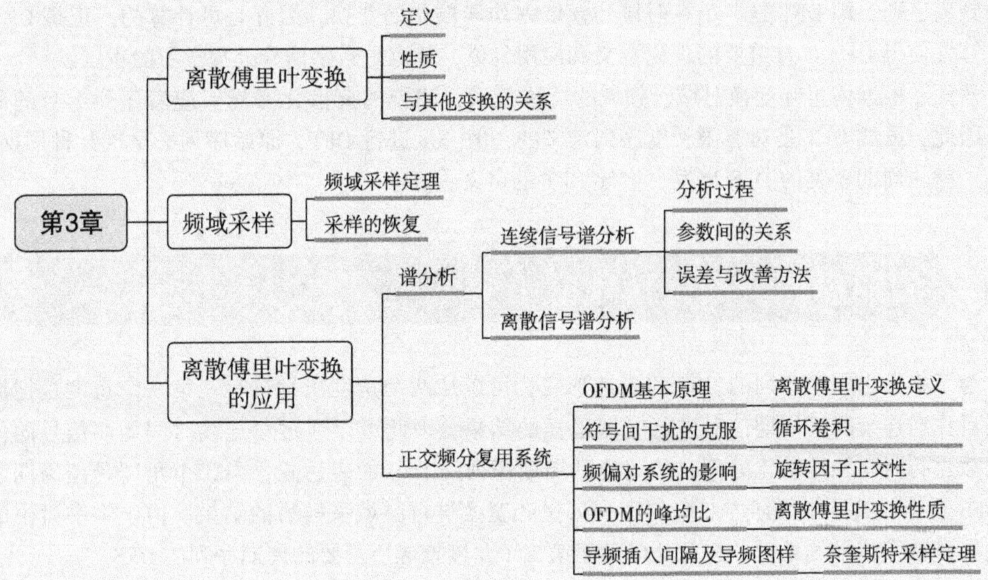

图 3-0-1　第 3 章知识导图

在对信号、系统进行频域分析的过程中，傅里叶变换起着非常重要的作用，一方面，通过对信号进行频谱分析，可以掌握信号的特征，以确定进一步处理信号的方法，进而可以实现对有用信号的检测、估计等，这一点在通信、语音与图像处理、雷达检测等工程领域已得到广泛应用；另一方面，通过对系统单位脉冲响应的频谱进行分析可得到系统的频率响应，根据频率响应，可以得到输入信号通过系统后幅度和相位的变化情况，从而可以确定系统的性质，这一点在滤波器设计等方面有着重要的应用。

到目前为止，本书已经介绍了四种不同形式的傅里叶变换，包括非周期连续时间信号的傅里叶变换、周期连续时间信号的傅里叶级数、周期序列的离散傅里叶级数及非周期序列的傅里叶变换等四种形式。这四种形式，从数学的角度看，自成一个完善的体系，同时是理论意义上非常完好的分析体系。实际上，除了能从理论上给出信号频谱封闭的表达式外，还需要借助计算机实现对信号的频谱分析和对系统的分析，因此就必须涉及离散化的问题。只有在时域和频域均为离散化的变换才是可计算的变换。

事实上，信号的傅里叶变换在时域、频域上的离散性（连续性）与周期性（非周期性）之间存在对称关系，即在某一域（时域或频域）内的离散性对应于另一域（频域或时域）内的周期性，相应地，某一域（时域或频域）内的连续性对应于另一域（频域或时域）内的非周期性。因此，非周期连续时间信号的傅里叶变换在频域内是连续、非周期的；周期连续时间信号的傅里叶级数为离散、非周期的；而非周期序列的傅里叶变换为周期、连续的。可见，在上述3种形式的傅里叶变换中，时域、频域两个域同时或至少有一个域内的傅里叶变换为连续的，因此无法利用数字系统实现这3种形式傅里叶变换的计算。

若要利用数字系统实现对数字信号的频谱分析，一方面原始序列本身应为有限长，同时还需要对序列的傅里叶变换在频域内实现离散化。本章所讨论的离散傅里叶变换（discrete Fourier transform，DFT）就是对有限长度序列 $x(n)$ 实现频谱离散化的方法，它是针对有限长度序列而定义的频谱序列，即DFT是一个在时域和频域内均离散化的变换，因此是可计算的。正是DFT的可计算性使得DFT具有重要的理论意义和应用价值，其也是数字信号处理学习的重点。

然而，根据傅里叶变换时域、频域的对称关系，频域的离散化必然对应着序列本身的周期性，因此，虽然DFT是对有限长度序列定义的，但一旦进行DFT，原始序列必呈现某种周期性。下面，就从周期序列的DFS出发，推导DFT的定义式。

3.1 周期序列的离散傅里叶级数

为了推导出周期序列的DFS的表达形式，可以从两个角度出发进行，第一个角度是把周期序列看作对连续时间周期信号进行时域采样的结果，因此可以通过对连续时间周期信号的傅里叶级数进行时间轴离散化处理，从而得到周期序列的DFS的表达式；第二个角度是把周期序列的DFS看作对其一个周期内对应的序列傅里叶变换进行频域采样后的结果。由于本书讨论的对象主要是数字信号的处理，故此处借助于第二个角度推导所需要的周期序列的DFS。

由于周期序列的DFT不存在，而其所有的变化特性都包含在一个周期中，故周期序列的傅里叶分析应限制在一个周期之内。设序列 $\tilde{x}(n)$ 是周期为 N 的周期序列，其0到 $N-1$ 对应的序列记为 $x'(n)$，即 $x'(n)=\tilde{x}(n)R_N(n)$，于是

$$X(\mathrm{e}^{\mathrm{j}\omega})=\sum_{n=0}^{N-1}x'(n)\mathrm{e}^{-\mathrm{j}\omega n} \tag{3-1-1}$$

$$x'(n)=\frac{1}{2\pi}\int_{-\pi}^{\pi}X(\mathrm{e}^{\mathrm{j}\omega})\mathrm{e}^{\mathrm{j}\omega n}\mathrm{d}\omega \tag{3-1-2}$$

由于 $X(\mathrm{e}^{\mathrm{j}\omega})$ 是以 2π 为周期的，于是对 $X(\mathrm{e}^{\mathrm{j}\omega})$ 进行频域 N 点等间隔采样，相应地，采样间隔为 $\Delta\omega=\dfrac{2\pi}{N}$，故式（3-1-1）可改写为

$$X(\mathrm{e}^{\mathrm{j}k\Delta\omega})=\sum_{n=0}^{N-1}x'(n)\mathrm{e}^{-\mathrm{j}k\Delta\omega n}=\sum_{n=0}^{N-1}x'(n)\mathrm{e}^{-\mathrm{j}\frac{2\pi}{N}kn} \tag{3-1-3}$$

同样，由于已经对 $X(\mathrm{e}^{\mathrm{j}\omega})$ 进行了频域采样，故对式（3-1-2）中的积分做如下近似

$$\mathrm{d}\omega\rightarrow\Delta\omega=\frac{2\pi}{N},\quad\int_{-\pi}^{\pi}\rightarrow\sum_{k=0}^{N-1}$$

进而，式（3-1-2）可写成

$$
\begin{aligned}
x'(n) &= \frac{1}{2\pi}\sum_{k=0}^{N-1} X(\mathrm{e}^{\mathrm{j}k\Delta\omega})\mathrm{e}^{\mathrm{j}k\Delta\omega n}\frac{2\pi}{N} \\
&= \frac{1}{N}\sum_{k=0}^{N-1} X(\mathrm{e}^{\mathrm{j}k\Delta\omega})\mathrm{e}^{\mathrm{j}k\Delta\omega n} \\
&= \frac{1}{N}\sum_{k=0}^{N-1} X\left(\mathrm{e}^{\mathrm{j}\frac{2\pi}{N}k}\right)\mathrm{e}^{\mathrm{j}\frac{2\pi}{N}kn}
\end{aligned}
\tag{3-1-4}
$$

式（3-1-3）和式（3-1-4）构成级数形式的变换对。由于原始序列和 $X(\mathrm{e}^{\mathrm{j}\frac{2\pi}{N}k})$ 均为周期序列，故将二者分别用 $\tilde{x}(n)$ 和 $\tilde{X}(k)(=\tilde{X}(\mathrm{e}^{\mathrm{j}\frac{2\pi}{N}k}))$ 表示，于是，周期序列的傅里叶级数变换对可写为

$$
\tilde{X}(k) = \mathrm{DFS}[\tilde{x}(n)] = \sum_{n=0}^{N-1}\tilde{x}(n)\mathrm{e}^{-\mathrm{j}\frac{2\pi}{N}kn} \tag{3-1-5}
$$

$$
\tilde{x}(n) = \mathrm{IDFS}[\tilde{X}(k)] = \frac{1}{N}\sum_{k=0}^{N-1}\tilde{X}(k)\mathrm{e}^{\mathrm{j}\frac{2\pi}{N}kn} \tag{3-1-6}
$$

其中，DFS[·] 和 IDFS[·] 分别为 DFS 正变换和 DFS 逆变换。由此可见，对于任意的周期序列 $\tilde{x}(n)$，由于任意 z 值下它的 Z 变换都不收敛，故 $\tilde{x}(n)$ 不能够用 Z 变换表示，然而，$\tilde{x}(n)$ 却可以用傅里叶级数表示，其谐波的频率为周期序列基频 $2\pi/N$ 的整数倍。因为复指数 $\mathrm{e}^{\mathrm{j}\frac{2\pi}{N}k} = \mathrm{e}^{\mathrm{j}\frac{2\pi}{N}(k+mN)}$（$m$ 为整数）为 k 的周期序列，周期为 N，所以周期序列的傅里叶级数的谐波分量只有 N 个是独立的，这是周期序列与连续时间周期信号用傅里叶级数表示的一个重要区别。

为了证明上述推导出的周期序列傅里叶级数变换对的正确性，将式（3-1-6）等号两边同乘以 $\mathrm{e}^{-\mathrm{j}\frac{2\pi}{N}rn}$，并对变量 n 从 0 到 $N-1$ 进行求和，则

$$
\begin{aligned}
\sum_{n=0}^{N-1}\tilde{x}(n)\mathrm{e}^{-\mathrm{j}\frac{2\pi}{N}rn} &= \sum_{n=0}^{N-1}\frac{1}{N}\left[\sum_{k=0}^{N-1}\tilde{X}(k)\mathrm{e}^{\mathrm{j}\frac{2\pi}{N}kn}\right]\mathrm{e}^{-\mathrm{j}\frac{2\pi}{N}rn} \\
&= \sum_{n=0}^{N-1}\left[\frac{1}{N}\sum_{k=0}^{N-1}\tilde{X}(k)\mathrm{e}^{\mathrm{j}\frac{2\pi}{N}(k-r)n}\right] \\
&= \frac{1}{N}\sum_{k=0}^{N-1}\tilde{X}(k)\left[\sum_{n=0}^{N-1}\mathrm{e}^{\mathrm{j}\frac{2\pi}{N}(k-r)n}\right]
\end{aligned}
$$

对于上式方括号中的求和项，当 $k = r + mN$（m 为任意的整数）时，无论 n 取何值，其值总等于 N；当 $k \neq r + mN$ 时，有

$$
\sum_{n=0}^{N-1}\mathrm{e}^{\mathrm{j}\frac{2\pi}{N}(k-r)n} = \frac{1-\mathrm{e}^{\mathrm{j}\frac{2\pi}{N}(k-r)N}}{1-\mathrm{e}^{\mathrm{j}\frac{2\pi}{N}(k-r)}}
$$

因为 $1-\mathrm{e}^{\mathrm{j}\frac{2\pi}{N}(k-r)N} = 0$，所以，当 $k \neq r + mN$ 时，有

$$
\sum_{n=0}^{N-1}\mathrm{e}^{\mathrm{j}\frac{2\pi}{N}(k-r)n} = 0
$$

于是

$$
\sum_{n=0}^{N-1}\mathrm{e}^{\mathrm{j}\frac{2\pi}{N}(k-r)n} = \begin{cases} N, & k = r + mN \\ 0, & k \neq r + mN \end{cases} \tag{3-1-7}
$$

因此

$$
\sum_{n=0}^{N-1}\tilde{x}(n)\mathrm{e}^{-\mathrm{j}\frac{2\pi}{N}rn} = \tilde{X}(r)
$$

亦即式（3-1-5）成立。由此说明上述 DFS 推导是正确的，而且周期序列的 DFS 也是唯一的。

通常，用 W_N 表示 DFS 表达式中的复指数序列，即 $W_N = \mathrm{e}^{-\mathrm{j}\frac{2\pi}{N}}$，并称 W_N 为旋转因子，相应

地，式（3-1-7）可写为

$$\begin{aligned}\sum_{n=0}^{N-1} W_N^{(k-r)n} &= \begin{cases} N, & k = r + mN \\ 0, & k \neq r + mN \end{cases} \\ &= N\delta(k - r - mN)\end{aligned} \tag{3-1-8}$$

此式即体现了旋转因子的正交性，这一性质在今后很多关系式的证明中都要用到。

同样，利用旋转因子的表示形式，式（3-1-5）和式（3-1-6）又可表示为

$$\tilde{X}(k) = \text{DFS}[\tilde{x}(n)] = \sum_{n=0}^{N-1} \tilde{x}(n) W_N^{kn} \tag{3-1-9}$$

$$\tilde{x}(n) = \text{IDFS}[\tilde{X}(k)] = \frac{1}{N}\sum_{k=0}^{N-1} \tilde{X}(k) W_N^{-kn} \tag{3-1-10}$$

式（3-1-9）和式（3-1-10）中的两个表达式都只取 N 点，这一事实说明一个周期序列虽然是无限长序列，但它在一个周期内的信号包含着原始周期序列的全部信息，也就是说，只要研究一个周期内的信号的性质，整个信号的性质也就知道了。因此周期序列与要讨论的有限长度序列之间有着本质的联系，这正是由 DFS 向 DFT 过渡的关键所在。

例 3-1-1 设 $\tilde{x}(n) = \{\cdots, \underline{3}, 2, 1, 0, 3, 2, 1, 0, \cdots\}$ 是一个以 $N = 4$ 为周期的周期序列，求 $\tilde{x}(n)$ 的 DFS。

解 上述序列的周期为 4，所以 $W_4 = \mathrm{e}^{-\mathrm{j}\frac{2\pi}{4}} = -\mathrm{j}$，于是，

$$\tilde{X}(k) = \sum_{n=0}^{4-1} \tilde{x}(n) W_4^{kn} = \sum_{n=0}^{3} (-\mathrm{j})^{kn} \tilde{x}(n), \qquad k = 0, \pm 1, \pm 2, \cdots$$

所以

$$\tilde{X}(0) = \sum_{n=0}^{3} \tilde{x}(n) = \tilde{x}(0) + \tilde{x}(1) + \tilde{x}(2) + \tilde{x}(3) = 6$$

同理

$$\tilde{X}(1) = \sum_{n=0}^{3} (-\mathrm{j})^{n} \tilde{x}(n) = \tilde{x}(0) - \mathrm{j}\tilde{x}(1) - \tilde{x}(2) + \mathrm{j}\tilde{x}(3) = 2 - 2\mathrm{j}$$

$$\tilde{X}(2) = \sum_{n=0}^{3} (-\mathrm{j})^{2n} \tilde{x}(n) = \tilde{x}(0) - \tilde{x}(1) + \tilde{x}(2) - \tilde{x}(3) = 2$$

$$\tilde{X}(3) = \sum_{n=0}^{3} (-\mathrm{j})^{3n} \tilde{x}(n) = \tilde{x}(0) + \mathrm{j}\tilde{x}(1) - \tilde{x}(2) - \mathrm{j}\tilde{x}(3) = 2 + 2\mathrm{j}$$

故

$$\tilde{X}(k) = \{\cdots, \underline{6}, 2 - 2\mathrm{j}, 2, 2 + 2\mathrm{j}, 6, 2 - 2\mathrm{j}, 2, 2 + 2\mathrm{j}, \cdots\}$$

3.2 离散傅里叶变换的定义

3.1 节从序列的 DFT 频域采样出发，推导了周期序列的 DFS 的表示形式，同时也证明了周期序列 DFS 的唯一性，而且从其结果也可以认识到周期序列和有限长度序列之间的本质联系。本节将借助于 DFS 来建立有限长度序列的 DFT 的定义式。

根据 3.1 节的讨论，可以用 N 点有限长度序列来表示周期序列，周期序列的周期应与有限长

度序列的长度相等，而有限长度序列为原始周期序列的一个周期。由于周期序列 DFS 的唯一性，有限长度序列的傅里叶表示也应是唯一的。

3.2.1 周期延拓与取主值运算

设 $x(n)$ 为 N 点的有限长度序列，其取值区间为 $0 \leqslant n \leqslant (N-1)$，即，

$$x(n) = \begin{cases} x(n), & 0 \leqslant n \leqslant (N-1) \\ 0, & n \text{ 为其他值} \end{cases} \tag{3-2-1}$$

为了引入周期序列的概念，利用 $x(n)$ 构造周期序列 $\tilde{x}(n)$，即令 $x(n)$ 为 $\tilde{x}(n)$ 的一个周期，而 $\tilde{x}(n)$ 可看作 $x(n)$ 以 N 为周期进行周期延拓的结果，二者之间的关系可表示为

$$\tilde{x}(n) = \sum_{m=-\infty}^{+\infty} x(n+mN) \tag{3-2-2}$$

$$x(n) = \begin{cases} \tilde{x}(n), & 0 \leqslant n \leqslant (N-1) \\ 0, & n \text{ 为其他值} \end{cases} \tag{3-2-3}$$

一般情况下，对于周期为 N 的序列 $\tilde{x}(n)$ 而言，将 n 的取值介于 $0 \leqslant n \leqslant (N-1)$ 之间的范围称为 $\tilde{x}(n)$ 的主值区间，相应地，主值区间内的序列称为 $\tilde{x}(n)$ 的主值序列。很明显，$x(n)$ 为 $\tilde{x}(n)$ 的主值序列。下面用简捷的方法将式（3-2-2）和式（3-2-3）所对应的运算表示出来。式（3-2-2）可表示为

$$\tilde{x}(n) = \sum_{m=-\infty}^{+\infty} x(n+mN) = x((n))_N \tag{3-2-4}$$

其中，$((n))_N$ 表示 n 对 N 取余数，或称为 n 对 N 取模值。若

$$n = n_1 + mN$$

其中，$0 \leqslant n_1 \leqslant (N-1)$，$m$ 为任意整数，则 $((n))_N = n_1$，即 n 对 N 的余数为 n_1，于是周期性重复出现的 $x((n))_N$ 是相等的。例如，$N=8$，$n=20$，则 $((20))_8 = ((4+2\times 8))_8 = 4$，相应地，$\tilde{x}(20) = x((20))_8 = x(4)$。

需要进一步强调的是，对有限长度序列进行周期延拓时，延拓周期 N 是非常重要的参数，N 不同，得到的周期序列也不同。因此，涉及周期延拓，一定要注意其延拓周期的大小。

根据矩形序列的定义，式（3-2-3）很容易表示为

$$x(n) = \tilde{x}(n) R_N(n) \tag{3-2-5}$$

即有限长度序列等于周期序列与矩形序列（或称为矩形窗）的乘积。

于是，式（3-2-4）的取余运算相当于将有限长度序列进行周期延拓以形成对应的周期序列，而式（3-2-5）所示的与矩形窗相乘的运算则相当于取出该周期序列的主值序列。

例如，由 N 点有限长度序列 $x(n)$ 按如下方式构造出的新序列 $y_1(n)$ 和 $y_2(n)$，即

$$y_1(n) = x((n))_N R_N(n), \qquad y_2(n) = x((n))_N R_{2N}(n)$$

试用图示方法说明 $y_1(n)$、$y_2(n)$ 与 $x(n)$ 的关系。

实际上，从 $y_1(n)$ 和 $y_2(n)$ 的构成上看，它是通过两步完成的，首先将 $x(n)$ 以 N 为周期进行周期延拓形成一周期序列（由 $x((n))_N$ 确定运算完成）；接着，将周期序列分别与 $R_N(n)$ 和 $R_{2N}(n)$ 相乘，从而分别取出 $0 \leqslant n \leqslant (N-1)$ 和 $0 \leqslant n \leqslant 2(N-1)$ 范围的序列，即 $y_1(n)$ 相当于周期序列 $x((n))_N$ 的主值序列，而 $y_2(n)$ 相当于取出周期序列的两个周期。图 3-2-1 显示的是由

$x(n)$ 逐步得到 $y_1(n)$ 和 $y_2(n)$ 的过程（在图中，$N=6$）。

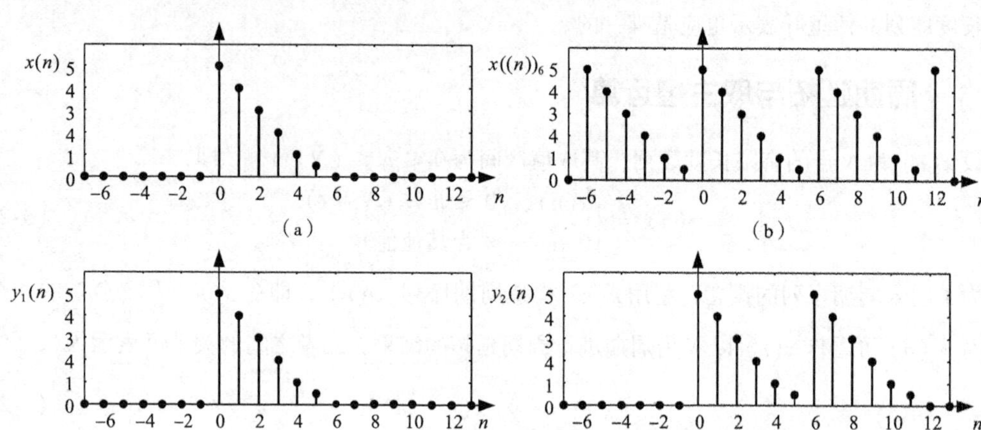

图 3-2-1　周期延拓和取主值运算示意图

3.2.2　离散傅里叶变换定义

由于无限长的周期序列 $\tilde{x}(n)$ 和 $\tilde{X}(k)$ 只需要用主值序列 $x(n)$ 和 $X(k)$ 即可确定，并能够完全地表达出来，于是将式（3-1-9）和式（3-1-10）所表示的 DFS 中的周期序列 $\tilde{x}(n)$ 和 $\tilde{X}(k)$ 换成其对应的主值序列 $x(n)$ 和 $X(k)$，表达式仍然成立，这样就得到了任意有限长度序列的变换对

$$X(k)=\mathrm{DFT}[x(n)]=\sum_{n=0}^{N-1}x(n)W_N^{kn},\qquad 0\leqslant k\leqslant(N-1)\tag{3-2-6}$$

$$x(n)=\mathrm{IDFT}[X(k)]=\frac{1}{N}\sum_{k=0}^{N-1}X(k)W_N^{-kn},\qquad 0\leqslant n\leqslant(N-1)\tag{3-2-7}$$

上述两式被称为 DFT 的定义式，其中，式（3-2-6）所示的正变换（记为 DFT[·]）表示分析变换，而式（3-2-7）所示的逆变换（记为 IDFT[·]）表示综合变换。

下面从 DFT 的定义式（即式（3-2-6）和式（3-2-7））出发，对 DFT 做以下说明。

① 有限长度序列的 DFT 和 IDFT 都表示为 N 项级数求和的形式。若序列 $x(n)$ 的长度为 M，且 $M<N$，则可以将 $x(n)$ 尾部补 $N-M$ 个零值，然后再对补零后的序列做 N 点 DFT。也就是说，序列长度给定后，总可以对该序列做大于该序列长度的 DFT，因此序列 DFT 定义中的参数 N 是一个非常重要的参数，N 不同，求和的项数不同，旋转因子也不同；当然，对同一序列，不同长度的 DFT 也是不同的（具体的不同之处，可以从下面将要讨论的 DFT 的物理含义和给定的例子上看出）。

② 在 DFT 的定义式中，旋转因子起着关键的作用，N 个不同的因子，k 从 0 取值到 $N-1$，组成 N 个不同的向量 $\{1,W_N^k,W_N^{2k},\cdots,W_N^{(N-1)k}\}$，它们构成了一组完备正交基，DFT 就相当于原始有限长度序列在该组正交基上的展开。事实上，今后将要逐步讨论旋转因子的性质（如周期性、对称性、正交性、可约性等），以及它们对 DFT 性质及其运算量等的重要影响。

③ 有限长度序列 $x(n)$ 的 DFT 和周期序列 $\tilde{x}(n)$ 的 DFS 之间的关系为

$$\tilde{X}(k)=X((k))_N\tag{3-2-8}$$

$$X(k) = \tilde{X}(k) R_N(k) \tag{3-2-9}$$

也就是说，$x(n)$ 周期延拓序列 $\tilde{x}(n)$ 的 DFS $\tilde{X}(k)$ 相当于有限长度序列 $x(n)$ 的 N 点 DFT$X(k)$ 的周期延拓，而 $X(k)$ 为 $\tilde{X}(k)$ 的主值序列。

④ 由于旋转因子的周期性，有

$$W_N^{nk} = W_N^{(n+mN)k} \tag{3-2-10}$$

$$W_N^{nk} = W_N^{n(k+mN)} \tag{3-2-11}$$

其中，k,m,N 均为整数，所以

$$x(n + mN) = \frac{1}{N}\sum_{k=0}^{N-1} X(k) W_N^{-(n+mN)k} = \frac{1}{N}\sum_{k=0}^{N-1} X(k) W_N^{-kn} = x(n) \tag{3-2-12}$$

$$X(k + mN) = \sum_{n=0}^{N-1} x(n) W_N^{(k+mN)n} = \sum_{n=0}^{N-1} x(n) W_N^{kn} = X(k) \tag{3-2-13}$$

从上面两个式子可知，尽管序列 $x(n)$ 和 $X(k)$ 为有限长的，但旋转因子本身的周期性使得 $x(n)$ 和 $X(k)$ 都具有隐含周期性。也就是说，不论原始有限长度序列 $x(n)$ 是什么类型的序列，只要利用 DFT 对其进行频谱分析，就认为 $x(n)$ 为一周期序列（周期为 N）的主值序列。事实上，DFT 的许多性质和运算（如循环移位、循环卷积、序列翻转等）都与 DFT 的隐含周期性有密切的关系。$x(n)$ 和 $X(k)$ 的隐含周期性也更进一步说明了 DFT 时域、频域的周期性与离散性之间的对称关系。

⑤ 由 IDFT 的定义式可知，时域数据 $x(n)$ 是 N 项级数 $X(k)W_N^{-kn}$（$= X(k)e^{j\frac{2\pi}{N}kn}$）（$0 \leqslant k \leqslant (N-1)$）求和得到的。根据通信系统调制理论，其中的每一项 $X(k)e^{j\frac{2\pi}{N}kn}$ 均可看作利用载波 $e^{j\frac{2\pi}{N}kn}$ 对 $X(k)$ 进行调制的结果，于是可知，$x(n)$ 为 N 个已调信号 $X(k)e^{j\frac{2\pi}{N}kn}$ 之和（N 个调制信号为 $X(k)$，N 个载波为 $e^{j\frac{2\pi}{N}kn}$，$0 \leqslant k \leqslant (N-1)$）。也就是说，可以将 $x(n)$ 理解为 N 个调制信号通过频分复用后的结果。在常规频分复用系统中，为了保证每个频带之间不存在相互影响，需要设置相应的保护频带。与常规频分复用不同的是，此处 N 个载波相互交叠，但由于 N 个载波之间满足正交性（式 3-2-8），因此，在各个 k 点处并不会引起载波间的相互干扰。利用多个正交载波同时进行 N 路并行数据传输正是正交频分复用（orthogonal frequency division multiplexing，OFDM）的基础。

⑥ 对离散时间序列的频率分析是最常用的数字信号处理方法，并且频率分析可以使用通用的数字计算机或者专用的数字信号处理器件来实现。为了对离散的序列 $x(n)$ 进行频率分析，要将时间序列转换成等价的频域表达式，第 2 章给出的 DTFT 的谱 $X(e^{j\omega})$ 是频率的连续函数，因此不便于计算机和数字信号处理器件实现；而根据 DFT 和周期序列 DFS 之间的关系，序列 $x(n)$ 被看作周期的序列进行处理，因此周期的信号具有离散的频谱，DFT 在时域和频域分别实现了离散化，进而可知 DFT 是可以借助于计算机实现的变换。

例 3-2-1 设有限长度序列 $x(n) = \{\underline{3},2,1,0\}$，计算该序列的 4 点 DFT$[x(n)]$。

解 由于计算的 DFT 的点数为 4，所以旋转因子 $W_4 = e^{-j\frac{2\pi}{4}} = -j$，于是

$$X(k) = \sum_{n=0}^{4-1} x(n) W_4^{kn} = \sum_{n=0}^{3} (-j)^{kn} x(n), \qquad k = 0,1,2,3$$

所以

$$X(0) = \sum_{n=0}^{3} x(n) = x(0) + x(1) + x(2) + x(3) = 6$$

同理

$$X(1)=\sum_{n=0}^{3}(-\mathrm{j})^{n}x(n)=2-2\mathrm{j}$$

$$X(2)=\sum_{n=0}^{3}(-\mathrm{j})^{2n}x(n)=2$$

$$X(3)=\sum_{n=0}^{3}(-\mathrm{j})^{3n}x(n)=2+2\mathrm{j}$$

故

$$X(k)=\{\underline{6},2-2\mathrm{j},2,2+2\mathrm{j}\}$$

该题的结果与例 3-1-1 中 $\tilde{X}(k)$ 的主值序列完全相同，从而说明式（3-2-8）和式（3-2-9）的正确性。

例 3-2-2 给定序列 $x(n)=R_4(n)$，分别求 $x(n)$ 的 DTFT，以及其 4 点、8 点和 16 点 DFT，并用图形表示。

解 （1）根据 DTFT 的定义，$x(n)$ 的 DTFT$X(\mathrm{e}^{\mathrm{j}\omega})$ 为

$$X(\mathrm{e}^{\mathrm{j}\omega})=\mathrm{DTFT}[x(n)]=\sum_{n=-\infty}^{+\infty}x(n)\mathrm{e}^{-\mathrm{j}\omega n}=\sum_{n=-\infty}^{+\infty}R_4(n)\mathrm{e}^{-\mathrm{j}\omega n}$$

$$=\sum_{n=0}^{3}\mathrm{e}^{-\mathrm{j}\omega n}=\frac{1-\mathrm{e}^{-\mathrm{j}\omega 4}}{1-\mathrm{e}^{-\mathrm{j}\omega}}=\frac{\sin 2\omega}{\sin(\omega/2)}\mathrm{e}^{-\mathrm{j}\frac{3}{2}\omega}$$

（2）$x(n)$ 的 4 点 DFT（用 $X_1(k)$ 表示）为

$$X_1(k)=\sum_{n=0}^{3}x(n)W_4^{kn}=\sum_{n=0}^{3}W_4^{kn}=\begin{cases}4, & k=0\\0, & k=1,2,3\end{cases}$$

$$=4\delta(k)\qquad k=0,1,2,3$$

其中，第三个等号是利用旋转因子的正交性（式（3-1-8））直接得到的。

（3）$x(n)$ 的 8 点 DFT（用 $X_2(k)$ 表示）为

$$X_2(k)=\sum_{n=0}^{7}x(n)W_8^{kn}=\sum_{n=0}^{3}\mathrm{e}^{-\mathrm{j}\frac{2}{8}\pi kn}=\mathrm{e}^{-\mathrm{j}\frac{3}{8}\pi k}\frac{\sin\left(\frac{\pi}{2}k\right)}{\sin\left(\frac{\pi}{8}k\right)},\qquad k=0,\ 1,\ \cdots,\ 7$$

（4）$x(n)$ 的 16 点 DFT（用 $X_3(k)$ 表示）为

$$X_3(k)=\sum_{n=0}^{15}x(n)W_{16}^{kn}=\sum_{n=0}^{3}\mathrm{e}^{-\mathrm{j}\frac{2}{16}\pi kn}=\mathrm{e}^{-\mathrm{j}\frac{3}{16}\pi k}\frac{\sin\left(\frac{\pi}{4}k\right)}{\sin\left(\frac{\pi}{16}k\right)},\qquad k=0,\ 1,\ \cdots,\ 15$$

从图 3-2-2 可见，首先，同一序列不同长度的 DFT 是不相同的，比较图 3-2-2（b）和图 3-2-2（c）、图 3-2-2（b）和图 3-2-2（d），可以发现，时域补零等效于频域内插；而且，对原始序列尾部补一倍、三倍零值后，其 DFT 之间满足 $X_1(k)=X_2(2k)=X_3(4k)(k=0,\cdots,3)$。其次，也可以发现 $X_1(k)=4\delta(k)$，即仅在 $k=0$ 的频点上有不为零的值，事实上，$R_4(n)$ 在 4 点上的值全部为 1，根据 DFT 的隐含周期性，必定得到其周期延拓序列为 $\tilde{x}(n)=1$。这就是一个直流信号，因此 $X_1(k)$ 在 $k\neq 0$ 处为零值。

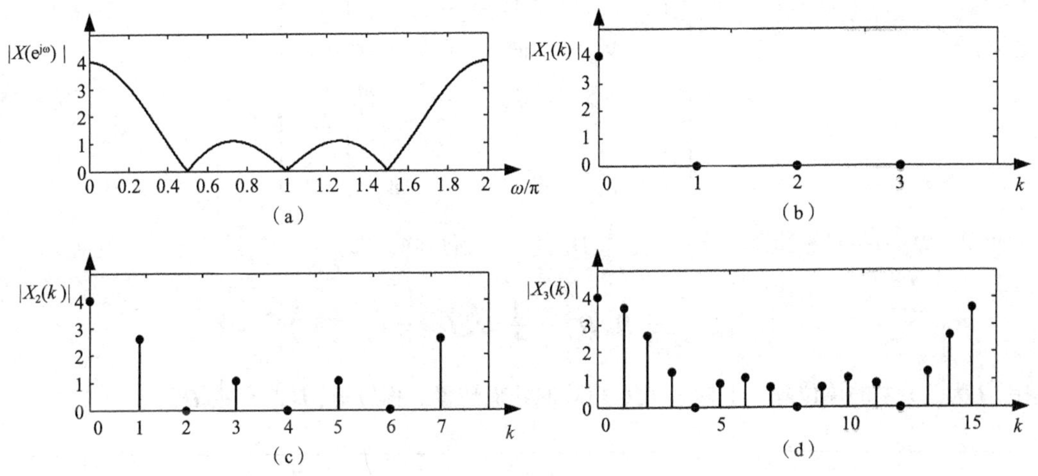

图 3-2-2　矩形序列不同点 DFT 的比较

例 3-2-2 的 MATLAB 程序如下。

```
close all;clear;clc;
x=[1 1 1 1];                                      % 矩形序列
N=100;                                            % DTFT 近似的点数
w1=0:2/N:2;
w=pi* w1.';
xw=1+exp(-j* w)+exp(-j* w* 2)+exp(-j* w* 3);      % DTFT 频谱
figure,plot(w1.',abs(xw));                        % 绘制 DTFT 幅度谱
x1=fft(x);
figure,stem([0:3],abs(x1));                       % 绘制 4 点 DFT 幅度谱
x2=fft(x,8);
figure,stem([0:7],abs(x2));                       % 绘制 8 点 DFT 幅度谱
x3=fft(x,16);
figure,stem([0:15],abs(x3));                      % 绘制 16 点 DFT 幅度谱
```

3.2.3　DFT 的矩阵表示

DFT 将时域数据变换到其对应的离散频域，因此 DFT 也可以理解为将时域序列 $x(n)$（$0 \leqslant n \leqslant (N-1)$）通过一个映射而得到频域序列 $X(k)$（$0 \leqslant k \leqslant (N-1)$）的过程，该映射关系可以用矩阵表示。DFT 的矩阵表示形式为

$$\boldsymbol{X} = \boldsymbol{D}_N \boldsymbol{x} \tag{3-2-14}$$

其中，时域序列向量 $\boldsymbol{x}$ 为

$$\boldsymbol{x} = [x(0), x(1), \cdots, x(N-1)]^{\mathrm{T}}$$

$[\cdot]^{\mathrm{T}}$表示向量转置。频域序列向量 $\boldsymbol{X}$ 为

$$\boldsymbol{X} = [X(0), X(1), \cdots, X(N-1)]^{\mathrm{T}}$$

N 点 DFT 矩阵 $\boldsymbol{D}_N$ 为

$$\boldsymbol{D}_N=\begin{bmatrix}1 & 1 & 1 & \cdots & 1\\ 1 & W_N^1 & W_N^2 & \cdots & W_N^{N-1}\\ 1 & W_N^2 & W_N^4 & \cdots & W_N^{2(N-1)}\\ \vdots & \vdots & \vdots & \ddots & \vdots\\ 1 & W_N^{N-1} & W_N^{2(N-1)} & \cdots & W_N^{(N-1)(N-1)}\end{bmatrix} \tag{3-2-15}$$

可见，$\boldsymbol{D}_N$为一对称矩阵。实际上，$\frac{1}{\sqrt{N}}\boldsymbol{D}_N$ 还为一酉矩阵，即

$$\frac{1}{N}\boldsymbol{D}_N\boldsymbol{D}_N^{\mathrm{H}}=\frac{1}{N}\boldsymbol{D}_N^{\mathrm{H}}\boldsymbol{D}_N=\boldsymbol{I} \tag{3-2-16}$$

其中，$\boldsymbol{I}$ 为 $N\times N$ 的单位阵，上标 H 表示矩阵的共轭转置。相应地，$\boldsymbol{D}_N^{-1}=\frac{1}{N}\boldsymbol{D}_N^{\mathrm{H}}$。

例 3-2-3 ① 请给出 $N=2$ 和 $N=4$ 时 DFT 矩阵 $\boldsymbol{D}_2$和 $\boldsymbol{D}_4$；

② 利用 $\boldsymbol{D}_2$和 $\boldsymbol{D}_4$分别计算 $x_1(n)=\{\underline{3},1\}$ 和 $x_2(n)=\{\underline{3},2,1,0\}$ 的 DFT；

③ 利用 $\boldsymbol{D}_4$验证式（3-2-16）的正确性。

解 ① 计算 $N=2$ 和 $N=4$ 时 DFT 矩阵 $\boldsymbol{D}_2$和 $\boldsymbol{D}_4$。

$$\boldsymbol{D}_2=\begin{bmatrix}1 & 1\\ 1 & W_2^1\end{bmatrix}=\begin{bmatrix}1 & 1\\ 1 & \mathrm{e}^{\mathrm{j}\frac{2\pi}{2}}\end{bmatrix}=\begin{bmatrix}1 & 1\\ 1 & -1\end{bmatrix}$$

$$\boldsymbol{D}_4=\begin{bmatrix}1 & 1 & 1 & 1\\ 1 & W_4^1 & W_4^2 & W_4^3\\ 1 & W_4^2 & W_4^4 & W_4^6\\ 1 & W_4^3 & W_4^6 & W_4^9\end{bmatrix}=\begin{bmatrix}1 & 1 & 1 & 1\\ 1 & -\mathrm{j} & -1 & \mathrm{j}\\ 1 & -1 & 1 & -1\\ 1 & \mathrm{j} & -1 & -\mathrm{j}\end{bmatrix}$$

② 分别计算 $x_1(n)=\{\underline{3},1\}$ 和 $x_2(n)=\{\underline{3},2,1,0\}$ 的 DFT。

$$\boldsymbol{X}_1=\boldsymbol{D}_2\boldsymbol{x}_1=\begin{bmatrix}1 & 1\\ 1 & -1\end{bmatrix}\begin{bmatrix}x_1(0)\\ x_1(1)\end{bmatrix}=\begin{bmatrix}x_1(0)+x_1(1)\\ x_1(0)-x_1(1)\end{bmatrix}=[4\quad 2]^{\mathrm{T}}$$

$$\boldsymbol{X}_2=\boldsymbol{D}_4\boldsymbol{x}_2=\begin{bmatrix}1 & 1 & 1 & 1\\ 1 & -\mathrm{j} & -1 & \mathrm{j}\\ 1 & -1 & 1 & -1\\ 1 & \mathrm{j} & -1 & -\mathrm{j}\end{bmatrix}\begin{bmatrix}x_2(0)\\ x_2(1)\\ x_2(2)\\ x_2(3)\end{bmatrix}=[6\quad 2-2\mathrm{j}\quad 2\quad 2+2\mathrm{j}]^{\mathrm{T}}$$

③ 验证式（3-2-16）的正确性。

$$\frac{1}{4}\boldsymbol{D}_N\boldsymbol{D}_N^{\mathrm{H}}=\frac{1}{4}\begin{bmatrix}1 & 1 & 1 & 1\\ 1 & -\mathrm{j} & -1 & \mathrm{j}\\ 1 & -1 & 1 & -1\\ 1 & \mathrm{j} & -1 & -\mathrm{j}\end{bmatrix}\begin{bmatrix}1 & 1 & 1 & 1\\ 1 & \mathrm{j} & -1 & -\mathrm{j}\\ 1 & -1 & 1 & -1\\ 1 & -\mathrm{j} & -1 & \mathrm{j}\end{bmatrix}$$

$$=\frac{1}{4}\begin{bmatrix}4 & 0 & 0 & 0\\ 0 & 4 & 0 & 0\\ 0 & 0 & 4 & 0\\ 0 & 0 & 0 & 4\end{bmatrix}=\begin{bmatrix}1 & 0 & 0 & 0\\ 0 & 1 & 0 & 0\\ 0 & 0 & 1 & 0\\ 0 & 0 & 0 & 1\end{bmatrix}$$

由该例可以清晰地看到，两点序列的 DFT 运算结果分别是时域数据的和与差，两点序列

DFT 的运算结果是第 4 章将要讨论的快速傅里叶变换的出发点。

式（3-2-14）将 DFT 用矩阵形式表示，同理，也期望能够采用矩阵形式表示出 IDFT，即

$$\boldsymbol{x} = \boldsymbol{A}_N \boldsymbol{X}$$

将式（3-2-14）代入上式，得

$$\boldsymbol{x} = \boldsymbol{A}_N \boldsymbol{X} = \boldsymbol{A}_N \boldsymbol{D}_N \boldsymbol{x}$$

可见，当 $\boldsymbol{A}_N \boldsymbol{D}_N = \boldsymbol{I}$ 时，即可恢复出原始的时域信号。据式（3-2-16），当 $\boldsymbol{A}_N = \frac{1}{N}\boldsymbol{D}_N^{-1}$ 时，有

$$\boldsymbol{x} = \boldsymbol{A}_N \boldsymbol{X} = \frac{1}{N}\boldsymbol{D}_N^{-1}\boldsymbol{X} \tag{3-2-17}$$

式（3-2-17）正是 IDFT 的矩阵表达式。可见，$\frac{1}{N}\boldsymbol{D}_N^{-1}$ 为 N 点 IDFT 矩阵。

给出 DFT 和 IDFT 的矩阵形式，可以以简洁、紧凑的形式表示一些数据模型或计算结果，同时，采用矩阵形式表示也非常适用于 MATLAB 等以矩阵为运算单元的软件，这种方法也是科技论文中常用的方式。例如：

$$\frac{1}{N}[\boldsymbol{D}_N \boldsymbol{X}^*]^* = \frac{1}{N}[\boldsymbol{D}_N^* \boldsymbol{X}] = \boldsymbol{x} \tag{3-2-18}$$

式（3-2-18）中的 * 表示共轭运算，根据式（3-2-15）和式（3-2-17）可知，式（3-2-18）中的 $[\boldsymbol{D}_N \boldsymbol{X}^*]$ 表示对频域数据的共轭进行 DFT 运算。因此，由该式知，对序列 $X^*(k)$ 进行 DFT，将结果取共轭并除以 N 即可得到 $x(n)$，进而达到利用 DFT 算法直接实现 IDFT 计算的目的。

3.3 离散傅里叶变换的基本性质

3.3.1 线性性质

如果 $x_1(n)$ 和 $x_2(n)$ 是两个有限长度序列，长度分别为 N_1 和 N_2，则 $ax_1(n) + bx_2(n)$ 的 $N = \max[N_1, N_2]$ 点 DFT 为

$$\mathrm{DFT}[ax_1(n) + bx_2(n)] = aX_1(k) + bX_2(k), \quad 0 \leqslant k \leqslant (N-1) \tag{3-3-1}$$

式中，a，b 为常数。需要说明的是，若两序列 $x_1(n)$ 和 $x_2(n)$ 的长度都是 N，即在 $0 \leqslant k \leqslant (N-1)$ 范围内有值时，$aX_1(k) + bX_2(k)$ 的长度也为 N；若两序列的长度不等，比如 $N_1 < N_2$，$N = \max[N_1, N_2] = N_2$，则需要在序列 $x_1(n)$ 的尾部补 $N_2 - N_1$ 个零以使其变成长度为 N_2 的序列，然后都做 N_2 点 DFT，相应地，$aX_1(k) + bX_2(k)$ 的长度也为 N_2。

3.3.2 序列循环移位性质

在学习序列循环移位性质之前，首先需要建立循环移位的概念。

1. 循环移位的概念

设 $x(n)$ 是长度为 N 的有限长度序列，其 DFT 定义式要求取 $0 \leqslant n \leqslant (N-1)$ 上的信号值进行级数求和，其移位序列 $x(n-n_0)$ 相当于将 $x(n)$ 进行相应移位后的有限长度序列，但其非零值的范围已经变为 $n_0 \leqslant n \leqslant (N-1+n_0)$。如果需要

计算一个时移信号 $x(n-n_0)$ 的 DFT，N 项求和的范围也不再是定义式中的 $0 \leqslant n \leqslant (N-1)$，而是 $n_0 \leqslant n \leqslant (N-1+n_0)$，则随着位移量 n_0 的变化，求和的范围也将变化。这样，给移位序列的 DFT 分析带来非常多的不便，为此，需引入循环移位（circular shift）的概念。

结合图3-3-1，由于 DFT 的隐含周期性，$x(n)$ 对应于周期信号（图3-3-1（b））的一个周期。因此 $x(n)$ 的移位序列 $x(n-n_0)$ 可以看作相应的周期延拓序列 $x((n))_N$ 的移位（图3-3-1（c））；但如果要计算时移信号 $x(n-n_0)$ 的 DFT，它的值就必须从 $x((n-n_0))_N$ 的主值区间（$0 \leqslant n \leqslant (N-1)$）上选取，即取出其主值序列。如图3-3-1 所示，将 $x(n)$ 右移 $n_0(n_0>0)$ 位后，移出主值区间（$0 \leqslant n \leqslant (N-1)$）的序列值又依次从左边进入主值区间。

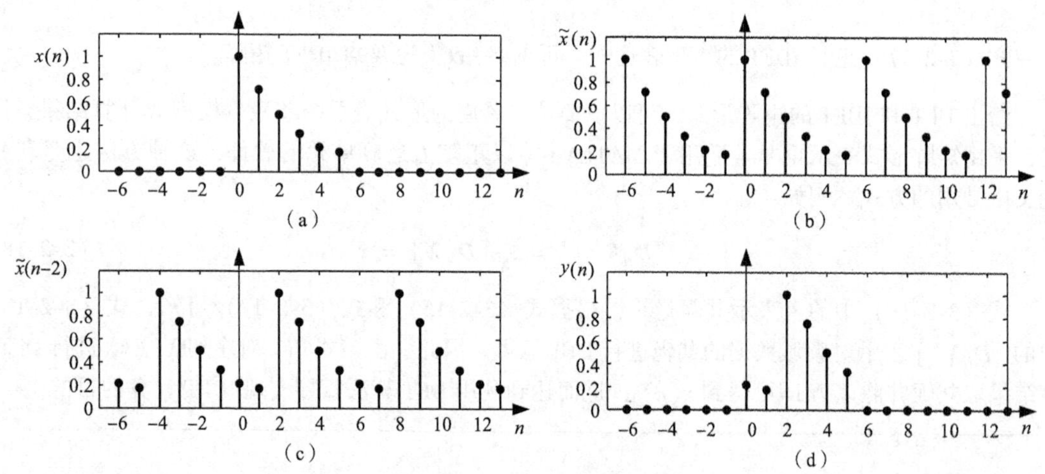

图3-3-1　循环移位示意图

当把序列 $x(n)$ 想象为按逆时针排列在一个 N 等分的圆周上，N 个样点首尾连接（如图3-3-2（a）所示）时，序列 $x(n)$ 的这种移位也可按下述两种方式理解。第一种理解方式认为序列右移 n_0 个单位相当于 $x(n)$ 在圆周上逆时针旋转 n_0 位（如图3-3-2（b）所示，箭头所示为序列时间起始点），然后从时间起始点开始按逆时针方向旋转即可得到相应的移位序列。第二种理解方式认为在进行循环移位时，$x(n)$ 在圆周上不发生旋转，而让时间的起点顺时针旋转 n_0 位，然后，从新的时间起始点开始按逆时针方向读取序列，这样也可以得到序列的循环移位序列（如图3-3-2（c）所示，其中虚箭号指示出原始序列的时间起始点，实箭号指示出移位序列的时间起始点）。

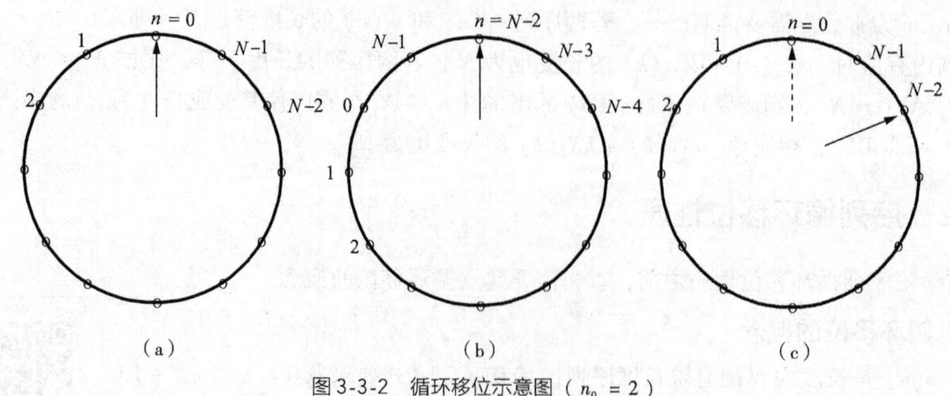

图3-3-2　循环移位示意图（$n_0=2$）

可见，这种移位与前面所讨论的线性移位有本质的区别，因此称之为循环移位。图3-3-1 所

示的是 $x(n)$ 及其循环移位过程（$n_0=2$）。

将上述描述用公式表示，则 $x(n)$ 的循环移位序列为

$$y(n)=x((n-n_0))_N R_N(n) \tag{3-3-2}$$

式（3-3-2）表明，循环移位需要经过3步实现：

① 将 $x(n)$ 以 N 为周期进行周期延拓，得到 $\tilde{x}(n)=x((n))_N$；

② 将 $\tilde{x}(n)$ 移 n_0 位得到 $\tilde{x}((n-n_0))_N$；

③ 将 $\tilde{x}((n-n_0))_N$ 与矩形序列 $R_N(n)$ 相乘，即取其主值序列，得到其循环移位序列 $y(n)$。

正是由于第3步要取移位后的周期序列的主值序列，所以循环移位后的序列仍是长度为 N 的有限长度序列。值得注意的是，在循环移位中涉及对 $x(n)$ 的周期延拓，因此，延拓的周期 N 是循环移位中重要的参数。

例 3-3-1 设有限长度序列 $x(n)=\{\underline{5},4,3,2,1\}$，试求出 $y_1(n)=x((n-2))_6R_6(n)$ 和 $y_2(n)=x((n-2))_8R_8(n)$。

解 ① 求 $x(n)$ 以 $N=6$ 的循环移位序列，首先将 $x(n)$ 以 $N=6$ 为周期进行周期延拓，即

$$\tilde{x}(n)=x((n))_6=\{\cdots,5,4,3,2,1,0,\underline{5},4,3,2,1,0,5,4,3,2,1,0,\cdots\}$$

将 $\tilde{x}(n)$ 右移两位，得

$$\tilde{x}(n-2)=\{\cdots,1,0,5,4,3,2,\underline{1},0,5,4,3,2,1,0,5,4,3,2,\cdots\}$$

取其主值序列，得，

$$y_1(n)=x((n-2))_6R_6(n)=\{\underline{1},0,5,4,3,2\}$$

② 求 $x(n)$ 以 $N=8$ 为周期的循环移位序列，同理有

$$\tilde{x}(n)=x((n))_8=\{\cdots,5,4,3,2,1,0,0,0,\underline{5},4,3,2,1,0,0,0,5,4,3,2,1,0,0,0,\cdots\}$$

$$\tilde{x}(n-2)=\{\cdots,5,4,3,2,1,0,\underline{0},0,5,4,3,2,1,0,0,0,5,4,3,2,1,0,0,0,\cdots\}$$

$$y_2(n)=x((n-2))_8R_8(n)=\{\underline{0},0,5,4,3,2,1,0\}$$

图3-3-3给出的是 $x(n)$ 分别以 $N=6$ 和 $N=8$ 为周期进行周期延拓、移位与取主值得到 $y_1(n)$ 和 $y_2(n)$ 的过程。该例充分说明了对同一序列而言，其循环移位序列随着参数 N 的不同而不同。

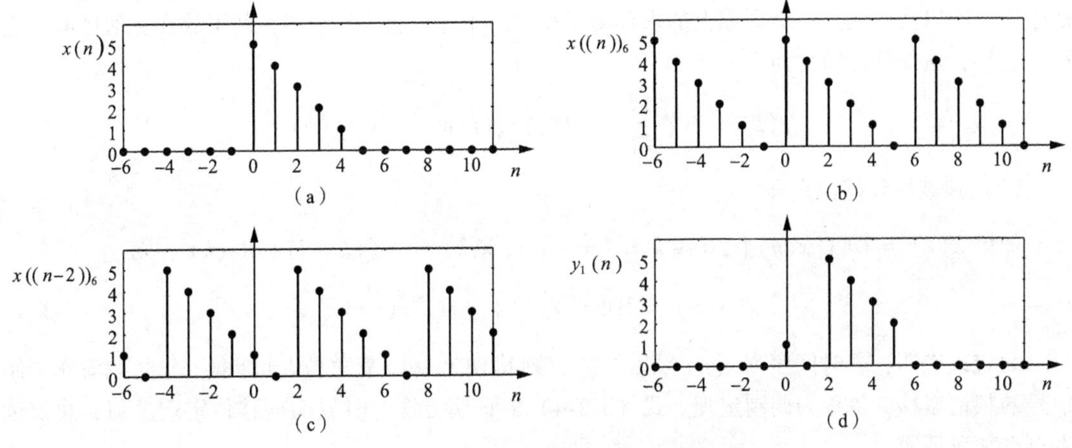

图3-3-3　$x(n)$、$y_1(n)$ 和 $y_2(n)$ 的图形

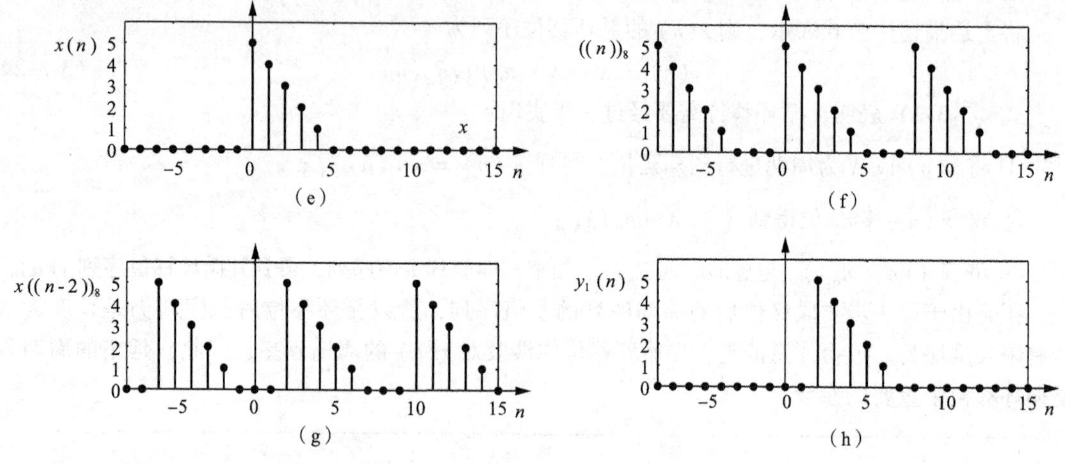

图 3-3-3　$x(n)$、$y_1(n)$ 和 $y_2(n)$ 的图形（续）

2. 时域循环移位定理和频域循环移位定理

（1）时域循环移位定理

若 $X(k) = \text{DFT}[x(n)]$，$0 \leqslant k \leqslant (N-1)$，$y(n) = x((n-m))_N R_N(n)$，则，

$$Y(k) = \text{DFT}[y(n)] = W_N^{km} X(k) \tag{3-3-3}$$

这表明，序列循环移 m 位，则 DFT 将出现线性相移因子 W_N^{km}；当然，若 $m > 0$，意味着序列右移（即延时），则循环移位序列的 DFT 相当于在 $X(k)$ 的相位上加负的线性相位因子。

证明

$$Y(k) = \text{DFT}[y(n)] = \sum_{n=0}^{N-1} x((n-m))_N R_N(n) W_N^{kn}$$

令 $n - m = l$，则有

$$Y(k) = \sum_{l=-m}^{N-1-m} x((l))_N R_N(l) W_N^{k(l+m)}$$

$$= W_N^{km} \sum_{l=-m}^{N-1-m} x((l))_N R_N(l) W_N^{kl}$$

由于 $x((l))_N$ 和 W_N^{kl} 中的变量 l 都是以 N 为周期的周期序列，即 $x((l))_N W_N^{kl}$ 亦是以 N 为周期的周期序列，所以其在任意一个周期上的求和结果相同。于是，上式的求和区间可改在主值区间上进行。显然，这部分可简化为

$$Y(k) = W_N^{km} \sum_{l=0}^{N-1} x((l))_N R_N(l) W_N^{kl} = W_N^{km} X(k)$$

（2）频域循环移位定理

如果 $X(k) = \text{DFT}[x(n)]$，$0 \leqslant k \leqslant (N-1)$，$Y(k) = X((k-l))_N R_N(k)$，则

$$y(n) = \text{IDFT}[Y(k)] = W_N^{-nl} x(n) \tag{3-3-4}$$

此定理表明，若时间序列 $x(n)$ 乘以 W_N^{-nl}，则其 DFT $X(k)$ 就移位 l 个单位。这可以看作调制信号的频谱搬移，也称为调制定理。式（3-3-4）的证明方法与时域循环移位定理类似，建议读者自己加以证明。

3.3.3 循环卷积

1. 时域循环卷积定理

记 $x_1(n)$ 和 $x_2(n)$ 的 N 点 DFT 分别为

$$X_1(k) = \mathrm{DFT}[x_1(n)],\quad X_2(k) = \mathrm{DFT}[x_2(n)]$$

如果
$$X(k) = X_1(k)X_2(k),\ 0 \leqslant k \leqslant (N-1)$$

则
$$x(n) = \mathrm{IDFT}[X(k)] = \sum_{m=0}^{N-1} x_1(m)x_2((n-m))_N R_N(n) \tag{3-3-5a}$$

或
$$x(n) = \mathrm{IDFT}[X(k)] = \sum_{m=0}^{N-1} x_2(m)x_1((n-m))_N R_N(n) \tag{3-3-5b}$$

证明 直接对式（3-3-5a）等号两边进行 DFT，则有

$$X(k) = \mathrm{DFT}[x(n)] = \sum_{n=0}^{N-1}\left[\sum_{m=0}^{N-1} x_1(m)x_2((n-m))_N R_N(n)\right]W_N^{kn}$$

$$= \sum_{m=0}^{N-1} x_1(m)\left[\sum_{n=0}^{N-1} x_2((n-m))_N R_N(n)W_N^{kn}\right]$$

直接对上式方括号内的项利用时域循环移位定理进行运算，则有

$$X(k) = \sum_{m=0}^{N-1} x_1(m)[W_N^{km}X_2(k)]$$

$$= \left[\sum_{m=0}^{N-1} x_1(m)W_N^{km}\right]X_2(k) = X_1(k)X_2(k),\quad 0 \leqslant k \leqslant (N-1)$$

对式（3-3-5b）的证明过程同上。

从式（3-3-5a）可见，若 $x_1(m)$ 保持不移动，则 $x_2((n-m))_N R_N(n)$ 相当于 $x_2(-m)$ 的循环移位，同时式（3-3-5）的表示形式和两序列线性卷积的形式类似，因此式（3-3-5）被称为循环卷积（circular convolution），并记之为

$$x(n) = x_1(n) \circledN x_2(n) = \left[\sum_{m=0}^{N-1} x_1(m)x_2((n-m))_N\right]R_N(n)$$

$$= x_2(n) \circledN x_1(n) = \left[\sum_{m=0}^{N-1} x_2(m)x_1((n-m))_N\right]R_N(n)$$

和循环移位中强调的一样，循环卷积中用到延拓的周期 N 是一个重要的参数，循环卷积的点数不同，结果也将有很大的差异。同时，由于式（3-3-5）都包含取主值运算，故两序列的循环卷积长度仍为 N。

总之，时域循环卷积定理表明，两个序列 DFT 的乘积相当于两个序列时域循环卷积的 DFT。

2. 循环卷积的计算

循环卷积在 DFT 应用方面起着重要的作用，它和线性卷积之间有明确的差异，但同时它可以通过简单的方式与线性卷积相联系，也正是这种联系使得循环卷积成为 DFT 中重要的概念。因此，下面对循环卷积的运算进行讨论。总体来说，循环卷积的计算可以在时域内进行，也可以利用时域循环卷积定理在频域内完成。

在时域计算时，首先，从循环卷积的定义式可见，两个序列的循环卷积时域计算方法包括以

下几步：

① 保持 $x_1(m)$（将时间变量 n 换成 m）不移动，将 $x_2(m)$ 周期化，形成 $x_2((m))_N$；

② 翻转周期序列 $x_2((m))_N$ 以形成 $x_2((-m))_N$；

③ 对 $x_2((-m))_N$ 移 n 位 $0 \leqslant n \leqslant (N-1)$，形成 $x_2((n-m))_N$；

④ 对 $x_2((n-m))_N$ 取主值序列则得到 $x_2((n-m))_N R_N(m)$；

⑤ 将 $x_1(m)$ 与 $x_2((n-m))_N R_N(m)$ 相乘；

⑥ 对 m 在 $0\sim(N-1)$ 区间上求和，便得到 $x_1(n)$ 与 $x_2(n)$ 的循环卷积 $x(n)$。

因此，循环卷积包括翻转、周期延拓、移位、取主值、相乘、相加等运算。其中，③和④两步即循环移位的过程。实际上，上述循环卷积时域求解过程的含义还可以用图 3-3-4 来表示。

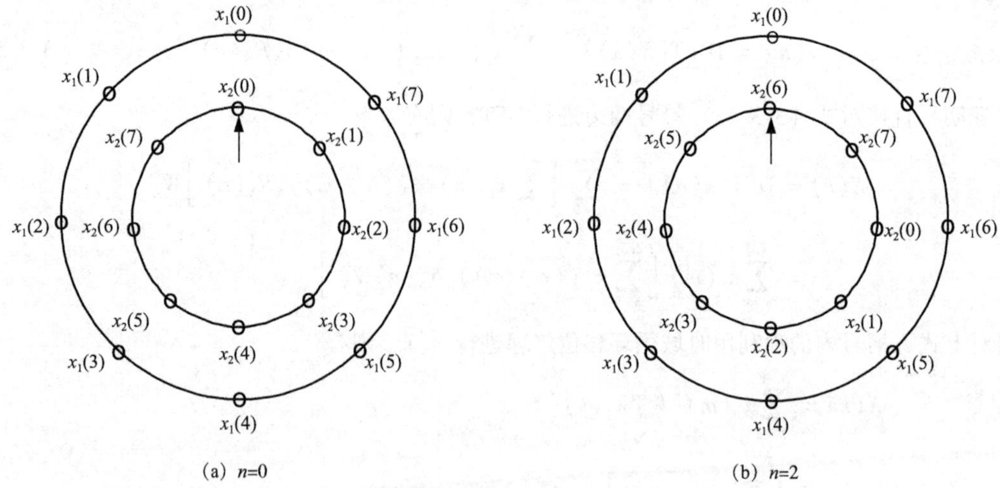

图 3-3-4 循环卷积的时域求解图解（$N=8$）

在图 3-3-4 中，当计算序列 $x_1(n)$ 和 $x_2(n)$ 的 N 点循环卷积时，可以将一个序列（比如说 $x_1(n)$）按逆时针方向均匀地分布在外圆圆周上，而将另一个序列（比如说 $x_2(n)$）按顺时针方向均匀地分布在内圆圆周上，然后将两圆周上对应点的值相乘，并将 N 项乘积叠加起来作为 $n=0$ 时刻的循环卷积的结果（如图 3-3-4（a）所示）。当求其他时刻点（如 $n=2$）的循环卷积的结果时，固定外圆周，将内圆周上的序列沿顺时针旋转两个单位（即进行循环移位），然后再将对应的乘积项相加，即可得到相应时刻上的循环卷积的结果（如图 3-3-4（b）所示）；依次顺时针旋转内圆周，并进行对应项的相乘、相加，即可得到最终循环卷积的结果。

除了上述时域求解循环卷积的方法外，还可以直接利用时域循环卷积定理，在频域内求解两序列的循环卷积，如图 3-3-5 所示。即首先对两序列作 N 点的 DFT，然后对两序列在频域内的乘积作 IDFT，即可得到两序列的 N 点循环卷积。

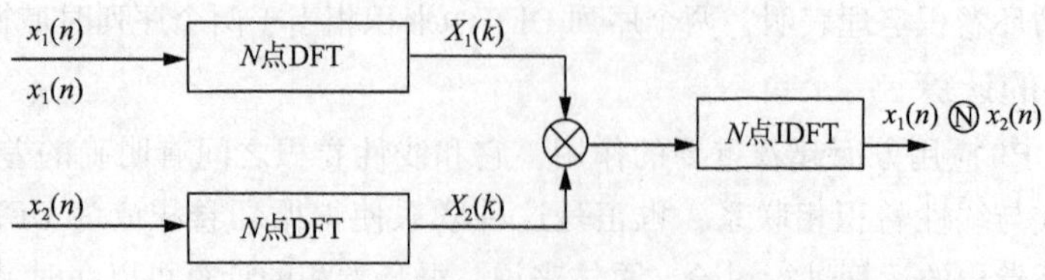

图 3-3-5 两序列的循环卷积频域求解框图

例 3-3-2 令 $x_1(n)$ 为长度是 N 的有限长度序列，且 $x_2(n)=\delta(n-n_0)$，$0\leqslant n_0<N$，试利用时域方法和频域方法分别计算 $x_1(n)$ 和 $x_2(n)$ 的 N 点循环卷积。

解 ① 时域求解：

根据循环卷积的定义，得

$$\begin{aligned} x_1(n)\ \text{Ⓝ}\ x_2(n) &= \sum_{m=0}^{N-1} x_1(m)x_2((n-m))_N R_N(n) \\ &= \sum_{m=0}^{N-1} x_1(m)\delta((n-n_0-m))_N R_N(n) \\ &= x_1((n-n_0))_N R_N(n) \end{aligned}$$

② 频域求解：

因为 $\text{DFT}[x_2(n)]=\text{DFT}[\delta(n-n_0)]=W_N^{kn_0}$，所以可得

$$\begin{aligned} x_1(n)\ \text{Ⓝ}\ x_2(n) &= \text{IDFT}[X_1(k)X_2(k)] \\ &= \text{IDFT}[W_N^{kn_0}X_1(k)] \end{aligned}$$

利用时域循环移位性质，上式可继续写为：

$$x_1(n)\ \text{Ⓝ}\ x_2(n)=x_1((n-n_0))_N R_N(n)$$

将上面的结果重写如下：

$$x_1(n)\ \text{Ⓝ}\ \delta(n-n_0)=x_1((n-n_0))_N R_N(n) \tag{3-3-6a}$$

当 $n_0=0$ 时，可得，

$$x_1(n)\ \text{Ⓝ}\ \delta(n)=x_1(n) \tag{3-3-6b}$$

从式（3-3-6a）和式（3-3-6b）可得，任意长度为 N 的序列和移位后的单位脉冲序列 $\delta(n-n_0)$ 的 N 点循环卷积的结果相当于原始序列做相应的循环移位；任意长度为 N 的序列和单位脉冲序列 $\delta(n)$ 的 N 点循环卷积的结果等于原始序列本身。式（3-3-6a）和式（3-3-6b）为在时域内解析求解循环卷积带来了极大的方便。

例 3-3-3 设 $x_1(n)=\{\underline{1},2,3,4\}$，$x_2(n)=\{\underline{4},3,2,1\}$，试用解析法求解 $x_1(n)$ 与 $x_2(n)$ 的 4 点、7 点和 11 点的循环卷积。

循环卷积

解 因为 $x_1(n)$ 可以表示为

$$x_1(n)=\delta(n)+2\delta(n-1)+3\delta(n-2)+4\delta(n-3)$$

于是

$$\begin{aligned} x_1(n)\ \text{Ⓝ}\ x_2(n) =\ & \delta(n)\ \text{Ⓝ}\ x_2(n)+2\delta(n-1)\ \text{Ⓝ}\ x_2(n)+ \\ & 3\delta(n-2)\ \text{Ⓝ}\ x_2(n)+4\delta(n-3)\ \text{Ⓝ}\ x_2(n) \end{aligned}$$

故，$x_1(n)$ 与 $x_2(n)$ 的 4 点、7 点和 11 点循环卷积可分别表示为：

$$x_1(n)\ \text{④}\ x_2(n)=x_2(n)+2x_2((n-1))_4R_4(n)+3x_2((n-2))_4R_4(n)+4x_2((n-3))_4R_4(n)$$

$$x_1(n)\ \text{⑦}\ x_2(n)=x_2(n)+2x_2((n-1))_7R_7(n)+3x_2((n-2))_7R_7(n)+4x_2((n-3))_7R_7(n)$$

$$x_1(n)\ \text{⑪}\ x_2(n)=x_2(n)+2x_2((n-1))_{11}R_{11}(n)+3x_2((n-2))_{11}R_{11}(n)+4x_2((n-3))_{11}R_{11}(n)$$

为了更容易求出最终的结果，可将 4 点循环卷积的求解过程写成算式的形式，即

$x_2(n)$		4	3	2	1
$x_1(n)$	×	1	2	3	4
$x_2(n)$ ④ $\delta(n)$		4	3	2	1
$x_2(n)$ ④ $2\delta(n-1)$		2	8	6	4
$x_2(n)$ ④ $3\delta(n-2)$		6	3	12	9
$x_2(n)$ ④ $4\delta(n-3)$	×	12	8	4	16
		24	22	24	30

可见，$x_1(n)$ ④ $x_2(n)$ = {$\underline{24}$，22，24，30}。同样，7 点循环卷积的求解过程也可写成算式的形式，即

$x_2(n)$		4	3	2	1	0	0	0
$x_1(n)$	×	1	2	3	4	0	0	0
$x_2(n)$ ⑦ $\delta(n)$		4	3	2	1	0	0	0
$x_2(n)$ ⑦ $2\delta(n-1)$		0	8	6	4	2	0	0
$x_2(n)$ ⑦ $3\delta(n-2)$		0	0	12	9	6	3	0
$x_2(n)$ ⑦ $4\delta(n-3)$	+	0	0	0	16	12	8	4
		4	11	20	30	20	11	4

可见，$x_1(n)$ ⑦ $x_2(n)$ = {$\underline{4}$，11，20，30，20，11，4}。同理，也可以得到 $x_1(n)$ ⑪ $x_2(n)$ = {$\underline{4}$,11,20,30,20,11,4,0,0,0,0}。

在第 1 章介绍线性卷积时，曾采用卷积矩阵来实现两序列的线性卷积。与此类似，此处也可以利用循环矩阵来实现两个有限长度序列的循环卷积。如 $x_1(n)$ 和 $x_2(n)$ 的 4 点和 7 点循环卷积的矩阵形式可以分别表示为：

$$x_1(n) ④ x_2(n) = \begin{bmatrix} 1 & 4 & 3 & 2 \\ 2 & 1 & 4 & 3 \\ 3 & 2 & 2 & 4 \\ 4 & 3 & 2 & 1 \end{bmatrix} \begin{bmatrix} 4 \\ 3 \\ 2 \\ 1 \end{bmatrix} = \begin{bmatrix} 24 \\ 22 \\ 24 \\ 30 \end{bmatrix}$$

$$x_1(n) ⑦ x_2(n) = \begin{bmatrix} 1 & 0 & 0 & 0 & 4 & 3 & 2 \\ 2 & 1 & 0 & 0 & 0 & 4 & 3 \\ 3 & 2 & 1 & 0 & 0 & 0 & 4 \\ 4 & 3 & 2 & 1 & 0 & 0 & 0 \\ 0 & 4 & 3 & 2 & 1 & 0 & 0 \\ 0 & 0 & 4 & 3 & 2 & 1 & 0 \\ 0 & 0 & 0 & 4 & 3 & 2 & 1 \end{bmatrix} \begin{bmatrix} 4 \\ 3 \\ 2 \\ 1 \\ 0 \\ 0 \\ 0 \end{bmatrix} = \begin{bmatrix} 1 & 0 & 0 & 0 \\ 2 & 1 & 0 & 0 \\ 3 & 2 & 1 & 0 \\ 4 & 3 & 2 & 1 \\ 0 & 4 & 3 & 2 \\ 0 & 0 & 4 & 3 \\ 0 & 0 & 0 & 4 \end{bmatrix} \begin{bmatrix} 4 \\ 3 \\ 2 \\ 1 \end{bmatrix} = \begin{bmatrix} 4 \\ 11 \\ 20 \\ 30 \\ 20 \\ 11 \\ 4 \end{bmatrix}$$

在上面两个例子中，虚线框标出的矩阵为相应的循环矩阵。可见，①循环矩阵的列全部是由第一列旋转移位得到的，即一个 N 阶循环矩阵是由 N 个独立的元素构成的；②在计算循环卷积

时，利用其中一个序列构造循环矩阵，然后使其和另一序列对应的矢量相乘即可。此外，由 7 点循环卷积 $x_1(n)$ ⑦ $x_2(n)$ 的矩阵形式可以看到，其循环矩阵与卷积矩阵完全相同，因此，两序列 7 点循环卷积结果与线性卷积结果相等。

一般来说，对任意的长度为 N 的序列 $h(n)$ 而言，利用 $h(n)$ 构造的循环矩阵可以表示为

$$\boldsymbol{H} = \begin{bmatrix} h(0) & h(N-1) & h(N-2) & \cdots & h(1) \\ h(1) & h(0) & h(N-1) & \cdots & h(2) \\ h(2) & h(1) & h(0) & \cdots & h(3) \\ \vdots & \vdots & \vdots & \ddots & \vdots \\ h(N-1) & h(N-2) & h(N-3) & \cdots & h(0) \end{bmatrix}$$

当序列的长度小于循环卷积的点数时，对序列补零后再构造循环矩阵。可见，循环矩阵的维数是 $N \times N$ 。

3.3.4　频域循环卷积定理

若 $x(n) = x_1(n)x_2(n)$ ，则

$$\begin{aligned} X(k) &= \text{DFT}[x(n)] = \frac{1}{N}\sum_{l=0}^{N-1} X_1(l)X_2((k-l))_N R_N(k) \\ &= \frac{1}{N}X_1(k) \text{ Ⓝ } X_2(k) \end{aligned} \tag{3-3-7}$$

该定理与时域循环卷积定理之间具有对偶性，其证明也类似于时域循环卷积定理。

3.3.5　复共轭序列和翻转序列的 DFT

1. 复共轭序列的 DFT

设 $x^*(n)$ 是 $x(n)$ 的复共轭序列，长度为 N，则

$$\text{DFT}[x^*(n)] = X^*((-k))_N R_N(k), \qquad 0 \leqslant k \leqslant (N-1) \tag{3-3-8}$$

证明

$$\begin{aligned} \text{DFT}[x^*(n)] &= \sum_{n=0}^{N-1} x^*(n) W_N^{kn} = \left(\sum_{n=0}^{N-1} x(n) W_N^{kn}\right)^* \\ &= X^*((-k))_N R_N(k) \end{aligned}$$

同样，第三个等号也是考虑 DFT 的隐含周期性而得到的。当然，若将式（3-3-8）等号的右边展开，则可得到

$$\text{DFT}[x^*(n)] = X^*(N-k)$$

2. 翻转序列的 DFT

已知长度为 N 的序列 $x(n)$ 的 DFT 为 $X(k)$ ，则

$$\begin{aligned} \text{DFT}[x(N-n)] &= X((-k))_N R_N(k) \\ &= X(N-k), \qquad 0 \leqslant k \leqslant (N-1) \end{aligned} \tag{3-3-9}$$

该结论的证明可直接利用 DFT 的定义，同样需要注意利用 DFT 的隐含周期性，而此时的序列翻转也是序列的循环翻转（在不引起歧义的情况下，下文仍用“翻转”代替“循环翻转”）。当然，还可以证明

$$\text{DFT}[x^*(N-n)] = X^*(k), \qquad 0 \leqslant k \leqslant (N-1) \tag{3-3-10}$$

循环反转

共轭和翻转序列的 DFT 揭示了时域取翻转、取共轭或同时取共轭和翻转后，频域序列的变化规律。事实上，从式（3-3-8）、式（3-3-9）和式（3-3-10）可见，时域的共轭对应于频域的共轭翻转；时域的翻转对应于频域的翻转；时域的共轭翻转对应于频域的共轭。更简洁地说，在任一域（时域或频域）内的共轭对应于另一域（频域或时域）内的共轭翻转。

例 3-3-4 试利用频域循环卷积定理表示出 $|x(n)|^2$ 的 DFT，并计算其直流分量。

证明 因为 $|x(n)|^2 = x^*(n)x(n)$，且 $X^*(N-k) = \mathrm{DFT}[x^*(n)]$，故根据频域循环卷积定理可得

$$\mathrm{DFT}[|x(n)|^2] = \sum_{n=0}^{N-1}|x(n)|^2 W_N^{kn} = \frac{1}{N}\sum_{l=0}^{N-1}X^*(N-l)X((k-l))_N R_N(k)$$

为计算 $|x(n)|^2$ DFT 的直流分量，令 $k=0$，则上式可写为

$$\begin{aligned}\sum_{n=0}^{N-1}|x(n)|^2 &= \frac{1}{N}\sum_{l=0}^{N-1}X^*(N-l)X((0-l))_N \\ &= \frac{1}{N}\sum_{l=0}^{N-1}X^*(N-l)X(N-l) \\ &= \frac{1}{N}\sum_{l=0}^{N-1}|X(N-l)|^2 = \frac{1}{N}\sum_{l=0}^{N-1}|X(l)|^2\end{aligned}$$

3.3.6 DFT 的共轭对称性

1. 共轭对称序列和共轭反对称序列

第 2 章已经讨论过任意序列总可以表示成共轭对称序列（conjugate symmetric sequence）和共轭反对称序列（conjugate antisymmetric sequence）之和的形式，以及序列 DTFT 的共轭对称性，同样，DFT 也具有与序列傅里叶变换相类似的对称性。利用 DFT 的对称性，可以给实序列的 DFT 计算等带来便利。

但是，DFT 涉及的序列 $x(n)$ 及其 DFT $X(k)$ 均为有限长度序列，且取值区间均为 0 到 $N-1$，不能直接利用第 2 章共轭对称和共轭反对称序列的定义，因为根据第 2 章的定义式，对于长度为 N 的序列 $x(n)$，共轭对称分量 $x_e(n)$ 和共轭反对称分量 $x_o(n)$ 的长度都为 $2N-1$。然而，对于周期为 N 的周期序列 $\tilde{x}(n)$ 而言，它的共轭对称分量和共轭反对称分量也将是周期为 N 的周期序列，故对应的有限长度序列的共轭对称分量和共轭反对称分量也是长度为 N 的序列。为此重新定义有限长度序列的共轭对称性、共轭对称分量（用 $x_{ep}(n)$ 表示）和共轭反对称分量（用 $x_{op}(n)$ 表示）。

对于有限长度序列而言，若它满足

$$x_{ep}(n) = x_{ep}^*(N-n), \qquad 0 \leqslant n \leqslant (N-1) \tag{3-3-11}$$

则该序列为共轭对称序列。相应地，若它满足

$$x_{op}(n) = -x_{op}^*(N-n), \qquad 0 \leqslant n \leqslant (N-1) \tag{3-3-12}$$

则该序列为共轭反对称序列。当 N 为偶数时，将上式中的 n 换成 $N/2-n$，可得到

$$x_{ep}\left(\frac{N}{2}-n\right) = x_{op}^*\left(\frac{N}{2}+n\right), \qquad 0 \leqslant n \leqslant \left(\frac{N}{2}-1\right) \tag{3-3-13a}$$

$$x_{op}\left(\frac{N}{2}-n\right) = -x_{op}^*\left(\frac{N}{2}+n\right), \qquad 0 \leqslant n \leqslant \left(\frac{N}{2}-1\right) \tag{3-3-13b}$$

当 N 为奇数时，将上式中的 n 换成 $(N-1)/2-n$，可得到

$$x_{\mathrm{ep}}\left(\frac{N-1}{2}-n\right)=x_{\mathrm{op}}^{*}\left(\frac{N+1}{2}+n\right),\qquad 0\leqslant n\leqslant\left(\frac{N-1}{2}-1\right)\tag{3-3-14a}$$

$$x_{\mathrm{op}}\left(\frac{N-1}{2}-n\right)=-x_{\mathrm{op}}^{*}\left(\frac{N+1}{2}+n\right),\qquad 0\leqslant n\leqslant\left(\frac{N-1}{2}-1\right)\tag{3-3-14b}$$

上式说明了有限长度序列共轭对称性的含义。

为了更清楚地解释 DFT 的共轭对称性，下面分别利用例子和图示的形式给出共轭对称序列元素之间的对应关系。例如，序列 $x_1(n)=\{\underline{-21},-3+5.1962\mathrm{j},-3+1.7321\mathrm{j},-3,-3-1.7321\mathrm{j},-3-5.1962\mathrm{j}\}$ 和序列 $x_2(n)=\{\underline{-28},-3.5+7.26783\mathrm{j},-3.5+2.7912\mathrm{j},-3.5+0.7989\mathrm{j},-3.5-0.7989\mathrm{j},-3.5-2.7912\mathrm{j},-3.5-7.2678\mathrm{j}\}$ 分别为偶数点（$N=6$）和奇数点（$N=7$）共轭对称序列的例子。图 3-3-6 给出了更一般的偶数点和奇数点共轭对称序列的情况。

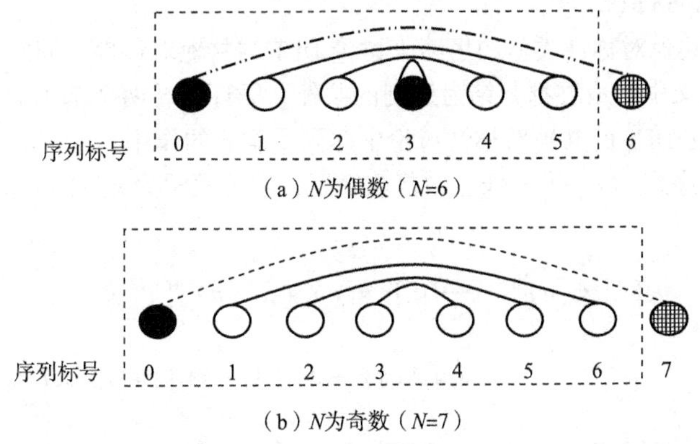

图 3-3-6　共轭对称序列的示意图

图 3-3-6 中，黑点表示实数值点，虚线方框表示主值序列的范围，阴影点表示主值区间外的点（即序列下一个周期内的第一个点），其余点为主值序列内的点，它们可以为实数，也可以为复数，而通过弧线相连的两点元素之间为共轭关系。

相应地，有限长度序列的共轭对称序列和共轭反对称序列分别定义如下。

$$\begin{aligned}x_{\mathrm{ep}}(n)&=\frac{1}{2}[x((n))_N+x^{*}((-n))_N]R_N(n)\\&=\frac{1}{2}[x(n)+x^{*}(N-n)]\end{aligned}\tag{3-3-15}$$

$$\begin{aligned}x_{\mathrm{op}}(n)&=\frac{1}{2}[x((n))_N-x^{*}((-n))_N]R_N(n)\\&=\frac{1}{2}[x(n)-x^{*}(N-n)]\end{aligned}\tag{3-3-16}$$

事实上，式（3-3-15）等号两边取共轭，可得

$$x_{\mathrm{ep}}^{*}(n)=\frac{1}{2}[x^{*}(n)+x(N-n)]=x_{\mathrm{ep}}(N-n),\qquad 0\leqslant n\leqslant(N-1)$$

同样，对式（3-3-16）等号两边取共轭，也可得

$$x_{\mathrm{op}}^{*}(n)=-x_{\mathrm{op}}(N-n),\qquad 0\leqslant n\leqslant(N-1)$$

从而说明，按式（3-3-15）和式（3-3-16）定义的序列确实为原始序列对应的共轭对称分量和共轭反对称分量。将式（3-3-15）和式（3-3-16）相加，得

$$x(n) = x_{ep}(n) + x_{op}(n), \quad 0 \leqslant n \leqslant (N-1) \tag{3-3-17}$$

即任何有限长度序列 $x(n)$ 都可以表示成其共轭对称分量和共轭反对称分量之和的形式。

与时域有限长度序列共轭对称分量和共轭反对称分量定义一样，也可得到频域共轭对称分量和共轭反对称分量的定义。

$$X_{ep}(k) = \frac{1}{2}[X(k) + X^*(N-k)] \tag{3-3-18}$$

$$X_{op}(k) = \frac{1}{2}[X(k) - X^*(N-k)] \tag{3-3-19}$$

同样，可以很容易证明 $X(k)$ 也可以表示成其共轭对称分量和共轭反对称分量之和的形式，即

$$X(k) = X_{ep}(k) + X_{op}(k), \quad 0 \leqslant k \leqslant (N-1)$$

2. DFT 的共轭对称性

下面以与 DTFT 共轭对称性类似的思路来讨论 DFT 的共轭对称性。同时，在共轭对称序列和共轭反对称序列的定义中，最终都归结为序列的共轭、循环翻转两个基本运算，因此，式（3-3-8）至式（3-3-10）在 DFT 的共轭对称性讨论中起到了重要的作用。

首先，有限长度序列 $x(n)$ 为一任意的复数序列，它可表示为 $x(n) = x_R(n) + jx_I(n)$，于是可得

$$\begin{aligned} \mathrm{DFT}[x_r(n)] &= \frac{1}{2}\mathrm{DFT}[x(n) + x^*(n)] \\ &= \frac{1}{2}[X(k) + X^*(N-k)] = X_{ep}(k) \end{aligned} \tag{3-3-20}$$

$$\begin{aligned} \mathrm{DFT}[jx_i(n)] &= \frac{1}{2}\mathrm{DFT}[x(n) - x^*(n)] \\ &= \frac{1}{2}[X(k) - X^*(N-k)] = X_{op}(k) \end{aligned} \tag{3-3-21}$$

据此可得，$x(n)$ 的实部和虚部（乘以 j）的 DFT 分别为 $X(k)$ 的共轭对称分量 $X_{ep}(k)$ 和共轭反对称分量 $X_{op}(k)$。

其次，任何有限长度序列 $x(n)$ 都可以表示成其共轭对称分量和共轭反对称分量之和的形式，即 $x(n) = x_{ep}(n) + x_{op}(n)$。

$$\begin{aligned} \mathrm{DFT}[x_{ep}(n)] &= \frac{1}{2}\mathrm{DFT}[x(n) + x^*(N-n)] \\ &= \frac{1}{2}[X(k) + X^*(k)] = X_R(k) \end{aligned} \tag{3-3-22}$$

$$\begin{aligned} \mathrm{DFT}[x_{op}(n)] &= \frac{1}{2}\mathrm{DFT}[x(n) - x^*(N-n)] \\ &= \frac{1}{2}[X(k) - X^*(k)] = jX_I(k) \end{aligned} \tag{3-3-23}$$

因此，$x(n)$ 的共轭对称分量和共轭反对称分量的 DFT 分别为 $X(k)$ 的实部和虚部（乘以 j）。

综上所述，DFT 的共轭对称性可以表示为

$$\begin{array}{ccccccccc} x(n) & = & x_R(n) & + & jx_I(n) & = & x_{ep}(n) & + & x_{op}(n) \\ \mathrm{DFT}\Big\downarrow\Big\uparrow\mathrm{IDFT} & & \mathrm{DFT}\Big\downarrow\Big\uparrow\mathrm{IDFT} & & \mathrm{DFT}\Big\downarrow\Big\uparrow\mathrm{IDFT} & & \mathrm{DFT}\Big\downarrow\Big\uparrow\mathrm{IDFT} & & \mathrm{DFT}\Big\downarrow\Big\uparrow\mathrm{IDFT} \\ X(k) & = & X_{ep}(k) & + & X_{op}(k) & = & X_R(k) & + & jX_I(k) \end{array}$$

此处，上下箭头分别表示 IDFT 和 DFT 运算。

另外，由于实际上要处理的信号通常为实数信号，因此，下面来研究有限长实序列 DFT 的共轭对称性。

设 $x(n)$ 是长度为 N 的实序列，因此 $x(n)$ 可用 $x(n)=x(n)+\mathrm{j}\,\mathrm{zeros}(n)$ 表示，其中 $\mathrm{zeros}(n)$ 表示长度为 N 的全零序列，于是根据式（3-3-20）和式（3-3-21）可得，$X_{\mathrm{op}}(k)=\mathrm{zeros}(n)$，即实序列 DFT 的共轭反对称分量 $X_{\mathrm{op}}(k)$ 为零，故 $X(k)=X_{\mathrm{ep}}(k)$，即实序列的 DFT$X(k)$ 是共轭对称的。根据共轭对称性的定义，可得

$$X(k)=X^{*}(N-k),\qquad 0\leqslant k\leqslant(N-1)\tag{3-3-24}$$

这一性质在降低实序列 DFT 运算量方面起到了重要作用，即只须计算 $\frac{N}{2}+1$（N 为偶数）或 $\frac{N-1}{2}+1$（N 为奇数）个频域值，即可得到 N 点实序列的 DFT（如图 3-3-6 所示）。

进一步对实序列的 DFT$X(k)$ 进行讨论。若记 $X(k)=X_{\mathrm{R}}(k)+\mathrm{j}X_{\mathrm{I}}(k)$，则由式（3-3-24）可得

$$X_{\mathrm{R}}(k)=X_{\mathrm{R}}(N-k)\tag{3-3-25}$$

$$X_{\mathrm{I}}(k)=-X_{\mathrm{I}}(N-k)\tag{3-3-26}$$

同时，也可得到

$$|X(k)|=|X^{*}(N-k)|=|X(N-k)|\tag{3-3-27}$$

$$\arg[X(k)]=\arg[X^{*}(N-k)]=-\arg[X(N-k)]\tag{3-3-28}$$

上述式子表明，实序列 DFT 的实部和虚部分别为 k 的偶函数和奇函数，其模值和相位也分别为 k 的偶函数和奇函数。

如果进一步划分序列的共轭对称部分和共轭反对称部分，则可以将其分为共轭对称部分、共轭反对称部分的实部和虚部之和的形式，表示为

$$x(n)=\mathrm{Re}[x_{\mathrm{ep}}(n)]+\mathrm{jIm}[x_{\mathrm{ep}}(n)]+\mathrm{Re}[x_{\mathrm{op}}(n)]+\mathrm{jIm}[x_{\mathrm{op}}(n)]\tag{3-3-29}$$

其 DFT 变换对关系可以总结如下（证明可参考第 2 章）：

$$\begin{array}{ccccccccc}
x(n)= & \mathrm{Re}[x_{\mathrm{ep}}(n)] & + & \mathrm{jIm}[x_{\mathrm{ep}}(n)] & + & \mathrm{Re}[x_{\mathrm{op}}(n)] & + & \mathrm{jIm}[x_{\mathrm{op}}(n)] \\
 & \mathrm{DFT}\Downarrow\Uparrow\mathrm{IDFT} & & \mathrm{DFT}\Downarrow\Uparrow\mathrm{IDFT} & & \mathrm{DFT}\Downarrow\Uparrow\mathrm{IDFT} & & \mathrm{DFT}\Downarrow\Uparrow\mathrm{IDFT} \\
X(k)= & \mathrm{Re}[X_{\mathrm{ep}}(k)] & + & \mathrm{Re}[X_{\mathrm{op}}(k)] & + & \mathrm{jIm}[X_{\mathrm{ep}}(k)] & + & \mathrm{jIm}[X_{\mathrm{op}}(k)]
\end{array}\tag{3-3-30}$$

3.3.7 帕斯瓦尔定理

若 $X(k)=\mathrm{DFT}[x(n)]$，则

$$\sum_{n=0}^{N-1}|x(n)|^{2}=\frac{1}{N}\sum_{k=0}^{N-1}|X(k)|^{2}\tag{3-3-31}$$

证明 因为 $|x(n)|^{2}=x^{*}(n)x(n)$，所以可得

$$\begin{aligned}\sum_{n=0}^{N-1}|x(n)|^{2}&=\sum_{n=0}^{N-1}x(n)x^{*}(n)\\&=\sum_{n=0}^{N-1}x^{*}(n)\left[\frac{1}{N}\sum_{k=0}^{N-1}X(k)W_{N}^{-kn}\right]\end{aligned}$$

$$= \sum_{k=0}^{N-1} X(k) \frac{1}{N} \left[\sum_{n=0}^{N-1} x^*(n) W_N^{-kn} \right]$$

$$= \frac{1}{N} \sum_{k=0}^{N-1} X(k) \left[\sum_{n=0}^{N-1} x(n) W_N^{kn} \right]^*$$

$$= \frac{1}{N} \sum_{k=0}^{N-1} X(k) X^*(k) = \frac{1}{N} \sum_{k=0}^{N-1} \left| X(k) \right|^2$$

式（3-3-31）等号左端代表离散时间信号在时域的能量，等号右端代表其在频域的能量，因此，该性质表明在变换过程中能量守恒。实际上，该结论在例 3-3-4 中已经得到证明。此外，还应认识到帕斯瓦尔定理在所有正交变换（如 DFT、DTFT 等）中都成立。

3.3.8 DFT 性质小结

下面，对 DFT 的性质用表格的形式进行总结。

表 3-3-1 有限长度序列的 DFT 性质

长度为 N 的序列	DFT
$x(n)$, $x_1(n)$, $x_2(n)$	$X(k) = \mathrm{DFT}[x(n)]$, $X_1(k) = \mathrm{DFT}[x_1(n)]$, $X_2(k) = \mathrm{DFT}[x_2(n)]$
$ax_1(n) + bx_2(n)$	$aX_1(k) + bX_2(k)$
$x((n-m))_N R_N(n)$	$W_N^{km} X(k)$
$W_N^{-nl} x(n)$	$X((k-l))_N R_N(k)$
$\sum_{m=0}^{N-1} x_1(m) x_2((n-m))_N R_N(n)$	$X_1(k) X_2(k)$
$x_1(n) x_2(n)$	$\frac{1}{N} \sum_{l=0}^{N-1} X_1(l) X_2((k-l))_N R_N(k)$
$x^*(n)$	$X^*((-k))_N R_N(k) = X^*(N-k)$
$x((-n))_N R_N(n) = x(N-n)$	$X((-k))_N R_N(k) = X(N-k)$
$x^*((-n))_N R_N(n) = x^*(N-n)$	$X^*(k)$
$\sum_{n=0}^{N-1} \lvert x(n) \rvert^2$	$\frac{1}{N} \sum_{k=0}^{N-1} \lvert X(k) \rvert^2$
$x_R(n) = \frac{1}{2}[x(n) + x^*(n)]$	$X_{ep}(k) = \frac{1}{2}[X(k) + X^*(N-k)]$
$jx_I(n) = \frac{1}{2}[x(n) - x^*(n)]$	$X_{op}(k) = \frac{1}{2}[X(k) - X^*(N-k)]$
$x_{ep}(n) = \frac{1}{2}[x(n) + x^*(N-n)]$	$X_R(k) = \frac{1}{2}[X(k) + X^*(k)]$
$x_{op}(n) = \frac{1}{2}[x(n) - x^*(N-n)]$	$jX_I(k) = \frac{1}{2}[X(k) - X^*(k)]$

3.4 DFT、ZT 及 DTFT 之间的关系

到目前为止，对有限长度序列而言，本书已经介绍了 3 种不同的频域分析方法，即 DTFT、Z

变换（ZT）及DFT，那么，三者之间存在怎样的联系呢？尽管ZT、DTFT分析的对象并不局限于有限长度序列，但DFT是对有限长度序列而言的，因此，此处的讨论也仅限于有限长度序列 $x(n)$ 的DFT、ZT和DTFT之间的关系，以使读者更加充分地理解DFT的物理含义。

3.4.1 已知有限长度序列的ZT、DTFT，确定其DFT

对有限长度序列 $x(n)(0 \leqslant n \leqslant (N-1))$，其 Z 变换可表示为

$$X(z) = \mathrm{ZT}[x(n)] = \sum_{n=0}^{N-1} x(n) z^{-n} \tag{3-4-1}$$

由于 $x(n)(0 \leqslant n \leqslant (N-1))$ 为因果有限长度序列，因此其 Z 变换的收敛域为 $R_{x-} < |z| \leqslant \infty$（$|R_{x-}| < 1$），也就是说，单位圆（$|z| = \mathrm{e}^{\mathrm{j}\omega}$）位于其收敛域内，故单位圆上的ZT，也就是该有限长度序列的DTFT，其可表示为

$$X(\mathrm{e}^{\mathrm{j}\omega}) = X(z)\big|_{z=\mathrm{e}^{\mathrm{j}\omega}} = \sum_{n=0}^{N-1} x(n) \mathrm{e}^{-\mathrm{j}\omega n} \tag{3-4-2}$$

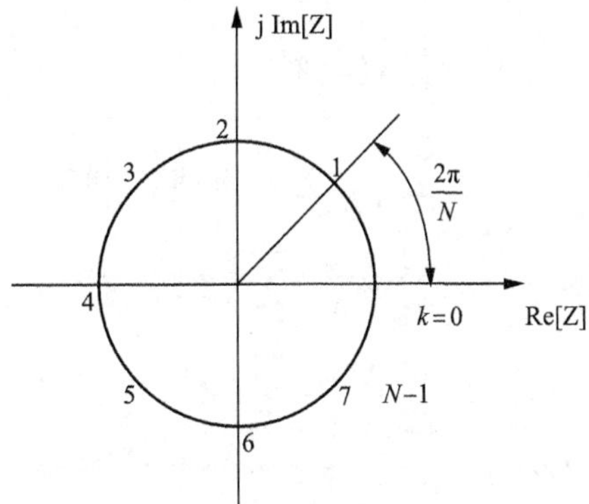

图3-4-1 对单位圆上的ZT进行等间隔采样

下面计算图3-4-1中所示的在 Z 变换域单位圆上等间隔采样点（注意，第一个采用点在实轴上）处的ZT，即采样点为 $z_k = \mathrm{e}^{\mathrm{j}\frac{2\pi}{N}k}$，$0 \leqslant k \leqslant (N-1)$，于是

$$\begin{aligned} X(z)\big|_{z_k=\mathrm{e}^{\mathrm{j}\frac{2\pi}{N}k}} &= \sum_{n=0}^{N-1} x(n) \mathrm{e}^{-\mathrm{j}\frac{2\pi}{N}kn} \\ &= \sum_{n=0}^{N-1} x(n) W_N^{kn} = \mathrm{DFT}[x(n)] \end{aligned} \tag{3-4-3}$$

显然，ZT在单位圆上的等间隔采样点处的值即为该有限长度序列的DFT。考虑到式（3-4-2），于是有

$$\begin{aligned} X(\mathrm{e}^{\mathrm{j}\omega})\big|_{\omega_k=\frac{2\pi}{N}k} &= \sum_{n=0}^{N-1} x(n) \mathrm{e}^{-\mathrm{j}\frac{2\pi}{N}kn} \\ &= \sum_{n=0}^{N-1} x(n) W_N^{kn} = \mathrm{DFT}[x(n)] \end{aligned} \tag{3-4-4}$$

因为 $X(\mathrm{e}^{\mathrm{j}\omega})$ 是以 2π 为周期的连续函数，式（3-4-4）表明有限长度序列的DFT $X(k)$ 相当于对连续函数 $X(\mathrm{e}^{\mathrm{j}\omega})$ 在 $[0,2\pi)$ 区间以 $2\pi/N$ 为间隔对 ω 进行等间隔采样的结果，DFT的点数 N 表示了采样点的个数。可以想象，采样点数不同，对应的采样间隔也不相等，采样得到的序列（即不同点的DFT结果）必不相等。这一点可以从图3-2-2得到验证。下面给出的例子将充分说

明利用不同采样点数得到的采样结果之间的关系。

例 3-4-1 设 $x(n)$ 是长度为 N 的序列，$X(k) = \mathrm{DFT}[x(n)]$

$$y(n) = \begin{cases} x(n), & 0 \leqslant n \leqslant (N-1) \\ 0 & N \leqslant n \leqslant (rN-1) \end{cases} \quad (r\text{为正整数})$$

试计算 $y(n)$ 的 DTFT 及其 rN 点 DFT。

解 ① 根据 DTFT 的定义，有

$$Y(\mathrm{e}^{\mathrm{j}\omega}) = \mathrm{DTFT}[y(n)] = \sum_{n=0}^{rN-1} y(n)\mathrm{e}^{-\mathrm{j}\omega n}$$

$$= \sum_{n=0}^{N-1} x(n)\mathrm{e}^{-\mathrm{j}\omega n} = X(\mathrm{e}^{\mathrm{j}\omega})$$

② 根据 DFT 的定义，有

$$Y(k) = \mathrm{DFT}[y(n)] = \sum_{n=0}^{rN-1} y(n) W_{rN}^{kn}$$

$$= \sum_{n=0}^{N-1} x(n) W_{rN}^{kn}$$

$$= \sum_{n=0}^{N-1} \left[\frac{1}{N}\sum_{m=0}^{N-1} X(m) W_N^{-mn}\right] W_{rN}^{kn}$$

$$= \sum_{m=0}^{N-1} \frac{X(m)}{N} \sum_{n=0}^{N-1} [W_{rN}^{-rmn}] W_{rN}^{kn}$$

$$= \sum_{m=0}^{N-1} \frac{X(m)}{N} \sum_{n=0}^{N-1} [W_{rN}^{(k-rm)n}]$$

当 $k = rm$ 时，$Y(k) = X(k/r)$；

当 $k \neq rm$ 时，有

$$Y(k) = \sum_{m=0}^{N-1} \frac{X(m)}{N} \sum_{n=0}^{N-1} [\mathrm{e}^{-\mathrm{j}\frac{2\pi}{rN}(k-rm)n}]$$

$$= \sum_{m=0}^{N-1} \frac{X(m)}{N} \frac{1-\mathrm{e}^{-\mathrm{j}\frac{2\pi}{rN}(k-rm)N}}{1-\mathrm{e}^{-\mathrm{j}\frac{2\pi}{rN}(k-rm)}}$$

$$= \sum_{m=0}^{N-1} \frac{X(m)}{N} \frac{\mathrm{e}^{\mathrm{j}\frac{\pi(rm-k)}{r}}}{\mathrm{e}^{\mathrm{j}\frac{\pi(rm-k)}{rN}}} \frac{\sin\left(\frac{\pi(rm-k)}{r}\right)}{\sin\left(\frac{\pi(rm-k)}{rN}\right)}$$

$$= \sum_{m=0}^{N-1} \frac{X(m)}{N} \mathrm{e}^{\mathrm{j}\frac{\pi(rm-k)}{rN}(N-1)} \frac{\sin(\pi(rm-k)/r)}{\sin(\pi(rm-k)/rN)}$$

在此例中，序列 $y(n)$ 相当于对 $x(n)$ 尾部补上长度为 $(r-1)N$ 个零后得到的序列，由于补零并未对原始信号引入新的信息，因此，可以想象，$y(n)$ 的傅里叶变换 $Y(\mathrm{e}^{\mathrm{j}\omega})$ 和 $x(n)$ 的傅里叶变换 $X(\mathrm{e}^{\mathrm{j}\omega})$ 应相等。从该例可见，由于尾部补零，$Y(k)$ 相当于对 $X(k)$ 的插值，即在 $k = rm$ 处二者相等，而在其他频点上，$Y(k)$ 的值可以通过插值得到。事实上，从 DFT 与 ZT 的关系上看，$X(k)$ 实现的是对单位圆上 ZT（或 $X(\mathrm{e}^{\mathrm{j}\omega})$）的 N 点采样；$Y(k)$ 实现的是对单位圆上 ZT（或 $X(\mathrm{e}^{\mathrm{j}\omega})$）的 rN 点采样。可见，利用尾部补零的方法，可得到对 $X(\mathrm{e}^{\mathrm{j}\omega})$ 采样更密的采样值，即可得到高密度的频谱采样（或者说可以减弱频域产生的栅栏效应）。

还需要说明的是，有限长度序列的 DTFT 是变量 ω 在定义域为 $[0,2\pi)$ 的连续函数 $X(\mathrm{e}^{\mathrm{j}\omega})$，

而其 DFT $X(k)$ 的频率变量为 $0 \leqslant k \leqslant (N-1)$ 内的整数。为了说明 DFT 频率变量 k 所对应的真实频率，需要建立 DFT 频点 k 与数字频率 ω_k 之间的关系。根据式（3-4-4），在 k 处的 DFT 值 $X(k)$ 与频率为 $2\pi k/N$ 处的 $X(\mathrm{e}^{\mathrm{j}\omega})$ 相对应，因此可得到

$$\omega_k = 2\pi k/N, \qquad k = N\omega_k/(2\pi) \tag{3-4-5}$$

例如，若对直流分量而言，其数字频率 $\omega_k = 0$，则 $k = 0$；若对最高频率分量而言，其数字频率 $\omega_k = \pi$，则 $k = N/2$。

3.4.2　已知有限长度序列的 DFT，确定其 ZT、DTFT

下面从 $X(k)$ 出发，推导由 DFT 求出 ZT、DTFT 的表达式。

因为 $X(z) = \mathrm{ZT}[x(n)] = \sum_{n=0}^{N-1} x(n)z^{-n}$，所以用 $x(n)$ 的 IDFT 代替 ZT 中的 $x(n)$，得到

$$\begin{aligned} X(z) &= \sum_{n=0}^{N-1}\left[\frac{1}{N}\sum_{k=0}^{N-1}X(k)W_N^{-kn}\right]z^{-n} = \sum_{k=0}^{N-1}\frac{X(k)}{N}\left[\sum_{n=0}^{N-1}W_N^{-kn}z^{-n}\right] \\ &= \sum_{k=0}^{N-1}\frac{X(k)}{N}\frac{1-W_N^{-kN}z^{-N}}{1-W_N^{-k}z^{-1}} = \sum_{k=0}^{N-1}X(k)\left[\frac{1}{N}\frac{1-z^{-N}}{1-W_N^{-k}z^{-1}}\right] \\ &= \sum_{k=0}^{N-1}X(k)\psi_k(z) \end{aligned} \tag{3-4-6}$$

在得到第四个等式时，用到了旋转因子的性质 $W_N^{-kN} = 1$。式（3-4-6）中，$\psi_k(z) = \dfrac{1}{N}\dfrac{1-z^{-N}}{1-W_N^{-k}z^{-1}}$ 被称为内插函数。式（3-4-6）就是由单位圆上 Z 变换的等间隔采样 $X(k)$ 求出 $X(z)$ 的内插表达式。

$X(\mathrm{e}^{\mathrm{j}\omega})$ 是单位圆上的 Z 变换，因此，也可由式（3-4-6）得到由 $X(k)$ 求出 $X(\mathrm{e}^{\mathrm{j}\omega})$ 的内插表达式。

$$X(\mathrm{e}^{\mathrm{j}\omega}) = \sum_{k=0}^{N-1}X(k)\left[\frac{1}{N}\frac{1-\mathrm{e}^{-\mathrm{j}N\omega}}{1-\mathrm{e}^{\mathrm{j}(\frac{2\pi}{N}k-\omega)}}\right] = \sum_{k=0}^{N-1}X(k)\psi_k(\mathrm{e}^{\mathrm{j}\omega}) \tag{3-4-7}$$

其中

$$\psi_k(\mathrm{e}^{\mathrm{j}\omega}) = \frac{1}{N}\frac{1-\mathrm{e}^{-\mathrm{j}N\omega}}{1-\mathrm{e}^{\mathrm{j}(\frac{2\pi}{N}k-\omega)}} = \frac{\sin(\omega N/2)}{N\sin\left[\left(\omega-\frac{2\pi}{N}k\right)/2\right]}\mathrm{e}^{-\mathrm{j}\frac{N-1}{2}\omega-\mathrm{j}\frac{\pi}{N}k} \tag{3-4-8}$$

为了简化式（3-4-7），引入符号

$$\Phi(\omega) = \frac{\sin(\omega N/2)}{N\sin(\omega/2)}\mathrm{e}^{-\mathrm{j}\omega(N-1)/2} \tag{3-4-9}$$

可以证明，式（3-4-7）可表示为

$$X(\mathrm{e}^{\mathrm{j}\omega}) = \sum_{k=0}^{N-1}X(k)\Phi\left(\omega-\frac{2\pi}{N}k\right) \tag{3-4-10}$$

式（3-4-10）就是由单位圆上 Z 变换的等间隔采样 $X(k)$ 求出 $X(\mathrm{e}^{\mathrm{j}\omega})$ 的内插表达式。

由式（3-4-9）可知，函数 $\Phi(\omega)$ 具有如下性质。

$$\Phi\left(\frac{2\pi}{N}k\right) = \begin{cases}0, & k = 1,2,\cdots,N-1 \\ 1, & k = 0\end{cases} \tag{3-4-11}$$

因此

$$X(e^{j\omega})\big|_{\omega=\frac{2\pi}{N}k} = X(k)$$

这再一次证明了前面所述 DFT 和 DTFT 之间的关系（即式（3-4-4））。

至此，已经建立了 DFT 与 DTFT、ZT、DFS 之间的关系，下面用图 3-4-2 以图示的方式表示出四者之间的关系，并以此作为本节的结束。

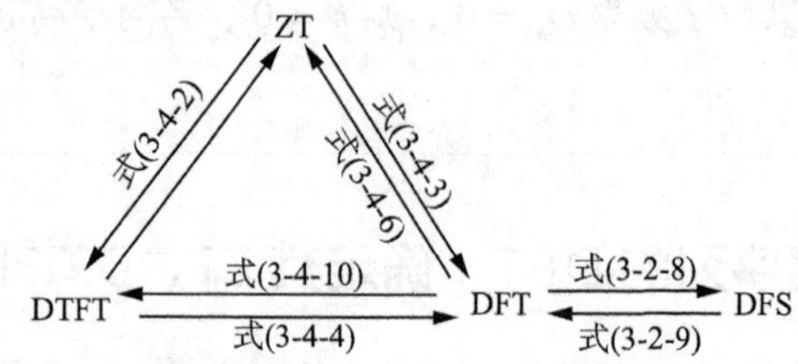

图 3-4-2　有限长度序列 DFT 与 DTFT、ZT、DFS 之间的关系

3.5 频域采样定理

对有限长度序列而言，DFT 是在频域内对序列傅里叶变换 $X(e^{j\omega})$ 的等间隔采样的结果，而且还可以利用插值公式恢复出原始的连续谱 $X(e^{j\omega})$。那么，对于任意序列，其频率特性能否用频域采样的方法进行逼近？下面来讨论频域采样的条件。

设任意绝对可和的非周期序列 $x(n)$ 的 Z 变换为

$$X(z) = \sum_{n=-\infty}^{+\infty} x(n) z^{-n}$$

由于序列绝对可和，故 $X(z)$ 的收敛域包含单位圆（即 $x(n)$ 的傅里叶变换 $X(e^{j\omega})$ 存在）。于是，对单位圆上的 $X(z)$ 进行等间隔采样得

$$\begin{aligned} X(k) &= X(z)\big|_{z=e^{j\frac{2\pi}{N}k}} = \sum_{n=-\infty}^{+\infty} x(n) e^{-j\frac{2\pi}{N}kn} \\ &= \sum_{n=-\infty}^{+\infty} x(n) W_N^{kn} = X(e^{j\omega})\big|_{\omega=\frac{2\pi}{N}k}, \qquad 0 \leqslant k \leqslant (N-1) \end{aligned} \tag{3-5-1}$$

显然，式（3-5-1）表示在区间 $[0,2\pi)$ 上对 $x(n)$ 的傅里叶变换 $X(e^{j\omega})$ 的 N 点等间隔采样。现在要问，实现频域采样后，信息有无丢失？或者说，能否利用采样值 $X(k)$ 恢复原始的时域信号 $x(n)$？

将 $X(k)$ 看作某一个长度为 N 的序列 $x_N(n)$ 的 DFT，在形式上，直接对 $X(k)$ 进行 DFT 得

$$x_N(n) = \text{IDFT}[X(k)], \qquad 0 \leqslant k \leqslant (N-1) \tag{3-5-2}$$

因此，实现频域采样后信息有无丢失的问题，可以通过确定恢复出的时域序列 $x_N(n)$ 与原始序列 $x(n)$ 之间的关系来进行解答。由于 DFT 的隐含周期性，下面就从周期序列来研究 $x_N(n)$ 与 $x(n)$ 之间的关系。

定义

$$\tilde{x}_N(n) = x_N((n))_N \tag{3-5-3}$$

记 $\tilde{x}_N(n)$ 的傅里叶级数为 $\tilde{X}(k)$，根据有限长度序列的 DFT 和 DFS 之间的关系，有

$$\tilde{X}(k) = X((k))_N$$

$$X(k) = \tilde{X}(k)R_N(k)$$

进而得到

$$\tilde{x}_N(n) = \text{IDFS}[\tilde{X}(k)] = \frac{1}{N}\sum_{k=0}^{N-1}\tilde{X}(k)W_N^{-kn} = \frac{1}{N}\sum_{k=0}^{N-1}X(k)W_N^{-kn}$$

将频域采样值（即式（3-5-1））代入上式，得

$$\tilde{x}_N(n) = \frac{1}{N}\sum_{k=0}^{N-1}\left[\sum_{m=-\infty}^{+\infty}x(m)W_N^{km}\right]W_N^{-kn} = \frac{1}{N}\sum_{m=-\infty}^{+\infty}x(m)\sum_{k=0}^{N-1}W_N^{k(m-n)}$$

根据旋转因子的正交性，得

$$\sum_{k=0}^{N-1}W_N^{k(m-n)} = \begin{cases}N, & m = n + lN \\ 0, & m \neq n + lN\end{cases}$$

其中，l 为整数，故可得

$$\tilde{x}_N(n) = \sum_{l=-\infty}^{+\infty}x(n + lN) = x((n))_N \tag{3-5-4}$$

式（3-5-4）说明，$\tilde{x}_N(n)$ 为原始序列 $x(n)$ 以 N 为周期的周期延拓序列。由前面介绍的时域采样定理已经知道，时域的采样造成频域的周期延拓；现在又证明了在频域内的采样同样造成时域的周期延拓。这正是傅里叶变换时域和频域之间对称关系的反映。

如果原始序列 $x(n)$ 的长度为 M，则当 $N<M$，即频域采样不够密时，$x(n)$ 以 N 为周期的周期延拓序列就会在一些点上交叠在一起，产生时域混叠现象，也就是说，不可能从 $\tilde{x}_N(n)$ 的主值序列无失真地恢复出原始序列 $x(n)$。所以，对长度为 M 的序列 $x(n)$，只有当频域采样点数 $N \geqslant M$ 时，才有

$$x_N(n) = \tilde{x}_N(n)R_N(n) = \sum_{l=-\infty}^{+\infty}x(n + lN)R_N(n) = x(n) \tag{3-5-5}$$

这就是所谓的频域采样定理。

显然，当 $x(n)$ 为无限长序列时，无论 N 取什么值，$x_N(n)$ 都不可能完全消除混叠现象，而只能随着采样点数 N 的增大，$x_N(n)$ 逐渐接近 $x(n)$。

可见，对有限长度序列，当满足频域采样定理时，采样信号可以完全保留原始信号的信息。当然，从式（3-4-6）和式（3-4-10）可以知道，此时由采样值 $X(k)$ 也可完全恢复出 $X(z)$ 和 $X(e^{j\omega})$。

频域采样理论及内插公式在数字滤波器的结构设计中是非常有用的。

例 3-5-1 已知序列 $x(n) = a^n u(n)$（$0<a<1$）在 $z_k = e^{-j\frac{2\pi}{N}k}$（$0 \leqslant k \leqslant (N-1)$）处的 Z 变换为 $X(z_k)$，试确定 $x_N(n) = \text{IDFT}[X(z_k)]$。令 $a = 0.8$，分别画出 $N = 5,10,40$ 时 $x((n))_N$ 的图形。

解 根据题设条件，$X(z_k)$ 为 $X(z)$ 在单位圆上的等间隔采样值，因此

$$x_N(n) = \text{IDFT}[X(z_k)] = \sum_{l=-\infty}^{+\infty}x(n + lN)R_N(n)$$

$$= \sum_{l=-\infty}^{+\infty} a^{n+lN} u(n+lN) R_N(n)$$

因为 $0 \leqslant n \leqslant (N-1)$，可得

$$u(n+lN) = \begin{cases} 1, & n+lN > 0, \text{即 } l \geqslant 0 \\ 0, & n+lN < 0, \text{即 } l < 0 \end{cases},$$

所以

$$x_N(n) = a^n \sum_{l=0}^{+\infty} a^{lN} R_N(n) = \frac{a^n}{1-a^N} R_N(n) \tag{3-5-6}$$

上式第二个等号考虑 $0 < a < 1$ 得到，图3-5-1分别表示出 $a = 0.8$ 时，序列 $x(n)$、$x((n))_5$、$x((n))_{10}$ 和 $x((n))_{40}$ 的图形（图3-5-1只画出了0~20范围内的序列值）。可见，由于 $x(n)$ 为无穷长度序列，因此，理论上讲，无论 N 取多大的值，频域采样后的恢复信号都将发生时域混叠现象，特别是对 $x_5(n)$ 和 $x_{10}(n)$ 而言；而当 N 比较大时，由于 $x(n)$ 尾部的值非常小，未能形成事实上可见的时域混叠现象（如 $x_{40}(n)$）。从式（3-5-6）可见，当 $N \to \infty$ 时，$x_N(n)$ 趋近于 $x(n)$。

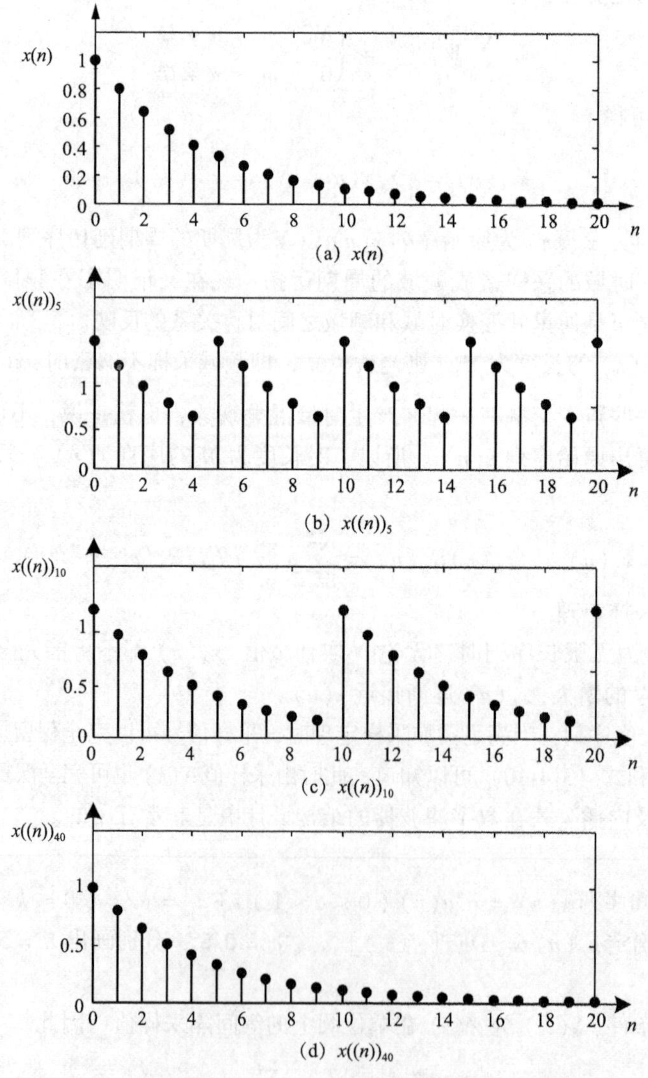

图3-5-1 序列 $x(n)$、$x((n))_5$、$x((n))_{10}$ 和 $x((n))_{40}$ 的图形

例 3-5-2　给定序列 $x(n) = [\underline{1} \quad 2 \quad 1 \quad 2 \quad 1 \quad 3 \quad 2 \quad 1 \quad]$，①试用图示方法求出 $x(n)$ 的 DTFT，②对 DTFT 的谱 $X(e^{j\omega})$ 在单位圆上进行等间隔 4、8、16 点的采样，并据此恢复出原始信号。

解　根据 DTFT 的定义，$x(n)$ 的 DTFT$X(e^{j\omega})$ 为

$$X(e^{j\omega}) = \text{DTFT}[x(n)] = \sum_{n=-\infty}^{+\infty} x(n)e^{-j\omega n} = \sum_{n=0}^{7} x(n)e^{-j\omega n}$$

然后对 $x(n)$ 的 DTFT 的谱 $X(e^{j\omega})$ 在单位圆上进行等间隔4、8、16 点的采样，再进行 DFT，从而恢复出原始信号。

$$x(n) = \text{IDFT}[X(k)] = \text{IDFT}[X(e^{j\omega})|_{\omega_k=\frac{2\pi}{N}k}]$$

$$= \text{IDFT}\left[\sum_{n=0}^{N-1} x(n)e^{-j\frac{2\pi}{N}kn}\right] = \text{IDFT}[\text{DFT}[x(n)]]$$

图 3-5-2（a）和图 3-5-2（b）分别画出了序列 $x(n)$ 的 DTFT 幅度谱图及序列的时域图。图 3-5-2（c）中对信号的 DTFT 谱在单位圆上进行等间隔 $N=4$ 点的抽取，然后对抽取的谱做 IDFT 得到图 3-5-2（d）所示的结果，由于采样不满足频域采样定理，即频域抽取的点数小于原始信号的长度（$M=8$），因此得到混叠的时域信号，如图 3-5-2（d）所示。而图 3-5-2（e）所示为在频域内进行 $N=8$ 点抽取，采样点数刚好等于原始信号长度，那么恢复出的信号就完全等于原始信号，如图 3-5-2（f）所示。同样，如果频域抽取的点数大于信号的长度，也完全可以恢复信号序列，如图 3-5-2（g）和图 3-5-2（h）所示为 $N=16$ 点抽取和恢复的时域序列。

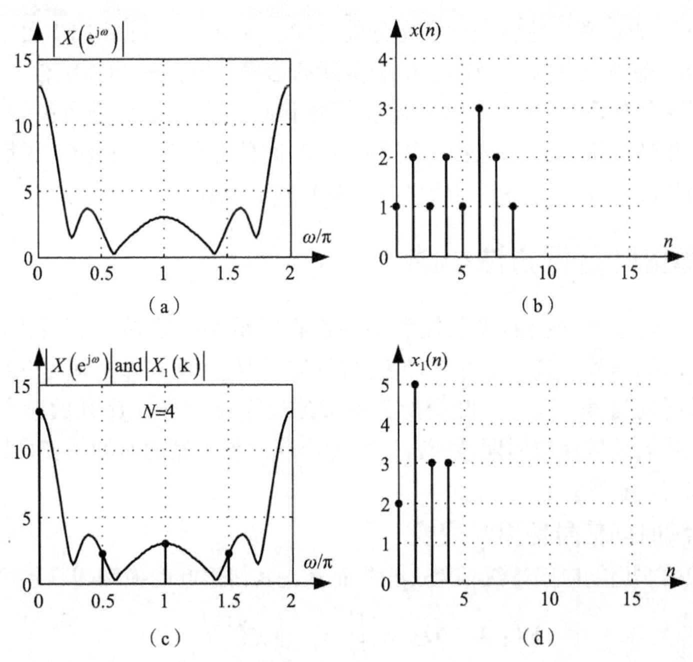

图 3-5-2　例 3-5-2 中不同点数频域采样及时域恢复对比图

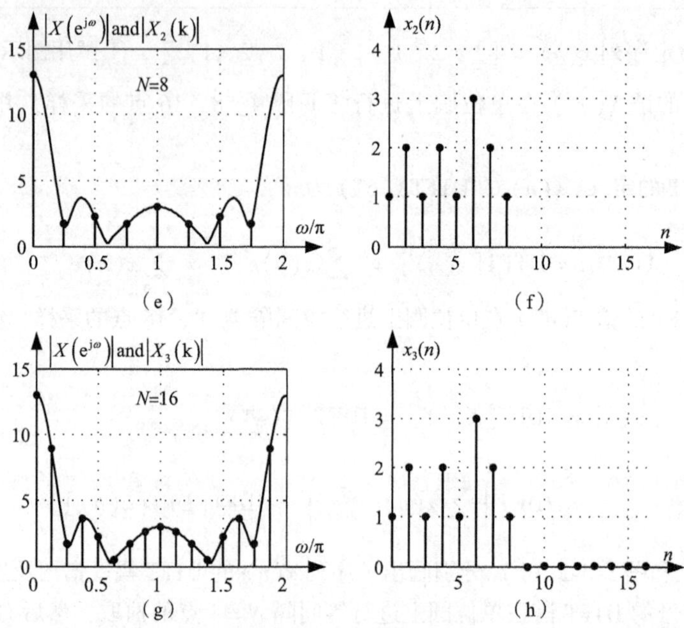

图 3-5-2　例 3-5-2 中不同点数频域采样及时域恢复对比图（续）

3.6 离散傅里叶变换在信号频谱分析方面的应用

前面已经对 DFT 的定义与性质进行了充分的讨论，实际上，利用 DFT 可以实现对信号的频谱分析是人们对 DFT 感兴趣的主要原因。由于实际的信号可能是时间连续信号或时间离散信号，因此本节将分别讨论如何利用 DFT 对时间连续信号和时间离散信号进行频谱分析。在此之前，首先对已学过的傅里叶分析方法（包括非周期连续时间信号傅里叶变换、周期连续时间信号傅里叶级数、序列傅里叶变换、周期序列傅里叶级数）进行小结。

3.6.1　四种傅里叶分析方法小结

正如前面所述，傅里叶变换的离散性和周期性在时域与变换域中表现出巧妙的对应关系，即呈周期性的连续时间信号，其傅里叶变换为离散的非周期频谱函数（傅里叶级数，离散频谱）；而非周期性的离散时间信号，其傅里叶变换为连续的周期性信号（序列的频谱函数呈周期性）。因此，就傅里叶变换的离散性与周期性而言，可能出现四种类型的时域和变换域组合，下面分别给出它们的表达式与示意图。

1. 非周期连续时间信号傅里叶变换

对于绝对可积的非周期时间连续信号 $x_a(t)$ 而言，其傅里叶变换和逆变换可表示为

$$\text{FT}: X_a(j\Omega) = \int_{-\infty}^{+\infty} x_a(t)\mathrm{e}^{-j\Omega t}\mathrm{d}t \tag{3-6-1}$$

$$\text{IFT}: x_a(t) = \frac{1}{2\pi}\int_{-\infty}^{+\infty} X_a(j\Omega)\mathrm{e}^{j\Omega t}\mathrm{d}\Omega \tag{3-6-2}$$

这一变换关系在“信号与系统”课程里已进行了深入的研究。$x_a(t)$ 与 $X_a(j\Omega)$ 都是连续的，而且

是非周期性的，即该变换对应的时域和频域均为连续的。

2. 周期连续时间信号傅里叶级数

对周期为 T_0 的周期连续时间信号 $\tilde{x}(t)$ 而言，可以将其展成傅里叶级数的形式，对应的变换对为

$$\text{FS}: X(\mathrm{j}k\Omega_0) = \frac{1}{T_0}\int_{-T_0/2}^{T_0/2} \tilde{x}(t)\mathrm{e}^{-\mathrm{j}k\Omega_0 t}\mathrm{d}t \tag{3-6-3}$$

$$\text{IFS}: \tilde{x}(t) = \sum_{k=-\infty}^{+\infty} X(\mathrm{j}k\Omega_0)\mathrm{e}^{\mathrm{j}k\Omega_0 t} \tag{3-6-4}$$

其中 $\Omega_0 = \dfrac{2\pi}{T_0}$ 为相邻两谱线之间的间隔，k 为谐波序号。连续时间周期信号对应于非周期性的离散频谱函数，即该变换对应的时域是连续的，而频域是离散的。

3. 序列傅里叶变换

对于非周期序列 $x(n)$ 而言，当 $\sum\limits_{n=-\infty}^{+\infty}\left|x(n)\right| < \infty$ 时，序列 $x(n)$ 的傅里叶变换（DTFT）对可表示为

$$\text{DTFT}: X(\mathrm{e}^{\mathrm{j}\omega}) = \sum_{n=-\infty}^{+\infty} x(n)\mathrm{e}^{-\mathrm{j}\omega n} \tag{3-6-5}$$

$$\text{IDTFT}: x(n) = \frac{1}{2\pi}\int_{-\pi}^{\pi} X(\mathrm{e}^{\mathrm{j}\omega})\mathrm{e}^{\mathrm{j}\omega n}\mathrm{d}\omega \tag{3-6-6}$$

非周期序列的傅里叶变换对应于连续的周期频谱函数，即该变换对应的时域是离散的，而频域是连续的。

4. 周期序列傅里叶级数

对于周期序列 $\tilde{x}(n)$ 而言，其傅里叶级数变换对可写为

$$\text{DFS}: \quad \tilde{X}(k) = \sum_{n=0}^{N-1} \tilde{x}(n)\mathrm{e}^{-\mathrm{j}\frac{2\pi}{N}kn}$$

$$\text{IDFS}: \quad \tilde{x}(n) = \frac{1}{N}\sum_{k=0}^{N-1} \tilde{X}(k)\mathrm{e}^{\mathrm{j}\frac{2\pi}{N}kn}$$

此时，时间序列与频谱函数都是离散的，而且是周期性的。如果把周期序列和周期频谱函数换成对应的主值序列 $x(n)$ 和 $X(k)$，表达式依然成立，这样就得到了任意有限长度序列的 DFT 变换

$$\text{DFT}: \quad X(k) = \sum_{n=0}^{N-1} x(n)\mathrm{e}^{-\mathrm{j}\frac{2\pi}{N}kn} \tag{3-6-7}$$

$$\text{IDFT}: \quad x(n) = \frac{1}{N}\sum_{k=0}^{N-1} X(k)\mathrm{e}^{\mathrm{j}\frac{2\pi}{N}kn} \tag{3-6-8}$$

综上所述，四种傅里叶分析方法的特点如表 3-6-1 所示。

表 3-6-1 四种傅里叶分析方法的特点

变换	时间信号	频谱函数
非周期连续时间信号傅里叶变换	连续、非周期	非周期、连续
周期连续时间信号傅里叶级数	连续、周期（T_0）	非周期、离散 $\left(\Omega_0 = \dfrac{2\pi}{T_0}\right)$
序列傅里叶变换	离散（T_s）、非周期	周期 $\left(\Omega_s = \dfrac{2\pi}{T_s}\right)$、连续
周期序列傅里叶级数	离散（T_s）、周期（T_0）	周期 $\left(\Omega_s = \dfrac{2\pi}{T_s}\right)$、离散 $\left(\Omega_0 = \dfrac{2\pi}{T_0}\right)$

3.6.2 利用 DFT 对非周期时间连续信号进行频谱分析

由于工程中遇到的很多信号为连续非周期信号，这种信号在时域和频域均是连续的，因此无法利用计算机直接对其进行频谱分析。DFT 可以利用计算机对序列进行频谱分析，因此为了借助 DFT 对连续信号进行频谱分析，就需要对连续信号做相应的处理。图 3-6-1 表示出用 DFT 对非周期时间连续信号进行频谱分析的过程（需要说明的是，为了尽可能完整地表示出所学的四种傅里叶分析方法，图中也给出了 DTFT 和 DFS）。

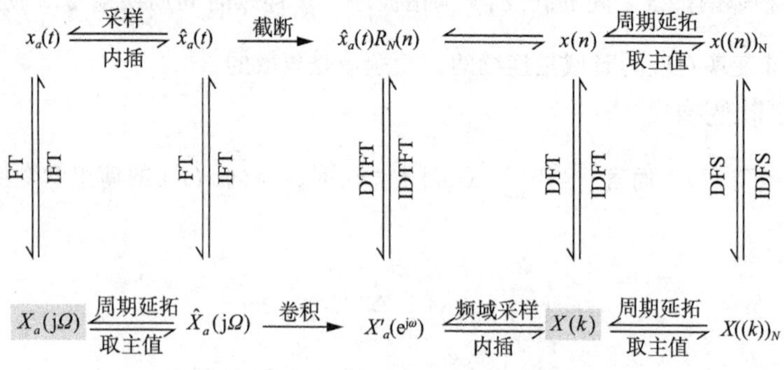

图 3-6-1　用 DFT 对非周期时间连续信号进行频谱分析的过程

图 3-6-1 中，上面一行是在时域进行的处理，假设原始时间连续信号 $x_a(t)$ 是经过预滤波后的带限信号，$\hat{x}_a(t)$ 、$x(n) = \hat{x}_a(t)R_N(n)$ 分别表示对 $x_a(t)$ 进行时域理想采样、截断后的信号。竖直的双向箭头表示不同类型信号通过不同的傅里叶分析方法建立与频域之间的对应关系；相应地，下面一行表示对时域进行某种傅里叶分析后频域的变化情况，$\hat{X}_a(j\Omega)$ 表示理想采样信号的傅里叶变换，$X'_a(e^{j\omega})$ 表示截断后的理想采样信号的频谱。图中，阴影对应的 $X_a(j\Omega)$ 为待分析信号的实际频谱，而 $X(k)$ 为利用 DFT 计算出的离散频谱，是 $X'_a(e^{j\omega})$ 在 $[0,2\pi)$ 内的等间隔采样。因此，傅里叶分析的目标即如何通过内插公式（3-4-10）使 $X(k)$ 近似出原始信号的 $X_a(j\Omega)$。

由图 3-6-1 可见，为了对连续信号 $x_a(t)$ 进行频谱分析，需要对 $x_a(t)$ 进行时域的离散化、有限化后得到有限长度序列 $x(n)$，然后通过计算 $x(n)$ 的 DFT 得到 $X(k)$ 。利用 DFT 对非周期时间连续信号进行频谱分析，实际上就是要确定出 $X(k)$ 对 $X_a(j\Omega)$ 的近似关系。在由连续信号得到序列的过程中，需要进行一定的近似处理，下面首先将近似处理用式子表示出来，然后再建立 $X(k)$ 和 $X_a(j\Omega)$ 之间的关系。

此处的近似处理包括时域采样和截断。若在时域对信号进行采样，则理想采样信号为

$$\hat{x}_a(t) = \sum_{n=-\infty}^{+\infty} x_a(t)\delta(t-nT) \tag{3-6-9}$$

其中，T 为时域采样的采样周期。

由于 $x_a(t)$ 通常为时间无限的信号，因此对其进行采样得到的 $\hat{x}_a(t)$ 也将是无限长度序列。然而，利用 DFT 进行频谱分析时要求序列本身应为有限长的，因此还需要对 $\hat{x}_a(t)$ 进行时域有限化（截断）处理，即

$$x(n) = \hat{x}_a(t)R_N(n) \tag{3-6-10}$$

可见，时域的有限化处理相当于将理想采样序列与矩形序列相乘。所以根据傅里叶变换的

频域卷积定理，其对应的频域信号应为

$$X'_a(e^{j\omega}) = \frac{1}{2\pi}\hat{X}_a(e^{j\omega}) * R_N(e^{j\omega}) \tag{3-6-11}$$

其中，$X'_a(e^{j\omega})$ 表示截断后的理想采样信号的频谱，$R_N(e^{j\omega}) = \mathrm{DTFT}[R_N(n)]$。相应地，$X(k)$ 可以表示为对 $X'_a(e^{j\omega})$ 的频率变量在 $[0,2\pi)$ 内进行等间隔采样；再根据采样信号频谱 $\hat{X}_a(e^{j\omega})$ 与原始信号频谱 $X_a(j\Omega)$ 之间的关系，即可建立 $X(k)$ 近似表示 $X_a(j\Omega)$ 的关系。

当然，建立 $X(k)$ 和 $X_a(j\Omega)$ 之间的关系也从连续信号傅里叶变换定义式（式（3-6-1））出发进行。由于已经对时间进行了离散化处理（采样），式（3-6-1）可近似为（t 用 nT 代替，dt 用采样周期 T 代替）

$$X_a(j\Omega) \approx \sum_{n=-\infty}^{\infty} x_a(nT)e^{-j\Omega nT}T \tag{3-6-12}$$

下面，对时间无限的信号进行截断处理（见式（3-6-10）），相应地，式（3-6-12）可表示为

$$X_a(j\Omega) \approx T\sum_{n=0}^{N-1} x_a(nT)e^{-j\Omega nT} = T\sum_{n=0}^{N-1} x(n)e^{-j\Omega nT} \tag{3-6-13}$$

与时域处理一样，也需要对频域进行有限化和离散化处理。根据时域采样理论，理想采样频谱 $\hat{X}_a(e^{j\omega})$ 是原始信号频谱 $X_a(j\Omega)$ 以采样频率 Ω_s 为周期的周期延拓的结果，所以频域的有限化是在频率轴上取一个周期的频率区间 $[0,\Omega_s]$。故对频率离散化相当于在 $[0,\Omega_s]$ 内进行 N 点的等间隔采样，频域采样周期为

$$\Delta\Omega = \frac{\Omega_s}{N} = \frac{2\pi}{NT} = \frac{2\pi}{T_p} \tag{3-6-14}$$

其中，Ω_s 为时域采样频率，$T_p = NT$ 为时域截断信号的持续时间长度。于是，式（3-6-13）可近似为（Ω 用 $k\Delta\Omega$ 代替）

$$\begin{aligned} X(k) &\triangleq X(jk\Delta\Omega) \approx T\sum_{n=0}^{N-1} x(n)e^{-jk\Delta\Omega nT} = T\sum_{n=0}^{N-1} x(n)e^{-jk\frac{2\pi}{NT}nT} \\ &= T\sum_{n=0}^{N-1} x(n)e^{-j\frac{2\pi}{N}kn} = T\cdot \mathrm{DFT}[x(n)] \end{aligned} \tag{3-6-15}$$

可见，式（3-6-15）的获得是从式（3-6-1）出发进行的，分别通过时域采样、时域截断处理、频域采样得到的。同理，从式（3-6-2）出发，分别通过时域采样、频域采样及截断处理可得

$$\begin{aligned} x(n) &= \hat{x}_a(t) = x_a(t)\big|_{t=nT} = \frac{1}{2\pi}\int_{-\infty}^{\infty} X_a(j\Omega)e^{j\Omega nT}d\Omega \\ &\approx \frac{1}{2\pi}\Delta\Omega\sum_{k=0}^{N-1} X(jk\Delta\Omega)e^{jk\Delta\Omega nT} = \frac{1}{T}\left[\frac{1}{N}\sum_{k=0}^{N-1} X_a(jk\Delta\Omega)e^{jk\frac{2\pi}{NT}nT}\right] \\ &= \frac{1}{T}\mathrm{IDFT}[X(k)] \end{aligned} \tag{3-6-16}$$

其中，第二个等号是实现时域采样，第四个等号是利用频域的离散化和截断处理的结果，同时在推导过程中，利用了式（3-6-14）。

由式（3-6-15）和式（3-6-16）可知，连续时间信号的频谱可以通过对连续信号采样、截断并进行 DFT 的结果 $X(k)$ 再乘以 T 来近似；而时域采样信号可以通过对 $X(k)$ 的 IDFT 除以 T 来近似。有了这两个式子，就可以用 $x(n)$ 的频谱来近似 $X_a(j\Omega)$，从而即可利用后面将要介绍的快速傅里叶变换算法。因此，式（3-6-15）和式（3-6-16）就是利用 DFT 实现对非周期连续时间信

号进行频谱分析的基本原理。

对实际工程中遇到的信号，利用 DFT 对其进行近似的频谱分析时，需要在时域和频域分别进行离散化和截断处理，因此必然存在一定的误差。当然，误差越小越好，因此有必要分析误差产生的原因及探讨可能的解决方法。

（1）频域混叠现象

对实际信号进行采样时，为了使采样信号不发生频域混叠现象，要求采样满足时域采样定理，即采样频率 $f_s(=1/T)$ 大于或等于信号所含最高频率 f_h 的 2 倍。

$$f_s \geqslant 2f_h \tag{3-6-17}$$

实际信号的频谱分布于较宽范围内，因此在对实际信号进行采样以前，可以将信号先通过一低通滤波器（即预滤波），以滤除幅度较小的高频分量（正如第 1 章图 1-4-1 所示）。这一点在工程中是允许的。

（2）频谱泄漏

正如上面讨论的那样，由于信号本身为无限长，因此其理想采样信号也为无限长序列，故需要对其进行截断处理，即相当于将理想采样序列与矩形序列相乘，其对应的频域应为两序列傅里叶变换的卷积。

对于矩形序列 $R_N(n)$ 而言，其 DTFT 表示为

$$R_N(\mathrm{e}^{\mathrm{j}\omega}) = \mathrm{e}^{-\mathrm{j}\omega(N-1)/2}\frac{\sin(\omega N/2)}{\sin(\omega/2)}$$

图 3-6-2 分别给出了 N 取不同值（$N=8$，$N=32$）时矩形序列 $R_N(n)$ 的幅度频谱。

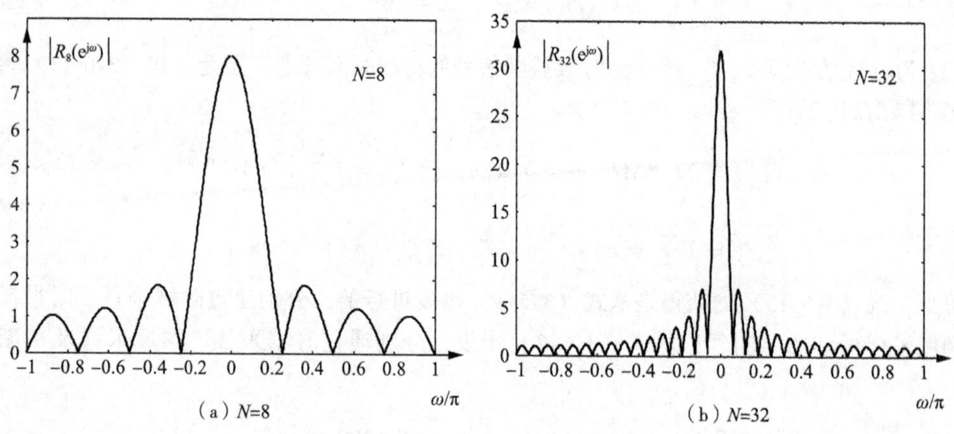

图 3-6-2　N 取 8 和 32 时矩形序列的幅度频谱

图中，零点的位置为 $m\cdot 2\pi/N\ (m=\pm1,\pm2,\cdots)$，其中，频域中 $|\omega|\leqslant 2\pi/N$ 的部分称为 $R_N(\mathrm{e}^{\mathrm{j}\omega})$ 的主瓣，其余两旁的部分称为旁瓣。时域数据长度越长（即 N 越大），主瓣越窄，当 $N\to\infty$ 时，$R_N(\mathrm{e}^{\mathrm{j}\omega})$ 趋于位于 $\omega=0$ 处的单位冲激函数。此时，式（3-6-11）所示的卷积过程近似为 $X'(\mathrm{e}^{\mathrm{j}\omega})=\frac{1}{2\pi}X(\mathrm{e}^{\mathrm{j}\omega})$，即单位冲激函数与任何 $X(\mathrm{e}^{\mathrm{j}\omega})$ 的卷积结果等于其本身 $X(\mathrm{e}^{\mathrm{j}\omega})$，但采用长度为 ∞ 的矩形序列相当于对 $x(n)$ 没有进行任何截断处理。

实际对序列进行截断处理时，N 总为一有限值，即 $R_N(\mathrm{e}^{\mathrm{j}\omega})$ 的旁瓣总是存在的，所以截断后序列的频谱 $X'(\mathrm{e}^{\mathrm{j}\omega})=\frac{1}{2\pi}X(\mathrm{e}^{\mathrm{j}\omega})*R_N(\mathrm{e}^{\mathrm{j}\omega})$ 与原始信号的频谱 $X(\mathrm{e}^{\mathrm{j}\omega})$ 不相等，这种现象即为频谱

泄漏现象。正是 $R_N(e^{j\omega})$ 旁瓣的存在使得 DFT 存在频谱泄漏现象。因此，所谓频谱泄漏是指某一频率的信号能量扩散到相邻频率点的现象，其效果是使得频谱以实际频率值为中心、以窗函数频谱波形的形状向两侧扩散。

例如，对于序列 $x(n) = \cos(\omega_0 n)$，其频谱可表示为

$$X(e^{j\omega}) = \pi\sum_{l=-\infty}^{\infty}[\delta(\omega-\omega_0+2\pi l)+\delta(\omega+\omega_0+2\pi l)]$$

则 $x(n)$ 经过截断后，其频谱变为

$$X'(e^{j\omega}) = \frac{1}{2}\sum_{l=-\infty}^{\infty}[R_N(e^{j(\omega-\omega_0+2\pi l)})+R_N(e^{j(\omega+\omega_0+2\pi l)})]$$

可见，原始信号的真实频谱是在 $\omega=\omega_0\pm 2\pi l$ 处的谱线，经过截断处理后，其频谱变为由上式所示的以 $\omega=\omega_0\pm 2\pi l$ 为中心、由 $R_N(e^{j\omega})$ 函数所组成，即原来集中于 ω_0（从一个周期看）的功率变成分散在了一个与矩形序列长度 N 有关的较宽频率范围内，但总功率不变。

对信号进行截断处理，等价于在一个有限长矩形窗内看原始信号，因此称截断处理为加窗处理，这种处理不可避免地会产生频谱泄漏现象。为减小频谱泄漏，应尽可能减小旁瓣，为此需要寻找其他的具有较小旁瓣的窗函数来替代矩形序列（或称为矩形窗），其中，可用的窗函数包括汉明窗（Hamming）、汉宁窗（Hanning）、三角窗等，这些窗的性能在第 7 章将详细进行介绍。然而，在实际工程中，截去幅度很小的部分采样点不会对最终的分析带来大的影响，这在工程中是允许的。

（3）栅栏效应

由于 $x_a(t)$ 为非周期的连续信号，它的频谱是连续的，但将 $x_a(t)$ 采样、截断然后进行 DFT 分析时，得到的仅是连续信号频谱上的在有限个点（$\frac{2\pi}{N}k(k=0,1,\cdots,N-1)$）上的采样值。这就好像是通过栅栏观察频谱，仅仅看到采样点处的值，而其他部分的频谱分量将被遮挡住或“丢失”，这种现象称为栅栏效应。

为了减小栅栏效应，即能够检测出被遮挡住的频率分量，可减小采样间隔，也就是增加频域采样的点数，这等价于通过对序列尾部补零的方式实现（见例 3-4-1）。如对连续信号进行采样的采样频率为 f_s，得到的序列长度为 N，进行 N 点 DFT 后得到的 N 个频率分量为 $X(k)=X(k\Delta F)$，式中 $\Delta F=f_s/N$ 为频率的采样间隔；而当通过序列尾部补零，序列的长度变为 $N'>N$，进行 N' 点 DFT 后得到的 N' 个频率分量为 $X(k)=X(k\Delta F')$，此时频率分辨率变为 $\Delta F'=f_s/N'$。可见，$\Delta F'<\Delta F$，$X(k\Delta F')$ 与 $X(k\Delta F)$ 代表不同频率点处的频率值，而 $X(k\Delta F')$ 相当于用更多的采样点来近似原始连续信号频谱，这可以想象为栅栏的缝隙间隔缩短了，因此栅栏效应有所改善。实际上，从例 3-2-2 和例 3-4-1 可以得到关于改善栅栏效应一定的启示（即高密度谱可以改善 DFT 的栅栏效应）。

在结束本节之前，还需要对 DFT 在实际应用中遇到的另外一个问题——频率分辨率进行讨论。

由式（3-6-14）可得

$$\Delta F = \frac{\Delta\Omega}{2\pi} = \frac{f_s}{N} = \frac{1}{NT} = \frac{1}{T_p} \tag{3-6-18}$$

称 ΔF 为频率分辨率，它表示使用 DFT 时，在频率轴上所能得到的最小频率间隔。当然，ΔF 越小，说明频率分辨率越高。从式（3-6-18）可见，ΔF 仅与信号的实际长度成反比，即信号持续时间越长，频率分辨率越高。

综上所述，对实际非周期连续时间信号进行频谱分析的步骤可总结如下。

① 根据连续时间信号的最高频率f_h确定采样频率f_s（式（3-6-17））。一般情况下，须对原始信号进行预滤波处理，以消除小幅度的高频率分量。

② 根据分析的频谱精度要求，确定频率分辨率ΔF，也就是说，确定信号的观测时间长度，即式（3-6-18）。

③ 确定序列的点数N，同样根据式（3-6-18）得

$$N=\frac{f_s}{\Delta F} \tag{3-6-19}$$

频率分辨率是对实际信号进行分析时需要考虑的重要参数，而该参数与对序列尾部补零后得到的高密度频谱有很大的区别，下面将用具体的序列对高分辨率谱和高密度谱的含义进行比较。

例 3-6-1 用DFT分析连续非周期信号的频谱，信号的最高频率为1.25kHz，序列长度N必须为2的整数幂，要求频率分辨率$\Delta F\leqslant 5\text{Hz}$，试确定：①最少的信号记录时间$T_p$；②最大的采样间隔$T$；③序列的最小长度$N$。

解 ① 因为要求频率分辨率$\Delta F\leqslant 5\text{Hz}$，故最少的信号记录时间$T_p$为

$$T_p=\frac{1}{\Delta F}=\frac{1}{5}=0.2\text{s}$$

② 信号的最高频率为1.25kHz，根据时域采样定理

$$T\leqslant\frac{1}{2f_h}=\frac{1}{2\times 1.25\times 10^3}=0.4\text{ms}$$

即最大的采样间隔为0.4ms。

③ 序列的长度为

$$N=\frac{f_s}{\Delta F}=f_sT_p\geqslant 2f_hT_p=2\times 1.25\times 10^3\times 0.2=500$$

或者

$$N=\frac{T_p}{T}=\frac{0.2}{0.4\times 10^{-3}}=500$$

由于题目要求序列长度N必须为2的整数幂，故序列的最小长度$N=512=2^9$。

例 3-6-2 已知$x(n)=\cos(0.48\pi n)+\cos(0.52\pi n)$，取$0\leqslant n\leqslant 9$，同时，构造两个新的序列，即

$$x_1(n)=\begin{cases}x(n), & 0\leqslant n\leqslant 9\\ 0, & 10\leqslant n\leqslant 99\end{cases}$$

及

$$x_2(n)=x(n),\qquad 0\leqslant n\leqslant 99$$

试求解：① 序列$\cos(0.48\pi n)$、$\cos(0.52\pi n)$及$x(n)$的周期性，并给出3个序列的主值序列对应的DFT，以及它们非整周期长度序列的DFT，最后对结果进行分析。② 给出$x(n)$的10点DFT结果，对其结果与$x_1(n)$、$x_2(n)$的100点DFT结果进行比较，并分析。

解 ① 对$y_1(n)=\cos(0.48\pi n)$而言，根据周期序列的判定方法，$\frac{2\pi}{0.48\pi}=\frac{25}{6}$，可见

$cos(0.48\pi n)$ 是周期为25的周期序列；同理，对 $y_2(n)=\cos(0.52\pi n)$ 而言，$\frac{2\pi}{0.52\pi}=\frac{50}{13}$，可见 $\cos(0.52\pi n)$ 是周期为50的周期序列；相应地，$x(n)$ 是周期为50的周期序列。

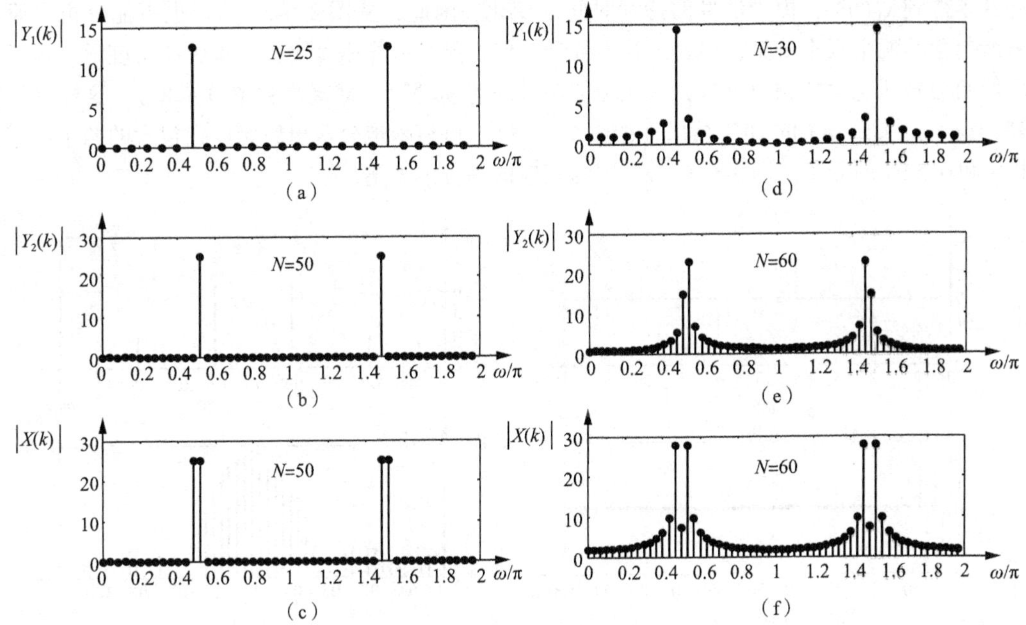

图3-6-3 不同点周期序列的DFT结果比较

图3-6-3（a）、图3-6-3（b）和图3-6-3（c）分别表示 $y_1(n)$、$y_2(n)$ 和 $x(n)$ 主值序列对应的DFT结果（需要说明的是，为了便于从图中看出信号的数字频率，图3-6-3的横轴都已经转化为对应的数字频率），可见，这些结果正确地表示出了原始周期序列的频谱。图3-6-3（d）、图3-6-3（e）和图3-6-3（f）则分别给出 $y_1(n)$、$y_2(n)$ 和 $x(n)$ 的30点、60点和60点的DFT结果，这些结果与对应的左图有明显的差别，原有的脉冲频谱弥散在整个频带。

分析：由于DFT的隐含周期性，DFT总是将其处理的序列看作某个周期序列对应的主值序列，因此，当其处理的序列真正是某个周期序列的主值序列时（如图3-6-3（a）、图3-6-3（b）和图3-6-3（c）所示），其对应的DFT结果与其真实谱相同；而当其处理的序列不是某个周期序列的主值序列的话（如图3-6-3（d）、图3-6-3（e）和图3-6-3（f）），原始周期序列并不能通过对该处理的序列进行周期延拓得到，其DFT结果也就不能真正表示原始周期序列的频谱，图3-6-4对该结论做了进一步的解释。图3-6-4（a）和图3-6-4（b）分别给出 $y_1(n)$ 的25点序列及30点序列周期延拓得到的周期序列，图3-6-4（a）对应于原始的周期序列 $\cos(0.48\pi n)$，而图3-6-4（b）则对应于一个新的周期序列。

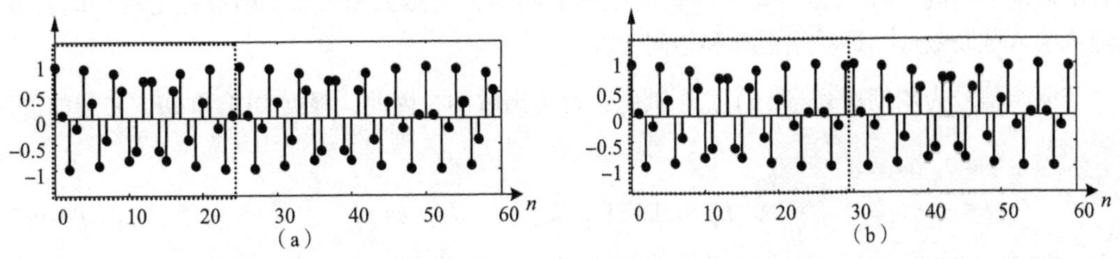

图3-6-4 $y_1(n)$ 的25点、30点序列周期延拓结果比较

② 为了分析 $x(n)$ 的 10 点 DFT 结果与 $x_1(n)$ 、$x_2(n)$ 的 100 点 DFT 结果之间的关系，图 3-6-5 分别给出 3 个序列 $x(n)$ 、$x_1(n)$ 、$x_2(n)$ 及其相应的频谱 $X(k)$ 、$X_1(k)$ 、$X_2(k)$ 。实际上，从图 3-6-5（b）可见，从 10 点 DFT 结果中不能分析出原始信号所包含的频率分量；于是对序列 $x(n)$ 尾部补零得到 $x_1(n)$ ，由于信号的持续时间未变化，因此，从图 3-6-5（d）也不能分析出原始信号所包含的两个频率分量，但通过补零处理，使得频域采样密度增大，得到高密度谱。为了分析出原始信号所包含的频率分量，只能增加信号的持续时间（即提高频谱分辨率），这样可得到序列 $x_2(n)$ ，从 $x_2(n)$ 的 DFT 结果（图 3-6-5（f））可清晰地分辨出原始序列包含的两个频率为 0.48π 和 0.52π 的分量。图 3-6-5（f）即为相应的高分辨率谱。

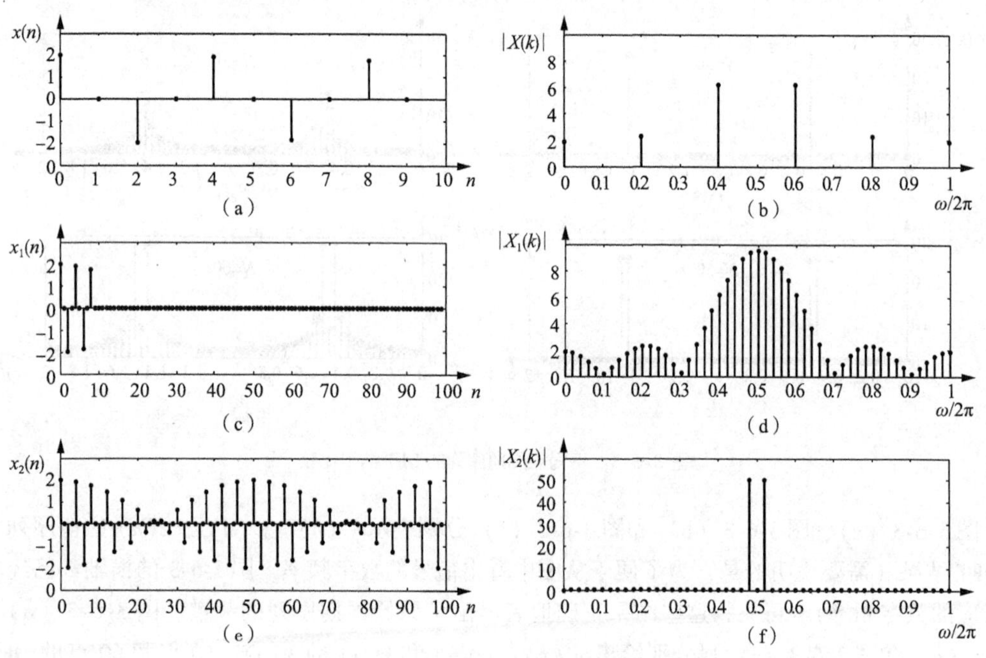

图 3-6-5　高密度谱和高分辨率谱之间的比较

3.6.3　用 DFT 对序列进行频谱分析

对非周期序列而言，计算出单位圆上的 ZT，或者说，计算出其 DTFT 即完成对序列的谱分析。当序列 $x(n)$ 本身为有限长度序列时，根据 DTFT 和 DFT 的关系，即 DFT 是对 DTFT 的等间隔采样，并且根据插值公式（3-4-10）可以由 $X(k)$ 得到 $X(e^{j\omega})$ ，因此，只要满足频域采样定理，则利用 DFT 可以实现对序列的频谱分析。当序列为无限长度时，需要对其进行截断处理，然后由截断序列的 DFT 近似原始无限长度序列的频谱，当然，和 3.6.2 小节讨论的相同，截断处理将引入截断效应，即频谱泄漏和谱间干扰。

若原始信号为周期序列 $\tilde{x}(n)$ ，则其频谱也为离散的，因此，根据 DFT 和 DFS 之间的关系，可得

$$\tilde{X}(k) = \text{DFS}[\tilde{x}(n)] = X((k))_N \tag{3-6-20}$$

式中，$X(k) = \text{DFT}[\tilde{x}(n)R_N(n)]$ 为周期序列 $\tilde{x}(n)$ 主值序列的 DFT。因此，可用 $X(k)$ 表示

$\tilde{x}(n)$ 的频率分布情况。需要注意的是，$X(k)$ 是周期序列的主值序列对应的 DFT，而且也只有取周期序列的一个或多个完整周期时，其 DFT 才能表示 $\tilde{x}(n)$ 的频率分布情况。因此，对周期序列进行频谱分析时需要充分考虑截取长度。

例 3-6-3 已知 $x(n)$ 是长度为 N 的有限长度序列，其 N 点 DFT 为 $X(k)$，试确定序列 $y(n) = \tilde{x}(n)R_{MN}(n)$ 点数 MN 的 DFT。

解
$$Y(k) = \mathrm{DFT}[y(n)] = \sum_{n=0}^{MN-1}\tilde{x}(n)W_{MN}^{kn} = \sum_{n=0}^{MN-1}\tilde{x}(n)W_{MN}^{kn}$$

令 $n = n' + lN, l = 0,1,\cdots,M-1, n' = 0,1,\cdots,N-1$，则

$$\begin{aligned}
Y(k) &= \sum_{l=0}^{M-1}\sum_{n'=0}^{N-1}x((n'+lN))_N \mathrm{e}^{-\mathrm{j}\frac{2\pi(n'+lN)}{MN}k} \\
&= \sum_{l=0}^{M-1}\left(\sum_{n'=0}^{N-1}x(n')\mathrm{e}^{-\mathrm{j}\frac{2\pi}{MN}n'k}\right)\mathrm{e}^{-\mathrm{j}\frac{2\pi}{M}lk} \\
&= X\left(\frac{k}{M}\right)\sum_{l=0}^{M-1}\mathrm{e}^{-\mathrm{j}\frac{2\pi}{M}lk}
\end{aligned}$$

因为
$$\sum_{l=0}^{M-1}\mathrm{e}^{-\mathrm{j}\frac{2\pi}{M}lk} = \begin{cases} M, & \dfrac{k}{M} = \text{整数} \\ 0, & \dfrac{k}{M} \neq \text{整数} \end{cases}$$

所以
$$Y(k) = \begin{cases} MX\left(\dfrac{k}{M}\right), & \dfrac{k}{M} = \text{整数} \\ 0, & \dfrac{k}{M} \neq \text{整数} \end{cases}$$

可见，当序列是周期的，只要截取序列的整数个周期进行 DFT，就可以得到它的频谱结构，达到谱分析的目的。如果序列的周期预先不知道，则可先截取 M 点进行 DFT，即

$$x_M(n) = \tilde{x}(n)R_M(n)$$
$$X_M(k) = \mathrm{DFT}[x_M(n)] \qquad 0 \leqslant k \leqslant (M-1)$$

再将截取长度扩大一倍，截取

$$x_{2M}(n) = \tilde{x}(n)R_{2M}(n)$$
$$X_{2M}(k) = \mathrm{DFT}[x_{2M}(n)] \qquad 0 \leqslant k \leqslant (2M-1)$$

比较 $X_M(k)$ 和 $X_{2M}(k)$，如果二者的主谱差别满足误差分析要求，则以 $X_M(k)$ 或 $X_{2M}(k)$ 近似表示 $\tilde{x}(n)$ 的频谱；否则，增大截取的长度，直至前后两次分析所得主谱频率差别满足误差分析要求为止。

3.7 DFT 在正交频分复用系统中的应用

在通信系统中，信源端发送的信息通过通信系统的有线信道或无线信道传输，并被信宿端

所接收。当信道为理想信道（即系统的单位脉冲响应为$A\delta(n-n_0)$，A为信道增益常数）时，系统输出信号是输入时延信号的常数倍，则信宿端很容易从接收到的信号中恢复出原始信号；而当信道为非理想信道（如多径信道、时变信道等）时，系统对输入信号会产生衰落、码间干扰等影响，这会给实现可靠的通信带来非常大的困难。遗憾的是，非理想信道在实际的通信系统中经常遇到。

随着通信技术（尤其是移动通信技术）的快速发展，各种多媒体业务不断涌现，这就要求在给定的频带范围内和复杂的移动信道环境下，通信系统能够可靠地提供高的数据传输速率，于是需要研究利用新的数据传输技术来满足人们对高速、可靠通信的需求。本节要介绍的正交频分复用（OFDM）正是利用DFT原理实现对输入信号的正交多载波调制。下面先对无线衰落信道、单载波方案和多载波方案进行简单的介绍。

无线衰落信道具有两个基本特征：多径效应和时变性。多径效应即接收机所接收到的信号是通过不同的直射、反射、绕射等路径到达接收机的，这样，如果发射端发送一个窄脉冲信号，由于多径效应，在接收端收到的是经过时延与衰落的窄脉冲序列，而不同窄脉冲的衰落和时延都是不同的，多径信道的时间弥散性（time dispersion）产生了频率选择性衰落（frequency selective fading）现象。时变性指衰落信道的传递函数随时间的变化而变化，也就是在不同的时刻即使发送相同的信号，在接收端收到的信号也是不相同的；时变性在移动通信系统中的主要体现就是多谱勒频移（doppler shift），它也造成了信道的频率弥散（frequency dispersion），导致了信号的时间选择性衰落（time selective fading）。

通常的通信系统采用单载波方案，这种系统在数据传输速率不太高的情况下，多径效应对信号符号之间造成的干扰不是特别严重，可以通过适当的均衡算法使系统能够正常地工作。但是对于宽带多媒体业务而言，由于数据传输的速率较高，时延扩展造成数据符号之间的相互交叠，从而产生了符号之间的串扰（inter symbol interference，ISI），这就对均衡提出了更高的要求，而复杂的均衡算法在实时性和可靠性方面较难得到保证。从另一个角度去看，当信号的带宽超过或接近信道的相干带宽时，信道的时间弥散性将会造成频率选择性衰落，使得同一个信号中不同的频率成分体现出不同的衰落特性，为此需要设计均衡器来实现对信道失真的补偿。

为了克服单载波方案的缺点，需要考虑设计频带利用率高、抗干扰能力强的通信系统。方法之一是将可用的信道带宽划分为若干个子信道，且使每一个子信道近似于理想信道，此即为多载波的通信方案，而OFDM是多载波调制的一种重要方式。采用多载波方案就是把高速数据流分解为若干个低速子数据流，并利用子数据流去调制若干个不同的载波。由于每个子数据流具有低很多的传输比特速率，相应地，其码元周期较长，故只要其时延扩展与码元周期之比小于一定的比值（即信号带宽远小于信道的相干带宽），就不会造成码间串扰。因而，多载波方案对于信道的时间弥散性不敏感，即使不采用复杂的均衡器也能获得良好的效果。

在传统的频分复用（FDM）方法中，将频带分为若干个互不相交的子频带来传输并行的数据流，在接收端用一组滤波器来分离各个子信道，如图3-7-1所示。这种方法的优点是简单、直接，但是在这种方法中，子信道之间要留有保护频带，从而降低其频谱的利用率，而且实现多个滤波器也存在不少困难。然而，在OFDM的方案中，则用一组相互正交的载波构成子信道来传输数据流，子信道的频谱是可以重叠的（如图3-7-2所示），这样就提高了频谱的利用率。另外，OFDM可以采用快速傅里叶变换（fast Fourier transform，FFT，其是DFT变换的快速实现方法，将在第4章介绍）算法来实现，特别是当子信道数目比较多时，采用FFT可以大大减少系统的复杂度。目前，数字信号处理器发展迅速，FFT易于实现，使得OFDM技术在数字音频广播、高清晰度数字电视和无线局域网等领域得到了深入的研究和应用，而且也已经成为未来移动通信系统（如长期演进系统、LTE－Advanced 等）和宽带无线接入技术（如 WiMAX（World Interoperability for Microwave Access，全球微波接入互通技术）实现时的关键的物理层技术。

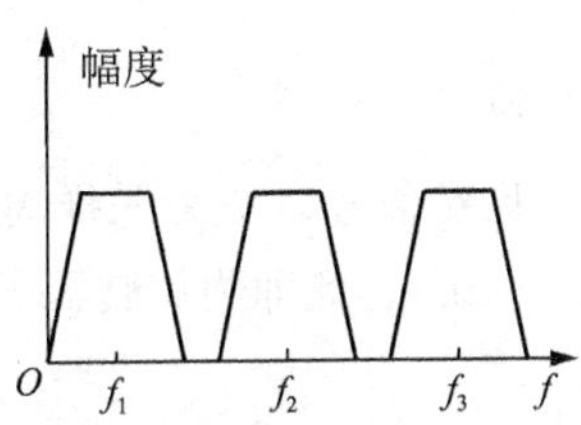

图 3-7-1　FDM 频带分配方法

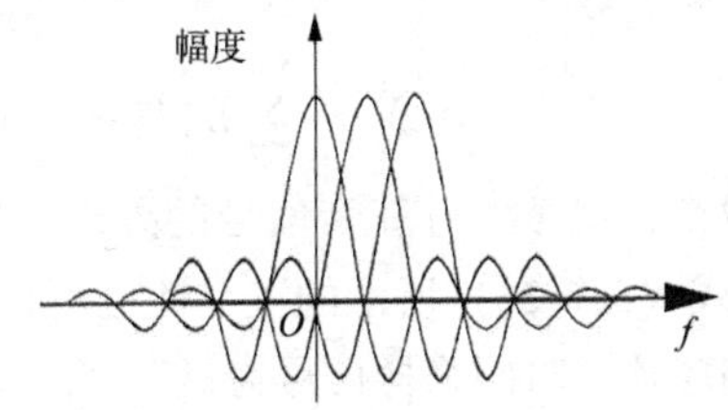

图 3-7-2　相互正交的子载波

正是由于正交多载波调制可以利用 DFT 实现，进而可以利用 IFFT 和 FFT 算法实现对多载波信号的调制和解调，因此 DFT 理论在 OFDM 系统中起着非常重要的作用。下面，仅从 DFT 基本概念及其应用的角度，简单地讨论 OFDM 的基本原理、OFDM 子载波同步、OFDM 信号峰均值比等问题。

DFT应用之OFDM

3.7.1　OFDM 的基本原理

OFDM 的原理如图 3-7-3 所示。假设原始待发送的基带信号带宽为 B，码元速率为 R，码元周期为 T。OFDM 就是经串/并转换将原始信号分为 N 路子信号的，于是，子数据流的码元速率为 R/N，码元周期为 NT，然后用 N 个子信号去调制 N 个子载波。

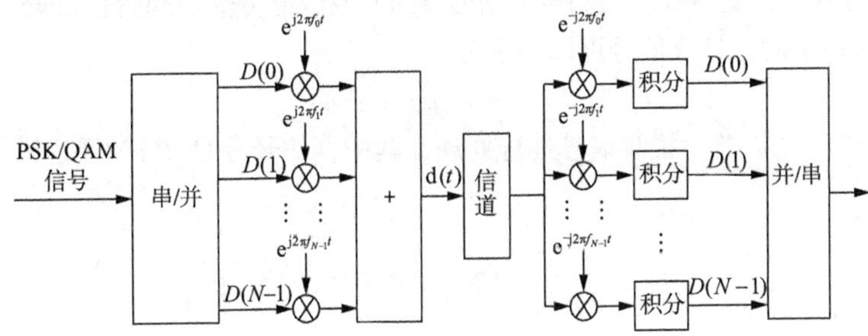

图 3-7-3　OFDM 原理简图

第 k 个子载波的频率可表示为

$$f_k = f_0 + \frac{k}{NT},\ k = 0,1,\cdots,N-1 \tag{3-7-1}$$

式中，f_0为载波的中心频率。由于符号的周期为 NT，于是有式（3-7-2a）。

$$\int_0^{NT} e^{j2\pi f_k t} e^{-j2\pi f_l t} dt = \int_0^{NT} e^{j2\pi \frac{k-l}{NT} t} dt = \begin{cases} NT, & k = l \\ 0, & k \neq l \end{cases} \tag{3-7-2a}$$

$$\sum_{n=0}^{N-1} e^{j2\pi \frac{k}{NT} nT} e^{-j2\pi \frac{l}{NT} nT} = \sum_{n=0}^{N-1} W_N^{(l-k)n} = \begin{cases} N, & k = l \\ 0, & k \neq l \end{cases} \tag{3-7-2b}$$

显然，这 N 个子载波是相互正交的。这样，尽管子载波是相互重叠的（如图 3-7-2 所示），但是，在接收端只要子载波之间的正交性能够得到满足，调制在各个子信道上的信号都能够正确得到恢复，不存在相互影响，因而 OFDM 可以获得较高的频谱利用率。

从图 3-7-3 可见，发送端的信号可表示为

$$d(t)=\sum_{k=0}^{N-1}D(k)\mathrm{e}^{\mathrm{j}2\pi f_k t} \tag{3-7-3}$$

其中，$D(k)$ 为调制在第 k 个子载波上的发送信号（如 PSK 或 QAM 信号）。将式（3-7-1）代入式（3-7-3），得

$$d(t)=\sum_{k=0}^{N-1}D(k)\mathrm{e}^{\mathrm{j}2\pi\left(f_0+\frac{k}{NT}\right)t}=\sum_{k=0}^{N-1}D(k)\mathrm{e}^{\mathrm{j}2\pi\frac{k}{NT}t}\mathrm{e}^{\mathrm{j}2\pi f_0 t} \tag{3-7-4}$$

不失一般性，仅考虑对基带信号的处理，即取 $f_0=0$，且对信号以 T 为采样周期进行采样，即 $t=nT$，则式（3-7-2a）所示的正交性也可以写为式（3-7-2b），此即为旋转因子 $W_N=\mathrm{e}^{-\mathrm{j}2\pi/N}$ 的正交性。相应地，时间采样信号为

$$d(nT)=\sum_{k=0}^{N-1}D(k)\mathrm{e}^{\mathrm{j}2\pi\frac{k}{NT}nT}=\sum_{k=0}^{N-1}D(k)\mathrm{e}^{\mathrm{j}\frac{2\pi}{N}kn}$$

$$d(n)=\sum_{k=0}^{N-1}D(k)W_N^{-kn}=N\cdot\mathrm{IDFT}[D(k)],\ n=0,1,\cdots,N-1 \tag{3-7-5}$$

从式（3-7-5）可以看出，$d(n)$ 是 $D(k)$ 的 IDFT 结果（不考虑 IDFT 定义中的系数 $1/N$）。若把 $D(k)$ 看作频域采样信号，则 $d(n)$ 为其对应的时域信号。根据调制的基本原理，$D(k)\mathrm{e}^{\mathrm{j}\frac{2\pi}{N}kn}$ 相当于将数据 $D(k)$ 调制到频率为 $f_k=k/NT$ 的子载波上，故式（3-7-5）表明发送的时域数据 $d(n)$ 相当于通过 IDFT 将子信号 $D(k)(k=0,1,\cdots,N-1)$ 分别调制到 N 个互相正交的子载波 $\mathrm{e}^{\mathrm{j}\frac{2\pi}{N}kn}$（$k=0,1,\cdots,N-1$）上，这正是正交多载波调制名字的由来。同时，OFDM 时域信号也可以看作 N 个单载波调制信号之和的形式。由此可见，OFDM 信号不但保证了子载波之间正交性，而且还可以用 IDFT 来定义，进而可以方便地利用 IFFT 来实现 OFDM 调制。

从图 3-7-3 可见，正交多载波调制后的信号 $d(n)$ 经信道传输后到达接收端。当信道近似为加性高斯白噪声 $z(n)$ 时，接收信号可以表示为

$$y(n)=d(n)+z(n) \tag{3-7-6}$$

接收端采用 N 个滤波器对接收信号进行处理，其中，信号分量 $d(n)$ 经过第 l 路滤波器后的输出信号 $\hat{D}(l)$ 为

$$\begin{aligned}\hat{D}(l)&=\frac{1}{NT}\int_0^{NT}\left(\sum_{k=0}^{N-1}D(k)\mathrm{e}^{\mathrm{j}2\pi f_k t}\right)\mathrm{e}^{-\mathrm{j}2\pi f_l t}\mathrm{d}t\\&=\frac{1}{NT}\sum_{k=0}^{N-1}D(k)\int_0^{NT}\mathrm{e}^{\mathrm{j}2\pi(f_k-f_l)t}\mathrm{d}t=D(l)\end{aligned} \tag{3-7-7}$$

其中，最后一个等号是利用式（3-7-2a）正交性的结果。实际上，若对信号以 T 为采样周期进行采样，即 $t=nT$，则式（3-7-7）便是对接收信号完成傅里叶变换运算，即

$$\hat{\boldsymbol{D}}=\boldsymbol{W}_N\boldsymbol{D} \tag{3-7-8}$$

其中，$\boldsymbol{W}_N$ 为 DFT 矩阵（即为 3.2.3 节的矩阵 $\boldsymbol{D}_N$，为了区分，这里标记为 $\boldsymbol{W}_N$），$\boldsymbol{D}=[D(0),D(1),\cdots,D(N-1)]^{\mathrm{T}}$，$\hat{\boldsymbol{D}}=[\hat{D}(0),\hat{D}(1),\cdots,\hat{D}(N-1)]^{\mathrm{T}}$。因此，在接收端采用 DFT 即可完成对加性高斯白噪声环境下信号的提取，从而达到信号无失真传输的目的。

当信号除了受加性高斯白噪声 $z(n)$ 影响外，还受到多径信道（即频率选择性衰落）的影响时，多径信道的信道脉冲响应记为

$$\boldsymbol{h}=[h_1,h_2,\cdots,h_L]^{\mathrm{T}} \tag{3-7-9}$$

其中，L 为多径信道个数，h_i 为第 i 径信道的衰减因子。此时，输出信号可以表示为卷积形式，即

$$y(n) = d(n) * h(n) + z(n) \tag{3-7-10}$$

写成卷积矩阵形式为

$$\begin{bmatrix} y(0) \\ y(1) \\ \vdots \\ y(N-1) \\ \vdots \\ y(N+L-1) \end{bmatrix} = \begin{bmatrix} h(0) & 0 & \cdots & 0 & 0 \\ h(1) & h(0) & \cdots & 0 & 0 \\ \vdots & \vdots & \cdots & \vdots & \vdots \\ h(L-1) & h(L-2) & \cdots & 0 & 0 \\ \vdots & \vdots & \ddots & \vdots & \vdots \\ 0 & 0 & \cdots & h(1) & h(0) \end{bmatrix} \begin{bmatrix} d(0) \\ d(1) \\ \vdots \\ d(N-1) \\ 0 \\ \vdots \\ 0 \end{bmatrix} + \begin{bmatrix} z(0) \\ z(1) \\ \vdots \\ z(N-1) \\ \vdots \\ z(N+L-1) \end{bmatrix} \tag{3-7-11}$$

即

$$\boldsymbol{y} = \boldsymbol{Hd} + \boldsymbol{w} \tag{3-7-12}$$

其中，卷积矩阵 $\boldsymbol{H}$ 的维数为 $(N+L)\times(N+L)$，$\boldsymbol{d} = [d(0), d(1), \cdots, d(N-1), \underbrace{0, \cdots 0}_{L}]^{\mathrm{T}}$。可见，由于多径信道的影响，输出的信号长度为（$N+L$），从而造成 OFDM 符号之间存在相互干扰。

此外，在实际的 OFDM 系统中，还有其他方面的因素会对系统造成影响，如由于信道的时变性造成的子载波之间的正交性无法得到满足；OFDM 信号本身峰值均值幅度比较大的问题等。由于 3.7 节主要介绍 DFT 在现代通信系统中的应用，因此，在下面的叙述中，不追求对 OFDM 进行完备的讲解，而仅在几个点上，就如何利用 DFT 性质及数字信号处理的基本原理解决 OFDM 通信系统中存在的问题进行讨论。

3.7.2 循环卷积应用——克服 OFDM 符号之间的干扰

为了克服多径信道引起的 OFDM 符号帧之间的干扰，通常在每个 OFDM 符号之间插入特殊的保护间隔，即循环前缀（cyclic prefix，CP）。所谓循环前缀，就是将 OFDM 符号的最后若干个（如 G 个）码元复制，并插入本符号的前面，如图 3-7-4 所示（图中阴影部分即循环前缀对应的数据）。令插入 CP 对应 G 个码元，则发送符号中包含的符号数为 $N+G$ 个，相应地，该帧 OFDM 数据可表示为

$$\boldsymbol{d}_{\mathrm{CP}}(n) = [d(N-G), \cdots, d(0), d(1), \cdots, d(N-1)] \tag{3-7-13}$$

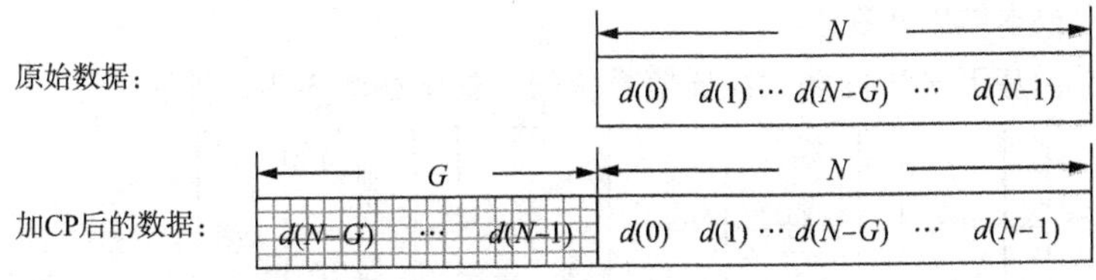

图 3-7-4 OFDM 的循环前缀添加方法

为了保证不存在 OFDM 符号之间的干扰，要求加入的循环前缀的长度满足 $G>L$。利用矩阵表示形式，式（3-7-13）可以表示为

$$\boldsymbol{d}_{\mathrm{CP}} = \boldsymbol{T}_{\mathrm{CP}}\boldsymbol{d} = \boldsymbol{T}_{\mathrm{CP}}\,\boldsymbol{W}_N^{\mathrm{H}}\boldsymbol{D} \tag{3-7-14}$$

其中，上标 H 表示共轭对称，

$$T_{\text{CP}}=\begin{bmatrix}0&0&\cdots&1&0&\cdots&0\\0&0&\cdots&0&1&\cdots&0\\\vdots&\vdots&\ddots&\vdots&\vdots&\ddots&\vdots\\0&0&\cdots&0&0&\cdots&1\\1&0&\cdots&0&0&\cdots&0\\\vdots&\vdots&\ddots&\vdots&\vdots&\ddots&\vdots\\0&0&\cdots&0&0&\cdots&1\end{bmatrix}=\begin{bmatrix}\boldsymbol{T}_G\\\boldsymbol{I}\end{bmatrix} \tag{3-7-15}$$

$\boldsymbol{T}_{\text{CP}}$中虚线以上的分块矩阵$\boldsymbol{T}_{\text{G}}$的维数为$G\times N$，虚线以下的分块矩阵是维数为$N\times N$的单位阵$\boldsymbol{I}$。于是，接收信号可以表示为

$$\boldsymbol{d}_{\text{CP}}=\boldsymbol{H}_{\text{CP}}\boldsymbol{d}+\boldsymbol{z}=\boldsymbol{H}_{\text{CP}}\boldsymbol{T}_{\text{CP}}\boldsymbol{W}_N^{\text{H}}\boldsymbol{D}+\boldsymbol{z} \tag{3-7-16}$$

其中，$\boldsymbol{H}_{\text{CP}}$是利用第2章中线性卷积构造的维数为$(N+L-1)\times(N+L-1)$的卷积矩阵。为恢复出原始发送信号，对接收的信号进行去CP和DFT处理，得到

$$\begin{aligned}\boldsymbol{y}&=\boldsymbol{W}_N\boldsymbol{R}_{\text{CP}}\boldsymbol{d}_{\text{CP}}=\boldsymbol{W}_N\boldsymbol{R}_{\text{CP}}\boldsymbol{H}_{\text{CP}}\boldsymbol{T}_{\text{CP}}\boldsymbol{W}_N^{\text{H}}\boldsymbol{D}+\boldsymbol{W}_N\boldsymbol{R}_{\text{CP}}\boldsymbol{z}\\&=\boldsymbol{W}_N\tilde{\boldsymbol{H}}\boldsymbol{W}_N^{\text{H}}\boldsymbol{D}+\boldsymbol{W}_N\boldsymbol{R}_{\text{CP}}\boldsymbol{z}\\&=\begin{bmatrix}H(0)&0&\cdots&0\\0&H(1)&\cdots&0\\\vdots&\vdots&\ddots&\vdots\\0&0&\cdots&H(N-1)\end{bmatrix}\begin{bmatrix}D(0)\\D(1)\\\vdots\\D(N-1)\end{bmatrix}+\begin{bmatrix}\tilde{z}(0)\\\tilde{z}(1)\\\vdots\\\tilde{z}(N-1)\end{bmatrix}\end{aligned} \tag{3-7-17}$$

其中，$\tilde{\boldsymbol{H}}=\boldsymbol{R}_{\text{CP}}\boldsymbol{H}_{\text{CP}}\boldsymbol{T}_{\text{CP}}$，$\boldsymbol{H}=\boldsymbol{W}_N\tilde{\boldsymbol{H}}\boldsymbol{W}_N^{\text{H}}$，$\tilde{\boldsymbol{z}}=\boldsymbol{W}_N\boldsymbol{R}_{\text{CP}}\boldsymbol{z}$，$\boldsymbol{R}_{\text{CP}}$为接收端去除循环前缀的操作；时域多径信道在第$k$个子载波上的频率响应$H(k)$为

$$H(k)=\sum_{l=0}^{L-1}h(l)\mathrm{e}^{-\mathrm{j}2\pi kl/N}$$

根据式（3-7-17），第k个子载波上的接收信号可以表示为

$$y(k)=H(k)D(k)+\tilde{z}(k),\qquad k=0,1,\cdots,N-1 \tag{3-7-18}$$

可以看出，通过加入CP，可以完全消除码间干扰ISI，并且OFDM将时域多径信道转化到频域后，对应的信道响应仅是一个复数，因此OFDM系统的信道估计和均衡非常简单。这也是OFDM技术抗多径衰落的根本原因所在。

根据以上分析，基于FFT的多载波通信系统的方框图如图3-7-5所示。

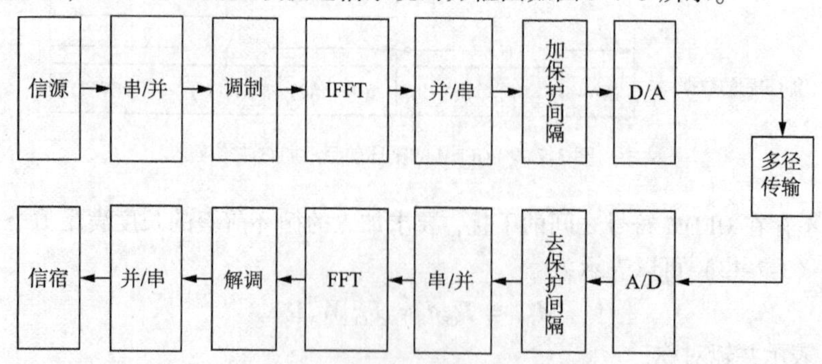

图3-7-5 OFDM的FFT实现

3.7.3 旋转因子正交性——频率不同步对 OFDM 系统的影响

OFDM频率同步

同步技术是任何一个通信系统都需要解决的实际问题，其性能直接关系到整个通信系统的性能。可以说，没有准确的同步算法，就不可能进行可靠的数据传输。对 OFDM 系统而言，其良好性能的基础是载波之间的正交性（即式（3-7-2）），然而，无线衰落信道的时变性会造成频率弥散，引起接收信号的频率偏移和相位跳变，进而导致各子载波间的正交性得不到保证，这将使接收的各载波信号产生相互干扰。对频率弥散性敏感是多载波方案的主要缺点之一，因此 OFDM 系统对于频率同步的要求相对于单载波系统要更高。下面讨论频率偏移对 OFDM 系统带来的干扰。

存在频率偏移时，得到的接收信号为

$$y(n)=\frac{1}{N}\sum_{l=0}^{N-1}D(l)H(l)\mathrm{e}^{\mathrm{j}2\pi n(l+\varepsilon)/N}+z(n) \tag{3-7-19}$$

其中，$H(l)$ 为第 l 个子信道的频率响应；ε 为相对频偏（即实际频偏与子载波频率间隔之比），频偏导致每个采样点上包含相位因子 $\mathrm{e}^{\mathrm{j}2\pi n\varepsilon/N}$。接收端对接收的信号做 N 点的 DFT，于是

$$\begin{aligned}
Y(k)=\mathrm{DFT}[y(n)]&=\sum_{n=0}^{N-1}y(n)\mathrm{e}^{-\mathrm{j}2\pi nk/N}\\
&=\sum_{n=0}^{N-1}\left[\frac{1}{N}\sum_{l=0}^{N-1}D(l)H(l)\mathrm{e}^{\mathrm{j}2\pi n(l+\varepsilon)/N}\right]\mathrm{e}^{-\mathrm{j}2\pi nk/N}+\frac{1}{N}\sum_{n=0}^{N-1}z(n)\mathrm{e}^{-\mathrm{j}2\pi nk/N}\\
&=\sum_{n=0}^{N-1}\left[\frac{1}{N}D(k)H(k)\mathrm{e}^{\mathrm{j}2\pi n(k+\varepsilon)/N}\right]\mathrm{e}^{-\mathrm{j}2\pi nk/N}+\sum_{n=0}^{N-1}\left[\frac{1}{N}\sum_{\substack{l=0\\k\neq l}}^{N-1}D(l)H(l)\mathrm{e}^{\mathrm{j}2\pi n(l+\varepsilon)/N}\right]\mathrm{e}^{-\mathrm{j}2\pi nk/N}+Z(k)\\
&=\frac{1}{N}D(k)H(k)\sum_{n=0}^{N-1}\mathrm{e}^{\mathrm{j}2\pi n\varepsilon/N}+\mathrm{ICI}_k+Z(k)\\
&=\frac{1}{N}D(k)H(k)\frac{\sin(\pi\varepsilon)}{\sin(\pi\varepsilon/N)}\mathrm{e}^{\mathrm{j}\frac{N-1}{N}\pi\varepsilon}+\mathrm{ICI}_k+Z(k)
\end{aligned} \tag{3-7-20}$$

其中，$Z(k)$ 为白噪声的 DFT 结果，且 OFDM 符号间干扰 ICI_k 为

$$\mathrm{ICI}_k=\sum_{n=0}^{N-1}\frac{1}{N}\sum_{\substack{l=0\\k\neq l}}^{N-1}D(l)H(l)\mathrm{e}^{\mathrm{j}2\pi n(l+\varepsilon-k)/N}$$

当无频偏（即 $\varepsilon=0$）时，ICI_k 为零。如果频率偏差是子载波间隔的 m（m 为整数）倍，则虽然子载波之间仍然能够保持正交，但是频域采样值已经偏移了 m 个子载波的位置，导致映射在 OFDM 频谱内的数据符号的误码率高达 0.5。如果载波偏差不是子载波间隔的整数倍，则子载波之间就会存在能量的“泄漏”而导致子载波之间的正交性遭到破坏，从而在子载波之间引起干扰，使得系统的误码率性能恶化。子载波的正交性（即旋转因子的正交性）直接影响 OFDM 系统的性能，因此，OFDM 系统频偏的估计和校正（即频率同步）是其关键问题。

3.7.4 DFT 性质的应用——OFDM 信号的峰均值比问题

OFDM信号大峰均值比问题（上）

正如前面所述，OFDM 信号是由多个不同频率、不同振幅的信号叠加而成的，因此，它具有大的峰均值比（peak-to-average power ratio，PAPR）。在具体实现时，要求系统必须采用具有大动态范围的线性高功率放大器，以保证 OFDM 输出信号的线性放大，这就增加了系统的造价和实现难度。为此，需要研究有效的 PAPR

降低方法，其中最主要的方法是多信号表示（multi-signal representation，MSR）方法。在此方法中，发送端产生包含同一信息的多个待选序列，从中选择具有最小 PAPR 的序列来发送，因此如何在较小运算量下产生尽可能多的待选序列是 MSR 方法的关键。

OFDM信号大峰均值比问题（下）

OFDM 信号的 PAPR 可表示为

$$\mathrm{PAPR}(d(n)) = 10\lg\frac{\max\{|d(n)|^2\}}{E\{|d(n)|^2\}}$$

其中，max（·）是取最大值，而 E｛·｝是计算均值。

假设存在 U 个独立的、长度为 N 的随机相位序列 $\boldsymbol{P}^{(\mu)} = [P_0^{(\mu)}, P_1^{(\mu)}, \cdots, P_{N-1}^{(\mu)}]$（$\mu = 1,\cdots,U$），其中 $P_k^{(\mu)} = \exp(\mathrm{j}\phi_k^{(\mu)})$（$k = 0,\cdots,N-1$），$\phi_k^{(\mu)}$ 在 $[0,2\pi)$ 内均匀分布（而通常 $\phi_k^{(\mu)}$ 从集合 $\{0,\pi/2,\pi,-\pi/2\}$ 中选取以降低运算量）。于是，利用这 U 个相位矢量分别与 $\boldsymbol{D}$ 相乘得到 $\boldsymbol{D}^{(\mu)} = [P_0^{(\mu)}D(0), P_1^{(\mu)}D(1),\cdots,P_{N-1}^{(\mu)}D(N-1)]$，然后将得到的 U 个频域序列 $\boldsymbol{D}^{(\mu)}$ 分别实施 IDFT 运算，即

$$\boldsymbol{d}^{(\mu)} = \mathrm{IDFT}\{\boldsymbol{D}^{(\mu)}\} = [d_0^{(\mu)}, d_1^{(\mu)},\cdots,d_{N-1}^{(\mu)}], \qquad \mu = 1,\cdots,U \tag{3-7-21}$$

最后从 U 个时域序列 $\boldsymbol{d}^{(\mu)}$ 中选择具有最小 PAPR 的序列用于传输。

上述 MSR 方法是在频域内进行的，需要进行多次额外的 IFFT 运算，因此它们的计算量很大。实际上，MSR 方法可以根据其相位序列的设计，得到时域 MSR 方法。假定相位序列具有周期性，即

$$\boldsymbol{P}^{(\mu)} = [\underbrace{\boldsymbol{B}^{(\mu)},\boldsymbol{B}^{(\mu)},\cdots,\boldsymbol{B}^{(\mu)}}_{N/V}], \qquad \mu = 1,\cdots,Q \tag{3-7-22}$$

其中，$\boldsymbol{B}^{(\mu)} = [B^{(\mu)}(1), B^{(\mu)}(2),\cdots,B^{(\mu)}(V)]$ 是长度为 V 的相位序列，记 $M = N/V$，因此 $\boldsymbol{P}^{(\mu)}$ 是周期为 V 的周期序列。根据 DFT 的时域循环卷积性质，式（3-7-21）可以表示为

$$\boldsymbol{d}^{(\mu)}(n) = d(n) \textcircled{N} p^{(\mu)}(n) \tag{3-7-23}$$

其中，$p^{(\mu)}(n)$ 为相位矢量 $\boldsymbol{P}^{(\mu)}$ 的 N 点 IDFT，即 $p^{(\mu)} = \mathrm{IDFT}\{\boldsymbol{P}^{(\mu)}\} = \{p^{(\mu)}(1), p^{(\mu)}(2),\cdots, p^{(\mu)}(V)\}$。Ⓝ 表示两序列的 N 点循环卷积。根据 DFT 的定义及具有周期结构的有限长度序列 DFT 性质，得到 $\boldsymbol{P}^{(\mu)}$ 的 N 点 IDFT 结果为

$$\begin{aligned} p^{(\mu)} = \mathrm{IDFT}\{\boldsymbol{P}^{(\mu)}\} &= \begin{cases} b^{(\mu)}(n/M), & n = 0, M, 2M, \cdots, (V-1)M \\ 0, & \text{其他} \end{cases} \\ &= \sum_{i=0}^{V-1} b^{(\mu)}(i)\delta(n-iM), \qquad n = 0,\cdots,N-1 \end{aligned} \tag{3-7-24}$$

其中，$b^{(\mu)}(n)$ 为相位矢量 $\boldsymbol{B}^{(\mu)}$ 的 V 点 IDFT，即 $b^{(\mu)} = \mathrm{IDFT}\{\boldsymbol{B}^{(\mu)}\} = \{b^{(\mu)}(1), b^{(\mu)}(2),\cdots,b^{(\mu)}(V)\}$。

式（3-7-24）说明 $p^{(\mu)}$ 的 N 点 IDFT 的结果 $p^{(\mu)}$ 中仅在 M 的整数倍采样点处有非零值 $b^{(\mu)}(i)$（其非零值的个数为 V），而在其他采样点处的值为零。于是，式（3-7-23）可进一步表示为

$$\begin{aligned} \boldsymbol{d}^{(\mu)}(n) = d(n) \textcircled{N} p^{(\mu)}(n) &= \sum_{i=0}^{V-1} b^{(\mu)}(i)[d(n) \textcircled{N} \delta(n-iM)] \\ &= \sum_{i=0}^{V-1} b^{(\mu)}(i)\{d((n-iM))_N R_N(n)\} \end{aligned} \tag{3-7-25}$$

其中 $\{d((n-iM))_N R_N(n)\}$ 为 $d(n)$ 延迟 iM 后的循环移位序列。可见，$d^{\mu}(n)$ 可以在一次 IDFT 的基础上，在时域内通过对 $b(i)$ 与 d（n）的循环移位序列的乘积进行加权求和得到。

可见，利用具有周期结构序列的 DFT 结果，可在时域内方便地生成待选序列，从而降低算法运算量。

3.7.5 奈奎斯特采样定理的应用——导频插入间隔以及导频图样

由式（3-7-18）可知，为了恢复出原始信号 $D(k)$，需要首先得到时域多径信道在第 k 个子载波上的频率响应 $H(k)$，于是，对式（3-7-18）等号两边同除以 $H(k)$（即信道均衡），得

$$y(k)/H(k) = D(k) + \tilde{z}(k)/H(k) \tag{3-7-26}$$

据此，可以实现对原始发送数据的判决，问题的关键是如何估计得到频率响应。在 OFDM 系统中，通常基于导频信号实现对信道的估计，因此在系统设计时就涉及导频的添加问题。

梳状导频是 OFDM 系统导频插入的一种典型方法，主要用于快衰落的无线信道中。梳状导频均匀分布于每个 OFDM 块中，且有更高的重传率，因此梳状导频在快衰落信道下估计的效果好。但是在梳状导频的情况下，非导频子载波上的信道特性只有根据对频率子载波上的信道特性的插值才能得到，所以这种导频方式对频率选择性衰落比较敏感。为了有效对抗频率选择性衰落，导频所在子载波间隔要求比信道的相关带宽要小很多。

由于信道的频率响应可以看作一个二维随机信号，插入导频实际可以看作进行二维采样。为了能够用插入的导频通过插值得到所有时频空间上子载波的信道估计值，插入导频的间隔必须满足奈奎斯特采样定理，即无失真恢复的采样间隔必须小于采样信号两倍带宽的倒数。为了不失真地还原频域信号，对应的时域延拓信号应不发生混叠失真，这就是需求时域的延拓周期 $1/(N_f\Delta F_c)$ 应小于最大时延扩展，即 $1/(N_f\Delta F_c) \geqslant \tau_{\max}$，得到

$$N_f \geqslant \frac{1}{\tau_{\max}}\Delta F_c \tag{3-7-27}$$

式中，N_f 为插入导频符号在频率方向的最小间隔（以子载波间隔 $\Delta F_c = 1/T_u$ 为单位归一化），$\tau_{\max}$ 指多径信道引起的最大时延扩展。

根据时域采样定理，为了不失真地还原时域信号，要求采样频率 $1/(N_tT)$ 应不小于信号带宽的 2 倍，即 $1/(N_tT) \geqslant 2f_{\mathrm{d}}$，化简得到

$$N_t \leqslant \frac{1}{2f_{\mathrm{d}}T} \tag{3-7-28}$$

其中，N_t 指插入导频符号在时域方向的最小间隔（以 OFDM 符号间隔 $T = T_g + T_u$ 为单位归一化），f_{d} 为由于移动台和基站之间的相对运动引起的多普勒频率，它能够反映出信道的时变速度。

实际系统中 N_t 和 N_f 只能取整数，即 $N_f \leqslant \left\lfloor \frac{1}{\tau_{\max}\Delta F_c} \right\rfloor$ 和 $N_t \leqslant \left\lfloor \frac{1}{2f_{\mathrm{d}}T} \right\rfloor$，因此，一帧中包含的所有导频符号总数为 N_{grid}。

$$N_{\mathrm{grid}} \leqslant \left\lfloor \frac{N}{N_f} \right\rfloor \left\lfloor \frac{N_s}{N_t} \right\rfloor \tag{3-7-29}$$

式中，N_s 为帧所包含的 OFDM 符号数。对于信道传输函数，比较好的采样还应该使时间采样率和频率轴的采样率平衡，即

$$f_{\mathrm{d}}TN_t \approx \frac{1}{2}\tau_{\max}\Delta F_c N_f \tag{3-7-30}$$

综上所述可知，由于在时域和频域都需要满足采样定理，所以如果能够知道信道在导频位置的频率响应值，就可以得到整个信道的所有频率响应值。

图 3-7-6 是按照正方形分布插入导频符号的例子。

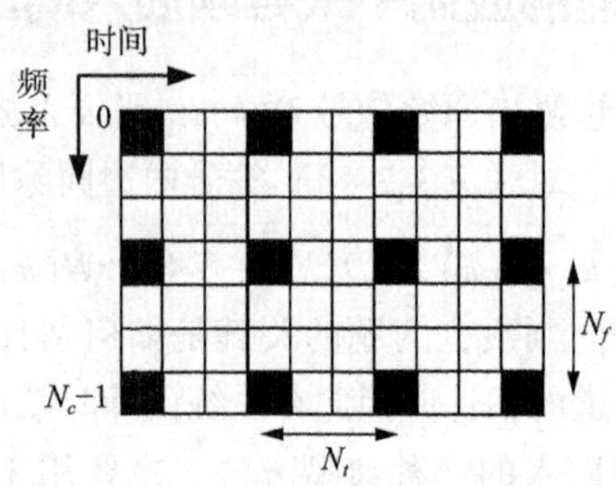

图 3-7-6　导频符号成正方形分布的 OFDM 符号帧结构

可见，如果系统的子载波间隔已经确定，那么信道的多普勒带宽越大、最大多径时延越大，需要的导频符号开销也就越大。

除了上面讨论的 DFT 在 OFDM 应用中的问题以外，DFT 在移动通信长期演进计划的信道量化方面也有重要的应用。例 3-7-1 中给出了 DFT 的在这方面的具体应用。

例 3-7-1　在 3GPP- LTE（long term evolution）系统中，尤其是在 FDD 模式下，eNode B（eNB）能否获得精确的信道状态信息（channel state information，CSI）对系统的性能影响相当大。如果用户终端（user equipment，UE）把全部的信息反馈给 eNB，就会浪费宝贵的系统资源。为解决此问题，3GPP 和研究者提出码本的概念，UE 和 eNB 均知道码本集合，用码本来量化信道信息，只须把码字索引反馈回 eNB，这样可以大大降低系统反馈量。根据以上描述和 LTE 系统背景，请基于 DFT 原理来设计码本。

解

关键点：①基于 DFT 原理设计码本；②保证码本矩阵是一个酉矩阵；③保证有限码本集可以尽量精确量化 CSI。

详细分析：对于一个任意的酉矩阵 $\boldsymbol{C}$，可以利用它作波束矩阵，对传输数据进行预编码，这样用户端将看到一个预编码后的 MIMO 信道 $\mathbf{HC}$。在引入波束矩阵 $\boldsymbol{C}$ 之后，并没有改变信道的香农容量，这是因为对于任何酉矩阵来说，$\det(\boldsymbol{C}) = 1, \det(\mathbf{HC}) = \det(\boldsymbol{H})$。在这里，本文采用一个预编码矩阵集合，从该集合中选择最优的预编码矩阵，可保证量化的精确性。

设计过程：假设用户 k 的码本集合为 $\boldsymbol{C} = \{\boldsymbol{C}^{(0)}, \cdots, \boldsymbol{C}^{(G-1)}\}$，其中 G 为码本大小，$G=2^B$。用户之间的码本独立生成。基于 DFT 的码本生成方法 $\boldsymbol{C}^{(g)} = [\boldsymbol{c}_0^{(g)}, \cdots, \boldsymbol{c}_{M-1}^{(g)}]$，其是第 g 个预编码矩阵，可保证预编码矩阵是一个酉矩阵，$\boldsymbol{c}_m^{(g)}$ 是该预编码矩阵中的第 m 个预编码向量：$\boldsymbol{c}_m^{(g)} = \dfrac{1}{\sqrt{M}}[w_{0m}^{(g)}, \cdots, w_{(M-1)m}^{(g)}]^{\mathrm{T}}$，其中每一个元素均基于傅里叶基生成，即 $w_{nm}^{(g)} = \exp\left\{\mathrm{j}\dfrac{2\pi n}{M}\left(m + \dfrac{g}{G}\right)\right\}$。

举例说明如下。

例子 1　考虑多输入多输出（MIMO，Multiple Input Multiple Output）系统中传输天线为 $M=2$，码本大小为 $G=2$，则基于以上过程设计出 DFT 码本如下

$$\boldsymbol{C} = \{\boldsymbol{C}^{(1)}, \boldsymbol{C}^{(2)}\}$$

$$\begin{cases} \boldsymbol{C}^{(1)} = \dfrac{1}{\sqrt{2}}\begin{bmatrix} 1 & 1 \\ 1 & -1 \end{bmatrix} \\ \boldsymbol{C}^{(2)} = \dfrac{1}{\sqrt{2}}\begin{bmatrix} 1 & 1 \\ \mathrm{j} & -\mathrm{j} \end{bmatrix} \end{cases}$$

例子 2　考虑 MIMO 系统中传输天线为 $M=4$，码本大小为 $G=2$，则基于以上过程设计出 DFT 码本如下

$$\boldsymbol{C} = \{\boldsymbol{C}^{(1)}, \boldsymbol{C}^{(2)}\}$$

$$\boldsymbol{C}^{(1)} = \frac{1}{\sqrt{4}}\begin{bmatrix} 1 & 1 & 1 & 1 \\ 1 & \mathrm{e}^{\mathrm{j}\pi/2} & \mathrm{e}^{\mathrm{j}\pi} & \mathrm{e}^{\mathrm{j}3\pi/2} \\ 1 & \mathrm{e}^{\mathrm{j}\pi} & \mathrm{e}^{\mathrm{j}2\pi} & \mathrm{e}^{\mathrm{j}3\pi} \\ 1 & \mathrm{e}^{\mathrm{j}3\pi/2} & \mathrm{e}^{\mathrm{j}3\pi} & \mathrm{e}^{\mathrm{j}9\pi/2} \end{bmatrix} = \frac{1}{\sqrt{4}}\begin{bmatrix} 1 & 1 & 1 & 1 \\ 1 & \mathrm{j} & -1 & -\mathrm{j} \\ 1 & -1 & 1 & -1 \\ 1 & -\mathrm{j} & -1 & \mathrm{j} \end{bmatrix}$$

$$\boldsymbol{C}^{(2)} = \frac{1}{\sqrt{4}}\begin{bmatrix} 1 & 1 & 1 & 1 \\ \mathrm{e}^{\mathrm{j}\pi/4} & \mathrm{e}^{\mathrm{j}3\pi/4} & \mathrm{e}^{\mathrm{j}5\pi/4} & \mathrm{e}^{\mathrm{j}7\pi/4} \\ \mathrm{e}^{\mathrm{j}\pi/2} & \mathrm{e}^{\mathrm{j}3\pi/2} & \mathrm{e}^{\mathrm{j}5\pi/4} & \mathrm{e}^{\mathrm{j}7\pi/2} \\ \mathrm{e}^{\mathrm{j}3\pi/4} & \mathrm{e}^{\mathrm{j}9\pi/4} & \mathrm{e}^{\mathrm{j}15\pi/4} & \mathrm{e}^{\mathrm{j}21\pi/4} \end{bmatrix}$$

$$= \frac{1}{\sqrt{4}}\begin{bmatrix} 1 & 1 & 1 & 1 \\ \frac{1}{\sqrt{2}}(1+\mathrm{j}) & \frac{1}{\sqrt{2}}(-1+\mathrm{j}) & \frac{1}{\sqrt{2}}(-1-\mathrm{j}) & \frac{1}{\sqrt{2}}(1-\mathrm{j}) \\ \mathrm{j} & -\mathrm{j} & \mathrm{j} & -\mathrm{j} \\ \frac{1}{\sqrt{2}}(-1+\mathrm{j}) & \frac{1}{\sqrt{2}}(1+\mathrm{j}) & \frac{1}{\sqrt{2}}(1-\mathrm{j}) & \frac{1}{\sqrt{2}}(-1-\mathrm{j}) \end{bmatrix}$$

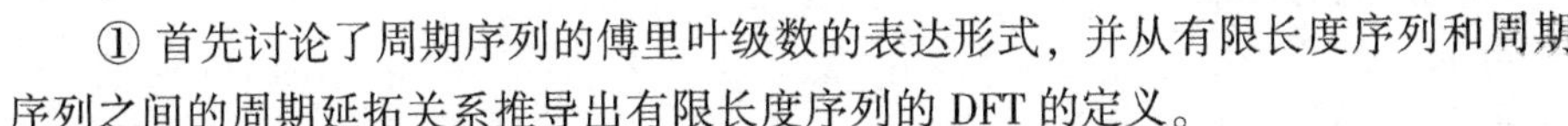

3.8　本章小结

第3章复习

本章主要讨论有限长度序列的 DFT，整个内容属于数字信号处理课程的核心内容。

① 首先讨论了周期序列的傅里叶级数的表达形式，并从有限长度序列和周期序列之间的周期延拓关系推导出有限长度序列的 DFT 的定义。

② 对 DFT 常见的性质进行讨论，从 DFT 与 ZT、DTFT 的关系的讨论中，介绍了 DFT 的物理含义。

③ 介绍了 DFT 在信号频谱分析中的应用、对实际信号进行频谱分析时需要注意的问题；同时也给出了 DFT 在现代通信系统中的应用实例。内容安排和学习思路如图 3-8-1 所示。

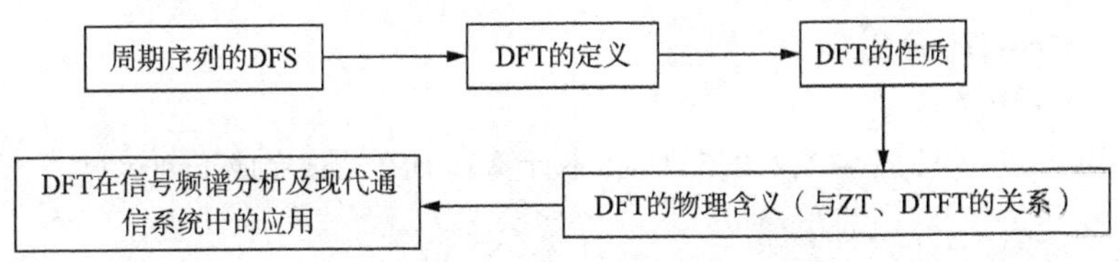

图 3-8-1　第 3 章内容安排和学习思路

需要强调的是，在学习本章的过程中，特别要注意 DFT 的隐含周期性。DFT 的隐含周期性使得有限长度序列的移位是循环移位，因此在很多情况下，对序列的运算通常需要循环移位并取主值序列。

信号的各种变换已经介绍完毕。到目前为止，我们学过连续时间傅里叶变换（CTFT）、连续信号的傅里叶级数（FS）、拉普拉斯变换（LT）、离散时间傅里叶变换（DTFT）、Z 变换（ZT）、离散傅里叶级数（DFS）及离散傅里叶变换（DFT）。图 3-8-2 梳理了各种变换之间的关系。

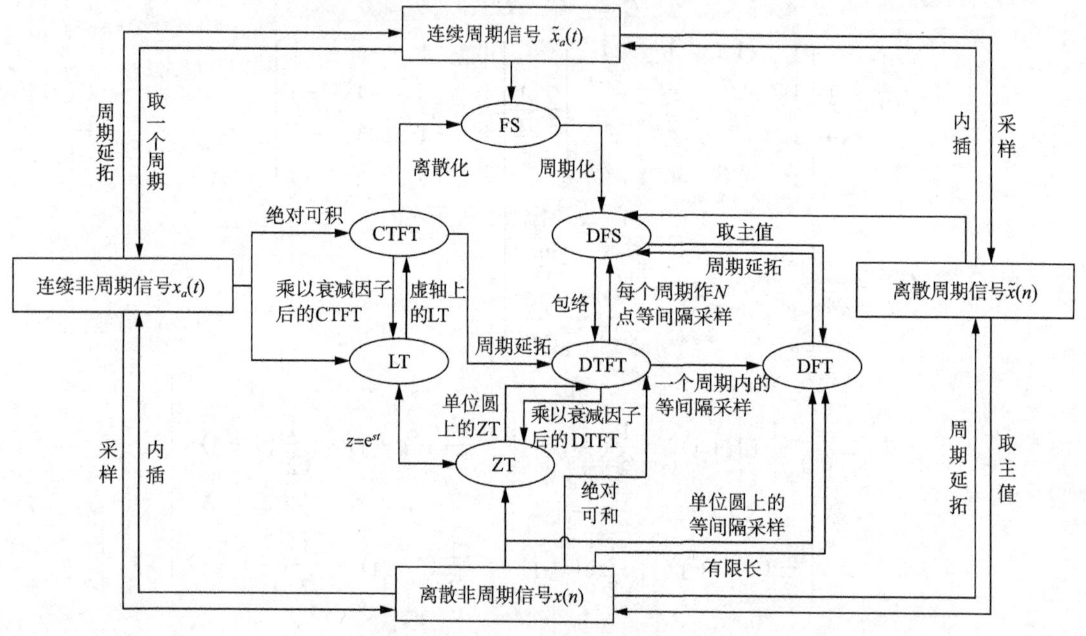

图 3-8-2　各种变换之间的关系

习题 3

【3-1】 求下列常用序列的 N 点 DFT：

(1) $x_1(n) = \delta(n)$；

(2) $x_2(n) = \delta(n-n_0)$，$0<n_0<N$；

(3) $x_3(n) = a^n$，$0 \leqslant n \leqslant (N-1)$；

(4) $x_4(n) = u(n) - u(n-n_0)$，$0<n_0<N$；

(5) $x_5(n) = 1$，$0 \leqslant n \leqslant (N-1)$；

(6) $x_6(n) = e^{j\frac{2\pi}{N}mn}$，$0<m<N$；

(7) $x_7(n) = \cos(\omega_0 n)R_N(n)$；

(8) $x_8(n) = n^2 R_N(n)$。

【3-2】 已知 $x(n) = \{\underline{1}, -3, 2, 0, 5, 3\}$，不计算其 DFT，试完成下列运算。

(1) $X(0)$；　　(2) $\sum_{k=0}^{5} X(k)$；

(3) $X(3)$；　　(4) $\sum_{k=0}^{5} |X(k)|^2$。

【3-3】 已知 $X(k) = \text{DFT}[x(n)] = \{\underline{1},2,3,4\}$，利用 DFT 的性质求出下列序列的 DFT。

(1) $x_1(n) = x((n-2))_4 R_4(n)$；

(2) $x_2(n) = x^*(n)$；

(3) $x_3(n) = x((-n))_4 R_4(n)$；

(4) $x_4(n) = x^*((-n))_4 R_4(n)$；

(5) $x_5(n) = \mathrm{e}^{\mathrm{j}\frac{n\pi}{2}} x(n)$；

(6) $x_6(n) = x((n+2))_4 R_4(n)$；

(7) $x_7(n) = x^2(n)$；

(8) $x_8(n) = (-1)^n x(n)$；

(9) $x_9(n) = x(n) \otimes x(n)$，循环卷积的点数为 4。

【3-4】 记 $x(n)$ 的 N 点 DFT 为 $X(k)$，则 $X(k)$ 本身也是一个长度为 N 的序列。若计算 $X(k)$ 的 DFT 得到序列 $x_1(n)$，即 $x_1(n) = \text{DFT}[X(k)] = \sum_{k=0}^{N-1} X(K) W_N^{kn}$，则请证明：$x_1(n) = Nx(N-n)$。

【3-5】 如果 $\tilde{x}(n)$ 是一个周期为 N 的周期序列，则它也是周期为 $2N$ 的周期序列。已知 $\text{DFT}[\tilde{x}(n)R_N(n)] = X_1(k), k = 0,\cdots,N-1$，试用 $X_1(k)$ 表示出序列 $\tilde{x}(n)R_{2N}(n)$ 的 DFT。

【3-6】 已知 $x(n)$ 是长度为 N 的有限长度序列，$X(k) = \text{DFT}[x(n)]$，在序列尾部补 N 个零值，得到序列

$$y(n) = \begin{cases} x(n), & n = 0,\cdots,N-1 \\ 0, & n = N,\cdots,2N-1 \end{cases}$$

试求 $Y(k) = \text{DFT}[y(n)]$ 与 $X(k)$ 的关系。

【3-7】 已知 $x(n)$ 是长度为 N 的有限长度序列，$X(k) = \text{DFT}[x(n)]$，在序列前部补 N 个零值，得到序列

$$y(n) = \begin{cases} 0, & n = 0,\cdots,N-1 \\ x(n), & n = N,\cdots,2N-1 \end{cases}$$

试求 $Y(k) = \text{DFT}[y(n)]$ 与 $X(k)$ 的关系。

【3-8】 已知 $x(n)$ 是长度为 N 的有限长度序列，$X(k) = \text{DFT}[x(n)]$，在每两点之间插入一个零值，得到序列

$$y(n) = \begin{cases} x(n/2), & n\text{为偶数} \\ 0, & n\text{为奇数} \end{cases}$$

试求 $Y(k) = \text{DFT}[y(n)]$ 与 $X(k)$ 的关系。

【3-9】 已知 $X(k)$，求其对应的离散傅里叶逆变换 $\text{IDFT}[X(k)]$。

(1) $X(k) = \begin{cases} \dfrac{N}{2}\mathrm{e}^{-\mathrm{j}\theta}, & k = m \\ 0, & \text{其他} \\ \dfrac{N}{2}\mathrm{e}^{\mathrm{j}\theta}, & k = N-m \end{cases}$

(2) $X(k) = \begin{cases} -\mathrm{j}\dfrac{N}{2}\mathrm{e}^{\mathrm{j}\theta}, & k = m \\ 0, & \text{其他} \\ \mathrm{j}\dfrac{N}{2}\mathrm{e}^{-\mathrm{j}\theta}, & k = N-m \end{cases}$

其中，m 为正整数，$0 \leqslant m \leqslant N/2$ 。

【3-10】 已知 $x(n)$ 是长度为 8 的序列，对其作尾部补零处理，若已知其 32 点 DFT 可以表示为 $\{X_0, X_1, \cdots, X_{31}\}$ ，试确定该序列的 16 点和 8 点的 DFT 结果。

【3-11】 已知 $x(n) = n$ ，试绘出下列序列的图形。

(1) $x((n))_5$ ；

(2) $x((-n))_5$ ；

(3) $x((n-2))_5$ ；

(4) $x((2-n))_5$ ；

(5) $x((n-2))_5 R_5(n)$ ；

(6) $x((2-n))_5 R_5(n)$ 。

【3-12】 令 $X(k)$ 为 N 点序列 $x(n)$ 的 N 点 DFT。

(1) 证明：若 $x(n)$ 满足奇对称关系，即

$$x(n) = -x(N-1-n)$$

则 $X(0) = 0$ 。

(2) 证明：若 N 为偶数，且 $x(n)$ 满足偶对称关系，即

$$x(n) = x(N-1-n)$$

则 $X(N/2) = 0$ 。

(3) 证明：若 N 为偶数，即 $N = 2M$ ，且 $x(n)$ 满足下列关系

$$x(n) = -x(n+M)$$

则 $X(2l) = 0, (0 \leqslant l \leqslant M)$ 。

(4) 证明：若 N 为偶数，即 $N = 2M$ ，且 $x(n)$ 满足下列关系

$$x(n) = x(n+M)$$

则 $X(2l+1) = 0, (0 \leqslant l < M)$ 。

【3-13】 证明：

(1) 若 $x(n)$ 为实偶对称序列，即 $x(n) = x(N-n)$ ，则 $X(k)$ 也为实偶对称；

(2) 若 $x(n)$ 为实奇对称序列，即 $x(n) = -x(N-n)$ ，则 $X(k)$ 是纯虚数并为奇对称。

【3-14】 $x(n)$ 是长度为 N 的有限长度序列，其 N 点 DFT 为 $X(k)$ ，$x_{\mathrm{ep}}(n)$ 、$x_{\mathrm{op}}(n)$ 分别为 $x(n)$ 的共轭对称序列和共轭反对称序列，即

$$x_{\mathrm{ep}}(n) = x_{\mathrm{ep}}^*(N-n) = \frac{1}{2}[x(n) + x^*(N-n)]$$

$$x_{\mathrm{op}}(n) = -x_{\mathrm{op}}^*(N-n) = \frac{1}{2}[x(n) - x^*(N-n)]$$

证明：

$$\mathrm{DFT}[x_{\mathrm{ep}}(n)] = \mathrm{Re}[X(k)],\ \mathrm{DFT}[x_{\mathrm{op}}(n)] = \mathrm{jIm}[X(k)] 。$$

【3-15】 已知 $x(n)$ 是长度为 N 的有限长度序列，其 N 点 DFT 为 $X(k)$ ，试确定下列序列相应点数的 DFT。

(1) $x_1(n) = x(n) + x(n+N/2)$ （$N/2$ 点）；

(2) $x_2(n) = [x(n) - x(n+N/2)]W_N^n$ （$N/2$ 点）；

(3) $x_3(n) = x(N-1-n)$ （N 点）；

(4) $x_4(n) = x(2n)$ （$N/2$ 点）；

(5) $x_5(n) = x(2n+1)$ （$N/2$ 点）；

(6) $x_6(n)=\begin{cases}x(n/2), & N\text{为偶数};\\ 0, & N\text{为奇数};\end{cases}$ (2N 点);

(7) $x_7(n)=\begin{cases}x(n), & 0\leqslant n\leqslant(N-1);\\ x(n-N), & N\leqslant n\leqslant(2N-1);\end{cases}$ (2N 点);

(8) $x_8(n)=\alpha x((n-m_1))_N+\beta x((n-m_2))_N$，其中 α,β 为常数，m_1,m_2 为小于 N 的整数（N 点）;

(9) $x_9(n)=(-1)^n x(n)$ （N 点）。

【3-16】 已知 $x(n)$ 是长度为 N 的有限长实序列，其 N 点 DFT 为 $X(k)$，$0\leqslant k\leqslant(N-1)$。

证明：(1) $X(N-k)=X^*(k)$；

(2) $X(0)$ 为实数；

(3) 若 N 为偶数，则 $X(N/2)$ 为实数。

【3-17】 假定 $G(k)$ 和 $H(k)$ 分别是长度为 7 的序列 $g(n)$ 和 $h(n)$ 的 7 点 DFT。

(1) 若 $G(k)=\{\underline{1+2j},-2+3j,-1-2j,0,8+4j,-3+j,2+j5\}$，且 $h(n)=g((n-3))_7$，不通过 DFT 计算，试确定 $H(k)$（$0\leqslant k\leqslant 6$）。

(2) 若 $g(n)=\{\underline{-3.1},2.4,4.5,-6,1,-3,7\}$，且 $H(k)=G((k-4))_7$，不通过 IDFT 计算，试确定 $h(n)$（$0\leqslant k\leqslant 6$）。

【3-18】 设实序列 $x(n)$ 的长度为 14，其 14 点 DFT 用 $X(k)(0\leqslant k\leqslant 13)$ 表示，且 $X(k)$ 的前 8 个值分别为 $X(0)=12,X(1)=-1+3j,X(2)=3+4j,X(3)=1-5j,X(4)=-2+2j,X(5)=6+3j,X(6)=-2-3j,X(7)=10$。试确定 $X(k)$ 在其他频率点上的值。同时，不通过计算 $X(k)$ 的 IDFT，确定下列值。

(1) $x(0)$；　(2) $x(7)$；　(3) $\sum_{n=0}^{13}x(n)$；

(4) $\sum_{n=0}^{13}e^{-j\frac{4\pi n}{7}}x(n)$；　(5) $\sum_{n=0}^{13}|x(n)|^2$。

【3-19】 证明离散相关定理：

若 $X(k)=X_1^*(k)X_2(k)$，则下式成立。

$$x(n)=\mathrm{IDFT}[X(k)]=\sum_{m=0}^{N-1}x_1(m)x_2((m+n))_N R_N(n)$$

【3-20】 证明频域循环卷积定理：

若 $x(n)=x_1(n)x_2(n)$，则下式成立。

$$X(k)=\mathrm{DFT}[x(n)]=\frac{1}{N}\sum_{l=0}^{N-1}X_1(l)X_2((k-l))_N R_N(k)$$

【3-21】 已知 $x(n)$ 是长度为 N 的有限长度序列，且 $X(k)=\mathrm{DFT}[x(n)]$，$0\leqslant k\leqslant(N-1)$，试证明：

(1) $\mathrm{DFT}[x(N-n)]=X((-k))_N R_N(k)$；

(2) $\mathrm{DFT}[x^*(N-n)]=X^*(k)$。

【3-22】 设有一频谱分析用的信号处理器，采样点数必须为 2 的整数幂，要求达到的频谱分辨率小于或等于 10Hz，若采用的采样间隔为 0.1ms，试确定：

(1) 最小记录长度；

(2) 所允许处理信号的最高频率；

(3) 在一个记录中的最小点数。

【3-23】 设 $x(n)=a^{n}u(n)$，$|a|<1$。现在对序列 $x(n)$ 的 Z 变换 $X(z)$ 在单位圆上进行等间隔采样，采样值为

$$X(k)=X(z)|_{z=W_N^{-k}},0\leqslant k\leqslant(N-1)$$

试求 $x_1(n)=\text{IDFT}[X(k)]$，并讨论 $x(n)$ 和 $x_1(n)$ 的关系，以及采样点数 N 对其的影响。

【3-24】 用20kHz的采样率对最高频率为10kHz的带限信号进行采样，然后利用公式 $X(k)=\text{DFT}[x(n)]=\sum_{n=0}^{N-1}x(n)W_N^{kn},0\leqslant k\leqslant(N-1)$ 计算 $x(n)$ 的1000点DFT。求：

（1）DFT的频谱采样点之间的间隔是多少？

（2）$k=150$ 时，对应的模拟频率是多少？

第4章

快速傅里叶变换

本章给出了 DFT 的快速算法，重点介绍基 2 的 FFT 算法及其应用，知识导图如图 4-0-1 所示。

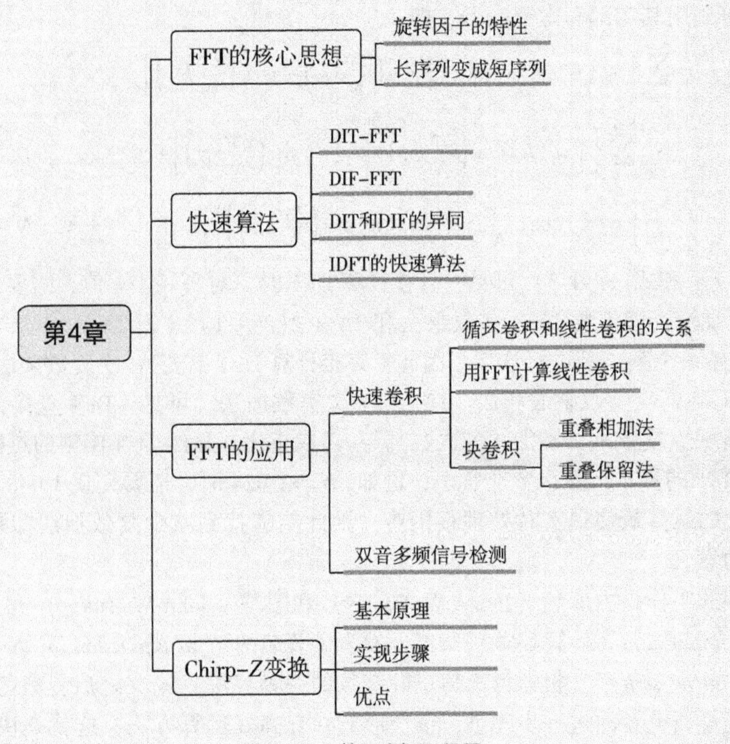

图 4-0-1　第 4 章知识导图

有限长度序列的 DFT 实现了对序列傅里叶变换的频域采样，从而实现了信号在频域的离散化，为利用计算机进行有限长度序列频谱分析铺平了道路。同时，由前面的介绍已经看到 DFT 在信号的频谱分析、现代通信系统等领域的应用，而且本章及以后的章节也将进一步介绍 DFT 的有关应用，如线性卷积的快速运算，系统的分析、设计与实现等。要利用 DFT，就必须考虑 DFT 的高速、有效的实现方法。本章将对该问题进行相应的讨论。

4.1 DFT 运算量

4.1.1 直接计算 DFT 运算量的考虑

DFT 及其逆变换的定义式为

$$X(k) = \mathrm{DFT}[x(n)] = \sum_{n=0}^{N-1} x(n) W_N^{kn}, \qquad 0 \leqslant k \leqslant (N-1) \tag{4-1-1}$$

$$x(n) = \mathrm{IDFT}[X(k)] = \frac{1}{N}\sum_{k=0}^{N-1} X(k) W_N^{-kn}, \qquad 0 \leqslant n \leqslant (N-1) \tag{4-1-2}$$

其中，旋转因子为 $W_N^k = \mathrm{e}^{-\mathrm{j}\frac{2\pi}{N}k}$。一般情况下，序列 $x(n)$ 和 $X(k)$ 均为复数，将式（4-1-1）中的 $x(n)$ 和 $X(k)$ 分别用其实部和虚部表示，即

$$\begin{aligned} X(k) &= \sum_{n=0}^{N-1}[x_{\mathrm{R}}(n) + \mathrm{j}x_{\mathrm{I}}(n)]\left[\cos\left(\frac{2\pi}{N}kn\right) - \mathrm{j}\sin\left(\frac{2\pi}{N}kn\right)\right] \\ &= \sum_{n=0}^{N-1}\left\{\left[x_{\mathrm{R}}(n)\cos\left(\frac{2\pi}{N}kn\right) + x_{\mathrm{I}}(n)\sin\left(\frac{2\pi}{N}kn\right)\right] + \right. \\ &\quad \left. \mathrm{j}\left[x_{\mathrm{I}}(n)\cos\left(\frac{2\pi}{N}kn\right) - x_{\mathrm{R}}(n)\sin\left(\frac{2\pi}{N}kn\right)\right]\right\}, \qquad 0 \leqslant k \leqslant (N-1) \end{aligned} \tag{4-1-3}$$

由式（4-1-1）和式（4-1-3）可见，直接计算 DFT 时，对每一个 k 值，需要 N 次复数乘法和（$N-1$）次复数加法，即需要 $4N$ 次实数乘法和 $2N+2(N-1)=2(2N-1)$ 次实数加法。由于 $X(k)$ 需要对所有 N 个频点都进行计算，因此，直接计算 DFT 需要 N^2 次复数乘法和 $N(N-1)$ 次复数加法，也即，$4N^2$ 次实数乘法和 $2N(2N-1)$ 次实数加法。可见，DFT 直接计算的运算量与 DFT 的长度 N 有关，复数乘法和加法的次数都与 N^2 成正比。显然，当 DFT 的点数 N 较大时，直接计算 DFT 所要求的算术运算次数非常多，例如，$N=1\,024$ 时，需要完成 1 048 576 次复数乘法运算，这样巨大的运算量使得实时处理很困难，因此能够找到减少复数加法和乘法次数的运算方法将有重要的意义。

这一开创性的工作是由库利（James W. Cooley）和图基（John W. Tukey）在 1965 年完成的。他们在 Math. Computation（计算数学）杂志上发表了著名的“*An algorithm for the machine calculation of complex Fourier series*”（机器计算傅里叶级数的一种算法）论文之后，桑德-图基等快速算法相继出现，经过研究者的进一步改进，很快形成一套高效运算方法，这就是快速傅里叶变换，简称 FFT（fast fourier transform）。在这些 FFT 中，充分考虑了旋转因子的对称性、周期性，从而使 DFT 的运算量减少了几个数量级。实际上，在数字信号处理中，DFT 起着如此重要的作用，其原因之一就是存在高效的 DFT 计算方法。

FFT 不是一种新的变换，而仅是 DFT 的一种快速实现方法，但它的提出使原来运算量极大的运算有可能在较短的时间内完成，于是，许多算法能够实时实现，因此，FFT 的提出被认为是数字信号处理发展的一个里程碑，而数字信号处理这门新兴学科也随 FFT 的出现和发展而迅速发展。

4.1.2 影响运算量的因素及解决方案

下面，首先分析影响 DFT 运算量的因素，并针对这些因素，研究相应的对策，以降低 DFT

运算量，得到 FFT 算法。

由式（4-1-1）可见，在 DFT 的定义中，N 项级数求和涉及的两个因素为旋转因子 W_N^k 和序列 $x(n)$ 本身，因此，为了降低运算量，只能从这两个因素入手。

1. 旋转因子 W_N^k 的性质

首先，旋转因子（twiddle factor）W_N^k 具有对称性和周期性，即

$$(W_N^n)^* = W_N^{-n} = W_N^{(N-n)} \tag{4-1-4}$$

$$W_N^n = W_N^{n+lN}, W_N^k = W_N^{k+lN}, \quad l,k\text{ 为任意整数} \tag{4-1-5}$$

式（4-1-4）为旋转因子的对称性，式（4-1-5）为旋转因子的周期性，其中，式（4-1-5）在说明 DFT 的隐含周期性时已被用到。实际上，利用旋转因子的定义，还可得到以下一些简单的结论：

$$W_N^{N/2} = e^{-j\frac{2\pi}{N}\frac{N}{2}} = -1 \tag{4-1-6}$$

于是

$$W_N^{\frac{N}{2}k} = e^{-j\frac{2\pi}{N}\frac{N}{2}k} = (-1)^k = \begin{cases} 1, & k\text{ 为偶数} \\ -1, & k\text{ 为奇数} \end{cases} \tag{4-1-7}$$

$$W_{mN}^k = e^{-j\frac{2\pi}{mN}k} = e^{-j\frac{2\pi}{N}\frac{k}{m}} = W_N^{\frac{k}{m}} \tag{4-1-8}$$

在下面的内容中，将会发现，这些性质可以合并一些运算项，同时，也为把长序列 DFT 分解为短序列 DFT 提供了可能，从而达到降低 DFT 运算量的目的。

2. 序列 x（n）本身

$x(n)$ 是待分析的信号，它的性质随信号的不同而不同。然而，在上面的讨论中，已经发现直接计算 DFT 的运算量与 N^2 成正比，因此，可以将原始的长序列通过一定方式进行分段，计算短序列的 DFT，从而回避了直接对长序列进行 DFT 计算，以期降低运算量，当然，最后还需要将短序列 DFT 通过一定的方式进行合并，得到原始序列的 DFT。可以想象，根据序列分段的方法不同，会有不同的 FFT 算法，其中主要有按时间抽取的快速傅里叶变换（decimation in time-FFT，DIT-FFT）和按频率抽取的快速傅里叶变换（decimation in frequency-FFT，DIF-FFT）。一般来说，选择序列长度 N 为许多较小因子 r_k 的乘积，即 $N = r_1 r_2 \cdots r_m$，m 为整数，当这些因子相等时，可以得到更有用的选择 $N = r^m$，因子 r 被称为基。通常，选择 $r = 2$，$N = 2^m$，即要求待分析的信号长度为 2^m（若实际信号长度不满足该条件，则可通过信号尾部补零的方式得到 2^m 个点的序列)，故这里将要讨论的算法为基 2 DIT-FFT 算法和基 2 DIF-FFT 算法。

除了上述的两个因素外，在通用的计算机或专用的硬件实现 FFT 的过程中，还需要为输入序列、输出序列、旋转因子和中间的计算结果等分配存储空间。算法所需的存储空间越小，算法的效率越高。而要讨论的许多 FFT 算法可以通过所谓的“原址运算”实现在同一存储单元中保存输入数据、中间结果和最终的 DFT 结果，从而达到减少所需的存储空间、提高算法效率的目的。

4.2 基 2 按时间抽取的快速傅里叶变换

为了显著提高运算效率，必须将较长的序列分解成短的序列，在分解过程中，充分利用旋转因子的周期性和对称性。当对序列的分解在时域中进行时，相应的算法为 DIT-FFT。当然，此处

只考虑 $N=2^m$ 的情况。

4.2.1 基 2 DIT-FFT 的基本原理

首先将长度为 N 的序列 $x(n)(0\leqslant n\leqslant(N-1))$ 在时域中分为偶数点序列 $x_1(n)\left(0\leqslant n\leqslant\left(\frac{N}{2}-1\right)\right)$ 和奇数点序列 $x_2(n)\left(0\leqslant n\leqslant\left(\frac{N}{2}-1\right)\right)$，即

$$x_1(n)=x(2n),\qquad 0\leqslant n\leqslant\left(\frac{N}{2}-1\right)\tag{4-2-1}$$

$$x_2(n)=x(2n+1),\qquad 0\leqslant n\leqslant\left(\frac{N}{2}-1\right)\tag{4-2-2}$$

得

$$\begin{aligned}
X(k)&=\sum_{n=0}^{N-1}x(n)W_N^{kn}=\sum_{\substack{n=0\\n=\text{偶数}}}^{N-1}x(n)W_N^{kn}+\sum_{\substack{n=0\\n=\text{奇数}}}^{N-1}x(n)W_N^{kn}\\
&=\sum_{r=0}^{(N/2)-1}x(2r)W_N^{2kr}+\sum_{r=0}^{(N/2)-1}x(2r+1)W_N^{k(2r+1)}\\
&=\sum_{r=0}^{(N/2)-1}x_1(r)W_N^{2kr}+W_N^k\sum_{r=0}^{(N/2)-1}x_2(r)W_N^{2kr}\\
&=\sum_{r=0}^{(N/2)-1}x_1(r)W_{N/2}^{kr}+W_N^k\sum_{r=0}^{(N/2)-1}x_2(r)W_{N/2}^{kr}
\end{aligned}$$

在最后一个等号中直接应用式（4-1-8）。若 $x_1(n)$ 和 $x_2(n)$ 的 $N/2$ 点 DFT 分别用 $X_1(k)$ 和 $X_2(k)$ 表示，即

$$X_1(k)=\sum_{r=0}^{(N/2)-1}x_1(r)W_{N/2}^{rk}=\text{DFT}[x_1(n)],\qquad 0\leqslant k\leqslant\left(\frac{N}{2}-1\right)$$

$$X_2(k)=\sum_{r=0}^{(N/2)-1}x_2(r)W_{N/2}^{rk}=\text{DFT}[x_2(n)],\qquad 0\leqslant k\leqslant\left(\frac{N}{2}-1\right)$$

故，$X(k)$ 可表示为

$$X(k)=X_1(k)+W_N^kX_2(k),\qquad 0\leqslant k\leqslant\left(\frac{N}{2}-1\right)\tag{4-2-3}$$

由于 $X_1(k)$ 和 $X_2(k)$ 分别为偶数点序列和奇数点序列的 $N/2$ 点 DFT，所以，利用式（4-2-3）仅能确定 $X(k)$ 的前 $N/2$ 点的值。由于 $X(k)$ 共有 N 个点，要用 $X_1(k)$ 和 $X_2(k)$ 得出完整的 $X(k)$，还必须利用 DFT 的循环周期性，以及旋转因子的周期性与对称性。

由 DFT 的循环周期性，有

$$X_1\left(\frac{N}{2}+k\right)=X_1(k),\qquad 0\leqslant k\leqslant\left(\frac{N}{2}-1\right)$$

$$X_2\left(\frac{N}{2}+k\right)=X_2(k),\qquad 0\leqslant k\leqslant\left(\frac{N}{2}-1\right)$$

将上述两式代入式（4-2-3），得

$$\begin{aligned}
X\left(k+\frac{N}{2}\right)&=X_1\left(k+\frac{N}{2}\right)+W_N^{k+\frac{N}{2}}X_2\left(k+\frac{N}{2}\right)\\
&=X_1\left(k+\frac{N}{2}\right)+W_N^kW_N^{\frac{N}{2}}X_2\left(k+\frac{N}{2}\right)\\
&=X_1(k)-W_N^kX_2(k),\qquad k=0,\cdots,\frac{N}{2}-1
\end{aligned}\tag{4-2-4}$$

最后一个等号中应用到了式（4-1-6），即 $W_N^{\frac{N}{2}} = e^{-j\frac{2\pi}{N}\frac{N}{2}} = -1$ 。

根据式（4-2-3）和式（4-2-4）分别表示出 $X(k)$ 的前 $N/2$ 和后 $N/2$ 部分，因此，二者可以完整地表示 $X(k)$ ，即通过两个 $N/2$ 点 DFT 得到 N 点序列 DFT。为了更清晰地看出信号的运算关系，式（4-2-3）和式（4-2-4）也可以用图形（如图 4-2-1）的方式表示，并称之为算法流图。根据图 4-2-1 的形状，称其为 DIT-FFT 的蝶形运算图（butterfly operation graph，简称蝶形图）；相应地，式（4-2-3）和式（4-2-4）称为 DIT－FFT 的蝶形运算。在实际的信号流图中，约定右上角和右下角的输出分别为进行加法和减法运算的结果。

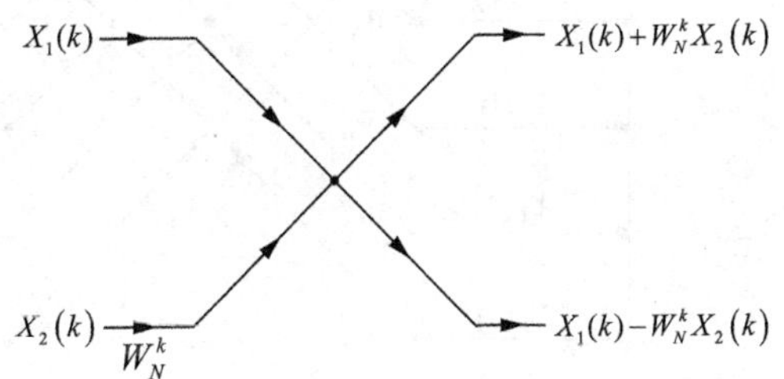

图 4-2-1 DIT-FFT 的蝶形图

可见，利用旋转因子的周期性与对称性，长度为 N 的序列的 DFT 可借助两个 $N/2$ 点序列的 DFT 和蝶形运算实现，使运算过程大为简化。

通过对该流图进行观察发现，基本的 DIT-FFT 蝶形图是双输入、双输出的系统，且输入、输出均为频域数值：即先对偶、奇点序列进行 DFT，然后将其 DFT 结果作为蝶形图的输入，蝶形运算的输出为最终的 $X(k)$ ；同时，DIT-FFT 蝶形图运算的特点是先对 $X_2(k)$ 与旋转因子 W_N^k 相乘，然后再与 $X_1(k)$ 相加减，即其计算顺序为先乘后加减。由蝶形运算和其蝶形图可知，完成一个蝶形运算需要一次复数乘法和两次复数加法运算。

实际上，通过对式（4-2-3）和式（4-2-4）分别做加法和减法运算，很容易得到

$$X_1(k) = \frac{1}{2}\left[X(k) + X\left(k + \frac{N}{2}\right)\right]$$

$$X_2(k) = \frac{1}{2}\left[X(k) - X\left(k + \frac{N}{2}\right)\right]W_N^{-k}$$

上述两式说明，在已知 $X(k)$ 的情况下，可根据 DIT－FFT 蝶形运算得到原始序列偶数点和奇数点的 DFT。

经过一次分解后，计算一个 N 点 DFT 共需要计算两个 $N/2$ 点 DFT 和 $N/2$ 个蝶形运算，而计算一个 $N/2$ 点 DFT 总共需要 $(N/2)^2$ 次复数乘法和 $(N/2)(N/2-1)$ 次复数加法。所以，经过一次分解后，计算 N 点 DFT 总共需要的运算量如下。

复数乘法次数 C_M ： $2\left(\frac{N}{2}\right)^2 + \frac{N}{2} = \frac{N(N+1)}{2} \approx \frac{N^2}{2}$

复数加法次数 C_A ： $N\left(\frac{N}{2} - 1\right) + 2\,\frac{N}{2} = \frac{N^2}{2}$

而直接计算 N 点序列的 DFT 需要 N^2 次复数乘法和 $N(N-1)$ 次复数加法。

由此可见，仅经过一次分解就使运算量减小近一半，故将长序列按上述方式分解为两个短序列进行 DFT 计算是有效的。图 4-2-2 表示 8 点序列经过一次分解的运算流图。

因为通常 $N = 2^m$ ，$N/2$ 仍然为偶数，所以还可以对 $N/2$ 点的序列 $x_1(n)$ 和 $x_2(n)$ 进一步按奇、偶分解成 $N/4$ 点的序列，通过计算 $N/4$ 点序列的 DFT，再按蝶形运算规律合成 $X_1(k)$ 和 $X_2(k)$。

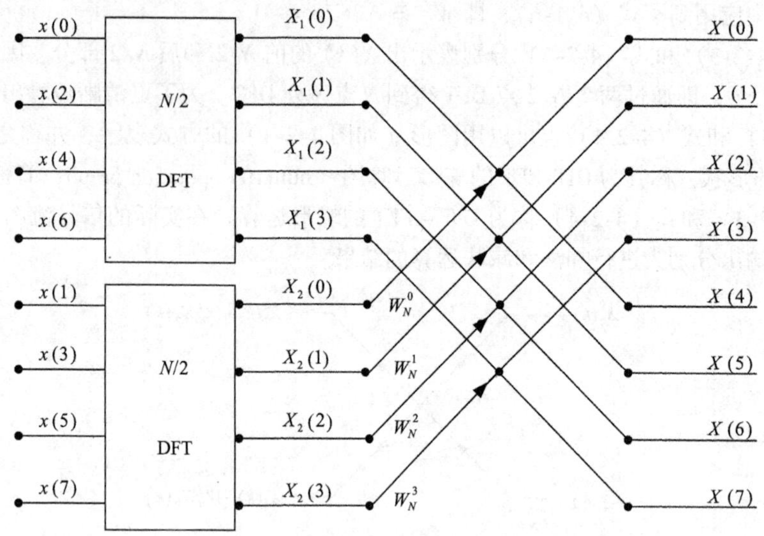

图 4-2-2　8 点序列经过一次分解的运算流图

与第一次分解相同，将 $x_1(n)$ 按偶、奇分解为 $N/4$ 长的子序列 $x_3(n)$ 和 $x_4(n)$，即

$$x_3(n) = x_1(2n),\quad 0 \leqslant n \leqslant \left(\frac{N}{4}-1\right) \tag{4-2-5}$$

$$x_4(n) = x_1(2n+1),\quad 0 \leqslant n \leqslant \left(\frac{N}{4}-1\right) \tag{4-2-6}$$

那么，根据式（4-2-3）和式（4-2-4），可直接得到

$$X_1(k) = X_3(k) + W_{N/2}^{k} X_4(k),\quad 0 \leqslant k \leqslant \left(\frac{N}{4}-1\right) \tag{4-2-7}$$

$$X_1(k+N/4) = X_3(k) - W_{N/2}^{k} X_4(k),\quad 0 \leqslant k \leqslant \left(\frac{N}{4}-1\right) \tag{4-2-8}$$

其中，$X_3(k) = \mathrm{DFT}[x_3(n)]$ 和 $X_4(k) = \mathrm{DFT}[x_4(n)]$ 分别为序列 $x_3(n)$ 和 $x_4(n)$ 的 $N/4$ 点 DFT。可见，通过两个 $N/4$ 点 DFT 得到长度为 $N/2$ 点的 DFT。

同样，将 $x_2(n)$ 按偶、奇分解为 $N/4$ 长的子序列 $x_5(n)$ 和 $x_6(n)$，即

$$x_5(n) = x_2(2n),\quad 0 \leqslant n \leqslant \left(\frac{N}{4}-1\right) \tag{4-2-9}$$

$$x_6(n) = x_2(2n+1),\quad 0 \leqslant n \leqslant \left(\frac{N}{4}-1\right) \tag{4-2-10}$$

那么，根据式（4-2-3）和式（4-2-4），也可直接得到

$$X_2(k) = X_5(k) + W_{N/2}^{k} X_6(k),\quad 0 \leqslant k \leqslant \left(\frac{N}{4}-1\right) \tag{4-2-11}$$

$$X_2(k+N/4) = X_5(k) - W_{N/2}^{k} X_6(k),\quad 0 \leqslant k \leqslant \left(\frac{N}{4}-1\right) \tag{4-2-12}$$

其中，$X_5(k) = \mathrm{DFT}[x_5(n)]$ 和 $X_6(k) = \mathrm{DFT}[x_6(n)]$ 分别为序列 $x_5(n)$ 和 $x_6(n)$ 的 $N/4$ 点 DFT。

经过第二次分解，整个计算的运算量将进一步下降。图 4-2-3 表示 8 点序列经过二次分解的运算流图。

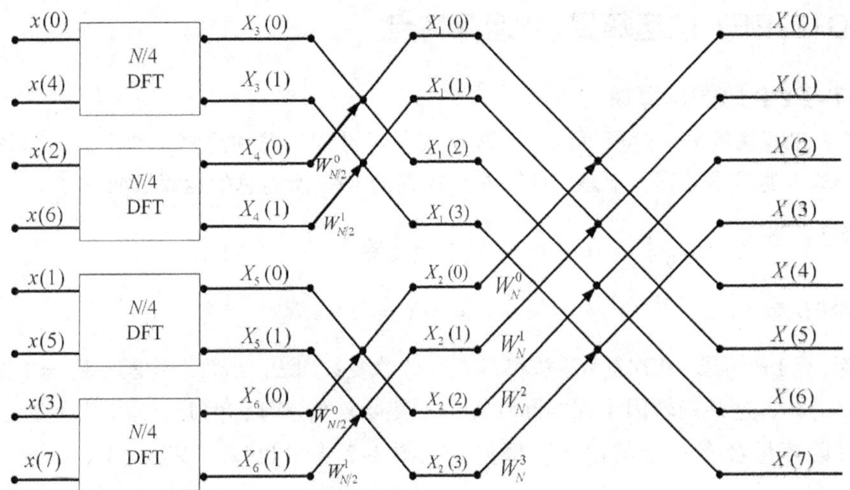

图4-2-3　8 点序列经过二次分解的运算流图

可以预见的是，对于 $N = 2^m$，且幂次 m 大于3 时，上述的分解步骤可以继续进行下去，即将上述的 $N/4$ 点继续分解为 $N/8$ 点的序列，直至只剩下 2 点的 DFT 为止。继续上面的例子，即 $N = 8$，经过三级分解后只剩下 2 点的 DFT。假设用 $x'(n)(n = 0,1)$ 表示最终分解出的两点序列，根据蝶形运算，可得到两点序列的 DFT 为

$$X'(0) = x'(0) + W_2^0 x'(1) = x'(0) + x'(1) \tag{4-2-13a}$$

$$X'(1) = x'(0) - W_2^0 x'(1) = x'(0) - x'(1) \tag{4-2-13b}$$

实际上，第 3 章例3-2-3 已给出两点序列 DFT 的实现方法。

综上所述，8 点序列完整的 DIT-FFT 运算流图如图 4-2-4 所示。

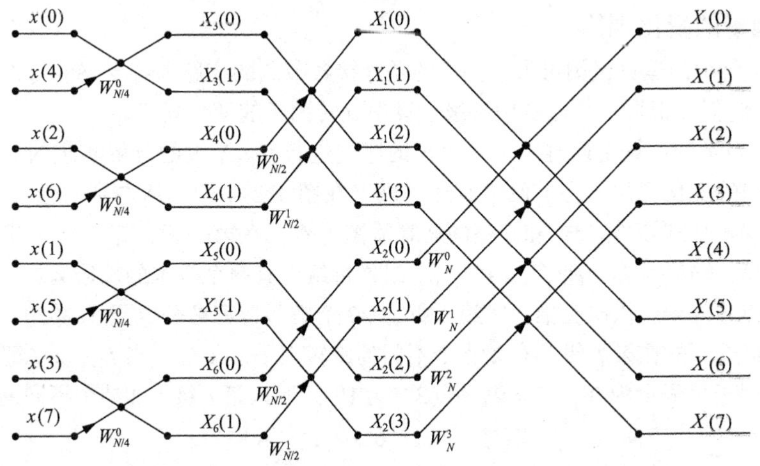

图4-2-4　8 点序列完整的 DIT-FFT 运算流图

可见，对于 $N = 2^m$ 的序列，经过 $m = \log_2 N$ 级分解后就只剩下 2 点的 DFT，从而得到长度为 N 的序列的 DIT-FFT。

4.2.2 DIT-FFT 的运算量、运算特点

1. DIT-FFT 总的运算量

由 DIT-FFT 算法的分解过程可见，计算 N 点序列的 DFT 总共需要 m 级分解，而每一级分解共有 $N/2$ 个基本的蝶形运算，于是，计算 N 点序列的 DFT 所需总的运算量如下。

复数乘法次数 C_M： $$m\frac{N}{2}=\frac{N}{2}\log_2 N$$

复数加法次数 C_A： $$m\frac{N}{2}\times 2=mN=N\log_2 N$$

而直接计算 DFT 需要 N^2 次复数乘法和 $N(N-1)$ 次复数加法。当然，考虑到 $W_N^0=1$，$W_N^{N/2}=-1$ 以及 $W_N^{mN/4}=m\mathrm{j}$，这些旋转因子在实际计算中不需要复数运算，因此，FFT 实际的运算量与上述给出的总运算量会有一定的出入。例如，在图 4-2-4 中也仅有 $W_{N/2}^1$、W_N^1 和 W_N^3 涉及复数运算。

直接计算 DFT 和 DIT－FFT 算法复数乘法的次数之比为

$$G=\frac{N^2}{(N\log_2 N)/2}=\frac{2N}{\log_2 N} \tag{4-2-14}$$

当 $N\gg 1$ 时，式（4-2-14）的比值远大于 1，即 DIT－FFT 将大大降低直接计算 DFT 的运算量，且 N 越大，运算量节省的越多，FFT 的优势就越突出。表 4-2-1 给出 N 取不同值时参数 G 的大小。

表 4-2-1　不同 N 值对应参数 G 的大小

N	8	16	32	64	128	256	512	1024	2048	4094	8192
G	5.3	8	12.8	21.3	36.6	64	113.8	204.8	372.4	682.7	1260.3

例如，$N=2048$，$G=372.4$，即相对于 DFT 的直接计算方法，FFT 使运算效率提高了 370 多倍。

2. 旋转因子的变化规律

从图 4-2-4 所示的运算流图可见，关键的是连接各节点的支路和各支路的传输比（即不同的旋转因子），因此需要把握运算流图中各级运算中旋转因子的变化规律。

由于 DIT－FFT 的运算是通过对长度为 N 的序列进行 $\log_2 N$ 级的分解实现的，每一级分解内旋转因子有相同的变化规律，为了便于叙述，规定在图 4-2-4 中，从左到右依次为第 $L=1,2,\cdots,m$ 级。从基本的蝶形运算公式和完整的运算流图上看，在第一级，有 $N/2$ 个相同的基本蝶形运算；在第二级，蝶形运算分成了 $N/4(=2)$ 组，每组内有两个基本的蝶形运算，故在第二级共有两个不同的旋转因子；依次类推，在第 L 级，$N/2$ 个蝶形运算被分成了 $N/2^L$ 组，每组由 2^{L-1} 个基本的蝶形图组成，故在第 L 级共有 2^{L-1} 个不同的旋转因子。于是，当 $L=m$（即经过第一次分解）时，旋转因子可表示为 W_N^r，$r=0,\cdots,(2^{m-1}-1)$。所以第 L 级上 2^{L-1} 个不同的旋转因子应为

$$W_{2^L}^r,\qquad r=0,\cdots,2^{L-1}-1$$

于是，当 $N=8$ 时，第 $L=1$ 级，旋转因子为 W_2^0；第 $L=2$ 级，旋转因子为 $W_4^r(r=0,1)$；第 $L=3$ 级，旋转因子为 $W_8^r(r=0,1,2,3)$。可见，级数每增加一级，不同旋转因子的个数将翻倍，这一点可直接从图 4-2-4 上得到验证。

3. 位倒序

从图 4-2-4 可见，对于 DIT-FFT 而言，运算流图的输出序列是按自然顺序排列的，即按

$X(0),X(1),\cdots,X(7)$ 的顺序输出，而输入序列的顺序则不是按原来的自然顺序，这正是由于在推导 DIT-FFT 算法时是在时域对序列进行奇、偶抽取的结果。事实上，输入序列是按位倒序排列的。

为了说明这一术语，仍以 $N=8$ 为例确定输入序列的排列规律，只不过将序列的序号用二进制 $(n_2n_1n_0)_2$ 表示，即二进制的高位到低位分别用 n_2,n_1,n_0 表示。下面用表 4-2-2 表示顺序数和倒序数的对照关系。

表 4-2-2 顺序数和倒序数（$N=8$）的对照关系

顺序数	十进制	0	1	2	3	4	5	6	7
	二进制	000	001	010	011	100	101	110	111
倒序数	二进制	000	100	010	110	001	101	011	111
	十进制	0	4	2	6	1	5	3	7

可见，只要将顺序数的二进制表示 $(n_2n_1n_0)_2$ 的高位和低位进行倒置，即可得到倒序数 $(n_0n_1n_2)_2$。结合表 4-2-2 和图 4-2-4，十进制顺序数对应的倒序数即为 DIT-FFT 输入序列的输入顺序。故可以说，DIT-FFT 的输入是按位倒序的形式给出的。

究其原因，需要从 DIT-FFT 的分解过程进行讨论。序列首先被分成奇数点序列和偶数点序列，偶数点序列出现在图 4-2-2 的上半部，奇数点序列出现在图 4-2-2 的下半部。实际上，这样的数据划分方式可以通过标号的最低位 n_0 的取值来实现。在第一次分解时，若序列某一点下标的最低位 $n_0=0$，则不论 n_1 和 n_2 为何值，该点相当于偶数点，所以其会出现在上半部；若最低位 $n_0=1$，则不论 n_1 和 n_2 为何值，该点相当于奇数点，所以其会出现在下半部。在第二次分解时，将根据数据标号的倒数第二位 n_1 将序列分成奇数点序列和偶数点序列，依此类推，直到将序列完全分解为止。图 4-2-5 用树状图方式描述了上述分解过程。

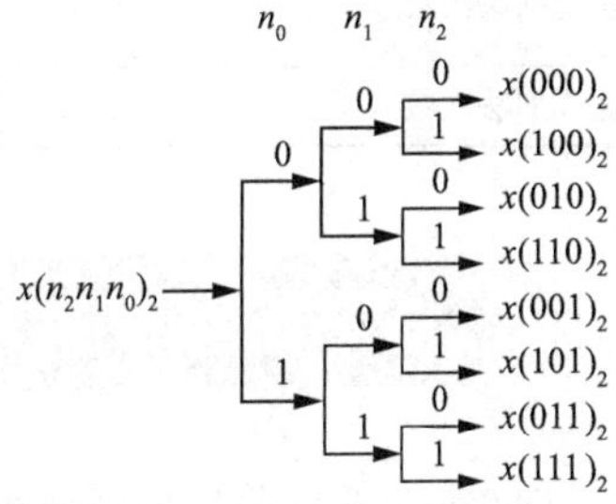

图 4-2-5 描述位倒序的树状图

4. 原址运算

图 4-2-4 除给出了一种 DFT 的有效计算方法外，还给出了一种存放原始数据及中间计算结果的有效方法。

因为对每一级而言，共包含 $N/2$ 个基本蝶形运算，而每个蝶形的输入数据仅对计算本蝶形有用，所以当本蝶形计算完毕后，蝶形的输出结果可以存放在存储输入数据的存储单元内，这种计算方式通常被称为原址运算。这样，在计算过程中，运算流图中位于同一水平线的那些节点将使用相同的存储单元。原址运算能够有效地节省大量的存储单元，尤其在计算机发展的早期，从而大大降低了系统的成本，同时也提高了算法的效率。

例如，在图 4-2-4 所示的 $N=8$ 的 DIT-FFT 运算流图中，输入 $x(0)$，$x(4)$，…，$x(3)$，$x(7)$ 可分别存入 A(1)，A(3)，…，A(8)这 8 个存储单元中，在第一级运算中，首先从存储单元 A(1) 和 A(2)中的 $x(0)$ 和 $x(4)$ 进入蝶形运算开始运算，同时在以后的各级运算中，不需要利用 $x(0)$ 和 $x(4)$，因此 $x(0)$ 和 $x(4)$ 也就不再需要被保存，相应地，$x(0)$ 和 $x(4)$ 两点蝶形运算的结果可仍然送回存储单元 A(1)和 A(2)中保存。同理，存储单元 A(3)和 A(4)中的 $x(2)$ 和 $x(6)$ 进入蝶形运算，并将蝶形运算结果再送回 A(3)和 A(4)中保存，依此类推，一直到算完 A(7)和 A(8)，则完成了第一级运算过程。以后每级运算仍可采用这种原位的方式进行，这种原位运算结构可节省存储单元，降低设备成本，还可节省查询地址的时间。

上面所讨论的是 DIT-FFT 的原理、计算方法及算法的特点等。下面用表 4-2-3 对 DIT-FFT 算法的特点进行总结，并以此作为本节的结束。

表 4-2-3　DIT-FFT 算法特点总结（$N = 2^m$）

时域抽取	$x_1(n) = x(2n)$，$x_2(n) = x(2n+1)$ $X_1(k) = \mathrm{DFT}[x_1(n)]$，$X_2(k) = \mathrm{DFT}[x_2(n)]$
基本的蝶形运算	$X(k) = X_1(k) + W_N^k X_2(k)$，$0 \leqslant k \leqslant \frac{N}{2} - 1$ $X(k+N/2) = X_1(k) - W_N^k X_2(k)$，$0 \leqslant k \leqslant \frac{N}{2} - 1$
级数	m
每级的蝶形运算个数	$N/2$
第 L 级的组数	$N/2^L$
第 L 级不同旋转因子的个数（即每组蝶形运算的个数）	2^{L-1}
第 L 级旋转因子	$W_{2^L}^r, r = 0, \cdots, 2^{L-1} - 1$
复数乘法次数	$\frac{N}{2}\log_2 N$
复数加法次数	$N\log_2 N$

4.3 基 2 按频率抽取的快速傅里叶变换

DIT-FFT 算法将原始序列通过奇、偶数点序列分解得到越来越短的序列，同时利用旋转因子的周期性与对称性，使 DFT 的运算量大大降低。由于频域和时域之间具有对称关系，因此也可以采用 DIT－FFT 的思路，得到 DIF-FFT 算法。

设序列 $x(n)$ 的长度为 $N = 2^m$，在按频率对 $X(k)$ 进行抽取之前，首先将 $x(n)$ 的前、后对半分开，得到两个子序列。于是，其 DFT 可表示为

$$\begin{aligned} X(k) &= \mathrm{DFT}[x(n)] = \sum_{n=0}^{N-1} x(n) W_N^{kn} \\ &= \sum_{n=0}^{(N/2)-1} x(n) W_N^{kn} + \sum_{n=N/2}^{N-1} x(n) W_N^{kn} \\ &= \sum_{n=0}^{(N/2)-1} x(n) W_N^{kn} + \sum_{n=0}^{(N/2)-1} x\left(n + \frac{N}{2}\right) W_N^{k(n+(N/2))} \\ &= \sum_{n=0}^{(N/2)-1} \left[x(n) + W_N^{k\frac{N}{2}} x\left(n + \frac{N}{2}\right)\right] W_N^{kn} \end{aligned}$$

其中，由式（4-1-7）可知

$$W_N^{k\frac{N}{2}} = (-1)^k = \begin{cases} 1, & k 为奇数 \\ -1, & k 为偶数 \end{cases}$$

所以

$$X(k) = \sum_{n=0}^{(N/2)-1} \left[x(n) + (-1)^k x\left(n + \frac{N}{2}\right)\right] W_N^{kn} \tag{4-3-1}$$

当 k 为偶数时，$(-1)^k = 1$；当 k 为奇数时，$(-1)^k = -1$。直观上，已经可以将 $X(k)$ 分解成偶

数组与奇数组。

当k取偶数，如$k=2r,r=0,1,\cdots,(N/2)-1$时，有

$$\begin{aligned}X(2r)&=\sum_{n=0}^{(N/2)-1}\left[x(n)+x\left(n+\frac{N}{2}\right)\right]W_N^{2rn}\\&=\sum_{n=0}^{(N/2)-1}\left[x(n)+x\left(n+\frac{N}{2}\right)\right]W_{N/2}^{rn}\end{aligned}\tag{4-3-2}$$

当k取奇数，如$k=2r+1$，$r=0,1,\cdots,(N/2)-1$时，有

$$\begin{aligned}X(2r+1)&=\sum_{n=0}^{(N/2)-1}\left[x(n)-x\left(n+\frac{N}{2}\right)\right]W_N^{n(2r+1)}\\&=\sum_{n=0}^{(N/2)-1}\left\{\left[x(n)-x\left(n+\frac{N}{2}\right)\right]W_N^{n}\right\}W_{N/2}^{rn}\end{aligned}\tag{4-3-3}$$

式（4-3-2）表明，序列$x(n)$前一半和后一半之和的$N/2$点DFT等于$X(k)$的偶数点序列；式（4-3-3）表明，序列$x(n)$前一半和后一半之差再与W_N^n之积的$N/2$点DFT等于$X(k)$的奇数点序列。令

$$x_1(n)=x(n)+x\left(n+\frac{N}{2}\right)\tag{4-3-4}$$

$$x_2(n)=\left[x(n)-x\left(n+\frac{N}{2}\right)\right]W_N^n\tag{4-3-5}$$

其中，$0\leqslant n\leqslant[(N/2)-1]$，可得

$$X(2r)=\sum_{n=0}^{(N/2)-1}x_1(n)W_{N/2}^{nr}=\mathrm{DFT}[x_1(n)]\tag{4-3-6}$$

$$X(2r+1)=\sum_{n=0}^{(N/2)-1}x_2(n)W_{N/2}^{nr}=\mathrm{DFT}[x_2(n)]\tag{4-3-7}$$

由式（4-3-6）和式（4-3-7）即可完整地得到$X(k)$，即通过两个$N/2$序列的DFT得到N点序列的DFT。故式（4-3-4）和式（4-3-5）被称为DIF-FFT的蝶形运算。和DIT-FFT蝶形运算类似，DIF-FFT蝶形运算也可用图4-3-1所示蝶形图形式表示。

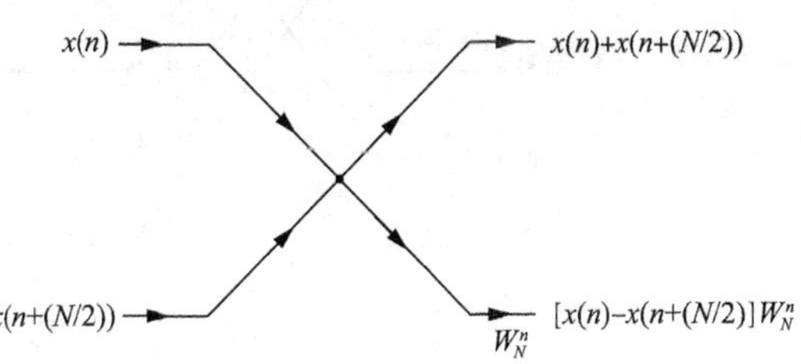

图4-3-1 DIF-FFT蝶形图

通过对该流图进行观察，可以发现，基本的DIF-FFT蝶形图也是双输入、双输出的系统，但其输入、输出均为时域数值，即输入序列为$x(n)$的前一半和后一半对应的子序列；而且DIF-FFT蝶形图的运算特点是先对$x(n)$和$x(n+(N/2))$相加减，再实现$x(n)-x(n+(N/2))$与旋转因子W_N^n相乘，即计算顺序为先加减后乘法。显然，DIF－FFT蝶形图乘加的顺序和DIT－FFT蝶形图是不相同的。

可见，通过DIF－FFT蝶形图，可以形成新的$N/2$点序列$x_1(n)$和$x_2(n)$，为了得到$X(k)$的偶数点序列、奇数点序列，需要对$x_1(n)$和$x_2(n)$进行$N/2$点DFT运算，即先合成新的序列再进行DFT运算。这一点和DIT-FFT蝶形运算也是不相同的。图4-3-2所示为8点序列经过一次分解的运算流图。

由于$N=2^m$，$N/2$仍然是偶数，继续将$N/2$点DFT分成奇、偶两部分，这样每个$N/2$点DFT又可由两个$N/4$点DFT形成，其输入序列分别是$x_1(n)$和$x_2(n)$按前、后对半分开形成的四个子序列。这样继续分解下去，经过m级分解，最后分解为$N/2=2^{m-1}$个两点DFT，两点DFT就是一个

基本蝶形运算流图。其求解的思路与 DIT-FFT 完全相同，此处不再赘述。当 $N = 8$ 时，经过两次分解，便分解为四个两点 DFT，如图 4-3-3 所示；$N = 8$ 的完整 DIF-FFT 运算流图如图 4-3-4 所示。

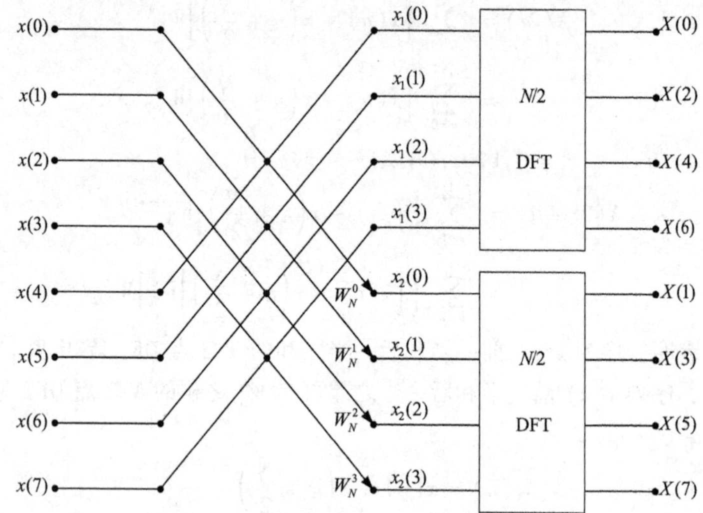

图 4-3-2　8 点序列经过一次分解的运算流图

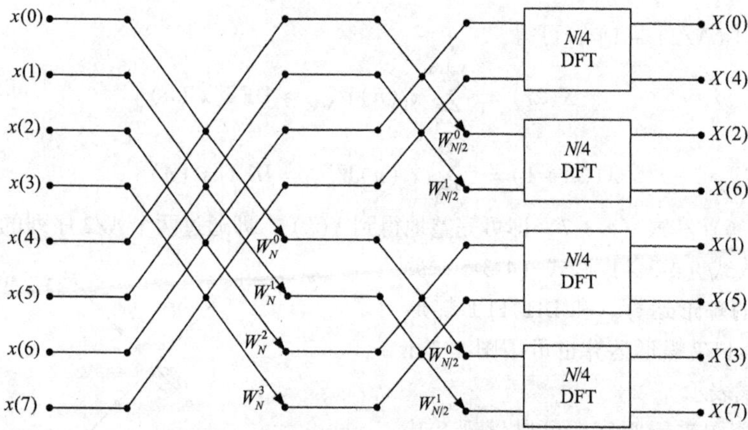

图 4-3-3　8 点序列经过二次分解的运算流图

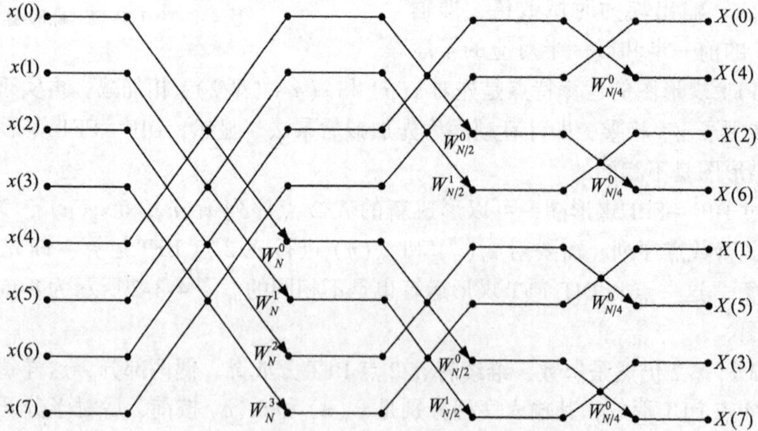

图 4-3-4　8 点序列完整的 DIF-FFT 运算流图

综上所述，DIF-FFT是从对序列进行前、后分段实现序列的分解开始，最终算法的实质则是实现了对 $X(k)$ 按奇、偶进行抽取，所以称该算法为按频域抽取的快速傅里叶变换（DIF-FFT）。

比较DIT-FFT蝶形运算（式（4-2-3）和式（4-3-4））和DIF-FFT蝶形运算（式（4-3-4）和式（4-3-5）），或者比较图4-2-4和图4-3-4，可以看到DIF-FFT算法和DIT-FFT算法有一定的相似性。具体来说，图4-3-4可以通过下面的变换得到：将图4-2-4的输入与输出互换，并颠倒其运算流图的方向。可见，图4-3-4是图4-2-4的转置形式。同时，也可以清楚地看到两种FFT算法的蝶形运算式显著不同，表4-3-1给出的是长度为 $N = 2^m$ 的序列利用两种算法进行DFT计算的异同。

表4-3-1 DIT-FFT算法和DIF-FFT算法的异同

			DIT-FFT算法	DIF-FFT算法
相同点	分解的级数		$\log_2 N$	$\log_2 N$
	每级蝶形数目		$N/2$	$N/2$
	每个蝶形	加法次数	2	2
		乘法次数	1	1
	总运算量	加法次数	$C_A = N\log_2 N$	$C_A = N\log_2 N$
		乘法次数	$C_M = \frac{N}{2}\log_2 N$	$C_M = \frac{N}{2}\log_2 N$
	运算特点		原址运算	原址运算
主要不同点	分解思路		时域奇偶抽取（频域前后分段）	频域奇偶抽取（时域前后分段）
	输入序列		位倒序	自然顺序
	输出序列		自然顺序	位倒序
	蝶形运算	计算顺序	先乘后加减	先加减后乘
		输入序列	频域序列（先对短序列进行DFT，然后进行蝶形运算）	时域序列（先进行蝶形运算，然后对短序列进行DFT）
		蝶形运算公式	$X(k) = X_1(k) + W_N^k X_2(k)$ $X\left(k+\frac{N}{2}\right) = X_1(k) - W_N^k X_2(k)$ $0 \leqslant k \leqslant ((N/2)-1)$	$x_1(n) = x(n) + x\left(n+\frac{N}{2}\right)$ $x_2(n) = \left[x(n) - x\left(n+\frac{N}{2}\right)\right]W_N^n$ $0 \leqslant n \leqslant ((N/2)-1)$

蝶形运算不仅在构造FFT算法时起到了非常重要的作用，它们也可以计算原来的一些序列DFT的结果。下面给出利用蝶形运算计算一些序列DFT的例子。

例4-3-1 已知 $x(n)$ 是 N 点有限长度序列，且其 N 点DFT为 $X(k)$，试利用基本蝶形运算，确定下列两个序列 $2N$ 点的DFT表达式。

（1）$y(n) = x((n))_N R_{2N}(n)$

（2）$z(n) = \begin{cases} x(n), & 0 \leqslant n \leqslant (N-1) \\ 0, & N \leqslant n \leqslant (2N-1) \end{cases}$

解 （1）$y(n) = x((n))_N R_{2N}(n)$

根据DIF-FFT蝶形运算，有

$$x_1(n) = x(n) + x(n+N) = 2x(n), \quad 0 \leqslant n \leqslant (N-1)$$

$$x_2(n) = [x(n) - x(n+N)]W_{2N}^n = 0, \quad 0 \leqslant n \leqslant (N-1)$$

进一步可得

$$X_1(k) = 2X(k),\quad X_2(k) = 0$$

根据 DIF-FFT 蝶形运算知，$Y(2k) = \text{DFT}[x_1(n)]$，$Y(2k+1) = \text{DFT}[x_2(n)]$，所以

$$Y(2k) = 2X(k), Y(2k+1) = 0, 0 \leqslant k \leqslant (N-1)$$

(2) $z(n) = \begin{cases} x(n), & 0 \leqslant n \leqslant (N-1) \\ 0, & N \leqslant n \leqslant (2N-1) \end{cases}$

根据 DIF-FFT 蝶形运算，有

$$x_1(n) = x(n) + x(n+N) = x(n),\quad 0 \leqslant n \leqslant (N-1)$$

$$x_2(n) = [x(n) - x(n+N)]W_{2N}^{n} = x(n)W_{2N}^{n} = x(n)W_N^{n/2},\quad 0 \leqslant n \leqslant (N-1)$$

进一步可得

$$X_1(k) = X(k),\quad 0 \leqslant k \leqslant (N-1)$$

$$X_2(k) = \text{DFT}[x(n)W_N^{n/2}] = X\left(k + \frac{1}{2}\right),\quad 0 \leqslant k \leqslant (N-1)$$

根据 DIF-FFT 蝶形运算知，$Z(2k) = \text{DFT}[x_1(n)]$，$Z(2k+1) = \text{DFT}[x_2(n)]$，故

$$Z(2k) = X(k),\quad Z(2k+1) = X\left(k + \frac{1}{2}\right),\quad 0 \leqslant k \leqslant (N-1)$$

4.4 IDFT 的快速算法

本章前面几节主要介绍了两种 DFT 的快速算法，通常，这两种算法也适用于 IDFT 的快速运算，即 IFFT。本节给出两种 IFFT 算法：稍微变动 FFT 程序和参数的 IFFT 实现方法、直接利用 FFT 的 IFFT 实现方法。

4.4.1 稍微变动 FFT 程序和参数的 IFFT 实现方法

首先，比较 DFT 和 IDFT 的定义式，有

$$\text{DFT:}\quad X(k) = \text{DFT}[x(n)] = \sum_{n=0}^{N-1} x(n)W_N^{kn} \tag{4-4-1}$$

$$\text{IDFT:}\quad x(n) = \text{IDFT}[X(k)] = \frac{1}{N}\sum_{k=0}^{N-1} X(k)W_N^{-kn} \tag{4-4-2}$$

仅从数学公式上看，二者均为 N 项级数求和的形式，并没有本质上的区别。只要将 DFT 定义式中的旋转因子由 W_N^{kn} 换成 W_N^{-kn}，并将最终的结果乘以 $1/N$，就可得到 IDFT 的定义式，只不过此时的输入为 $X(k)$、输出为 $x(n)$。因此，完全可以借助于 FFT 实现方法，对其参数进行稍微的改变来完成 IDFT 的计算。例如，借助 DIF-FFT，根据图 4-3-1，则 DIT-IFFT 的蝶形图可用图 4-4-1 表示。需要注意的是，在图 4-4-1 所示的运算流图中，对输入（即频域数据）进行前、后分段，算法最终的输出结果（即时域数据）是按奇、偶进行分解的，即整个算法可看作按时域数据进行抽取的结果，因此该图被称为 DIT-IFFT 蝶形图。

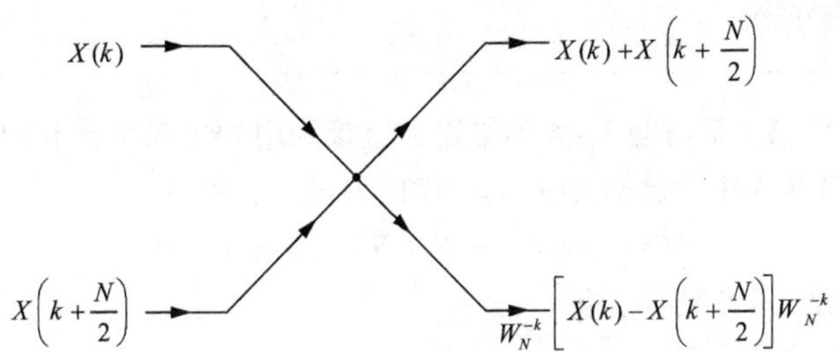

图4-4-1　DIT-IFFT 蝶形图

相应地，图4-4-2给出的是DIT-IFFT的完整运算流图（$N=8$）。

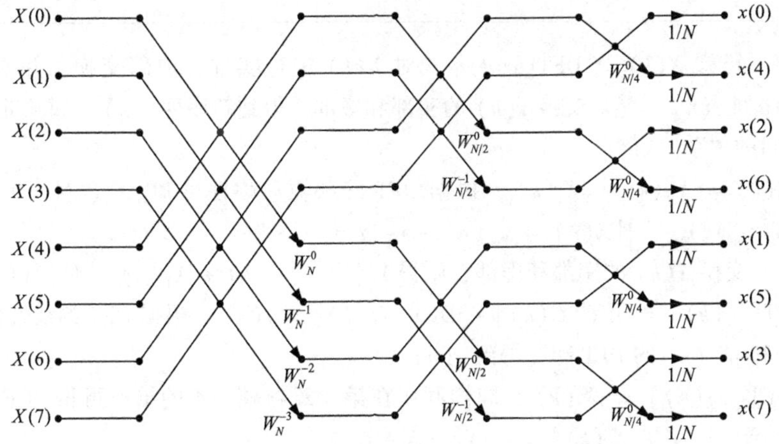

图4-4-2　DIT-IFFT 的完整运算流图（$N=8$）

同样，若借助于DIT-FFT实现IDFT的快速运算，整个算法可看作按频域数据进行抽取的结果，因此将得到DIF-IFFT算法。完整的DIF-IFFT运算流图可以通过对图4-2-4进行变换得到，请读者自己画出。

4.4.2　直接利用FFT的IFFT实现方法

上述IFFT算法的实现需要对现有FFT算法的参数进行相应的修改。实际上，IFFT也可以直接利用FFT算法实现。对式（4-4-2）等号两边取共轭，有

$$x^*(n)=\frac{1}{N}\left[\sum_{k=0}^{N-1}X(k)W_N^{-kn}\right]^*$$

由于$[A\cdot B]^*=A^*\cdot B^*$，且$[W_N^{-nk}]^*=W_N^{nk}$，故有

$$x^*(n)=\frac{1}{N}\sum_{k=0}^{N-1}[X(k)W_N^{-nk}]^*=\frac{1}{N}\sum_{k=0}^{N-1}X^*(k)W_N^{nk}$$

故

$$x(n)=\frac{1}{N}\left[\sum_{k=0}^{N-1}X^*(k)W_N^{nk}\right]^*=\frac{1}{N}\{\mathrm{DFT}[X^*(k)]\}^* \tag{4-4-3}$$

式（4-4-3）表明，对序列$X^*(k)$进行FFT，将结果取共轭并除以N即得到$x(n)$，达到了利用FFT算法直接实现IDFT计算的目的。这样FFT和IFFT可共用一个子程序，实现简单。实际上，式（3-2-18）已经给出了该实现方法。下面借助于例4-4-1和例4-4-2介绍另外两种直接利

用 FFT 来实现 IFFT 的方法。

例 4-4-1 试利用第 3 章习题 3－4 的结论，直接利用 FFT 来实现 IFFT。

解 在第 3 章习题3-4 中，已知 $X(k) = \mathrm{DFT}[x(n)]$，可得

$$\mathrm{DFT}[X(k)] = Nx(N-n) = x_1(n)$$

将上式中的 n 用 $N-n$ 来代换，得

$$x(n) = \frac{1}{N}x_1(N-n)$$

可见，在该方法中，直接对 $X(k)$ 进行 FFT，然后将得到的序列翻转、移位并除以 N 即可得到 $x(n)$，从而可以直接利用 FFT 完成 IFFT 计算。

例 4-4-2 已知 $X(k) = \mathrm{DFT}[x(n)]$，对 $X(k)$ 进行实部、虚部交换，并对其结果再做 DFT，得到新序列 $y(n)$，然后交换 $y(n)$ 的实部和虚部，得到新序列 $z(n)$。试确定 $z(n)$ 与原始序列 $x(n)$ 之间的关系。

解 记 $X(k) = X_{\mathrm{R}}(k) + \mathrm{j}X_{\mathrm{I}}(k)$，根据 DFT 的共轭对称性可知，$X_{\mathrm{R}}(k) = \mathrm{DFT}[x_{\mathrm{ep}}(n)]$，$\mathrm{j}X_{\mathrm{I}}(k) = \mathrm{DFT}[x_{\mathrm{op}}(n)]$，且 $x(n) = x_{\mathrm{ep}}(n) + x_{\mathrm{op}}(n)$。

根据题意，交换 $X(k)$ 的实部和虚部，则得 $Y'(k) = X_{\mathrm{I}}(k) + \mathrm{j}X_{\mathrm{R}}(k)$；对 $Y'(k)$ 进行 DFT 变换，于是，$\mathrm{DFT}[Y'(k)] = \mathrm{DFT}[X_{\mathrm{I}}(k)] + \mathrm{jDFT}[X_{\mathrm{R}}(k)] = y(n)$；根据 DFT 的线性性质，通过分别求解 $X_{\mathrm{I}}(k)$ 和 $\mathrm{j}X_{\mathrm{R}}(k)$ 的 DFT 即可得到 $y(n)$。

又因为 $\mathrm{DFT}[x_{\mathrm{op}}(n)] = \mathrm{j}X_{\mathrm{I}}(k)$，同样利用在第 3 章习题 3-4 的结论可得，$\mathrm{DFT}[\mathrm{j}X_{\mathrm{I}}(k)] = Nx_{\mathrm{op}}(N-n)$，于是，$\mathrm{DFT}[X_{\mathrm{I}}(k)] = -\mathrm{j}Nx_{\mathrm{op}}(N-n)$。

又因为 $\mathrm{DFT}[x_{\mathrm{ep}}(n)] = X_{\mathrm{R}}(k)$，同样也利用在第 3 章习题 3-4 的结论可得，$\mathrm{DFT}[X_{\mathrm{R}}(k)] = Nx_{\mathrm{ep}}(N-n)$。

因此，有

$$y(n) = \mathrm{DFT}[Y'(k)] = -\mathrm{j}Nx_{\mathrm{op}}(N-n) + \mathrm{j}Nx_{\mathrm{ep}}(N-n)$$

于是，利用有限长度序列共轭对称性的定义，可将上式变为

$$\begin{aligned}
\frac{1}{N}y(n) &= -\mathrm{j}x_{\mathrm{op}}(N-n) + \mathrm{j}x_{\mathrm{ep}}(N-n) \\
&= -\mathrm{j}\frac{1}{2}[x(N-n) - x^*(N-N+n)] + \mathrm{j}\frac{1}{2}[x(N-n) + x^*(N-N+n)] \\
&= -\mathrm{j}\frac{1}{2}[x(N-n) - x^*(n)] + \mathrm{j}\frac{1}{2}[x(N-n) + x^*(n)] \\
&= \mathrm{j}\frac{1}{2}x^*(n) + \mathrm{j}\frac{1}{2}x^*(n) \\
&= \mathrm{j}x^*(n) = \mathrm{j}\,(x_r(n) + \mathrm{j}x_i(n))^* \\
&= \mathrm{j}(x_r(n) - \mathrm{j}x_i(n)) \\
&= \mathrm{j}x_r(n) + x_i(n)
\end{aligned}$$

可见，$\frac{1}{N}y(n)$ 的实部和虚部分别是原始序列 $x(n)$ 的虚部 $x_i(n)$ 和实部 $x_r(n)$。根据题意，交换 $y(n)$ 的实部和虚部，得到的新序列 $z(n)$ 为

$$z(n) = N[\mathrm{j}x_i(n) + x_r(n)] = N[x_r(n) + \mathrm{j}x_i(n)] = Nx(n)$$

由上式可见，$z(n)$ 是 $x(n)$ 的 N 倍。

实际上，本例给出了利用 FFT 实现 IDFT 的另外一种方法，该方法看似复杂，需要进行两次实部和虚部交换，但在实际实现时不需要真的去交换它们，只要把实部看作虚部，虚部看作实部即可。

4.5 实序列的 FFT

在前面的讨论中，一般认为所考虑的有限长度序列为任意的复数序列。但在实际应用中，面临的信号通常为实的。当然，实数信号可以看作虚部为零的复数信号，因此也可以直接利用 FFT 算法计算出实数信号的 DFT。然而，用这种方法来处理实数信号，显然浪费了一半的存储空间和约一半的运算量。

为了实现对实数信号的分析，可以考虑直接对实数数据进行变换的方法，如离散哈特莱变换；也可以利用 DFT 的共轭对称性，在不浪费运算量的情况下用 FFT 来实现对实数信号的分析。本书将要考虑的是后一种思路。

根据序列 DFT 的共轭对称性，任意复数序列的实部的 DFT 对应于其 DFT 共轭对称分量，而其虚部（包括 j）的 DFT 对应于其 DFT 共轭反对称分量。故可用一次的 N 点 DFT 计算两个实序列的 DFT。设 $x_1(n)$ 和 $x_2(n)$ 为两个长度为 N 的实序列，按如下方式构造新序列 $y(n)$，即

$$y(n) = x_1(n) + \mathrm{j}x_2(n) \tag{4-5-1}$$

对 $y(n)$ 进行 N 点 DFT，有

$$Y(k) = \mathrm{DFT}[y(n)] = Y_{\mathrm{ep}}(k) + Y_{\mathrm{op}}(k)$$

根据共轭对称性，有

$$Y_{\mathrm{ep}}(k) = \mathrm{DFT}[x_1(n)] = \frac{1}{2}[Y(k) + Y^*(N-k)]$$

$$Y_{\mathrm{op}}(k) = \mathrm{DFT}[\mathrm{j}x_2(n)] = \frac{1}{2}[Y(k) - Y^*(N-k)]$$

即

$$X_1(k) = \mathrm{DFT}[x_1(n)] = Y_{\mathrm{ep}}(k) = \frac{1}{2}[Y(k) + Y^*(N-k)] \tag{4-5-2}$$

$$X_2(k) = \mathrm{DFT}[x_2(n)] = -\mathrm{j}Y_{\mathrm{op}}(k) = -\mathrm{j}\frac{1}{2}[Y(k) - Y^*(N-k)] \tag{4-5-3}$$

通过式（4-5-2）和式（4-5-3），可以只利用一次 N 点 DFT 同时得到两个实序列的 DFT，从而降低了一半的运算量。

例如，$x_1(n) = [1,2,0,1]$ 和 $x_2(n) = [2,2,1,1]$，利用上述方法，借助于一个 4 点 DFT 计算 $x_1(n)$ 和 $x_2(n)$ 的 DFT，于是 $y(n) = x_1(n) + \mathrm{j}x_2(n) = [1+\mathrm{j}2, 2+\mathrm{j}2, \mathrm{j}, 1+\mathrm{j}]$，利用 DFT 的矩阵表示，$y(n)$ 的 DFT 为

$$\boldsymbol{Y} = \boldsymbol{D}_4\boldsymbol{y} = \begin{bmatrix} 1 & 1 & 1 & 1 \\ 1 & -\mathrm{j} & -1 & \mathrm{j} \\ 1 & -1 & 1 & -1 \\ 1 & \mathrm{j} & -1 & -\mathrm{j} \end{bmatrix} \begin{bmatrix} 1+\mathrm{j}2 \\ 2+\mathrm{j}2 \\ \mathrm{j} \\ 1+\mathrm{j} \end{bmatrix} = \begin{bmatrix} 4+\mathrm{j}6 \\ 2 \\ -2 \\ \mathrm{j}2 \end{bmatrix}$$

于是，$Y^*(k) = [4-\mathrm{j}6, 2, -2, -\mathrm{j}2]$，$Y^*(N-k) = [4-\mathrm{j}6, -\mathrm{j}2, -2, 2]$。

$$X_1(k) = \frac{1}{2}[Y(k) + Y^*(N-k)] = [4, 1-\mathrm{j}, -2, 1+\mathrm{j}]$$

$$X_2(k) = \frac{-j}{2}[Y(k) - Y^*(N-k)] = [6, 1-\mathrm{j}, 0, 1+\mathrm{j}]$$

下面，举例说明用一次 N 点 DFT 来计算长度为 $2N$ 的实序列 $x(n)$ 的 DFT。

例 4-5-1 试设计利用一次 N 点 DFT 计算长度为 $2N$ 的实序列 $x(n)$ 的 DFT $X(k)$（$0 \leqslant k \leqslant (2N-1)$）的高效算法。

解 ① 对 $x(n)$ 按奇、偶进行分解，得

$$x_1(n) = x(2n), x_2(n) = x(2n+1), (0 \leqslant n \leqslant (N-1))$$

易见，$x_1(n)$ 和 $x_2(n)$ 为两个长度为 N 的实序列。

② 构造新序列 $y(n)$，即

$$y(n) = x_1(n) + \mathrm{j}x_2(n)$$

则对 $y(n)$ 计算一次 N 点的 DFT，根据式（4-5-2）和式（4-5-3）即可得到 $X_1(k)$ 和 $X_2(k)$。

③ 因为 $x_1(n)$ 和 $x_2(n)$ 分别是原序列 $x(n)$ 的偶、奇序列，这与按时间抽取的 FFT 算法的分解思路完全相同，故根据 DIT－FFT 蝶形运算式，可得

$$X(k) = X_1(k) + W_{2N}^k X_2(k)$$

$$X(k+N) = X_1(k) - W_{2N}^k X_2(k), \quad (0 \leqslant k \leqslant (N-1))$$

上述解法相当于一个 N 点 DFT 运算加上一次 DIT－FFT 蝶形运算，当 N 较大时，可节省近一半的运算量。

4.6 快速傅里叶变换的应用——快速卷积

由前述内容可知，离散时间信号与系统的分析可以借助于时域分析和频域分析的方法进行，时域分析和频域分析方法通过傅里叶变换联系起来，而 DFT 及其快速算法 FFT 给出了时域和频域相互转换的高效计算手段。

线性卷积具有明确的含义，即它利用系统的单位脉冲响应，建立了线性时不变系统输入与输出之间的关系，故线性卷积运算是线性时不变系统时域分析及诸多信号处理问题中的重要运算。然而，正如前面讨论的，线性卷积运算的时域计算方法比较烦琐，因此期望能够借助 FFT 来快速实现其计算。本节将考虑线性卷积的快速算法问题。

4.6.1 快速卷积计算原理

线性卷积频域计算的依据是傅里叶变换的时域卷积定理。根据 DFT 的时域卷积定理，两序列循环卷积的 DFT 等于两序列 DFT 的乘积。图 3-3-5 已给出两序列循环卷积的频域实现方法，但本书关心的是线性卷积的快速计算问题。为了利用循环卷积的频域实现方法实现线性卷积的快速计算，就需要首先建立线性卷积和循环卷积之间的关系。

设线性时不变系统的单位脉冲响应 $h(n)$ 的长度为 M，系统输入 $x(n)$ 的长度为 N，则系统

的输出 $y_l(n)$ 为

$$y_l(n) = x(n) * h(n) = \sum_{m=0}^{M-1} h(m)x(n-m) \tag{4-6-1}$$

同样，$h(n)$ 和 $x(n)$ 的 L 点循环卷积 $y_c(n)$ 可表示为（L 为整数）

$$\begin{aligned} y_c(n) &= x(n) \, \text{Ⓛ} \, h(n) = \sum_{m=0}^{L-1} h(m)x((n-m))_L R_L(n) \\ &= \left[\sum_{m=0}^{L-1} h(m)x((n-m))_L\right] R_L(n) \\ &= \left[\sum_{m=0}^{L-1} h(m)\sum_{i=-\infty}^{\infty} x(n-m-iL)\right] R_L(n) \\ &= \left\{\sum_{i=-\infty}^{\infty}\left[\sum_{m=0}^{L-1} h(m)x(n-iL-m)\right]\right\} R_L(n) \\ &= \left\{\sum_{i=-\infty}^{\infty} y_l(n-iL)\right\} R_L(n) \\ &= y_l((n))_L R_L(n) \end{aligned} \tag{4-6-2}$$

在上面的推导过程中，反复用到式（3-2-4）和式（3-2-5）所描述的周期延拓和取主值运算。由式（4-6-2）可知，两序列的 L 点循环卷积 $y_c(n)$ 等于这两个序列线性卷积 $y_l(n)$ 以 L 为周期的周期延拓序列的主值序列。

由于长度分别为 M 和 N 的两个序列的线性卷积的长度为 $N+M-1$，因此当 $L \geqslant (M+N-1)$ 时，根据式（4-6-2），$y_l(n)$ 以 L 为周期进行周期延拓时相邻两周期不会发生重叠，此时 $y_l((n)_L)$ 的主值序列 $y_l(n)$ 与循环卷积 $y_c(n)$ 相等；反之，当 $L<(M+N-1)$ 时，$y_c(n)$ 与 $y_l(n)$ 不相等。所以 $y_c(n)$ 与 $y_l(n)$ 相等的条件为 $L \geqslant (M+N-1)$，在此条件下，可以借助图 3-3-5 所示的循环卷积频域实现方式完成对线性卷积的频域快速计算。图 4-6-1 所示的是线性卷积的快速计算框图。

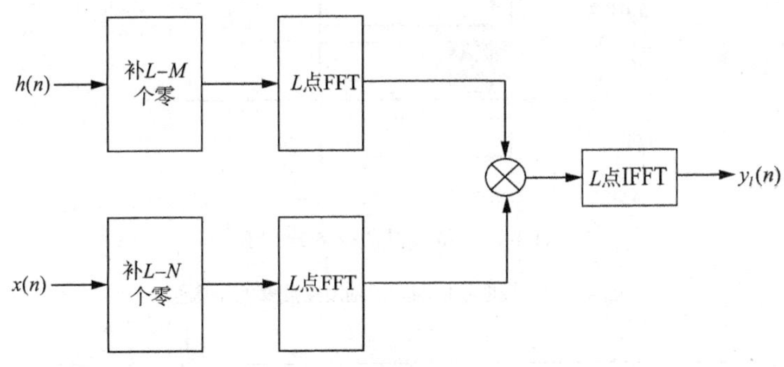

图 4-6-1　线性卷积的快速计算框图

比较图 3-3-5 和图 4-6-1 可知，对序列 $h(n)$ 和 $x(n)$ 尾部补零是线性卷积的快速计算过程中的关键步骤；当然，为了适应基 2 DIT-FFT 运算的需要，通常将 L 取为 2 的正整数次幂。

实际上，当 $L<(M+N-1)$ 时，由于线性卷积在进行周期延拓时会发生混叠现象，因此，循环卷积的一部分与线性卷积相等，而另一部分则不相等。图 4-6-2 给出当 $L<(M+N-1)$ 时线性卷积周期延拓发生混叠的示意图。

在图 4-6-2（a）中，阴影代表的序列的长度为 $(M+N-1-L)$。在线性卷积周期延拓过程中，前一周期（如 $y_l(n+L)$）的后 $(M+N-1-L)$ 个点会与后一周期（如 $y_l(n)$）的部分点发生重叠，所以，得到的循环卷积结果中的前 $(M+N-1-L)$ 个值和线性卷积不相等，而在 $(M+N-1-L)<n\leqslant(L-1)$ 范围内，循环卷积和线性卷积的值仍然相等。

同时，图4-6-2（b）也给出了计算循环卷积的方法，即在已知线性卷积 $y_l(n)$ 时，可将 $y_l(n)$ 分解成长度为 L 的序列

$$y_l'(n)=y_l(n),\quad 0\leqslant n\leqslant(L-1)$$

和长度为 $(M+N-1-L)$ 的序列

$$y_l''(n)=y_l(n+L),\quad 0\leqslant n\leqslant(M+N-2-L)$$

在 $y_l''(n)$ 尾部补零，使其长度变为 L，然后将 $y_l'(n)$ 与 $y_l''(n)$ 相加，得

$$y_c(n)=y_l'(n)+y_l''(n)$$

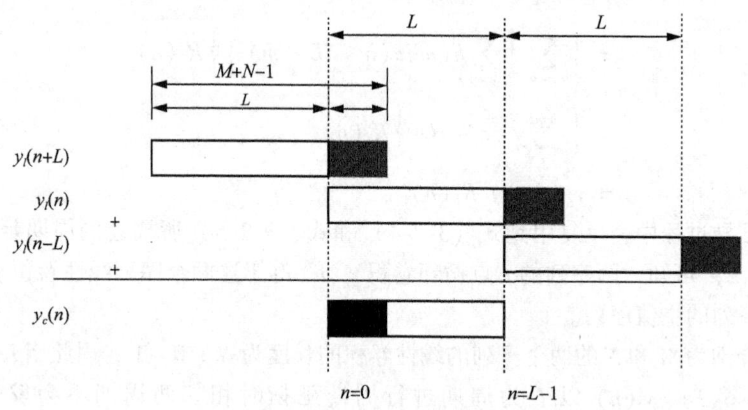

（a）式（4-6-2）图解（$L<(M+N-1)$）

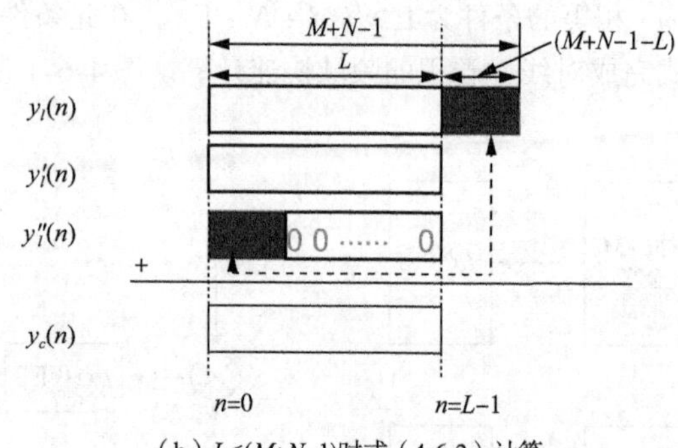

（b）$L<(M+N-1)$时式（4-6-2）计算

图4-6-2　线性卷积周期延拓发生混叠的示意图

例 4-6-1　两序列 $h(n)=\{\underline{1},1,1,1,1\}$ 和 $x(n)=\{\underline{1},1,1,1\}$ 的线性卷积可表示为 $y_l(n)=\{\underline{1},2,3,4,4,3,2,1\}$，试计算 $h(n)$ 和 $x(n)$ 的6点、8点、10点的循环卷积。

解　已知两序列的线性卷积，求两序列不同点的循环卷积，可直接根据式（4-6-2）进行计算，下面用表格的形式给出不同点的循环卷积。由于循环卷积等于两序列的线性卷积以 L 为周期的周期延拓序列对应的主值序列，所以表中仅给出主值序列 $y_l(n)$ 及其前 $y_l(n+L)$、后 $y_l(n-L)$ 两个序列，对这三个序列求和并取出主值序列，即得 $h(n)$ 和 $x(n)$ 的 L 点循环卷积。

同时，表格中阴影部分表示的是主值区间。

（1）当 $L=6$ 时

n	−6	−5	−4	−3	−2	−1	0	1	2	3	4	5	6	7	8	9	10	11	12	13
$y_l(n-6)$													1	2	3	4	4	3	2	1
$y_l(n)$							1	2	3	4	4	3	2	1						
$y_l(n+6)$	1	2	3	4	4	3	2	1												
6点的循环卷积							3	3	3	4	4	3								

所以，$h(n)$ 和 $x(n)$ 的6点循环卷积为 $\{\underline{3},3,3,4,4,3\}$。

若直接借助图4-6-2（b），则 $h(n)$ 和 $x(n)$ 的6点循环卷积可以通过下面的方式进行求解。将 $y_l(n)=\{\underline{1},2,3,4,4,3,2,1\}$ 分解为长度为 $L=6$ 和非零值长度为 $M+N-1-L=2$ 的两个序列，即 $y_l'(n)=\{\underline{1},2,3,4,4,3\}$ 和 $y_l''(n)=\{\underline{2},1,0,0,0,0\}$，并将二者相加，得 $y_c(n)=y_l'(n)+y_l''(n)=[\underline{3},3,3,4,4,3]$。

（2）当 $L=8$ 时

n	−8	−7	−6	−5	−4	−3	−2	−1	0	1	2	3	4	5	6	7	8	9	10	11
$y_l(n-8)$																	1	2	3	4
$y_l(n)$									1	2	3	4	4	3	2	1				
$y_l(n+8)$	1	2	3	4	4	3	2	1												
8点的循环卷积									1	2	3	4	4	3	2	1				

所以，$h(n)$ 和 $x(n)$ 的8点循环卷积为 $\{\underline{1},2,3,4,4,3,2,1\}$。

（3）当 $L=10$ 时

n	−8	−7	−6	−5	−4	−3	−2	−1	0	1	2	3	4	5	6	7	8	9	10	11
$y_l(n-10)$																			1	2
$y_l(n)$									1	2	3	4	4	3	2	1	0	0		
$y_l(n+10)$	3	4	4	3	2	1	0	0												
10点的循环卷积									1	2	3	4	4	3	2	1	0	0		

所以，$h(n)$ 和 $x(n)$ 的10点循环卷积为 $\{\underline{1},2,3,4,4,3,2,1,0,0\}$。

上面的结果也可以用图形的方式表示，如图4-6-3所示。在图4-6-3（a）、图4-6-3（b）和图4-6-3（c）分别给出了 $x(n),h(n),y_l(n)=h(n)*x(n)$ 的波形，图4-6-3（d）、图4-6-3（e）和图4-6-3（f）分别为 L 取6、8、10时循环卷积的结果。由于 $h(n)$ 的长度 $M=5$，$x(n)$ 的长度 $N=4$，$N+M-1=8$，所以只有当 $L\geqslant 8$ 时，循环卷积的结果才和线性卷积的结果相同，即图4-6-3（e）和图4-6-3（f）的结果与线性卷积的结果（即图4-6-3（c））是完全相同的。

可见，由于线性卷积 $y_l(n)$ 的长度为8点，当 $L=8$ 和 $L=10$ 时，满足 $L\geqslant 8$ 的条件，所以计算出的循环卷积的结果和线性卷积相等；而当 $L=6$ 时，$y_l(n)$ 周期延拓时发生混叠，所以，此时 $y_c(n)$ 与 $y_l(n)$ 不相同，即在前（$M+N-1-L=8-6=$）2个点上，$y_c(n)$ 与 $y_l(n)$ 不相等，而在 $2\leqslant n\leqslant(L-1)=5$ 范围内，$y_c(n)$ 与 $y_l(n)$ 仍相等。

下面，对线性卷积的直接计算方法和快速计算方法的运算量（此处仅以乘法次数来表示运算量）进行比较。由于按式（4-6-1）进行序列 $h(n)$ 和 $x(n)$ 卷积的直接计算时，$h(n)$ 的每一个值必须和全部 $x(n)$ 的值相乘一遍，所以，所需的乘法次数为

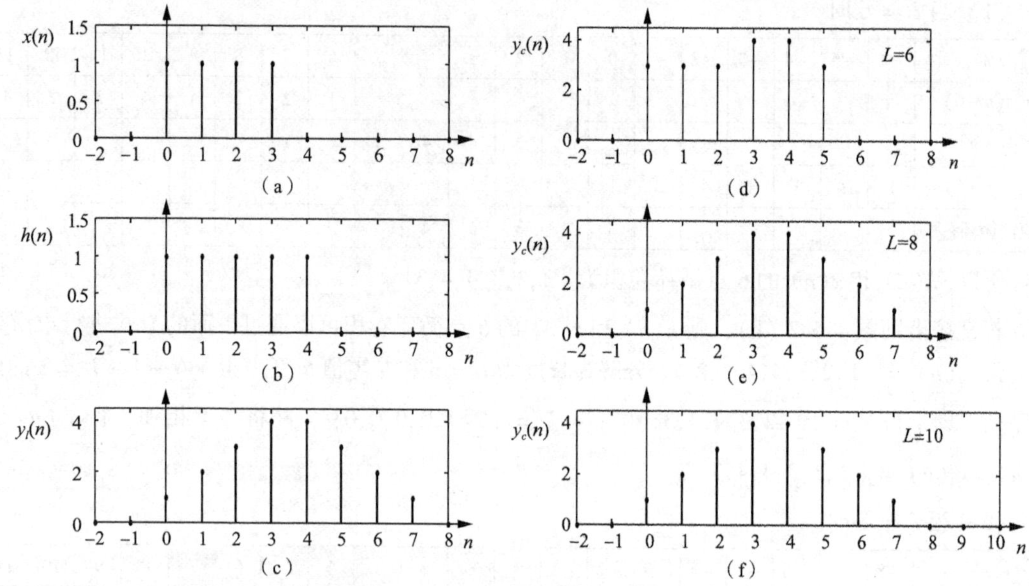

图4-6-3　循环卷积和线性卷积计算结果

$$C_{M,d} = MN \tag{4-6-3}$$

而利用快速卷积实现时，需要三次 $L = M + N - 1$ 点的 FFT（包括一次 IFFT）和一次长度为 L 的两个序列 $X(k)$ 和 $H(k)$ 的相乘。为了利用基 2 DIT-FFT 算法，需要取 L 为 2 的整数幂的形式。故所需的乘法次数为

$$C_{M,F} = 3 \cdot \frac{L}{2}\log_2 L + L \tag{4-6-4}$$

比较式（4-6-3）和式（4-6-4），可以近似地看出两种算法计算量的大小。定义

$$G = C_{M,d}/C_{M,F} = MN\Big/\left[L\left(\frac{3}{2}\log_2 L + 1\right)\right] \tag{4-6-5}$$

下面从两方面对这两种算法的计算量进行讨论。

① 当 M 和 N 比较接近时，比如，$M = N$，则 $L = M + N - 1 = 2N - 1 \approx 2N$，$N$ 取不同值时，参数 G 的大小如表 4-6-1 所示。

表 4-6-1　N 取不同值时参数 G 的大小

$N = M$	4	8	16	32	64	128	256	512	1024	2048	4096
G	0.49	0.70	1.11	1.85	3.20	5.64	10.10	18.31	33.48	61.70	114.43

从表 4-6-1 可见，当 N 的值小于 16 时，卷积的直接计算方法比快速计算方法的运算量要小；当 $N = 16$ 时，两种算法的运算量相当；而当 N 的值继续增大，G 值增大，快速计算方法的运算量将比直接计算方法的运算量小得多，即两序列的长度 N 越大，快速卷积在运算量方面的优势越明显。

② 当两序列的长度相差较大，如 $M \ll N$ 时，$L = M + N - 1 \approx N - 1 \approx N$，此时

$$G = M\Big/\left(\frac{3}{2}\log_2 N + 1\right)$$

给个具体的例子，比如，$M = 8$，分别取 N 为 500，1000 和 5000，则 G 分别等于 0.63，0.57 和 0.47，可见当两序列的长度相差较大时，参数 G 将小于 1，即快速计算方法的运算量比直接计算

方法的运算量要大，而且长度差距越大，G 越小。

综上所述，对于长序列，且两个序列的长度接近或相等时，快速计算方法比较适用；而当两个序列的长度相差较大时，快速计算方法不再适用。

4.6.2 块卷积

在实际的应用环境下，可能要对一个有限时宽的序列和一个时宽不定或长度非常长的序列进行线性卷积运算。理论上可以将整个波形存储起来，当利用快速卷积方法进行处理时，就要求对短序列补充很多零点，这会导致计算量和需要的存储空间无谓地增加。事实上，根据上面的讨论，当两序列长度差距较大时，快速卷积的优势并不能体现出来；而且输入数据未收集完之前，不能够计算出一个输出结果，因此整个系统必然存在较大的延时，不能够进行实时处理。为了解决这个问题，可以考虑将长序列分段，然后分段计算相应的线性卷积，即所谓的块卷积法。根据分段方式的不同，块卷积法可分为重叠相加法和重叠保留法两种。

1. 重叠相加法

设 $h(n)$ 的长度为 M，$x(n)$ 的长度为 N，且 $M \ll N$，将长序列分成若干个长度为 L 的短序列（也称为子段），其中第 k 个子段 $x_k(n)$ 为

$$x_k(n) = \begin{cases} x(n), & kL \leqslant n \leqslant (k+1)L-1 \\ 0, & n\text{为其他值} \end{cases} \tag{4-6-6}$$
$$= x(n)R_L(n-kL), \qquad k = 0,1,2,3,\cdots$$

即子段之间不存在重叠，注意，在这种分段方式中，$x_k(n)$ 的时间起点和 $x(n)$ 的原点一致。故

$$x(n) = \sum_{k=0}^{\infty} x_k(n) \tag{4-6-7}$$

于是，根据卷积的分配律可得

$$\begin{aligned} y_l(n) = x(n) * h(n) &= \left[\sum_{k=0}^{\infty} x_k(n)\right] * h(n) \\ &= \sum_{k=0}^{\infty}[x_k(n) * h(n)] = \sum_{k=0}^{\infty} y_k(n) \end{aligned} \tag{4-6-8}$$

其中，第三个等号利用到了卷积的分配率（式1-3-5）。因此，将原始序列按不重叠分段后，$h(n)$ 和 $x(n)$ 线性卷积等于各子段 $x_k(n)$ 与 $h(n)$ 线性卷积 $y_k(n)$ 之和。由于 $x_k(n)$ 和 $h(n)$ 的长度分别为 L 和 M，所以 $y_k(n)$ 的长度为 $L+M-1$。由于每个子段的起点和后面紧邻的子段的起点相隔 L 个点，因此 $y_k(n)$ 和 $y_{k+1}(n)$ 将有 $M-1$ 个值点重叠。可见，在重叠相加法中，虽然子段之间没有重叠，但相邻的 $y_k(n)$ 有重叠，最终结果通过求和得到（式（4-6-8）），这正是重叠相加法名字的由来。当然，子段 $x_k(n)$ 和 $h(n)$ 的线性卷积 $y_k(n)$ 可以通过图4-6-1所示的快速卷积实现。图4-6-4所示为重叠相加法的过程。

2. 重叠保留法

在重叠相加法中，将长序列分解为互不重叠的子段，然后将子段和单位脉冲响应进行快速线性卷积运算，再相加便可得到最终的结果。而将要讨论的重叠保留法，则通过其他方式对长序列进行分段，将子段和单位脉冲响应进行循环卷积，然后取出循环卷积中和线性卷积相同的部分。

这种方法和第一种方法稍有不同，即对上面序列中补零的部分不再补零，而是保留原来的输入序列值，且保留在各段的前端，这时，若利用DFT实现 $h(n)$ 和 $x_i(n)$ 的循环卷积，则每段卷积结果的前 $M-1$ 个点不等于线性卷积值，须舍去。

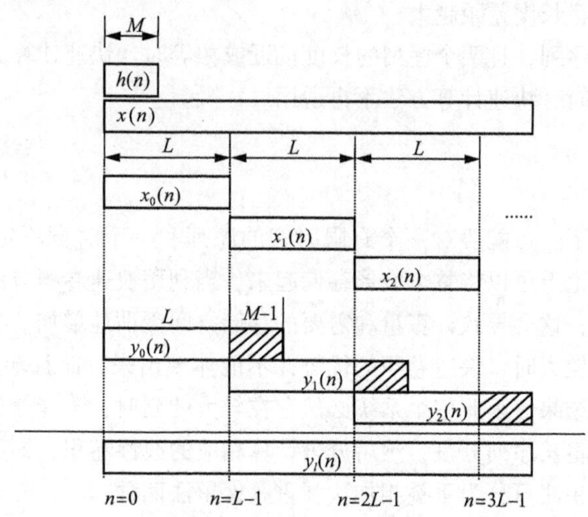

图 4-6-4　重叠相加法的过程

为了清楚地看出这点，研究一下 $x(n)$ 中一段长为 L 的序列 $x_i(n)$ 与 $h(n)$（长为 M）的循环卷积情况。

$$y_i(n) = x_i(n) \otimes h(n) = \sum_{m=0}^{L-1} x_i(m)h((n-m))_L R_L(n)$$

由于 $h(n)$ 的长度为 M，当 $0 \leqslant n \leqslant (M-2)$ 时，$h((n-m))_L$ 将在 $x_i(n)$ 的尾部出现非零值，如 $n=1$ 的情况就是如此，所以 $0 \leqslant n \leqslant (M-2)$ 这部分 $y_i(n)$ 值中将混入 $x_i(m)$ 尾部与 $h((n-m))_N$ 的卷积值，从而使 $y_i(n)$ 不同于线性卷积结果，但当 $n=(M-1) \sim (L-1)$ 时，则有 $h((n-m))_L = h(n-m)$，因此从 $n=M-1$ 点开始的圆周循环卷积值完全与线性卷积值一样，$y_i(n)$ 的后面 $L-M+1$ 点才是正确的卷积值，而每一段卷积运算结果的前 $M-1$ 点个值须去掉。为了不造成输出信号遗漏，对 $x_i(n)$ 分段时，须使相邻两段有 $M-1$ 个点的重叠（对于第一段，由于 $x_i(n)$ 没有在前一段保留信号，故须在其前填补 $M-1$ 个零点）。每段 $x_i(n)$ 和 $h(n)$ 的循环卷积以 $y_i(n)$ 表示，$y_i(n) = x_i(n) \otimes h(n)$，由 FFT 算出，去掉 $y_i(n)$ 的前 $M-1$ 点，再把相邻各段的输出顺次连接起来就构成了最终的输出序列 $y(n)$。

重叠保留法每一输入段均由 $L-M+1$ 个新点和前一段保留下来的 $M-1$ 个点所组成。值得注意的是，对于有限长度时间序列 $x(n)$（长度为 $N=P(L-M+1)$），在结束段（$i=P-1$）做完后，所得到的只是 N 点的线性卷积，还少了 $M-1$ 点，实际上就是 $h(-n)$ 移出 $x(n)$ 尾部时的不完全重合点，或者说是最后一段的重叠部分 $M-1$ 点少做了一次卷积，为此，须再补做这一段 $M-1$ 点，在其后填补 $L-M+1$ 个零点以保证长度仍为 L 点，一样舍去前取 $M-1$ 点，并从 $M-1$ 点开始保留 $M-1$ 点。

重叠保留法与重叠相加法的计算量差不多，但省去了重叠相加法最后的相加运算。一般来说，用 FFT 作信号滤波，只用于 FIR 滤波器阶数 $h(n)$ 大于 32 的情况下，且取 $L-M+1=(5 \sim 10)M$，这样可接近于最高效的运算。于是，重叠保留法可描述为如下。

首先，在长序列 $x(n)$ 前填补 $M-1$ 个零点后，按如下方式将其分成长度为 L 的子段

$$x_k(n) = x[n-k(L-M+1)], \quad 0 \leqslant n \leqslant (L-1) \tag{4-6-9}$$

即每一子段与前一子段之间有 $M-1$ 个点重叠，注意，用式（4-6-9）分解得到的 $x_k(n)$ 的时间起点在该段的开始点，而与 $x(n)$ 原点不相同。于是，将子段 $x_k(n)$ 和 $h(n)$ 进行长度为 L 的循环卷

积，即

$$y'_k(n) = x_k(n) \otimes h(n), \qquad 0 \leqslant n \leqslant (L-1) \tag{4-6-10}$$

可见，$y'_k(n)$ 的长度为 L 点。然而，子段 $x_k(n)$ 和 $h(n)$ 线性卷积的长度为 $L+M-1$，根据前面的讨论可见，$y'_k(n)$ 的前 $M-1$ 点与线性卷积的结果不同，其余的 $L-M+1$ 点与线性卷积的结果相同。因此，将 $y'_k(n)$ 的前 $M-1$ 点舍去，即

$$y_k(n) = y'_k(n) R_{L-M+1}(n) \tag{4-6-11}$$

其中

$$R_{L-M+1}(n) = \begin{cases} 1 & (M-1) \leqslant n \leqslant (L-1) \\ 0 & 0 \leqslant n \leqslant (M-2) \end{cases} \tag{4-6-12}$$

可得

$$y_l(n) = x(n) * h(n) = \sum_{k=0}^{+\infty} y_k[n - k(L-M+1)] \tag{4-6-13}$$

可见，在重叠保留法中，将原始序列进行有重叠的分段，子段与单位脉冲响应之间进行的是循环卷积，因此 $y_k(n)$ 中前 $M-1$ 点与线性卷积的结果不等，需要舍弃，而保留与线性卷积的结果相同的点，最终结果通过求和得到（式（4-6-13）），这也正是重叠保留法名字的由来。当然，子段 $x_k(n)$ 和 $h(n)$ 的循环卷积 $y_k(n)$ 可以借助 FFT 在频域实现。图 4-6-5 所示为重叠保留法的过程。

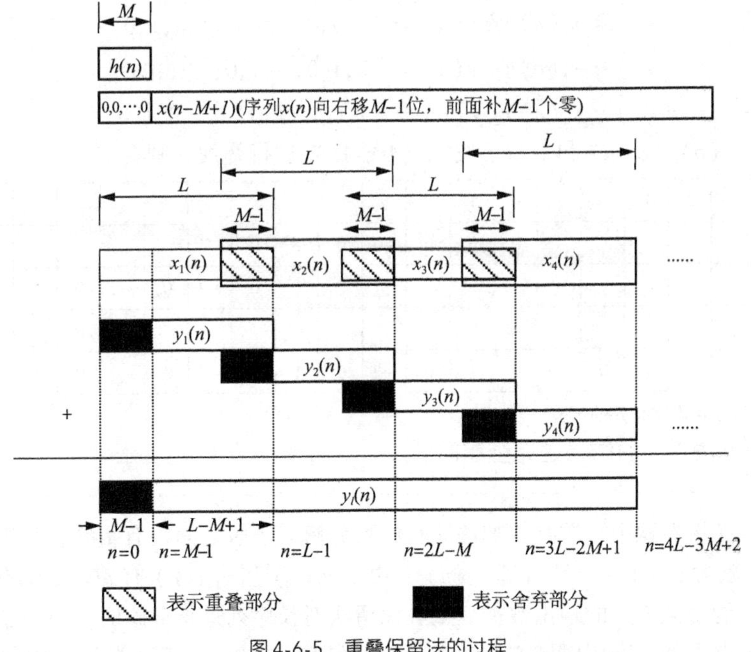

图 4-6-5 重叠保留法的过程

例 4.6.2 已知“长”序列 $x(n) = \{\underline{1},1,1,1,2,2,2,2,3,3,3,3,2,2,2,2,1,1,1,1\}$，“短”序列 $h(n) = \{\underline{1},-1,-1,1\}$，假定将“长”序列分成长度为 8 的子段，试利用重叠相加法和重叠保留法分别计算 $h(n)$ 和 $x(n)$ 的线性卷积。

解 为了进行比较，先利用时域方法计算出 $h(n)$ 和 $x(n)$ 的线性卷积为

$$y_l(n) = \{\underline{1},0,-1,0,1,0,-1,0,1,0,-1,0,-1,0,1,0,-1,0,1,0,-1,0,1\}$$

（1）重叠相加法

将 $x(n)$ 分成长度为 8 的互相不重叠子段，$x_1(n)=\{\underline{1},1,1,1,2,2,2,2\}$，$x_2(n)=\{3,3,3,3,2,2,2,2\}$ 和 $x_3(n)=\{1,1,1,1,0,0,0,0\}$，则

$$y_1(n)=x_1(n)*h(n)=\{1,0,-1,0,1,0,-1,0,-2,0,2\}$$

$$y_2(n)=x_2(n)*h(n)=\{3,0,-3,0,-1,0,1,0,-2,0,2\}$$

$$y_3(n)=x_3(n)*h(n)=\{1,0,-1,0,-1,0,1,0,0,0,0\}$$

将 $y_1(n)$、$y_2(n)$ 和 $y_3(n)$ 按式（4-6-8）进行叠加，则有

$y_1(n)$	1	0	−1	0	1	0	−1	0	−2	0	2												
$y_2(n)$									3	0	−3	0	−1	0	1	0	−2	0	2				
$y_3(n)$																	1	0	−1	0	−1	0	1
$y_l(n)$	1	0	−1	0	1	0	−1	0	1	0	−1	0	−1	0	1	0	−1	0	1	0	−1	0	1

（2）重叠保留法

将 $x(n)$ 分成长度为 8 的相互重叠 3 点的子段，$x_1(n)=\{0,0,0,\underline{1},1,1,1,2\}$，$x_2(n)=\{1,1,2,2,2,2,3,3\}$，$x_3(n)=\{2,3,3,3,3,2,2,2\}$ 和 $x_4(n)=\{2,2,2,2,1,1,1,1\}$，则子段和 $h(n)$ 的 8 点循环卷积分别为

$$y_1(n)=x_1(n)\otimes h(n)=\{-2,-1,2,1,0,-1,0,1\}$$

$$y_2(n)=x_2(n)\otimes h(n)=\{-3,0,3,0,-1,0,1,0\}$$

$$y_3(n)=x_3(n)\otimes h(n)=\{2,1,0,-1,0,-1,0,1\}$$

$$y_4(n)=x_4(n)\otimes h(n)=\{1,0,-1,0,-1,0,1,0\}$$

将 $y_1(n)$、$y_2(n)$、$y_3(n)$ 和 $y_4(n)$ 按式（4-6-13）进行叠加，则有

$y_1(n)$	−2	−1	2	1	0	−1	0	1														
$y_2(n)$						−3	0	3	0	−1	0	1	0									
$y_3(n)$											2	1	0	−1	0	−1	0	1				
$y_4(n)$																1	0	−1	0	−1	0	1
$y_l(n)$				1	0	−1	0	1	0	−1	0	1	0	−1	0	−1	0	1	0	−1	0	1

注：表中阴影部分是需要舍弃的部分。

可见，3 种方法得出的结果是完全相同的。

综上所述，在块卷积中，重叠相加法对长序列分解时子段之间没有重叠，利用快速线性卷积（用到的 FFT 点数为 $L+M-1$）计算 $y_k(n)$，由于 $y_k(n)$ 和 $y_{k+1}(n)$ 有 $M-1$ 个点重叠，因此每段卷积实际上只能得到 L 点的输出数据。重叠保留法对长序列进行分解时，每一子段与前一子段之间有 $M-1$ 个点重叠，利用频域方法实现 $x_k(n)$ 和 $h(n)$ 的 L 点循环卷积（用到的 FFT 点数为 L），每段卷积实际上得到有意义的输出数据的点数为 $L-M$。

4.7 Chirp-Z 变换

众所周知，利用 DFT 可以计算出单位圆上等间隔采样点处的 Z 变换值，而且当序列的长度为 2 的整幂次时，还可以利用高效的 FFT 算法进行相应的计算。但在使用 DFT 进行计算时，计

算结果的点数必须与原来时间序列的点数 N 相等，且 N 点均匀地分布在整个圆周上，得到的结果对应的频率间隔（$2\pi/N$）是相等的。

然而，在对实际信号进行处理时，首先，有时希望采样值不局限在单位圆上，即可能还对单位圆以外的另一些围线上的 Z 变换感兴趣，例如，在语音信号处理中，往往需要其 Z 变换极点所在的频率，如果极点位置离单位圆较远，如图 4-7-1（a）所示，则其单位圆上的频谱（图 4-7-1（b））就很平滑，很难能从中识别出极点所在的频率。但若采样不是沿着单位圆而是沿着一条接近这些极点的弧线 $\widehat{AB}$ 进行，如图 4-7-1（c），则得到的结果 $X'(e^{j\omega})$ 将会在极点所在的频率上出现明显的峰值（图 4-7-1（d）），这就为极点的识别带来了极大的便利。

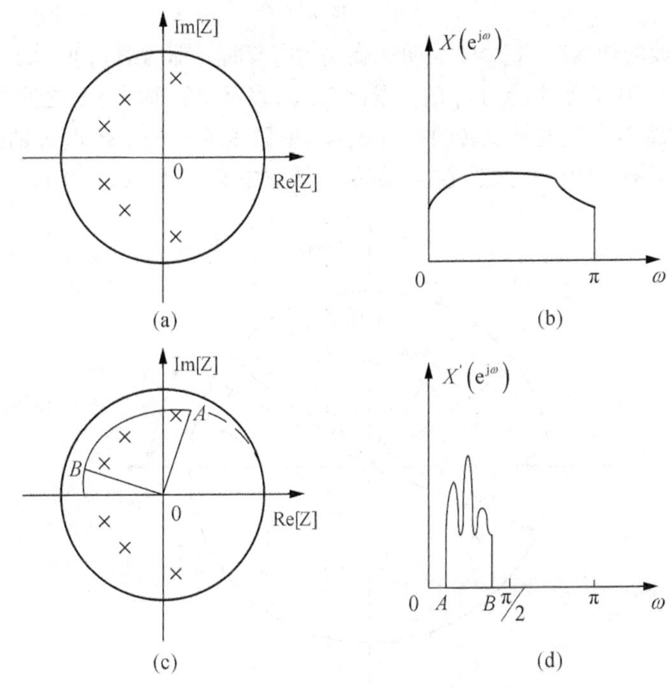

图 4-7-1　单位圆和非单位圆上频谱的比较示意图

其次，在很多情况下，对信号进行分析时，并非整个单位圆上的频谱都是有意义的，例如，对于窄带信号过程，往往只需要对信号所在的一段频带进行分析，这时，希望采样能够密集在这段频带内，而对于频带以外的部分，可以完全不管。再者，有时需要对单位圆上的一段圆弧进行较小间隔的频域采样，此时最有效的处理方式是在序列尾部补上适当的零值点（见例 3.5.1），以达到所需要的频域采样间隔。例如，如果研究的是 128 点的序列，而且需要得到 $\omega = -\pi/4$ 到 $\omega = \pi/4$ 之间的单位圆上的 128 点的采样值，则所需的采样间隔为 $\pi/256$，因此若通过尾部补零方式达到要求的话，共需要补上 $(512 - 128)$ 个零，然后计算 512 点的 FFT。显然这样使运算量大为增加。总之，如何能够提高 DFT 计算的灵活性，这也是在实际信号分析中颇为关心的问题。

在很多场合下，实现上述目的最有效的方法是线性调频 Z 变换（Chirp Z-transformation，CZT）。下面，对 CZT 进行讨论。

4.7.1　CZT 的基本原理

已知长度为 N 的序列 $x(n)$，其 Z 变换可表示为

$$X(z) = \sum_{n=0}^{N-1} x(n) z^{-n} \tag{4-7-1}$$

Chirp-Z 变换的目的是计算沿 z 平面上的一段螺旋线做等间隔采样的 M 采样点处的 ZT 值，以实现提高 DFT 计算灵活性的目的。这些采样点的位置可表示为

$$z_k = AW^{-k}, k = 0, \cdots, M-1 \tag{4-7-2}$$

式中，M 为采样点的总数，A 为起始位置，即

$$A = A_0 \mathrm{e}^{\mathrm{j}\theta_0} \tag{4-7-3}$$

可见，A 可以用半径 A_0 和相角 θ_0 表示，半径 A_0 表示起始采样点 z_0 的矢量长度，相角 θ_0 为起始采样点 z_0 的相角。而参数 W 可表达为

$$W = W_0 \mathrm{e}^{-\mathrm{j}\varphi_0} \tag{4-7-4}$$

其中，W_0 表示螺旋线的伸展率，$W_0 > 1$ 表明螺旋线向内弯曲（即内缩）；$W_0 < 1$ 表明螺旋线向外弯曲（即外伸）；$W_0 = 1$ 则表示半径为 A_0 的一段圆弧。φ_0 表示相邻采样点 z_k 之间的频率差，$\varphi_0 > 0$ 表示随 k 的增加，z_k 的路径是逆时针旋转的，而 $\varphi_0 < 0$ 时则表示随 k 的增加，z_k 的路径是顺时针旋转的。采样点 z_k 在 z 平面上的位置如图 4-7-2 所示（该图中 $W_0 > 1$ ，$\varphi_0 > 0$ ）。

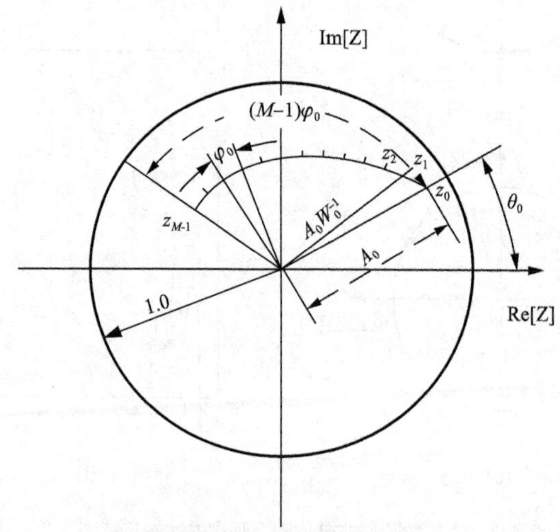

图 4-7-2　CZT 采样点的位置分布图

将式（4-7-3）和式（4-7-4）代入式（4-7-1）得到

$$z_k = (A_0 \mathrm{e}^{\mathrm{j}\theta_0})(W_0 \mathrm{e}^{-\mathrm{j}\varphi_0})^{-k} = A_0 W_0^{-k} \mathrm{e}^{\mathrm{j}(\theta_0 + k\varphi_0)} \tag{4-7-5}$$

Chirp-Z 变换的目的为计算采样点 z_k 处的 ZT 值，即

$$\begin{aligned} \mathrm{CZT}[x(n)] &= X(z_k) = X(z)\big|_{z=z_k} \\ &= \sum_{n=0}^{N-1} x(n) A^{-n} W^{nk}, \quad k = 0, \cdots, M-1 \end{aligned} \tag{4-7-6}$$

利用布鲁斯坦（Bulestein）所提出的等式，即

$$nk = \frac{1}{2}[n^2 + k^2 - (k-n)^2] \tag{4-7-7}$$

可将式（4-7-6）表示为

$$X(z_k) = \sum_{n=0}^{N-1} x(n) A^{-n} W^{\frac{1}{2}n^2} W^{\frac{1}{2}k^2} W^{-\frac{1}{2}(k-n)^2}$$

$$= W^{\frac{1}{2}k^2} \sum_{n=0}^{N-1} [x(n)A^{-n}W^{\frac{1}{2}n^2}] W^{-\frac{1}{2}(k-n)^2}, \qquad k = 0,\cdots,M-1 \tag{4-7-8}$$

令

$$g(n) = x(n)A^{-n}W^{\frac{1}{2}n^2}, \qquad n = 0,\cdots,N-1 \tag{4-7-9}$$

$$h(n) = W^{-\frac{1}{2}n^2} \tag{4-7-10}$$

则式（4-7-8）可表示为

$$X(z_k) = W^{\frac{1}{2}k^2} \sum_{n=0}^{N-1} g(n)h(k-n), \qquad k = 0,\cdots,M-1 \tag{4-7-11}$$

由上式可见，Z 变换在 z_k 处的 ZT 值 $X(z_k)$ 可以表示为序列 $g(n)$ 和 $h(n)$ 的线性卷积的形式，将卷积的结果乘以 $W^{\frac{1}{2}k^2}$ 即可得到 $X(z_k)$。式（4-7-11）说明，可以通过滤波的方法进行信号的频谱分析。根据式（4-7-11），序列的 Chirp-Z 变换可以通过预乘（以得到 $g(n)$）、卷积、后乘三个步骤完成，这一过程可以用图 4-7-3 中给出的一个线性系统表示。

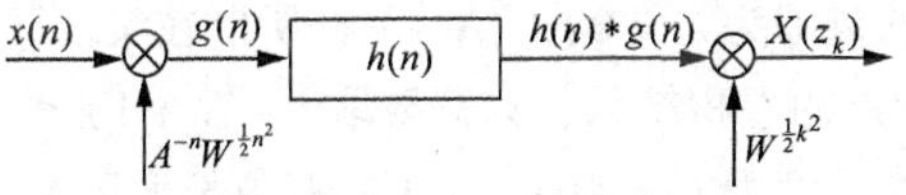

图 4-7-3　CZT 实现框图

在对 CZT 的具体实现步骤进行讨论之前，需要对 CZT 进行一定的讨论。

首先，考虑下面的特殊情况。当 CZT 中的参数满足下面的条件时：

① $M = N$；

② $A = A_0 e^{j\theta_0} = 1$，即 $A_0 = 1$，$\theta_0 = 0°$；

③ $W_0 = 1$，$\varphi_0 = \dfrac{2\pi}{N}$，即 $W = W_0 e^{-j\varphi_0} = e^{-j\frac{2\pi}{N}}$。

采样点 z_k 变为

$$z_k = e^{j\frac{2\pi}{N}k}, \qquad k = 0,1,\cdots,N-1$$

即 z_k 是分布在单位圆上的等间隔采样点，相应地，CZT 计算出的 $X(z_k)$ 相当于单位圆上的等间隔采样点处的 ZT 值，即 CZT 变为计算序列的 DFT。

其次，仅对上述的第②个条件做简单的变化，即令 $A = A_0 e^{j\theta_0} = r < 1$，即 $A_0 = r < 1$，$\theta_0 = 0°$，则采样点 z_k 可表示为

$$z_k = re^{j\frac{2\pi}{N}k}, \qquad k = 0,\cdots,N-1$$

即 z_k 是分布在半径为 r 的圆上的等间隔采样点。在该条件下，可得

$$\begin{aligned}
\text{CZT}[x(n)] = X(z_k) &= \sum_{n=0}^{N-1} x(n)z^{-n}\Big|_{z_k = re^{j\frac{2\pi}{N}k}} \\
&= \sum_{n=0}^{N-1} [x(n)r^{-n}] e^{-j\frac{2\pi}{N}kn} \\
&= \sum_{n=0}^{N-1} \hat{x}(n) e^{-j\frac{2\pi}{N}kn} = \text{DFT}[\hat{x}(n)]
\end{aligned} \tag{4-7-12}$$

式中 $\hat{x}(n) = x(n)r^{-n}$。

由式（4-7-12）可见，先将序列预乘以 r^{-n}，然后通过 FFT 即可计算 $x(n)$ 在半径为 r 的圆上的 N 点等间隔频谱分量。这样，就能达到对图 4-7-1 中所要求的在任意半径的圆上采样的目的。

最后，据式（4-7-10），当 $W_0 = 1$ 时，图 4-7-3 中系统的单位脉冲响应为

$$h(n) = W^{-\frac{1}{2}n^2} = e^{j\frac{n^2}{2}\varphi_0} \tag{4-7-13}$$

序列 $h(n)$ 为复指数序列，其相位角 $\frac{n^2}{2}\varphi_0$ 对时间变量 n 的微分值（即角频率）为 $n\varphi_0$，可见其角频率随时间变量 n 呈线性变化。在雷达系统中这样的信号被称作线性调频信号（chirp signal），所以，上面介绍的利用卷积进行频谱分析的方法被称为线性调频 Z 变换（CZT）。

4.7.2 CZT 的实现步骤

由图 4-7-3 可知，序列 $g(n)$ 是有限时宽的，而序列 $h(n)$ 是无限时宽的，因此，如果利用 DFT 来实现二者的卷积的话，则须利用 4.6 节介绍的块卷积法，即需要对序列 $h(n)$ 进行分段处理。同时，根据 CZT，由于仅需要计算 M 个采样点处的值，所以仅对 $k = 0,1,\cdots,M-1$ 范围内的卷积结果感兴趣。

由于序列 $g(n)$ 非零值的范围为 $n = 0,\cdots,N-1$，所以在实现序列 $g(n)$ 和 $h(n)$ 卷积时，为计算 $k = 0,1,\cdots,M-1$ 范围内的卷积结果，只需要取 $(-N+1) \leqslant n \leqslant (M-1)$ 范围内的 $h(n)$ 值即可，这样就把 $h(n)$ 看作长度为 $L = M+N-1$ 的有限长度序列。所以，图 4-7-1 所示的系统输出应为两个有限长度序列线性卷积的结果，而线性卷积可以借助于循环卷积实现，即当循环卷积的长度大于或等于 $N+L-1$ 时，计算的循环卷积和线性卷积的结果相等。线性卷积的快速计算方法如图 4-6-1 所示。由于只需要输出前 M 个值，以后的值即使发生混叠也不影响所要求的值，因此可以将循环卷积的周期缩短为 L。为了用 L 点的循环卷积来计算线性卷积中的前 M 个值，需要分别对 $g(n)$ 和 $h(n)$ 进行相应的处理。

将序列 $g(n)$ 进行尾部补零处理，使其长度为 L，即

$$g'(n) = \begin{cases} g(n), & 0 \leqslant n \leqslant (N-1) \\ 0, & N \leqslant n \leqslant (L-1) \end{cases} \tag{4-7-14}$$

而 $h(n)$ 的主值序列 $h'(n)$ 可以通过对有限长度序列 $h_L(n) = W^{-\frac{1}{2}n^2}((-N+1) \leqslant n \leqslant (M-1))$ 以 L 为周期进行周期延拓后取其主值得到，即

$$h'(n) = h_L((n)_L)R_L(n) \tag{4-7-15}$$

将其展开，得

$$h'(n) = \begin{cases} W^{-\frac{1}{2}n^2} & 0 \leqslant n \leqslant (M-1) \\ \text{任意值} & M \leqslant n \leqslant (L-N) \\ W^{-\frac{1}{2}(L-n)^2} & (L-N+1) \leqslant n \leqslant (L-1) \end{cases} \tag{4-7-16}$$

当然，$g'(n)$ 和 $h'(n)$ 的循环卷积可以通过 FFT 在频域实现。

综上所述，CZT 的实现步骤（见图 4-7-4）如下。

① 根据已知的参数 A 和 W 求出序列 $A^{-n}W^{n^2/2}(0 \leqslant n \leqslant (N-1))$，并将其与待分析的序列 $x(n)$ 相乘，得到序列 $g(n)$（见图 4-7-4（a））。

② 选择参数 $L = M+N-1$，同时要求 $L = 2^m$，以便利用基 2FFT 算法进行卷积的快速计算。

③ 按式（4-7-14）得到 $g'(n)$，并计算其 L 点 DFT 的值 $G'(k)$。

④ 按式（4-7-16）得到 $h'(n)$，并计算其 L 点 DFT 的值 $H'(k)$。

⑤ 计算 $Y'(k) = G'(k)H'(k)$，并对其进行 L 点 IFFT 得到序列 $y'(n)$，同时仅取出 $y'(n)$ 在 $0 \leqslant n \leqslant (N-1)$ 范围内的值，得到 $y(n)$。

⑥ 用 $W^{\frac{1}{2}k^2}$（$k = 0,\cdots,M-1$）与 $y(n)$ 相乘，则得到最终的结果 $X(z_k)$。

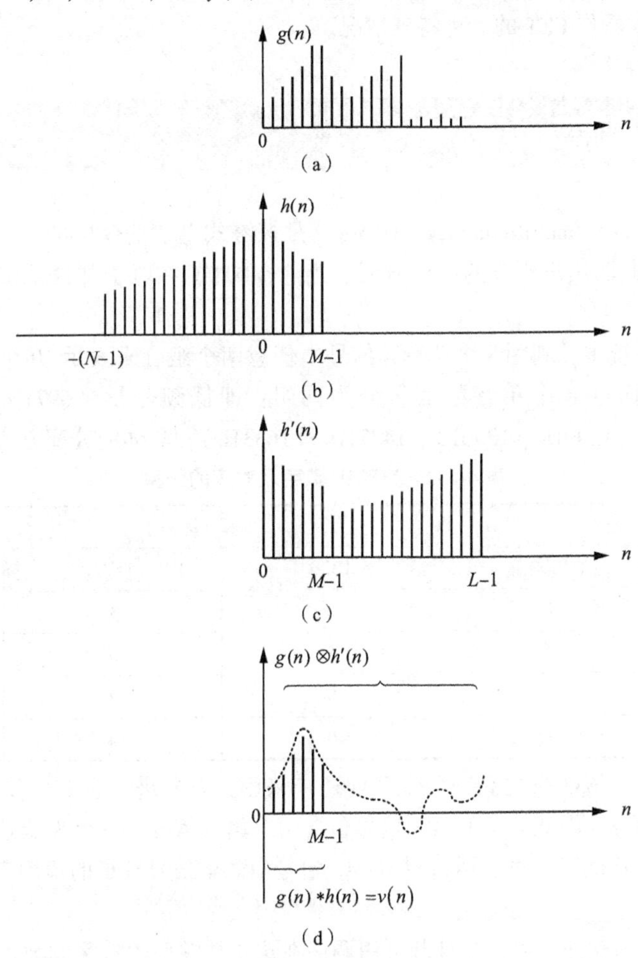

图 4-7-4 CZT 的实现步骤

4.7.3 CZT 的优点

前面讨论了 CZT 的基本原理与实现步骤，可见，利用 CZT 在实现 DFT 的灵活性方面有很大的优势。下面，对其优点进行总结。

① 计算效率高。由于所计算的 FFT 的点数为 L，例如，$L = M + N - 1$，计算每一个 L 点 FFT 所需的复数乘法和复数加法的运算量正比于（$M + N - 1$）$\log_2(M + N - 1)$，故利用 CZT 计算式（4-7-6）的计算量与（$M + N - 1$）$\log_2(M + N - 1)$ 成正比；而直接计算式（4-7-6）的计算量正比于 NM，显然 N 和 M 较大时，CZT 是高效的。

② 序列长度可以任意。CZT 在计算有限长度序列 ZT 的采样时，有很大的灵活性，它不像 FFT 那样要求 $M = N$，并且 M 和 N 可以为素数。

③ $X(z_k)$ 的频率分辨率可以任意选定。在 FFT 算法中要求角度的间隔参数必须为 $\frac{2\pi}{N}$，而在 CZT 中，参数 φ_0 是任意的；而且起始频率（即 z_0）也可以任意选定。这样，在对窄带信号进行分析时，M 个采样点可以集中在 θ_0 到 $\theta_0 + (M+1)\varphi_0$ 范围内，这样可以增加频率的分辨率。

④ CZT 适应于更一般的螺旋线上的采样点处的频率响应，而 DFT 仅能计算单位圆上的等间隔采样，即 DFT 可被看作 CZT 的一种特殊情况。

4.8 双音多频信号的检测

双音多频（dual-tone multifrequency，DTMF）是按键式电话信令中的一般名称。通过对 DTMF 信号进行检测可判断用户所拨的电话号码。当前，DTMF 在电子邮件系统和电话银行系统中已得到广泛应用。

在 DTMF 通信系统中，利用 8 个单音频信号中任意两个组合来表示 10 个数字以及两个特定的符号（* 和#），而这 8 个单音频信号分为两组：即低频分量（697Hz、770Hz、852Hz 和 941Hz）和高频分量（1209Hz、1336Hz、1477Hz 和 1633Hz），具体的分配方式如表 4-8-1 所示。

表 4-8-1　DTMF 数字及对应的频率

低频/Hz	高频/Hz			
	1209	1336	1477	1633
697	1	2	3	A
770	4	5	6	B
852	7	8	9	C
941	*	0	#	D

从表 4-8-1 可见，1633Hz 的高频分量目前还未采用，以备进一步扩展使用（在表中分别用 A、B、C 和 D 来表示）。因此一个 DTMF 信号包含两个单频信号：一个为低频分量，另一个为高频分量；相应地，在检测时，可以通过对 DTMF 信号中两个信号分量的检测来确定该信号所代表的数字或符号。

DTMF 信号容易用软件产生，并且既可用调谐在这 8 个频率的数字滤波器组来检测，也可用软件来检测。通常，DTMF 信号借助编译码芯片或线性 A/D 和 D/A 变换器将数字 DTMF 信号转换为模拟信号。编译码芯片包括一个双向 D/A 接口所需要的 A/D 和 D/A、采样和滤波电路。

DTMF 信号可以用数字方法或查表方法产生。在硬件实现中，两个正弦波的数字样本用数字方法产生，并按一定的比例进行叠加，将和信号进行对数压缩，并传到编译码器以变成模拟信号。在 8kHz 的采样频率上，硬件必须每 125ms 输出一个样本，在这种情况下，可以很快计算出正弦波形的值，从而节省查表方法所需要的大容量的存储空间。在接收端，收到 8 位数据码后，先将其对数扩张为 16 位线性码的形式，然后通过检测 DTMF 信号所包含的频率来确定用户所拨的数字。

因此，在 DTMF 信号的检测中，主要是判定信号中所包含的频率分量。根据第 3 章和第 4 章的内容，自然想到利用 DFT 或 FFT 来实现对信号的检测。在实际的系统中，信号的采样频率为 8kHz，DTMF 信号的最小数据长度为 40ms，因此一个 DTMF 信号的总采样点数为 $0.04\times8000=320$ 个。

然而，在对实际的 DTMF 进行 DFT 计算时，选择 DFT 的点数，一方面需要考虑计算量的因素，另一方面还需要考虑信号检测的难易情况。由于 DFT 是对序列傅里叶变换在 $[0,2\pi)$ 范围内的等间隔采样，DFT 频率变量 k 与实际的数字频率 ω 之间的关系重写如下

$$\omega=\frac{2\pi}{N}k \tag{4-8-1}$$

考虑到

$$\omega = \Omega T = \frac{2\pi f}{f_s} \tag{4-8-2}$$

式中，T 和 $f_s = \frac{1}{T}$ 分别为采样周期和采样频率，f 为模拟频率，故

$$k = \frac{Nf}{f_s} \tag{4-8-3}$$

式（4-8-3）表示出了在给定采样频率 f_s 及 DFT 点数 N 时，频率为 f 的信号在 DFT 结果中对应的真实频点数。但通常情况下，计算出的 k 不为整数，于是单频信号的频率将分布于多个频点上，即发生所谓的频谱泄漏，从而为该单频信号的检测带来困难。为克服这一问题，可以选择合适的 DFT 点数 N，使精确的 k 接近某一整数，从而尽可能避免或减少频谱泄漏，以实现对单频信号的可靠检测。因此，在给定的参数下，希望选定的 DFT 点数 N 可使 8 个频率分量对应的 k 值均接近或等于整数。根据 DTMF 信号中给定的频率和采样频率，在进行 DTMF 信号的检测时，若选择 DFT 的点数 N 为 8000，则对频率为 f_{in} 的某一输入信号而言，利用式（4-8-3），其对应的 k 值为

$$k = \frac{Nf_{in}}{f_s} = \frac{8000}{8000}f_{in} = f_{in}$$

可见，对于所有的 8 个频率分量，此时计算出的精确 k 值为整数，从而完全消除了频谱泄漏现象。但是，$N = 8000$ 时计算量非常大，考虑到算法的实时性问题，不希望采样点数太大。即，在追求减少频谱泄漏的同时，也希望算法具有较小的计算量，因此，在 DTMF 信号的检测中，通常选择 DFT 的点数为 $N = 205$。

表 4-8-2 所示为在给定的参数下，8 个频率分量对应的 k 值和最接近的整数值之间的误差。可见，8 个频率分量对应的 k 值都不是整数，但非常接近某一整数，且对于不同的频率，其精确的 k 值和最接近的整数值之间的误差是不同的。这样，在用 205 点 DFT 对 DTMF 信号进行处理时，对所有的频率分量都会存在不同程度的频谱泄漏现象，可以想象，误差值越大，频谱泄漏将越严重，这一点在下面给出的例子中将得到证实。但由于所有的 k 值接近整数，所以实际的单频信号的主分量将位于单一的谱线上，不会影响 DTMF 信号的检测，从而便于单频信号的检测。这也说明采用 205 点 DFT 是合适的。

表 4-8-2　DTMF 信号中 8 个频率分量的 k 值

基本频率/Hz	精确的 k 值	最接近的整数值	误差	基本频率/Hz	精确的 k 值	最接近的整数值	误差
697	17.861	18	0.139	1209	30.981	31	0.019
770	19.731	20	0.269	1336	34.235	34	0.235
852	21.833	22	0.167	1477	37.848	38	0.152
941	24.113	24	0.113	1633	41.846	42	0.154

需要提及的另一个问题是算法的计算量。FFT 作为 DFT 的快速计算方法，在序列的长度为 2 的整数幂（对于基 2 算法而言）时，能够且必须求出所有的频率分量 $X(k)(0 \leqslant k \leqslant (N-1))$；然而，在 DTMF 信号检测中，仅关心比较少（8 个）的频率分量，因此考虑到计算量的问题时，会利用 DFT 而不利用 FFT 进行 DTMF 信号的检测。事实上，当采用 $N = 205$ 点 DFT 进行计算时，每一频点需要的复数加法次数为 $C_A = (N-1) = 204$ 和复数乘法次数为 $C_M = N = 205$，所以计算 8 个频点需要的总运算量为 $C_A = 1632$ 和 $C_M = 1640$；若采用 FFT 进行计算，FFT 的点数选为 256，则相应的运算量为 $C_A = N(N-1) = 65280$ 和 $C_M = N^2 = 65536$。可见，在仅需要计算少量的频率分量时，利用 DFT 在计算量上的优势是非常明显的。

为了进一步降低直接计算 DFT 的计算量，通常采用戈泽尔（Goertzel）算法。实际上该算法

又是一个利用旋转因子的周期性来降低计算量的范例；和线性调频 Z 变换一样，它也是通过滤波的方式来实现对信号频率的计算。下面，对戈泽尔算法进行介绍。为了推导戈泽尔算法，注意到旋转因子的性质

$$W_N^{-kN} = e^{j\frac{2\pi}{N}kN} = e^{j2\pi k} = 1 \tag{4-8-4}$$

根据式（4-8-4），对有限长度序列 $x(n)$ 的 N 点 DFT 乘以 W_N^{-kN}，可得

$$W_N^{-kn}X(k) = W_N^{-kN}\sum_{n=0}^{N-1}x(n)W_N^{kn} = \sum_{n=0}^{N-1}x(n)W_N^{-k(N-n)} \tag{4-8-5}$$

为了方便起见，定义序列

$$y_k(n) = \sum_{m=0}^{N-1}x(m)W_N^{-k(n-m)} \tag{4-8-6}$$

设

$$h(n) = W_N^{-kn}u(n) \tag{4-8-7}$$

于是，式（4-8-6）可写为

$$y_k(n) = x(n) * h(n) \tag{4-8-8}$$

因此，序列 $y_k(n)$ 可以被看作有限长度序列 $x(n)$ 与 $h(n)$ 的线性卷积，即 $y_k(n)$ 为单位脉冲响应为 $h(n)$ 的系统（或滤波器）在输入为 $x(n)$ 时的输出结果。比较式（4-8-5）和式（4-8-6）可知 $X(k) = y_k(n)\big|_{n=N}$，即滤波器在 $n=N$ 时的输出结果就是 DFT 在频点 k 处的值。

为了实现该系统，可以利用递推的方法进行。于是，系统的系统函数为

$$H(z) = \frac{1}{1 - W_N^{-k}z^{-1}} \tag{4-8-9}$$

可见，该滤波器只有一个位于单位圆上的极点 W_N^{-k}。根据式（4-8-9），$y_k(n)$ 的递推结果为

$$y_k(n) = W_N^{-k}y_k(n-1) + x(n),\ y_k(-1) = 0 \tag{4-8-10}$$

期望的输出结果 $X(k) = y_k(N)$。在该递推计算中，只需要计算一次相位因子 W_N^{-k}，并将其存储起来即可，从而节省了运算量。

然而，在式（4-8-10）中，涉及复数运算。为了避免复数运算，将式（4-8-9）的分子、分母同乘以 $1 - W_N^{k}z^{-1}$，于是

$$\begin{aligned} H(z) &= \frac{1 - W_N^{-k}z^{-1}}{(1 - W_N^{-k}z^{-1})(1 - W_N^{-k}z^{-1})} \\ &= \frac{1 - W_N^{-k}z^{-1}}{1 - 2\cos\frac{2\pi k}{N}z^{-1} + z^{-2}} \end{aligned} \tag{4-8-11}$$

相应的差分方程为

$$v_k(n) = 2\cos\frac{2\pi k}{N}v_k(n-1) - v_k(n-2) + x(n) \tag{4-8-12a}$$

$$y_k(n) = v_k(n) - W_N^{k}v_k(n-1) \tag{4-8-12b}$$

初始条件 $v_k(-1) = v_k(-2) = 0$。这就是戈泽尔算法。在该算法中，只涉及实数乘法运算。可以验证，利用戈泽尔算法的运算量比直接计算的运算量要小。

图 4-8-1 所示为频点为 852Hz 和 1209Hz 的两个单频信号 205 点 DFT 结果，从图中可见，对信号进行 205 点的 DFT，852Hz 信号的频谱主分量在 $k = 22$ 处，而 1209Hz 信号的频谱主分量在 $k = 31$ 处，这一点和表 4-8-1 的结果是一致的。同时，还注意到，对 852Hz 的信号而言，除频率主分量处外，在其他频率点处也有非零值；而对 1209Hz 信号而言，除频率主分量处外，在其他

频率点处基本上为零值，出现这一现象的原因是精确的 k 值和最接近的整数值之间存在误差（如表 4-8-2 所示），若二者之差较大（如对 852Hz 信号而言），则在其 DFT 上出现的频谱泄漏现象（如图 4-8-1（a）所示）就会较严重；若二者之差较小（如对 1209Hz 信号而言），则在其 DFT 上出现的频谱泄漏现象不严重，甚至基本上无频谱泄漏现象（如图 4-8-1（b）所示）。

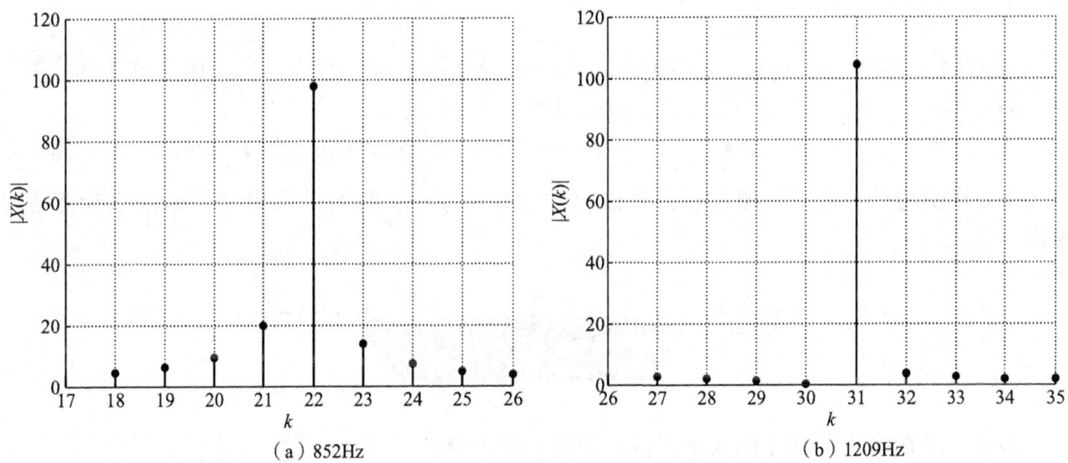

图 4-8-1　DTMF 信号中部分频率信号的 205 点 DFT 放大图

图 4-8-2 所示为当输入数字“7”时，DTMF 信号的 205 点 DFT 结果，从图中很容易确定信号中包含两个频率分量，分别位于 $k = 22$ 和 $k = 31$ 处，根据表 4-8-1 和表 4-8-2 即可确定输入的数字为“7”。从图中可清晰看到频率泄漏现象，但不影响对信号的检测。

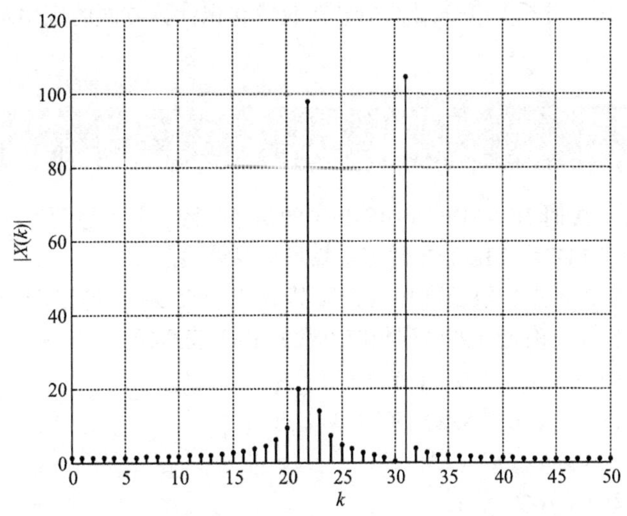

图 4-8-2　输入数字为“7”时 DTMF 信号的 205 点 DFT 结果

该例的 MATLAB 程序。

```
clc;clear;close all;
fs =8000;                                    % 采样频率
N =205;                                      % 采样点个数
```

```
fl = 852;                                                % 信号低频分量频率
fh = 1209;                                               % 信号高频分量频率
t = 0:1:N - 1;
signal7 = sin(2* pi* fl/fs* t) + sin(2* pi* fh/fs* t);
                                                         % 信号“7”的时域信号的建立
figure,stem(t,abs(fft(signal7)),'k.');                   % 画出信号“7”的 DFT 频谱“杆”图
axis([26 35 0 120]);xlabel('k');ylabel('|X(k)|');
                                                         % 设定观察窗的大小及图中的横纵坐标
```

需要说明的是，为了画图方便，在该 MATLAB 程序中，我们仍采用 FFT 函数来计算信号频谱。

4.9 本章小结

为了克服直接计算 DFT 的大运算量的问题，①本章从直接计算 DFT 的两个因素出发，明确利用旋转因子的性质（周期性、对称性）及将长序列 DFT 分解为短序列 DFT 的计算来降低运算量，为此，推导出按时间抽取和按频率抽取的快速傅里叶变换算法，并对两算法的特点、异同进行了详细的讨论；②简单介绍了 3 种 IFFT 的方法，以及利用 DFT 的对称性及 DIT－FFT 基本蝶形运算实现对实序列的高效 DFT 分析；③介绍了 FFT 在线性卷积计算方面的应用及线性调频 Z 变换的基本概念。

第4章复习

DFT应用之图像压缩

习题 4

【4-1】 试绘出 $N = 8$ 时 DIT-FFT 和 DIF-FFT 的信号流图，并简述两者的特点。

【4-2】 试推导 DIT-FFT 和 DIF-FFT 的基本蝶形运算公式。

【4-3】 已知 $x(n)$ 是 N 点有限长度序列，且其 N 点 DFT 为 $X(k)$，试利用 DIT-FFT 或 DIF-FFT 的基本蝶形运算公式，确定下列序列相应点数的 DFT 表达式。

(1) $x_1(n) = x(n) + x(n + N/2)$（$N/2$ 点）；

(2) $x_2(n) = [x(n) - x(n + N/2)]W_N^n$（$N/2$ 点）；

(3) $x_3(n) = x((n)_N)R_{2N}(n)$（$2N$ 点）；

(4) $x_4(n) = x(2n)$（$N/2$ 点）；

(5) $x_5(n) = x(2n + 1)$（$N/2$ 点）；

(6) $x_6(n) = \begin{cases} x(n/2), & n\text{ 为偶数}; \\ 0, & n\text{ 为奇数}; \end{cases}$（$2N$ 点）。

【4-4】 试分析 FFT 与直接计算 DFT 的运算量。若通用计算机的速度为平均每次复数乘法需要 100μs，每次复数加法需要 10μs，则用它来计算 1024 点序列的 DFT 时，问直接计算 DFT 和 FFT 算法所需的运算时间各为多少？

【4-5】 试详细叙述 3 种 DFT 快速算法的实现方案。

【4-6】已知长度为 N 的实序列 $x_1(n)$ 和 $x_2(n)$，试利用一次 N 点 DFT 计算出 $X_1(k) = \text{DFT}[x_1(n)]$ 和 $X_2(k) = \text{DFT}[x_2(n)]$。

【4-7】试利用 DIT-FFT 和 DIF-FFT 的基本蝶形运算公式，设计利用一次 N 点 DFT 计算长度为 $2N$ 的实序列 $x(n)$ 的 DFT $X(k)$（$0 \leqslant k \leqslant (2N-1)$）的高效算法。

【4-8】设信号 $x(n) = \{\underline{1},2,3,4\}$ 通过系统 $h(n) = \{\underline{4},3,2,1\}$，

(1) 试求出系统的输出 $y(n) = x(n) * h(n)$；

(2) 简述利用频域方法计算 $y(n)$ 的思路。

【4-9】已知两序列为

$$x(n) = \begin{cases} 1, & 0 \leqslant n \leqslant 4 \\ 0, & 5 \leqslant n \leqslant 9 \end{cases}$$

和

$$y(n) = \begin{cases} 1, & 0 \leqslant n \leqslant 4 \\ -1, & 5 \leqslant n \leqslant 9 \end{cases}$$

试计算两序列的线性卷积和 10 点、14 点循环卷积。问在什么条件下线形卷积和循环卷积的结果一致？为什么？

【4-10】研究两个因果、有限长度序列 $x(n)$ 和 $y(n)$，且

$$x(n) = 0\text{，当 } n \geqslant 8 \text{ 时}$$
$$y(n) = 0\text{，当 } n \geqslant 20 \text{ 时}$$

假定两序列的 20 点 DFT 分别用 $X(k)$ 和 $Y(k)$ 表示，并记 $r(n) = \text{IDFT}[X(k)Y(k)]$。试问，$r(n)$ 中哪些点的值与 $x(n) * y(n)$ 的值相等？

【4-11】希望利用一个单位脉冲响应长度为 50 的因果系统实现对一段很长的数据进行滤波处理，要求利用重叠保留法通过 FFT 来实现这一处理。为做到这一点，要求①输入各段必须重叠 V 个采样；②必须从每段产生的输出中取出 M 个采样，使这些从每段输出得到的采样连接在一起时，得到的序列就是所要求的输出结果。假设输入各段的长度为 100 个采样，而 DFT 的长度为 128（$=2^7$）点。进一步假设，循环卷积的输出序列标号为 0 点到 127 点。试求下列值：

(1) V；

(2) M；

(3) 求取出来的 M 点的起点和终点的标号。

第 5 章

滤波器的实现方法

本章介绍滤波器实现的网络结构，知识导图如图 5-0-1 所示。

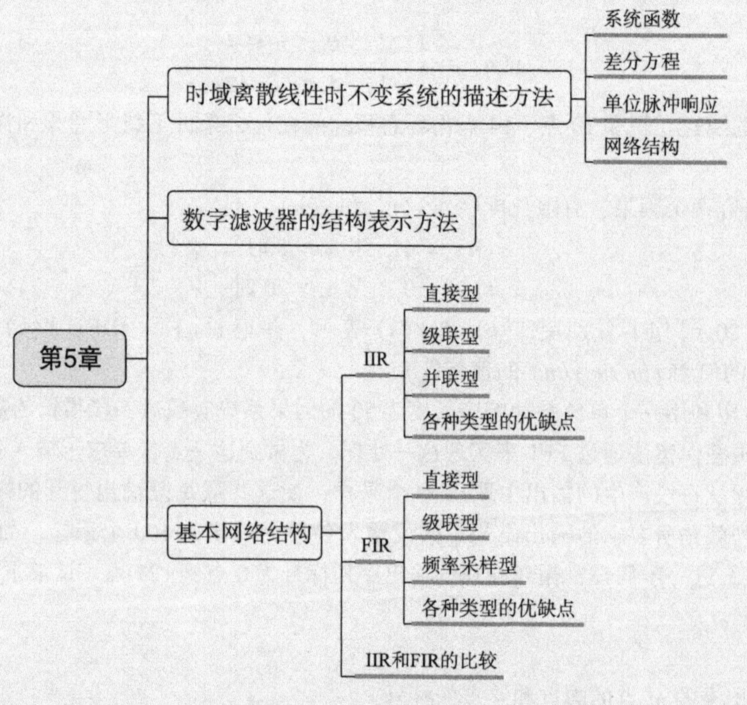

图 5-0-1　第 5 章知识导图

在前面的章节中，已经介绍了时域离散线性时不变系统的时域、频域分析方法。那么，如何利用软硬件方法完成系统对信号的处理，这将涉及系统的设计与实现问题。第 6 章及第 7 章将分别介绍不同类型系统的多种设计方法，而本章则主要讨论系统的不同实现方法。

一个 N 阶时域离散线性时不变系统的系统函数为

$$H(z) = \frac{\sum_{i=0}^{M} b_i z^{-i}}{1 - \sum_{i=1}^{N} a_i z^{-i}} = \frac{Y(z)}{X(z)} \tag{5-0-1}$$

从该系统函数可以很容易得到系统输入和输出的关系，即其差分方程为

$$y(n) = \sum_{i=1}^{N} a_i y(n-i) + \sum_{i=0}^{M} b_i x(n-i) \tag{5-0-2}$$

从系统函数还可以得到系统的单位脉冲响应

$$h(n) = \mathrm{ZT}^{-1}[H(z)] \tag{5-0-3}$$

如果用单位脉冲响应来表示系统输入和输出的关系，则其可用卷积形式表示为

$$y(n) = \sum_{m=-\infty}^{\infty} x(m)h(n-m) \tag{5-0-4}$$

由此可见以上几种系统描述方法的等价性。从系统实现的角度观察式（5-0-2）和式（5-0-4）所表示的系统，发现数字系统的实现所涉及的运算仅有加法、乘法和单位延时三种基本运算。一般可以将式（5-0-2）视为一个计算过程或算法，它很易于通过软件的方法由输入序列 $x(n)$ 及适当的初始条件得到系统的输出序列 $y(n)$ 。当然，也可以画出由延时单元、乘法器和加法器组成的信号流图来表示系统的网络结构。

不同系统的单位脉冲响应有不同的特点，根据系统单位脉冲响应的长度可以把系统分为两大类，即有限长单位脉冲响应（finite impulse response，FIR）系统和无限长单位脉冲响应（infinite impulse response，IIR）系统。FIR 系统的单位脉冲响应是有限长的，实现时一般不存在输出对输入的反馈支路；而 IIR 系统的单位脉冲响应是无限长的，实现时存在输出对输入的反馈支路。

在已知或设计出系统函数之后，可采用多种形式用硬件方式或在可编程计算机上以软件方式来实现该系统。IIR 系统按网络结构划分主要的实现形式有直接型、级联型和并联型；FIR 系统按网络结构划分主要的实现形式有直接型、级联型和频域采样结构。

从系统函数的角度看，不同的实现形式都可以通过对其进行因式分解或部分分式展开等变化得到；从线性卷积的角度看，不同的实现形式都可以通过卷积运算的交换律、结合律及分配率等对系统内部的子系统进行重新组合得到。总之，系统函数的不同表示形式，对应着系统不同的网络结构。例如，给定下面 3 个系统

$$H_1(z) = \frac{1}{1-8z^{-1}+15z^{-2}} \tag{5-0-5}$$

$$H_2(z) = \frac{1}{1-5z^{-1}} \cdot \frac{1}{1-3z^{-1}} \tag{5-0-6}$$

$$H_3(z) = \frac{2.5}{1-5z^{-1}} + \frac{-1.5}{1-3z^{-1}} \tag{5-0-7}$$

很容易证明 $H_1(z) = H_2(z) = H_3(z)$ ，$H_2(z)$ 和 $H_3(z)$ 分别是对 $H_1(z)$ 进行因式分解和部分分式展开后的结果，它们描述了同一系统，但具有不同的算法结构。

任何 FIR 和 IIR 系统都有各种不同的配置和实现形式，不同实现形式之间的差异主要体现在计算复杂度、内存需求、有限字长效应影响、实现的难易程度以及调整系统零极点的方便程度等。

计算复杂度是指为了得到一个系统输出值 $y(n)$ 所需要的运算操作（如乘法、加法等）的次数。在过去，这是度量计算复杂度的主要标准。但是，随着数字信号处理芯片的发展，运算操作已不再是主要制约条件，而读取内存次数或对每个输出进行比较的次数成为了系统计算复杂度的重要评估依据。

内存需求是指用来存储系统参数、过去的输入、过去的输出和计算过程中的任意中间值所

需的内存空间的大小。

有限字长效应（或者有限精度效应）是指任何系统在数字化实现中内在的量化效应，而无论是硬件还是软件，系统的精度必将用有限精度来表示。计算得到的输出必须四舍五入或者截尾，以便符合计算机或硬件实现的有限精度。另外，计算是采用定点还是浮点运算实现，这也是要考虑的问题。所有这些问题对于我们实现系统而言是极其重要的。因此在实践中，选择一个对有限字长不敏感的算法是非常重要的。

不同实现结构之间的差异是影响工作人员选择系统实现类型的重要因素，在讨论各种实现方法时，本书从计算复杂度、内存需求、有限字长效应影响等主要方面进行比较。

5.1 数字滤波器的结构表示方法

单位延时、乘法和加法是数字系统的基本运算单元，因此数字系统的结构可以由单位延时单元、乘法器和加法器组成。为了简化基本运算的框图，基本运算也可以用信号流图来表示，如图 5-1-1 形式。

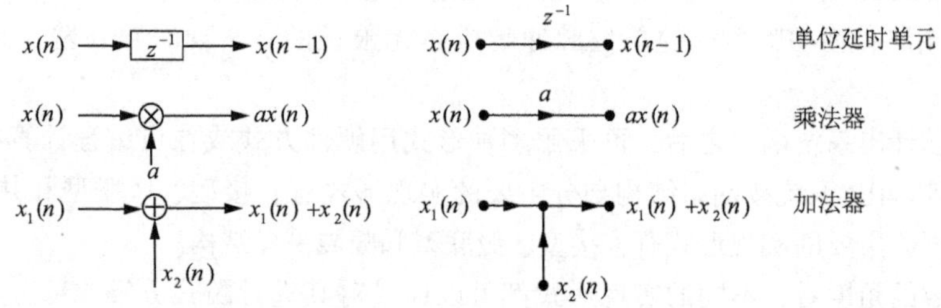

图5-1-1　基本运算的框图和信号流图表示

单位延时单元（或称为单位延时器）是一个特殊系统，在信号流图中用符号 z^{-1} 来表示，它仅将信号延迟一个样本，即如果输入信号是 $x(n)$，则输出为 $x(n-1)$。实际上，样本 $x(n-1)$ 在 $n-1$ 时刻就被存储在存储器中，只不过在 n 时刻再从存储器中取出，这样就得到了 $y(n)=x(n-1)$。因此，单位延时单元是通过存储器实现的。

乘法器（或称为支路增益器）是对输入 $x(n)$ 增加了一个缩放因子，该运算是无记忆的，通常用箭头旁边标注的常数 a 来表示支路增益；如果箭头旁边没有标注增益符号，则认为支路增益为 1。

加法器实现两个信号 $x_1(n)$ 和 $x_2(n)$ 相加运算，以得到和序列 $y(n)=x_1(n)+x_2(n)$。注意，执行加法运算并不需要存储任何一个序列，即加法运算也是无记忆的。

下面以二阶数字滤波器为例，画出其框图，如图 5-1-2 所示，其对应的信号流图如图 5-1-3 所示。信号流图中箭头表示信号流动方向；两个变量相加用一个圆点表示，这样整个运算结构完全可由基本运算单元的支路组成。图 5-1-3 中，输入信号 $x(n)$ 的节点称为源节点，源节点没有输入支路；输出信号 $y(n)$ 的节点称为吸收节点，吸收节点没有输出支路；每个节点处的信号称为节点变量。这样，信号流图实际上是由连接节点的一些方向性的支路构成的，和每个节点连接的有输入支路和输出支路，节点变量等于所有输入支路之和。可以看出框图和信号流图的表示完全等效，只是符号有所不同，不过信号流图所表示的网络结构更简洁明了。因此，下文中均用信号流图来表示网络结构。

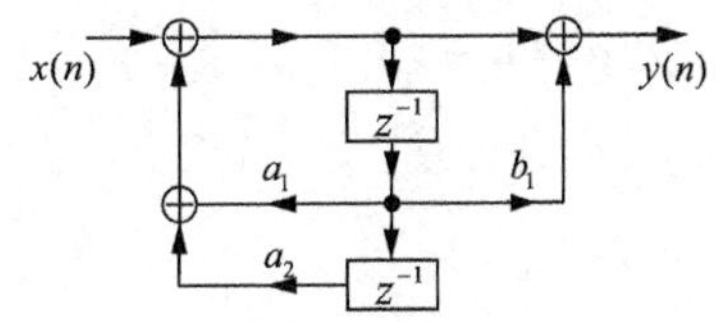

图 5-1-2　二阶数字滤波器框图

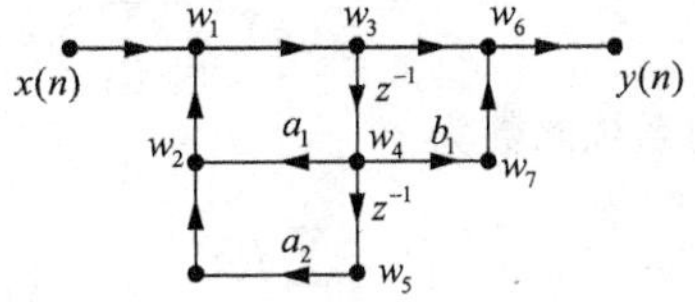

图 5-1-3　图 5-1-2 的等效信号流图

从基本运算考虑，如信号流图满足信号流图中的所有支路都是由基本运算单元构成的，即支路增益是 z^{-1} 或常数 a；流图环路中必须存在延迟支路；节点和支路数目是有限的，则称之为基本信号流图。图 5-1-3 就是基本信号流图。

例 5-1-1　求图 5-1-3 信号流图所确定的系统函数 $H(z)$。

解　在图 5-1-3 中，由节点变量可以写出节点变量方程，如下

$$w_6(n)=y(n);w_6(n)=w_3(n)+w_7(n);w_7(n)=b_1w_4(n)$$

$$w_3(n)=w_1(n);w_4(n)=w_3(n-1);w_5(n)=w_4(n-1)$$

$$w_2(n)=a_1w_4(n)+a_2w_5(n);w_1(n)=x(n)+w_2(n)$$

整理以上节点方程，最终可得

$$y(n)=x(n)+b_1x(n-1)+a_1y(n-1)+a_2y(n-2)$$

对上面的差分方程等号两边同时做 Z 变换，整理可得系统函数为

$$H(z)=\frac{1+b_1z^{-1}}{1-a_1z^{-1}-a_2z^{-2}}$$

对于结构复杂的信号流图，建立节点变量方程联立求解系统函数比较麻烦，此时往往通过梅森公式求解 $H(z)$ 会更方便。

对系统进行具体实现时，由于在系统计算复杂度、内存需求和有限字长效应影响等方面的侧重点不同，最终选择的系统网络结构也会有所不同。所以，研究系统的运算结构非常重要。另外，在不做特别说明的情况下，本书提到的系统均指滤波器。下面分别讨论 IIR 系统和 FIR 系统的网络结构。

5.2　无限长单位脉冲响应基本网络结构

无限长单位脉冲响应（IIR）系统的单位脉冲响应 $h(n)$ 为无限长序列，系统函数 $H(z)$ 在 z 平面上存在极点，其信号流图中具有反馈支路，即网络中有环路，这种结构也称为递归型结构。IIR 系统的基本网络结构主要有 3 种，即直接型、级联型和并联型。

无限长单位脉冲响应基本网络结构

5.2.1　直接型

直接型（direct form）结构是根据系统函数 $H(z)$ 直接得到的，并没有经过任何重新排列。N 阶 IIR 系统的差分方程为

$$y(n) = \sum_{i=0}^{M} b_i x(n-i) + \sum_{i=1}^{N} a_i y(n-i)$$

其对应的系统函数为

$$H(z) = \frac{\sum_{i=0}^{M} b_i z^{-i}}{1 - \sum_{i=1}^{N} a_i z^{-i}} = \frac{Y(z)}{X(z)} = H_1(z)H_2(z) = H_2(z)H_1(z)$$

式中，$H_1(z) = \sum_{i=0}^{M} b_i z^{-i}$，$H_2(z) = 1/\left(1 - \sum_{i=1}^{N} a_i z^{-i}\right)$。可以看出，$H_1(z)$ 包含 $H(z)$ 的全部零点，$H_2(z)$ 包含 $H(z)$ 的全部极点。将全零点系统 $H_1(z)$ 和全极点系统 $H_2(z)$ 级联，就构成了图5-2-1所示的直接Ⅰ型网络结构。这种结构的实现需要 $M+N+1$ 次乘法、$M+N$ 次加法和 $M+N+1$ 个存储空间。

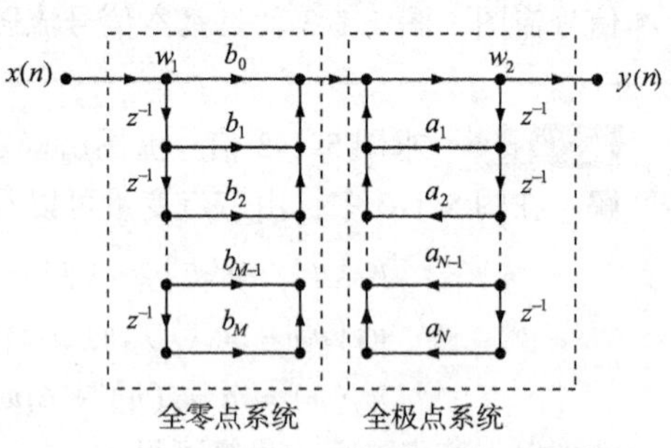

图5-2-1　N 阶IIR系统的直接Ⅰ型网络结构

如果全极点系统 $H_2(z)$ 位于全零点系统 $H_1(z)$ 的前面，即交换两系统实现的先后顺序，则得到等效的系统实现方法。交换位置后信号流图中的网络节点 $w_1 = w_2$，此两节点相应的延时支路也对应相等，如图5-2-2所示。这些相等的节点和支路可以合并为两系统共用，这样可以得到一个更加紧凑的结构，如图5-2-3所示（这里假设 $M = N$），这种结构被称为直接Ⅱ型网络结构，也称为正准型结构。该结构的实现需要 $M+N+1$ 次乘法、$M+N$ 次加法和 $\max\{M,N\}$ 个存储空间。

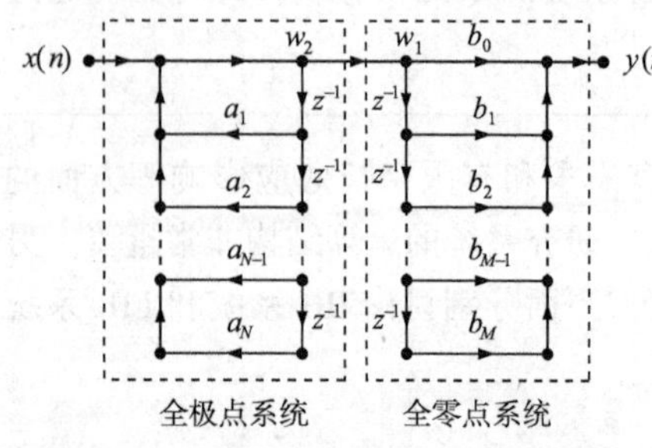

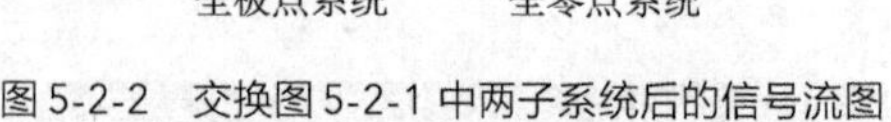

图5-2-2　交换图5-2-1中两子系统后的信号流图

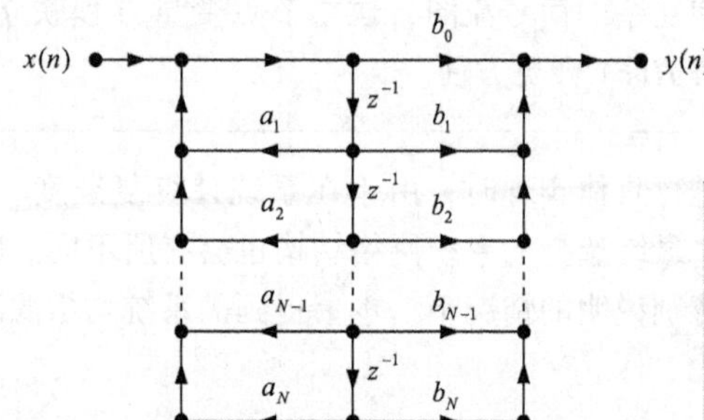

图5-2-3　直接Ⅱ型网络结构（$M = N$）

直接型

例5-2-1　设三阶IIR系统的系统函数为

$$H(z) = \frac{8z^3 - 4z^2 + 11z - 2}{(z - 0.25)(z^2 - z + 0.5)}$$

画出该系统的直接型信号流图。

解　首先将 $H(z)$ 写成 z^{-1} 的多项式标准形式

$$H(z) = \frac{8 - 4z^{-1} + 11z^{-2} - 2z^{-3}}{1 - \frac{5}{4}z^{-1} + \frac{3}{4}z^{-2} - \frac{1}{8}z^{-3}}$$

根据系统函数 $H(z)$ 可直接画出该系统的直接Ⅱ型网络结构，如图5-2-4所示。

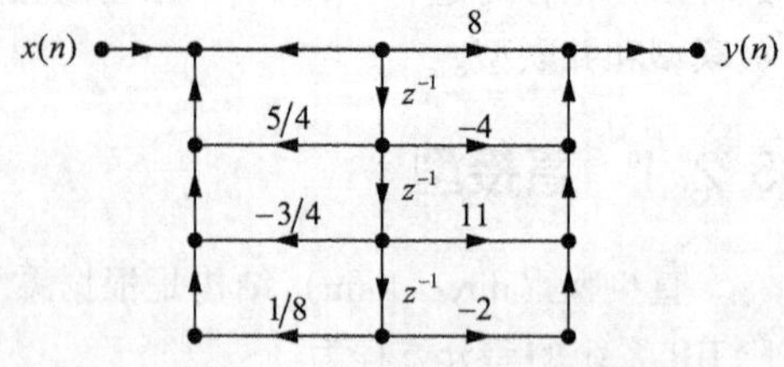

图5-2-4　例5-2-1的直接Ⅱ型网络结构

当然，在本例中，根据系统函数可以很容易地得

到其差分方程

$$y(n) = \frac{5}{4}y(n-1) - \frac{3}{4}y(n-2) + \frac{1}{8}y(n-3) + 8x(n) - 4x(n-1) + 11x(n-2) - 2x(n-3)$$

直接Ⅱ型网络结构的规范化，主要是对其系数的确定。对照图5-2-4，系统函数分子多项式系数 b_i（$i = 0,1,\cdots,M$）对应于直接Ⅱ型网络结构前向通路的系数，系统函数分母多项式系数（a_0 除外）和直接Ⅱ型网络结构反馈支路所对应的系数 a_i（$i = 1,2,\cdots,N$）相差一个负号；而差分方程中输入信号及其延迟信号的系数 b_i（$i = 0,1,\cdots,M$）与直接Ⅱ型结构前向通路的系数对应，差分方程中输出信号及其延迟信号的系数 a_i（$i = 1,2,\cdots,N$）与直接Ⅱ型结构反馈支路系数对应。

在画系统信号流图时，经常会用到一个非常有用的定理——转置定理（或称为反转流图定理），即如果将所有支路的传递方向逆转，并将输入 $x(n)$ 和输出 $y(n)$ 互换，那么系统函数是保持不变的，最终得到的结构称为转置结构或转置型。将转置定理应用到直接Ⅱ型网络结构中，如图5-2-5（b）给出了图5-2-5（a）的转置结构。对于例5-2-1 所求得的直接Ⅱ型网络结构，也可以求得其转置结构如图5-2-6 所示。

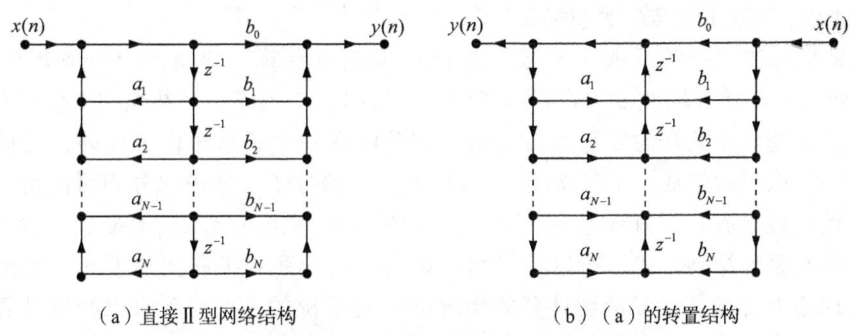

（a）直接Ⅱ型网络结构　　（b）（a）的转置结构

图5-2-5　直接Ⅱ型网络结构的转置结构

直接型网络结构非常直观地表达了系统函数和差分方程，但是却很难表示系统零极点的分布情况，不便分析系统性能。此外，直接Ⅰ型和直接Ⅱ型这两种结构都对参数量化非常敏感，一般来说在实际应用中并不推荐这两种结构。研究发现，当 N 取值很大时，由参数量化引起的滤波器系数的微小改变，也会导致系统的零极点位置发生很大改变，从而使实现的系统性能与原设计的性能有较大的误差。

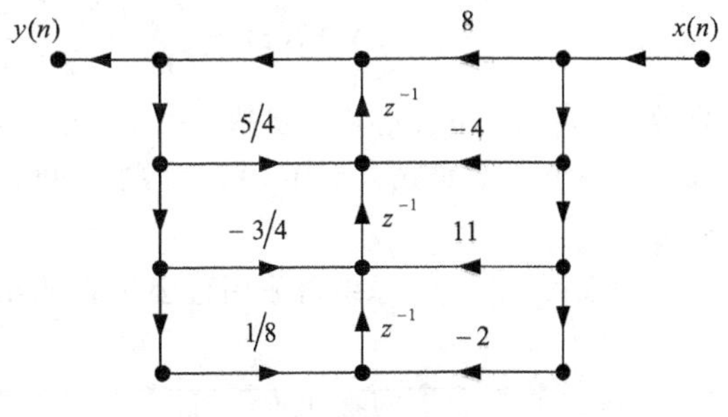

图5-2-6　例5-2-1 的转置结构

在利用 MATLAB 软件实现时，MATLAB 信号处理工具箱函数 filter 实现了利用直接型网络结构计算滤波器对输入信号 $x(n)$ 进行处理而得到相应的输出 $y(n)$。函数中，用向量表示系统函数或差分方程的系数。设向量为 $\boldsymbol{a} = [a_0, -a_1, \cdots, -a_N], \boldsymbol{b} = [b_0, b_1, \cdots, b_N]$，信号 $x(n)$ 通过直接型滤波器的输出 $y(n)$ 由 filter 函数调用如下

```
y = filter(b,a,x)
```

例如，在例5-2-1 中系统函数为 $H(z) = \dfrac{8 - 4z^{-1} + 11z^{-2} - 2z^{-3}}{1 - \frac{5}{4}z^{-1} + \frac{3}{4}z^{-2} - \frac{1}{8}z^{-3}}$ 的滤波器用 MATLAB 函数

y = filter(b,a,x) 计算输出时，矢量 $\boldsymbol{a}$、$\boldsymbol{b}$ 的选择为 $\boldsymbol{a} = \left[1, -\frac{5}{4}, \frac{3}{4}, -\frac{1}{8}\right], \boldsymbol{b} = [8, -4, 11, -2]$。

5.2.2 级联型

为了不失一般性，假设 $N \geqslant M$，利用因式分解，可以将系统函数分解成多个子系统级联（cascaded form）的形式，即将 $H(z)$ 表示为

$$H(z) = H_1(z)H_2(z)\cdots H_K(z) = \prod_{k=1}^{K} H_k(z) \tag{5-2-1}$$

$H(z)$ 的级联型网络结构框图如图 5-2-7 所示。

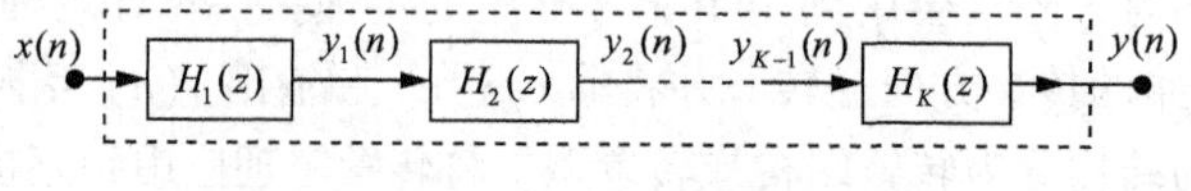

图 5-2-7 $H(z)$ 的级联型网络结构框图

其中，$H_k(z)$ 是一阶或二阶子系统，K 是 $(N+1)/2$ 的整数部分，级联型网络结构中的每个 $H_k(z)$ 均可用直接Ⅰ型、直接Ⅱ型或转置直接Ⅱ型实现。

为了保证信号流图中的系数为实数，避免出现复数运算，期望系统分解得到的子系统 $H_k(z)$ 的系数均为实数。因此要求在得到二阶子系统时，应当将一对共轭的复极点对应的因式分配在一个子系统内，共轭的复零点对应的因式分配在一个子系统内。此外，任何两个实值零点或极点均可以配对组成一个二次项。所以，$H_k(z)$ 的分子、分母部分均可能由一对实根组成或者由共轭复根组成。因为有许多不同方法将 $H(z)$ 的零点和极点配对形成二阶子系统，并且系统也可以有多种排列方式，所以将得到一系列不同的系统级联实现方式。虽然所有的级联型实现在理论上（即在无限精度计算的情况下）是等价的，但对于有限精度计算，其性能差异可能很大。

二阶子系统 $H_k(z)$ 的一般形式为

$$H_k(z) = \frac{b_{k0} + b_{k1}z^{-1} + b_{k2}z^{-2}}{1 - a_{k1}z^{-1} - a_{k2}z^{-2}} \qquad k = 1,2,\cdots,K \tag{5-2-2}$$

系数 $a_{k1}, a_{k2}, b_{k0}, b_{k1}, b_{k2}$ 均为实数，当 $a_{k2} = b_{k2} = 0$ 时，$H_k(z)$ 由二阶数字滤波器系统变成一阶数字滤波器系统。参照式（5-0-1），系数 b_0 可以被依次分配到 K 个滤波器，使得 b_0 满足 $b_0 = b_{10}b_{20}\cdots b_{K0}$。

如果每个二阶子系统都采用直接Ⅱ型网络结构，则级联型网络结构如图 5-2-8 所示。

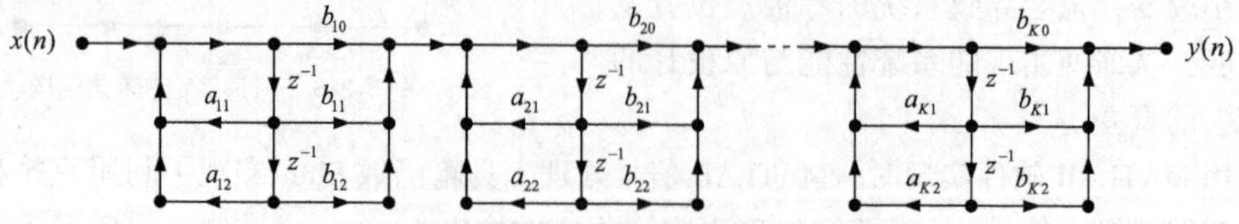

图 5-2-8 使用直接Ⅱ型网络结构的级联型网络结构

分子、分母的因式有多种组合形式，采用不同的组合可以得到不同的网络结构。一般来说，各子系统中分子的阶数应小于等于分母的阶数，这样可减少总体单位延迟的数目。因此实数零点和实数极点放在某一阶子系统中，把共轭成对的复数零点和共轭成对的复数极点放在某二阶子系统中。

例 5-2-2 设系统函数 $H(z)$ 为

$$H(z) = \frac{8 - 4z^{-1} + 11z^{-2} - 2z^{-3}}{1 - \frac{5}{4}z^{-1} + \frac{3}{4}z^{-2} - \frac{1}{8}z^{-3}}$$

试画出系统的级联型网络结构流图。

解 将 $H(z)$ 的分子、分母进行因式分解，得

$$H(z) = \frac{(2 - 0.379z^{-1})(4 - 1.24z^{-1} + 5.264z^{-2})}{(1 - 0.25z^{-1})(1 - z^{-1} + 0.5z^{-2})}$$

考虑尽可能减少延时单元数目，将分子、分母因式进行组合，形成由一阶子网络 $\frac{2 - 0.379z^{-1}}{1 - 0.25z^{-1}}$ 和二阶子网络 $\frac{4 - 1.24z^{-1} + 5.264z^{-2}}{1 - z^{-1} + 0.5z^{-2}}$ 构成的级联型系统。于是该系统的级联型网络结构如图 5-2-9 所示。

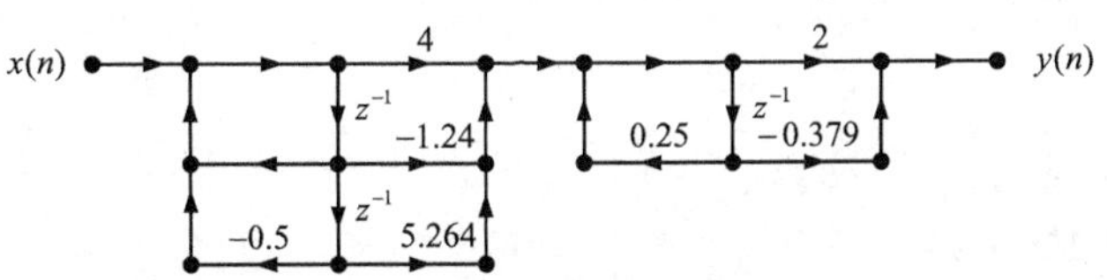

图 5-2-9 例 5-2-2 的级联型网络结构

级联型网络结构的特点如下。

(1) 零极点调整方便。级联型网络结构中每个一阶网络决定一个零点、一个极点；每个二阶网络决定两个零点、两个极点；在式（5-2-2）中调整 b_{k0}、b_{k1} 和 b_{k2} 三个系数可以改变一对零点的位置，调整 a_{k1} 和 a_{k2} 可以改变一对极点的位置。因此，相对于直接型结构，该结构可以方便地调整零极点的位置。

(2) 运算积累误差较小。级联型网络结构中后面的网络输出不会再影响前面的子系统，运算误差的累积相对直接型较小。

(3) 在实现级联型时，如果考虑零极点配对，即将相近的零极点组合在一个二阶滤波器中，则还可以减小有限字长效应的影响。此外，级联型网络结构二阶基本网络利用率高。

在利用 MATLAB 软件实现时，级联型网络结构正是 MATLAB 信号处理工具箱定义的 sos 模型。当已知数字滤波器的直接型网络结构时，要想将直接型转换为级联型就必须将系统函数 $H(z)$ 的分子、分母进行因式分解。如果系统阶数很高，则因式分解很难进行，此时可借助 MATLAB 工具进行计算。信号处理工具箱中提供了函数 tf 2sos，即由系统函数转换为二阶环节；另外还可以利用函数 tf 2zp 和 zp 2sos 将系统函数转换为二阶环节。

调用方式为[sos,G] = tf 2sos(b,a)，[z,p,g] = tf 2zp(b,a) 和[sos,G] = zp2sos(z,p,g)，其中，a、b 分别为直接型函数的分母、分子系数向量，sos 为级联型系数矩阵

$$\text{sos} = \begin{bmatrix} b_{10} & b_{11} & b_{12} & 1 & -a_{11} & -a_{12} \\ b_{20} & b_{21} & b_{22} & 1 & -a_{21} & -a_{22} \\ \vdots & \vdots & \vdots & \vdots & \vdots & \vdots \\ b_{K0} & b_{K1} & b_{K2} & 1 & -a_{K1} & -a_{K2} \end{bmatrix}$$

每行代表一个二阶环节，前三项为分子系数，后三项为分母系数。G 为整个系统归一化增益，g 为系统增益。z、p 分别为零点向量和极点向量。

$$H_k(z) = \frac{b_{k0} + b_{k1}z^{-1} + b_{k2}z^{-2}}{1 - a_{k1}z^{-1} - a_{k2}z^{-2}} \qquad k = 1,2,\cdots,K$$

系统函数最后的形式为

$$H(z) = GH_1(z)H_2(z)\cdots H_K(z)$$

例 5-2-3 利用 MATLAB 求出例 5-2-2 系统的级联型网络结构。

解 MATLAB 程序语句如下：

```
>> a=[1 -5/4 3/4 -1/8];
>> b=[8 -4 11 -2];
>> [sos,G]=tf2sos(b,a)
```

或者

```
>> a=[1 -5/4 3/4 -1/8];
>> b=[8 -4 11 -2];
>> [z,p,g]=tf2zp(b,a);
>> [sos,G]=zp2sos(z,p,g)
sos=     1.0000    -0.1900          0    1.0000    -0.2500          0
         1.0000    -0.3100     1.3161    1.0000    -1.0000     0.5000
```

$G=8$，所以

$$H(z) = \frac{8(1-0.19z^{-1})(1-0.31z^{-1}+1.3161z^{-2})}{(1-0.25z^{-1})(1-z^{-1}+0.5z^{-2})}$$

5.2.3 并联型

利用部分分式展开，把 IIR 系统的 $H(z)$ 表示成若干个子系统 $H_k(z)$ 之和的形式，即

$$H(z) = H_1(z) + H_2(z) + \cdots + H_K(z) = \sum_{k=1}^{K} H_k(z) \qquad (5\text{-}2\text{-}3)$$

式中，同级联型一样，$H_k(z)$ 为实系数二阶子系统，且可以用直接Ⅱ型来实现，即

$$H_k(z) = \frac{b_{k0} + b_{k1}z^{-1}}{1 - a_{k1}z^{-1} - a_{k2}z^{-2}}$$

式中，$b_{k0}, b_{k1}, a_{k1}, a_{k2}$ 都为实数。当 $a_{k2} = b_{k1} = 0$ 时，$H_k(z) = \frac{b_{k0}}{1 - a_{k1}z^{-1}}$，则子系统为一阶网络。当 $a_{k1} = a_{k2} = b_{k1} = 0$ 时，$H_k(z) = b_{k0} = c$（常数）。

图 5-2-10 表示的是一般 $H(z)$ 的并联型网络结构。

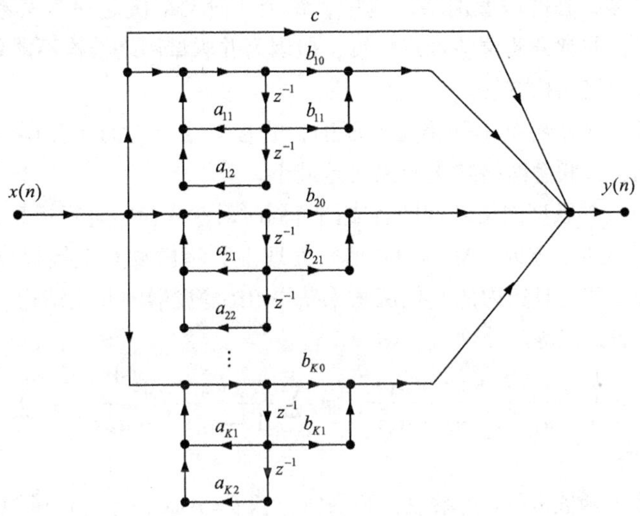

图 5-2-10　IIR 系统的并联型网络结构

例 5-2-4　设 IIR 系统的系统函数如下，试给出该系统的并联型网络结构。

$$H(z) = \frac{8 - 4z^{-1} + 11z^{-2} - 2z^{-3}}{1 - \frac{5}{4}z^{-1} + \frac{3}{4}z^{-2} - \frac{1}{8}z^{-3}}$$

解　首先将 $H(z)$ 进行部分分式展开，得

$$H(z) = \frac{(2 - 0.379z^{-1})(4 - 1.24z^{-1} + 5.264z^{-2})}{(1 - 0.25z^{-1})(1 - z^{-1} + 0.5z^{-2})} = \frac{A}{1 - \frac{1}{4}z^{-1}} + \frac{Bz^{-1} + C}{1 - z^{-1} + \frac{1}{2}z^{-2}} + D$$

可以采用多项式分解或利用求留数方法求取上式中的系数，本例中求出 $A = 8$，$B = 20$，$C = -16$，$D = 16$，故系统函数可表示为

$$H(z) = 16 + \frac{8}{1 - \frac{1}{4}z^{-1}} + \frac{-16z^{-1} + 20}{1 - z^{-1} + \frac{1}{2}z^{-2}}$$

该系统的并联型网络结构如图 5-2-11 所示。

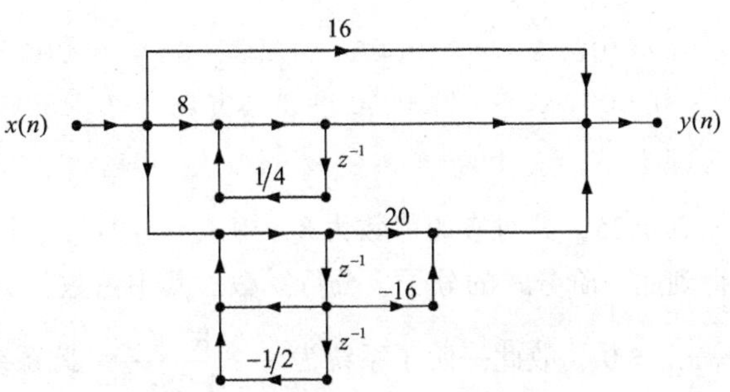

图 5-2-11　例 5-2-4 的并联型网络结构

并联型网络结构的特点如下。

（1）极点调整方便。在并联型网络结构中，每个一阶网络决定一个实数极点，每个二阶网络决定一对共轭极点，非常方便调整极点位置，但因为并联型网络结构不能单独调整零点，故其零点调整不如级联型网络结构方便。

（2）积累误差小。由于各基本网络是并联的，故各支路产生的运算误差互不影响，所以与直接型和级联型相比，并联型网络结构积累误差最小。

（3）运算速度快。并联型网络结构的各支路可同时对输入信号进行运算，故运算速度最高。

在利用 MATLAB 软件实现时，MATLAB 信号处理工具箱内没有直接提供这种结构的生成函数，但可以借助信号处理工具箱内的其他函数来获得 IIR 滤波器的并联结构。用 MATLAB 实现直接型转换为并联型，表达式为

$$H(z)=\frac{b_0+b_1z^{-1}+\cdots+b_Mz^{-M}}{1-a_1z^{-1}-\cdots-a_Nz^{-N}}=\sum_{k=1}^{K}\frac{b_{k0}+b_{k1}z^{-1}}{1-a_{k1}z^{-1}-a_{k2}z^{-2}}+\sum_{k=0}^{M-N}c_kz^{-k} \tag{5-2-4}$$

具体求解步骤如下。

（1）首先根据系统函数 $H(z)$ 的系数，利用[r,p,k] = residuez(b,a)函数求出留数 r、极点 p 和常数 k。

（2）基于实数极点和对应的留数可以求得对应子系统的系数；基于复共轭极点和对应的留数，可以通过函数 residuez 求得对应的二阶子系统的实系数。

（3）将常数 k 和上述实系数子系统并联组合，构成最终系统。

例 5-2-5 求系统 $H(z)=\dfrac{8-4z^{-1}+11z^{-2}-2z^{-3}}{1-\frac{5}{4}z^{-1}+\frac{3}{4}z^{-2}-\frac{1}{8}z^{-3}}$ 的并联型网络结构。

解 调用上述函数，结果如下：

```
>>b=[8 -4 11 -2];
>>a=[1 -5/4 3/4 -1/8];
>>[r,p,k]=residuez(b,a);
>>disp('留数:');disp(r')
>>disp('极点:');disp(p')
>>disp('常数:');disp(k')
```

运行结果为：

```
留数:   -8.0000 +12.0000i  -8.0000 -12.0000i   8.0000
极点:    0.5000 - 0.5000i    0.5000 + 0.5000i   0.2500
常数:   16
```

该系统有一个实数极点 0.25，其对应的留数为 8，由式（5-2-4）可知它们对应的子系统的系数是实数，并可直接得到此一阶分式的分子、分母系数。其中留数为分子系数 b_{k0}，实数极点对应分母系数 a_{k0}，$b_{k1}=a_{k2}=0$，故此一阶子系统为 $\dfrac{8}{1-0.25z^{-1}}$。此系统有一对共轭复数极点，利用[b1,a1] = residuez(R1,P1,0)语句可通过这对共轭复数极点获得其所对应的实数二阶分式的分子、分母多项式系数，其中 R1 为共轭复数留数所构成的向量，P1 为共轭复数极点所构成的向量，b1、a1 为有理分式分子和分母多项式的系数向量。运行下面的程序：

```
r(1) = -8.0000 -12.0000i;
r(2) = -8.0000 +12.0000i;
p(1) =  0.5000 + 0.5000i;
p(2) =  0.5000 - 0.5000i;
>> R1 = [r(1),r(2)];
>> P1 = [p(1),p(2)];
>> [b1,a1] = residuez(R1,P1,0);
>> disp('分子多项式的系数向量:');disp(b1)
>> disp('分母多项式的系数向量:');disp(a1)
>> disp('常数');disp(k)
```

运行结果为：

```
分子多项式的系数向量:     -16.0000   20.0000            0(二阶子系统)
分母多项式的系数向量:       1.0000   -1.0000      0.5000(二阶子系统)
```

综合上述二阶子系统和一阶子系统两部分的计算，可以得到：

```
分子多项式的系数向量:     -16.0000   20.0000            0(二阶子系统)
                          8          0                  0(一阶子系统)
分母多项式的系数向量:       1.0000   -1.0000      0.5000(二阶子系统)
                          0.25       0                  0(一阶子系统)
常数:    16
```

分解后 $H(z) = 16 + \dfrac{-16 + 20z^{-1}}{1 - z^{-1} + 0.5z^{-2}} + \dfrac{8}{1 - 0.25z^{-1}}$，与原题结果一致。

5.3 有限长单位脉冲响应基本网络结构

FIR 系统的单位脉冲响应 $h(n)$ 是有限长的，系统一般只有零点而无极点，所以 FIR 系统始终是稳定。其信号流图中没有反馈回路，即没有环路，称这种结构为非递归结构。FIR 系统的基本网络结构主要有 3 种，即直接型、级联型和频域采样型。

有限长单位脉冲响应基本网络结构

单位脉冲响应长度为 N 的 FIR 系统的系统函数 $H(z)$ 和差分方程可分别表示为

$$H(z) = \sum_{k=0}^{N-1} h(n) z^{-k} \tag{5-3-1}$$

$$y(n) = \sum_{k=0}^{N-1} h(k) x(n-k) \tag{5-3-2}$$

式（5-3-2）实际上也是 FIR 系统的卷积表示形式。下面对 FIR 系统的几种主要网络结构分别予以介绍。

5.3.1 直接型

FIR 系统的直接型（direct form）网络结构（见图 5-3-1）可以直接由非递归差分方程或由其对应的系统函数 $H(z)$ 得到。观察图 5-3-1 可以发现，实际上 FIR 直接型网络结构是一个抽头延迟线模型或一个横向系统，因此 FIR 直接型网络结构通常也被称为横向或抽头延迟线滤波器。在阵列信号处理中，阵列的输出信号是通过各个阵元接收信号和其对应的抽头系数相乘后相加得到的，该处理过程即可以用一个类似的横向系统来描述。

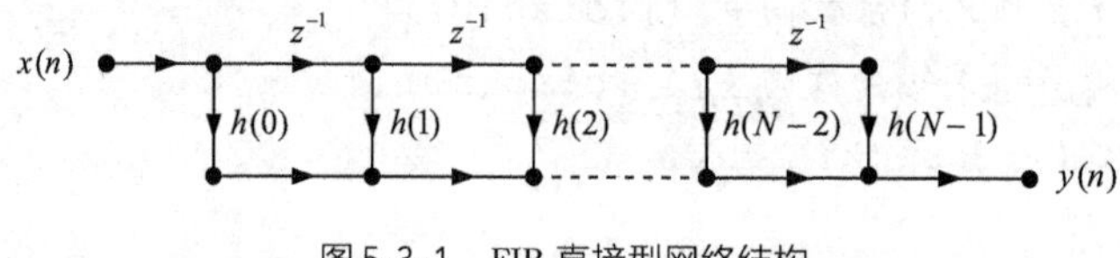

图 5-3-1　FIR 直接型网络结构

直接型的转置与转置前完全等效，如图 5-3-2 所示。

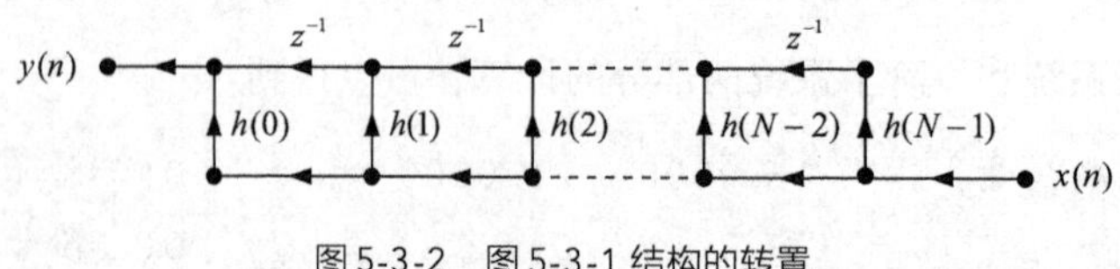

图 5-3-2　图 5-3-1 结构的转置

根据直接型差分方程的特点，直接型网络结构还被称为卷积型网络结构。

5.3.2 级联型

将 FIR 系统的系统函数进行因式分解，并将其共轭成对零点对应的因式合并，形成一个系数为实数的二阶子网络，这样可以将 FIR 系统表示成若干个一阶或二阶子网络构成的级联（casecaded form）型网络结构，即

$$H(z) = \prod_{k=1}^{K}(b_{k0} + b_{k1}z^{-1} + b_{k2}z^{-2}) = \prod_{k=1}^{K}H_k(z) \tag{5-3-3}$$

式中，K 是 $(N+1)/2$ 的整数部分，每一个子网络 $H_k(z)$ 都用直接型结构实现。对滤波器系数 $h(0)$ 的处理，一方面可以分配到 K 个子网络中，并保证 $h(0) = b_{10}b_{20}\cdots b_{K0}$，另一方面也可以指定到某一个滤波器中。图 5-3-3 给出了一般 FIR 系统的级联型网络结构。

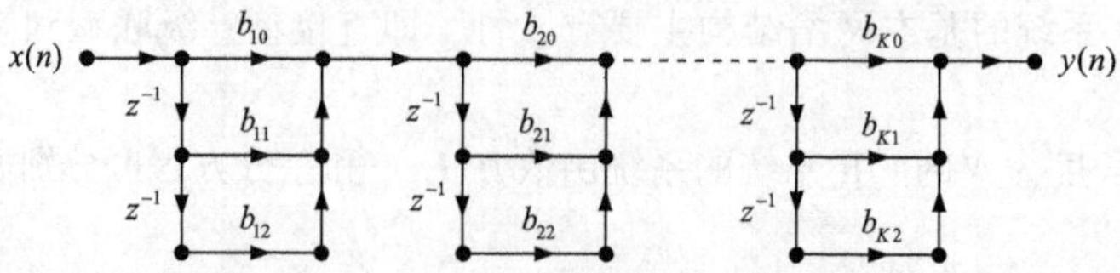

图 5-3-3　一般 FIR 系统的级联型网络结构

例 5-3-1　设一个 FIR 系统的系统函数 $H(z)$ 为

$$H(z) = 0.96 + 2.0z^{-1} + 2.8z^{-2} + 1.5z^{-3}$$

画出 $H(z)$ 的直接型网络结构和级联型网络结构。

解　将 $H(z)$ 进行因式分解得

$$H(z) = (0.6 + 0.5z^{-1})(1.6 + 2z^{-1} + 3z^{-2})$$

故该系统直接型和级联型网络结构如图 5-3-4 所示。

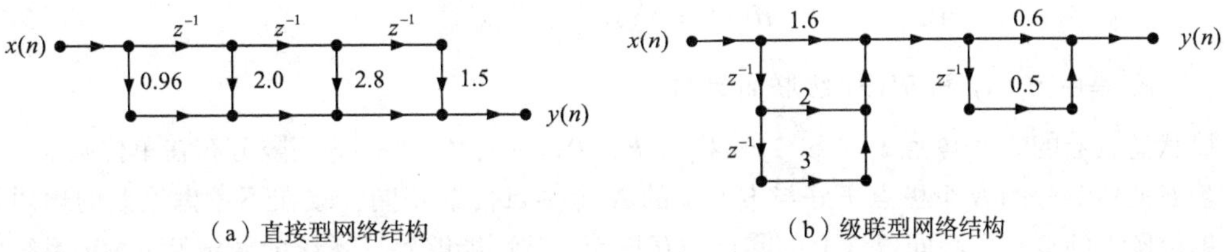

（a）直接型网络结构　（b）级联型网络结构

图5-3-4　例5-3-1 图

FIR 级联型网络结构图有如下特点。

（1）可以方便地调整零点，每个一阶网络控制一个零点，每个二阶网络控制一对零点，故当需要对系统零点进行控制时可采用级联型网络结构。

（2）$H(z)$ 中系数较直接型增多，系统分解的因子越多，需要的乘法器就越多。这一点也可以从例 5-3-1 中看出。另外，当滤波器阶数较高时，也不易进行因式分解，因此在高阶时，常常选用直接型网络结构。

在利用 MATLAB 软件实现时，FIR 级联型网络结构可以通过采用 tf2sos 函数实现。这时认为滤波器系数 a 为 1 即可，如例 5-3-1 中直接型到级联型网络结构的转换，用 MATLAB 软件实现如下：

```
>> a=1;
>> b=[0.96 2 2.8 1.5];
>> [sos,G]=tf2sos(b,a)
sos =   1.0000    0.8333         0    1.0000         0         0
        1.0000    1.2500    1.8750    1.0000         0         0
G =  0.9600
```

其系统函数可写为：$H(z) = 0.96(1 + 0.8333z^{-1})(1 + 1.25z^{-1} + 1.875z^{-2})$。

将该式的系数进行归一化整理，即可得到和例 5-3-1 相同的结果。

5.3.3 频域采样型

对于长度为 M 的序列 $h(n)$，若 $H(z) = \mathrm{ZT}[h(n)]$，$H(z)$ 在单位圆上的 N 点等间隔采样值 $H(k) = H(z)|_{z=e^{j\frac{2\pi}{N}k}}$，$k = 0,1,2,\cdots,N-1$，则 $H(k)$ 对应的时域信号 $h_N(n)$ 是 $h(n)$ 以 N 为周期进行周期延拓取主值的结果。根据频域采样定理，当采样点数 $N \geq M$ 时，不会引起时域信号混叠失真，此时 $H(z)$ 和 $H(k)$ 之间的关系满足

$$H(z) = (1 - z^{-N})\frac{1}{N}\sum_{k=0}^{N-1}\frac{H(k)}{1 - W_N^{-k}z^{-1}} \tag{5-3-4}$$

实际上，式（5-3-4）不仅给出了由 $H(k)$ 恢复出 $H(z)$ 的方法，而且也能够提供一种称为频域采样型（frequency sampling form）的 FIR 结构。

观察发现，式（5-3-4）可以用两个子系统级联表示，这两子系统分别为

$$H_c(z) = 1 - z^{-N} \tag{5-3-5}$$

$$H'(z) = \sum_{k=0}^{N-1} \frac{H(k)}{1 - W_N^{-k} z^{-1}} \tag{5-3-6}$$

其中，$H_c(z)$ 是梳状滤波器，$H'(z)$ 是并联的 N 个一阶滤波器，因此

$$H(z) = \frac{1}{N} H_c(z) H'(z) \tag{5-3-7}$$

可见，$H(z)$ 是由 $H_c(z)$ 和 $H'(z)$ 级联而成的。

梳状滤波器的 N 个零点 $z_k = e^{j\frac{2\pi}{N}k} = W_N^{-k}$（$k = 0,1,\cdots,N-1$）等间隔分布在单位圆上，而 N 个一阶滤波器对应的 N 个极点正好与 $H_c(z)$ 的 N 个零点位置相同，故在不考虑误差的理想情况下，单位圆上的极点和相同位置上的零点相互抵消，从而能够保证系统的稳定性。FIR 系统的频域采样型结构如图 5-3-5 所示。

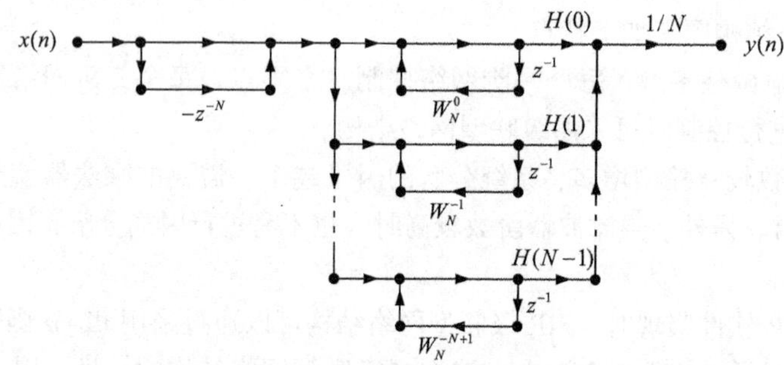

图 5-3-5　FIR 系统的频域采样型结构

频域采样型结构的突出优点如下。

（1）频率响应调整方便。从采样结构来看，系统的频率响应取决于 $H(k)$ 的取值。在频域采样点 $\omega_k = \frac{2\pi}{N}k$ 处，$H(e^{j\omega_k}) = H(k)$，只要调整 $H(k)$（即一阶网络中 $\frac{H(k)}{1 - W_N^{-k} z^{-1}}$ 中乘法器的系数 $H(k)$），就可以方便有效地调整频响特性。

（2）易于实现模块化、标准化设计。只要 $h(n)$ 的长度 N 相同，对于任何频响形状，其频域采样结构在形式上就完全相同，只是各支路增益 $H(k)$ 不同，从而便于标准化、模块化设计的实现。

然而，频域采样型结构也存在下列主要缺点。

（1）稳定性较差。系统的稳定性是靠位于单位圆上的 N 个零极点相互对消来保证的。但是由于有限字长效应影响的存在，计算误差可能导致零极点不能完全对消，这样将造成单位圆上存在极点的问题，从而影响系统的稳定性等性能。

（2）硬件实现复杂。由于频域采样型结构中出现了复数 W_N^{-k} 和 $H(k)$，这就要求乘法器完成复数乘法运算，在硬件上实现非常复杂。

针对频域采样型结构的缺陷，可以进行以下修正。

（1）将系统零极点进行收缩，使其偏离单位圆以保证稳定性。具体做法是将单位圆上的零极点向单位圆内收缩一点，收缩到半径为 r 的圆上，取 $r<1$ 且 $r \approx 1$。此时 $H(z)$ 为

$$H(z) = (1 - r^N z^{-N}) \frac{1}{N} \sum_{k=0}^{N-1} \frac{H_r(k)}{1 - rW_N^{-k} z^{-1}} \tag{5-3-8}$$

式中，$H_r(k)$ 是在 r 圆上对 $H(z)$ 的 N 点等间隔采样之值。

由于 $r \approx 1$，故可近似认为 $H_r(k) \approx H(k)$；由于此时系统的零极点均为 $re^{j\frac{2\pi}{N}k}$（$k = 0,1,\cdots,$

$N-1$)，因此，即使由于某种原因零极点不能对消，极点也在单位圆内，从而保持了系统的稳定性。

(2) 利用复数的共轭对称特性，将适当的一阶系统进行合并，从而用实系数替代复数，以简化硬件实现。

由 DFT 的共轭对称性可知，如果 $h(n)$ 是实序列，则其 DFT $H(k)$ 满足共轭对称，即 $H(k)=H^*(N-k)$；根据旋转因子的周期性，$W_N^{-k}=W_N^{N-k}$，于是可以将 $H'(z)$ 中系数分别为 $H(k)$ 和 $H(N-k)$ 的两个一阶子系统合并为一个二阶网络，并将其记为 $H_k(z)$，则

$$
\begin{aligned}
H_k(z) &= \frac{H(k)}{1-rW_N^{-k}z^{-1}}+\frac{H(N-k)}{1-rW_N^{-(N-k)}z^{-1}} \\
&= \frac{H(k)}{1-rW_N^{-k}z^{-1}}+\frac{H^*(k)}{1-r(W_N^{-k})^*z^{-1}} \\
&= \frac{\beta_{k0}+\beta_{k1}z^{-1}}{1-2r\cos\left(\frac{2\pi}{N}k\right)z^{-1}+r^2z^{-2}}
\end{aligned}
$$

式中

$$
\left.\begin{aligned}
\beta_{k0} &= 2\mathrm{Re}\left[H(k)\right] \\
\beta_{k1} &= -2\mathrm{Re}\left[rH(k)W_N^k\right]
\end{aligned}\right\}\quad k=1,2,3,\cdots,\frac{N}{2}-1
$$

显然，二阶网络 $H_k(z)$ 的系数都为实数，其结构如图 5-3-6（a）所示。$H(z)$ 可表示为

$$
H(z)=(1-r^Nz^{-N})\frac{1}{N}\left[\frac{H(0)}{1-rz^{-1}}+\frac{H(N/2)}{1+rz^{-1}}+\sum_{k=1}^{L}\frac{\beta_{k0}+\beta_{k1}z^{-1}}{1-2r\cos\left(\frac{2\pi}{N}k\right)z^{-1}+r^2z^{-2}}\right] \tag{5-3-9}
$$

式中，$H(0)$ 和 $H(N/2)$ 为实数。当 N 为偶数时，$L=(N/2)-1$，修正结构由 L 个二阶网络和两个一阶网络并联构成；当 N 为奇数时，$L=(N-1)/2$，且 $H(N/2)$ 不存在，修正结构由一个一阶网络和 $(N-1)/2$ 个二阶网络结构构成。$H(z)$ 的修正网络结构信号流图如图 5-3-6（b）所示。

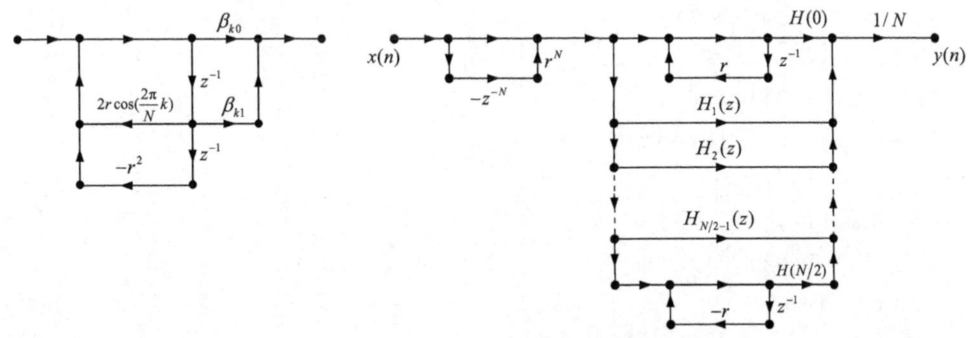

（a）二阶网络 $H_k(z)$ 的结构　　（b）$H(z)$ 的修正网络结构信号流图

图 5-3-6　频域采样型修正网络结构

由图 5-3-6 看出，如果采样点数 N 很大，网络结构将非常复杂，需要大量的乘法器和延时器，所以这种修正结构适用于采样点数 N 较小或者 $H(k)$ 中零值较多的情形。$H(k)$ 中零值较多意味着系统为窄带滤波器，故频域采样型结构适用于窄带滤波器的实现。

求解 FIR 系统的频域采样型结构往往比较复杂，通常借助 MATLAB 软件实现频域采样型结

构。在利用 MATLAB 软件实现时，函数 dir2fs 将一个直接型（$h(n)$ 的值）转换为频域采样型，其对应的系统函数为

$$H(z) = (1 - r^N z^{-N}) \frac{1}{N}\left[\frac{H(0)}{1 - rz^{-1}} + \frac{H\left(\frac{N}{2}\right)}{1 + rz^{-1}} + \sum_{k=1}^{L} K_k \frac{\beta_{k0} + \beta_{k1} z^{-1}}{\alpha_{k0} - \alpha_{k1} z^{-1} - \alpha_{k2} z^{-2}}\right] \tag{5-3-10}$$

如果给定系统函数和采样点数 N，要求画出频域采样型结构，则须首先求出 $H(k) = \text{DFT}[h(n)]$，然后求出式（5-3-9）或式（5-3-10）中的系数。

注意在BF[C,B,A] = dir2fs(h)中，当 N 为偶数时，系数矩阵 $\boldsymbol{A}$、$\boldsymbol{B}$、$\boldsymbol{C}$ 为

$$\boldsymbol{A} = \begin{bmatrix} 1 & -a_{11} & -a_{12} \\ 1 & -a_{21} & -a_{22} \\ \vdots & \vdots & \vdots \\ 1 & -a_{K1} & -a_{K2} \\ 1 & -1 & 0 \\ 1 & 1 & 0 \end{bmatrix}, \boldsymbol{B} = \begin{bmatrix} \beta_{10} & \beta_{11} \\ \beta_{20} & \beta_{21} \\ \vdots & \vdots \\ \beta_{k0} & \beta_{k1} \end{bmatrix}, \boldsymbol{C} = \begin{bmatrix} K_1 \\ K_2 \\ \vdots \\ K_k \\ H(0) \\ H(N/2) \end{bmatrix}$$

当 N 为奇数时，系数矩阵 $\boldsymbol{A}$、$\boldsymbol{C}$ 没有最后一行，而 $\boldsymbol{B}$ 保持不变。

下面给出利用 MATLAB 实现时，直接型向频域采样型转变过程中需要调用的自定义函数[C,B,A] = dir2fs(h)的代码。

```
function [C,B,A] = dir2fs(h)
% C 为各并联部分的增益向量;
% B 为各并联部分的分子系数;
% A 为各并联部分的分母系数;
M = length(h);
H = fft(h,M);
magH = abs(H);  phaH = angle(H)';
if (M = =2* floor(M/2))
   L = M/2 -1;
   A1 = [1, -1,0;1,1,0];
   C1 = [ real(H(1)),real(H(L +2)) ];
else
   L = (M -1)/2;
   A1 = [1, -1,0];
   C1 = [real(H(1))];
end
k = [1:L]';
B = zeros(L,2);  A = ones(L,3);
A(1:L,2) = -2* cos(2* pi* k/M);  A = [A;A1];
B(1:L,1) = cos(phaH(2:L +1));
B(1:L,2) = - cos(phaH(2:L +1)) - (2* pi* k/M);
C = [2* magH(2:L +1),C1]';
```

例 5-3-2 设系统函数 $H(z)=1+0.7z^{-1}+0.5z^{-2}+0.7z^{-3}+z^{-4}$，利用 MATLAB 求出频域采样型结构的表达式，并画出该结构。

解 调用 dir2fs 函数即可实现，结果如下。

```
>> h=[1,0.7,0.5,0.7,1];
>> [C,B,A]=dir2fs(h)
C=  1.3708
    0.0292
    3.9000
B=  0.8090   -2.0657
   -0.3090   -2.2043
A=  1.0000   -0.6180    1.0000
    1.0000    1.6180    1.0000
    1.0000   -1.0000         0
```

$$H(z)=\frac{1-z^{-5}}{5}\left[1.3708\frac{0.8090-2.0657z^{-1}}{1-0.618z^{-1}+z^{-2}}+0.0292\frac{-0.3090-2.2043z^{-1}}{1+1.618z^{-1}+z^{-2}}+\frac{3.9}{1-z^{-1}}\right]$$

其频域采样型结构如图 5-3-7 所示，$r=1$。

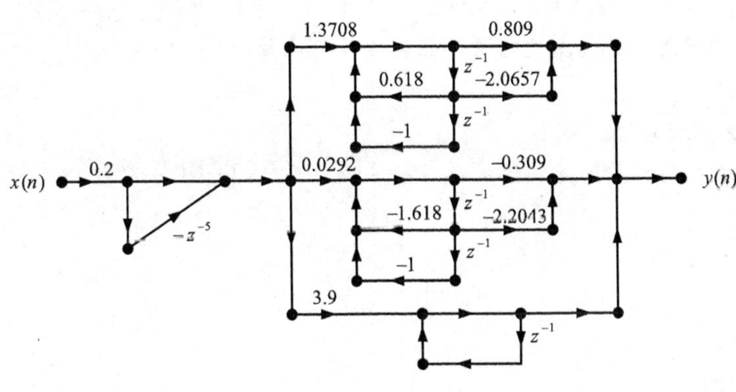

图 5-3-7 例 5-3-2 图

综合例题 已知信号 $x(n)=5\sin(0.2\pi n)+N(n)$，$0\leqslant n\leqslant 50$，其中 $N(n)$ 是均值为 0、方差为 1 的高斯分布随机信号。请利用 MATLAB 实现：

（1）将其通过系统函数为 $H(z)=14+6z^{-1}+5z^{-2}+6z^{-3}-4z^{-4}$ 的 FIR 滤波器，分别求出滤波器为直接型、级联型网络结构时的输出；

（2）将其通过系统函数为 $H(z)=\frac{1}{5}\times\frac{1-3z^{-1}-4z^{-3}+6z^{-4}}{1-\frac{7}{5}z^{-1}-\frac{2}{5}z^{-2}+\frac{4}{5}z^{-3}+\frac{2}{5}z^{-4}}$ 的 IIR 滤波器，分别求出滤波器为直接型、级联型网络结构时的输出。

解 信号通过线性系统的输出 $y(n)=x(n)*h(n)$，即有 $Y(z)=X(z)H(z)$，可通过下面的 MATLAB 程序求解得到系统的输出。

```
% 产生受噪声干扰的正弦信号
N=50;n=0:N;
s=5* sin(0.2* pi* n);
X=5* sin(0.2* pi* n)+randn(1,N+1);
imp=[1 zeros(1,50)];                % 冲激信号
subplot(211)
stem(n,s,'b');
subplot(212)
stem(n,X,'b');
num=[14 6 5 6 -4];                  % 若输入分子系数向量num=[1 3 0 -4 6],IIR
den=[1 0 0 0 0];                    % 若输入分母系数向量den=[5 -7 -2 4 2],IIR
[z,p,k]=tf2zp(num,den);             % 求出各子系统的零点、极点
sos=zp2sos(z,p,k);                  % 求出各二阶子系统的系数
figure
y11=filter(num,den,imp);            % 直接型网络结构的滤波器的单位脉冲响应
y12=sosfilt(sos,imp);               % 级联型网络结构的滤波器的单位脉冲响应
subplot(211)
stem(n,y11,'b')
disp('直接型网络结构的滤波器的单位脉冲响应函数:');disp(y11);
subplot(212)
stem(n,y12,'b')
disp('级联型网络结构的滤波器的单位脉冲响应函数:');disp(y12);
figure
y21=conv(y11,X);
y22=conv(y12,X);
subplot(211)
stem(y21,'b')
disp('直接型网络结构输出:');disp(y21);
subplot(212)
stem(y22,'b')
disp('级联型网络结构输出:');disp(y22);
```

程序运行结果如图 5-3-8 和图 5-3-9 所示。

可见，级联型与直接型网络结构滤波器几乎可以达到相同的滤波效果，这说明它们是等效的。由滤波后信号的波形可以看出，滤波器减少了信号中的干扰，这主要是使用低通滤波器进行滤波后，噪声中突变值比较明显的高频噪声信号部分被减弱或消除了，进而使含噪声的信号尽显原本波形。

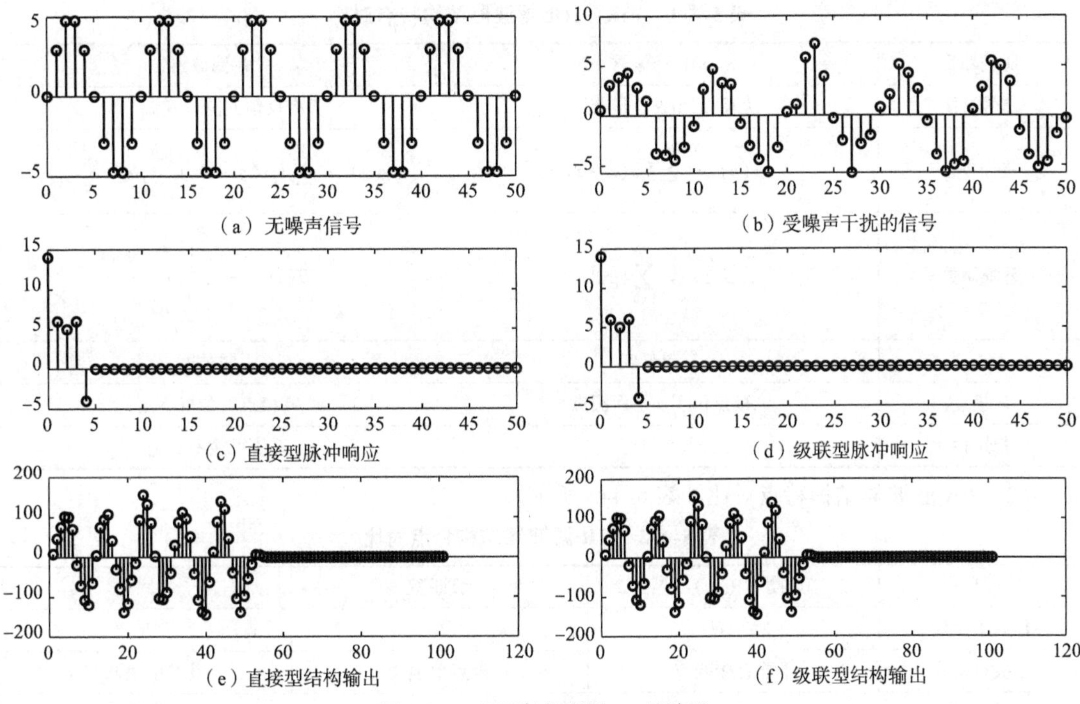

（a）无噪声信号　（b）受噪声干扰的信号

（c）直接型脉冲响应　（d）级联型脉冲响应

（e）直接型结构输出　（f）级联型结构输出

图 5-3-8　不同结构类型 FIR 滤波器

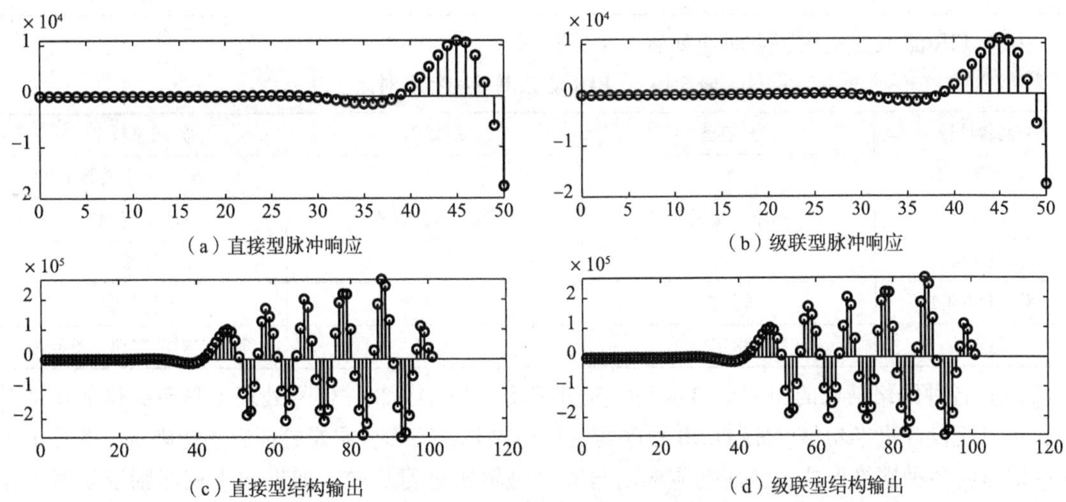

（a）直接型脉冲响应　（b）级联型脉冲响应

（c）直接型结构输出　（d）级联型结构输出

图 5-3-9　不同结构类型 IIR 滤波器

5.4　本章小结

第5章复习

本章主要知识点如下。

（1）FIR、IIR 滤波器结构特点对比如表 5-4-1 所示。

表 5-4-1　FIR、IIR 滤波器结构特点对比

比较项目	FIR 滤波器	IIR 滤波器
信号流图	无反馈回路（非递归）	有反馈回路（递归）
差分方程	$y(n)=\sum_{i=0}^{M} b_i x(n-i)$	$y(n)=\sum_{i=0}^{M} b_i x(n-i)+\sum_{i=1}^{N} a_i y(n-i)$
系统函数	$H(z)=\sum_{i=0}^{M} b_i z^{-i}$	$H(z)=\dfrac{\sum_{i=0}^{M} b_i z^{-i}}{1-\sum_{i=1}^{N} a_i z^{-i}}$
$h(n)$	有限长度	无限长度
零极点	极点位于 z 平面圆点	有极点，位置不定
稳定性	永远稳定	系统可能不稳定

（2）IIR 滤波器结构特点对比如表 5-4-2 所示。

表 5-4-2　IIR 滤波器结构特点对比

比较项目	直接Ⅰ（Ⅱ）型	级联型	并联型
延迟单元数	$2N$（N）	N	N
零极点调节	不能直接调节	零极点单独调节	极点单独调节
运算误差	较大	相对直接型较小	较小
运算速度	一般	一般	最快

（3）FIR 滤波器结构特点对比如表 5-4-3 所示。

表 5-4-3　FIR 滤波器结构特点对比

比较项目	直接型	级联型	频域采样型
延迟单元数	N	N	大于 N，小于或等于 $2N$
零点调节	不能直接调节	零点单独调节	不能直接调节
模块化设计	不易	不易	容易
系统频率响应	难控制	难控制	容易控制
稳定性	稳定	稳定	零极点对消实现，难控制

（4）各种网络结构的 MATLAB 实现，充分利用 MATLAB 软件信号处理工具箱提供的函数功能，可以使设计事半功倍。MATLAB 程序的运行结果是否正确，需要验证后才能确定。验证的方法一般是将各种网络形式的脉冲响应输出与直接型输出进行比较，如果响应相同则证明网络结构正确。

（5）事实上，要实现同一个系统函数，可以有多种结构形式。选择哪种结构形式，应根据应用条件加以确定，须保证系统稳定和参数调整方便。根据设计需要，还可进行各种结构的组合，以便得到理想的结果。

习题 5

【5-1】确定下列系统的直接型网络结构实现。

(1) $h(n)=\{\underline{1},2,3,4,2,1\}$　　(2) $h(n)=\{\underline{1},2,3,3,2,1\}$

【5-2】给出下列系统的直接Ⅰ型、直接Ⅱ型、直接Ⅱ型转置结构、级联型和并联型网络结构。

(1) $y(n) = \frac{3}{4}y(n-1) - \frac{1}{8}y(n-2) + x(n) + \frac{1}{3}x(n-1)$

(2) $y(n) = -0.1y(n-1) + 0.2y(n-2) + 3x(n) + 3.6x(n-1) + 0.6x(n-2)$

(3) $y(n) = y(n-1) - \frac{1}{2}y(n-2) + x(n) - x(n-1) + x(n-2)$

(4) $y(n) = \frac{1}{2}y(n-1) - \frac{1}{4}y(n-2) + x(n) + x(n-1)$

【5-3】考虑如下系统

$$H(z) = \frac{2(1-z^{-1})(1+\sqrt{2}z^{-1}+z^{-2})}{(1-0.5z^{-1})(1+0.9z^{-1}+0.81z^{-2})}$$

试画出各种可能的级联型网络结构。

【5-4】已知 FIR 滤波器的单位脉冲响应为

$$h(n) = \delta(n) - \delta(n-1) + \delta(n-4)$$

在采样点 $N = 5$ 时，试给出滤波器参数的计算公式，并画出频域采样型结构以实现该滤波器。

【5-5】求出题图 5-5 中各信号流图的系统函数。

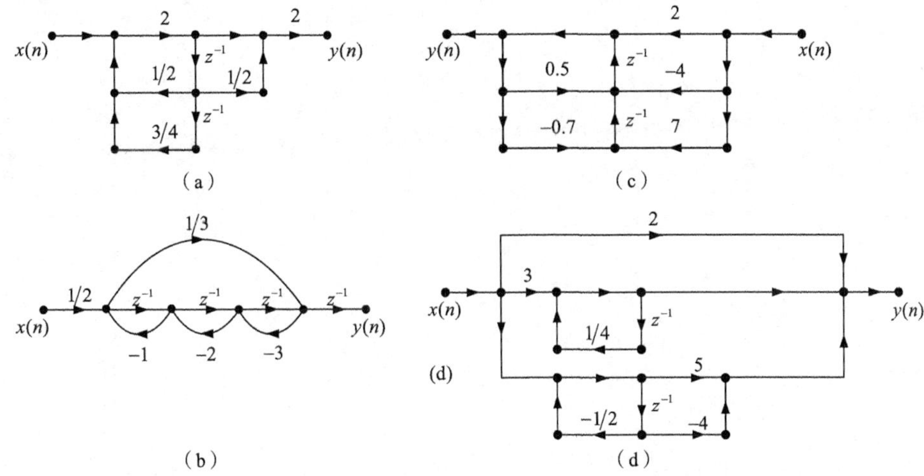

题图 5-5　信号流图

【5-6】求出如下系统的格型网络结构系数，并画出此格型系统。

$$H(z) = \frac{1-0.8z^{-1}+0.15z^{-2}}{1+0.1z^{-1}-0.72z^{-2}}$$

【5-7】给出如下谐振系统

$$H(z) = \frac{1-z^{-1}}{1-(2r\cos\omega_0)z^{-1}+r^2z^{-2}}$$

(1) 求出该系统的格型实现。

(2) 如果 $r = 1$，则结果如何？

【5-8】如果系统的幅频特性对所有频率均等于常数或1，即

$$|H(e^{j\omega})| = 1, 0 \leqslant \omega \leqslant 2\pi$$

则称该系统为全通系统。考虑用如下差分方程描述的系统。

$$y(n) = ay(n-1) - ax(n) + x(n-1)$$

（1）求证此系统为全通系统。

（2）画出此系统的直接Ⅱ型网络结构实现。

（3）如果对直接Ⅱ型网络结构的系数进行量化，那么得到的系统还是全通系统吗？

（4）将差分方程重新写为 $y(n) = a[y(n-1) - x(n)] + x(n-1)$，给出系统的另一个实现。

（5）如果将（4）中的系统进行系数量化，那么它还是全通系统吗？

【5-9】 求出题图 5-9 中直接Ⅱ型系统网络结构所对应的系统函数和差分方程。

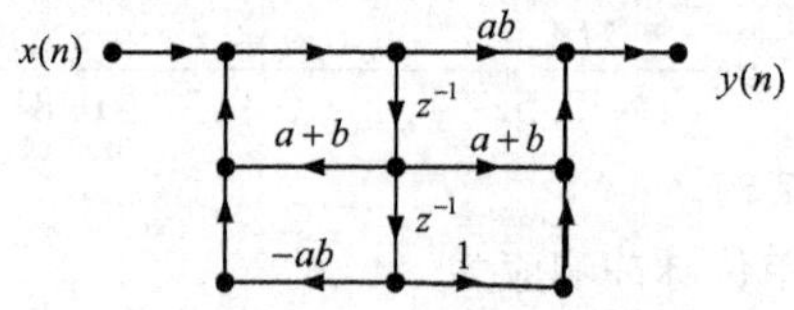

题图 5-9　直接Ⅱ型系统网络结构

第6章

IIR 数字滤波器设计

本章介绍 IIR 数字滤波器的设计方法，知识导图如图 6-0-1 所示。

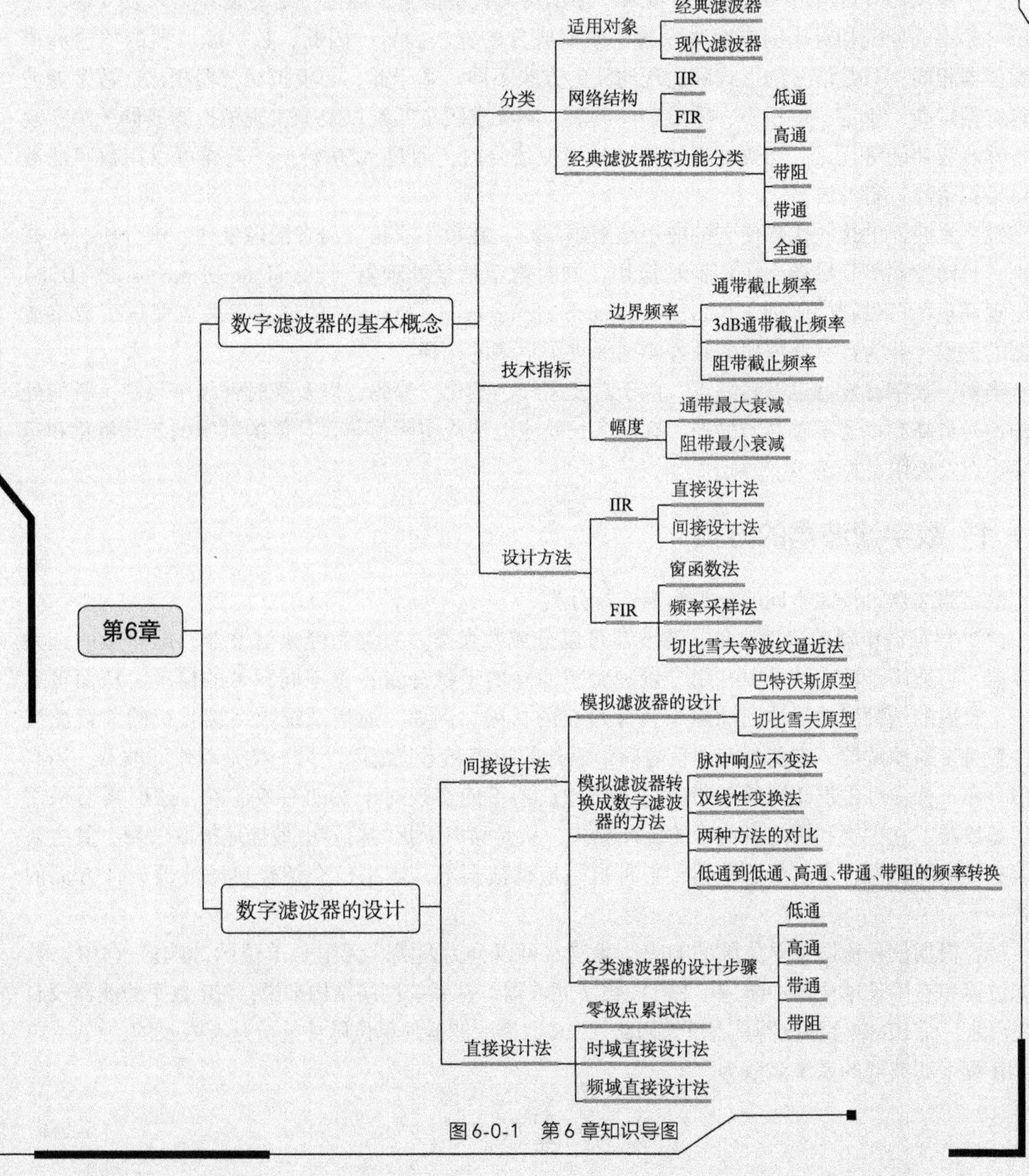

图6-0-1　第 6 章知识导图

本章在阐述数字滤波器设计的基本架构的基础上，将详细介绍 IIR 数字滤波器的几种设计方法。IIR 数字滤波器通常借助模拟滤波器设计方法利用数学模型通过幅频特性约束和逼近，得到模拟滤波器后再通过脉冲响应不变法或双线性变换法实现模拟域到数字域的映射，进而完成数字滤波器的设计。除了借助于模拟滤波器设计的经验和方法来设计数字滤波器，还可以采用直接设计法设计数字滤波器，如零极点累试法、时域直接设计法和频域直接设计法。本章将对这些主要设计方法进行详细介绍。

6.1 数字滤波器的基本概念

数字滤波器（digital filter）是指输入、输出均为数字信号，通过一定的运算关系改变输入信号所含频率成分的相对比例或者滤除某些频率成分的算法装置。因此，数字滤波器的概念和模拟滤波器相同，只是信号的形式和实现滤波的方法不同。基于此，与模拟滤波器相比，数字滤波器具有精度高、稳定、体积小、重量轻、灵活、不要求阻抗匹配以及能实现模拟滤波器无法实现的特殊滤波功能等优点。当要处理的信号是模拟信号时，通过 A/D 转换，同样可以用数字滤波器对模拟信号进行滤波。

数字滤波器的这些优势使它的应用越来越广泛，在数字通信、语音图像处理、谱分析、模式识别、自动控制等领域得到了广泛的应用，同时数字信号处理器（digital signal processor，DSP）的出现和现场可编程门陈列（field programmable gate array，FPGA）的迅速发展也促进了数字滤波器的发展，并为数字滤波器的硬件实现提供了更多的选择。

当然，数字滤波器也有其缺点，由于需要采样、量化、编码，以及受时钟频率限制，所能处理的信号最高频率还不够高。另外，有限字长效应会造成实际值与设计值的频率偏差、量化和运算噪声以及极限环振荡等。

6.1.1 数字滤波器的分类

数字滤波器可按照不同的分类标准进行分类。

（1）根据滤波器的适用对象，滤波器可以分成两大类。一类为经典滤波器，即一般的选频滤波器，它适用于输入信号中有用分量和希望滤除的干扰分量占据不同频带的情况，从而可通过一个合适的选频滤波器达到滤除干扰分量波的目的。例如，通信系统数字接收机的前置滤波器一般是带通滤波器，它能把有用信号频带以外的噪声和干扰滤除。另一类是现代滤波器。当有用信号和干扰信号占据相同的频带时，经典滤波器不能实现对干扰的有效滤除，这时需要采用现代滤波器。它主要利用随机信号的统计规律，从受噪声干扰的信号中最佳地提取信号，其主要代表有维纳滤波器、卡尔曼滤波器、各种自适应滤波器等。本书仅介绍经典滤波器设计方面的内容。

（2）根据信号流图或单位脉冲响应，滤波器可以分为两类：无限长单位脉冲响应（IIR）数字滤波器和有限长单位脉冲响应（FIR）数字滤波器。从系统网络结构来说，FIR 数字滤波器没有反馈回路，而 IIR 数字滤波器具有反馈回路。FIR 数字滤波器的单位脉冲响应是有限长的，$(N-1)$ 阶 FIR 数字滤波器的系统函数为

$$H(z) = \sum_{n=0}^{N-1} h(n) z^{-n} \tag{6-1-1}$$

IIR 数字滤波器的单位脉冲响应是无限长的，N 阶 IIR 数字滤波器的系统函数为

$$H(z)=\frac{\sum_{r=0}^{M} b_r z^{-r}}{1+\sum_{k=1}^{N} a_k z^{-k}} \tag{6-1-2}$$

相应地，数字滤波器的频率响应为 $H(\mathrm{e}^{\mathrm{j}\omega})$。$H(\mathrm{e}^{\mathrm{j}\omega})$ 一般为复函数，所以它可以表示为

$$H(\mathrm{e}^{\mathrm{j}\omega})=H(z)\big|_{z=\mathrm{e}^{\mathrm{j}\omega}}=|H(\mathrm{e}^{\mathrm{j}\omega})|\cdot \mathrm{e}^{\mathrm{j}\theta(\omega)} \tag{6-1-3}$$

式中，$|H(\mathrm{e}^{\mathrm{j}\omega})|$ 称为幅频特性函数，$\theta(\omega)$ 称为相频特性函数。幅频特性反映信号通过该滤波器后各频率成分的衰减情况，而相频特性反映信号通过该滤波器后各频率成分在时间上的延迟情况。因此，同一输入信号通过两个幅频特性相同而相频特性不同的滤波器，其输出信号也是不同的。

（3）根据滤波器功能的不同，经典滤波器可分为四类：低通滤波器（low-pass filter，LPF）、高通滤波器（high-pass filter，HPF）、带通滤波器（band-pass filter，BPF）和带阻滤波器（band-stop filter，BSF）。它们的理想幅频特性如图 6-1-1 所示。理想幅频特性是指滤波器幅频特性的通带部分和阻带部分是突变的，没有过渡带。相应地，它们的单位脉冲响应均是非因果且无限长的。理想滤波器往往是不可能实现的，但这些理想滤波器可作为滤波器设计时逼近（或近似）的标准。另外需要注意的是，由于数字滤波器的频率特性以 2π 为周期，滤波器的低频带处于 2π 的整数倍附近，而高频带处于 π 的奇数倍附近，这一点与模拟滤波器是有区别的。同时，对单位脉冲响应为实序列的系统而言，其频域特性是共轭对称的。

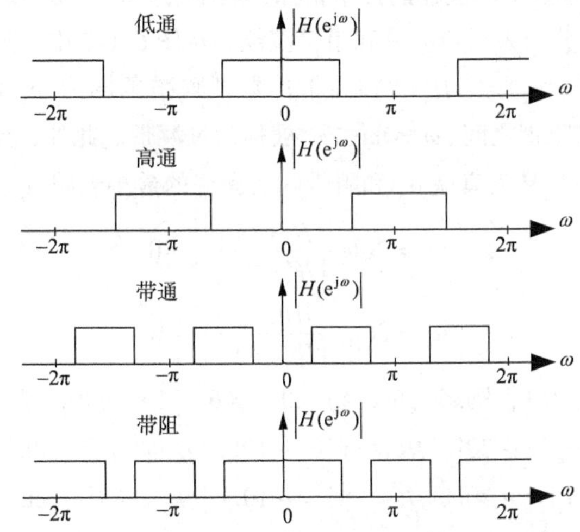

图 6-1-1 低通、高通、带通、带阻滤波器的理想幅频特性

应该指出，图 6-1-1 中给出的仅是理想滤波器的幅频特性，滤波器的相频特性也会对滤波器的输出造成较大的影响。例如，如果假定滤波器的相频特性都为零，那么当输入信号频谱全部位于这些滤波器的通带内时，信号通过这些滤波器后不会发生波形失真和波形延迟（如恒等系统等）；如果滤波器的相频特性为线性相位系统，则信号在通过滤波器时会产生波形延时；如果滤波器的相频特性为非线性相位系统，则信号在通过滤波器时会产生波形失真。

6.1.2 数字滤波器的技术指标

在进行数字滤波器设计之前，要先定义或根据实际工程问题确定数字滤波器的技术指标。

一般对 IIR 数字滤波器而言，通常只用幅频特性来描述设计的技术指标，对相频特性一般不作要求。若在实际应用（如语音合成、波形传输、图像信号处理等）中对相频特性有较高要求，则可设计 FIR 数字滤波器，这部分内容将在第 7 章中介绍。

由于图 6-1-1 所示的理想滤波器不可实现，在设计实际滤波器时，必须采用一个因果可实现的滤波器去逼近图 6-1-1 所示的理想幅频特性。考虑系统实现的复杂性和成本问题，实际中通带和阻带都允许有一定的误差容限，即通带可以不是完全水平的，阻带也可以不是绝对衰减到零的，且须在通带和阻带之间设置一定宽度的过渡带。于是，实际数字低通滤波器的技术指标可以用图 6-1-2 表示。

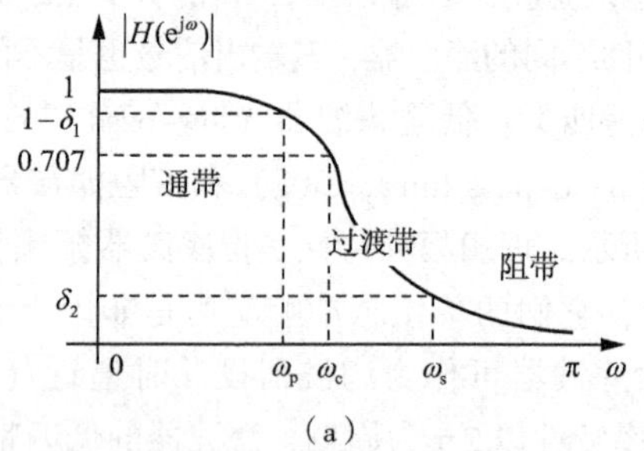

（a）

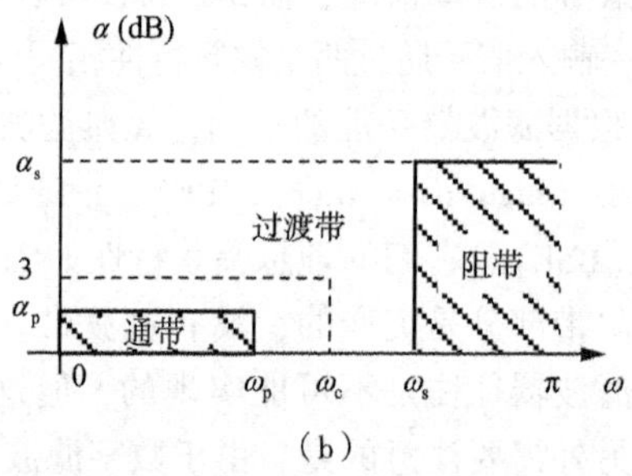

（b）

图 6-1-2　数字低通滤波器的技术指标

图 6-1-2 用幅频特性给出了滤波器的技术指标，其中边界频率 ω_p 和 ω_s 分别为通带截止频率和阻带截止频率，δ_1 和 δ_2 分别为通带波纹和阻带波纹。从图 6-1-2 中可见，通带频率范围为 $0 \leqslant \omega \leqslant \omega_p$，通带中要求 $(1-\delta_1) < |H(e^{j\omega})| \leqslant 1$；阻带频率范围为 $\omega_s \leqslant \omega \leqslant \pi$，阻带中要求 $|H(e^{j\omega})| \leqslant \delta_2$；在通带和阻带之间，$\omega_p < \omega < \omega_s$ 被称为过渡带。此外，允许的幅度衰减值一般用 dB 数表示，通带内所允许的最大衰减 α_p 和阻带内所允许的最小衰减 α_s 分别表示为

$$\alpha_p = 20\lg\frac{|H(e^{j0})|}{|H(e^{j\omega_p})|} \quad \text{dB} \tag{6-1-4}$$

$$\alpha_s = 20\lg\frac{|H(e^{j0})|}{|H(e^{j\omega_s})|} \quad \text{dB} \tag{6-1-5}$$

如将 $|H(e^{j0})|$ 归一化为 1，则式（6-1-4）和式（6-1-5）可表示成

$$\alpha_p = -20\lg|H(e^{j\omega_p})| = -10\lg|H(e^{j\omega_p})|^2 \quad \text{dB} \tag{6-1-6}$$

$$\alpha_s = -20\lg|H(e^{j\omega_s})| = -10\lg|H(e^{j\omega_s})|^2 \quad \text{dB} \tag{6-1-7}$$

可见，边界频率（ω_p 和 ω_s）、衰减值（α_p 和 α_s）可描述出数字滤波器设计时的技术指标，且它们通过式（6-1-6）和式（6-1-7）与幅度平方函数之间建立了直接的联系，因此通过选择或设计适当的幅度平方函数即可实现对理想滤波器幅频特性的逼近（或近似），即可以完成滤波器的设计。可见，幅度平方函数在滤波器的设计中起着非常重要的作用。下面介绍的基于模拟滤波器的 IIR 系统设计就是利用不同典型的多项式来描述幅度平方函数的。实际上，当幅频特性下降到 $|H(e^{j0})|$ 的 $1/\sqrt{2}=0.707$ 时，其对应的频率为 $\omega=\omega_c$，很容易得到该频率的幅度衰减 $\alpha_c=3\text{dB}$，因此称 ω_c 为 3dB 截止频率。

6.1.3　数字滤波器的设计方法

数字滤波器的设计就是根据实际工程的要求，确定数字滤波器的性能指标，然后设计系统

函数或单位脉冲响应去逼近这一性能指标，当然在设计过程中要求系统为因果稳定的。于是，一般数字滤波器的设计步骤如下。

① 按照实际工程的要求确定数字滤波器的性能指标。

② 用一个因果稳定的离散线性时不变系统的系统函数或单位脉冲响应去逼近性能指标。

③ 利用第 5 章给出的滤波器实现方法，根据系统的特点，选择适当的有限精度算法实现方法。

④ 利用实际技术（如软件、硬件或软硬件结合的技术）实现所设计的系统。

由于 IIR 数字滤波器和 FIR 数字滤波器具有不同的特点，二者的设计也有明显的不同。针对 IIR 数字滤波器的设计有间接设计法和直接设计法，间接设计法是借助于模拟滤波器的设计方法进行的，其设计步骤如下。

① 根据数字技术指标，依据频率变换得到相应的模拟滤波器技术指标。

② 设计一个模拟滤波器，得到其系统函数 $H_a(s)$。

③ 将 $H_a(s)$ 按频率变换转换成满足技术指标的数字滤波器 $H(z)$。

IIR 数字滤波器直接设计法直接在频域或者时域中设计数字滤波器，它包括零极点累试法和借助计算机辅助设计的最优化算法。零极点累试法根据系统函数在单位圆内的极点处出现峰值、零点处出现谷值的特点来设置其零、极点的位置，当幅频特性尚未达到要求时，通过累次实验的方法改变零、极点的位置，最终达到近似逼近性能指标的目的。此方法能快速对滤波器性能有一个粗略把握。计算机辅助设计的最优化算法是直接在时域或者频域利用最优化算法进行设计，由于要解联立方程，设计时需要用计算机进行辅助设计。

FIR 数字滤波器的设计不能借助于模拟滤波器实现，其常用的设计方法有窗函数法、频域采样法和切比雪夫等波纹逼近法。切比雪夫等波纹逼近法需要借助计算机辅助设计完成。FIR 数字滤波器最突出的优点是可以保证所设计的滤波器具有严格的线性相位，这对于模拟滤波器设计方法来说是难以实现的。

下面介绍 IIR 数字滤波器的间接设计法中首先遇到的模拟低通滤波器的设计问题，这是设计其他滤波器的基础。

6.2 模拟滤波器的设计

与数字滤波器相似，模拟滤波器按频率特性也可分为低通、高通、带通和带阻滤波器，它们的理想幅频特性如图 6-2-1 所示。图 6-2-1 给出的模拟滤波器具有理想的幅频特性，但这些滤波器是不可实现的。

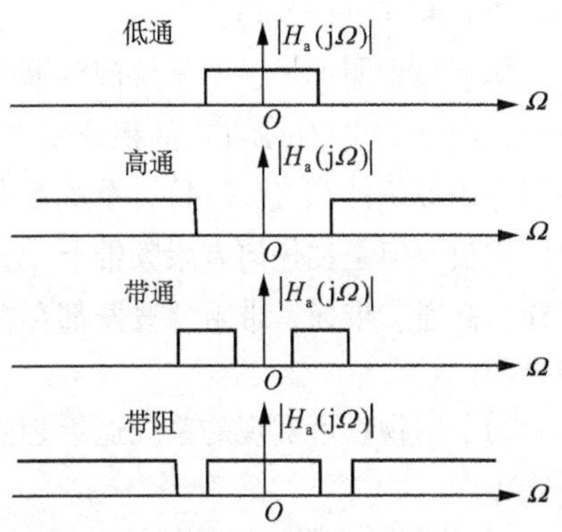

图 6-2-1 各种模拟滤波器的理想幅频特性

设计模拟滤波器时总是先设计低通滤波器，然后再通过频率变换将低通滤波器转换为期望的滤波器。模拟低通滤波器的设计将采用典型的多项式来逼近理想低通滤波器，工程中常用的多项式有巴特沃斯（Butterworth）多项式、切比雪夫（Chebyshev）多项式和椭圆（ellipse）多项式等。用这些多项式来逼近模拟低通滤波器的幅度平方函数以满足相应的技术指标。相应地，所设计的滤波器分别称为巴特沃斯滤波器、切比雪夫滤波器和椭圆滤波器。不同滤波器的幅频特性不同，其中，巴特沃斯滤波器具有单调下降的幅频特性；切比雪夫滤波器的幅频特性在通带或阻带中呈等波纹变化，这可以提高滤波器的选择性（指仅让某一频率的信号通过而阻止其他频率信号通过的能力）；而椭圆滤波器的幅频特性在通带和阻带中都呈等波纹变化，选择性相对前两者是最好的。

要解决用物理可实现的系统去逼近理想滤波器的问题，就要搞清楚物理可实现系统与不可实现系统的界限在哪里，以及它们的频率响应有何特点。下面对此简要讨论。

6.2.1 物理可实现系统的幅频特性

理想频率选择性滤波器的幅频特性在某一个或某几个频段内是常数，而在其他频段内为零。下面以理想低通滤波器的单位冲激响应 $h(t)$ 为例，深入分析物理可实现问题。对于理想低通滤波器而言

$$|H_a(j\Omega)| = \begin{cases} 1, & |\Omega| \leqslant \Omega_p \\ 0, & |\Omega| > \Omega_p \end{cases} \tag{6-2-1}$$

其中 Ω_p 为通带截止频率。该滤波器的单位冲激响应为

$$h(t) = \frac{1}{2\pi}\int_{\Omega_p}^{\Omega_p} e^{j\Omega t}dt = \frac{\sin\Omega_p t}{\pi t} = \frac{\Omega_p}{\pi}\operatorname{sinc}\left(\frac{\Omega_p t}{\pi}\right) \tag{6-2-2}$$

很明显，理想低通滤波器是非因果的 IIR 系统，故实际上它是不可实现的。

尽管这里只讨论低通滤波器的可实现性，但是一般来说，该结论适用于所有其他的理想滤波器特性。简单地说，理想滤波器是非因果的，故对实时信号处理来说，其是物理不可实现的。

那么，为了得到因果的滤波器，幅频特性函数 $|H_a(j\Omega)|$ 必须满足什么条件呢？佩利-维纳（Paley-Wiener）准则回答了这一问题，该准则陈述如下。

佩利-维纳准则：物理可实现系统的幅频特性函数 $|H_a(j\Omega)|$ 必须是平方可积的，即

$$\int_{-\infty}^{\infty} |H_a(j\Omega)|^2 d\Omega < \infty \tag{6-2-3}$$

相应地，其幅频特性必须满足如下关系

$$\int_{-\infty}^{\infty} \frac{|\ln|H_a(j\Omega)||}{1+\Omega^2} d\Omega < \infty \tag{6-2-4}$$

这就是佩利-维纳准则。佩利-维纳准则是系统可实现的必要条件，即物理可实现系统必须满足式（6-2-3）和式（6-2-4）。

该准则表明如果一个系统的幅频特性在某一频段内为零，或 $|H_a(j\Omega)|$ 比指数阶函数衰减得更快，则由于式（6-2-4）的积分变为无穷大，故系统物理不可实现。例如 $H_a(j\Omega) = e^{-\Omega^2}$，很明显就不满足条件式（6-2-4），系统是非因果的。实际上，幅频特性函数 $|H_a(j\Omega)|$ 在某些点处可以取零值，但是在任何有限频带上 $|H_a(j\Omega)|$ 不能为零，否则积分将变成无限大[2]。例如，理想低通、高通、带通、带阻滤波器都存在某些频带上不为零的情况。因此，任何理想滤波器都是非因果的。

为了用物理可实现的系统逼近理想滤波器的幅频特性，通常需要对滤波器的幅度响应做如下修正。

① 允许滤波器的幅频特性在通带和阻带内有一定范围的衰减，允许幅频特性在这一范围内有起伏。

② 允许在通带和阻带之间有一定的过渡带。

下面介绍巴特沃斯滤波器和切比雪夫滤波器的设计方法。

6.2.2 模拟低通滤波器的设计指标和逼近方法

根据佩利-维纳准则，通带和阻带具有一定容限的实际模拟低通滤波器的技术指标如图6-2-2所示，它包括通带截止频率 Ω_p 、阻带截止频率 Ω_s 、通带最大衰减系数 α_p 和阻带最小衰减系数 α_s 四个参数。通带波纹（即容限）和阻带波纹分别为 δ_1 和 δ_2 。设 $H_a(j\Omega)$ 是模拟滤波器的频率响应，则对单调下降的幅频特性有

$$\alpha_p = 10\lg\frac{|H_a(j0)|^2}{|H_a(j\Omega_p)|^2} \tag{6-2-5}$$

$$\alpha_s = 10\lg\frac{|H_a(j0)|^2}{|H_a(j\Omega_s)|^2} \tag{6-2-6}$$

如果 $|H_a(j0)|$ 归一化为1，则 α_p 和 α_s 分别为

$$\alpha_p = -10\lg|H_a(j\Omega_p)|^2 = -20\lg|1-\delta_1|\ (\text{dB}) \tag{6-2-7}$$

$$\alpha_s = -10\lg|H_a(j\Omega_s)|^2 = -20\lg|\delta_2|\quad (\text{dB}) \tag{6-2-8}$$

图6-2-2中，由于 $|H_a(j\Omega_c)| = 1/\sqrt{2}$, $\alpha_c = -20\lg|H_a(j\Omega_c)| = 3\text{dB}$ ，因此 Ω_c 为3dB截止频率。

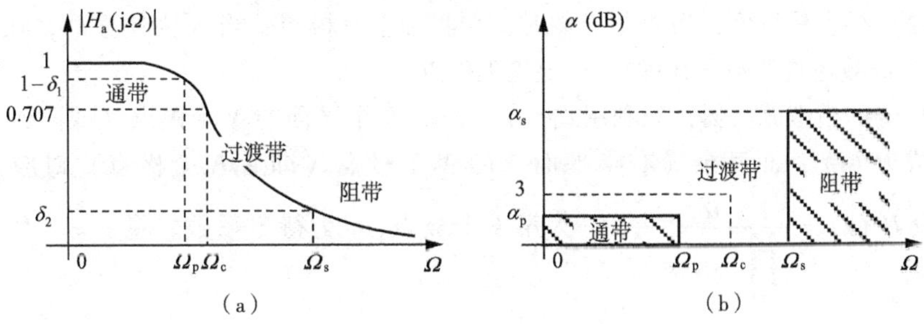

图6-2-2 模拟低通滤波器的技术指标

给定模拟低通滤波器的技术指标后，需要先设计该滤波器 $H_a(s)$ ，希望其幅度平方函数 $|H_a(j\Omega)|^2$ 在 Ω_p 和 Ω_s 处满足给定的指标 α_p 和 α_s 。由于一般滤波器的单位冲激响应为实函数，根据实函数傅里叶变换的共轭对称性，可得

$$|H_a(j\Omega)|^2 = H_a(j\Omega)H_a^*(j\Omega) = H_a(j\Omega)H_a(-j\Omega) = H_a(s)H_a(-s)\big|_{s=j\Omega} \tag{6-2-9}$$

如果能得到满足技术指标的 $|H_a(j\Omega)|^2$ ，就可以求出因果稳定的 $H_a(s)$ 。

可见，可以采用多种不同的近似方法来得到满足技术指标的幅度平方函数。而对于上面提及的几种典型模拟滤波器，其幅度平方函数都有自己的表达式，可以直接引用，因此，模拟低通滤波器的设计问题就转换成了如何从 $|H_a(j\Omega)|^2$ 求出系统函数 $H_a(s)$ 的问题。需要说明的是，$H_a(s)$ 必须是稳定的，因此其极点必须落在s平面的左半平面。

6.2.3 巴特沃斯模拟低通滤波器

巴特沃斯模拟低通滤波器的幅度平方函数 $|H_a(j\Omega)|^2$ 的表达式为

$$|H_a(j\Omega)|^2 = \frac{1}{1+(\Omega/\Omega_c)^{2N}} \tag{6-2-10}$$

式中，整数 N 为滤波器的阶数，也是滤波器设计过程中需要确定的参数；Ω_c 为 3dB 截止频率。图 6-2-3 绘出了不同阶数巴特沃斯模拟低通滤波器的幅频特性，可以看出它们都是单调递减的；当 $\Omega=0$ 时，$|H_a(j\Omega)|=1$；当 $\Omega=\Omega_c$ 时，$|H_a(j\Omega)|=1/\sqrt{2}$；当 $\Omega>\Omega_c$ 时，随着 Ω 的增大，幅度迅速下降，且其下降速度与阶数 N 有关，当阶数 N 越大时，幅度下降速度越快，相应的过渡带也越窄。

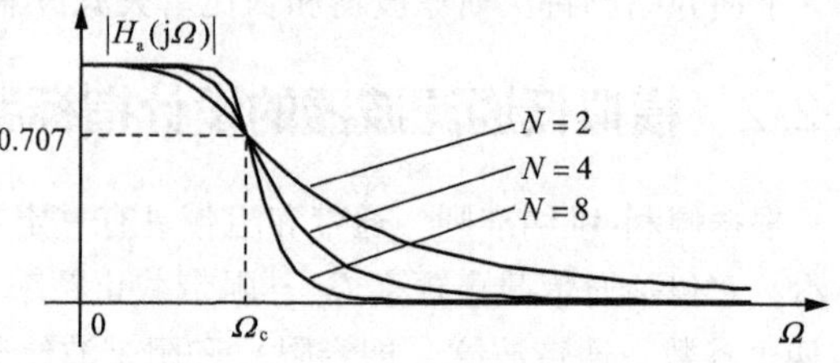

图 6-2-3　巴特沃斯模拟低通滤波器幅频特性和 N 的关系

由于巴特沃斯模拟低通滤波器的幅频特性满足条件式（6-2-4），故它是物理可实现的。由于一般滤波器的单位冲激响应为实序列，此时式（6-2-9）成立。将式（6-2-10）和 $s=j\Omega$ 代入式（6-2-9）得

$$H_a(s)\cdot H_a(-s)=\frac{1}{1+\left(\dfrac{s}{j\Omega_c}\right)^{2N}} \tag{6-2-11}$$

可见，$H_a(s)\cdot H_a(-s)$ 有 $2N$ 个极点。由于 $j=e^{j\pi(1/2+2k)}$，$-1=e^{j\pi(1+2k)}$，故极点 S_k 可表示为

$$s_k=(-1)^{\frac{1}{2N}}(j\Omega_c)=\Omega_c e^{j\pi\left(\frac{1}{2}+\frac{2k+1}{2N}\right)},k=0,1,\cdots,(2N-1) \tag{6-2-12}$$

这 $2N$ 个极点等间隔分布在半径为 Ω_c 的圆上（该圆被称为巴特沃斯圆），间隔为 (π/N) rad。由式（6-2-12）很容易得到：当 N 为奇数时，在实轴上有极点；当 N 为偶数时，在实轴上无极点。无论 N 为奇数还是偶数，在虚轴 $j\Omega$ 上均无极点。

为得到稳定的模拟滤波器，只利用式（6-2-11）左半平面的 N 个极点（即前 N 个极点）对应的因式构成 $H_a(s)$，而其余（右半平面）的 N 个极点（即后 N 个极点）对应的因式构成 $H_a(-s)$。设 $H_a(s)=\dfrac{\alpha}{\prod\limits_{k=0}^{N-1}(s-s_k)}$，$S_k$ 为第 k 个极点，α 为待定系数。将 $s=0$ 代入 $H_a(s)=\dfrac{\alpha}{\prod\limits_{k=0}^{N-1}(s-s_k)}$ 中，设 $H_a(0)=1$，则可以得到系数 $\alpha=\Omega_c^N$。故 $H_a(s)$ 的表达式为

$$H_a(s)=\frac{\Omega_c^N}{\prod\limits_{k=0}^{N-1}(s-s_k)} \tag{6-2-13}$$

以 $N=3$ 为例说明 $H_a(s)$ 的构造过程。图 6-2-4 给出了 $N=3$ 时 $|H_a(s)|^2$ 的极点分布图。由式（6-2-12）计算极点并取位于左半平面的 3 个极点 S_0、s_1、S_2 代入式（6-2-13），得

$$H_a(s)=\frac{\Omega_c^3}{(s-\Omega_c)(s-\Omega_c e^{j\frac{2}{3}\pi})(s-\Omega_c e^{-j\frac{2}{3}\pi})} \tag{6-2-14}$$

由于各滤波器的幅频特性不同，为了使设计统一，通常将频率做归一化处理。在设计巴特沃斯模拟低通滤波器时采用 Ω_c 实现频率归一化处理，归一化处理后的 $H_a(s)$ 可表示为

$$H_a(s)=\frac{1}{\prod\limits_{k=0}^{N-1}\left(\dfrac{s}{\Omega_c}-\dfrac{s_k}{\Omega_c}\right)} \tag{6-2-15}$$

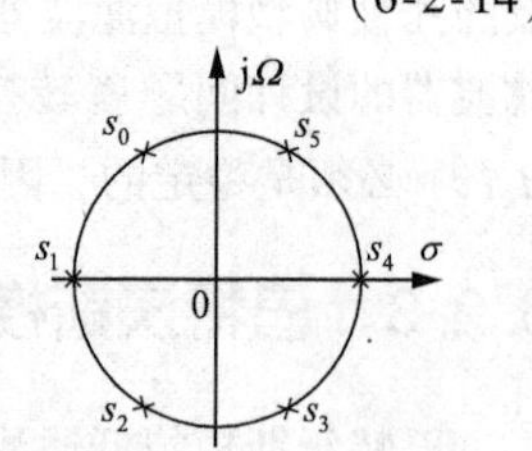

图 6-2-4　三阶巴特沃斯模拟低通滤波器极点分布

令归一化实频率 $\lambda=\Omega/\Omega_c$；取 $p=j\lambda$，则 p 称为归一化复变量，

于是 $s/\Omega_c = \mathrm{j}\Omega/\Omega_c = \mathrm{j}\lambda = p$，这样可得归一化后的系统函数为

$$H_a(p) = \frac{1}{\prod_{k=0}^{N-1}(p - p_k)} \tag{6-2-16}$$

式中 p_k 为归一化极点，且

$$p_k = \mathrm{e}^{\mathrm{j}\pi(\frac{1}{2}+\frac{2k+1}{2N})}, \qquad k = 0,1,\cdots,N-1 \tag{6-2-17}$$

将 p_k 代入式（6-2-16），可得到 $H_a(p)$ 的分母是 p 的 N 阶多项式，即

$$H_a(p) = \frac{1}{b_0 + b_1 p + \cdots + b_{N-1}p^{N-1} + p^N} \tag{6-2-18}$$

这样只要求出阶数 N，就可以通过式（6-2-17）得到归一化极点 p_k，然后将其代入式（6-2-16）和式（6-2-18），得到归一化系统函数 $H_a(p)$ 和 $H_a(p)$ 的系数 $b_k, k = 0,1,\cdots,N-1$。如果 Ω_c 确定，进行去归一化处理，即 $H_a(s) = H_a(p)\big|_{p=s/\Omega_c}$，就可以得到实际的系统函数 $H_a(s)$。此外，由于模拟低通滤波器的设计已经非常成熟，当阶数 N 确定时，也可通过查预先计算好的滤波器参数表（见表6-2-1）直接得到式（6-2-18）中的各参数，从而实现对模拟低通滤波器的设计。

表 6-2-1　巴特沃斯归一化模拟低通滤波器参数

阶数 N	极点位置				
	$p_{0,N-1}$	$p_{1,N-2}$	$p_{2,N-3}$	$p_{3,N-4}$	p_4
1	-1.0000				
2	-0.7071 ± j0.7071				
3	-0.5000 ± j0.8660	-1.0000			
4	-0.3827 ± j0.9239	-0.9239 ± j0.3827			
5	-0.3090 ± j0.9511	-0.8090 ± j0.5878	-1.0000		
6	-0.2588 ± j0.9659	-0.7071 ± j0.7071	-0.9659 ± j0.2588		
7	-0.2225 ± j0.9749	-0.6235 ± j0.7818	-0.9010 ± j0.4339	-1.0000	
8	-0.1951 ± j0.9808	-0.5556 ± j0.8315	-0.8315 ± j0.5556	-0.9808 ± j0.1951	
9	-0.1736 ± j0.9848	-0.5000 ± j0.8660	-0.7660 ± j0.6428	-0.9397 ± j0.3420	-1.0000

阶数 N	分母多项式 $B(p) = p^N + b_{N-1}p^{N-1} + b_{N-2}p^{N-2} + \cdots + b_1 p + b_0$								
	b_0	b_1	b_2	b_3	b_4	b_5	b_6	b_7	b_8
1	1.0000								
2	1.0000	1.4142							
3	1.0000	2.0000	2.0000						
4	1.0000	2.6131	3.4142	2.6131					
5	1.0000	3.2361	5.2361	5.2361	3.2361				
6	1.0000	3.8637	7.4641	9.1416	7.4641	3.8637			
7	1.0000	4.4940	10.0978	14.5918	14.5918	10.0978	4.4940		
8	1.0000	5.1258	13.1371	21.8462	25.6884	21.8642	13.1371	5.1258	
9	1.0000	5.7588	16.5817	31.1634	41.9864	41.9864	31.1634	16.5817	5.7588

续表

阶数 N	分母多项式 $B(p)=B_1(p)B_2(p)B_3(p)B_4(p)B_5(p)$
	$B(p)$
1	$(p+1)$
2	$(p^2+1.4142p+1)$
3	$(p^2+p+1)(p+1)$
4	$(p^2+0.7654p+1)(p^2+1.8478p+1)$
5	$(p^2+0.6180p+1)(p^2+1.6180p+1)(p+1)$
6	$(p^2+0.5176p+1)(p^2+1.4142p+1)(p^2+1.9319p+1)$
7	$(p^2+0.4450p+1)(p^2+1.2470p+1)(p^2+1.8019p+1)(p+1)$
8	$(p^2+0.3902p+1)(p^2+1.1111p+1)(p^2+1.6629p+1)(p^2+1.9616p+1)$
9	$(p^2+0.3473p+1)(p^2+p+1)(p^2+1.5321p+1)(p^2+1.8794p+1)(p+1)$

下面来介绍阶数 N 的确定方法。

阶数 N 的大小主要影响幅频特性的衰减速度，它是巴特沃斯模拟低通滤波器设计中的待定参数，其值的确定必然要依赖技术指标 Ω_p、Ω_s、α_p 和 α_s。将 $\Omega=\Omega_p$ 和 $\Omega=\Omega_s$ 分别代入式（6-2-10），得到

$$|H_a(j\Omega_p)|^2=\frac{1}{1+\left(\dfrac{\Omega_p}{\Omega_c}\right)^{2N}} \tag{6-2-19}$$

$$|H_a(j\Omega_s)|^2=\frac{1}{1+\left(\dfrac{\Omega_s}{\Omega_c}\right)^{2N}} \tag{6-2-20}$$

再将式（6-2-19）和式（6-2-20）分别代入式（6-2-7）和式（6-2-8）可得

$$1+\left(\frac{\Omega_p}{\Omega_c}\right)^{2N}=10^{\alpha_p/10} \tag{6-2-21}$$

$$1+\left(\frac{\Omega_s}{\Omega_c}\right)^{2N}=10^{\alpha_s/10} \tag{6-2-22}$$

由式（6-2-21）和式（6-2-22）可得

$$\left(\frac{\Omega_p}{\Omega_s}\right)^{N}=\sqrt{\frac{10^{\alpha_p/10}-1}{10^{\alpha_s/10}-1}} \tag{6-2-23}$$

令 $\lambda_{sp}=\Omega_s/\Omega_p$，$k_{sp}=\sqrt{\dfrac{10^{\alpha_p/10}-1}{10^{\alpha_s/10}-1}}$，则 N 可表示为

$$N=-\frac{\lg k_{sp}}{\lg\lambda_{sp}} \tag{6-2-24}$$

用式（6-2-24）求出的 N 可能有小数部分，为了满足技术指标，N 应取大于或等于该计算值的最小整数。由于在去归一化时要用到3dB 截止频率 Ω_c，如果技术指标中没有给出 Ω_c，则需要根据计算出的 N 和式（6-2-21）或式（6-2-22）确定 Ω_c，即

$$\Omega_c=\Omega_p\left(10^{0.1\alpha_p}-1\right)^{-\frac{1}{2N}} \tag{6-2-25}$$

$$\Omega_c=\Omega_s\left(10^{0.1\alpha_s}-1\right)^{-\frac{1}{2N}} \tag{6-2-26}$$

如果选择的 N 大于计算出的值，按照式（6-2-25）计算的 Ω_c 设计出的系统，在 Ω_p 处满足技

术指标，而阻带的衰减指标有富裕量（即所设计的系统在阻带边界频率处的衰减值比 α_s 还要大，或者所设计系统实际的阻带边界频率比 Ω_s 还要小）；而按照式（6-2-26）计算的 Ω_c 设计出的系统，在 Ω_s 处满足技术指标，而通带的衰减指标有富裕量（即所设计的系统在通带边界频率处的衰减值比 α_p 还要小，或者所设计系统的实际通带边界频率比 Ω_p 还要大）。

总体来说，巴特沃斯模拟低通滤波器的设计步骤如下。

① 确定技术指标 $\Omega_p,\alpha_p,\Omega_s,\alpha_s$，利用式（6-2-24）求阶数 N。

② 根据阶数 N，可通过式（6-2-17）求出归一化极点 p_k，将 p_k 代入式（6-2-16）得到归一化系统函数 $H_a(p)$。也可根据阶数 N，通过查表 6-2-1 得到极点 p_k 和归一化系统函数 $H_a(p)$。

③ 若 Ω_c 未知，根据技术指标及阶数 N，由式（6-2-25）或式（6-2-26）求出 Ω_c。

④ 将 $H_a(p)$ 去归一化，即 $H_a(s) = H_a(p)|_{p=s/\Omega_c}$，得到所要设计的滤波器 $H_a(s)$。

巴特沃斯模拟低通滤波器的设计流程如图 6-2-5 所示。

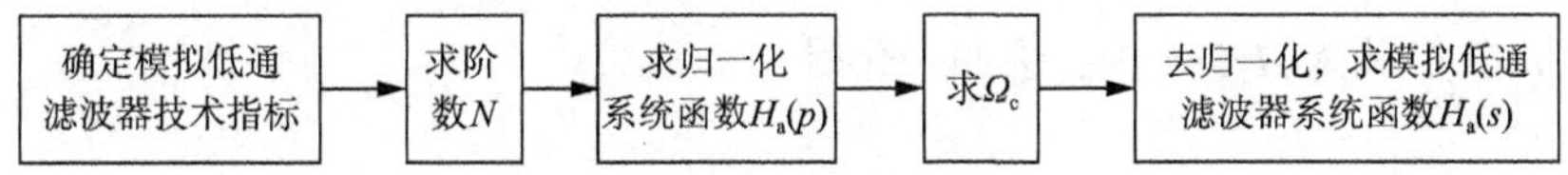

图 6-2-5 巴特沃斯模拟低通滤波器的设计流程

例 6-2-1 设通带边界频率 $f_p = 5\text{kHz}$，通带最大衰减 α_p 是 1dB，阻带边界频率 $f_s = 12\text{kHz}$，阻带最小衰减 α_s 是 30dB，要求设计巴特沃斯模拟低通滤波器，并给出其 MATLAB 实现方法。

解 利用巴特沃斯逼近函数设计模拟低通滤波器

（1）确定技术指标要求

$$\alpha_p = 1\text{dB},\ \Omega_p = 2\pi f_p = 10\pi\text{krad/s}$$
$$\alpha_s = 30\text{dB},\ \Omega_s = 2\pi f_s = 24\pi\text{krad/s}$$

（2）求阶数 N

$$k_{sp} = \sqrt{\frac{10^{\alpha_p/10}-1}{10^{\alpha_s/10}-1}} = 0.016$$

$$\lambda_{sp} = \frac{\Omega_s}{\Omega_p} = \frac{2\pi f_s}{2\pi f_p} = 2.4$$

$$N = -\frac{\lg k_{sp}}{\lg \lambda_{sp}} = -\frac{\lg 0.016}{\lg 2.4} = 4.72$$

故取 $N = 5$。

（3）按照式（6-2-17），其极点为

$$p_0 = e^{j\pi(\frac{3}{5})}, p_1 = e^{j\pi(\frac{4}{5})}, p_2 = e^{j\pi}, p_3 = e^{j\pi(\frac{6}{5})}, p_4 = e^{j\pi(\frac{7}{5})}$$

按照式（6-2-16），归一化系统函数为

$$H_a(p) = \frac{1}{\prod_{k=0}^{4}(p-p_k)}$$

上式分母可以展开成五阶多项式，或者将共轭极点放在一起，形成因式分解形式。这里也可以根据阶数 N 直接查表 6-2-1 得到极点 p_k 或归一化系统函数 $H_a(p)$；查表 6-2-1 得，在 $N=5$ 时的极点为 $-0.3090 \pm j0.9511$，$-0.8090 \pm j0.5878$，-1.0000，进而可得

$$H_a(p)=\frac{1}{p^5+b_4p^4+b_3p^3+b_2p^2+b_1p+b_0}$$

式中 $b_0=1.0000, b_1=3.2361, b_2=5.2361, b_3=5.2361, b_4=3.2361$。

$$H_a(p)=\frac{1}{(p^2+0.6180p+1)(p^2+1.6180p+1)(p+1)}$$

（4）为了对 $H_a(p)$ 进行去归一化，需要求 3dB 截止频率 Ω_c

根据式（6-2-25）求得 $\Omega_c=\Omega_p(10^{0.1\alpha_p}-1)^{-\frac{1}{2N}}=2\pi\cdot 5.7234\ \text{krad/s}$。将 Ω_c 代入式（6-2-26），求得

$$\Omega_s'=\Omega_c(10^{0.1\alpha_s}-1)^{\frac{1}{2N}}=2\pi\cdot 11.4185\ \text{krad/s}$$

此时计算出的 Ω_s' 比题目中给出的小，即 $\Omega_s>\Omega_s'$，因此，过渡带小于指标要求的值，或者说，在 $\Omega_s=2\pi\cdot 12\text{krad/s}$ 时衰减大于 30dB，所以说阻带指标有富裕量。

（5）将 $p=\frac{s}{\Omega_c}$ 代入 $H_a(p)$ 中，去归一化得

$$H_a(s)=\frac{\Omega_c^5}{s^5+b_4\Omega_c s^4+b_3\Omega_c^2 s^3+b_2\Omega_c^3 s^2+b_1\Omega_c^4 s+b_0\Omega_c^5}$$

将 $\Omega_c=2\pi\cdot 5.7234\ \text{krad/s}=35961\text{rad/s}$ 代入上式可得

$$H_a(s)=\frac{1}{\left(\frac{s}{35961}\right)^5+3.2361\left(\frac{s}{35961}\right)^4+5.2361\left(\frac{s}{35961}\right)^3+5.2361\left(\frac{s}{35961}\right)^2+3.2361\left(\frac{s}{35961}\right)+1}$$

在利用 MATLAB 设计巴特沃斯模拟低通滤波器时，对给定技术指标，模拟滤波器的阶数 N 和 Ω_c 可通过调用函数求出，即

```
[N,OmegaC]=buttord(Omegap,Omegas,Rp,As,'s');
```

其中参数 Omegap 表示通带边界频率 Ω_p，Omegas 表示阻带边界频率 Ω_s，Rp 表示通带最大衰减 α_p，As 表示阻带最小衰减 α_s，参数's'表示模拟低通滤波器。这里利用函数 buttord 求得的 Ω_c 和利用式（6-2-26）计算的值一致。当然读者也可以利用式（6-2-24）和式（6-2-25）自己编写程序求解这两个参数。

MATLAB 也提供了函数 buttap 用于设计巴特沃斯模拟低通滤波器，其调用格式为

```
[Z,P,K]=buttap(N);
```

该函数设计一个 N 阶归一化巴特沃斯模拟低通滤波器并返回零点向量 $\boldsymbol{Z}$、极点向量 $\boldsymbol{P}$ 和增益系数 K。若要求解系统函数 $H_a(s)$，则还需要进行去归一化处理。根据 $s_k=\Omega_c p_k$ 和式（6-2-13）、（6-2-16）可知，可用 Ω_c 乘极点向量 $\boldsymbol{P}$，用 Ω_c^N 乘增益系数 K 进行去归一化。

最后，利用求出的系统函数 $H_a(s)$ 对其技术指标进行验证。MATLAB 提供了求模拟低通滤波器的频率特性函数，即

```
H=freqs(b,a,w);
```

式中，b 为 $H_a(s)$ 分子系数向量 $\boldsymbol{b}$；a 为 $H_a(s)$ 分母系数向量 $\boldsymbol{a}$；w 为频率向量 $\boldsymbol{\omega}$，其至少包含两个频点，求频点对应的频率响应 H，可用如下函数

```
[H,w]=freqs(b,a);
```

此函数默认求 200 个频点的频率响应。

根据上面给出的函数，例 6-2-1 的 MATLAB 程序如下：

```
fp = 5000; fs = 12000; Rp = 1; As = 30; Omegap = fp* 2* pi; Omegas = fs* 2* pi;
                                        % 给出设计指标
%[N,OmegaC] = buttord(Omegap,Omegas,Rp,As,'s')
N = ceil((log10((10.^(0.1* Rp) -1)/(10.^(0.1* As) -1)))/(2* log10(Omegap/Omegas)));
                                        % 利用公式求滤波器阶数
OmegaC = Omegap* (10^(0.1* Rp) -1)^(-1/(2* N));
                                        % 求 3dB 通带截止频率,见式(6-2-25)
[Z1,P1,K1] = buttap(N);                 % 确定巴特沃斯模拟低通滤波器左半平面极点
b0 = K1* real(poly(Z1));                % 求归一化滤波器分子多项式系数
a0 = real(poly(P1));                    % 求归一化滤波器分母多项式系数
p = P1* OmegaC;z = Z1* OmegaC;          % 求非归一化零极点
K = K1* OmegaC^N;
b = b0* K;
a = real(poly(p));                      % 求非归一化滤波器系数
```

运行结果如下：

```
N =  5
OmegaC = 3.5961e+004
b0 = 1
a0 = 1.0000    3.2361    5.2361    5.2361    3.2361    1.0000
K =  6.0140e+022
b =1
a =  1.0e+022 * [0.0000    0.0000    0.0000    0.0000    0.0005    6.0140]
```

由于 Ω_c 太大，去归一化后分子乘以 Ω_c^N 达 10^{22} 数量级，导致分母系数太小无法显示，所以最好用归一化系数表示滤波器，即

$$H_a(s)=\frac{\Omega_c^5}{s^5+b_4\Omega_c s^4+b_3\Omega_c^2 s^3+b_2\Omega_c^3 s^2+b_1\Omega_c^4 s+b_0\Omega_c^5}$$

$$=\frac{1}{(s/\Omega_c)^5+b_4(s/\Omega_c)^4+b_3(s/\Omega_c)^3+b_2(s/\Omega_c)^2+b_1(s/\Omega_c)+b_0}$$

$$H_a(s)=\frac{1}{\left(\frac{s}{35961}\right)^5+3.2361\left(\frac{s}{35961}\right)^4+5.2361\left(\frac{s}{35961}\right)^3+5.2361\left(\frac{s}{35961}\right)^2+3.2361\left(\frac{s}{35961}\right)+1}$$

与前面的结果相同。

用下面的 MATLAB 语句可以画出其频率特性，如图 6-2-6 所示。

```
w1 = [Omegap,Omegas]/OmegaC;            % 选择频率归一化向量
H1 = freqs(b0,a0,w1);                   % 求给定频点的频率响应(归一化结果)
dBH1 = -20* log10(abs(H1));             % 求给定频点的频率响应 dB 值。
freqs(b,a);                             % 画出实际频率特性的波特图
```

结果如下：

```
H1   = -0.8827 + 0.1232i   0.0247 + 0.0006i
dBH1 =  1.0000   32.1555
```

dBH1 为对应 Ω_p 和 Ω_s 点的幅值，即 α_p 和 α_s ，可见设计完全满足指标。

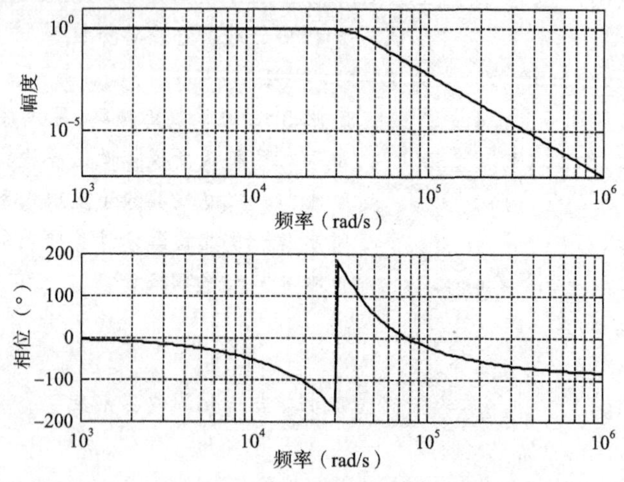

图6-2-6　例6-2-1 中巴特沃斯模拟低通滤波器的频率特性

6.2.4　切比雪夫滤波器

巴特沃斯滤波器无论在通带还是阻带的幅值都随频率单调变化，因而如果在通带边缘恰巧满足指标，则在通带内肯定会有富裕量，也就是会超过指标的要求，所以并不经济。更有效的办法是，将指标的精度要求均匀分布在通带内，或均匀分布在阻带内，或同时均匀分布在通带与阻带内，这时就可以用阶数较低的系统满足技术指标。这种精度均匀分布的要求可以通过选择具有等波纹特性的逼近函数来完成。

切比雪夫滤波器的幅频特性就是在其中一个频带（通带或阻带）中具有这种等波纹特性。第一种是在通带中是等波纹的，在阻带中是单调的，称为切比雪夫Ⅰ型；另一种是在通带内是单调的，在阻带内是等波纹的，称为切比雪夫Ⅱ型；如果通带和阻带都是等波纹的，则称为椭圆滤波器，如图 6-2-7 所示。

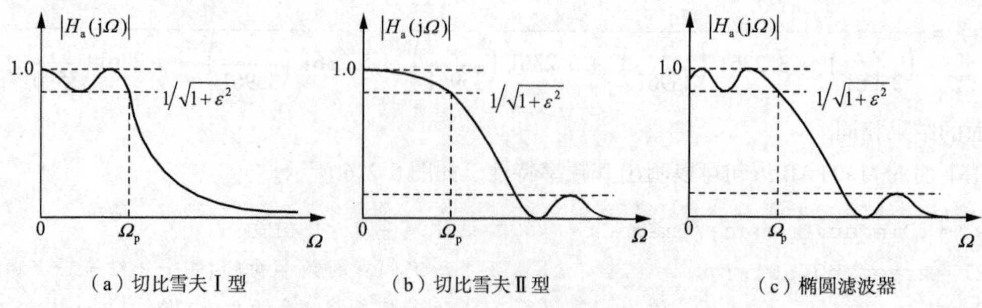

图6-2-7　切比雪夫和椭圆滤波器特性

为了得到切比雪夫滤波器，首先需要了解切比雪夫多项式的定义与特点。N 阶切比雪夫多项式 $C_N(x)$ 的定义为

$$C_N(x) = \begin{cases} \cos(N \arccos x) & |x| \leqslant 1 \\ \mathrm{ch}(N \,\mathrm{arch}\, x) & |x| \geqslant 1 \end{cases} \tag{6-2-27}$$

由切比雪夫多项式的定义可知，当 $N=0$ 时，$C_0(x)=1$；当 $N=1$ 时，$C_1(x)=x$；当 $N=2$ 时，$C_2(x)=2x^2-1$；当 $N=3$ 时，$C_3(x)=4x^3-3x$。由此可归纳出高阶切比雪夫多项式的递推公式为

$$C_{N+1}(x) = 2xC_N(x) - C_{N-1}(x) \tag{6-2-28}$$

图6-2-8 给出了阶数 $N=0,4,5$ 时的切比雪夫多项式曲线。

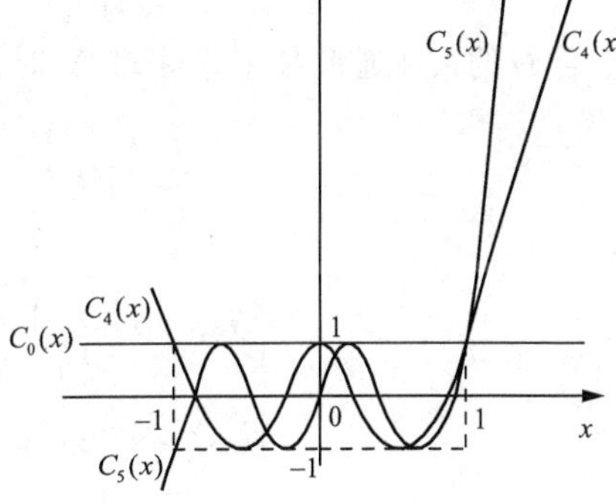

图6-2-8　$N=0$，4，5 的切比雪夫多项式曲线

由图6-2-8 可得，$C_N(x)$ 具有以下特点。

① $|x|\leqslant 1$ 时，$|C_N(x)|\leqslant 1$，函数值在 $+1$ 和 -1 之间波动。

② $|x|>1$ 时，$C_N(x)$ 是双曲线函数，$C_N(x)$ 随 x 单调上升，且 N 越大 $C_N(x)$ 增加得越迅速。

③ 当 N 为偶数时，$x=0$ 处的 $C_N(x)=\pm 1$；当 N 为奇数时，$x=0$ 处的 $C_N(x)=0$。

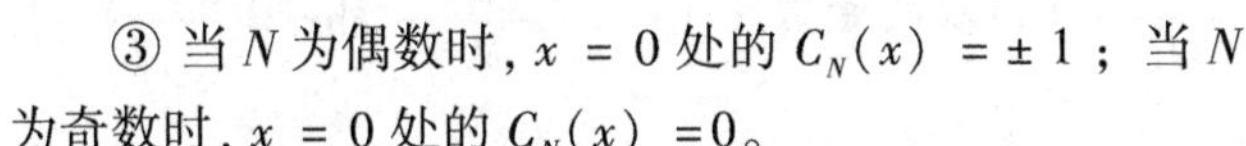

在本小节中，只介绍切比雪夫 Ⅰ 型滤波器的设计方法。切比雪夫 Ⅰ 型滤波器是一个全极点滤波器，其幅度平方函数为

$$|H_a(j\Omega)|^2 = \frac{1}{1+\varepsilon^2 C_N^2(\Omega/\Omega_p)} \tag{6-2-29}$$

式中，N 为滤波器的阶数；ε 为通带内幅度波动系数，是小于1 的正数，它与 α_p 有关；Ω_p 是通带截止频率，它也是切比雪大 Ⅰ 型滤波器的归一化频率。图6-2-9 分别画出了 N 为偶数和奇数时，切比雪夫 Ⅰ 型滤波器的幅频特性。

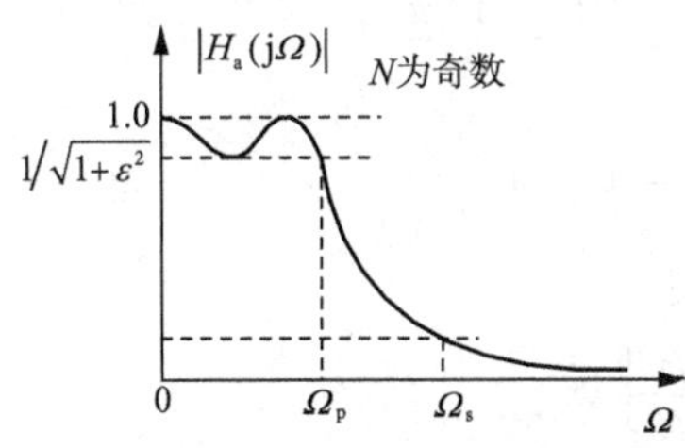

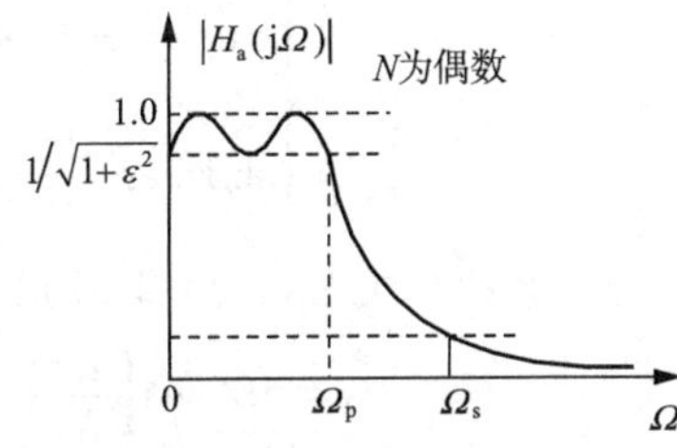

图6-2-9　切比雪夫 Ⅰ 型滤波器的幅频特性

从图中可以看出切比雪夫 Ⅰ 型滤波器 $|H_a(j\Omega)|$ 有如下特点。

① 在通带内 $|H_a(j\Omega)|$ 在 1 和 $1/\sqrt{\varepsilon^2+1}$ 之间等起伏波动，ε 越小则波动的幅度越小；通带内起伏的最大点与最小点的总数等于阶数 N。

② 若 N 为奇数，则 $|H_a(j0)|=1$；若 N 为偶数，则 $|H_a(j0)|=1/\sqrt{\varepsilon^2+1}$。

③ 无论 N 为何值，在归一化频率 $\Omega=\Omega_p$ 处，都有 $|H_a(j\Omega_p)|=1/\sqrt{\varepsilon^2+1}$。

④ 在过渡带和阻带（$\Omega>\Omega_p$）中幅频特性单调下降，且随着 N 和 ε 的增大，幅度衰减得越快。

与巴特沃斯低通逼近模型不同的是，当采用切比雪夫逼近模型逼近理想低通滤波器幅频特

性时，切比雪夫逼近模型的幅度衰减特性不仅和参数N有关，还与参数ε有关。与巴特沃斯滤波器情况相似，由式（6-2-29）可以得出切比雪夫滤波器系统函数的幅度平方函数为

$$H_{\mathrm{a}}(s)\cdot H_{\mathrm{a}}(-s)=\frac{1}{1+\varepsilon^2C_N^2(s/\mathrm{j}\Omega_{\mathrm{p}})}$$

为得到系统函数，需求极点。令$1+\varepsilon^2C_N^2(s/\mathrm{j}\Omega_{\mathrm{p}})=0$，可得

$$C_N^2\left(\frac{s}{\mathrm{j}\Omega_{\mathrm{p}}}\right)=-\frac{1}{\varepsilon^2},\qquad C_N\left(\frac{s}{\mathrm{j}\Omega_{\mathrm{p}}}\right)=\pm\mathrm{j}\frac{1}{\varepsilon}\tag{6-2-30}$$

若Ω约束在通带内（$\Omega\leqslant\Omega_{\mathrm{p}}$）时，有

$$C_N\left(\frac{s}{\mathrm{j}\Omega_{\mathrm{p}}}\right)=\cos\left[N\arccos\left(\frac{s}{\mathrm{j}\Omega_{\mathrm{p}}}\right)\right]=\pm\mathrm{j}\frac{1}{\varepsilon}$$

令：

$$\begin{cases}N\arccos\left(\dfrac{s}{\mathrm{j}\Omega_{\mathrm{p}}}\right)=\alpha+\mathrm{j}\beta\Rightarrow\arccos\left(\dfrac{s}{\mathrm{j}\Omega_{\mathrm{p}}}\right)=\dfrac{\alpha}{N}+\mathrm{j}\dfrac{\beta}{N}\\ \cos(\alpha+\mathrm{j}\beta)=\pm\mathrm{j}\dfrac{1}{\varepsilon}\end{cases}\tag{6-2-31}$$

根据欧拉公式$\left(\cos x=\dfrac{\mathrm{e}^{\mathrm{j}x}+\mathrm{e}^{-\mathrm{j}x}}{2},\sin x=\dfrac{\mathrm{e}^{\mathrm{j}x}-\mathrm{e}^{-\mathrm{j}x}}{2\mathrm{j}}\right)$和双曲函数$\left(\mathrm{ch}x=\dfrac{\mathrm{e}^{x}+\mathrm{e}^{-x}}{2},\mathrm{sh}x=\dfrac{\mathrm{e}^{x}-\mathrm{e}^{-x}}{2}\right)$，可以得到

$$\cos(\alpha+\mathrm{j}\beta)=\cos\alpha\,\mathrm{ch}\beta-\mathrm{j}\sin\alpha\,\mathrm{sh}\beta=\pm\mathrm{j}\frac{1}{\varepsilon}$$

由虚部、实部得知

$$\begin{cases}\cos\alpha\,\mathrm{ch}\beta=0\\ \sin\alpha\,\mathrm{sh}\beta=\mp\dfrac{1}{\varepsilon}\end{cases}$$

又$\mathrm{ch}\beta\neq0$，所以可得$\cos\alpha=0$，且

$$\begin{cases}\sin\alpha=\pm1\Rightarrow\alpha=\dfrac{(2k-1)\pi}{2}\\ \mathrm{sh}\beta=\pm\dfrac{1}{\varepsilon}\Rightarrow\beta=\pm\,\mathrm{arsh}\dfrac{1}{\varepsilon}\end{cases}$$

式中，k为整数，将所求α,β代入式（6-2-31），得

$$\begin{aligned}s_k&=\mathrm{j}\Omega_p\cos\left[\frac{\alpha}{N}+\mathrm{j}\frac{\beta}{N}\right]\\&=\mathrm{j}\Omega_{\mathrm{p}}\left[\cos\frac{\alpha}{N}\mathrm{ch}\frac{\beta}{N}-\mathrm{j}\sin\frac{\alpha}{N}\mathrm{sh}\frac{\beta}{N}\right]\\&=\Omega_{\mathrm{p}}\sin\frac{\alpha}{N}\mathrm{sh}\frac{\beta}{N}+\mathrm{j}\Omega_{\mathrm{p}}\cos\frac{\alpha}{N}\mathrm{ch}\frac{\beta}{N}\end{aligned}\tag{6-2-32}$$

若令
$$s_k=\sigma_k+\mathrm{j}\Omega_k,\quad k=1,2,\cdots,N$$

则
$$\sigma_k=\Omega_p\sin\frac{\alpha}{N}\mathrm{sh}\frac{\beta}{N}$$

$$\Omega_k=\Omega_p\cos\frac{\alpha}{N}\mathrm{ch}\frac{\beta}{N}$$

再令
$$a=\mathrm{sh}\frac{\beta}{N},b=\mathrm{ch}\frac{\beta}{N},(b>a)$$

则可得

$$\left(\frac{\sigma_k}{\Omega_p a}\right)^2 + \left(\frac{\Omega_k}{\Omega_p b}\right)^2 = 1 \tag{6-2-33}$$

短轴　　长轴

设 $N = 3$，切比雪夫滤波器的极点分布如图6-2-10所示。

为保持因果性，用左半平面的极点 p_k 构成 $H_a(p)$，设 $H_a(p) = \dfrac{1}{a\prod\limits_{k=1}^{N}(p-p_k)}$，$a$ 为待定系数，结合式（6-2-29），可得 $a = \varepsilon \cdot 2^{N-1}$，故可推出归一化系统函数 $H_a(p)$ 为

$$H_a(p) = \frac{1}{\varepsilon \cdot 2^{N-1}\prod\limits_{k=1}^{N}(p-p_k)} \tag{6-2-34}$$

去归一化后的实际系统函数为

$$H_a(s) = \frac{\Omega_p^N}{\varepsilon \cdot 2^{N-1}\prod\limits_{k=1}^{N}(s-p_k\Omega_p)} \tag{6-2-35}$$

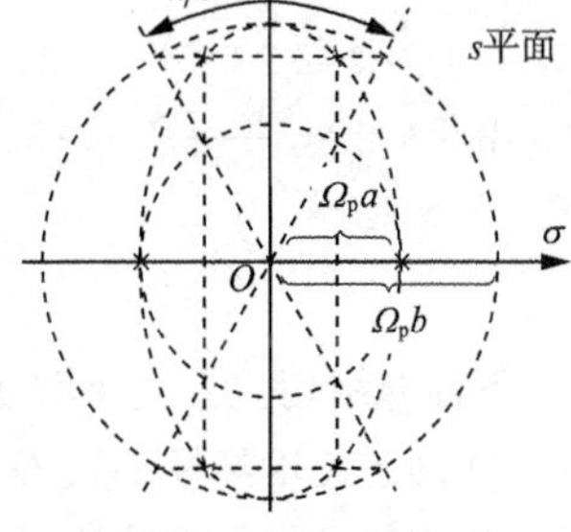

图6-2-10　三阶切比雪夫滤波器的极点分布

从上面的分析可以看到：只要求出 ε 和 N，就可以求出极点 p_k 和系统函数 $H_a(s)$，从而实现滤波器的设计。下面简要说明 ε 和 N 的求解方法。

先来介绍 ε 的求解方法。首先要确定技术指标 α_p、Ω_p、α_s 和 Ω_s。α_p 表示 $\Omega = \Omega_p$ 时的衰减系数，α_s 表示 $\Omega = \Omega_s$ 时的衰减系数，它们分别为

$$\alpha_p = 10\lg\frac{1}{|H_a(j\Omega_p)|^2} \tag{6-2-36a}$$

$$\alpha_s = 10\lg\frac{1}{|H_a(j\Omega_s)|^2} \tag{6-2-36b}$$

式中，$|H_a(j\Omega_p)|^2 = \dfrac{1}{1+\varepsilon^2}$。根据式（6-2-36a），$\alpha_p = 10\lg(1+\varepsilon^2)$，$\varepsilon^2 = 10^{0.1\alpha_p} - 1$，故有

$$\varepsilon = \sqrt{10^{0.1\alpha_p} - 1}$$

由指标 α_p 即可求出参数 ε。这里 α_p 一般又记为通带波纹 δ。

下面介绍阶数 N 的求解方法。由式（6-2-29）可得到

$$\frac{1}{|H_a(j\Omega_p)|^2} = 1 + \varepsilon^2 C_N^2(\lambda_p), \lambda_p = \Omega_p/\Omega_p = 1$$

$$\frac{1}{|H_a(j\Omega_s)|^2} = 1 + \varepsilon^2 C_N^2(\lambda_s), \lambda_s = \Omega_s/\Omega_p$$

其中，λ_p、λ_s 为归一化频率。将上面两式代入式（6-2-36a）和式（6-2-36b），得到

$$10^{0.1\alpha_p} = 1 + \varepsilon^2 C_N^2(\lambda_p) = 1 + \varepsilon^2\cos^2(N\mathrm{arccos}1) = 1 + \varepsilon^2$$

$$10^{0.1\alpha_s} = 1 + \varepsilon^2 C_N^2(\lambda_s) = 1 + \varepsilon^2\mathrm{ch}^2(N\mathrm{arch}\lambda_s)$$

$$\frac{10^{0.1\alpha_s} - 1}{10^{0.1\alpha_p} - 1} = \mathrm{ch}^2(N\mathrm{arch}\lambda_s)$$

令 $k_1^{-1} = \sqrt{\dfrac{10^{0.1\alpha_s} - 1}{10^{0.1\alpha_p} - 1}}$，可得 $\mathrm{ch}(N\mathrm{arch}\lambda_s) = k_1^{-1}$，因此可得

$$N=\frac{\operatorname{arch}(k_1^{-1})}{\operatorname{arch}(\lambda_s)} \tag{6-2-37}$$

用式（6-2-37）求出的 N 可能有小数部分，应取大于或等于 N 的最小整数。

可以通过式（6-2-29）求得 3dB 截止频率 Ω_c，由于 $|H_a(j\Omega_c)|^2=1/2$，故有

$$\varepsilon^2 C_N^2(\lambda_c)=1, \lambda_c=\Omega_c/\Omega_p$$

通常取 $\lambda_c>1$，故有

$$C_N(\lambda_c)=\pm 1/\varepsilon=\operatorname{ch}(N\operatorname{arch}\lambda_c)$$

由于 $\operatorname{ch}x=\frac{e^x+e^{-x}}{2}>0$，故上式中仅取正号，得到 3dB 截止频率 Ω_c 的计算公式为

$$\Omega_c=\Omega_p\operatorname{ch}\left[\frac{1}{N}\operatorname{arch}\left(\frac{1}{\varepsilon}\right)\right] \tag{6-2-38}$$

下面介绍切比雪夫Ⅰ型滤波器的设计步骤。

① 确定技术指标 Ω_p，Ω_s，α_p，α_s。

② 由技术指标求滤波器的阶数 N 和参数 ε：

$$N=\frac{\operatorname{arch}(k_1^{-1})}{\operatorname{arch}(\lambda_s)}$$

其中，$\lambda_s=\frac{\Omega_s}{\Omega_p}$；$k_1^{-1}=\sqrt{\frac{10^{0.1\alpha_s}-1}{10^{0.1\alpha_p}-1}}$。

$$\varepsilon=\sqrt{10^{0.1\alpha_p}-1}$$

③ 求归一化系统函数 $H_a(p)$

$$H_a(p)=\frac{1}{\varepsilon\cdot 2^{N-1}\prod_{k=1}^{N}(p-p_k)}$$

其中，$p_k=\frac{s_k}{\Omega_p}$，由式（6-2-32）可以求得 $2N$ 个极点为

$$p_k=\pm\operatorname{sh}\left[\frac{1}{N}\operatorname{arsh}\frac{1}{\varepsilon}\right]\sin\left[\frac{(2k-1)\pi}{2N}\right]+j\operatorname{ch}\left[\frac{1}{N}\operatorname{arsh}\frac{1}{\varepsilon}\right]\cos\left[\frac{(2k-1)\pi}{2N}\right], k=1,2,\cdots,N \tag{6-2-39}$$

当取左半平面 N 个极点时，即式（6-2-39）中选取实部为负数的极点，可以得到

$$p_k=-\operatorname{sh}\left[\frac{1}{N}\operatorname{arsh}\frac{1}{\varepsilon}\right]\sin\left[\frac{(2k-1)\pi}{2N}\right]+j\operatorname{ch}\left[\frac{1}{N}\operatorname{arsh}\frac{1}{\varepsilon}\right]\cos\left[\frac{(2k-1)\pi}{2N}\right], k=1,2,\cdots,N \tag{6-2-40}$$

④ 将 $H_a(p)$ 去归一化得到实际的系统函数

$$H_a(s)=H_a(p)\big|_{p=\frac{s}{\Omega_p}}$$

利用切比雪夫低通模型求解低通模拟切比雪夫滤波器的设计流程如图 6-2-11 所示。

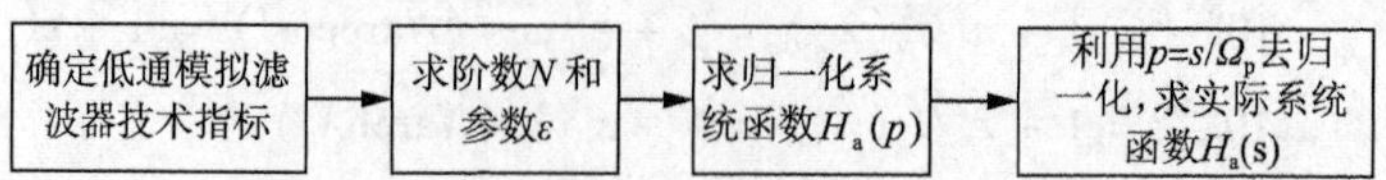

图 6-2-11　低通模拟切比雪夫滤波器的设计流程

例 6-2-2 设通带边界频率 $f_p=5\text{kHz}$，通带最大衰减 α_p 是 1dB；阻带边界频率 $f_s=12\text{kHz}$，

阻带最小衰减 α_s 是 30dB 。要求设计切比雪夫 I 型滤波器，并给出其 MATLAB 实现方法。

解 切比雪夫滤波器设计过程与巴特沃斯滤波器设计过程类似。

(1) 确定滤波器的技术指标并做归一化

$$\alpha_p = 1\text{dB}，\quad \Omega_p = 2\pi f_p = 10\pi\text{krad/s}$$

$$\alpha_s = 30\text{dB}，\quad \Omega_s = 2\pi f_s = 24\pi\text{krad/s}$$

$$\lambda_p = 1，\quad \lambda_s = f_s/f_p = 2.4$$

(2) 求阶数 N 和幅度波动系数 ε

$$N = \frac{\text{arch}(k_1^{-1})}{\text{arch}(\lambda_s)}$$

$$k_1^{-1} = \sqrt{\frac{10^{0.1\alpha_s} - 1}{10^{0.1\alpha_p} - 1}} = 62.1148$$

$$N = \frac{\text{arch}(62.1148)}{\text{arch}(2.4)} = 3.1681，取\ N = 4$$

$$\varepsilon = \sqrt{10^{0.1\alpha_p} - 1} = 0.5088$$

(3) 按照式 (6-2-40)，其极点为

$$p_1 = -0.1395 + 0.9728\text{i}，\quad p_2 = -0.3369 + 0.4030\text{i}$$

$$p_3 = -0.3369 - 0.4030\text{i}，\quad p_4 = -0.1395 - 0.9728\text{i}$$

按照式 (6-2-34)，归一化系统函数为

$$H_a(p) = \frac{1}{\varepsilon \cdot 2^{N-1}\prod_{k=1}^{N}(p - p_k)}$$

上式分母可以将共轭极点放在一起，形成因式分解形式，其中 $\varepsilon \cdot 2^{N-1} = 4.0708$。

$$H_a(p) = \frac{1}{4.0708(p^2 + 0.6737p + 0.2759)(p^2 + 0.2791p + 0.9659)}$$

或可写为

$$H_a(p) = \frac{0.2457}{(p^4 + 0.9526p^3 + 1.4295p^2 + 0.7276p + 0.2664)}$$

以上公式中数据均取小数点后四位。

(4) 将 $p = \frac{s}{\Omega_p}$ 代入 $H_a(p)$ 中，去归一化得

$$H_a(s) = \frac{\Omega_p^4}{\varepsilon \cdot 2^{N-1}(s^4 + b_3\Omega_p^1 s^3 + b_2\Omega_p^2 s^2 + b_1\Omega_p^3 s + b_0\Omega_p^4)}$$

将 $\Omega_p = 2\pi \cdot 5\text{krad/s} = 31416\text{rad/s}$ 代入上式可得

$$H_a(s) = \frac{0.2457}{\left[\left(\frac{s}{31416}\right)^4 + 0.9526\left(\frac{s}{31416}\right)^3 + 1.4295\left(\frac{s}{31416}\right)^2 + 0.7276\left(\frac{s}{31416}\right) + 0.2664\right]}$$

在利用 MATLAB 设计滤波器时，对给定技术指标，切比雪夫模拟滤波器的阶数 N 和 Ω_c 可通过调用函数求出

```
[N,OmegaC]=cheb1ord(Omegap,Omegas,Rp,As,'s');
```

其中，参数 Omegap 表示通带边界频率 Ω_p ，Omegas 表示阻带边界频率 Ω_s ，Rp 表示通带最大衰

减 α_p，As 表示阻带最小衰减 α_s，参数's'表示模拟滤波器。这里利用函数 cheb1ord 求得的 Ω_c 和利用式（6-2-38）计算的值一致。当然读者也可以利用式（6-2-37）、式（6-2-38）自己编写程序求解这两个参数。

MATLAB 软件也提供了函数 buttap 用于设计切比雪夫滤波器，其调用格式为

```
[Z,P,K]=cheb1ap(N,Rp);
```

该函数设计一个 N 阶归一化切比雪夫滤波器并返回零点向量 $\boldsymbol{Z}$、极点向量 $\boldsymbol{P}$ 和增益系数 K。若要求解系统函数 $H_a(s)$，则还需要进行去归一化处理。根据 $s_k = \Omega_p p_k$ 和式（6-2-30）、式（6-2-35）可知，可用 Ω_p 乘极点 $\boldsymbol{P}$，用 Ω_p^N 乘增益系数 K 进行去归一化。

最后，利用求出的系统函数 $H_a(s)$ 对其技术指标进行验证。MATLAB 提供了求模拟滤波器的频率特性函数

```
H=freqs(b,a,w);
```

式中，b 为 $H_a(s)$ 分子系数向量；a 为 $H_a(s)$ 分母系数向量；w 为频率向量，其至少包含两个频点，求频点对应的频率响应 H，可用如下函数

```
[H,w]=freqs(b,a);
```

此函数默认求 200 个频点的频率响应。

例 6-2-2 的 MATLAB 程序如下。

```
fp=5000; fs=12000; Rp=1; As=30; Omegap=fp*2*pi; Omegas=fs*2*pi;
[N,OmegaC]=cheb1ord(Omegap,Omegas,Rp,As,'s');
                                 % 求切比雪夫 I 型的阶数和 3dB 截止频率
[Z1,P1,K1]=cheb1ap(N,Rp);        % 确定切比雪夫 I 型滤波器左半平面的零极点
b0=K1*real(poly(Z1));            % 求归一化滤波器分子系数
a0=real(poly(P1));               % 求归一化滤波器分母系数
```

执行结果：

```
N=4;                                                      % 阶数
OmegaC=3.1416e+004 ;
b0=0.2457                                                 % 归一化分子
a0=  1.0000    0.9528     1.4539    0.7426    0.2756      % 归一化分母系数
P1 = -0.1395 + 0.9834i  -0.3369 + 0.4073i                 % 归一化极点
     -0.1395 - 0.9834i  -0.3369 - 0.4073i
Z1 = [];                                                  % 归一化零点,此例无零点
```

根据上面计算的结果，写出切比雪夫 I 型滤波器的系统函数如下。

$$H_a(s) = \frac{0.2457}{\left(\frac{s}{31416}\right)^4 + 0.9528\left(\frac{s}{31416}\right)^3 + 1.4539\left(\frac{s}{31416}\right)^2 + 0.7426\left(\frac{s}{31416}\right) + 0.2756}$$

求得的系统函数与手算得到的系统函数基本一致，分母系数的微弱差别是由于计算中舍入误差引起的。

读者也可以按照计算公式自行编写程序加以计算，参考程序如下。

```
fp=5000; fs=12000; Rp=1; As=30; Omegap=fp*2*pi; Omegas=fs*2*pi;
ik1=((10.^(0.1*As)-1)/(10.^(0.1*Rp)-1))^0.5;  % 求k1的倒数
lamdas=fs/fp;                                   % 求归一化截止频率
N=acosh(ik1)/acosh(lamdas);
N=ceil(N);                                      % 求阶数
epsilon=(10.^(0.1*Rp)-1)^0.5;
% 求极点p、零点z和分子系数g
p=-sinh((1/N)*asinh(1/epsilon))*sin(((1:2:2*N-1)/(2*N))*pi)+i*
cosh((1/N)*acosh(1/epsilon))*cos(((1:2:2*N-1)/(2*N))*pi);
z=[];
g=1/(2^(N-1)*epsilon);
[sos,G]=zp2sos(z,p,g);                          % 求级联形式的多项式因式
b0=g*real(poly(z));                             % 求归一化滤波器分子系数
a0=real(poly(p));                               % 求归一化滤波器分母系数
```

执行结果：

```
N=4;                                        % 阶数
Omegap=3.1416e+004;
b0=     0.2457                              % 归一化滤波器分子系数
a0=     1.0000    0.9528    1.4298    0.7278    0.2665
sos=    0         0     1.0000    1.0000    0.6737    0.2759
        0         0     1.0000    1.0000    0.2791    0.9659
```

故由上面求得的参数可以写出系统函数

$$H_a(p)=\frac{0.2457}{(p^2+0.6737p+0.2759)(p^2+0.2791p+0.9659)}$$

由于Ω_p太大，去归一化后分子乘以Ω_p^N达10^{17}数量级，导致分母系数太小而无法显示，所以最好用归一化系数表示滤波器，即

$$H_a(s)=\frac{0.2457}{\left[\left(\frac{s}{31416}\right)^4+0.9528\left(\frac{s}{31416}\right)^3+1.4298\left(\frac{s}{31416}\right)^2+0.7278\left(\frac{s}{31416}\right)+0.2665\right]}$$

与手算结果相同。

用下面语句可以画出其频率特性。

```
w1=[Omegap,Omegas]/OmegaC; H1=freqs(b0,a0,w1);
dBH1=-20*log10(abs(H1));
[Ha,W]=freqs(b0,a0);
semilogx(W*OmegaC,20*log10(abs(Ha)/max(abs(Ha))));
grid;axis([0,10^5, -100,10]);
```

运行结果为：

```
H1=-0.5765+0.6797i   0.0081+0.0037i
dBH1=1.0000   40.9940 ;
```

dBH1 为对应 Ω_p 和 Ω_s 点的幅值，即 α_p 和 α_s，可见设计完全满足指标。其幅频特性如图 6-2-12 所示。从半对数图中也可以看出：通带波动约为 1dB，在 $\Omega_s = 2\pi f_s \approx 75\ 400\text{rad/s}$ 处的阻带衰减为 41dB。对比例 6-2-1 和例 6-2-2 滤波器幅频特性，可以看出同样指标的滤波器用切比雪夫Ⅰ型设计比巴特沃斯的阶数要低。

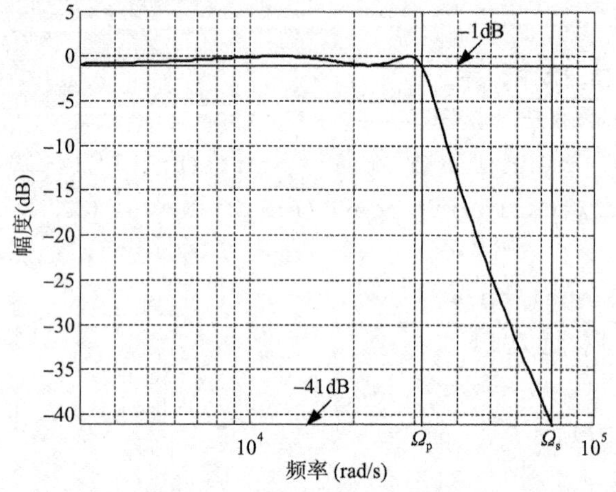

图 6-2-12　例 6-2-2 中切比雪夫滤波器的幅频特性

常用的原型模拟滤波器类型还有切比雪夫Ⅱ型滤波器和椭圆滤波器。切比雪夫Ⅱ型滤波器的通带是单调的，而阻带是等波动的；椭圆滤波器的幅频特性在通带和阻带中都具有等波动性质。每种原型滤波器都有自己的幅度平方函数，它们的设计方法与巴特沃斯和切比雪夫Ⅰ型类似，但是它们涉及的函数更为复杂，用手工计算系统函数比较困难。MATLAB 软件提供了直接进行这些计算的工具箱函数。常见的函数有：

```
[N,OmegaC] = Buttord(Omegap,Omegas,Rp,As,'s')       % 求巴特沃斯阶数
[N,OmegaC] = cheb1ord(Omegap,Omegas,Rp,As,'s')      % 求切比雪夫Ⅰ型阶数
[N,OmegaC] = cheb2ord(Omegap,Omegas,Rp,As,'s')      % 求切比雪夫Ⅱ型阶数
[N,OmegaC] = ellipord(Omegap,Omegas,Rp,As,'s')      % 求椭圆型阶数
[Z,P,K] = buttap(N);              % 设计 N 阶巴特沃斯低通滤波器,返回零点、极点和增益
[Z,P,K] = cheb1ap(N,Rp);          % 设计 N 阶且通带衰减为 Rp 的切比雪夫Ⅰ型低通滤波器
[Z,P,K] = cheb2ap(N,As);          % 设计 N 阶且阻带衰减为 As 的切比雪夫Ⅱ型低通滤波器
[Z,P,K] = ellipap(N,Rp,As);% 设计 N 阶椭圆低通滤波器,通带和阻带衰减为 Rp 和 As
```

6.3 用脉冲响应不变法设计 IIR 数字低通滤波器

浅谈滤波器和采样（下采样篇）

利用模拟滤波器成熟理论和设计方法来设计 IIR 数字低通滤波器是经常使用的方法，其可描述的：按照技术要求先设计一个模拟低通滤波器，得到其系统函数 $H_a(s)$，再按一定的转换关系将 $H_a(s)$ 转换成数字低通滤波器的系统函数 $H(z)$。其设计流程如图 6-3-1 所示，图中的映射方法将在本节和下节讲述，逼近模型可以选择巴特沃斯或切比雪夫Ⅰ型等。

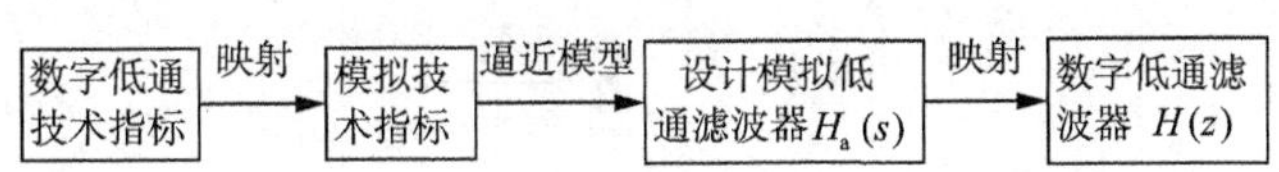

图6-3-1　IIR 数字低通滤波器设计流程图

浅谈滤波器和采样（上采样篇）

这样设计的关键问题就是找到合适的转换关系，把 s 平面上的 $H_a(s)$ 映射成 z 平面的 $H(z)$。因此，为了保证转换后的 $H(z)$ 稳定且满足技术要求，映射关系应具有如下所期望的性质。

① 在 s 平面中的 jΩ 轴应映射为 z 平面中的单位圆，这样，在两个域中的两个频率变量之间将存在直接的映射关系，保证数字滤波器的频率响应能够模仿模拟滤波器的频率响应。

② s 平面的左半平面必须映射到 z 平面单位圆的内部，保证因果稳定的模拟系统将转换成因果稳定的数字系统。

脉冲响应不变法和双线性变换法是将系统函数 $H_a(s)$ 从 s 平面转换到 z 平面的常用方法，本节主要讲述脉冲响应不变法。

脉冲响应不变法的基本思想是，让数字滤波器的单位脉冲响应最佳地逼近相应模拟滤波器的单位冲激响应，即以模拟滤波器单位冲激响应 $h_a(t)$ 的均匀样本作为数字滤波器的单位脉冲响应 $h(n)$，从而实现时域特性的最佳近似。根据这一思想有

$$h(n) = h_a(nT) = h_a(t)\big|_{t=nT} \tag{6-3-1}$$

下面建立 $H_a(s)$ 和 $H(z)$ 之间的关系。假设求得的模拟滤波器的系统函数为 $H_a(s)$，可以求出它对应的单位冲激响应为 $h_a(t)$，即 $h_a(t) = \mathrm{LT}^{-1}[H_a(s)]$。

图6-3-2 给出将单位冲激响应采样得到单位脉冲响应的过程。把采样得到的序列 $h(n)$ 作为数字滤波器的单位脉冲响应，对 $h(n)$ 进行 Z 变换，得到数字滤波器的系统函数 $H(z)$。

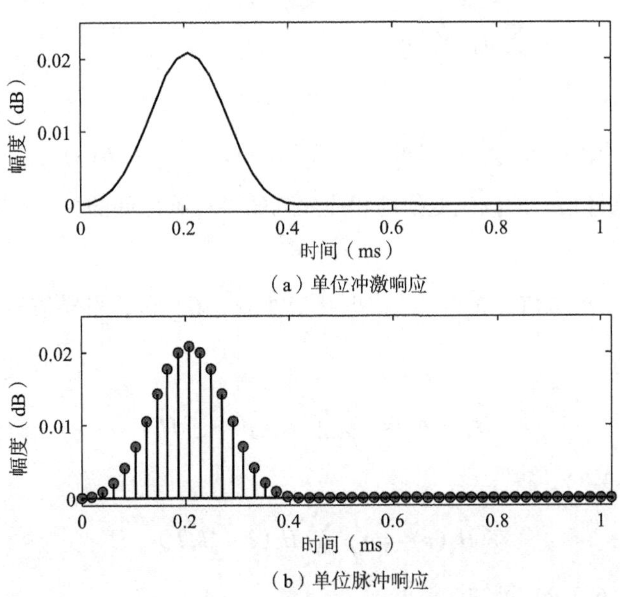

图6-3-2　对模拟滤波器的时域逼近

设模拟滤波器 $H_a(s)$ 由 N 个一阶的子系统并联组成，极点为 S_k，且分母多项式阶次高于分子多项式阶次，则可以将 $H_a(s)$ 表示为

$$H_a(s) = \sum_{k=1}^{N} \frac{A_k}{s - s_k} \tag{6-3-2}$$

将 $H_a(s)$ 进行拉氏逆变换，得到

$$h_a(t) = \sum_{k=1}^{N} A_k e^{s_k t} u(t) \tag{6-3-3}$$

对 $h_a(t)$ 进行采样，采样间隔为 T，得到

$$h(n) = h_a(nT) = \sum_{k=1}^{N} A_k e^{s_k nT} u(nT) \tag{6-3-4}$$

再对 $h(n)$ 进行 Z 变换，就得到了数字滤波器的系统函数

$$H(z) = \sum_{k=1}^{N} \frac{A_k}{1 - e^{s_k T} z^{-1}} \tag{6-3-5}$$

对比式（6-3-2）和式（6-3-5）可知，s 平面上的极点 S_k 映射到 z 平面上的极点 $e^{s_k T}$，系数 A_k 不变，于是

$$H_a(s) = \sum_{k=1}^{N} \frac{A_k}{s - s_k} \to H(z) = \sum_{k=1}^{N} \frac{A_k}{1 - e^{s_k T} z^{-1}}$$

下面推导 s 平面和 z 平面之间的映射关系，从而找到这种映射方法的优缺点。设单位脉冲响应 $h_a(t)$ 的采样信号 $\hat{h}_a(t)$ 为

$$\hat{h}_a(t) = \sum_{n=-\infty}^{+\infty} h_a(t)\delta(t - nT)$$

对 $\hat{h}_a(t)$ 进行拉氏变换得

$$\begin{aligned}\hat{H}_a(s) &= \int_{-\infty}^{+\infty} \hat{h}_a(t) e^{-st} dt = \int_{-\infty}^{+\infty} \left[\sum_n h_a(t)\delta(t - nT) \right] e^{-st} dt \\ &= \sum_n h_a(nT) e^{-snT}\end{aligned}$$

由于 $h(n) = h_a(nT)$，可得

$$\hat{H}_a(s) = \sum_n h(n) e^{-snT} = \sum_n h(n) z^{-n} \Big|_{z=e^{sT}} = H(z) \Big|_{z=e^{sT}} \tag{6-3-6}$$

式（6-3-6）表示出采样信号的拉氏变换与相应序列的 Z 变换之间的关系，其中映射关系

$$z = e^{sT} \tag{6-3-7}$$

又称为标准映射关系。模拟信号 $h_a(t)$ 的傅里叶变换 $H_a(j\Omega)$ 和其采样信号 $\hat{H}_a(t)$ 的傅里叶变换 $\hat{H}_a(j\Omega)$ 之间的关系为

$$\hat{H}_a(j\Omega) = \frac{1}{T} \sum_{k=-\infty}^{+\infty} H_a(j\Omega - jk\Omega_s) \tag{6-3-8}$$

将 $s = j\Omega$ 代入式（6-3-8），得

$$\hat{H}_a(s) = \frac{1}{T} \sum_{k=-\infty}^{+\infty} H_a(s - jk\Omega_s) \tag{6-3-9}$$

由式（6-3-6）和式（6-3-9）可知

$$H(z) \Big|_{z=e^{sT}} = \frac{1}{T} \sum_{k=-\infty}^{+\infty} H_a(s - jk\Omega_s) \tag{6-3-10}$$

式（6-3-10）表明将模拟信号 $h_a(t)$ 的拉氏变换 $H_a(s)$ 以 $\Omega_s = 2\pi/T$ 为周期进行周期延拓，再按照 $z = e^{sT}$ 的映射关系映射到 z 平面，就得到了 $H(z)$。只有当模拟滤波器是严格带限时，才有可

能避免频域混叠现象，即当 $|\Omega| \geqslant \pi/T$ 且 $H_a(j\Omega) = 0$ 时，才有

$$H(z)\big|_{z=e^{sT}} = \frac{1}{T}\sum_{k=-\infty}^{\infty} H_a(s - jk\Omega_s) = \frac{1}{T}H_a(s) \tag{6-3-11}$$

下面来具体分析 $z = e^{sT}$ 的映射关系，设

$$s = \sigma + j\Omega, \qquad z = re^{j\omega}$$

按照标准映射关系式（6-3-7），有

$$re^{j\omega} = e^{\sigma T}e^{j\Omega T}$$

故可得到

$$\begin{cases} r = e^{\sigma T} \\ \omega = \Omega T \end{cases} \tag{6-3-12}$$

因此，可得

$$\sigma = 0, r = 1$$
$$\sigma < 0, r < 1$$
$$\sigma > 0, r > 1$$

这个映射关系说明 s 平面虚轴映射 z 平面单位圆，s 平面左半平面映射 z 平面单位圆内部，s 平面右半平面映射 z 平面单位圆外部。因此，如果 $H_a(s)$ 因果稳定，则映射后得到的 $H(z)$ 仍是因果稳定的。

另外，注意到 $z = e^{sT}$ 是一个周期函数，即

$$z = e^{sT} = e^{\sigma T}e^{j\Omega T} = e^{\sigma T}e^{j(\Omega + \frac{2\pi}{T}M)T}, \qquad M\text{ 为任意整数} \tag{6-3-13}$$

可知当 σ 不变时，将 s 平面沿着 $j\Omega$ 轴分割成一条带宽为 $2\pi/T$ 的水平带，每条水平带都按照标准映射关系对应着整个 z 平面。此时滤波器的 s 平面与 z 平面之间的映射关系如图 6-3-3 所示。

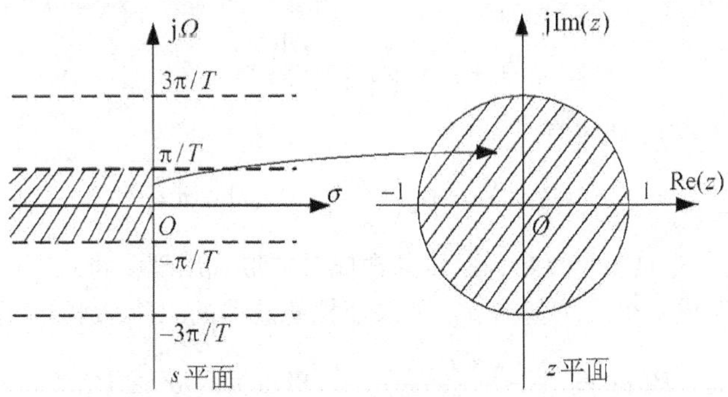

图 6-3-3　s 平面与 z 平面的映射关系

脉冲响应不变法所得到的数字滤波器的频率响应，不是简单地重现模拟滤波器的频率响应，而是模拟滤波器频率响应的周期延拓。具体来说，对 $h_a(t)$ 在时域上进行采样，采样信号的频谱 $\hat{H}_a(s)$ 是原始信号频谱 $H_a(s)$ 以 $\Omega_s = 2\pi/T$ 为周期进行的周期延拓。所以如果 $H_a(s)$ 频带超出 $\pm\dfrac{\pi}{T}$，则 $\hat{H}_a(s)$ 的频谱会在 $\pm\dfrac{\pi}{T}$ 的奇数倍附近产生频谱混叠。映射到 z 平面后，会在 $\omega = \pm\pi$ 的奇数倍附近产生频谱混叠，混叠现象如图 6-3-4 所示。频谱混叠现象会使设计出的数字滤波器在 $\omega = \pm\pi$ 附近的频率特性程度不同的偏离模拟滤波器在 $\pm\dfrac{\pi}{T}$ 处的频率特性，严重时会使数字滤波器不能满足给定的技术指标。

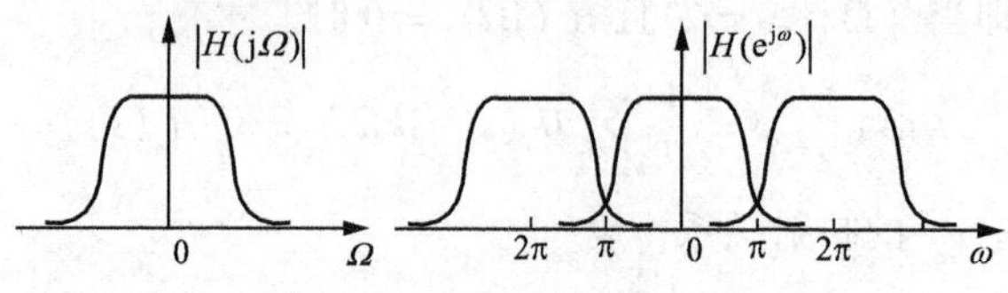

图6-3-4　混叠现象

综上所述，脉冲响应不变法的优缺点如下。

优点：脉冲响应不变法的频率坐标变换是线性的，即 $\omega = \Omega T$。如果不考虑混叠现象，则这种方法实现的数字滤波器会很好地重现原模拟滤波器的频率特性，而且数字滤波器的单位脉冲响应完全模仿模拟滤波器的单位脉冲响应，时域特性逼近好。

缺点：当模拟滤波器非带限或对 $h_a(t)$ 采样不满足采样定理时，必然发生混叠，导致所设计滤波器产生频率响应失真。因此脉冲响应不变法只适合于低通、带通滤波器的设计，而不适合于高通、带阻滤波器的设计。

假设 $\hat{H}_a(j\Omega)$ 没有频谱混叠现象，即满足

$$H_a(j\Omega) = 0, \qquad |\Omega| \geqslant \frac{\pi}{T}$$

按照式（6-3-10），并将关系式 $s = j\Omega$，$\omega = \Omega T$ 代入其中，得到

$$H(e^{j\omega}) = \frac{1}{T}H_a\left(j\frac{\omega}{T}\right), \qquad |\omega| < \pi$$

说明用脉冲响应不变法设计的数字滤波器可以很好地重现原模拟滤波器的频率响应。上式中，$H(e^{j\omega})$ 的幅度特性与采样间隔 T 成反比，这样 T 较小时，$H(e^{j\omega})$ 会有很高的增益。为避免这一现象，将式（6-3-5）修正为

$$H(z) = \sum_{k=1}^{N}\frac{TA_k}{1 - e^{s_kT}z^{-1}}$$

即相当于 $h(n) = Th_a(nT)$，此时有

$$H(e^{j\omega}) = H_a\left(j\frac{\omega}{T}\right), \quad |\omega| < \pi$$

一般 $H_a(s)$ 的极点 S_k 是一个复数，且以共轭成对的形式出现，将式（6-3-2）中的一对复数共轭极点放在一起，形成一个二阶基本节。如果模拟滤波器的二阶基本节的形式为

$$H(s) = \frac{s + \sigma_1}{(s + \sigma_1)^2 + \Omega_1^2}, \quad 极点为 -\sigma_1 \pm j\Omega_1 \tag{6-3-14}$$

则可推导出相应的数字滤波器实系数二阶基本节的形式为

$$H(z) = \frac{1 - z^{-1}e^{-\sigma_1T}\cos\Omega_1T}{1 - 2z^{-1}e^{-\sigma_1T}\cos\Omega_1T + z^{-2}e^{-2\sigma_1T}} \tag{6-3-15}$$

如果模拟滤波器的二阶基本节的形式为

$$H(s) = \frac{\Omega_1}{(s + \sigma_1)^2 + \Omega_1^2}, 极点为 -\sigma_1 \pm j\Omega \tag{6-3-16}$$

则相应的数字滤波器实系数二阶基本节的形式为

$$H(z) = \frac{z^{-1}e^{-\sigma_1T}\sin\Omega_1T}{1 - 2z^{-1}e^{-\sigma_1T}\cos\Omega_1T + z^{-2}e^{-2\sigma_1T}} \tag{6-3-17}$$

如果将 $H_a(s)$ 写成二阶基本节的形式，则可以直接代入式（6-3-15）和式（6-3-17）得到结果。

综上所述，利用脉冲响应不变法设计 IIR 数字低通滤波器的流程如图 6-3-5 所示。

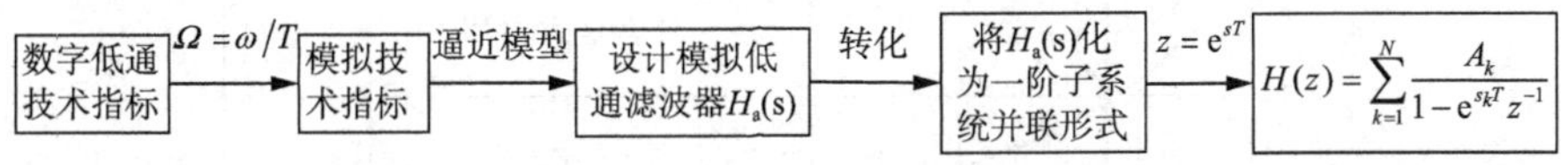

图 6-3-5　脉冲响应不变法设计 IIR 数字低通滤波器的流程

在设计过程中，要用到采样间隔 T。下面介绍 T 的选择。采用脉冲响应不变法时，如果先给定模拟低通技术指标，则为了避免产生频谱混叠现象，要求所设计的模拟低通带限位于 $\pm\pi/T$ 之间；由于实际滤波器都有一定的过渡带，故为了尽量降低混叠影响，可选择 T 满足公式 $|\Omega_s|<\pi/T$；但如果先给定数字低通的技术指标，则情况不一样，由于数字滤波器传输函数 $H(e^{j\omega})$ 以 2π 为周期，最高频率在 $\omega=\pi$ 处，因此，$\omega_s<\pi$，按照线性关系 $\Omega_s=\omega_s/T$ 可知一定满足 $|\Omega_s|<\pi/T$，这样 T 可以任选，一般选 $T=1$。

例 6-3-1　设模拟滤波器 $H_a(s)=\dfrac{5}{s^2+6s+5}$，当采样周期 $T=0.1s,0.2s,0.5s$ 时，利用脉冲响应不变法求数字滤波器的系统函数 $H(z)$。

解　首先，用部分分式展开 $H_a(s)$，得

$$H_a(s)=\frac{4}{s^2+6s+5}=\frac{1}{s+1}-\frac{1}{s+5}$$

求得极点为 $s_1=-1$，$s_2=-5$，它们转化到 z 平面变为 $z_1=e^{-T}$，$z_2=e^{-5T}$，按照式（6-3-5），整理得

$$H(z)=\sum_{k=1}^{N}\frac{A_k}{1-e^{s_kT}z^{-1}}=\frac{1}{1-e^{-T}z^{-1}}-\frac{1}{1-e^{-5T}z^{-1}}$$

当 $T=0.1s$ 时，得

$$H(z)=\frac{0.0298z^{-1}}{1-1.5114z^{-1}+0.5488z^{-2}}$$

当 $T=0.2s$ 时，得

$$H(z)=\frac{0.0902z^{-1}}{1-1.1866z^{-1}+0.3012z^{-2}}$$

当 $T=0.5s$ 时，得

$$H(z)=\frac{0.2622z^{-1}}{1-0.6886z^{-1}+0.0498z^{-2}}$$

模拟滤波器和不同采样频率下数字滤波器的幅频特性如图 6-3-6 所示。

可见，数字滤波器的幅频特性与采样间隔 T 有关。图 6-3-6（a）中，模拟滤波器幅频特性上 A、B、C 三点，可以根据 $\Omega=\omega/T$ 分别映射到数字滤波器幅频特性上的 a、b、c 三点。图 6-3-6（b）中，a、b、c 三点分别位于 T 取不同值时的数字滤波器的幅频特性中，并分别位于折叠频率 $\omega=\pi$ 处。可以看到，T 越小，幅度衰减越大，混叠越小。

当阶数较高时，计算过程是非常烦琐的。利用 MATLAB 软件设计滤波器时，MATLAB 工具箱函数提供了一个脉冲响应不变法函数，调用格式为

```
[Bz, Az] = impinvar(B,A,Fs);
```

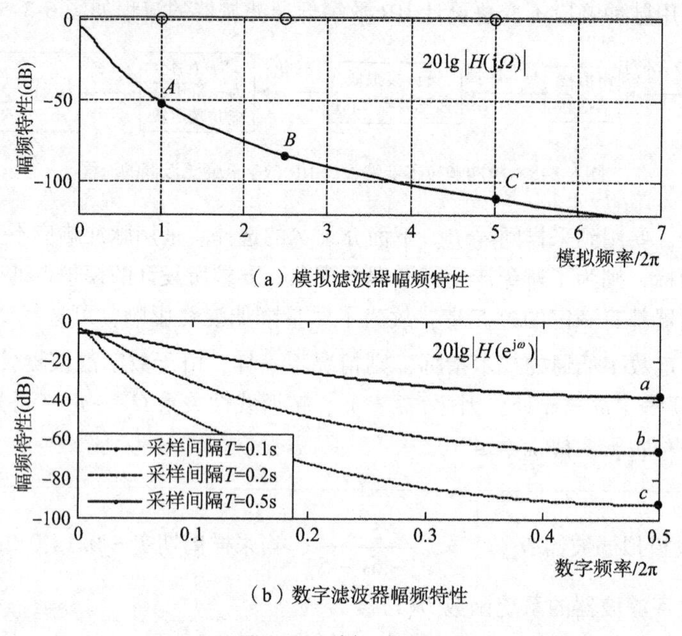

（a）模拟滤波器幅频特性

（b）数字滤波器幅频特性

图6-3-6　例6-3-1图

输入模拟滤波器的系数向量 B 和 A，以及采样频率 Fs，则返回数字滤波器系数向量 Bz 和 Az。

要实现脉冲响应不变法，需要将直接型网络结构转换为实系数的并联二阶网络结构。用 MATLAB 软件实现并联型的网络结构的关键问题是，将级联型结构进行部分分式展开，MATLAB 软件中并未提供把直接型系数 b 和 a 转换成并联型结构系数的函数。现提供子程序 dir2par 完成这一功能。该程序把直接型转换为并联型，如

$$H(z) = \frac{b_0 + b_1 z^{-1} + \cdots + b_M z^{-M}}{1 + a_1 z^{-1} + \cdots + a_N z^{-N}} = \sum_{k=1}^{K} \frac{\beta_{0k} + \beta_{1k} z^{-1}}{1 + \alpha_{1k} z^{-1} + \alpha_{2k} z^{-2}} + \sum_{k=0}^{M-N} C_k z^{-k}$$

程序如下：

```
% C表示当M≥N时的直接项
% A表示各并联项的分母系数αik
% B表示各并联项的分子系数βik
function [C,B,A] = dir2par(b,a)
M = length(b);N = length(a);
[r1,p1,C] = residuez(b,a);
p = cplxpair(p1,10000000* eps);
I = cplxcomp(p1,p);
r = r1(I);
K = floor(N/2);B = zeros(K,2);A = zeros(K,3);
if K* 2 = =N      % computation when Nb is even
    for i =1:2:N -2
        Brow = r(i:1:i +1,:);
        Arow = p(i:1:i +1,:);
```

```
        [Brow,Arow]=residuez(Brow,Arow,[]);
        B(fix((i+1)/2),:)=real(Brow');
        A(fix((i+1)/2),:)=real(Arow');
    end
    [Brow,Arow]=residuez(r(N-1),p(N-1),[]);
    B(K,:)=[real(Brow') 0];A(K,:)=[real(Arow') 0];
else
    for i=1:2:N-1
        Brow=r(i:1:i+1,:);
        Arow=p(i:1:i+1,:);
        [Brow,Arow]=residuez(Brow,Arow,[]);
        B(fix((i+1)/2),:)=real(Brow');
        A(fix((i+1)/2),:)=real(Arow');
    end
end
```

程序中调用的函数 cplxcomp 如下：

```
function I=cplxcomp(p1,p2)
I=[];for j=1:length(p2)
    for i=1:length(p1)
        if(abs(p1(i)-p2(j))<0.0001)
            I=[I,i];
        end
    end
end
I=I';
```

例 6-3-2 利用脉冲响应不变法设计数字低通滤波器，满足下面数字指标要求：$\omega_p = 0.2\pi$，$\alpha_p = 1\text{dB}, \omega_s = 0.3\pi, \alpha_s = 15\text{dB}$。指定模拟滤波器采用巴特沃斯低通滤波器，并给出其 MATLAB 实现方法。

解 （1）数字技术指标为

$$\alpha_p = 1\text{dB}, \omega_p = 0.2\pi\text{rad}, \alpha_s = 15\text{dB}, \omega_s = 0.3\pi\text{rad}$$

（2）将数字技术指标转换为模拟技术指标，令 $T = 1\text{s}$，根据 $\omega = \Omega T$ 可得

$$\alpha_p = 1\text{dB}, \ \Omega_p = \frac{\omega_p}{T} = 0.2\pi\text{rad/s}$$

$$\alpha_s = 15\text{dB}, \ \Omega_s = \frac{\omega_s}{T} = 0.3\pi\text{rad/s}$$

（3）设计巴特沃斯低通滤波器，求阶数 N

$$k_{sp} = \sqrt{\frac{10^{\alpha_p/10} - 1}{10^{\alpha_s/10} - 1}} = 0.0920$$

$$\lambda_{sp} = \frac{\Omega_s}{\Omega_p} = \frac{2\pi f_s}{2\pi f_p} = 1.5$$

$$N = -\frac{\lg k_{sp}}{\lg \lambda_{sp}} = -\frac{\lg 0.0920}{\lg 1.5} = 5.8858, \text{取} N = 6$$

（4）按照式 $p_k = e^{j\pi(\frac{1}{2}+\frac{2k+1}{2N})}(k = 0,1,\cdots,(N-1))$，其极点为

$$p_0 = e^{j\pi(\frac{7}{12})},\quad p_1 = e^{j\pi(\frac{9}{12})},\quad p_2 = e^{j\pi(\frac{11}{12})},\quad p_3 = e^{j\pi(\frac{13}{12})},\quad p_4 = e^{j\pi(\frac{15}{12})},\quad p_4 = e^{j\pi(\frac{17}{12})}$$

按照式（6-2-16），可得归一化系统函数为

$$H_a(p) = \frac{1}{\prod_{k=0}^{5}(p - p_k)}$$

上式分母可以展开成六阶多项式，或者将共轭极点放在一起，形成因式分解形式。还可以根据阶数 N 直接查预先计算得到的表6-2-1，以得到极点 p_k 或归一化系统函数 $H_a(p)$，查表所得极点为 $-0.2588 \pm j0.9659$，$-0.7071 \pm j0.7071$，$-0.9659 \pm j0.2588$。

$$H_a(p) = \frac{1}{p^6 + b_5p^5 + b_4p^4 + b_3p^3 + b_2p^2 + b_1p + b_0}$$

式中 $b_0 = 1.0000, b_1 = 3.8637, b_2 = 7.4641, b_3 = 9.1416, b_4 = 7.4641, b_5 = 3.8637$。$H_a(p)$ 或可写为

$$H_a(p) = \frac{1}{(p^2 + 0.5176p + 1)(p^2 + 1.4142p + 1)(p^2 + 1.9616p + 1)}$$

以上公式中数据均取小数点后四位。

（5）为了对 $H_a(p)$ 去归一化，须求解 3dB 截止频率 Ω_c

根据式（6-2-25）求得 $\Omega_c = \Omega_p(10^{0.1\alpha_p} - 1)^{-\frac{1}{2N}} = 0.2\pi \cdot 1.192 = 0.7032\text{rad/s}$，此时阻带指标有富裕量。

（6）将 $p = \frac{s}{\Omega_c}$ 代入 $H_a(p)$ 中，去归一化得

$$H_a(s) = \frac{\Omega_c^6}{s^6 + b_5\Omega_c s^5 + b_4\Omega_c^2 s^4 + b_3\Omega_c^3 s^3 + b_2\Omega_c^4 s^2 + b_1\Omega_c^5 s + b_0\Omega_c^6}$$

将 $\Omega_c = 0.7032\text{rad/s}$ 和分母系数代入上式，可得

$$H_a(s) = \frac{0.1209}{s^6 + 2.716s^5 + 3.691s^4 + 3.179s^3 + 1.825s^2 + 0.121s + 0.1209}$$

（7）用脉冲响应不变法将 $H_a(s)$ 转换为 $H(z)$。

首先进行因式分解，并进行部分分式展开，按照式（6-3-14）、式（6-3-15）或者式（6-3-16）、式（6-3-17），得到

$$H(z) = \frac{1.8558 - 0.6304z^{-1}}{1 - 0.9972z^{-1} + 0.2570z^{-2}} + \frac{-2.1428 + 1.1454z^{-1}}{1 - 1.0691z^{-1} + 0.3699z^{-2}} + \frac{0.2871 - 0.4466z^{-1}}{1 - 0.1297z^{-1} + 0.6949z^{-2}}$$

其幅频特性如图 6-3-7 所示，此图表明数字滤波器满足技术指标要求。

由设计得到的 $H(z)$ 可知，脉冲响应不变法适合于并联型网络设计，若设计级联型或直接型结构，则还须做进一步处理。

完成例 6-3-2 设计要求的 MATLAB 程序如下。

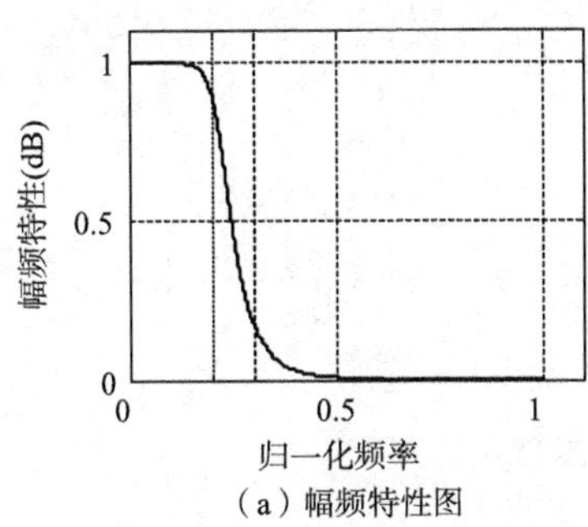

（a）幅频特性图

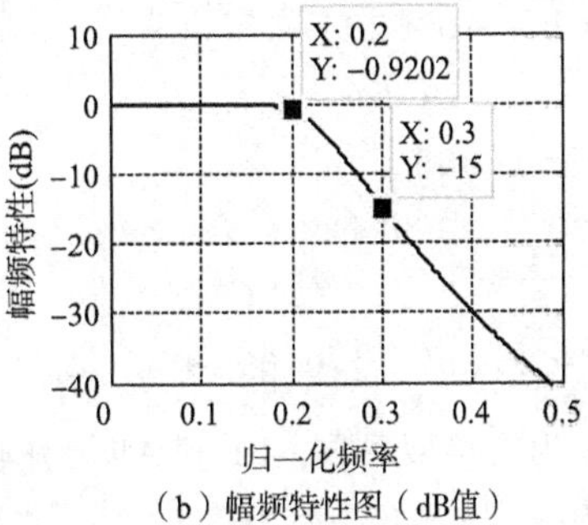

（b）幅频特性图（dB值）

图6-3-7 数字低通滤波器系统特性

```
wp = 0.2* pi; ws = 0.3* pi; Rp = 1; As = 15; Ts = 1; % 给定数字指标
Omegap = wp / Ts; Omegas = ws / Ts;
% 将数字低通滤波器的指标转化为模拟低通滤波器的指标
[N,OmegaC] = buttord(Omegap,Omegas,Rp,As,'s'); % 求阶数
[Z,P,K] = buttap(N);                          % 模拟巴特沃斯低通滤波器的设计
p = P* OmegaC;z = Z* OmegaC;k = K* OmegaC^N;   % 求非归一化零极点和增益
B = k* real(poly(z));                         % 求分子系数
A = real(poly(p));                            % 求分母系数
[b,a] = impinvar(B,A,1/Ts)          % 用脉冲响应不变法将系数从模拟域转换到数字域
[C1,B1,A1] = dir2par(b,a);                    % 将直接型转换成并联型
[db,mag,pha,grd,w] = freqz_m(b,a);            % 计算频率响应,绘出图形
subplot(2,2,1);plot(w/pi,mag);grid;subplot(2,2,2);plot(w/pi,db); grid
subplot(2,2,3);plot(w/pi,pha);grid;subplot(2,2,4);plot(w/pi,grd);grid
```

程序中调用的函数 freqz_ m 如下，用于求取数字滤波器的对数特性、绝对值特性、相位特性和群延时。

```
function [db,mag,pha,grd,w] = freqz_m(b,a)
[H,w] = freqz(b,a,1000,'whole');      % 用单位圆上 N 点采样值求频率响应并返
                                      % 回复数频率特性 H 和相应频率点
H = (H(1:501))';w = (w(1:501))';      % 取 501 个样点,并将其转置成列向量
mag = abs(H);                         % 求幅频特性
db = 20* log10((mag + eps)/max(mag));% 求对数特性并进行归一化
pha = angle(H);                       % 求相位特性
grd = grpdelay(b,a,w);                % 求群延时
```

运行结果如下：

```
N =    6          OmegaC =    0.7087
b =  -0.0000    0.0007     0.0105     0.0167     0.0042     0.0001
a =   1.0000   -3.3443     5.0183    -4.2190     2.0725    -0.5600  0.0647
C1 = []
```

```
B1 =1.8701   -0.6294
 -2.1594    1.1475
0.2893   -0.4503
A1 =1.0000   -0.9918    0.2544
1.0000   -1.0628    0.3671
1.0000   -1.2898    0.6929
```

向量 a 和 b 为直接型系数，B1 和 A1 为并联型系数。

系统函数 $H(z)$ 以并联型给出

$$H(z) = \frac{1.8587 - 0.6294z^{-1}}{1 - 0.9918z^{-1} + 0.2544z^{-2}} + \frac{-2.1594 + 1.1475z^{-1}}{1 - 1.0628z^{-1} + 0.3671z^{-2}} + \frac{0.2893 - 0.45z^{-1}}{1 - 1.2898z^{-1} + 0.6929z^{-2}}$$

MATLAB 实现方法得到的结果与前面求解结果有差别，主要是因为计算函数中采用了 $\Omega_c = \Omega_s(10^{0.1\alpha_s} - 1)^{-\frac{1}{2N}}$ 来计算 Ω_c，而不是采用 $\Omega_c = \Omega_p(10^{0.1\alpha_p} - 1)^{-\frac{1}{2N}}$ 来计算 Ω_c 造成的。

如果想要看出脉冲响应不变法中采样频率对滤波器的影响，则可将不同采样频率下的幅频特性画在一起进行比较，如图 6-3-8 所示的不同混叠现象。

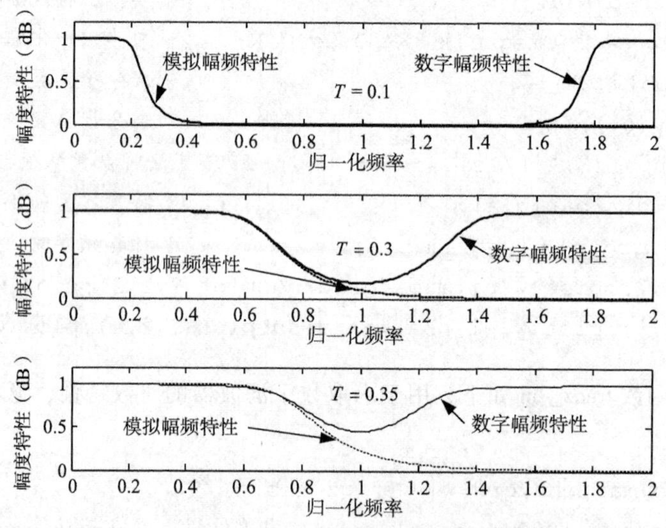

图 6-3-8　脉冲响应不变法中采样频率对滤波器性能的影响

下面给出完成图 6-3-8 的 MATLAB 程序。程序中模拟滤波器系数 A，B 由如下条件产生：$\alpha_p = 1\text{dB}, \Omega_p = 2\pi\text{rad/s}, \alpha_s = 15\text{dB}, \Omega_s = 3\pi\text{rad/s}$。

```
Omegap =2* pi; Omegas =3* pi; Rp =1; As =15;    % 给定模拟指标
[N,OmegaC] =buttord(Omegap,Omegas,Rp,As,'s') % 求阶数
[Z,P,K] =buttap(N);                       % 模拟巴特沃斯低通滤波器的设计
p =P* OmegaC;z =Z* OmegaC;k =K* OmegaC^N;     % 求非归一化零极点和增益
B =k* real(poly(z));                      % 求分子系数
A =real(poly(p));                         % 求分母系数
w =0:pi/100:2* pi;                        % 指定数字频率范围
T1 =0.1;                                  % 将 T1 分别变为 T1 =0.1,T1 =0.3,T1 =0.35
```

```
Ha = freqs(B,A,w/T1);                  % 求模拟频率响应,模拟频率满足
[b,a] = impinvar(B,A,1/T1)             % 用脉冲响应不变法将系数从模拟域转换到数字域
H = freqz(b,a,w);                      % 求数字频率响应
if T1 = =0.1        subplot(3,1,1);plot(w/pi,abs(H),w/pi,abs(Ha),'- -');
elseif T1 = =0.3    subplot(3,1,2);plot(w/pi,abs(H),w/pi,abs(Ha),'- -');
elseif T1 = =0.35 subplot(3,1,3);plot(w/pi,abs(H),w/pi,abs(Ha),'- -');
end
```

为了容易对比，在图6-3-8中将模拟滤波器$H_a(s)$幅频特性（虚线表示）和用脉冲响应不变法得到的数字滤波器幅频特性（实线表示）画在一起。图中模拟频率和数字频率均采用归一化后的频率。已知模拟滤波器$H_a(s)$技术指标$\alpha_p = 1\text{dB}$、$\Omega_p = 2\pi\text{rad/s}$、$\alpha_s = 15\text{dB}$、$\Omega_s = 3\pi\text{rad/s}$，分别在采样周期$T = 0.1\text{s},0.3\text{s},0.35\text{s}$条件下，利用脉冲响应不变法将$H_a(s)$映射为数字滤波器$H(z)$。

下面分别分析在$T = 0.1\text{s},0.3\text{s},0.35\text{s}$条件下转换为数字滤波器$H(z)$后的频谱混叠情况。在采样周期$T = 0.1\text{s}$时，模拟滤波器阻带频率$\Omega_s$远低于模拟折叠频率$\Omega_1 = \pi/0.1 = 10\pi$，故此时在数字折叠频率$\omega = \pi$处没有明显的混叠现象。由于图中采用归一化频率，模拟频率对$\Omega_1 = \pi/T_1$进行归一化，数字频率对$\omega = \pi$进行归一化，两折叠频率的归一化频率均为1；在采样周期$T = 0.3\text{s}$时，模拟折叠频率$\Omega_2 = \pi/0.3 = 10\pi/3$，折叠频率位于阻带频率$\Omega_s$附近，通过脉冲响应不变法产生的数字滤波器在高频附近产生一定的混叠。当$T = 0.35\text{s}$时，由于折叠频率$\Omega_3 = \pi/0.35$小于阻带频率Ω_s，故高频附近混叠变得更为严重，此时只有低频段近似程度较好。由此可见，为了尽量降低混叠影响，可选择较小的T满足公式$|\Omega_s| < \pi/T$。

6.4 用双线性变换法设计IIR数字低通滤波器

脉冲响应不变法的主要缺点是由于不同程度地存在频率响应混叠，因而数字滤波器的频率响应不能很好地保持原模拟滤波器的频率响应。导致这一缺点的根本原因是从s平面到z平面的映射关系式$z = e^{sT}$不是单值映射。实际上，只要s平面上一个宽度为$2\pi/T$的水平带状区域就足以映射成整个z平面了。正是由于s平面上许许多多这样的水平带状区域一次次地重叠映射成z平面，才导致了频率响应的混叠。为了克服这一缺点，双线性变换法出现了。

双线性变换法针对$z = e^{sT}$映射关系的多值性，先设法将s平面压缩成S_1平面上一个宽度为$2\pi/T$（$-\pi/T \leqslant \Omega_1 \leqslant \pi/T$）的水平带状区域，进而通过$z = e^{s_1 T}$将这个带状区域映射成z平面，即可实现s平面到z平面的单值映射，从而克服频率响应混叠的缺点。

为了将s平面上的$\text{j}\Omega$轴压缩成s_1平面上$\text{j}\Omega_1$轴上$-\text{j}\pi/T$到$\text{j}\pi/T$的一段，可以通过如下的正切变换来实现

$$\Omega = \frac{2}{T}\tan\left(\frac{1}{2}\Omega_1 T\right) \tag{6-4-1}$$

式中，T为采样间隔。很明显，Ω_1从$-\pi/T$经过原点变化到π/T时，Ω相应地由$-\infty$经过原点变化到$+\infty$。也就是说，s平面的$\text{j}\Omega$轴与s_1平面的$\text{j}\Omega_1$轴上从$-\text{j}\pi/T$到$\text{j}\pi/T$的一段互为映射。将式（6-4-1）改写为

$$s = \mathrm{j}\Omega = \mathrm{j}\frac{2}{T}\tan(\Omega_1 T/2) = \frac{2}{T}\frac{\mathrm{j}\sin(\Omega_1 T/2)}{\cos(\Omega_1 T/2)}$$

$$= \frac{2}{T}\frac{\mathrm{e}^{\mathrm{j}\Omega_1 T/2} - \mathrm{e}^{-\mathrm{j}\Omega_1 T/2}}{\mathrm{e}^{\mathrm{j}\Omega_1 T/2} + \mathrm{e}^{-\mathrm{j}\Omega_1 T/2}} = \frac{2}{T}\frac{1 - \mathrm{e}^{-\mathrm{j}\Omega_1 T}}{1 + \mathrm{e}^{-\mathrm{j}\Omega_1 T}} = \frac{2}{T}\frac{1 - \mathrm{e}^{-s_1 T}}{1 + \mathrm{e}^{-s_1 T}}$$

再应用 $z = \mathrm{e}^{s_1 T}$ 映射，将 s_1 平面映射到 z 平面，得到

$$s = \frac{2}{T}\frac{1 - z^{-1}}{1 + z^{-1}} \quad 或 \quad z = \frac{2/T + s}{2/T - s} \tag{6-4-2}$$

这就（最终）得到了将 s 平面单值映射为 z 平面的映射关系，由于分母多项式和分子多项式均为线性的，因此式（6-4-2）被称为双线性变换。此映射过程如图 6-4-1 所示，从图上可见，双线性变换保证了将 s 平面的左半平面映射为 z 平面的单位圆内，s 平面的右半平面映射为 z 平面的单位圆外，$\mathrm{j}\Omega$ 轴映射为 z 平面的单位圆上。因此，因果稳定的模拟滤波器通过双线性变换后，所得到的数字滤波器一定是因果稳定的；同时，通过双线性变换法这一压缩映射方法，建立了 s 平面和 z 平面之间的单值映射关系，因此双线性变换法不可能产生频谱混叠现象。

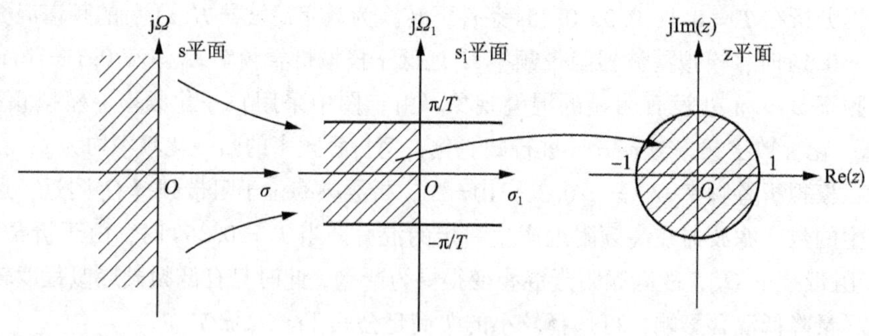

图 6-4-1　双线性变换的映射过程

用双线性变换法设计滤波器时，在得到相应的模拟滤波器系统函数 $H_a(s)$ 之后，只要将式（6-4-2）的变换关系代入 $H_a(s)$，即可得到数字滤波器的系统函数 $H(z)$，即

$$H(z) = H_a(s)\big|_{s=\frac{2}{T}\frac{1-z^{-1}}{1+z^{-1}}} \tag{6-4-3}$$

双线性变换法与脉冲响应不变法相比，最主要的优点是避免了频率响应混叠，而且在从 $H_a(s)$ 得到 $H(z)$ 时，只要将式（6-4-2）代入 $H_a(s)$ 即可，简单明了。

将 $s = \mathrm{j}\Omega, z = \mathrm{e}^{\mathrm{j}\omega}$ 代入式（6-4-2），得模拟频率和数字频率之间的映射关系为

$$\mathrm{j}\Omega = \frac{2}{T}\frac{1 - \mathrm{e}^{-\mathrm{j}\omega}}{1 + \mathrm{e}^{-\mathrm{j}\omega}}$$

$$\Omega = \frac{2}{T}\tan\frac{\omega}{2} \tag{6-4-4}$$

式（6-4-4）表明，s 平面的 Ω 与 z 平面的 ω 成非线性正切关系，实际上，双线性变换法的优点是以频率的非线性变换为代价的。Ω 与 ω 的非线性变换关系如图 6-4-2 所示。

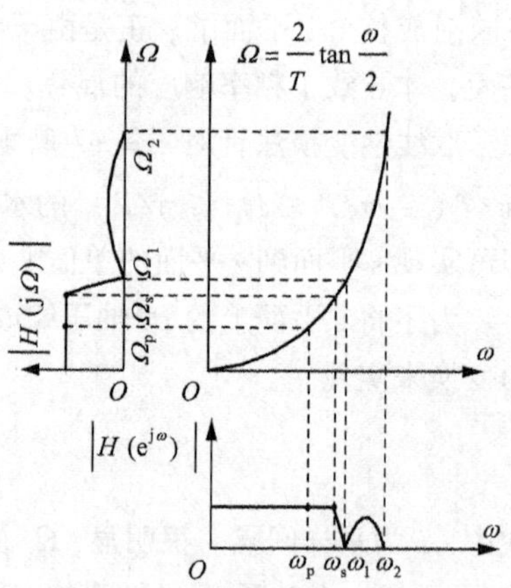

图 6-4-2　Ω 与 ω 的非线性变换

从图 6-4-2 中可以看出，在零频率附近，式（6-4-4）的频率变换关系比较接近线性关系；随着 ω 的增加，频率 Ω 与 ω 之间出现了严重的非线性变换关系。由于这种非线性变换关系，数字滤波器与模拟滤波器在响应与频率的对应关系上

发生畸变。这种频率之间的非线性变换关系带来了以下两个问题。

① 一个线性相位的模拟滤波器经双线性变换后得到非线性相位的数字滤波器。

② 如果模拟滤波器的频率响应具有片断常数特性，则转换到 z 平面上，数字滤波器仍具有片断常数特性，但其特性转折点频率值与模拟滤波器特性转折点频率值成非线性关系，如在通带截止频率、过渡带边缘频率、起伏的峰点和谷点频率等临界频率点的位置发生了畸变。

这种频率的畸变，可通过对频率进行预修正来校正。具体方法是将滤波器的边界频率事先进行修正，使其变换后正好映射到所需频率。比如

$$\Omega_s = \frac{2}{T}\tan\left(\frac{\omega_s}{2}\right),\quad \Omega_p = \frac{2}{T}\tan\left(\frac{\omega_p}{2}\right) \tag{6-4-5}$$

就是在进行数字指标转换为模拟指标时对边界频率进行预修正，等双线性变换 $\omega = 2\tan^{-1}(\Omega T/2)$ 后，保证边界频率仍是 ω_p 和 ω_s。

尽管双线性变换具有频率的非线性变换关系，但是对于具有片段常数特性的模拟滤波器，在经过双线性变换后，虽然频率发生了非线性变化，但结果仍不失片段常数的特性，因此双线性变换法适合于片段常数型滤波器的设计。

用双线性变化法设计 IIR 数字低通滤波器的流程如图 6-4-3 所示。

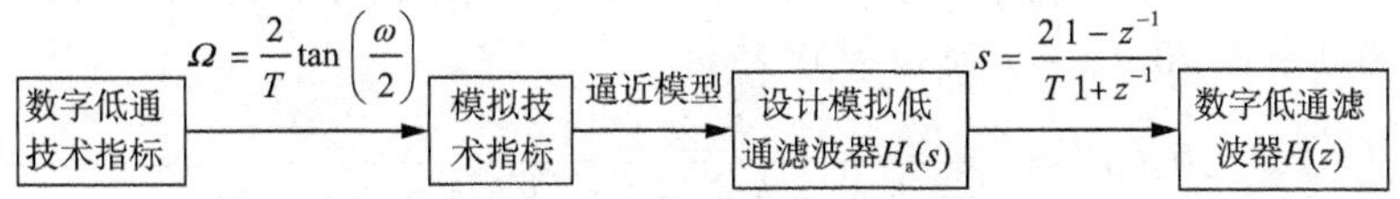

图 6-4-3 双线性变换法设计 IIR 数字低通滤波器的流程

在设计过程中，要用到采样间隔 T。在采用双线性变换法时，由于不存在频谱混叠现象，尤其对于设计片段常数型滤波器，T 可以任选，简单起见，一般选 $T = 1$。

例 6-4-1 试用双线性变换法将模拟滤波器 $H_a(s) = \dfrac{2}{(s+1)(s+3)}$ 转换成数字滤波器，设 $T = 2$。

解 利用双线性变换法，将式 $s = \dfrac{2}{T}\dfrac{1-z^{-1}}{1+z^{-1}}$ 代入 $H_a(s)$，可得 $H(z)$ 为

$$H(z) = H_a(s)\big|_{s=\frac{1-z^{-1}}{1+z^{-1}}} = \frac{(1+z^{-1})^2}{2(2+z^{-1})} = \frac{0.25+0.5z^{-1}+0.25z^{-2}}{1+0.5z^{-1}}$$

例 6-4-2 利用双线性变换法设计数字低通滤波器，满足下面数字指标要求：$\alpha_s = 15\text{dB}$，$\omega_s = 0.3\pi$，$\alpha_p = 1\text{dB}$，$\omega_p = 0.2\pi$。指定模拟滤波器采用巴特沃斯低通滤波器。

解

（1）数字技术指标为

$$\alpha_p = 1\text{dB},\quad \omega_p = 0.2\pi\text{rad};\quad \alpha_s = 15\text{dB},\quad \omega_s = 0.3\pi\text{rad}$$

（2）将数字技术指标转换为模拟技术指标，令 $T = 1\text{s}$，利用 $\Omega = \dfrac{2}{T}\tan\left(\dfrac{\omega}{2}\right)$ 可得

$$\alpha_p = 1\text{dB},\quad \Omega_p = \frac{2}{T}\tan\left(\frac{\omega_p}{2}\right) = 2\tan(0.1\pi) = 0.65\text{rad/s}$$

$$\alpha_s = 15\text{dB},\quad \Omega_s = \frac{2}{T}\tan\left(\frac{\omega_s}{2}\right) = 2\tan(0.15\pi) = 1.019\text{rad/s}$$

（3）设计巴特沃斯低通滤波器，并求阶数 N

$$k_{sp} = \sqrt{\frac{10^{\alpha_s/10} - 1}{10^{\alpha_p/10} - 1}} = 0.0920$$

$$\lambda_{sp} = \frac{\Omega_s}{\Omega_p} = \frac{1.019}{0.65} = 1.568$$

$$N = -\frac{\lg k_{sp}}{\lg \lambda_{sp}} = -\frac{\lg 0.0920}{\lg 1.568} = 5.306,\quad 取\ N = 6$$

（4）按照式 $p_k = e^{j\pi(\frac{1}{2}+\frac{2k+1}{2N})}(k = 0,1,\cdots,(N-1))$，求得极点为

$$p_0 = e^{j\pi(\frac{7}{12})},\quad p_1 = e^{j\pi(\frac{9}{12})},\quad p_2 = e^{j\pi(\frac{11}{12})},\quad p_3 = e^{j\pi(\frac{13}{12})},\quad p_4 = e^{j\pi(\frac{15}{12})},\quad p_4 = e^{j\pi(\frac{17}{12})}$$

按照式（6-2-16），可得归一化系统函数为

$$H_a(p) = \frac{1}{\prod_{k=0}^{5}(p - p_k)}$$

上式分母可以展开成六阶多项式，或者将共轭极点放在一起，形成因式分解形式。这里不如根据阶数 N 直接查表 6-2-1 得到极点 p_k 或归一化系统函数 $H_a(p)$ 简单，查表得极点为 $-0.2588 \pm j0.9659$，$-0.7071 \pm j0.7071$，$-0.9659 \pm j0.2588$。

$$H_a(p) = \frac{1}{p^6 + b_5p^5 + b_4p^4 + b_3p^3 + b_2p^2 + b_1p + b_0}$$

式中 $b_0 = 1.0000, b_1 = 3.8637, b_2 = 7.4641, b_3 = 9.1416, b_4 = 7.4641, b_5 = 3.8637$。$H_a(p)$ 也可写为

$$H_a(p) = \frac{1}{(p^2 + 0.5176p + 1)(p^2 + 1.4142p + 1)(p^2 + 1.9616p + 1)}$$

以上公式中数据均取小数点后四位。

（5）为了对 $H_a(p)$ 去归一化，须求解 3dB 截止频率 Ω_c

根据式（6-2-26）求得 $\Omega_c = \Omega_s(10^{0.1\alpha_s} - 1)^{-\frac{1}{2N}} = 0.7662\text{rad/s}$，此时通带指标有富裕量。

（6）将 $p = \frac{s}{\Omega_c}$ 代入 $H_a(p)$，去归一化得

$$H_a(s) = \frac{\Omega_c^6}{(s^2 + 0.5176\Omega_c s + \Omega_c^2)(s^2 + 1.4142\Omega_c s + \Omega_c^2)(s^2 + 1.9616\Omega_c s + \Omega_c^2)}$$

将 $\Omega_c = 0.7662\text{rad/s}$ 和分母系数代入上式，得

$$H_a(s) = \frac{0.2023}{(s^2 + 0.396s + 0.5871)(s^2 + 1.083_c s + 0.5871)(s^2 + 1.48s + 0.5871)}$$

（7）用双线性变换法将 $H_a(s)$ 转换为 $H(z)$

$$H(z) = H_a(s)\big|_{s=\frac{2}{T}\frac{1-z^{-1}}{1+z^{-1}}} = \frac{0.0007378\,(1 + z^{-1})^6}{(1 - 1.2686z^{-1} + 0.7051z^{-2})(1 - 1.0106z^{-1} + 0.3583z^{-2})}$$

$$\frac{1}{(1 - 0.9044z^{-1} + 0.2155z^{-2})}$$

其幅频特性如图 6-4-4 所示，此图表明数字滤波器满足技术指标要求。

在利用 MATLAB 软件进行设计时，同脉冲响应不变法一样，MATLAB 软件提供了工具箱函数专门用于双线性变换，函数名为 bilinear，调用格式为

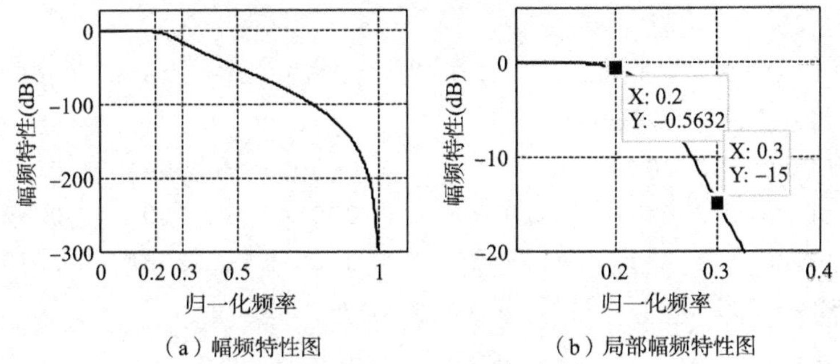

（a）幅频特性图　（b）局部幅频特性图

图6-4-4 数字低通滤波器系统幅频特性

```
[Zd,Pd,Kd]=bilinear(Z,P,K,Fs);
```

输入模拟零点 Z、极点 P、增益 K 和采样频率 Fs，输出数字零极点和增益。

```
[bd,ad]=bilinear(ba,aa,Fs);
```

输入模拟系统分母多项式系数向量 aa、分子多项式系数向量 ba、采样频率 Fs，输出数字分母多项式系数向量 ad、分子多项式系数向量 bd。

完成例6-4-2设计要求的 MATLAB 程序如下。

```
wp=0.2*pi; ws=0.3*pi; Rp=1; As=15; T=1;
% 给定数字指标
Omegap=(2/T)*tan(wp/2); Omegas=(2/T)*tan(ws/2);
% 将数字低通滤波器的指标转化为模拟低通滤波器的指标
[N,OmegaC]=buttord(Omegap,Omegas,Rp,As,'s'); % 求阶数
% OmegaC=Omegap*(10^(0.1*Rp)-1)^(-1/(2*N))
[Z,P,K]=buttap(N);                         % 模拟巴特沃斯低通滤波器的设计
p=P*OmegaC;z=Z*OmegaC;k=K*OmegaC^N% 求非归一化零极点和增益
B=k*real(poly(z));                         % 求分子系数
A=real(poly(p));                           % 求分母系数
[b,a]=bilinear(B,A,1/T)           % 用双线性变换法将系数从模拟域转化到数字域
[sos,G]=tf2sos(b,a)                        % 转换成级联形式
[db,mag,pha,grd,w]=freqz_m(b,a);           % 计算频率响应,绘出图形
figure
subplot(2,2,1);plot(w/pi,mag);grid;subplot(2,2,2);plot(w/pi,db); grid
subplot(2,2,3);plot(w/pi,pha);grid;subplot(2,2,4);plot(w/pi,grd);grid
figure  zplane(b,a)
```

运行结果为

```
N=6
OmegaC=766.2294
% 数字分子系数
b=0.0007  0.0044  0.0111  0.0148  0.0111  0.0044  0.0007;
```

```
% 数字分母系数
a =1.0000   -3.1836  4.6222   -3.7795  1.8136   -0.4800  0.0544;
% 级联型结构分子、分母系数
sos =   1.0000    2.0003    1.0000    1.0000    -0.9044    0.2155
        1.0000    2.0171    1.0174    1.0000    -1.0106    0.3583
        1.0000    1.9826    0.9829    1.0000    -1.2686    0.7051
G =  7.3782e -004
```

得到系统函数为

$$H(z)=\frac{0.7378\times10^{-3}(1+2.0003z^{-1}+z^{-2})(1+2.0171z^{-1}+1.0174z^{-2})(1+1.9826z^{-1}+0.9829z^{-2})}{(1-0.9044z^{-1}+0.2155z^{-2})(1-1.0106z^{-1}+0.3583z^{-2})(1-1.2686z^{-1}+0.7051z^{-2})}$$

$$\doteq\frac{0.7378\times10^{-3}\ (1+z^{-1})^{6}}{(1-0.9044z^{-1}+0.2155z^{-2})(1-1.0106z^{-1}+0.3583z^{-2})(1-1.2686z^{-1}+0.7051z^{-2})}$$

由于 MATLAB 软件的计算精度有限，与手算结果比较，可以看到级联矩阵 sos 的前三列分子级联系数存在误差，需要稍做修正，得到的结果如图 6-4-4 所示。与图 6-3-7 对比发现，采用双线性变换法在归一化频率 1 处避免了频谱混叠现象的发生。

为了比较模拟滤波器和映射为数字滤波器后的幅频特性，将模拟低通原型与采用两种映射方法得到的数字低通滤波器幅频特性画在一幅图中，如图 6-4-5 所示。模拟滤波器的幅频特性在频率轴上无限延伸，而数字滤波器的幅频特性关于归一化折叠频率 1 对称分布，这是由于数字频率 ω 以 2π 为周期变化而形成的。脉冲响应不变法的幅频特性尽可能反映了模拟滤波器幅频特性，但在归一化折叠频率 1 附近有明显的频谱混叠现象，故此种方法不适合用于设计高通和带阻滤波器。双线性变换法在归一化折叠频率 1 附近没有频谱混叠现象，幅度呈现锐截止，这是由双线性变换法的压缩映射特性决定的，它在低频段的幅频特性与模拟滤波器低频段幅频特性平坦区域的近似度很好，而在较高频段非平坦频率特性区域两者的幅频特性差别很大，故双线性变换法适合用于设计片段常数型滤波器。图 6-4-5 中模拟滤波器 $H_a(s)$ 技术指标为 $\alpha_p=1\text{dB}$，$\Omega_p=0.2\pi\text{rad/s}$，$\alpha_s=15\text{dB}$，$\Omega_s=0.3\pi\text{rad/s}$，数字化映射时选择采样周期 $T=0.5\text{s}$。从图 6-4-5 中可以看出各滤波器的幅频特性均满足低通技术指标的要求。

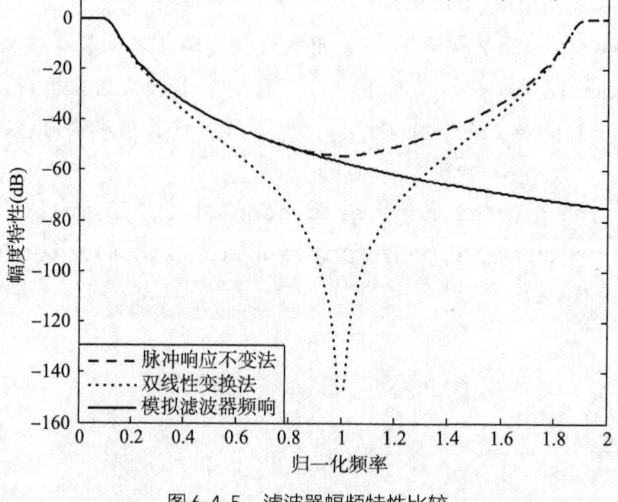

图 6-4-5　滤波器幅频特性比较

6.5 数字低通、高通、带通、带阻滤波器的设计

前面介绍了数字低通滤波器的设计方法。在实际工程中，通常采用对相应的低通滤波器进行“频率变换”得到需要设计的高通、带通、带阻滤波器。因此不论设计哪一种滤波器，都可以先将该滤波器的技术指标转换为低通滤波器的技术指标，按照该技术指标先设计低通滤波器，再通过频率变换将低通系统函数转换成所需类型滤波器的系统函数。这种转换方法可以在模拟域进行，也可以在数字域进行。本节只介绍模拟域频率变换方法，数字域变换方法请参阅其他资料。

为了防止符号混淆，先规定一些符号。

假设模拟低通滤波器系统函数用 $G(s)$ 表示，$s = \mathrm{j}\Omega$，归一化频率用 λ 表示，令归一化拉氏复变量 $p = \mathrm{j}\lambda$，其归一化低通系统函数用 $G(p)$ 表示。

所需类型（如高通）的系统函数用 $H(s)$ 表示，$s = \mathrm{j}\Omega$，归一化频率用 η 表示，令归一化拉氏复变量 $q = \mathrm{j}\eta$，$H(q)$ 被称为其对应的归一化系统函数。

1. 模拟低通到模拟低通的频率变换

假定通带截止频率为 Ω_p 的低通滤波器为 $G(s)$，希望将其转换成通带截止频率为 Ω'_p 的低通滤波器 $H(s')$。完成这种转换的频率变换记为

$$s = \frac{\Omega_\mathrm{p} s'}{\Omega'_\mathrm{p}} \tag{6-5-1}$$

于是，可得到所求低通滤波器 $H(s')$，转换关系为

$$H(s') = G(s)\big|_{s=\Omega_\mathrm{p} s'/\Omega'_\mathrm{p}} \tag{6-5-2}$$

例 6-5-1 已知模拟低通滤波器的归一化系统函数为 $G(p) = \dfrac{1}{p+1}$，设计另一模拟低通滤波器，要求其 3dB 截止频率为 $\Omega'_\mathrm{c} = 1.5\pi$。

解 设 $G(s)$ 的 3dB 截止频率为 Ω_c，则

$$G(s) = G(p)\big|_{p=s/\Omega_\mathrm{c}} = \frac{\Omega_\mathrm{c}}{s+\Omega_\mathrm{c}}$$

式中，p 为归一化拉氏复变量。由式（6-5-2）可以直接得到所求模拟低通滤波器的系统函数为

$$H(s') = G(s)\big|_{s=\Omega_\mathrm{c} s'/\Omega'_\mathrm{c}} = \frac{\Omega'_\mathrm{c}}{s'+\Omega'_\mathrm{c}}$$

---

2. 模拟低通到模拟高通的频率变换

要由模拟低通滤波器 $G(s)$ 变换成模拟高通滤波器 $H(s)$，两者幅频特性如图6-5-1 所示，就要把通带从低频区换到高频区，把阻带由高频区换到低频区，如表6-5-1 所示。图6-5-1 中 λ_p，λ_s 分别被称为模拟低通滤波器的归一化通带截止频率和归一化阻带截止频率，η_p 和 η_s 分别被称为模拟高通滤波器的归一化通带截止频率和归一化阻带截止频率。通过 λ 和 η 的对应关系，可推导出频率变换关系。由于 $|G(p)|$ 和 $|H(q)|$ 都是频率的偶函数，可以把 $|G(p)|$ 右半边幅频特性和 $|H(q)|$ 右半边幅频特性对应起来，低通的 λ 从 $+\infty$ 经过 λ_s 和 λ_p 到0 时，高通的 η 则从0

经过 η_s 和 η_p 到 $+\infty$ 。

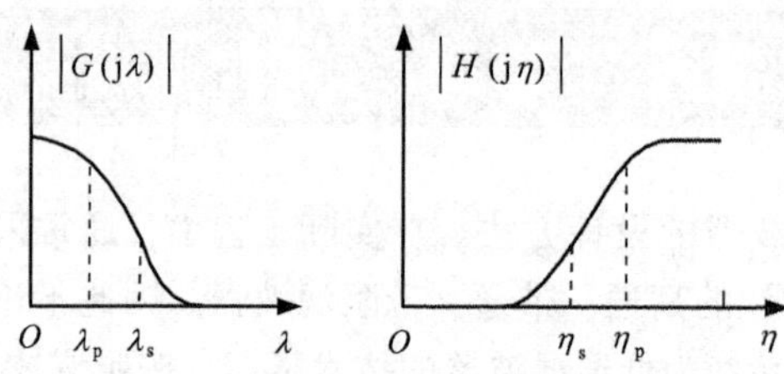

图6-5-1　低通与高通滤波器的幅频特性图

低通到高通

表 6-5-1　归一化模拟低通滤波器和归一化模拟高通滤波器的频率对应关系

λ	0	λ_p	λ_s	$+\infty$
η	$+\infty$	η_p	η_s	0

因此 λ 和 η 的关系为

$$\lambda = \frac{1}{\eta} \tag{6-5-3}$$

式（6-5-3）是归一化模拟低通滤波器到归一化模拟高通滤波器的频率变换公式。由此式可直接实现模拟低通和模拟高通归一化边界频率之间的变换。如果已知模拟低通 $G(\mathrm{j}\lambda)$ ，则模拟高通 $H(\mathrm{j}\eta)$ 的系统函数可用下式转换获得。

$$H(\mathrm{j}\eta) = G(\mathrm{j}\lambda)\big|_{\lambda=\frac{1}{\eta}}$$

由于 $p=-1/q$ ，于是

$$H(q) = G(p)\big|_{p=-1/q} \tag{6-5-4}$$

由于无论模拟低通或模拟高通滤波器，当它们的单位冲击响应为实函数时，幅频特性具有偶对称性，所以为了方便，一般多采用下式进行模拟低通滤波器 $G(p)$ 到模拟高通滤波器 $H(q)$ 的系统函数变换

$$H(q) = G(p)\big|_{p=1/q} \tag{6-5-5}$$

采用式（6-5-4）与式（6-5-5）进行高通系统函数的频率变换，变换后得到的两个模拟高通滤波器幅频特性没有差别，只是相频部分的初始相位相差 π 弧度，故采用式（6-5-5）进行系统变换并不影响最终所得模拟高通滤波器的幅频特性。

在进行模拟高通滤波器设计时，如果给定模拟高通滤波器技术指标，则必须将模拟高通技术指标通过频率变换转换为归一化模拟低通技术指标，并设计出归一化模拟低通滤波器；然后，再将此归一化模拟低通滤波器通过频率变换转换为归一化模拟高通滤波器；最后，去归一化得到所求模拟高通滤波器。模拟高通滤波器的设计步骤如下。

① 确定模拟高通滤波器的技术指标：通带截止频率 Ω_p ，阻带截止频率 Ω_s ，通带最大衰减 α_p ，阻带最小衰减 α_s 。

② 确定归一化模拟高通滤波器的技术指标：通带截止频率 $\eta_p=\Omega_p/\Omega_c$ ，阻带截止频率 $\eta_s=\Omega_s/\Omega_c$ ，通带最大衰减 α_p ，阻带最小衰减 α_s 。

③ 确定相应归一化模拟低通滤波器的技术指标：按照式（6-5-3），将模拟高通滤波器的边界频率转换成模拟低通滤波器的边界频率，各项设计指标为模拟低通滤波器通带截止频率 $\lambda_p=1/\eta_p$ ，模拟低通滤波器阻带截止频率 $\lambda_s=1/\eta_s$ ，通带最大衰减仍为 α_p ，阻带最小衰减仍为 α_s 。

④ 设计归一化模拟低通滤波器 $G(p)$ 。

⑤ 将 $G(p)$ 转化为模拟高通滤波器 $H(s)$：将 $G(p)$ 按照式（6-5-5）进行频率变换，转换成归一化模拟高通滤波器 $H(q)$；再将 $q = s/\Omega_c$ 代入 $H(q)$ 去归一化，得到模拟高通滤波器 $H(s)$，即

$$H(q) = G(p)\big|_{p=1/q}$$
$$H(s) = H(q)\big|_{q=s/\Omega_c}$$

转换关系可综合为如下关系式

$$H(s) = G(p)\big|_{p=\Omega_c/s}$$

由于最终设计的是数字滤波器，因此在完成上面模拟滤波器设计的基础上，需要考虑将模拟高通滤波器转换为数字高通滤波器。数字高通滤波器的设计流程如图 6-5-2 所示。在图 6-5-2 中，由于设计数字高通滤波器无法采用脉冲响应不变法，所以映射方法只能选择双线性变换法。图中设计模拟滤波器时采用的归一化与去归一化中的参考频率与设计模拟低通滤波器时所选逼近模型有关，逼近模型（巴特沃斯或切比雪夫逼近模型）不同，则参考频率也不同。

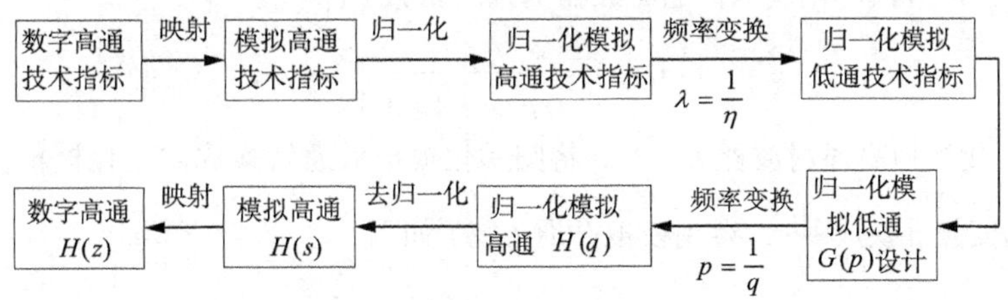

图6-5-2　数字高通滤波器的设计流程

例 6-5-2　设计一个数字高通滤波器，要求截止频率 $\omega_p = 0.8\pi\text{rad}$，通带衰减不大于 3dB，阻带截止频率 $\omega_s = 0.44\pi\text{rad}$，阻带衰减不小于 15dB，希望采用巴特沃斯型滤波器。

解

（1）数字高通的技术指标为

$$\omega_p = 0.8\pi\text{rad},\quad \alpha_p = 3\text{dB}$$
$$\omega_s = 0.44\pi\text{rad},\quad \alpha_s = 15\text{dB}$$

（2）映射方法采用双线性变换法，模拟高通的技术指标计算如下：令 $T = 1$，按 $\Omega = \frac{2}{T}\tan\frac{1}{2}\omega$ 计算模拟高通滤波器的技术指标，即

$$\Omega_p = 2\tan\frac{1}{2}\omega_p = 6.155\text{rad/s},\quad \alpha_p = 3\text{dB}$$

$$\Omega_s = 2\tan\frac{1}{2}\omega_s = 1.655\text{rad/s},\quad \alpha_s = 15\text{dB}$$

（3）归一化模拟高通滤波器的技术指标为

$$\Omega_c = \Omega_p$$

$$\eta_p = \Omega_p/\Omega_c = 1,\qquad \alpha_p = 3\text{dB}$$

$$\eta_s = \Omega_s/\Omega_c = \frac{1.655}{6.155} = 0.2689,\quad \alpha_s = 15\text{dB}$$

（4）归一化模拟低通滤波器的技术指标为

$$\lambda_p = \frac{1}{\eta_p} = 1, \quad \alpha_p = 3\text{dB}$$

$$\lambda_s = \frac{1}{\eta_s} = 3.72, \quad \alpha_s = 15\text{dB}$$

（5）设计归一化模拟低通滤波器 $G(p)$ 。模拟低通滤波器的阶数 N 计算如下

$$N = -\frac{\lg k_{sp}}{\lg \lambda_{sp}}$$

$$k_{sp} = \sqrt{\frac{10^{0.1\alpha_p} - 1}{10^{0.1\alpha_s} - 1}} = 0.1803$$

$$\lambda_{sp} = \frac{\lambda_s}{\lambda_p} = 3.72$$

$$N = 1.304, \text{取} N = 2$$

查表 6-2-1，可得归一化模拟低通滤波器的系统函数 $G(p)$ 为

$$G(p) = \frac{1}{p^2 + \sqrt{2}p + 1}$$

（6）求归一化模拟高通滤波器 $H(q)$ 。将归一化模拟低通转换成归一化模拟高通 $H(q)$ ，将上式中 $G(p)$ 的变量 p 换成 $\frac{1}{q}$ ，得到模拟高通 $H(q)$ 如下

$$H(q) = G(p)\Big|_{p=\frac{1}{q}} = \frac{q^2}{q^2 + \sqrt{2}q + 1}$$

（7）去归一化，求模拟高通滤波器 $H(s)$ ，即

$$H(s) = H(q)\Big|_{q=\frac{s}{\Omega_c}} = \frac{s^2}{s^2 + \sqrt{2}\Omega_c s + \Omega_c^2}$$

（8）求数字高通滤波器 $H(z)$ ：用双线性变换法将模拟高通 $H(s)$ 转换成数字高通 $H(z)$ 得

$$H(z) = H(s)\Big|_{s=2\frac{1-z^{-1}}{1+z^{-1}}} = \frac{0.0675\,(1 - z^{-1})^2}{1 + 1.143z^{-1} + 0.4128z^{-2}}$$

3. 模拟低通到模拟带通的频率变换

归一化模拟低通与归一化模拟带通滤波器的幅频特性如图 6-5-3 所示。图 6-5-3 中 Ω_{ph} 、Ω_{pl} 和 Ω_{sl} 、Ω_{sh} 分别被称为模拟带通滤波器的通带上、下截止频率和阻带下、上截止频率；模拟带通滤波器一般用通带中心频率 Ω_0（$\Omega_0^2 = \Omega_{ph}\Omega_{pl}$）和通带带宽 $B = \Omega_{ph} - \Omega_{pl}$ 两个参数来表征。B 通常作为归一化的参考频率，于是归一化截止频率计算如下

$$\eta_{pl} = \frac{\Omega_{pl}}{B}, \eta_{ph} = \frac{\Omega_{ph}}{B}, \eta_{sl} = \frac{\Omega_{sl}}{B}, \eta_{sh} = \frac{\Omega_{sh}}{B}, \eta_0^2 = \eta_{ph}\eta_{pl} = \frac{\Omega_0^2}{B^2}$$

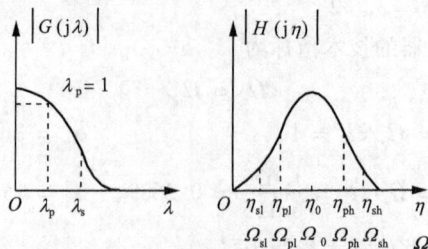

图 6-5-3　低通与带通滤波器的幅频特性

现在将图6-5-3中归一化低通与带通的频率对应起来，所得对应关系如表6-5-2所示。

表6-5-2 归一化模拟低通滤波器与归一化模拟带通滤波器的频率对应关系

λ	$-\infty$	$-\lambda_s$	$-\lambda_p$	0	λ_p	λ_s	$+\infty$
η	0	η_{sl}	η_{pl}	η_0	η_{ph}	η_{sh}	$+\infty$

归一化模拟带通滤波器到归一化模拟低通滤波器的频率变换公式为

$$\lambda = \frac{\eta^2 - \eta_0^2}{\eta} \tag{6-5-6}$$

根据式（6-5-6）的映射关系，频率 $\lambda = 0$ 映射为频率 $\eta = \pm\eta_0$；频率 $\lambda = \lambda_p$ 映射为频率 η_{ph} 和 $-\eta_{pl}$，频率 $\lambda = -\lambda_p$ 映射为频率 $-\eta_{ph}$ 和 η_{pl}。也就是说，将归一化模拟低通滤波器 $G(p)$ 的通带 $[-\lambda_p, \lambda_p]$ 映射为归一化模拟带通滤波器的通带 $[-\eta_{ph}, -\eta_{pl}]$ 和 $[\eta_{pl}, \eta_{ph}]$。同样的道理，频率 $\lambda = \lambda_s$ 映射为频率 η_{sh} 和 $-\eta_{sl}$，频率 $\lambda = -\lambda_s$ 映射为频率 $-\eta_{sh}$ 和 η_{sl}。如果将 λ_p、η_{ph} 和 $\eta_0^2 = \eta_{ph}\eta_{pl}$ 代入式（6-5-6），则有

$$\lambda_p = \frac{\eta_{ph}^2 - \eta_0^2}{\eta_{ph}} = \eta_{ph} - \eta_{pl} = 1$$

通过式（6-5-6）可以在给定模拟带通滤波器技术指标的情况下，通过频率变换将技术指标映射到模拟低通滤波器上，将设计带通问题转换为设计低通问题，通过前面介绍的方法设计归一化模拟低通滤波器，最后将设计出的模拟低通滤波器再映射为模拟带通滤波器，这样就可以借助于模拟低通滤波器的设计实现模拟带通滤波器的设计了。为了完成模拟低通到模拟带通的频率映射，需要推导由归一化低通到归一化带通滤波器的频率变换公式，下面进行公式推导。对归一化低通滤波器而言，有

$$p = \mathrm{j}\lambda$$

将式（6-5-6）代入上式，得到

$$p = \mathrm{j}\frac{\eta^2 - \eta_0^2}{\eta}$$

将 $q = \mathrm{j}\eta$ 代入上式，得到

$$p = \frac{q^2 + \eta_0^2}{q}$$

用 B 实现去归一化，即 $q = s/B$，$\eta_0^2 = \Omega_0^2/B^2$，将 q 和 η_0^2 代入上式，得到

$$p = \frac{s^2 + \Omega_0^2}{Bs} \tag{6-5-7}$$

因此

$$H(s) = G(p)\big|_{p = \frac{s^2+\Omega_0^2}{Bs}} \tag{6-5-8}$$

式（6-5-8）就是由归一化模拟低通直接转换成模拟带通的计算公式。从式中看出，由于 p 是复频率 s 的二次函数，若低通滤波器 $G(p)$ 为 N 阶，那么设计出的带通滤波器 $H(s)$ 便为 $2N$ 阶。

下面总结模拟带通滤波器的设计步骤。

① 确定模拟带通滤波器的技术指标，即：带通上截止频率 Ω_{ph}、带通下截止频率 Ω_{pl}、阻带上截止频率 Ω_{sh}、阻带下截止频率 Ω_{sl}、通带中心频率 $\Omega_0^2 = \Omega_{pl}\Omega_{ph}$、通带宽度 $B = \Omega_{ph} - \Omega_{pl}$、通带最大衰减 α_p 及阻带最小衰减 α_s。

② 确定归一化模拟带通滤波器的技术指标，即

$$\eta_{pl}=\frac{\Omega_{pl}}{B},\eta_{ph}=\frac{\Omega_{ph}}{B},\eta_{sl}=\frac{\Omega_{sl}}{B},\eta_{sh}=\frac{\Omega_{sh}}{B},\eta_0^2=\eta_{ph}\eta_{pl}=\frac{\Omega_0^2}{B^2}$$

通带最大衰减 α_p，阻带最小衰减 α_s。

③ 确定归一化模拟低通滤波器的技术指标，即

$$\lambda_p=1,\quad \lambda_{s1}=\frac{\eta_{sh}^2-\eta_0^2}{\eta_{sh}},\quad -\lambda_{s2}=\frac{\eta_{sl}^2-\eta_0^2}{\eta_{sl}}$$

按上式计算的 λ_{s1} 与 $-\lambda_{s2}$ 的绝对值可能不相等，因此，一般取绝对值小的作为 λ_s，即 $\lambda_s=\min\{|\lambda_{s1}|,|\lambda_{s2}|\}$，这样可以保证阻带满足技术指标的要求。通带最大衰减仍为 α_p，阻带最小衰减仍为 α_s。

④ 设计归一化模拟低通滤波器 $G(p)$。

⑤ 由式（6-5-8）直接将 $G(p)$ 转换成模拟带通滤波器 $H(s)$。

由于最终设计的是数字滤波器，因此在完成上面模拟滤波器设计的基础上，还需要考虑将模拟带通滤波器转换为数字带通滤波器。数字带通滤波器的设计流程如图6-5-4所示，其中，需要确定技术指标的映射关系及由模拟带通滤波器到数字带通滤波器的映射关系，由于设计的是数字滤波器，其映射方法可以采用脉冲响应不变法，也可以采用双线性变换法。

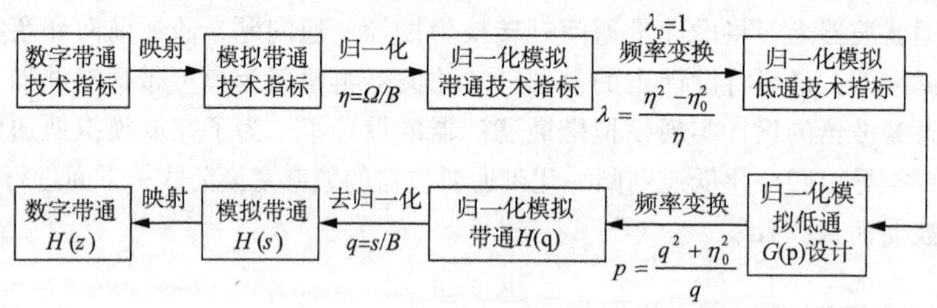

图6-5-4　数字带通滤波器设计流程

例 6-5-3　设计一个数字带通滤波器，通带范围为0.3πrad到0.4πrad，通带内最大衰减 $\alpha_p=3\text{dB}$，0.2πrad以下和0.5πrad以上范围为阻带，阻带最小衰减 $\alpha_s=18\text{dB}$，采用巴特沃斯逼近模型模拟低通滤波器设计。

解　(1) 数字带通滤波器的技术指标如下

通带上截止频率　$\omega_{ph}=0.4\pi\text{rad}$

通带下截止频率　$\omega_{pl}=0.3\pi\text{rad}$

阻带上截止频率　$\omega_{sh}=0.5\pi\text{rad}$

阻带下截止频率　$\omega_{sl}=0.2\pi\text{rad}$

通带最大衰减　$\alpha_p=3\text{dB}$

阻带最小衰减　$\alpha_s=18\text{dB}$

(2) 本题将采用双线性变换法实现模拟滤波器到数字滤波器的映射。设 $T=1$，则模拟带通的技术指标可以表示为

$$\Omega_{ph}=2\tan\frac{1}{2}\omega_{ph}=1.453\text{rad/s},\quad \Omega_{pl}=2\tan\frac{1}{2}\omega_{pl}=1.019\text{rad/s},\quad \alpha_p=3\text{dB}$$

$$\Omega_{sh}=2\tan\frac{1}{2}\omega_{sh}=2\text{rad/s},\quad \Omega_{sl}=2\tan\frac{1}{2}\omega_{sl}=0.65\text{rad/s},\quad \alpha_s=18\text{dB}$$

$$\Omega_0=\sqrt{\Omega_{ph}\Omega_{pl}}=1.217\text{rad/s},\quad B=\Omega_{ph}-\Omega_{pl}=0.434\text{rad/s}$$

(3) 确定归一化模拟带通滤波器的技术指标，边界频率对带宽 B 进行归一化，得到

$$\eta_{sh} = 4.608, \quad \eta_{sl} = 1.498, \quad \eta_0 = 2.804$$

(4) 归一化模拟低通技术指标得到，

$$\lambda_p = 1, \quad \lambda_{s1} = \frac{\eta_{sh}^2 - \eta_0^2}{\eta_{sh}} = 2.9017, \quad -\lambda_{s2} = \frac{\eta_{sl}^2 - \eta_0^2}{\eta_{sl}} = -3.7506$$

由 $\lambda_s = \min\{|\lambda_{s1}|, |\lambda_{s2}|\}$，可得 $\lambda_s = 2.9017$

$$\alpha_p = 3\text{dB}, \quad \alpha_s = 18\text{dB}$$

(5) 设计归一化模拟低通滤波器 $G(p)$，采用巴特沃斯逼近模型模拟低通滤波器，有

$$k_{sp} = \sqrt{\frac{10^{0.1\alpha_p} - 1}{10^{0.1\alpha_s} - 1}} = 0.127$$

$$\lambda_{sp} = \frac{\lambda_s}{\lambda_p} = 2.902$$

$$N = -\frac{\lg k_{sp}}{\lg \lambda_{sp}} = -\frac{\lg 0.127}{\lg 2.902} = 1.940, \quad \text{取} N = 2。$$

于是归一化模拟低通滤波器 $G(p)$ 为

$$G(p) = \frac{1}{p^2 + \sqrt{2}p + 1}$$

(6) 由式 (6-5-8) 直接将低通 $G(p)$ 转换成带通 $H(s)$，即

$$H(s) = G(p)\big|_{p = \frac{s^2 + \Omega_0^2}{Bs}}$$

(7) 求数字带通滤波器 $H(z)$。用双线性变换法将模拟带通 $H(s)$ 转换成数字带通 $H(z)$，即

$$H(z) = H(s)\big|_{s = 2\frac{1 - z^{-1}}{1 + z^{-1}}} = \frac{0.021(1 - 2z^{-2} + z^{-4})}{1 - 1.491z^{-1} + 2.848z^{-2} - 1.68z^{-3} + 1.273z^{-4}}$$

另外，为了简化计算，还可以将 (6)、(7) 两步合成一步，即

$$p = \frac{s^2 + \Omega_0^2}{Bs}\bigg|_{s = 2\frac{1 - z^{-1}}{1 + z^{-1}}} = \frac{4(1 - z^{-1})^2 + \Omega_0^2(1 + z^{-1})^2}{2(1 - z^{-2})B}$$

$$= \frac{6.318 - 5.18z^{-1} + 8.619z^{-2}}{1 - z^{-2}}$$

将上面的 p 代入 $G(p)$ 得到

$$H(z) = \frac{0.021(1 - 2z^{-2} + z^{-4})}{1 - 1.491z^{-1} + 2.848z^{-2} - 1.68z^{-3} + 1.273z^{-4}}$$

---

4. 模拟低通到模拟带阻的频率变换

归一化模拟低通与归一化模拟带阻滤波器的幅频特性如图6-5-5所示。图6-5-5中，Ω_{pl} 和 Ω_{ph} 分别是通带下截止频率和通带上截止频率，Ω_{sl} 和 Ω_{sh} 分别为阻带下截止频率和阻带上截止频率，Ω_0 为阻带中心频率，$\Omega_0^2 = \Omega_{ph}\Omega_{pl} = \Omega_{sh}\Omega_{sl}$，阻带带宽 $B = \Omega_{ph} - \Omega_{pl}$ 为归一化参考频率。归一化边界频率计算如下

$$\eta_{pl} = \frac{\Omega_{pl}}{B}, \eta_{ph} = \frac{\Omega_{ph}}{B}, \eta_{sl} = \frac{\Omega_{sl}}{B}, \eta_{sh} = \frac{\Omega_{sh}}{B}, \eta_0^2 = \eta_{ph}\eta_{pl} = \frac{\Omega_0^2}{B^2}$$

现在将图6-5-5中归一化模拟低通与模拟带阻的频率对应起来，可得对应关系如表6-5-3所示。

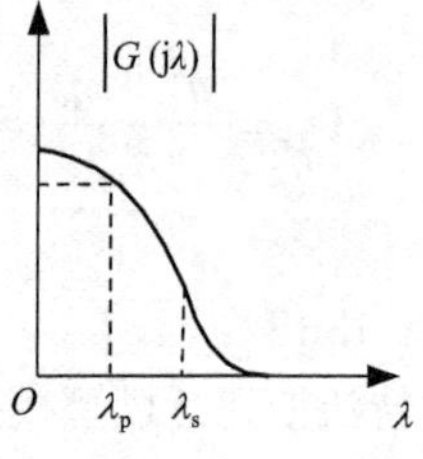

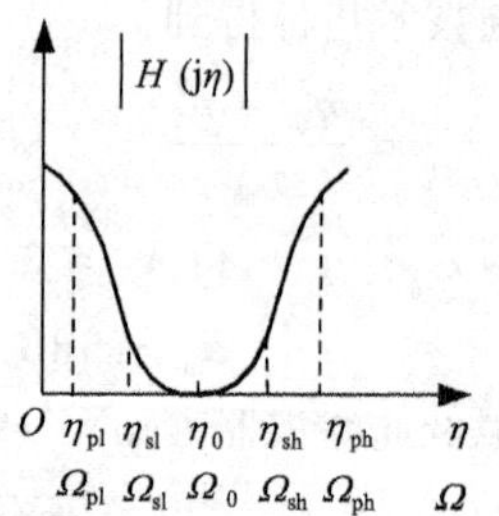

图6-5-5　低通与带阻滤波器的幅频特性

表6-5-3　归一化模拟低通滤波器与归一化模拟带阻滤波器的频率对应关系

λ	$-\infty$	$-\lambda_s$	$-\lambda_p$	0	λ_p	λ_s	$+\infty$
η	η_0	η_{pl}	η_{sl}	$+\infty$	η_{sh}	η_{ph}	η_0

归一化模拟带阻滤波器到归一化模拟低通滤波器的频率变换公式为

$$\lambda = \frac{\eta}{\eta^2 - \eta_0^2} \tag{6-5-9}$$

与式（6-5-6）相似，将$\eta_{ph} - \eta_{pl} = 1$代入式（6-5-9）可得$\lambda_p = 1$。

根据式（6-5-9）的映射关系，当频率λ从$-\infty \to -\lambda_s \to -\lambda_p \to 0_-$时，首先$\eta$从$-\eta_0 \to -\eta_{sh} \to -\eta_{ph} \to -\infty$，形成归一化模拟带阻滤波器$H(\mathrm{j}\eta)$在$(-\infty, -\eta_0]$上的频率响应；其次$\eta$从$\eta_0 \to \eta_{sl} \to \eta_{pl} \to 0_+$，形成归一化模拟带阻滤波器$H(\mathrm{j}\eta)$在$[0_+, \eta_0]$上的频率响应。

当频率λ从$0_+ \to \lambda_p \to \lambda_s \to +\infty$时：首先$\eta$从$0_- \to -\eta_{pl} \to -\eta_{sl} \to -\eta_0$，形成归一化模拟带阻滤波器$H(\mathrm{j}\eta)$在$[-\eta_0, 0_-]$上的频率响应；其次$\eta$从$+\infty \to \eta_{ph} \to \eta_{sh} \to \eta_0$，形成归一化模拟带阻滤波器$H(\mathrm{j}\eta)$在$[\eta_0, +\infty)$上的频率响应。

为了完成模拟低通到模拟带阻的频率映射，需要推导由归一化模拟低通到归一化模拟带阻滤波器的频率变换公式。下面进行公式推导。归一化低通滤波器有

$$p = \mathrm{j}\lambda$$

将式（6-5-9）代入上式，得到

$$p = \mathrm{j}\frac{\eta}{\eta^2 - \eta_0^2}$$

将$q = \mathrm{j}\eta$代入上式，得到

$$p = \frac{-q}{q^2 + \eta_0^2} \tag{6-5-10}$$

由于无论低通或带阻滤波器，它们幅频特性都具有偶对称性，所以为了方便，一般多采用下面的方式进行归一化模拟低通$G(p)$到归一化模拟带阻$H(q)$的系统函数的变换，即

$$p = \frac{q}{q^2 + \eta_0^2} \tag{6-5-11}$$

采用式（6-5-10）与式（6-5-11）进行归一化模拟低通滤波器$G(p)$到模拟带阻滤波器$H(s)$的频率变换，采用两式进行频率变换后得到的模拟带阻滤波器的幅频特性没有差别，只是相频部分的初始相位相差π弧度，故采用式（6-5-11）进行系统变换并不影响最终所得滤波器的幅频

特性。为了去归一化，将 $q = s/B$ ，$\eta_0^2 = \Omega_0^2/B^2$ 代入式（6-5-11），得到

$$p = \frac{sB}{s^2 + \Omega_0^2} = \frac{s(\Omega_{ph} - \Omega_{pl})}{s^2 + \Omega_{ph}\Omega_{pl}} \tag{6-5-12}$$

式（6-5-12）就是直接由归一化模拟低通滤波器转换成模拟带阻滤波器的频率变换公式，即

$$H(s) = G(p)\big|_{p=\frac{sB}{s^2+\Omega_0^2}} \tag{6-5-13}$$

下面总结设计带阻滤波器的步骤。

① 确定模拟带阻滤波器的技术要求，即：通带下截止频率 Ω_{pl} ，通带上截止频率 Ω_{ph}，阻带下截止频率 Ω_{sl}，阻带上截止频率 Ω_{sh}，阻带中心频率 $\Omega_0^2 = \Omega_{ph}\Omega_{pl}$，阻带宽度 $B = \Omega_{ph} - \Omega_{pl}$。它们相应的归一化截止频率为

$$\eta_{ph} = \Omega_{ph}/B,\quad \eta_{pl} = \Omega_{pl}/B,\quad \eta_{sl} = \Omega_{sl}/B,\quad \eta_{sh} = \Omega_{sh}/B$$

$$\eta_0^2 = \eta_{ph}\eta_{pl} = \Omega_0^2/B^2$$

以及通带最大衰减 α_p 和阻带最小衰减 α_s 。

② 确定归一化模拟低通滤波器的技术指标要求，即

$$\lambda_p = 1, \lambda_{s1} = \frac{\eta_{sl}}{\eta_{sl}^2 - \eta_0^2}, -\lambda_{s2} = \frac{\eta_{sh}}{\eta_{sh}^2 - \eta_0^2} \tag{6-5-14}$$

按式（6-5-14）计算得到的 λ_{sl} 与 $-\lambda_{s2}$ 的绝对值可能不相等，因此，一般取绝对值小的作为 λ_s ，即 $\lambda_s = \min\{|\lambda_{s1}|, |\lambda_{s2}|\}$ ，这样可保证 λ_s 阻带满足技术指标的要求。通带最大衰减为 α_p ，阻带最小衰减为 α_s 。

③ 设计归一化模拟低通滤波器 $G(p)$ 。

④ 按照式（6-5-13）可得

$$H(s) = G(p)\big|_{p=\frac{sB}{s^2+\Omega_0^2}}$$

直接将归一化模拟低通滤波器 $G(p)$ 转换成模拟带阻滤波器 $H(s)$ 。

数字带阻滤波器的设计流程如图 6-5-6 所示。数字带阻滤波器的设计在数字域到模拟域频率的映射，以及最后从模拟带阻滤波器到数字带阻滤波器的映射，由于含有高通部分，故映射方法采用双线性变换法比较合适，而不宜采用脉冲响应不变法。

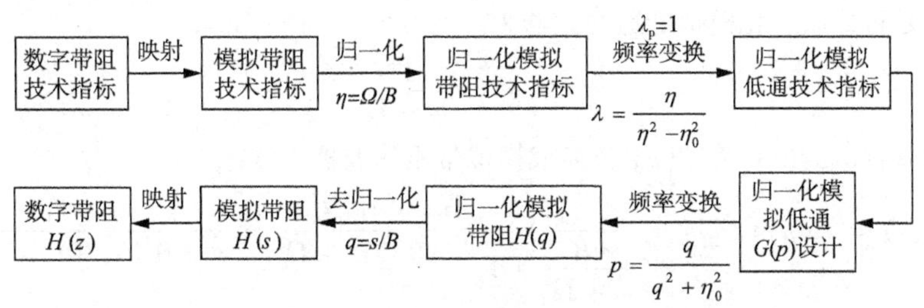

图 6-5-6 数字带阻滤波器设计流程

例 6-5-4 设计一个数字带阻滤波器，通带下截止频率 $\omega_{pl} = 0.19\pi\text{rad}$ ，阻带下截止频率 $\omega_{sl} = 0.198\pi\text{rad}$ ，阻带上截止频率 $\omega_{sh} = 0.202\pi\text{rad}$ ，通带上截止频率 $\omega_{ph} = 0.21\pi\text{rad}$ ，通带内最大衰减 $\alpha_p = 3\text{dB}$ ，阻带最小衰减 $\alpha_s = 13\text{dB}$ 。采用巴特沃斯逼近模型模拟低通滤波器设计。

解 （1）数字带通滤波器的技术指标为

通带上截止频率 $\omega_{ph} = 0.21\pi\text{rad}$

通带下截止频率 $\omega_{pl} = 0.19\pi\text{rad}$

阻带上截止频率　$\omega_{sh}=0.202\pi\text{rad}$

阻带下截止频率　$\omega_{sl}=0.198\pi\text{rad}$

通带最大衰减　$\alpha_p=3\text{dB}$

阻带最小衰减　$\alpha_s=13\text{dB}$

（2）设 $T=1$，采用双线性变换法，则模拟带阻滤波器的技术指标为

$$\Omega_{ph}=2\tan\frac{1}{2}\omega_{ph}=0.658\text{rad/s},\Omega_{pl}=2\tan\frac{1}{2}\omega_{pl}=0.615\text{rad/s},\alpha_p=3\text{dB}$$

$$\Omega_{sh}=2\tan\frac{1}{2}\omega_{sh}=0.657\text{rad/s},\Omega_{sl}=2\tan\frac{1}{2}\omega_{sl}=0.643\text{rad/s},\quad \alpha_s=18\text{dB}$$

阻带中心频率的平方为　$\Omega_0^2=\Omega_{ph}\Omega_{pl}=0.421$

阻带带宽为　$B=\Omega_{ph}-\Omega_{pl}=0.07\text{rad/s}$

（3）求取归一化模拟带阻滤波器的技术指标，即用 B 对边界频率进行归一化，得

$$\eta_{pl}=8.786,\quad \eta_{ph}=9.786,\eta_{sl}=9.186,\quad \eta_{sh}=9.386$$

$$\eta_0^2=\eta_{pl}\eta_{ph}=85.98$$

（4）按照式（6-5-14），归一化模拟低通滤波器的技术指标为

$$\lambda_p=1,\quad \alpha_p=3\text{dB}$$

$$\lambda_{sl}=\frac{\eta_{sl}}{\eta_{sl}^2-\eta_0^2}=5.751,\quad -\lambda_{s2}=\frac{\eta_{sh}}{\eta_{sh}^2-\eta_0^2}=4.434,\quad \alpha_s=13\text{dB}$$

由 $\lambda_s=\min\{|\lambda_{sl}|,|\lambda_{s2}|\}$ 可得 $\lambda_s=4.434$。

（5）设计模拟低通滤波器

$$k_{sp}=\sqrt{\frac{10^{0.1\alpha_p}-1}{10^{0.1\alpha_s}-1}}=0.229$$

$$\lambda_{sp}=\frac{\lambda_s}{\lambda_p}=4.434$$

$$N=-\frac{\lg 0.229}{0.434}=0.99$$

取 $N=1$，于是得到归一化模拟低通滤波器为

$$G(p)=\frac{1}{p+1}$$

（6）按照式（6-5-13）将 $G(p)$ 转换成模拟带阻滤波器 $H(s)$，即

$$H(s)=G(p)\big|_{p=\frac{sB}{s^2+\Omega_0^2}}=\frac{1}{\frac{sB}{s^2+\Omega_0^2}+1}=\frac{s^2+\Omega_0^2}{sB+s^2+\Omega_0^2}=\frac{s^2+0.421}{s^2+0.07s+0.421}$$

（7）求数字带阻滤波器 $H(z)$。用双线性变换法将模拟带阻滤波器 $H(s)$ 转换成数字带阻滤波器 $H(z)$，得到

$$H(z)=H(s)\big|_{s=2\frac{1-z^{-1}}{1+z^{-1}}}=\frac{s^2+0.421}{s^2+0.07s+0.421}$$

$$=\frac{4(1-z^{-1})^2+0.421(1+z^{-1})^2}{4(1-z^{-1})^2+2\times 0.07(1-z^{-2})+0.421(1+z^{-1})^2}$$

$$=\frac{0.969(1-1.619z+z^{-2})}{1-1.569z^{-1}+0.939z^{-2}}$$

最后需要说明的是，对于滤波器的频率变换，除了本节介绍的模拟域的频率变换外，在数字域也可以进行频率变换。利用数字域频率变换设计滤波器时，首先利用脉冲响应不变法或双线性变换法将模拟低通滤波器转换成数字低通滤波器，然后在数字域利用频率变换将数字低通滤波器转换成所需类型的数字滤波器。

5. 模拟域频率变换的 MATLAB 实现

MATLAB 信号处理工具箱提供了从归一化模拟低通滤波器到模拟低通、高通、带通和带阻滤波器的变换函数。这些函数包括 lp2lp、lp2hp、lp2bp 和 lp2bs，它们分别对应于模拟域的低通到低通、低通到高通、低通到带通、低通到带阻这四种频率变换。调用格式分别如下所示。

```
[numT,denT] = lp2lp(num,den,Omega)
```

其中，num 和 numT 分别表示转换前后两系统函数的分子系数，den 和 denT 分别表示转换前后两系统函数的分母系数，它们在以下函数中具有相同的含义。

lp2lp 函数可将截止频率为 1rad/s 的模拟低通滤波器原型变换成截止频率为 Omega 的低通滤波器，即实现了归一化模拟低通原型到模拟低通滤波器的变换。

```
[numT,denT] = lp2hp(num,den,Omega)
```

lp2hp 函数可将截止频率为 1rad/s 的模拟低通滤波器原型变换成截止频率为 Omega 的模拟高通滤波器，即实现了归一化模拟低通原型到模拟高通滤波器的变换。

```
[numT,denT] = lp2bp(num,den,Omega,B)
```

lp2bp 函数可将截止频率为 1rad/s 的模拟低通滤波器原型变换成具有指定带宽 B、中心频率为 Omega 的模拟带通滤波器，即实现了归一化模拟低通原型到模拟带通滤波器的变换。

```
[numT,denT] = lp2bs(num,den,Omega,B)
```

lp2bs 函数可将截止频率为 1rad/s 的模拟低通滤波器原型变换成具有指定带宽 B、中心频率为 Omega 的模拟带阻滤波器，即实现了归一化模拟低通原型到模拟带阻滤波器的变换。

例 6-5-5 已知二阶归一化模拟低通滤波器的系统函数为 $G(p) = 1/(p^2 + \sqrt{2}p + 1)$，试设计：①通带截止频率为 20Hz 的模拟低通滤波器；②通带截止频率为 20Hz 的模拟高通滤波器；③中心频率为 20Hz、通带带宽为 5Hz 的模拟带通滤波器；④中心频率为 20Hz、阻带带宽为 5Hz 的模拟带阻滤波器。

解 MATLAB 程序如下

```
num = 1;den = [1,1.414,1];
OmegaC = 20* 2* pi;B = 5* 2* pi;
[numT1,denT1] = lp2lp(num,den,OmegaC)        % 变换为模拟低通滤波器
[numT2,denT2] = lp2hp(num,den,OmegaC)        % 变换为模拟高通滤波器
[numT3,denT3] = lp2bp(num,den,OmegaC,B)      % 变换为模拟带通滤波器
[numT4,denT4] = lp2bs(num,den,OmegaC,B)      % 变换为模拟带阻滤波器
```

程序运行的结果为

```
numT1 = 1.5791e+004
denT1 = 1  177.6885  1.5791e+004
numT2 = 1.0000    0.0000   -0.0000
denT2 = 1  177.6885  1.5791e+004
numT3 = 986.9604   -0.0000    0.0000
denT3 = 1 44.4221  3.2570e+004  7.0149e+005 2.4937e+008
numT4 = 1 0        3.1583e+004  0           2.4937e+008
denT4 = 1 44.4221  3.2570e+004  7.0149e+005 2.4937e+008
```

因此4个滤波器的传递函数依次为

模拟低通滤波器：$H_1(s) = \dfrac{1.5791 \times 10^4}{s^2 + 177.7s + 1.5791 \times 10^4}$

模拟高通滤波器：$H_2(s) = \dfrac{s^2}{s^2 + 177.7s + 1.5791 \times 10^4}$

模拟带通滤波器：$H_3(s) = \dfrac{987s^2}{s^4 + 44.4s^3 + 3.257 \times 10^4 s^2 + 7.0149 \times 10^5 s + 2.4937 \times 10^8}$

模拟带阻滤波器：$H_4(s) = \dfrac{s^4 + 3.1583 \times 10^4 s^2 + 2.4937 \times 10^8}{s^4 + 44.4s^3 + 3.257 \times 10^4 s^2 + 7.0149 \times 10^5 s + 2.4937 \times 10^8}$

6.6 IIR数字滤波器的直接设计法

前面介绍的IIR数字滤波器设计方法都是按照某种低通模型在模拟域逼近IIR数字滤波器的幅频特性，然后再通过脉冲响应不变法或双线性变换法转换成相应类型的数字滤波器。这种方法是一种间接设计数字滤波器的方法，而且幅频特性受到了所选模拟低通滤波器原型特性的限制。例如，巴特沃斯低通幅频特性是单调下降的，而切比雪夫低通幅频特性是通带或阻带等波纹的。另外，这种方法只适合于设计幅频特性为分段常数的滤波器，如低通、高通、带通和带阻，不适合任意幅频特性或多带滤波器的设计。本节介绍在数字域直接设计IIR数字滤波器的方法，其适合设计任意幅频特性的滤波器。

6.6.1 零极点累试法

众所周知，系统零极点的分布决定了系统具有怎样的特性。系统极点位置主要影响系统幅频特性峰值位置与尖锐程度，零点位置主要影响系统幅频特性的谷值位置与下凹程度；而且，通过零极点分析的几何作图法可以定性地画出其幅频特性。这就提供了一种直接设计滤波器的方法。这种设计方法是根据其幅频特性先确定零极点位置，再按照零极点写出其系统函数，画出其幅频特性，并与希望的进行比较，如不满足要求，则可通过移动零极点位置或增加（减少）零极点来进行修正。由于这种修正是多次的，因此这种设计方法被称为零极点累试法。确定零极点位置时要注意两点：

① 极点必须位于z平面单位圆内，以保证数字滤波器因果稳定；

② 复数零极点必须共轭成对，以保证系统函数有理式的系数是实的。

例 6-6-1 设计带阻滤波器，阻带中心频率为 $\omega_0 = \pi/2$ 。

解 根据题目已知条件，确定零点位置 $z_{1,2} = e^{\pm j\frac{\pi}{2}} = \pm j$ ，极点 $z_{3,4} = \pm r, (r<1)$ ，零极点分布图如图 6-6-1（a）所示，得到 $H(z)$ 的表达式为

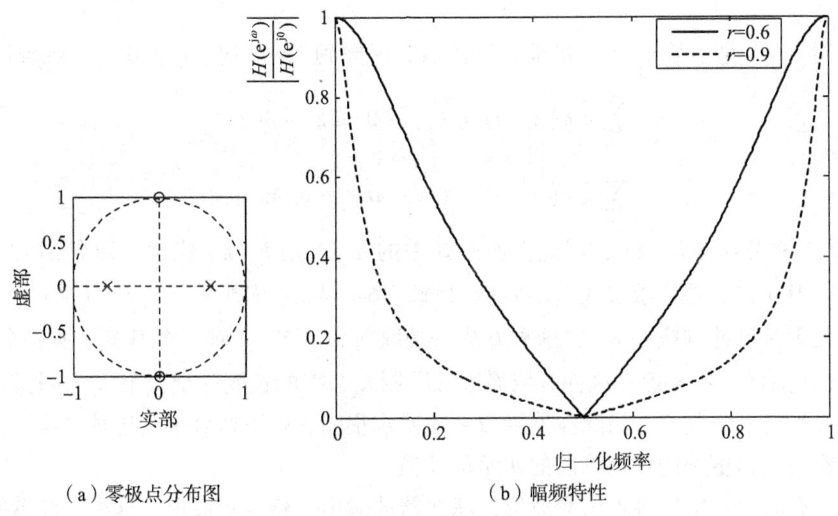

（a）零极点分布图　　（b）幅频特性

图 6-6-1 零极点分布图及幅频特性

$$H(z) = G\frac{(z-j)(z+j)}{(z-r)(z+r)} = G\frac{z^2+1}{z^2-r^2} = G\frac{1+z^{-2}}{1-r^2z^{-2}}$$

上式中系数 G 为增益系数，可用来对频率响应进行归一化处理。设 $r = 0.6$ ，$r = 0.9$ ，分别画出其幅频特性，如图 6-6-1（b）所示。从图中可以看出，极点越靠近单位圆，即 r 越接近 1，阻带特性越平坦，阻带范围越宽。

6.6.2 时域直接设计法

设希望设计的 IIR 数字滤波器的单位脉冲响应为 $h_d(n)$ ，要求设计一个单位脉冲响应 $h(n)$ 充分逼近 $h_d(n)$ 。这种设计方法的主要思想如下。

设滤波器是因果的，系统函数为

$$H(z) = \frac{\sum_{i=0}^{M} b_i z^{-i}}{\sum_{i=0}^{N} a_i z^{-i}} = \sum_{k=0}^{+\infty} h(k) z^{-k} \tag{6-6-1}$$

式中，$a_0 = 1$ ，未知系数 a_i 和 b_i 共有 $M+N+1$ 个，取 $h(n)$ 的一段，$0 \leqslant n \leqslant (p-1)$ ，使其充分逼近 $h_d(n)$ ，用此原则求解 $M+N+1$ 个系数。将式（6-6-1）改写为

$$\sum_{k=0}^{p-1} h(k) z^{-k} \sum_{i=0}^{N} a_i z^{-i} = \sum_{i=0}^{M} b_i z^{-i}$$

令 $p = M+N+1$ ，则有

$$\sum_{k=0}^{M+N} h(k) z^{-k} \sum_{i=0}^{N} a_i z^{-i} = \sum_{i=0}^{M} b_i z^{-i} \tag{6-6-2}$$

令上面等式两边 z 的同幂次项的系数相等，可得到 $M+N+1$ 个方程，即

$$\begin{aligned}&h(0)=b_0\\&h(0)a_1+h(1)=b_1\\&h(0)a_2+h(1)a_1+h(2)=b_2\\&\vdots\end{aligned}$$

上式表明 $h(n)$ 是系数 a_i 和 b_i 的非线性函数，考虑到 $i>M$ 时，$b_i=0$，一般表达式为

$$\sum_{j=0}^{k}a_jh(k-j)=b_k,\quad 0\leqslant k\leqslant M \tag{6-6-3}$$

$$\sum_{j=0}^{k}a_jh(k-j)=0,\quad M<k\leqslant M+N \tag{6-6-4}$$

由于希望 $h(k)$ 充分逼近 $h_{\mathrm{d}}(k)$，因此上面两式中的 $h(k)$ 用 $h_{\mathrm{d}}(k)$ 代替，即令 $h(k)=h_{\mathrm{d}}(k)$，$k=0,1,2,\cdots,M+N$，这样求解式（6-6-3）和式（6-6-4），得到 N 个 a_i 和 $M+1$ 个 b_i。

但对于无限长脉冲响应 $h(n)$，这种方法只是取前 $M+N+1$ 项，令其等于所要求的 $h_{\mathrm{d}}(n)$，而 $M+N+1$ 以后的项不考虑。这种时域逼近法限制 $h_{\mathrm{d}}(n)$ 的长度等于 a_i 和 b_i 数目的总和，使得滤波器的选择性受到限制，如果滤波器阻带衰减要求很高，则不适合采用这种方法。但用此法得到的系数可作为其他更好的优化算法的初始估计值。

实际中，有时要求给定输入信号波形，滤波器的输出为希望的波形。这种滤波器被称为波形形成滤波器，所对应的设计方法属于时域的直接设计法。其设计思想也是用最小均方误差求得最佳解。

设 $x(n)$ 是长度为 M 的给定信号，$y_{\mathrm{d}}(n)$ 是希望的输出信号，长度为 N，实际滤波器输出用 $y(n)$ 表示，考虑理想输出与实际输出之间的误差 E，则

$$E=\sum_{n=0}^{N-1}[y(n)-y_{\mathrm{d}}(n)]^2=\sum_{n=0}^{N-1}\left[\sum_{m=0}^{n}h(m)x(n-m)-y_{\mathrm{d}}(n)\right]^2 \tag{6-6-5}$$

如果选择的 $h(n)$ 使 E 最小，则输出的 $y(n)$ 就是对理想输出 $y_{\mathrm{d}}(n)$ 的最佳逼近。

只要满足下式

$$\frac{\partial E}{\partial h(i)}=0,\quad i=0,1,2,\cdots,N-1$$

就可使 E 最小。由式（6-6-5）求偏导得

$$\sum_{n=0}^{N-1}2\left[\sum_{m=0}^{n}h(m)x(n-m)-y_{\mathrm{d}}(n)\right]x(n-i)=0$$

即

$$\sum_{n=0}^{N-1}\sum_{m=0}^{n}h(m)x(n-m)x(n-i)=\sum_{n=0}^{N-1}y_{\mathrm{d}}(n)x(n-i) \tag{6-6-6}$$

该方程有 N 个待定参数 $h(n)$，输入与理想输出为已知，故可以唯一确定一组 $h(n)$，然后再利用式（6-6-3）和式（6-6-4）即可求出 $H(z)$ 的 N 个 a_i 和 $M+1$ 个 b_i 系数。

具体思想和解法请参考有关文献。

6.6.3 频域直接设计法

设 IIR 数字滤波器由 k 个二阶网络级联而成，系统函数用 $H(z)$ 表示为

$$H(z) = A\prod_{i=1}^{k}\frac{1 + a_i z^{-1} + b_i z^{-2}}{1 + c_i z^{-1} + d_i z^{-2}} \tag{6-6-7}$$

式中，A 是常数；a_i, b_i, c_i, d_i 是待求的系数；$H_d(e^{j\omega})$ 是希望设计的滤波器频率响应。如果在 $(0, \pi)$ 区间取 N 点数字频率 $\omega_i, i = 1,2,\cdots,N$，在这 N 点频率上比较 $|H_d(e^{j\omega})|$ 和 $|H(e^{j\omega})|$，写出两者的幅度平方误差 E 为

$$E = \sum_{i=1}^{N}[\,|H(e^{j\omega_i})| - |H_d(e^{j\omega_i})|\,]^2 \tag{6-6-8}$$

而在式（6-6-7）中共有（$4k+1$）个待定系数，求它们的原则是使 E 最小。下面来讨论采用式（6-6-7）所示网络结构如何求出（$4k+1$）个系数。

按照式（6-6-8），E 是（$4k+1$）个未知系数的函数，可表示为

$$E = E(\boldsymbol{\theta}, A)$$

$$\boldsymbol{\theta} = [a_1 \quad b_1 \quad c_1 \quad d_1 \quad a_2 \quad b_2 \quad c_2 \quad d_2 \quad \cdots \quad a_k \quad b_k \quad c_k \quad d_k]^{\mathrm{T}}$$

上式中 $\boldsymbol{\theta}$ 表示 $4k$ 个系数组成的系数向量。为推导公式方便，令

$$H_i = \frac{H(e^{j\omega_i})}{A}, H_d = H_d(e^{j\omega_i})$$

那么

$$E(\boldsymbol{\theta}, A) = \sum_{i=1}^{N}[\,|A||H_i| - |H_d|\,]^2 \tag{6-6-9}$$

为选择 A 使 E 最小，令

$$\frac{\partial E(\boldsymbol{\theta}, A)}{\partial |A|} = 0$$

$$\sum_{i=1}^{N}[2|A||H_i| - 2|H_i||H_d|] = 0$$

$$|A| = \frac{\sum_{i=1}^{N}|H_i||H_d|}{\sum_{i=1}^{N}|H_i|^2} \stackrel{\text{def}}{=} A_g \tag{6-6-10}$$

这里只考虑幅度误差，不考虑初始相位问题，即不考虑 A 的正负符号。将 A_g 作为正常数代入式（6-6-9），然后将 $E(\boldsymbol{\theta}, A)$ 对 $4k$ 个系数分别求偏导，令其等于零，共有 $4k$ 个方程，可以求解 $4k$ 个未知数。这些未知数的求解算法，均编写在计算机程序里，开始假设一组初始值 $\boldsymbol{\theta}$，按照式（6-6-10）确定 A_g，进而求偏导数得到使 $E(\boldsymbol{\theta}, A_g)$ 最小的 $\boldsymbol{\theta}$，然后继续这样迭代，直至 E 达到预定的要求时停止迭代。此时求得的系数一定满足平方误差最小的原则。这种方法实际上就是一种计算机的优化设计方法，优化的原则是幅度平方误差最小。由于需要通过计算机编程以及迭代来求滤波器的系数，这种方法也被称为计算机辅助设计法。

在设计过程中，对系统函数零、极点位置未给任何约束，零、极点可能在单位圆内，也可能在单位圆外。这里的主要问题是如果极点在单位圆外，则会造成滤波器不是因果稳定的，因此需要对这些单位圆外的极点进行修正。设极点 z_1 处于单位圆外，如果用其倒数进行代换，变成 z_1^{-1}，则极点一定能搬到单位圆内，但幅频特性会受到影响。下面分析这种修正的影响。

由于系统函数是一个有理函数，零、极点均以共轭成对的形式存在，对于极点 z_1，一定有

$$
\begin{aligned}
|e^{j\omega}-z_1||e^{j\omega}-z_1^*| &= |(e^{j\omega}-z_1)^*||(e^{j\omega}-z_1^*)^*| \\
&= |e^{-j\omega}-z_1^*||e^{-j\omega}-z_1^*| \\
&= \left|z_1^*\left(\frac{1}{z_1^*}-e^{j\omega}\right)e^{-j\omega}\right|\left|z_1\left(\frac{1}{z_1}-e^{j\omega}\right)e^{j\omega}\right| \\
&= |z_1|^2\left|e^{j\omega}-\frac{1}{z_1^*}\right|\left|e^{j\omega}-\frac{1}{z_1}\right|
\end{aligned}
$$

上式表明，极点 z_1 和它的共轭极点 z_1^* ，均用它们的倒数 z_1^{-1} 和 $(z_1^*)^{-1}$ 代替后，幅度特性的形状不变化，仅是幅度的增益变化了 $|z_1|^2$ 。一般极点经过搬移以后，需要继续进行前面的优化迭代。

综合例题 利用IIR数字滤波器对加噪语音信号进行滤波处理。

可以录制一段个人的加噪语音信号，并对录制的信号进行采样，画出采样后语音信号的时域波形和频谱图。给定滤波器的性能指标，注意滤波器的性能指标应尽量通过语音信号来抑制噪声信号，根据指标参数设计一个IIR数字滤波器，然后用设计的滤波器对采集的信号进行滤波，画出滤波后信号的时域波形和频谱图，并对滤波前后的信号进行对比，分析信号的变化，回放语音信号。

解 MATLAB程序如下：

```
fs =40000;
x1 =wavread('voice.wav');
t =0:1/40000:(size(x1) -1)/40000;
Au =1;
d = [Au* cos(2* pi* 15000* t)]';
f =fs* (0:511)/1024;
x2 =x1 +d* ones(1,2);
y1 =fft(x1,1024);
y2 =fft(x2,1024);
figure
subplot(221);plot(t,x1);title('原语音信号');
subplot(222);plot(t,x2);title('加噪声后语音信号');
subplot(223);plot(f,abs(y1(1:512)));title('原语音信号频谱');
subplot(224);plot(f,abs(y2(1:512)));title('加噪声后语音信号频谱');
% 滤波器设计
wp = 0.25* pi; ws = 0.4* pi; Rp = 1; As = 18; Fs = 40000;
% 给定性能指标
T =1/Fs;
Omegap = (2/T)* tan(wp/2); Omegas = (2/T)* tan(ws/2);
% 将数字低通滤波器的指标转化为模拟低通滤波器的指标
[N,OmegaC] =buttord(Omegap,Omegas,Rp,As,'s') % 求阶数
%  OmegaC =Omegap* (10^(0.1* Rp) -1)^(-1/(2* N))
```

```
[Z,P,K]=buttap(N);           % 模拟巴特沃斯低通滤波器的设计
p=P* OmegaC;z=Z* OmegaC;k=K* OmegaC^N; % 求非归一化零极点和增益
B=k* real(poly(z))           % 求分子系数
A=real(poly(p))              % 求分母系数
[b,a] = bilinear(B,A,1/T) % 用双线性变换法将系数从模拟域转化到数字域
[H,W]=freqz(b,a);
f1=filter(b,a,x2);
figure
subplot(221);plot(W* Fs/(2* pi),abs(H));
grid;xlabel('频率/Hz');ylabel('幅频响应幅度');title('滤波器幅频特性');
subplot(223);plot(t,f1);title('滤波后语音信号');
sound(f1,40000);
F0=fft(f1,1024);
f=fs* (0:511)/1024;
y2=fft(x2,1024);
subplot(222);plot(f,abs(y2(1:512)));title('滤波前语音信号频谱');
subplot(224);plot(f,abs(F0(1:512)));title('滤波后语音信号频谱');
```

原始语音信号及频谱图，以及加噪后语音信号及频谱图如图6-6-2所示。从加噪后的频谱图中可以看出，加噪后在频率为15 000Hz位置附近有明显噪声信号谱出现。另外从语音信号波形图中也可以看出，加噪前后有明显变化。图6-6-3中数字滤波器幅频特性频率轴没有进行归一化，这是为了与语音信号频谱的频率对应起来，这样便于看出哪些语音频率处于通带位置，哪些处于阻带位置。从图6-6-3中可以发现滤波后语音信号频谱基本恢复到加噪前原始语音信号频谱形状，而噪声频谱已完全被抑制了。

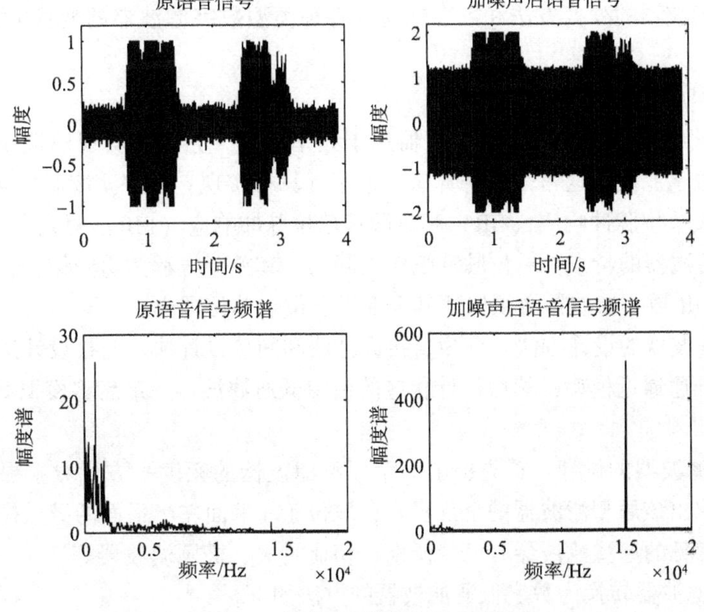

图6-6-2 加噪前后语音信号及频谱图

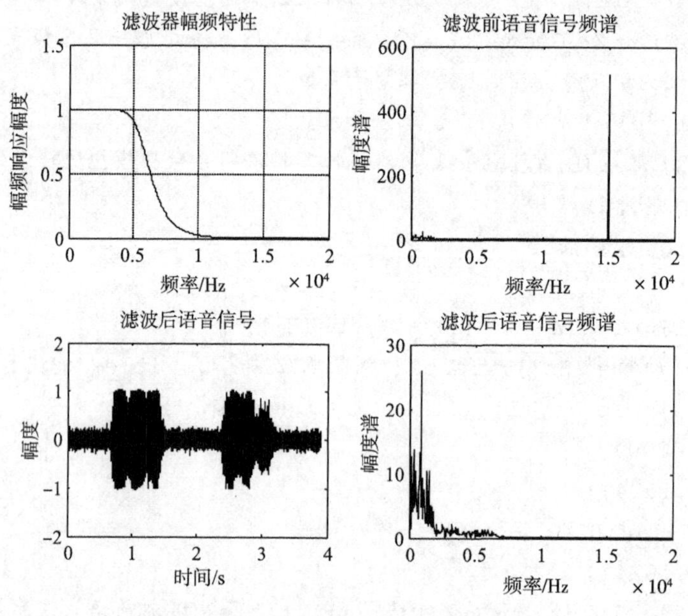

图 6-6-3　滤波后语音信号及频谱图

6.7　本章小结

本章重点介绍了 IIR 数字滤波器的设计方法，强调了脉冲响应不变法和双线性变换法这两种从模拟滤波器到数字滤波器的设计方法，同时对模拟低通滤波器到各种类型数字滤波器的变换方法和数字低通到各种类型数字滤波器的变换方法进行了详细讨论。

本章主要知识点有以下几个。

① 数字滤波器的基本概念：数字滤波器用于频率选择，它可以实现模拟滤波器无法实现的特殊滤波功能；数字滤波器通常是一种算法，便于计算机实现；数字滤波器根据单位脉冲响应的不同可分为无限长单位脉冲响应（IIR）和有限长单位脉冲响应（FIR）两大类。

② IIR 数字滤波器的特点：单位脉冲响应无限长，其差分方程为递归结构，即系统有反馈回路。一个稳定的 IIR 数字滤波器必须保证其全部极点位于单位圆内。

③ IIR 数字滤波器的设计方法：分为直接设计法和间接设计法。间接设计法中根据给定的技术指标，先选择低通逼近模型，然后设计相应的模拟低通滤波器，最后将模拟低通滤波器转换成数字滤波器。

④ 模拟低通滤波器的设计：首先提出一个原型滤波器的幅度平方函数，根据技术指标确定滤波器的阶数并求出该原型滤波器的全部极点，取位于 s 平面左半平面的极点构成所求滤波器的幅度平方函数。常见的原型滤波器有巴特沃斯、切比雪夫、椭圆滤波器等。

⑤ 模拟低通滤波器转换为数字低通滤波器的方法如下。

脉冲响应不变法的思想是把模拟滤波器的单位脉冲响应经过采样作为相应数字滤波器的

单位脉冲响应。其 s 平面和 z 平面的映射关系为：$z_i = e^{s_i T}$。脉冲响应不变法的优点是数字频率和模拟频率为线性关系，即 $\omega = \Omega T$。缺点是会产生频谱混叠现象，适用于低通、带通滤波器的设计。

双线性变换法是为克服频谱混叠现象而提出的，其思想是将 s 平面上的点经过压缩和二次映射，实现 s 平面到 z 平面的单值映射，映射关系为 $s = \frac{2}{T}\frac{1 - z^{-1}}{1 + z^{-1}}$。双线性变换法的优点是不会产生频谱混叠，但却引入了频率的非线性失真，即数字频率和模拟频率的关系为非线性关系，即 $\Omega = \frac{2}{T}\tan\frac{\omega}{2}$。

⑥ 其他类型数字滤波器的设计：通过频率变换可将低通滤波器转换成低通、高通、带通、带阻滤波器。变换方法可采用模拟域变换法或数字域变换法。本书主要讲述了如何采用模拟域变换法。其他类型滤波器的设计都要把给定的技术指标转换成相应的模拟低通滤波器指标进行设计，得到模拟低通滤波器后，经过频率变换将其转换为其他类型模拟滤波器，然后再映射成相应类型的数字滤波器。

⑦ IIR 数字滤波器的直接设计法：零极点累试法是根据 z 平面上零极点位置与频率响应的关系，通过不断尝试设计零极点的个数和位置来获取希望的频率响应的。直接设计法还可在频域和时域上根据待设计滤波器与希望的理想滤波器之间的系统函数之差最小（频域）或单位脉冲响应之差最小的原则，计算出滤波器的频域或时域系数。优点是可设计出任意幅频特性的滤波器，但需要计算机参与运算。

⑧ 通过本章的学习可知，读者利用 MATLAB 软件可以方便地进行 IIR 数字滤波器的辅助设计。

习题 6

【6-1】 试述数字滤波器的分类及特点。

【6-2】 试对数字滤波器与模拟滤波器的设计方法进行比较，并说明它们各自的优缺点。

【6-3】 试述用脉冲响应不变法和双线性变换法设计 IIR 数字滤波器的过程，并说明它们各自的优缺点。

【6-4】 设计一个巴特沃斯低通滤波器，要求通带截止频率 $f_p = 6\text{kHz}$，通带最大衰减 $\alpha_p = 3\text{dB}$，阻带截止频率 $f_s = 12\text{kHz}$，阻带最小衰减 $\alpha_s = 25\text{dB}$。求出滤波器归一化系统函数 $H_a(p)$，以及实际的 $H_a(s)$。

【6-5】 设计一个切比雪夫低通滤波器，要求通带截止频率 $f_p = 3\text{kHz}$，通带最大衰减 $\alpha_p = 0.2\text{dB}$，阻带截止频率 $f_s = 12\text{kHz}$，阻带最小衰减 $\alpha_s = 50\text{dB}$。求出归一化系统函数 $H_a(p)$，以及实际的 $H_a(s)$。

【6-6】 设计一个巴特沃斯高通滤波器，要求通带截止频率 $f_p = 20\text{kHz}$，阻带截止频率 $f_s = 10\text{kHz}$，f_p 处最大衰减为 3dB，阻带最小衰减 $\alpha_s = 15\text{dB}$。求出该高通滤波器的系统函数 $H(s)$。

【6-7】 已知模拟滤波器的系统函数 $H_a(s)$ 为

(1) $H_a(s) = \dfrac{s + a}{(s + a)^2 + b^2}$

(2) $H_a(s) = \dfrac{b}{(s + a)^2 + b^2}$

式中，a,b 为常数，设 $H_a(s)$ 因果稳定，试采用脉冲响应不变法，分别将它们转换成数字滤波器 $H(z)$。

【**6-8**】利用双线性变换法将具有如下系统函数的模拟滤波器转换成 IIR 数字滤波器。

$$H_a(s) = \frac{s+0.1}{(s+0.1)^2+9}$$

选取 $T=0.1$，并把 $H(z)$ 的零点位置与通过使用脉冲响应不变法转换 $H_a(s)$ 所得到的零点位置相比较。

【**6-9**】已知模拟滤波器的系统函数为

(1) $H_a(s) = \dfrac{1}{s^2+s+1}$

(2) $H_a(s) = \dfrac{1}{2s^2+3s+1}$

(3) $H_a(s) = \dfrac{16(s+2)}{(s+3)(s^2+2s+5)}$

(4) $H_a(s) = \dfrac{4s^2+10s+8}{(s^2+2s+3)(s+1)}$

试采用脉冲响应不变法和双线性变换法分别将它们转换为数字滤波器，设 $T=2\text{s}$。

【**6-10**】在 $T=0.5\text{ms}$ 时，利用脉冲响应不变法，通过对一个通带截止频率 f_p 为 2kHz 的模拟低通滤波器进行变换，设计一个 IIR 数字低通滤波器。如果没有混叠，则数字滤波器的归一化通带截止频率 ω_p 是什么？如果对于 $T=0.5\text{ms}$ 使用双线性变换法，则数字滤波器的归一化通带截止频率 ω_p 是什么？

【**6-11**】一个 IIR 低通数字滤波器具有如下指标：通带波纹小于或等于 0.5dB，通带截止频率为 1.2 kHz，阻带衰减大于 40dB，阻带截止频率为 2.0 kHz，采样频率为 8.0 kHz，试确定下列情况滤波器所需的阶数。

(1) 巴特沃斯数字滤波器。

(2) 切比雪夫数字滤波器。

【**6-12**】设 $h_a(t)$ 表示一个模拟滤波器的单位脉冲响应，即

$$h_a(t) = \begin{cases} e^{-0.9t} & ,t \geqslant 0 \\ 0 & ,t \geqslant 0 \end{cases}$$

用脉冲响应不变法，将此模拟滤波器转换成数字滤波器。用 $h(n)$ 表示单位脉冲响应，即 $h(n) = h_a(nT)$。确定系统函数 $H(z)$，并把 T 作为参数。试证明：T 为任何值时，数字滤波器都是稳定的，并说明数字滤波器近似为低通滤波器还是高通滤波器。

【**6-13**】假设某模拟滤波器 $H_a(s)$ 是一个低通滤波器，又已知 $H(z) = H_a(s)\big|_{s=\frac{z+1}{z-1}}$，则数字滤波器 $H(z)$ 的通带中心位于下面那种情况？并说明原因。

(1) $\omega = 0$（低通）。

(2) $\omega = \pi$（高通）。

(3) 除 0 或 π 以外的某一频率（带通）。

【**6-14**】题图 6-14 所示是由 R、C 组成的模拟滤波器，写出其系统函数 $H_a(s)$，并选用一种合适的转换方法，将 $H_a(s)$ 转换成数字滤

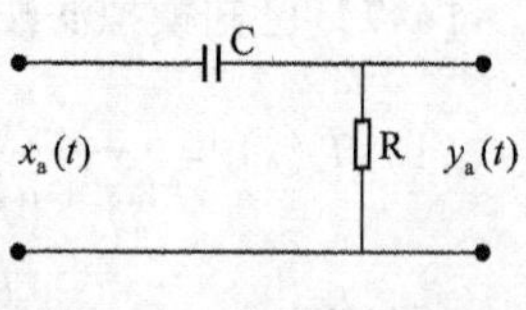

题图 6-14　模拟滤波器电路

波器 $H(z)$，最后画出其网络结构图。

【6-15】设计低通数字滤波器，要求通带内频率低于 0.2πrad 时，容许幅度误差在 1dB 之内；频率在 0.3π 到 π 之间的阻带衰减大于 10dB。试采用巴特沃斯模拟滤波器进行设计，分别用脉冲响应不变法和双线性变换法进行转换，采用间隔 $T=1$ms。

【6-16】设计一个数字高通滤波器，要求通带截止频率 $\omega_p=0.8\pi$rad，通带衰减不大于 3dB，阻带截止频率 $\omega_s=0.5\pi$rad，阻带衰减不小于 18dB。试采用巴特沃斯滤波器进行设计。

【6-17】设计一个数字带通滤波器，通带范围为 0.25πrad 到 0.45πrad，通带内最大衰减为 3dB，0.15πrad 以下和 0.55πrad 以上为阻带，阻带内最小衰减为 15dB。试采用巴特沃斯模拟低通滤波器进行设计。

【6-18】某一离散时间系统的系统函数为

$$H(z)=\frac{2}{1-\mathrm{e}^{-0.2}z^{-1}}-\frac{1}{1-\mathrm{e}^{-0.4}z^{-1}}$$

（1）假设这个离散时间系统是用 $T_d=2$ 的脉冲响应不变法来设计的，即 $h(n)=2h_c(2n)$，其中 $h_c(t)$ 为实数。求出一个连续时间滤波器的系统函数 $H_c(s)$，它可以作为设计的基础。答案是唯一的吗？如果不是，则请求出另一个系统函数 $H_c(s)$。

（2）假设 $H(z)$ 可用 $T_d=2$ 的双线性变换法得出，求可以作为设计基础的 $H_c(s)$。答案是唯一的吗？如果不是，则请求出另一个系统函数 $H_c(s)$。

【6-19】说明如何利用混叠来实现自己感兴趣的频率响应特性。理想因果模拟低通滤波器的单位冲激响应 $h_a(t)$ 的频率响应为

$$H_a(\mathrm{j}\Omega)=\begin{cases}1, & |\Omega|<\Omega_p\\ 0, & \text{其他}\end{cases}$$

设 $H_1(\mathrm{e}^{\mathrm{j}\omega})$ 和 $H_2(\mathrm{e}^{\mathrm{j}\omega})$ 是在 $t=nT$ 时通过对 $h_a(t)$ 采样得到的数字滤波器的频率响应，其中，T 分别等于 $3\pi/2\Omega_p$ 和 π/Ω_p。再假设传输函数被归一化，以使 $H_1(\mathrm{e}^{\mathrm{j}0})=H_2(\mathrm{e}^{\mathrm{j}0})=1$。

（1）画出题图 6-19 中两个数字滤波器的频率响应 $G_1(\mathrm{e}^{\mathrm{j}\omega})$ 和 $G_2(\mathrm{e}^{\mathrm{j}\omega})$。

（2）$G_1(z)$ 和 $G_2(z)$ 是哪种类型的滤波器（如低通、高通等）？

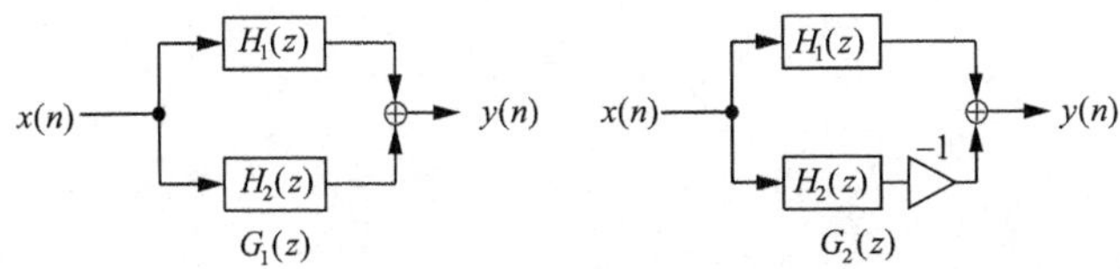

题图 6-19　数字滤波器系统框图

【6-20】假设要设计一个高通滤波器，满足下列技术指标：

$$0.04<H(\mathrm{e}^{\mathrm{j}\omega})<0.04,\quad |\omega|\leqslant 0.2\pi$$

$$0.995<H(\mathrm{e}^{\mathrm{j}\omega})<1.005,\quad 0.3\pi\leqslant|\omega|\leqslant\pi$$

该滤波器是利用双线性变换法且取 $T=2$ms 通过一个原型连续时间滤波器来设计的。为了保证满足离散时间滤波器的技术指标，则用于设计原型连续时间滤波器的技术指标是什么？

【6-21】利用双线性变换法设计一个 0.5dB 截止频率为 4kHz，且在 20kHz 处有最小阻带衰减

为45dB的巴特沃斯数字低通滤波器，其采样率为80kHz。利用公式求解原型模拟滤波器的阶数，再利用MATLAB软件中的M文件buttap设计模拟低通原型滤波器。用M文件bilinear将模拟滤波器系统函数变换成所要求的数字系统函数。用MATLAB画出其增益和相频响应，并显示设计的全部步骤。

【6-22】利用脉冲响应不变法和双线性变换法，分别设计一个通带截止频率为4kHz、通带波纹为0.5dB以及在20kHz处有一个最小阻带衰减为45dB的巴特沃斯数字低通滤波器，其采样频率为80kHz。原型模拟滤波器的阶数由公式确定，再用MATLAB软件中的M文件cheblap设计模拟低通原型滤波器。用M文件bilinear将模拟滤波器系统函数变换成所需的数字滤波器系统函数。用MATLAB画出增益和相频响应，并显示设计的全部步骤。

第 7 章 FIR 数字滤波器设计

本章介绍 FIR 数字滤波器的设计方法，知识导图如下。

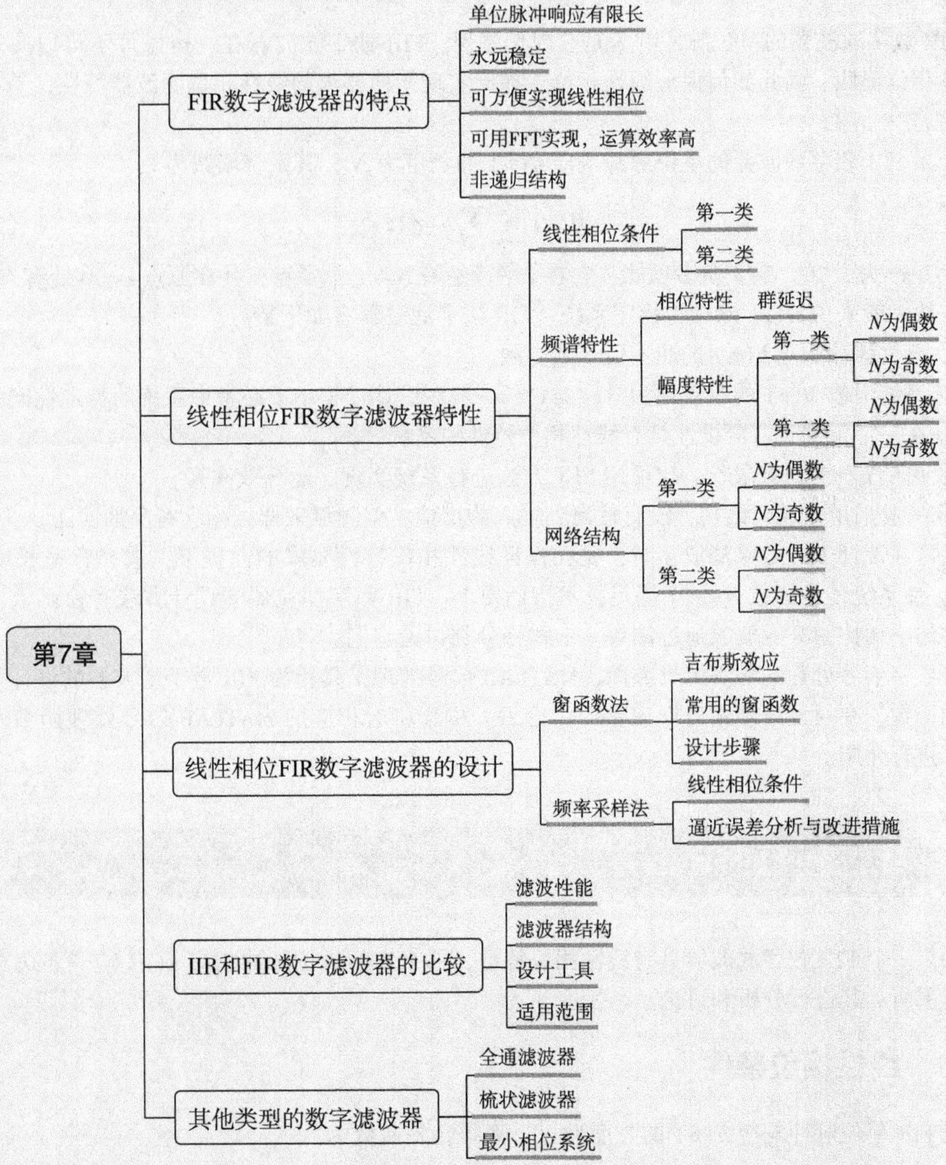

- 第7章
  - FIR数字滤波器的特点
    - 单位脉冲响应有限长
    - 永远稳定
    - 可方便实现线性相位
    - 可用FFT实现，运算效率高
    - 非递归结构
  - 线性相位FIR数字滤波器特性
    - 线性相位条件
      - 第一类
      - 第二类
    - 频谱特性
      - 相位特性
        - 群延迟
      - 幅度特性
        - 第一类
          - N为偶数
          - N为奇数
        - 第二类
          - N为偶数
          - N为奇数
    - 网络结构
      - 第一类
        - N为偶数
        - N为奇数
      - 第二类
        - N为偶数
        - N为奇数
  - 线性相位FIR数字滤波器的设计
    - 窗函数法
      - 吉布斯效应
      - 常用的窗函数
      - 设计步骤
    - 频率采样法
      - 线性相位条件
      - 逼近误差分析与改进措施
  - IIR和FIR数字滤波器的比较
    - 滤波性能
    - 滤波器结构
    - 设计工具
    - 适用范围
  - 其他类型的数字滤波器
    - 全通滤波器
    - 梳状滤波器
    - 最小相位系统

图 7-0-1　第 7 章知识导图

第 6 章介绍了有关 IIR 数字滤波器的设计及其 MATLAB 实现方法，由于设计 IIR 数字滤波器保留了模拟滤波器的一些特性，故其得到了广泛应用。但这是以牺牲相频特性为代价的。换言之，在 IIR 数字滤波器的设计过程中，只是对滤波器的幅频特性进行了研究，并获得了良好的幅频特性，而没有考虑相频特性，所以 IIR 数字滤波器的相位特性通常是非线性的。这在许多实际的电子系统中是不能满足要求的，如在图像处理与数据传输等波形传输系统中，既要求有满意的幅度特性，又要求有线性相位特性。在这方面，FIR 有其独特的优点，它可以在设计任意幅频特性的同时，保证精确、严格的线性相位特性。

7.1 FIR 数字滤波器的特点

FIR 数字滤波器的单位脉冲响应是有限长序列。FIR 数字滤波器在一定条件下可以实现理想的线性相位特性。因此如何保证线性相位、如何实现指标要求的线性相位滤波器特性，是本章的主要内容。

如果 FIR 数字滤波器的单位脉冲响应 $h(n)$ 的长度为 N，其系统函数为

$$H(z) = \sum_{n=0}^{N-1} h(n) z^{-n} \tag{7-1-1}$$

式中，$H(z)$ 为 z^{-1} 的 $N-1$ 阶多项式，它在 z 平面上有 $N-1$ 个零点，并在原点 $z=0$ 处有 $N-1$ 重极点。故一般来说 $H(z)$ 永远为稳定系统。FIR 数字滤波器有如下特点。

① 单位脉冲响应 $h(n)$ 的非零值个数有限。

② 系统函数 $H(z)$ 的收敛域为 $|z|>0$，一般在设计过程中不必考虑系统的稳定性问题。

③ 在一定条件下，可设计具有线性相位特性的系统。

④ 由于 $h(n)$ 为有限长，故可用 FFT 方法进行系统实现，运算效率高。

⑤ 一般采用非递归结构，没有输出到输入的反馈，但频域采样结构含有反馈回路。

通常在设计 FIR 数字滤波器时，要在保证线性相位特性要求的前提下，选择合适长度 N 的 $h(n)$，使系统传输函数 $H(\mathrm{e}^{\mathrm{j}\omega})$ 满足技术指标要求。FIR 数字滤波器的设计方法有窗函数法、频域采样法、切比雪夫等波纹逼近法等。本章将分别讨论它们。

在数字信号处理的仿真工具方面，MATLAB 信号处理工具箱为 FIR 数字滤波器的设计提供了丰富的函数。在对设计理论进行完整的讨论后，本章将对相应的 MATLAB 信号处理函数及其使用方法进行介绍。

7.2 线性相位 FIR 数字滤波器

如果一个 FIR 数字滤波器具有线性相位特性，那么它的单位脉冲响应 $h(n)$ 应具备怎样的特征呢？下面对其进行分析和讨论。

7.2.1 线性相位条件

设 FIR 单位脉冲响应 $h(n)$ 的长度为 N，系统传输函数为

$$H(\mathrm{e}^{\mathrm{j}\omega}) = \sum_{n=0}^{N-1} h(n) \mathrm{e}^{-\mathrm{j}\omega n} \tag{7-2-1}$$

或表示为

$$H(e^{j\omega}) = H_g(\omega)e^{j\theta(\omega)} \tag{7-2-2}$$

式中，$H_g(\omega)$ 被称为幅度特性；$\theta(\omega)$ 被称为相位特性。其中，$H_g(\omega)$ 为 ω 的实函数，可能取负值，这一点与 $|H(e^{j\omega})|$ 不同，而 $|H(e^{j\omega})|$ 总是取正值。线性相位指 $\theta(\omega)$ 是 ω 的线性函数，即

$$\theta(\omega) = -\tau\omega,\quad \tau\text{ 为常数} \tag{7-2-3}$$

或者，$\theta(\omega)$ 可表示为

$$\theta(\omega) = \theta_0 - \tau\omega,\quad \theta_0\text{ 是起始相位} \tag{7-2-4}$$

严格地说，此时 $\theta(\omega)$ 不具有线性相位，但以上两种情况都满足群延时是一个常数，即

$$\frac{d\theta(\omega)}{d\omega} = -\tau$$

也称这种情况为线性相位。一般称满足式（7-2-3）的相位是第一类线性相位；满足式（7-2-4）的相位是第二类线性相位。

满足第一类线性相位的条件是：$h(n)$ 是实序列且对 $(N-1)/2$ 偶对称，即

$$h(n) = h(N-n-1) \tag{7-2-5}$$

满足第二类线性相位的条件是：$h(n)$ 是实序列且对 $(N-1)/2$ 奇对称，即

$$h(n) = -h(N-n-1) \tag{7-2-6}$$

下面分别对这两种情况的线性相位条件进行证明。

1. 第一类线性相位条件证明

已知 FIR 数字滤波器系统函数为

$$H(z) = \sum_{n=0}^{N-1} h(n)z^{-n}$$

将式（7-2-5）代入上式得到

$$H(z) = \sum_{n=0}^{N-1} h(N-n-1)z^{-n}$$

令 $m = N-n-1$，则有

$$H(z) = \sum_{m=0}^{N-1} h(m)z^{-(N-m-1)} = z^{-(N-1)}\sum_{m=0}^{N-1} h(m)z^{m}$$

$$H(z) = z^{-(N-1)}H(z^{-1}) \tag{7-2-7}$$

按照式（7-2-7），可以将系统函数 $H(z)$ 表示为

$$H(z) = \frac{1}{2}[H(z) + z^{-(N-1)}H(z^{-1})] = \frac{1}{2}\sum_{n=0}^{N-1} h(n)[z^{-n} + z^{-(N-1)}z^{n}]$$

$$= z^{-(N-1)/2}\sum_{n=0}^{N-1} h(n)\left[\frac{1}{2}\left(z^{-n+\frac{N-1}{2}} + z^{n-\frac{N-1}{2}}\right)\right]$$

将 $z = e^{j\omega}$ 代入上式，得到

$$H(e^{j\omega}) = e^{-j\omega(N-1)/2}\sum_{n=0}^{N-1} h(n)\cos\left[\left(n-\frac{N-1}{2}\right)\omega\right]$$

如果将上式写为式（7-2-2）的形式，则幅度特性 $H_g(\omega)$ 和相位特性 $\theta(\omega)$ 分别为

$$H_g(\omega) = \sum_{n=0}^{N-1} h(n)\cos\left[\left(n-\frac{N-1}{2}\right)\omega\right] \tag{7-2-8}$$

$$\theta(\omega) = -\frac{(N-1)}{2}\omega \tag{7-2-9}$$

由式（7-2-9）可以得出，群时延 $\tau = (N-1)/2$。所以，只要 $h(n)$ 为实序列，且满足条件

式（7-2-5），那么该滤波器就是第一类线性相位。也就是说，第一类线性相位 FIR 数字滤波器要求 $h(n)$ 必须在 $n=(N-1)/2$ 处为偶对称，此时信号通过滤波器会产生 $\tau=(N-1)/2$ 个采样周期的延时。

2. 第二类线性相位条件证明

与第一类线性相位条件的证明过程类似，已知 FIR 数字滤波器系统函数为

$$H(z)=\sum_{n=0}^{N-1}h(n)z^{-n}$$

将式（7-2-6）代入上式得到

$$H(z)=-\sum_{n=0}^{N-1}h(N-n-1)z^{-n}$$

令 $m=N-n-1$，则有

$$H(z)=-\sum_{m=0}^{N-1}h(m)z^{-(N-m-1)}=-z^{(N-1)}\sum_{m=0}^{N-1}h(m)z^{m}=-z^{-(N-1)}H(z^{-1}) \tag{7-2-10}$$

按照式（7-2-10），可以将系统函数 $H(z)$ 表示为

$$\begin{aligned}H(z)&=\frac{1}{2}\left[H(z)-z^{-(N-1)}H(z^{-1})\right]=\frac{1}{2}\sum_{n=0}^{N-1}h(n)\left[z^{-n}-z^{-(N-1)}z^{n}\right]\\&=z^{-(N-1)/2}\sum_{n=0}^{N-1}h(n)\left[\frac{1}{2}\left(z^{-n+\frac{N-1}{2}}-z^{n-\frac{N-1}{2}}\right)\right]\end{aligned}$$

将 $z=\mathrm{e}^{\mathrm{j}\omega}$ 代入上式，得到

$$\begin{aligned}H(\mathrm{e}^{\mathrm{j}\omega})&=-\mathrm{j}\mathrm{e}^{-\mathrm{j}\omega(N-1)/2}\sum_{n=0}^{N-1}h(n)\sin\left[\left(n-\frac{N-1}{2}\right)\omega\right]\\&=\mathrm{e}^{-\mathrm{j}\omega\frac{N-1}{2}-\mathrm{j}\frac{\pi}{2}}\sum_{n=0}^{N-1}h(n)\sin\left[\left(n-\frac{N-1}{2}\right)\omega\right]\end{aligned}$$

如果将上式写为式（7-2-2）的形式，则幅度特性 $H_{\mathrm{g}}(\omega)$ 和相位特性 $\theta(\omega)$ 分别为

$$H_{\mathrm{g}}(\omega)=\sum_{n=0}^{N-1}h(n)\sin\left[\left(n-\frac{N-1}{2}\right)\omega\right] \tag{7-2-11}$$

$$\theta(\omega)=-\frac{(N-1)}{2}\omega-\frac{\pi}{2} \tag{7-2-12}$$

由式（7-2-12）可以得出，群时延 $\tau=(N-1)/2$。所以，只要 $h(n)$ 为实序列，且满足条件式（7-2-6），那么该滤波器的相位就是第二类线性相位。也就是说，第二类线性相位 FIR 数字滤波器要求 $h(n)$ 必须在 $n=(N-1)/2$ 处为奇对称，此时信号通过滤波器所产生的延时同样为 $\tau=(N-1)/2$ 个采样周期。与第一类线性相位条件的区别是，通过它的所有信号还会产生 $\pi/2$ 的固定相移。

7.2.2 线性相位 FIR 数字滤波器幅度特性

两类线性相位条件可写为

$$h(n)=\pm h(N-n-1)$$

其系统函数为

$$H(z)=\sum_{n=0}^{N-1}h(n)z^{-n}$$

考察其幅度特性，从式（7-2-8）和式（7-2-11）可以看出，当 $h(n)$ 的长度 N 取偶数或者奇数时，对 $H_{\mathrm{g}}(\omega)$ 将有不同的影响。所以，对于两类线性相位，下面分 4 种情况对幅度特性进行

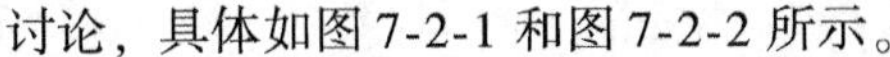

讨论，具体如图 7-2-1 和图 7-2-2 所示。

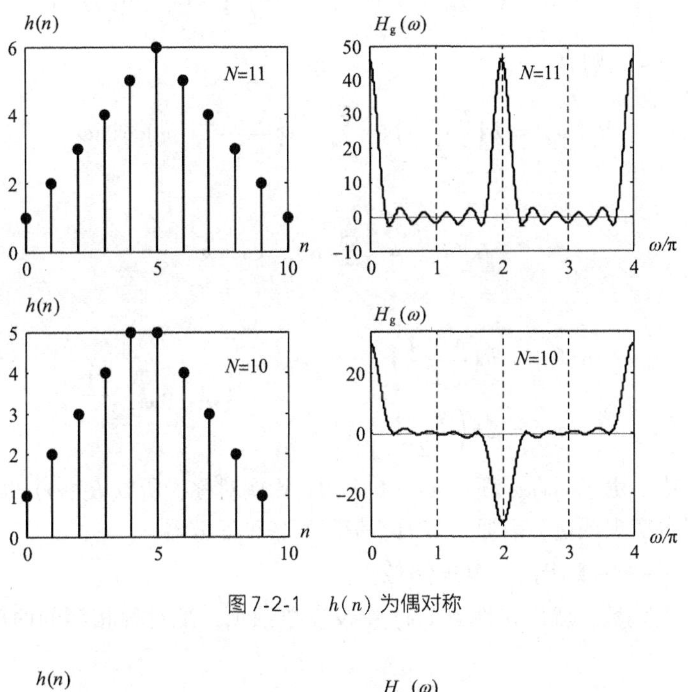

图 7-2-1 $h(n)$ 为偶对称

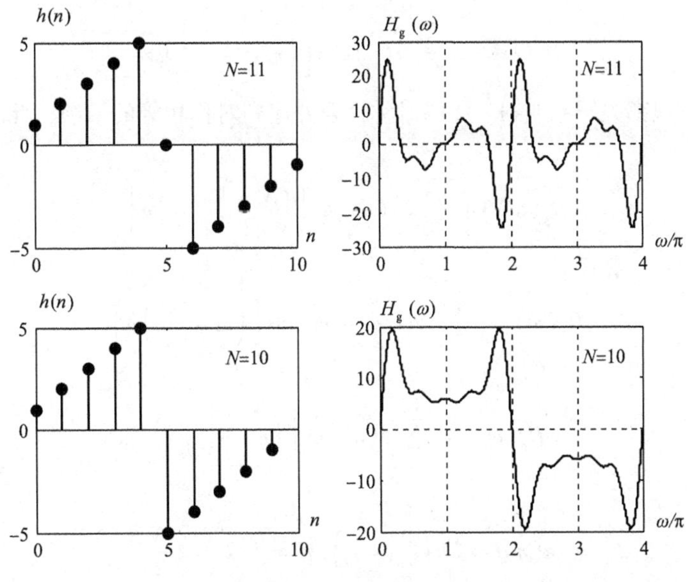

图 7-2-2 $h(n)$ 为奇对称

1. $h(n)=h(N-n-1)$ 时， $N=$ 奇数

在这种情况下，由式（7-2-8）可知，幅度特性为

$$H_g(\omega) = \sum_{n=0}^{N-1} h(n)\cos\left[\left(n - \frac{N-1}{2}\right)\omega\right]$$

式中，$h(n)$ 和余弦项都关于 $(N-1)/2$ 为偶对称，合并序列对称相等的项，由于 N 为奇数，中间项 $n=(N-1)/2$ 为独立项。此时幅度特性可表示为

$$H_g(\omega) = h\left(\frac{N-1}{2}\right) + \sum_{n=0}^{(N-3)/2} 2h(n)\cos\left[\left(n - \frac{N-1}{2}\right)\omega\right]$$

令 $m = \frac{N-1}{2} - n$，则有

$$H_g(\omega) = h\left(\frac{N-1}{2}\right) + \sum_{m=1}^{(N-1)/2} 2h\left(\frac{N-1}{2} - m\right)\cos m\omega$$

上式可以整理为

$$H_g(\omega) = \sum_{n=0}^{(N-1)/2} a(n)\cos n\omega \tag{7-2-13}$$

式中

$$\begin{cases} a(0) = h\left(\frac{N-1}{2}\right), \\ a(n) = 2h\left(\frac{N-1}{2} - n\right), \end{cases} \quad n = 1,2,\cdots,\frac{N-1}{2} \tag{7-2-14}$$

式（7-2-13）中，由于 $\cos n\omega$ 项对 $\omega = 0,\pi,2\pi$ 均偶对称，所以 $H_g(\omega)$ 也关于 $\omega = 0,\pi,2\pi$ 偶对称。这种情况可实现低通、高通、带通、带阻等各种滤波器。

2. $h(n) = h(N-n-1)$时， N=偶数

此时，由于 N 为偶数，幅度特性 $H_g(\omega)$ 中没有单独项，把对称相等的两项进行合并，构成 $N/2$ 项。

$$H_g(\omega) = \sum_{n=0}^{N-1} h(n)\cos\left[\left(n - \frac{N-1}{2}\right)\omega\right]$$

式中，$h(n)$ 和余弦项都关于 $(N-1)/2$ 偶对称，合并序列对称相等的两项，此时幅度特性可表示为

$$H_g(\omega) = \sum_{n=0}^{N/2-1} 2h(n)\cos\left[\left(\frac{N-1}{2} - n\right)\omega\right]$$

令 $m = N/2 - n$，则有

$$H_g(\omega) = \sum_{m=1}^{N/2} 2h\left(\frac{N}{2} - m\right)\cos\left[\left(m - \frac{1}{2}\right)\omega\right]$$

上式可写成

$$H_g(\omega) = \sum_{n=1}^{N/2} b(n)\cos\left[\left(n - \frac{1}{2}\right)\omega\right] \tag{7-2-15}$$

式中

$$b(n) = 2h\left(\frac{N}{2} - n\right), n = 1,2,\cdots,\frac{N}{2} \tag{7-2-16}$$

式（7-2-15）中，当 $\omega = \pi$ 时，$\cos\left[\left(n - \frac{1}{2}\right)\pi\right] = 0$，此时余弦项关于 $\omega = \pi$ 为奇对称，余弦项关于 $\omega = 0$ 和 $\omega = 2\pi$ 为偶对称，所以 $H_g(\omega)$ 也关于 $\omega = \pi$ 为奇对称，关于 $\omega = 0$ 和 $\omega = 2\pi$ 为偶对称。由于 $H_g(\pi) = 0$，故这种情况只适合于实现低通、带通滤波器，不适合于实现高通、带阻滤波器。

3. $h(n) = -h(N-n-1)$时， N=奇数

在这种情况下，由式（7-2-11）可知，幅度特性为

$$H_g(\omega) = \sum_{n=0}^{N-1} h(n)\sin\left[\left(\frac{N-1}{2} - n\right)\omega\right]$$

由于 $h(n) = -h(N-n-1)$，当 $n = (N-1)/2$ 时，有

$$h\left(\frac{N-1}{2}\right) = -h\left(\frac{N-1}{2}\right) = 0$$

即 $h(n)$ 关于 $n = (N-1)/2$ 奇对称时，中间项为零。另外，$H_g(\omega)$ 中正弦项也关于 $(N-1)/2$ 奇对称，故 $H_g(\omega)$ 关于 $n = (N-1)/2$ 偶对称。合并序列对称相等的两项，可得 $(N-1)/2$ 项。此时幅度特性可表示为

$$H_g(\omega) = \sum_{n=0}^{(N-3)/2} 2h(n)\sin\left[\left(\frac{N-1}{2} - n\right)\omega\right]$$

令 $m = (N-1)/2 - n$，则有

$$H_g(\omega) = \sum_{m=1}^{(N-1)/2} 2h\left(\frac{N-1}{2} - m\right)\sin m\omega$$

上式可写成

$$H_g(\omega) = \sum_{n=1}^{(N-1)/2} c(n)\sin n\omega \tag{7-2-17}$$

式中

$$c(n) = 2h\left(\frac{N-1}{2} - n\right),\quad n = 1,2,\cdots,\frac{N-1}{2} \tag{7-2-18}$$

此时由于 $H_g(\omega)$ 在 $\omega = 0,\pi,2\pi$ 时，正弦项为零，并关于 $\omega = 0,\pi,2\pi$ 奇对称，所以 $H_g(\omega)$ 也关于 $\omega = 0,\pi,2\pi$ 呈奇对称形式。由于 $H_g(0) = H_g(\pi) = H_g(2\pi) = 0$，故这种情况只适合于实现带通滤波器，其他类型的滤波器均不适合采用。

4. $h(n) = -h(N-n-1)$时，N=偶数

此时，由于 N 为偶数，幅度特性 $H_g(\omega)$ 中没有单独项，合并对称相等的两项，构成 $N/2$ 项。

$$H_g(\omega) = \sum_{n=0}^{N-1} h(n)\sin\left[\left(\frac{N-1}{2} - n\right)\omega\right]$$

式中，$h(n)$ 和正弦项都关于 $(N-1)/2$ 奇对称，故 $H_g(\omega)$ 关于 $n = (N-1)/2$ 偶对称。合并序列对称相等的两项，可得 $N/2$ 项。此时幅度特性可表示为

$$H_g(\omega) = \sum_{n=0}^{N/2-1} 2h(n)\sin\left[\left(\frac{N-1}{2} - n\right)\omega\right]$$

令 $m = N/2 - n$，则有

$$H_g(\omega) = \sum_{m=0}^{N/2} 2h\left(\frac{N}{2} - m\right)\sin\left[\left(m - \frac{1}{2}\right)\omega\right]$$

上式可写成

$$H_g(\omega) = \sum_{n=1}^{N/2} d(n)\sin\left[\left(n - \frac{1}{2}\right)\omega\right] \tag{7-2-19}$$

式中

$$d(n) = 2h\left(\frac{N}{2} - n\right),\quad n = 1,2,\cdots,\frac{N}{2} \tag{7-2-20}$$

此时由于 $H_g(\omega)$ 的正弦项在 $\omega = 0,2\pi$ 处为零，并关于 $\omega = 0,2\pi$ 奇对称，因此 $H_g(\omega)$ 关于 $\omega = 0,2\pi$ 奇对称；另外正弦项关于 $\omega = \pi$ 偶对称，故 $H_g(\omega)$ 关于 $\omega = \pi$ 偶对称。由于 $H_g(0) = H_g(2\pi) = 0$，故这种情况适合于实现高通或带通滤波器，不适合于低通和带阻滤波器的设计。

上面分析了 4 种情况下的线性 FIR 数字滤波器的幅度特性，其序列与幅度特性如图 7-2-1 和图 7-2-2 所示，从上述两张图中可以清楚地看到在各种条件下幅度特性的对称情况。由于滤波器

的幅度特性与 $h(n)$ 的奇、偶性关系密切，在进行滤波器设计时，必须首先根据滤波器的通带特性确定 $h(n)$ 的对称形式和 $h(n)$ 的长度，否则可能无法设计出所需的滤波器。如要设计高通滤波器，则只能选情况 1 和情况 4；如要设计低通滤波器，则只能选情况 1 和情况 2。另外，第二类线性相位 FIR 数字滤波器，即上面第 3、4 两种情况，任何频率信号通过该类滤波器都有一固定的 π/2 相移，一般微分器及 π/2 相移器多采用其来实现。

7.2.3 零点分布特点

FIR 数字滤波器的系统函数如下

$$H(z) = \sum_{n=0}^{N-1} h(n) z^{-n}$$

由式（7-2-7）、式（7-2-10）可知，线性相位 FIR 数字滤波器的 $H(z)$ 满足关系

$$H(z) = \pm z^{-(N-1)} H(z^{-1}) \tag{7-2-21}$$

从式（7-2-21）看出，线性相位 FIR 数字滤波器的系统函数的零点分布具有如下特点：如果 $z = z_i$ 是 $H(z)$ 的零点，则其倒数 z_i^{-1} 也必然是其零点；由于 $h(n)$ 是实序列，故 $H(z)$ 的零点必定共轭成对，所以 z_i^* 和 $(z_i^{-1})^*$ 也是其零点。由以上分析可知，线性相位 FIR 数字滤波器零点分布的特点是零点必须是互为倒数的共轭对，只要知道其中一个，其他三个也就确定了。

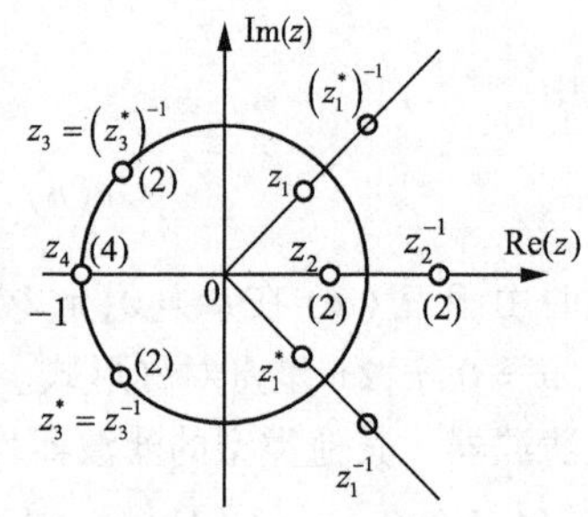

图 7-2-3　线性相位 FIR 数字滤波器的零点分布

一般情况下，零点为复数，则 z_1、z_1^{-1}、z_1^*、$(z_1^*)^{-1}$ 均以零点出现，如图 7-2-3 所示。如果零点是实数，但不在单位圆上，则共轭是其本身，所以只有两个不同值零点，如图 7-2-3 中的 z_2、z_2^{-1}。如果零点为复数且在单位圆上，则只有两个不同值零点，如图 7-2-3 中 z_3、z_3^*，此时 $z_3 = (z_3^*)^{-1}$，$z_3^* = z_3^{-1}$。如果零点为实数且在单位圆上，则只有一个不同值零点，如图 7-2-3 中 z_4。$z_i = \pm 1$ 时均为一个零点。

零点分布特点

7.2.4 线性相位网络结构

线性相位 FIR 数字滤波器满足

$$h(n) = \pm h(N-n-1) \tag{7-2-22}$$

当 N 为偶数时有

$$H(z) = \sum_{n=0}^{N-1} h(n) z^{-n} = \sum_{n=0}^{\frac{N}{2}-1} h(n) z^{-n} + \sum_{n=\frac{N}{2}}^{N-1} h(n) z^{-n}$$

对于第二个等式的后半部分，令 $n = N-m-1$，则有

$$H(z) = \sum_{n=0}^{\frac{N}{2}-1} h(n) z^{-n} + \sum_{m=0}^{\frac{N}{2}-1} h(N-m-1) z^{-(N-m-1)}$$

将其代入式（7-2-22），得到

$$H(z) = \sum_{n=0}^{\frac{N}{2}-1} h(n) \left[z^{-n} \pm z^{-(N-n-1)} \right] \tag{7-2-23}$$

当 N 为奇数时

$$H(z) = \sum_{n=0}^{(\frac{N-1}{2})-1} h(n)\left[z^{-n} \pm z^{-(N-n-1)}\right] + h\left(\frac{N-1}{2}\right)z^{-\frac{N-1}{2}} \tag{7-2-24}$$

式中，第一类线性相位条件满足时取“+”，第二类线性相位条件满足时取“-”。

根据式（7-2-23）和式（7-2-24）可画出各种情况下的线性相位网络结构如图 7-2-4 和图 7-2-5 所示，两图中第一类线性相位条件满足时，±1 系数项取 1；两图中第二类线性相位条件满足时，±1 系数项取 -1。和 FIR 直接型网络结构相比，线性相位网络结构具有较高的运算效率。直接型网络结构中 $h(n)$ 的长度为 N 时，需要 N 个乘法器，但对线性相位滤波器而言，N 为偶数时，需要 $N/2$ 个乘法器；N 为奇数时，需要 $(N+1)/2$ 个乘法器，此时也节约了近一半乘法器。

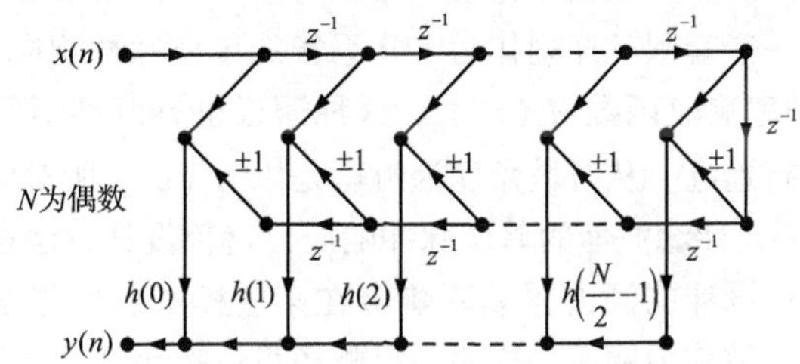

图 7-2-4　N 为偶数时线性相位网络结构

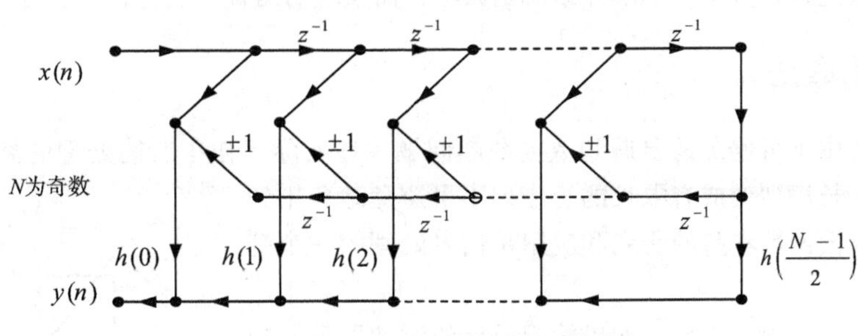

图 7-2-5　N 为奇数时线性相位网络结构

例 7-2-1　已知 FIR 数字滤波器的单位脉冲为

$$h(0) = -h(10) = 1,\quad h(1) = -h(9) = 2,\quad h(2) = -h(8) = 3$$
$$h(3) = -h(7) = 4,\quad h(4) = -h(6) = 5,\quad h(5) = 0$$

求该滤波器的幅度特性。

解　根据已知条件可知 $N = 11$，且 $h(n) = -h(N-1-n)$，可以判断出该滤波器属于第二类线性相位，即前面讲的第 3 种情况，且 N 为奇数，$(N-1)/2 = 5$。

根据已知条件，可以先求出 $c(n)$，即按照下式

$$c(n) = 2h\left(\frac{N-1}{2} - n\right) \quad n = 1,2\cdots\frac{N-1}{2}$$

可以求得

$$c(1) = 2h(5-1) = 10,\quad c(2) = 2h(5-2) = 8,\quad c(3) = 2h(5-3) = 6$$
$$c(4) = 2h(5-4) = 4,\quad c(5) = 2h(5-5) = 2,\quad c(0) = h(5) = 0$$

其幅度特性可按式（7-2-17）求得

$$H_g(\omega) = c(1)\sin\omega + c(2)\sin2\omega + c(3)\sin3\omega + c(4)\sin4\omega + c(5)\sin5\omega$$

$$= 10\sin\omega + 8\sin 2\omega + 6\sin 3\omega + 4\sin 4\omega + 2\sin 5\omega$$

其序列图和幅度特性如图 7-2-2 中 $N = 11$ 条件下的图形所示。

7.3 利用窗函数设计 FIR 数字滤波器

FIR 数字滤波器的设计方法与 IIR 数字滤波器有很大的不同，实际应用中要求的 FIR 数字滤波器一般具有线性相位，所以需要从幅频特性和相频特性两个方面来要求设计。FIR 数字滤波器设计的基本思想就是寻求一个有限长序列作为 FIR 系统的单位脉冲响应 $h(n)$，使其频率响应函数 $H(\mathrm{e}^{\mathrm{j}\omega})$ 逼近所期望的频率响应函数 $H_{\mathrm{d}}(\mathrm{e}^{\mathrm{j}\omega})$。这种逼近也有两种不同的途径，即从时域角度进行逼近或从频域角度进行逼近。从时域角度逼近就是以 $H_{\mathrm{d}}(\mathrm{e}^{\mathrm{j}\omega})$ 所对应的 $h_{\mathrm{d}}(n)$ 为目标，构造一个有限长的 $h(n)$ 作为所设计滤波器的单位脉冲响应，这种设计方法被称为窗函数法。从频域角度出发的逼近，则是使所设计的滤波器频率响应在某些样本点处与期望特性相同，以此达到逼近的目的，这种设计方法被称为频域采样法。另外还可以按照某种最佳逼近准则，使所设计的滤波器在此准则下最优，以此来达到满足性能指标的最优滤波器设计。最优等波纹线性相位滤波器设计方法就是这种方法。本节介绍窗函数法，而频域的两种方法将在后面两节介绍。

7.3.1 窗函数法

在信号处理中不可避免地要遇到数据截断问题，在实际工作中所能处理的离散序列总是有限长的，把一个长序列变成有限长的短序列不可避免地要用到窗函数。因此，窗函数本身的研究和应用是信号处理的一个基本问题。

根据窗函数法的设计思想，如果希望设计的滤波器系统频率响应函数为 $H_{\mathrm{d}}(\mathrm{e}^{\mathrm{j}\omega})$，$h_{\mathrm{d}}(n)$ 是与其对应的单位脉冲响应，以一个截止频率为 ω_{c} 的线性相位数字低通滤波器为例，假定该系统的延时为 α，如图 7-3-1 所示，则其理想的频率响应函数为

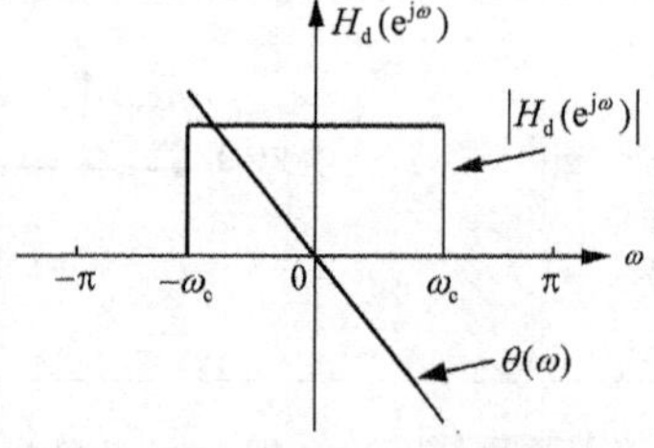

图 7-3-1 理想滤波器频率响应

$$H_{\mathrm{d}}(\mathrm{e}^{\mathrm{j}\omega}) = \sum_{n=-\infty}^{\infty} h_{\mathrm{d}}(n)\mathrm{e}^{-\mathrm{j}\omega n} = \begin{cases} \mathrm{e}^{-\mathrm{j}\omega\alpha}, & |\omega| \leqslant \omega_{\mathrm{c}} \\ 0, & \omega_{\mathrm{c}} < |\omega| \leqslant \pi \end{cases} \tag{7-3-1}$$

对式（7-3-1）可以进行 IDTFT，求得 $h_{\mathrm{d}}(n)$ 为

$$\begin{aligned} h_{\mathrm{d}}(n) &= \frac{1}{2\pi}\int_{-\pi}^{\pi} H_{\mathrm{d}}(\mathrm{e}^{\mathrm{j}\omega})\mathrm{e}^{\mathrm{j}\omega n}\mathrm{d}\omega \\ &= \frac{1}{2\pi}\int_{-\omega}^{\omega} \mathrm{e}^{-\mathrm{j}\omega\alpha}\mathrm{e}^{\mathrm{j}\omega n}\mathrm{d}\omega = \frac{\sin[\omega_{\mathrm{c}}(n-\alpha)]}{\pi(n-\alpha)} \end{aligned} \tag{7-3-2}$$

很显然，$h_{\mathrm{d}}(n)$ 是一个以 α 为中心偶对称的无限长、非因果序列。

由于理想低通滤波器是严格带限的，在边界频率处不连续，故其时域信号 $h_{\mathrm{d}}(n)$ 一定是无限时宽的序列，也是非因果的序列。$h_{\mathrm{d}}(n)$ 的波形如图 7-3-2（a）所示。那么为了得到一个理想低通特性的线性相位滤波器，我们应该怎样来设计呢？最直接的方法是从 $h_{\mathrm{d}}(n)$ 中截取有限长的一段，或在截取的同时对序列做加权修正，得到一个有限长度序列 $h(n)$。以此 $h(n)$ 作为所设计

的 FIR 数字滤波器的单位脉冲响应。这样，所设计的滤波器频率响应一定在某种程度上是对 $H_d(e^{j\omega})$ 的近似。如果从 $h_d(n)$ 截取一段有限长的 $h(n)$ 时，同时使之满足线性相位的约束条件，即使 $h(n)$ 具有对称性，则所设计的滤波器一定具有线性相位特性。由于从 $h_d(n)$ 中截取一段有限长的 $h(n)$，相当于将 $h_d(n)$ 与一个窗函数相乘，因此这种方法被称为窗函数法。

如果从 $h_d(n)$ 中截取一段因果、有限长的序列作为 $h(n)$，则可以用一个矩形窗函数 $R_N(n)$ 和 $h_d(n)$ 相乘。若截取后的序列为 $h(n)$，如图 7-3-2（c）所示，则 $h(n)$ 可用下式表示

$$h(n) = h_d(n)R_N(n) \tag{7-3-3}$$

如果在截取时保证满足线性相位约束条件，即 $h(n)$ 关于 $(N-1)/2$ 偶对称，则必须要求对称点 $\alpha = (N-1)/2$。从截取的原理看出序列 $h(n)$ 可以被认为是从一个矩形窗口看到的一部分 $h_d(n)$，如图 7-3-2 所示。

理想滤波器单位脉冲响应 $h_d(n)$ 经过矩形窗函数截断后变为 $h(n)$，即

$$h(n) = \begin{cases} h_d(n), & 0 \leqslant n \leqslant (N-1) \\ 0, & 其他 \end{cases} \tag{7-3-4}$$

截断后的结果如图 7-3-2（c）所示。

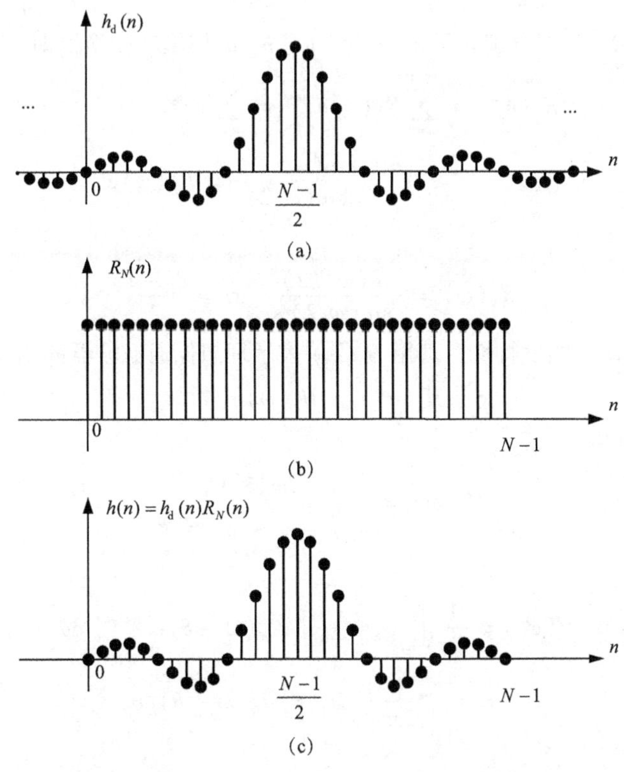

图 7-3-2 理想低通的单位脉冲响应和截取序列

截断

这样得到的长度为 N 的序列 $h(n)$ 作为滤波器的单位脉冲响应，通过对 $h(n)$ 做 Z 变换即可得到相应的 $H(z)$，表示为

$$H(z) = \sum_{n=0}^{N-1} h(n)z^{-n}$$

显然在保证 $h(n)$ 对称性的前提下，窗函数长度 N 越长，$h(n)$ 越接近 $h_d(n)$。但是误差是肯定存在的，这种误差被称为截断误差。表现在频域就是通常所说的吉布斯（Gibbs）效应。这种

吉布斯效应是由将 $h_d(n)$ 截断所引起的，所以也被称为截断效应。该效应引起通带内和阻带内的波动性，尤其使阻带的衰减变小，从而满足不了技术上的要求。下面讨论截断效应的形成和它的影响，以及在设计 FIR 数字滤波器时如何减小截断效应。

在截断时，由于加窗后无限长的 $h_d(n)$ 变为有限长的 $h(n)$，另外，由于 $H_d(e^{j\omega})$ 是一个以 2π 为周期的函数，可以展开成式（7-3-1）的形式，因此 $H(e^{j\omega})$ 仅是 $H_d(e^{j\omega})$ 的有限项傅里叶级数，表示为

$$H(e^{j\omega}) = \sum_{n=0}^{N-1} h(n)e^{-j\omega n} \tag{7-3-5}$$

对比式（7-3-1）和式（7-3-5），可以发现用 $H(e^{j\omega})$ 近似替代 $H_d(e^{j\omega})$，必然产生误差，而且在不连续的边界频率点附近引起误差较大。显然，选取傅里叶级数的项数越多，$H(e^{j\omega})$ 和 $H_d(e^{j\omega})$ 的误差就越小，但是长度越长，滤波器就越复杂，实现成本也就越大。所以应在满足技术要求的前提下，尽量减少 $h(n)$ 的长度。

对式（7-3-3）进行傅里叶变换，根据频域卷积定理，得到

$$H(e^{j\omega}) = \frac{1}{2\pi}H_d(e^{j\omega}) * R_N(e^{j\omega}) = \frac{1}{2\pi}\int_{-\pi}^{\pi} H_d(e^{j\theta})R_N(e^{j(\omega-\theta)})d\theta \tag{7-3-6}$$

式中，用 $H_d(e^{j\omega})$ 和 $R_N(e^{j\omega})$ 分别表示 $h_d(n)$ 和 $R_N(n)$ 的傅里叶变换，即

$$\begin{aligned} R_N(e^{j\omega}) &= \sum_{n=0}^{N-1} R_N(n)e^{-j\omega n} = \sum_{n=0}^{N-1} e^{-j\omega n} \\ &= e^{-j\frac{(N-1)}{2}\omega}\frac{\sin(\omega N/2)}{\sin(\omega/2)} = R_N(\omega)e^{-j\alpha\omega} \end{aligned} \tag{7-3-7}$$

式中

$$R_N(\omega) = \frac{\sin(\omega N/2)}{\sin(\omega/2)}, \quad \alpha = \frac{N-1}{2} \tag{7-3-8}$$

$R_N(\omega)$ 被称为矩形窗函数幅度特性，若用 $H_d(\omega)$ 表示理想低通滤波器的幅度特性，则

$$H_d(e^{j\omega}) = H_d(\omega)e^{-j\omega\alpha}$$

由式（7-3-1）可知

$$H_d(\omega) = \begin{cases} 1, & |\omega| \leqslant \omega_c \\ 0, & \omega_c < |\omega| \leqslant \pi \end{cases}$$

进而可得

$$\begin{aligned} H(e^{j\omega}) &= \frac{1}{2\pi}\int_{-\pi}^{\pi} H_d(\theta)e^{-j\alpha\theta}R_N(\omega-\theta)e^{-j(\omega-\theta)\alpha}d\theta \\ &= e^{-j\alpha\omega}\frac{1}{2\pi}\int_{-\pi}^{\pi} H_d(\theta)R_N(\omega-\theta)d\theta \end{aligned}$$

重写 $H(e^{j\omega})$ 得

$$H(e^{j\omega}) = H(\omega)e^{-j\alpha\omega}$$

$$H(\omega) = \frac{1}{2\pi}H_d(\omega) * R_N(\omega) = \frac{1}{2\pi}\int_{-\pi}^{\pi} H_d(\theta)R_N(\omega-\theta)d\theta \tag{7-3-9}$$

从式（7-3-9）可以看出，截取后的滤波器幅度特性是理想滤波器幅度特性和矩形窗函数幅度特性的卷积结果。

式（7-3-9）的卷积过程如图 7-3-3 所示。当 $\omega = 0$ 时，$H(0)$ 等于图 7-3-3（a）和图 7-3-3（b）两个波形的乘积积分，也就是对 $R_N(\omega)$ 在 $\pm\omega_c$ 之间波形的积分；当 $\omega_c \gg 2\pi/N$ 时，近似为

$\pm\pi$ 之间的积分。这里做归一化处理以使 $H(0)=1$。当 $\omega=\omega_c$ 时，如图7-3-3（c）所示，当 $\omega\gg 2\pi/N$ 时，近似为 $R_N(\theta)$ 的一半波形的积分，对 $H(0)$ 做归一化处理后的值为1/2。当 $\omega=\omega_c-(2\pi/N)$ 时，如图7-3-3（d）所示，$R_N(\theta)$ 的主瓣完全在 $\pm\omega_c$ 区间内，而且最大的一个负峰已移出 $\pm\omega_c$ 区间，所以积分值 $H(\omega)$ 取得最大峰值。当 $\omega=\omega_c+(2\pi/N)$ 时，如图7-3-3（e）所示，$R_N(\theta)$ 的主瓣完全移到了 $\pm\omega_c$ 之外，而且最大的一个负峰还完全留在 $\pm\omega_c$ 区间内，所以 $H(\omega)$ 在该点形成最大负峰。从图7-3-3可以看出，$H(\omega)$ 的最大正峰与最大负峰对应的频率之间相距 $4\pi/N$。通过以上分析，对理想滤波器 $h_d(n)$ 加矩形窗处理后，幅度特性从 $H_d(\omega)$ 变化为 $H(\omega)$，两者直接的差别有以下两点。

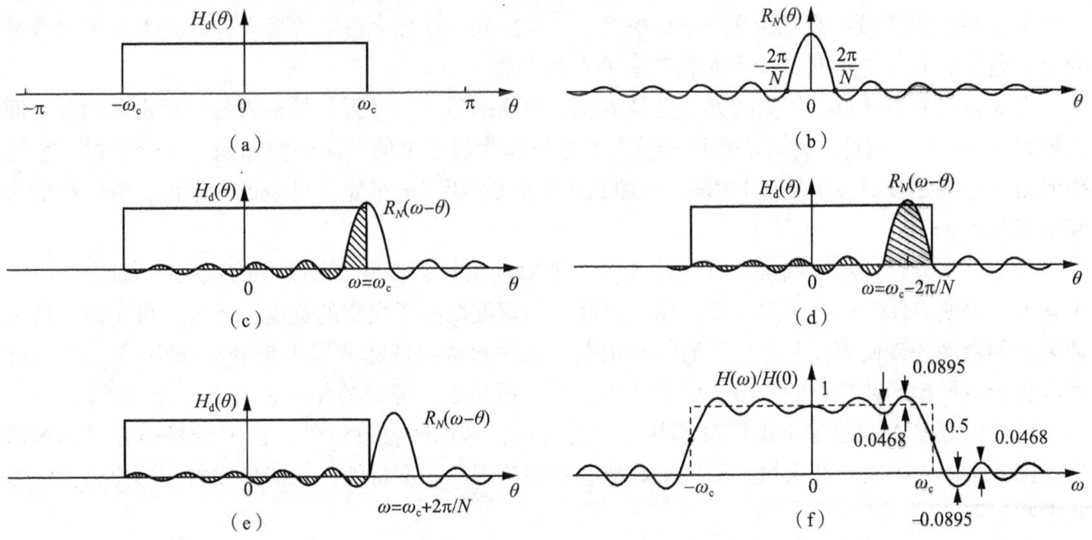

图7-3-3 矩形窗函数对理想低通幅度特性的影响

① 在理想特性的不连续点 $\omega=\omega_c$ 附近形成过渡带。过渡带的宽度近似等于 $R_N(\omega)$ 的主瓣宽度 $4\pi/N$。

② 通带内产生了波动，最大峰值出现在 $\omega=\omega_c-(2\pi/N)$ 处，阻带内产生了余振，最大负峰出现在 $\omega=\omega_c+(2\pi/N)$ 处。通带与阻带中波动的情况与矩形窗函数的幅度特性有关。N 越大，$R_N(\omega)$ 的波动越快，通带、阻带内的波动也就越快。$H(\omega)$ 波动的大小取决于 $R_N(\omega)$ 旁瓣的大小。

以上两点就是 $h_d(n)$ 用矩形窗截取后，在频域产生的反应，即吉布斯效应。吉布斯效应直接影响滤波器的性能，通带内的波动导致通带内的平稳性变差，阻带内的余振影响阻带内的衰减，这可能会使最小衰减不满足技术要求。通常滤波器设计都要求过渡带越窄越好，阻带衰减越大越好，所以设计滤波器的方法是使吉布斯效应的影响降低到最小。

从使用矩形窗对理想滤波器的影响看出，如果增大矩形窗的长度 N，可以减小矩形窗的主瓣宽度 $4\pi/N$，从而减小 $H(\omega)$ 过渡带的宽度，这是显而易见的。但是，增加 N 能否减小 $H(\omega)$ 的带内波动，增加阻带衰减呢？分析一下，$H(\omega)$ 的波动由 $R_N(\omega)$ 的旁瓣及余振引起，主要是第一旁瓣。在主瓣附近由于 ω 很小，故式（7-3-8）可写为

$$R_N(\omega)=\frac{\sin(\omega N/2)}{\sin(\omega/2)}\approx\frac{\sin(\omega N/2)}{\omega/2}\approx N\frac{\sin(x)}{x}$$

从上式可以看出，N 加大时，主瓣幅度增大，$R(0)=N$，同时旁瓣幅度也会增加。第一旁瓣

发生在 $\omega = 3\pi/2$ 处，则

$$R_N(3\pi/N) = \frac{\sin(3\pi N/2)}{\sin(3\pi/2N)} \approx \frac{2N}{3\pi}$$

旁瓣与主瓣幅度相比为

$$20\log\left(\frac{R(3\pi/2)}{R(0)}\right) = 20\log\left(\frac{1}{N}\cdot\frac{2N}{3\pi}\right) = -13.5\text{dB}$$

也就是说，随着 N 的增加，主、旁瓣将同步增加。并且旁瓣比主瓣低 13.5dB 。当 N 增加时，波动加快；当 $N\to\infty$ 时，$R_N(\omega)\to N\delta(\omega)$ 。由此分析，N 的增加并不能减小 $H(\omega)$ 的波动情况。从图7-3-3（f）可以看出，通带内最大肩峰比 $H(0)$ 高 8.95% ，阻带最大负峰的绝对值比零值大 8.95% ，所以阻带最小衰减为 $20\log(0.0895) = -21\text{dB}$ 。N 加大带来的最大好处是 $H(\omega)$ 过渡带变窄。因此加大 N 并不是减少吉布斯效应的有效方法。

上面介绍的估计过渡带宽的方法是从 $H(\omega)$ 曲线的最大肩峰到负的最大峰值所占的频带，即主瓣宽度 $4\pi/N$ 。这种估计方法将两峰值及其附近作为过渡带的一部分实际是不太合适的。较精确的估计应该是按 $H(\omega)$ 从 $0.1\,H(0)$ 增加到 $0.9\,H(0)$ 所占的带宽。对矩形窗来说，较精确的过渡带宽为 $1.8\pi/N$ 。

通过以上分析，从频域角度看，造成吉布斯效应的原因是由于矩形窗函数频谱的主瓣有一定宽度，它使 $H(\omega)$ 产生了过渡带，而且过渡带的宽度取决于主瓣的宽度；此外，由于矩形窗函数频谱的众多旁瓣使 $H(\omega)$ 产生了肩峰和余振，这种起伏会使滤波器阻带衰减减小。$H(\omega)$ 的起伏取决于矩形窗函数频谱的旁瓣，旁瓣越多，则余振越多；旁瓣的相对值越大，则肩峰越明显。增大窗口的宽度 N 只能缩小矩形窗函数主瓣的宽度，从而改善过渡带，但不会减小旁瓣的相对值，因此不能减少肩峰和余振。要想更好地改善滤波器的幅度特性，只能从改善矩形窗函数的形状上找出路。

综上所述，合乎要求的矩形窗函数应该符合以下标准。

① 主瓣宽度应尽量窄，以期获得较陡峭的过渡带特性。

② 旁瓣应尽量少，且其幅度与主瓣相比应尽可能小。也就是说，窗口频谱的能量应尽量集中于主瓣，借以减少肩峰与余振，从而增大阻带衰减。

一般来说，这两项要求很难同时满足，它们往往是互相矛盾的。在实际中，采用的矩形窗函数通常会将这两者适当折中。在保证主瓣宽度达到一定要求的情况下，往往会通过适当增大主瓣宽度来换取旁瓣波动的减小。

7.3.2 常用窗函数

下面介绍几种常用的窗函数。一个实际的滤波器的单位脉冲响应可表示为

$$h(n) = h_d(n)w(n)$$

式中，$w(n)$ 为截取函数，又称窗函数。设 $w(n)$ 的频谱函数为

$$W(e^{j\omega}) = W(\omega)e^{-j\alpha\omega}$$

（1）矩形窗

$$w_R(n) = R_N(n)$$

由前面分析结果可知，频谱函数按照式（7-3-7）可表示为

$$W_R(e^{j\omega}) = \frac{\sin(\omega N/2)}{\sin(\omega/2)}e^{-j\left(\frac{N-1}{2}\right)\omega} = W_R(\omega)e^{-j\left(\frac{N-1}{2}\right)\omega} \tag{7-3-10}$$

它的主瓣宽度为 $4\pi/N$，第一旁瓣比主瓣低 13dB 。

（2）三角窗

$$w_{Br}(n) = \begin{cases} 2n/(N-1), & 0 \leqslant n \leqslant (N-1)/2 \\ 2-2n/(N-1), & (N-1)/2 < n \leqslant (N-1) \end{cases}$$

其频谱函数为

$$W_{Br}(e^{j\omega}) = \frac{2}{N}\left[\frac{\sin(\omega N/4)}{\sin(\omega/2)}\right]^2 e^{-j(\frac{N-1}{2})\omega} = W_{Br}(\omega)e^{-j(\frac{N-1}{2})\omega} \tag{7-3-11}$$

它的主瓣宽度为 $8\pi/N$，第一旁瓣比主瓣低 25dB 。三角窗可以由两个矩形窗卷积构成。

（3）汉宁窗（又称升余弦窗）

$$w_{Hn}(n) = 0.5\left[1-\cos\left(\frac{2\pi n}{N-1}\right)\right]R_N(n)$$

$$\begin{aligned} W_{Hm}(e^{j\omega}) &= \left\{0.5W_R(e^{j\omega}) + 0.25\left[W_R\left(\omega-\frac{2\pi}{N-1}\right)+W_R\left(\omega+\frac{2\pi}{N-1}\right)\right]\right\}e^{-j(\frac{N-1}{2})\omega} \\ &= W_{Hm}(\omega)e^{-j(\frac{N-1}{2})\omega} \end{aligned} \tag{7-3-12}$$

当 $N \gg 1$ 时，$N-1 \approx N$，此时

$$W_{Hn}(\omega) \approx 0.5W_R(e^{j\omega}) + 0.25\left[W_R\left(\omega-\frac{2\pi}{N}\right)+W_R\left(\omega+\frac{2\pi}{N}\right)\right]$$

汉宁窗幅度特性由 3 部分相加而成，其结果使主瓣集中了更多的能量，如图 7-3-4 所示，而旁瓣由于 3 部分相加时相互抵消而变小，其代价是主瓣宽度增加到 $8\pi/N$ 。第一旁瓣比主瓣低 31dB ，阻带衰减加大。

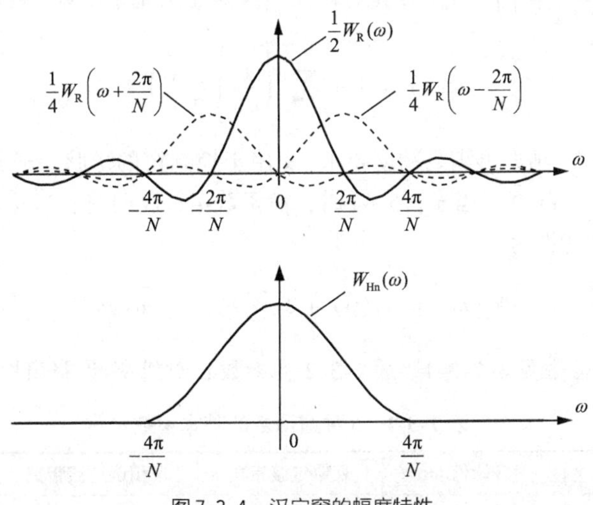

图7-3-4 汉宁窗的幅度特性

（4）汉明窗（又称改进的升余弦窗）

$$w_{Hm}(n) = \left[0.54-0.46\cos\frac{2\pi n}{N-1}\right]R_N(n)$$

$$W_{Hm}(e^{j\omega}) = 0.54W_R(e^{j\omega}) - 0.23W_R(e^{j(\omega-\frac{2\pi}{N-1})}) - 0.23W_R(e^{j(\omega+\frac{2\pi}{N-1})}) \tag{7-3-13}$$

$$W_{\mathrm{Hm}}(\omega) = 0.54W_{\mathrm{R}}(\omega) + 0.23W_{\mathrm{R}}\left(\omega - \frac{2\pi}{N-1}\right) + 0.23W_{\mathrm{R}}\left(\omega + \frac{2\pi}{N-1}\right)$$

当 $N \gg 1$ 时，$N-1 \approx N$，此时

$$W_{\mathrm{Hm}}(\omega) = 0.54W_{\mathrm{R}}(\omega) + 0.23W_{\mathrm{R}}\left(\omega - \frac{2\pi}{N}\right) + 0.23W_{\mathrm{R}}\left(\omega + \frac{2\pi}{N}\right)$$

汉明窗主瓣窗宽度与汉宁窗相同（为 $8\pi/N$），99.96% 的能量集中在主瓣，第一旁瓣比主瓣低 41dB 。

（5）布莱克曼窗

$$w_{\mathrm{Bl}}(n) = \left[0.42 - 0.5\cos\frac{2\pi n}{N-1} + 0.08\cos\frac{4\pi n}{N-1}\right]R_N(n)$$

$$\begin{aligned} W_{\mathrm{Bl}}(\omega) = &0.42W_R(\omega) + 0.25\left[W_R\left(\omega - \frac{2\pi}{N-1}\right) + W_R\left(\omega + \frac{2\pi}{N-1}\right)\right] \\ &+ 0.04\left[W_R\left(\omega - \frac{4\pi}{N-1}\right) + W_R\left(\omega + \frac{4\pi}{N-1}\right)\right] \end{aligned} \tag{7-3-14}$$

该幅度特性由 5 部分组成，五部分相加的结果使得旁瓣得到了进一步抵消，第一旁瓣比主瓣低 57dB 左右，阻带衰减加大，而过渡带加大到 $12\pi/N$。

（6）凯塞-贝赛窗

$$w_k(n) = \frac{I_0(\beta)}{I_0(\alpha)}R_N(n) \tag{7-3-15}$$

式中，$\beta = \alpha\sqrt{1 - \left(\frac{2n}{N-1} - 1\right)^2}$。$I_0(x)$ 是零阶第一类修正贝塞尔函数，可用下面级数计算得到。

$$I_0(x) = 1 + \sum_{k=1}^{+\infty}\left(\frac{1}{k!}\left(\frac{x}{2}\right)^k\right)^2$$

一般 $I_0(x)$ 取 15～25 项即可满足精度要求。α 用于控制窗的形状。通常 α 加大，主瓣加宽，旁瓣减小，典型数据 $4<\alpha<9$ 。当 $\alpha = 5.44$ 时，窗函数接近汉明窗。当 $\alpha = 7.865$ 时，窗函数接近布莱克曼窗。其幅度特性为

$$W_k(\omega) = w_k(0) + 2\sum_{n=1}^{(N-1)/2} w_k(n)\cos\omega n \tag{7-3-16}$$

6 种窗函数的基本参数见表 7-3-1。表 7-3-2 为参数 α 对凯塞-贝赛窗性能的影响。

表 7-3-1　6 种窗函数的基本参数

窗函数	旁瓣峰值/dB	近似过渡带宽	精确过渡带宽	阻带最小衰减/dB
矩形窗	-13	$4\pi/N$	$1.8\pi/N$	-21
三角窗	-25	$8\pi/N$	$6.1\pi/N$	-25
汉宁窗	-31	$8\pi/N$	$6.2\pi/N$	-44
汉明窗	-41	$8\pi/N$	$6.6\pi/N$	-53
布莱克曼窗	-57	$12\pi/N$	$11\pi/N$	-74
凯塞-贝赛窗（$\alpha = 7.865$）	-57	$10\pi/N$	$10\pi/N$	-80

表 7-3-2 参数 α 对凯塞-贝赛窗性能的影响

α	过渡带宽	通带波纹/dB	阻带最小衰减/dB
2.120	$3.00\pi/N$	±0.27	-30
3.384	$4.46\pi/N$	±0.0864	-40
4.538	$5.86\pi/N$	±0.0274	-50
5.568	$7.24\pi/N$	±0.00868	-60
6.764	$8.64\pi/N$	±0.00275	-70
7.865	$10.0\pi/N$	±0.000868	-80
8.960	$11.4\pi/N$	±0.000275	-90
10.056	$10.8\pi/N$	±0.000087	-100

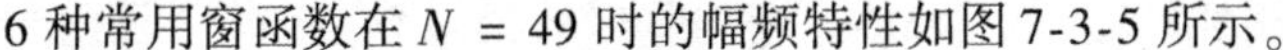

6 种常用窗函数在 $N=49$ 时的幅频特性如图 7-3-5 所示。

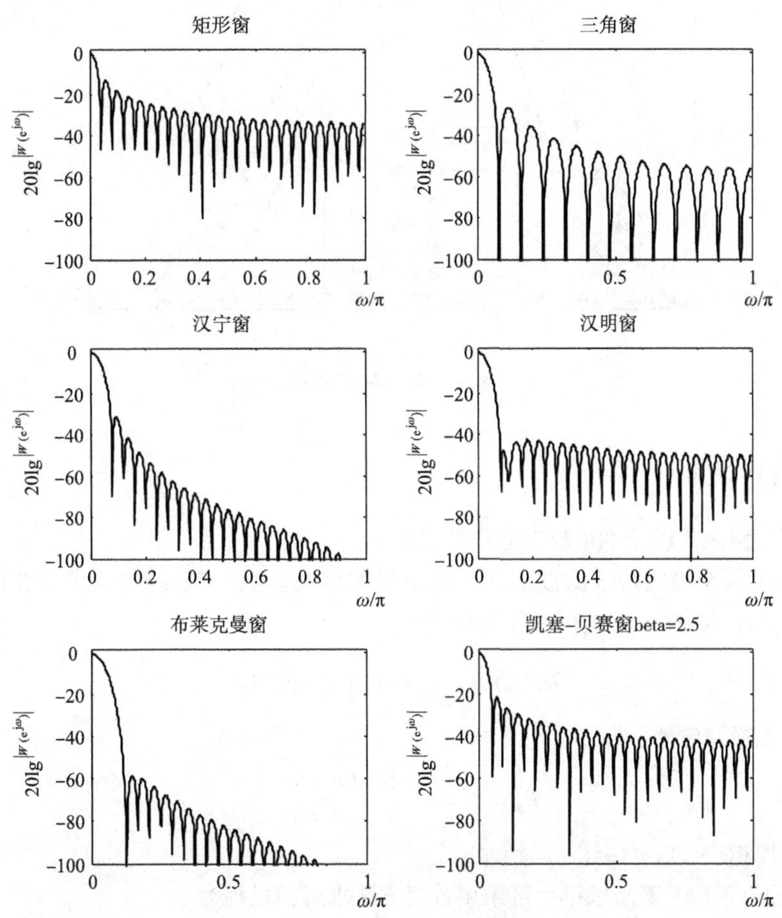

图 7-3-5 各种窗函数的幅频特性

MATLAB 软件提供了各种窗函数，如下：

```
w=boxcar(N);          % 返回N点矩形窗函数
w=triang(N);          % 返回N点三角窗函数
w=hanning(N);         % 返回N点汉宁窗函数
w=hamming(N);         % 返回N点汉明窗函数
w=blackman(N);        % 返回N点布莱克曼窗函数
w=kaiser(N,beta);     % 返回N点给定beta值时的凯塞-贝赛窗函数
```

图7-3-6给出了6种常用窗函数的波形。

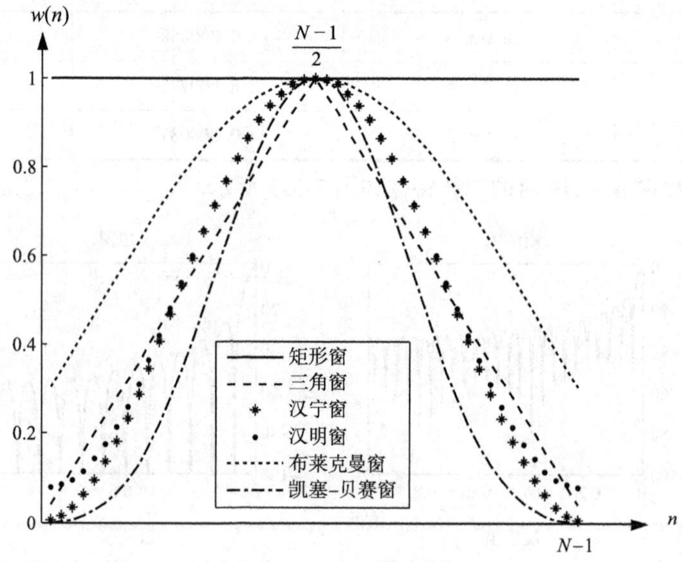

图7-3-6　常用窗函数

7.3.3　设计步骤

下面介绍用窗函数设计FIR数字滤波器的步骤。

① 根据技术要求确定待求滤波器的单位采样响应 $h_d(n)$。如果给出待求滤波器的频谱函数 $H_d(e^{j\omega})$，则 $h_d(n)$ 由 IDTFT$[H_d(e^{j\omega})]$ 求出可得

$$h_d(n)=\frac{1}{2\pi}\int_{-\pi}^{\pi}H_d(e^{j\omega})e^{j\omega n}d\omega \tag{7-3-17}$$

对于理想低通滤波器，有

$$h_d(n)=\frac{\sin(\omega_c(n-\alpha))}{\pi(n-\alpha)} \tag{7-3-18}$$

为保证线性相位，取 $\alpha=(N-1)/2$。

一般情况下，$h_d(n)$ 不易求得，可采用数值方法求解，过程为

$$H_d(e^{j\omega})\xrightarrow{0\sim 2\pi\text{ 范围内 }M\text{ 点采样}}H_d(k)\xrightarrow{\text{IDFT}}h_M(n)=\sum_{r=-\infty}^{+\infty}h_d(n+rM)$$

在满足采样定理的条件下，且采样间隔 M 取足够大，可以保证在窗内 $h_M(n)$ 有效逼近 $h_d(n)$。

② 根据对过渡带及阻带衰减的要求，选择窗函数的类型并估计窗的宽度 N。滤波器技术指

标如图 7-3-7 所示。

图 7-3-7 中通带最大衰减为

$$\alpha_p = -20\log\frac{1-\delta_1}{1+\delta_1} \qquad (7\text{-}3\text{-}19)$$

阻带最小衰减为

$$\alpha_s = -20\log\frac{\delta_2}{1+\delta_1} \qquad (7\text{-}3\text{-}20)$$

由于 N 的选择对阻带最小衰减 α_s 影响不大，所以可以直接根据 α_s 确定窗函数 $w(n)$ 的类型（查表7-3-1）。然后根据过渡带宽度小于给定指标的原则，确定窗函数的长度 N。指标给定的过渡带宽度为

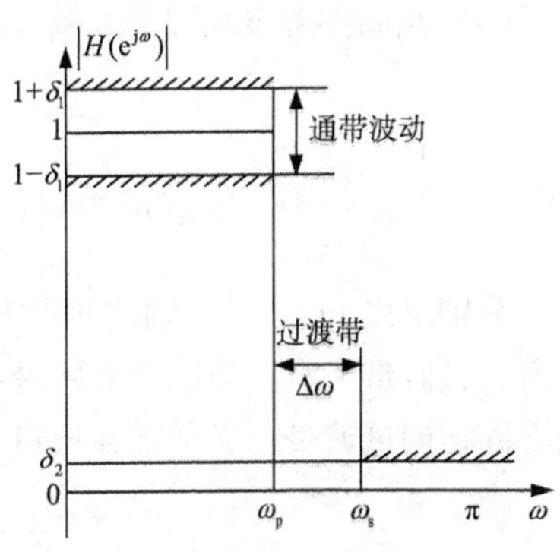

图 7-3-7　FIR 数字滤波器技术指标

$$\Delta\omega = \omega_s - \omega_p \qquad (7\text{-}3\text{-}21)$$

不同的窗函数，过渡带计算公式不同（见表 7-3-1），但过渡带与窗函数的长度 N 成反比，由此可确定长度 N，一般 $N \approx A/\Delta\omega$，其中 A 取决于窗口类型，例如，矩形窗 $A = 4\pi$，汉明窗 $A = 8\pi$。选择 N 的原则是在保证阻带衰减要求的情况下，尽量选择较小的 N。当 N 和窗函数类型确定后，可根据 MATLAB 软件提供的函数求出相应的窗函数（见 7.3.2 小节）。

③ 计算滤波器的单位脉冲响应 $h(n)$，根据窗函数设计理论

$$h(n) = h_d(n)w(n)$$

根据 $h(n)$ 求出其频谱函数

$$H(e^{j\omega}) = \sum_{n=0}^{N-1} h(n)e^{-j\omega n}$$

由于 $h(n)$ 的结果往往很复杂，求解 $H(e^{j\omega})$ 非常困难，故可借助 MATLAB 工具采用 FFT 算法完成。

④ 根据频谱函数验证所设计的滤波器是否满足技术指标。若不满足指标要求，则应调整窗函数类型或长度，然后重复②、③、④步，直到满足技术指标为止。

例 7-3-1 用矩形窗、汉宁窗和布莱克曼窗设计一个 FIR 低通滤波器，$N = 11$，$\omega_c = 0.3\pi$。

解 （1）将理想低通作为逼近滤波器，按照式（7-3-2）有

$$h_d(n) = \frac{\sin[\omega_c(n-\alpha)]}{\pi(n-\alpha)}, 0 \leqslant n \leqslant 10$$

$$\alpha = (N-1)/2 = 5$$

$$h_d(n) = \frac{\sin[0.3\pi(n-5)]}{\pi(n-5)}, 0 \leqslant n \leqslant 10$$

（2）用汉宁窗进行设计，有

$$h(n) = h_d(n)w_{Hn}(n), \quad 0 \leqslant n \leqslant 10$$

$$w_{Hn}(n) = 0.5\left[1-\cos\left(\frac{2\pi n}{10}\right)\right]R_{11}(n)$$

$$R_{11}(n) = h_d(n) = \frac{\sin[0.3\pi(n-5)]}{\pi(n-5)}, \quad 0 \leqslant n \leqslant 10$$

（3）用布莱克曼窗设计，有

$$h(n) = h_{\mathrm{d}}(n)w_{\mathrm{Bl}}(n), \quad 0 \leqslant n \leqslant 10$$

$$w_{\mathrm{Bl}}(n) = \left[0.42 - 0.5\cos\frac{2\pi n}{10} + 0.08\cos\frac{4\pi n}{10}\right]R_{11}(n)$$

分别求出 $h(n)$ 后，再求出其频谱函数 $H(\mathrm{e}^{\mathrm{j}\omega})$，其幅频特性如图 7-3-8 所示。该例表明用矩形窗时过渡带最窄，而阻带衰减最小；布莱克曼窗过渡带最宽，但换来的是阻带衰减加大。为保证有同样的过渡带，必须加大窗口长度 N。

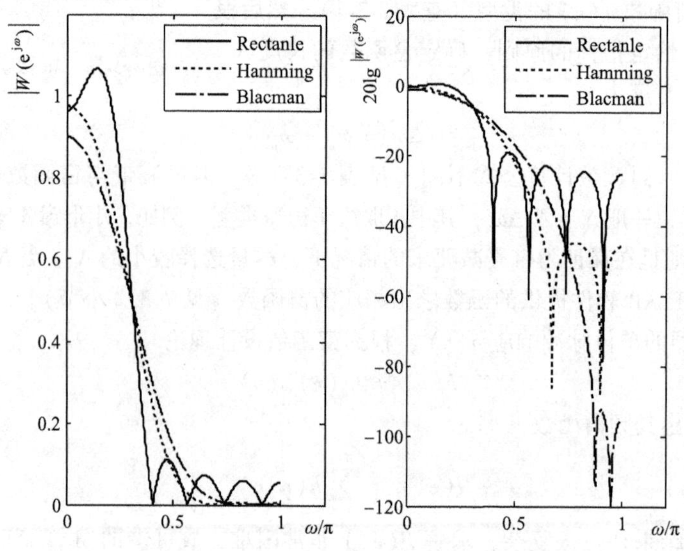

图7-3-8 窗函数幅频特性和幅频特性取对数特性值

MATLAB 实现程序如下（本题目已经给出了窗函数类型和长度 N，故可省去第（1）步）。

```
WC=0.3* pi;N=11;                                % 给出指标和长度 N
hd=ideallp(WC,N);                               % 求出给定指标下的理想单位脉冲响应
Wd1=boxcar(N)';h1=hd.* Wd1;                     % 用矩形窗设计
Wd2=hamming(N)';h2=hd.* Wd2;                    % 用汉明窗设计
Wd3=blackman(N)';h3=hd.* Wd3;                   % 用布莱克曼窗设计
[H1,W]=freqz(h1);                               % 求 h1 幅频特性
[H2,W]=freqz(h2);                               % 求 h2 幅频特性
[H3,W]=freqz(h3);                               % 求 h3 幅频特性
subplot(1,2,1);plot(W,abs(H1),W,abs(H2),':',W,abs(H3),'-.');
% 画出幅频特性
legend('Rectanle','Hamming','Blacman'); % 标注
subplot(1,2,2);
plot(W,20* log10(abs(H1)),W,20* log10(abs(H2)),':',W,20* log10(abs(H3)),'-.');
% 画对数特性
legend('Rectanle','Hamming','Blacman'); % 标注
```

调用的 MATLAB 函数 ideallp 为：

```
function hd = ideallp(wc,N);                   % wc = 截止频率(弧度), N = 滤波器长
alpha = (N - 1)/2;
n = 0:1:N - 1;
m = n - alpha + eps;                           % 加小数以避免零操作
hd = sin(wc* m)./(pi* m);
```

结果如图 7-3-8 所示。

例 7-3-2 设计一个数字 FIR 低通滤波器，其技术指标为

$$\omega_p = 0.2\pi,\quad \alpha_p = 0.25\text{dB}$$

$$\omega_s = 0.4\pi,\quad \alpha_s = 50\text{dB}$$

解 题目中阻带最小衰减为 50dB，根据表 7-3-1，只有汉明窗和布莱克曼窗可提供大于 50dB 的衰减，故选汉明窗为窗函数，它提供较小的过渡带，因此具有较小的阶数。

过渡带宽度 $\Delta\omega = \omega_s - \omega_p = 0.2\pi$，长度 $N = 8\pi/\Delta\omega = 6.6\pi/0.2\pi = 33$。

MATLAB 程序如下。

```
wp = 0.2* pi;  ws = 0.4* pi;  deltaw = ws - wp;     % 计算过渡带Δω
N = ceil(6.6* pi/deltaw) +1;                       % 求滤波器长度N
n = [0:1:N - 1]; wc = (ws + wp)/2;
hd = ideallp(wc,N);                                % 求理想单位脉冲响应
w_ham = (hamming(N))';                             % 求窗函数
h = hd.* w_ham;                                    % 求滤波器单位脉冲响应
[db,mag,pha,grd,w] = freqz_m(h,[1]);  % 求滤波器幅频特性、相频特性、群延时
delta_w = 2* pi/1000;
Rp = - (min(db(1:1:wp/delta_w +1)))                % 求通带波动
As = - (max(db(ws/delta_w +1:1:501)))              % 求阻带衰减
subplot(1,1,1)                                     % 画图
subplot(2,2,1);stem(n,hd);title('理想单位脉冲响应'); axis([0 N - 1, - 0.1 0.3]); ylabel('hd(n)')
subplot(2,2,2);stem(n,w_ham);title('汉明窗');  axis([0 N - 1 0 1.1]);ylabel ('w(n)')
subplot(2,2,3);stem(n,h);title('实际单位脉冲响应'); axis([0 N - 1  - 0.1 0.3]); ylabel('h(n)')
subplot(2,2,4);plot(w/pi,db);title('幅频特性');grid; axis([0 1  - 100 10]);ylabel('dB')
```

运行结果如图 7-3-9 所示。

滤波器的单位脉冲响应 h 就是所求滤波器的系数。经验证，其结果符合题目最小衰减和频率要求。求得 $N = 34$，$\alpha_p = 0.0477\text{dB}$，$\alpha_s = 51.8606\text{dB}$，满足指标。

利用窗函数法也可设计出其他类型的滤波器，如高通、带通、带阻滤波器。只要滤波器幅频特性为矩形特性，就可以用理想滤波器叠加而成。例如：

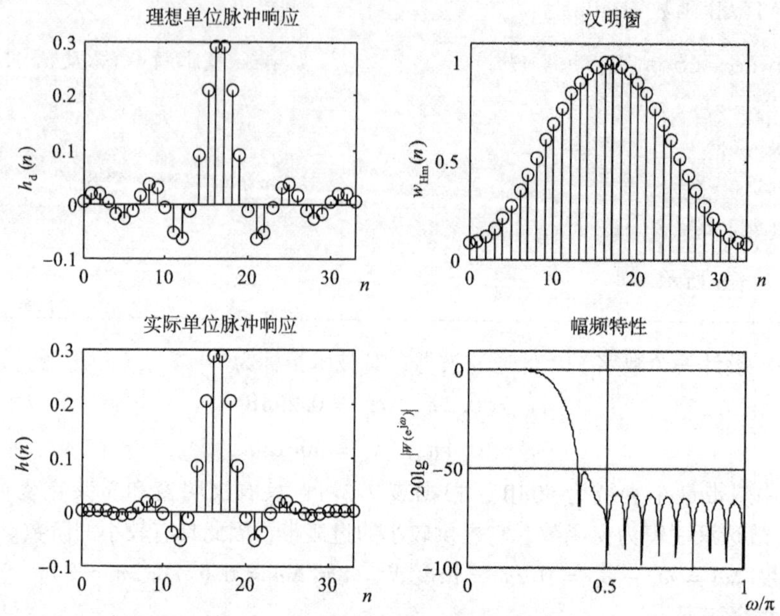

图7-3-9 低通滤波器单位脉冲响应及幅频特性

① 一个带通滤波器可用两个低通滤波器相减而成；

② 一个高通滤波器可用一个全通滤波器减去一个低通滤波器而成；

③ 一个带阻滤波器可用一个高通滤波器加上一个低通滤波器而成，或用全通滤波器减去带通滤波器而成。

理想低通滤波器单位脉冲响应重写为

$$h_d(n) = \frac{\sin(\omega_c(n-\alpha))}{\pi(n-\alpha)} \tag{7-3-22}$$

式中，ω_c 为截止频率，α 为采样延时，取 $\alpha = (N-1)/2$。

理想带通滤波器单位脉冲响应可写为

$$h_d(n) = \frac{1}{\pi(n-\alpha)}[\sin(\omega_{c2}(n-\alpha)) - \sin(\omega_{c1}(n-\alpha))] \tag{7-3-23}$$

式中，ω_{c1} 为下截止频率，ω_{c2} 为上截止频率，α 为采样延时，取 $\alpha = (N-1)/2$。

理想高通滤波器单位脉冲响应可写为

$$h_d(n) = \frac{1}{\pi(n-\alpha)}[\sin(\pi(n-\alpha)) - \sin(\omega_{c1}(n-\alpha))] \tag{7-3-24}$$

式中，ω_{c1} 为截止频率，α 为采样延时，取 $\alpha = (N-1)/2$。

理想带阻滤波器单位脉冲响应可写为

$$h_d(n) = \frac{1}{\pi(n-\alpha)}[\sin(\pi(n-\alpha)) + \sin(\omega_{c1}(n-\alpha)) - \sin(\omega_{c2}(n-\alpha))] \tag{7-3-25}$$

式中，ω_{c1} 为下截止频率，ω_{c2} 为上截止频率，α 为采样延时，取 $\alpha = (N-1)/2$。

选定窗函数 $w(n)$ 即可求得所需的各类线性相位滤波器的单位脉冲响应为

$$h(n) = h_d(n)w(n) \tag{7-3-26}$$

选择窗函数的原则仍然是由过渡带宽确定窗的长度 N，由阻带衰减确定窗的类型。但是，由于幅度特性和长度 N 及单位脉冲响应的对称形状有关，故应特别注意。如对高通滤波器来说，N 只能选偶对称奇数或奇对称偶数情况，而带阻滤波器则只能选偶对称奇数情况，带通滤波器则 4 种情况都可以选择；但要注意，如果用两个低通来构造，则要选择低通适合的情况。

例 7-3-3 用窗函数法设计一个数字 FIR 带通滤波器，其技术指标为

下阻带边缘：$\omega_{1s} = 0.2\pi, \alpha_s = 60\text{dB}$

下通带边缘：$\omega_{1p} = 0.4\pi, \alpha_p = 1\text{dB}$

上通带边缘：$\omega_{2p} = 0.6\pi, \alpha_p = 1\text{dB}$

上阻带边缘：$\omega_{2s} = 0.8\pi, \alpha_s = 60\text{dB}$

解 带通滤波器有两个过渡带，在线性相位设计中两个过渡带必须相同。根据技术指标查表 7-3-1、表 7-3-2 得知选用布莱克曼窗和凯塞－贝赛窗都能满足要求。根据窗函数最小阻带衰减的特性，选择布莱克曼窗可以达到 74dB 的最小阻带衰减，它提供的过渡带带宽为 $11\pi/N$。理想带通滤波器由两个低通理想滤波器相减而成。MATLAB 程序如下。

```
ws1 = 0.2* pi;  wp1 = 0.4* pi;  wp2 = 0.6* pi;  ws2 = 0.8* pi; As = 60;
deltaw = min((wp1 - ws1),(ws2 - wp2));      % 计算带宽,取两个过渡带中较小的一个
N = ceil(11* pi/deltaw);                    % 求窗函数长
n = [0:1:N -1];
wc1 = (wp1 +ws1)/2; wc2 = (wp2 +ws2)/2;  % 取通带、阻带频率平均值为截止频率
hd = ideallp(wc2,N) -ideallp(wc1,N);       % 理想带通滤波器单位脉冲响应
w_blkm = (blackman(N))';                    % 求窗函数
h = hd. * w_blkm;                           % 求带通滤波器单位脉冲响应
[db,mag,pha,grd,w] = freqz_m(h,[1]);       % 求幅频特性验证指标
delta_w = 2* pi/1000;
Rp = -min(db(wp1/delta_w +1:1:wp2/delta_w)) % 求实际通带波动
As = -round(max(db(ws2/delta_w +1:1:501)))  % 求最小阻带衰减
subplot(2,2,1);stem(n,hd);title('理想单位脉冲响应'); ylabel('hd(n)')% 画图
subplot(2,2,2);stem(n,w_blkm);title('布莱克曼窗'); ylabel ('w(n)')
subplot(2,2,3);stem(n,h);title('实际单位脉冲响应'); ylabel('h(n)')
subplot(2,2,4);plot(w/pi,db);title('幅频特性'); ylabel('dB')
```

求得，$N = 55, \alpha_p = 0.0034\text{dB}, \alpha_s = 71\text{dB}$，满足技术指标要求，运行结果如图 7-3-10 所示。

MATLAB 的信号处理工具箱提供了利用窗函数设计 FIR 数字滤波器的子函数 fir1。调用格式为

```
b=fir1(N,wn,'type',window);
```

给定滤波器阶数 N、边界频率 wn、类型（即高通'high'、低通'low'、带阻'stop'等）、窗的类型，函数 fir1 可以返回长度为 N+1 的滤波器系数向量 b。

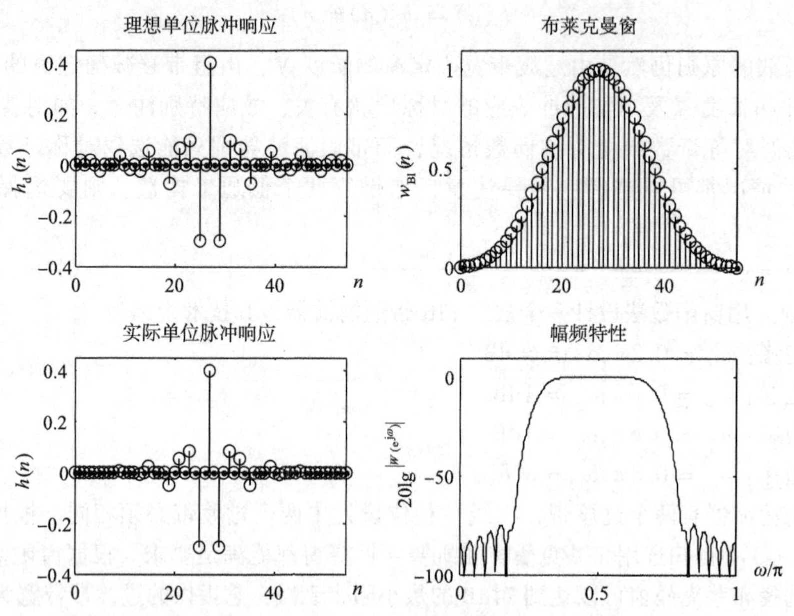

图 7-3-10 带通滤波器的单位脉冲响应及幅频特性

例 7-3-4 用 fir1 函数设计一个带阻滤波器，其技术指标为

下阻带边缘：$\omega_{1s} = 0.4\pi, \alpha_s = 40\text{dB}$

下通带边缘：$\omega_{1p} = 0.2\pi, \alpha_p = 1\text{dB}$

上通带边缘：$\omega_{2p} = 0.8\pi, \alpha_p = 1\text{dB}$

上阻带边缘：$\omega_{2s} = 0.6\pi, \alpha_s = 40\text{dB}$

解 根据窗函数最小阻带衰减的特性，选择汉宁窗可以达到44dB的阻带最小衰减，它提供的过渡带带宽为 $6.2\pi/N$。

过渡带宽度 $\Delta\omega = \min(\omega_{1s} - \omega_{1p}, \omega_{2p} - \omega_{2s}) = 0.2\pi$，长度 $N = 6.2\pi/\Delta\omega = 6.2\pi/0.2\pi = 31$。这里选择 $N = 33$ 。计算上下截止频率得

$$\omega_{c1} = \frac{\omega_{1s} + \omega_{1p}}{2} = 0.3\pi, \quad \omega_{c2} = \frac{\omega_{2s} + \omega_{2p}}{2} = 0.7\pi$$

下面调用 fir1 来计算窗函数，MATLAB 程序如下。

```
N=33; wn=[0.3,0.7];                        % 给定技术指标
h=fir1(N-1,wn,'stop',hanning(N));  % 生成单位脉冲响应
[H,W]=freqz(h,1);                          % 求频谱
subplot(2,1,1);
plot(W/pi,20* log10(abs(H)));              % 画幅频特性
subplot(2,1,2);stem([0:N-1],h);            % 画单位脉冲响应
```

所得图形如图 7-3-11 所示，可以发现在 0.4π 和 0.6π 处，衰减值大于 40dB，故满足技术指标要求。

这种方法可在工程设计中使用，但这对初学者学习和掌握窗函数的理论与方法并不适用。工程窗函数法设计函数还有 fir2、kaiserord 等，有兴趣的读者可以自己查阅相关资料。

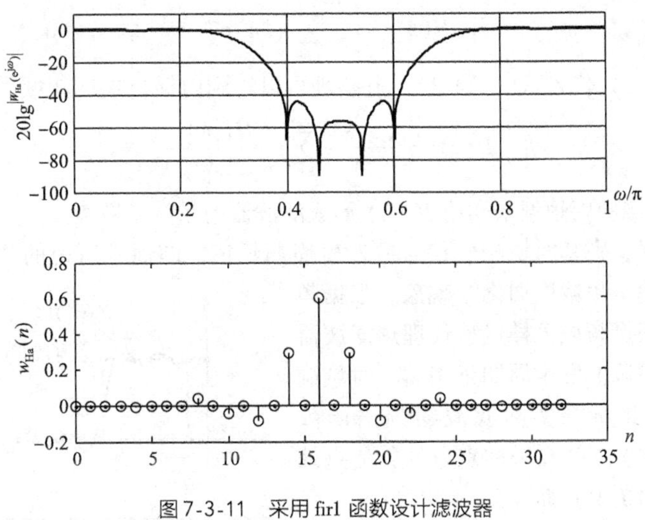

图7-3-11 采用fir1函数设计滤波器

7.4 利用频域采样法设计FIR数字滤波器

从对窗函数方法的研究中可以看出，窗函数法具有设计简单、方便实用的特点。由于窗函数法是从时域出发的一种设计方法，它的设计思想是寻求一个有限长序列作为FIR系统的单位脉冲响应 $h(n)$ ，从时域角度进行逼近，使其频谱函数 $H(\mathrm{e}^{\mathrm{j}\omega})$ 逼近我们所期望的频谱函数 $H_{\mathrm{d}}(\mathrm{e}^{\mathrm{j}\omega})$。通过在时域调整窗口形状和增加长度就可以使实际滤波器的特性逼近理想滤波器。但当 $H_{\mathrm{d}}(\mathrm{e}^{\mathrm{j}\omega})$ 比较复杂时，其单位脉冲响应需要通过频域采样，然后再求IDFT得到。实际上设计过程绕了一个圈子。那么能不能直接从频域角度进行逼近，求得滤波器系数呢？这样就引出了频域采样法。

有限长序列 $h(n)$ 与其DFT是一一对应的，而其DFT就是对它的频谱函数 $H(\mathrm{e}^{\mathrm{j}\omega})$ 在一个周期内等间隔采样的样本。因此，如果从频域出发，对理想的频谱函数 $H_{\mathrm{d}}(\mathrm{e}^{\mathrm{j}\omega})$ 在频域等间隔抽样 N 个点，并将这 N 个样本视为所设计的FIR数字滤波器单位脉冲响应 $h(n)$ 的DFT，那么该FIR数字滤波器的频率响应在这些样本点处必定与 $H_{\mathrm{d}}(\mathrm{e}^{\mathrm{j}\omega})$ 相同。也就是说 $H(\mathrm{e}^{\mathrm{j}\omega})$ 一定在某种程度上逼近了 $H_{\mathrm{d}}(\mathrm{e}^{\mathrm{j}\omega})$ 。这种设计FIR数字滤波器的方法就是频域采样法。

7.4.1 频域采样法

设待设计的滤波器的频谱函数为 $H_{\mathrm{d}}(\mathrm{e}^{\mathrm{j}\omega})$ ，用频域采样法设计的滤波器的频谱函数为 $H(\mathrm{e}^{\mathrm{j}\omega})$ ，对 $H_{\mathrm{d}}(\mathrm{e}^{\mathrm{j}\omega})$ 在 $\omega=0:2\pi$ 区间等间隔采样 N 点，在采样点处其样本为

$$H_{\mathrm{d}}(k)=H_{\mathrm{d}}(\mathrm{e}^{\mathrm{j}\omega})\big|_{\omega=\frac{2\pi}{N}k},\quad k=0,1,\cdots,N-1 \tag{7-4-1}$$

$H(\mathrm{e}^{\mathrm{j}\omega})$ 在采样点处的频率响应为 $H_{\mathrm{d}}(k)$ ，在其他地方的频率响应由频域内插公式决定。对 N 点 $H_{\mathrm{d}}(k)$ 进行IDFT，得到 $h(n)$ 为

$$h(n)=\frac{1}{N}\sum_{k=0}^{N-1}H_{\mathrm{d}}(k)\mathrm{e}^{\mathrm{j}\frac{2\pi}{N}kn},\quad n=0,1,\cdots,N-1 \tag{7-4-2}$$

式中，$h(n)$ 作为所设计的滤波器的单位脉冲响应，其系统函数为

$$H(z) = \frac{1}{N}\sum_{n=0}^{N-1} h(n) z^{-n} \tag{7-4-3}$$

如果将式（7-4-2）代入式（7-4-3），并整理可以得到内插公式（频域采样型）为

$$H(z) = \frac{1 - z^{-N}}{N}\sum_{k=0}^{N-1} \frac{H_{\mathrm{d}}(k)}{1 - \mathrm{e}^{\mathrm{j}\frac{2\pi}{N}k} z^{-1}} \tag{7-4-4}$$

式（7-4-4）就是直接利用频域采样值 $H_{\mathrm{d}}(k)$ 形成滤波器的系统函数 $H(z)$ 。

对频域进行采样，则其时域相应信号要发生周期延拓，即通常所说的“频域离散化，时域周期化；时域离散化，频域周期化”现象。根据频域采样定理，用有限点频域采样点替代理想滤波器频率响应函数，在时域上发生周期延拓后，时域响应要发生混叠，因此所求实际滤波器频谱函数 $H(\mathrm{e}^{\mathrm{j}\omega})$ 与理想 $H_{\mathrm{d}}(\mathrm{e}^{\mathrm{j}\omega})$ 之间在采样点以外其他点处必然存在误差，如图7-4-1 所示。

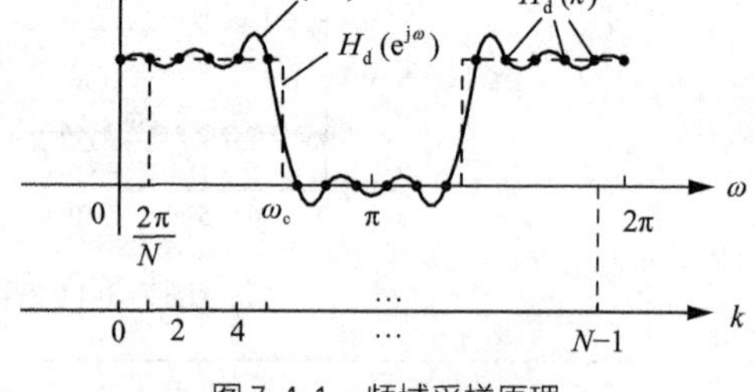

图7-4-1　频域采样原理

下面主要围绕关于频域采样法的两个问题进行讨论。

① 为了实现线性相位，$H_{\mathrm{d}}(k)$ 应满足什么条件？

② 逼近误差问题及其改进措施。

7.4.2　频域采样法的线性相位条件

先来看一下采用频域采样法保证线性相位的条件。这里只讨论第一类线性相位情况。对于第一类线性相位滤波器，时域滤波器具有线性相位特性的条件是：$h(n) = h(N-n-1)$ ，而且 $h(n)$ 为实数。根据第一类线性相位中的情况 1 和情况 2，其幅度特性也具有对称特性且满足下面条件：

$$H(\mathrm{e}^{\mathrm{j}\omega}) = H_{\mathrm{g}}(\omega)\mathrm{e}^{\mathrm{j}\theta(\omega)} \tag{7-4-5}$$

$$\theta(\omega) = -\frac{N-1}{2}\omega \tag{7-4-6}$$

N = 奇数时

$$H_{\mathrm{g}}(\omega) = H_{\mathrm{g}}(2\pi - \omega)\text{，关于 } \omega = 0, \pi, 2\pi \text{ 偶对称} \tag{7-4-7}$$

N = 偶数时

$$H_{\mathrm{g}}(\omega) = -H_{\mathrm{g}}(2\pi - \omega)\text{，关于 } \omega = \pi \text{ 奇对称，且 } H_{\mathrm{g}}(\pi) = 0 \tag{7-4-8}$$

所以对 $H_{\mathrm{d}}(\mathrm{e}^{\mathrm{j}\omega})$ 进行 N 点采样得到的 $H_{\mathrm{d}}(k)$，也必须具有式（7-4-7）或式（7-4-8）的对称特性。这样才能保证对 $H_{\mathrm{d}}(k)$ 进行 IDFT 得到的 $h(n)$ 具有偶对称特性，即满足线性相位条件。

频域采样法在 $\omega = 0:2\pi$ 之间等间隔采样 N 点，则

$$\omega_k = \frac{2\pi}{N}k, \quad k = 0,1,\cdots,N-1$$

将 $\omega = \omega_k$ 代入式（7-4-5） ~式（7-4-8），则可得关于 k 的函数

$$H(k) = H_{\mathrm{g}}(k)\mathrm{e}^{\mathrm{j}\theta(k)} \tag{7-4-9}$$

$$\theta(\omega) = -\left(\frac{N-1}{2}\right)\frac{2\pi}{N}k = -\frac{(N-1)\pi}{N}k \tag{7-4-10}$$

N = 奇数时

$$H_{\mathrm{g}}(k) = H_{\mathrm{g}}(N-k)\text{，关于 } k = 0, N/2, N \text{ 偶对称} \tag{7-4-11}$$

N = 偶数时

$$H_g(k) = -H_g(N-k),\ 关于 k = N/2 奇对称，且 H_g\left(\frac{N}{2}\right) = 0 \qquad (7\text{-}4\text{-}12)$$

式（7-4-9）~式（7-4-12）就是频域采样值满足线性相位的条件。对第二类线性相位情况可以得出类似的结果，读者可以自己进行推导。

如图7-4-2所示，设将理想低通滤波器作为希望设计的滤波器，截止频率为 ω_c，进行 N 点采样，为获得第一类线性相位条件下的 $H_g(k)$ 和 $\theta(k)$，可用下面的公式进行计算。

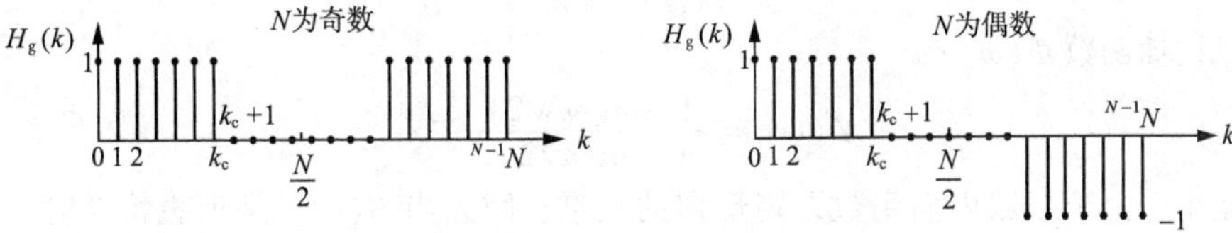

图7-4-2 理想低通第一类线性相位幅度特性

N = 奇数时

$$\begin{aligned} &H_g(k) = H_g(N-k) = 1, && k = 0,1,\cdots,k_c \\ &H_g(k) = 0, && k = k_c+1,k_c+2,\cdots,N-k_c-1 \\ &\theta(k) = -\frac{N-1}{N}\pi k, && k = 0,1,\cdots,N-1 \end{aligned}$$

N = 偶数时

$$\begin{aligned} &H_g(k) = 1, && k = 0,1,\cdots,k_c \\ &H_g(k) = 0, && k = k_c+1,k_c+2,\cdots,N-k_c-1 \\ &H_g(N-k) = -1, && k = 0,1,\cdots,k_c \\ &\theta(k) = -\frac{N-1}{N}\pi k, && k = 0,1,\cdots,N-1 \end{aligned}$$

式中，k_c 为 $\omega_c N/(2\pi)$ 向下取整的结果。另外，当满足第一类线性相位条件时，对于高通和带阻的情况，N 只能取奇数。

7.4.3 逼近误差分析与改进措施

正如前面所述，实际滤波器 $H(e^{j\omega})$ 与理想滤波器 $H_d(e^{j\omega})$ 之间在采样点之外必然产生误差，误差表现与窗函数法情况类似，通带和阻带内产生波动，而且过渡带加宽。下面讨论误差的产生与改进措施等问题。

设期望设计的滤波器为 $H_d(e^{j\omega})$，对应的单位脉冲响应为

$$h_d(n) = \frac{1}{2\pi}\int_{-\pi}^{\pi} H_d(e^{j\omega})e^{j\omega n}d\omega$$

由频域采样定理可知，在频域 $0:2\pi$ 上等间隔采样 N 点，利用 IDFT 求得的 $h(n)$ 是 $h_d(n)$ 以 N 为周期进行延拓，并取主值区间所得的值，即

$$h(n) = \sum_{r=-\infty}^{\infty} h_d(n+rN)R_N(n)$$

如果 $H_d(e^{j\omega})$ 有间断点，则相应的 $h_d(n)$ 应为无限长序列。所以周期延拓会在时域造成混叠，使得 $h_N(n)$ 和 $h_d(n)$ 产生偏差。从直观上看，如果增加采样点 N，误差肯定减小，设计出的 $H(e^{j\omega})$ 与理想滤波器 $H_d(e^{j\omega})$ 也就更逼近。

从频域上看，由采样定理可知频域等间隔采样得 $H(k)$ ，经过 IDFT 得到 $h(n)$ ，其 Z 变换 $H(z)$ 和 $H(k)$ 之间的关系为

$$H(z) = \frac{1 - z^{-N}}{N}\sum_{k=0}^{N-1}\frac{H(k)}{1 - e^{j\frac{2\pi}{N}k}z^{-1}}$$

将 $z = e^{j\omega}$ 代入上式得到

$$H(e^{j\omega}) = \sum_{k=0}^{N-1}H(k)\Phi\left(\omega - \frac{2\pi}{N}k\right) \tag{7-4-13}$$

式中，频域内插函数 $\Phi(\omega)$ 为

$$\Phi(\omega) = \frac{1}{N}\frac{\sin(\omega N/2)}{\sin(\omega/2)}e^{-j\omega\frac{N-1}{2}}$$

应当指出，由于频域内插函数是矩形窗的频谱，因此当 $H(e^{j\omega})$ 是理想特性时，内插公式（7-4-13）在其幅度特性的不连续点处会产生吉布斯现象。而在 $H(e^{j\omega})$ 变化较平坦的地方，逼近的效果会更好。因此，如果纯粹增加采样点数 N ，并不能有效改善间断点附近的吉布斯效应。为了减轻吉布斯效应，通常要对理想特性加以修正，在其不连续点处人为加入过渡带采样点，使设计的滤波器具有一定的过渡带，从而换得肩峰和起伏的减小与阻带衰减的增大。

一般来说，加入的过渡点越多，其阻带衰减越大，但过渡带相应地也越宽。通常加入 1 ~ 3 个过渡点已能取得很好的效果。至于过渡点的值，可以通过计算机优化设计来确定。当加入一个过渡点时，其值以 0.4 左右为宜。增加过渡点的示意如图 7-4-3 所示。在低通滤波器设计中，不加过渡点时阻带衰减为 -20dB，增加一个过渡点时阻带衰减可提高到 -44：-54dB；增加两个过渡点时阻带衰减可达 -65：-75dB；增加三个过渡点时阻带衰减可达 -85：-95dB。

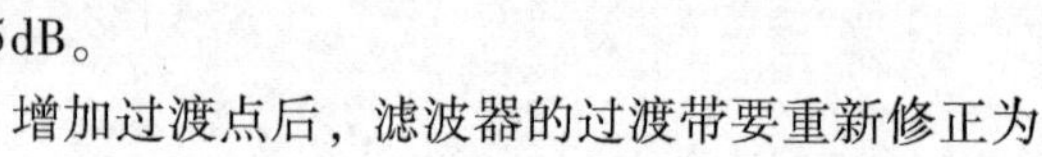

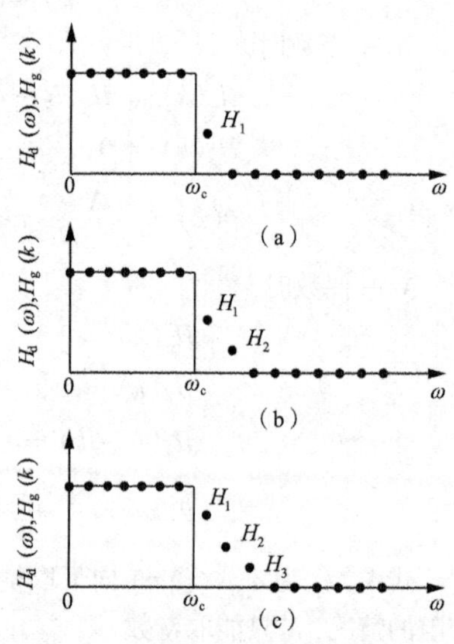

图 7-4-3　理想低通滤波器增加过渡点

增加过渡点后，滤波器的过渡带要重新修正为

$$\Delta\omega = \frac{2\pi}{N}(m+1), \ m = 0,1,2,\cdots \tag{7-4-14}$$

式中，m 为过渡点数。频率设计法的关键在于如何确定过渡点数和采样点。过渡点数利用阻带衰减指标可根据经验估计确定，过渡点值由优化算法确定。

频域采样法的设计步骤如下。

① 确定期望的滤波器频率响应函数 $H_d(e^{j\omega})$ 。

② 根据阻带最小衰减，选择过渡带采样点的个数（即过渡点的个数）。

③ 通过预期过渡带宽度 $\Delta\omega$ ，估算出频域采样点数（即滤波器长度）N 。由式（7-4-14）可知，如果给定过渡带宽度 $\Delta\omega$ ，则要求

$$\Delta\omega \geqslant \frac{2\pi}{N}(m+1)$$

即滤波器的长度 N 必须满足下面的估算公式

$$N \geqslant \frac{2\pi}{\Delta\omega}(m+1) \tag{7-4-15}$$

④ 确定 $H_d(e^{j\omega})$ 采样点处的频率响应 $H_d(k)$ ，并加入过渡带采样点。过渡点可设置为经验

值，或用累试法确定，也可通过优化算法确定。

⑤ 对得到的 $H_d(k)$ 进行 IDFT，得到 FIR 数字滤波器的单位脉冲响应。

⑥ 检验设计结果。如果阻带最小衰减没有达到指标要求，则要改变过渡点的值，直到满足指标要求为止。

频域采样法设计低通滤波器的设计流程如图 7-4-4 所示。

MATLAB 信号处理工具箱提供的函数可以方便地利用频域采样法设计 FIR 数字滤波器。

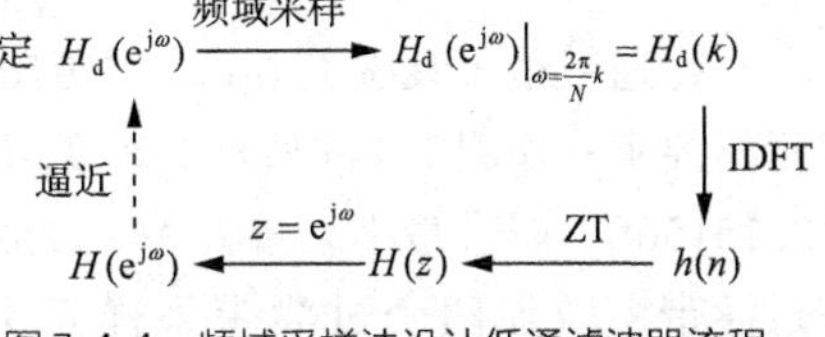

图 7-4-4　频域采样法设计低通滤波器流程

例 7-4-1 利用频域采样法设计第一类线性相位低通滤波器，要求技术指标为

$$\omega_p = 0.3\pi,\quad \alpha_p = 5\text{dB}$$

$$\omega_s = 0.4\pi,\quad \alpha_s = 40\text{dB}$$

解 选择 $N = 21$，则 ω_p 在 $k = \dfrac{21 \times 0.3\pi}{2\pi} \approx 3$ 附近，ω_s 在 $k = 4$ 附近。

$$H_g(k) = H_g(21-k) = 1,\quad k = 0,1,\cdots,3$$

$$H_g(k) = 0,\quad k = 4,5,\cdots,17$$

$$\theta(k) = -\frac{20}{21}\pi k,\quad k = 0,1,\cdots,20$$

MATLAB 实现如下。

```
N =21;wc =0.3* pi; ws =0.3* pi;                      % 给定指标
N1 =fix(wc/(2* pi/N));N2 =N -2* N1 -1;              % N1 为通带点数,N2 为阻带长度
HK = [ones(1,N1 +1),zeros(1,N2),ones(1,N1)]; % 理想幅度特性样本序列
theta= -pi* [0:N -1]* (N -1)/N;                    % 相位特性样本序列
H =HK. * exp(j* theta);                            % 频率响应函数样本序列
h =real(ifft(H));
% 求单位脉冲响应序列;h 应为实序列,故去掉虚部,减小误差
[db,mag,pha,grd,w] = freqz_m(h,1);
% 求滤波器分贝幅频、绝对幅频、相频、群延时
delta_w = 2* pi/1000;                              % 1000 等分 2* pi
Rp = - (min(db(1:wc/delta_w +1)))                 % 求通带波动
As = - (max(db(ws/delta_w +1:1:501)))             % 求阻带衰减
subplot(2,2,1);plot([0:2/N:(2/N)* (N -1) ],HK,'* ');grid;
                                                   % 画理想低通样本序列
axis([0,1, -0.1,1.1]);ylabel('Hd(k)')
subplot(2,2,2);stem([0:N -1],h);title('单位脉冲响应');
                                                   % 画所求滤波器单位脉冲响应
axis([0 N -0.1 0.4]);ylabel('h(n)')
subplot(2,2,3);plot(w/pi,mag);                     % 画滤波器实际频率响应
axis([0,1, -0.2,1.2]);title('幅度特性');
ylabel('H(w)');grid;
```

```
subplot(2,2,4);plot(w/pi,db);title('幅度特性 ');grid;
                                        % 画滤波器对数幅度特性
axis([0 1 -60 10]);xlabel('w in pi');ylabel('20logH(w)')
```

求得通带最大衰减为 Rp = 1.9297dB，阻带最小衰减为 As = 16.4989 dB，阻带衰减不满足技术指标要求，如图 7-4-5 所示。改变取值长度，当选择 N = 61 时，计算得到通带最大衰减为 Rp = 2.1515dB，阻带最小衰减为 As = 25.3669 dB，仍然不满足技术指标要求。当选择 N = 61 时，在过渡带中增加两个过渡带采样点 H_1 = 0.7 和 H_2 = 0.2，计算得到通带最大衰减为 Rp = 0.2859dB，阻带最小衰减为 As = 44.5757dB，此时满足技术指标要求，如图 7-4-6 所示。

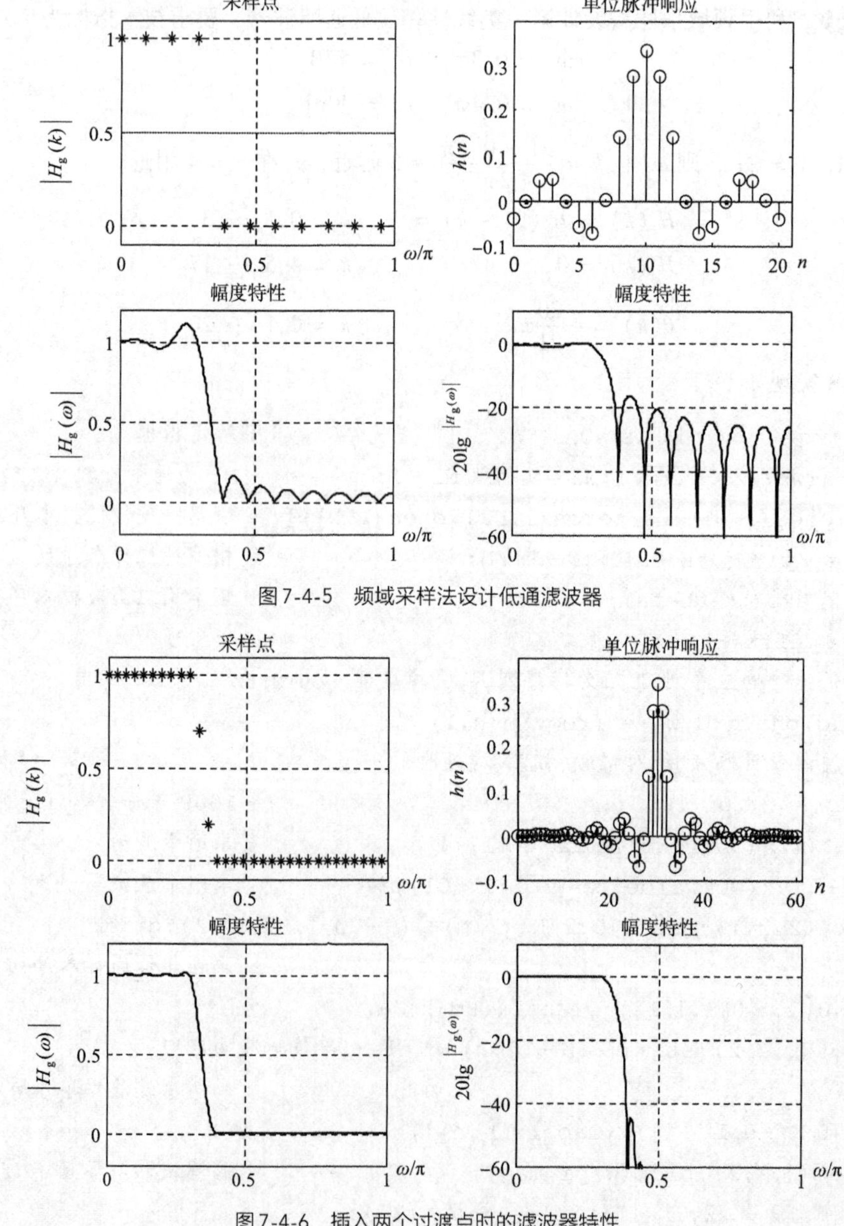

图 7-4-5　频域采样法设计低通滤波器

图 7-4-6　插入两个过渡点时的滤波器特性

按照前面的分析，在断点处加入过渡带采样点 H_1 重新执行上面的程序，并改动程序中的相

关语句时，要注意 HK 的对称性。若加一个过渡点时改动，则

```
HK = [ones(1,N1 +1),H1,zeros(1,N2 -2),H1,ones(1,N1)];
```

若加两个过渡点时改动，则

```
HK = [ones(1,N1),H1,H2,zeros(1,N2 -4),H2,H1,ones(1,N1 -1)];
```

MATLAB 工具提供了用频域采样法进行滤波器设计的函数 fir2，它可以进行多通带滤波器的设计。

```
b = fir2(N,F,A);
```

给定滤波器阶数 N，规定频域采样点 F 向量和相应幅度 A 向量，则返回长度为 N + 1 的滤波器系数向量 b。

例 7-4-2 设计一个数字滤波器，要求其在给定频率位置处的幅值响应为给定的值，即

$$f = 0, 0.1\pi, 0.2\pi, 0.3\pi, 0.4\pi, 0.5\pi, 0.6\pi, 0.7\pi, 0.8\pi, 0.9\pi, \pi$$

$$H_d(k) = 0,0,1,1,0,1,0,1,1,0,0$$

求此滤波器。设长度为 80。

解 MATLAB 实现如下。

```
N=80;                                                    % 给定滤波器长度,对高通必须为奇数
f = [0,0.1,0.2,0.3,0.4,0.5,0.6,0.7,0.8,0.9,1]; A = [0,0,1,1,0,1,0,1,1,0,0];
                                                         % 设定频率响应函数
h = fir2(N -1,f,A);                                      % 产生单位脉冲响应
[H,W] = freqz(h,1);                                      % 求所求滤波器的频率响应函数
subplot(3,1,1);plot(f,A);
subplot(3,1,2);plot(W/pi,abs(H));
subplot(3,1,3);stem([0:N -1],h);                         % 画图
```

运行结果如图 7-4-7 所示，所求滤波器频谱与给定滤波器频谱形状很接近。fir2 函数可设计各种指定频谱的滤波器。

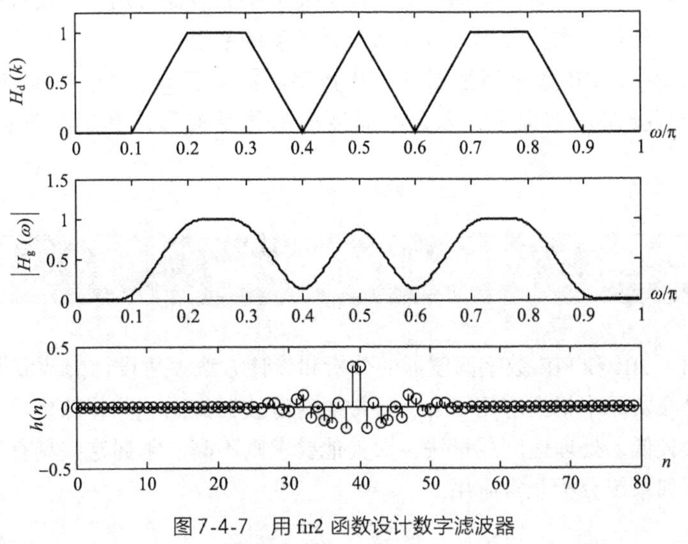

图 7-4-7 用 fir2 函数设计数字滤波器

7.5 IIR和FIR数字滤波器的比较

至此，本节讨论了IIR数字滤波器和FIR数字滤波器的设计方法，但在实际应用时应该如何去选择它们呢？下面对这两种滤波器做一个比较。

在滤波器性能方面，IIR数字滤波器的相位特性往往具有非线性特性，所以信号通过IIR数字滤波器时，肯定会产生相位失真，要想使相位特性线性化，必须对相位特性进行补偿校正，这将大大增加滤波器的体积。而FIR数字滤波器能够实现严格的线性相位特性。另外，IIR数字滤波器的极点可位于单位圆内任意一点，因此可用较低的阶数获得较高的选择性。在指标相同的情况下，FIR数字滤波器的阶数远高于IIR数字滤波器，其原因是FIR数字滤波器只有原点处的极点，只能用高阶数实现高频率选择性。通常实现同样指标，FIR数字滤波器需要的阶数是IIR的5～10倍，故实现IIR数字滤波器所需的存储单元少，比较经济。

在滤波器结构方面，IIR数字滤波器为递归结构，即系统存在反馈环节。其极点位置必须位于单位圆内，以确保系统稳定；但是该系统受有限字长效应影响较大，可能产生寄生振荡。FIR数字滤波器采用非递归结构，无反馈环节。系统只有零值极点，故永远稳定；由于无反馈，有限字长效应很小，运算误差较小。另外，IIR数字滤波器单位脉冲响应为无限长，而FIR滤波器单位脉冲响应为有限长，FIR数字滤波器可用FFT进行快速运算，而IIR数字滤波器则不能。

在设计工具方面，IIR数字滤波器可借助模拟滤波器的设计结果，用现成的公式进行准确计算，还可进行查表，计算工作量较小，对计算设计工具要求不高。而FIR数字滤波器窗函数法只是提供了窗函数的计算，但对求通带衰减、阻带衰减没有现成公式，完整的设计必须借助计算机进行，对设计工具要求较高。

在适用性方面，IIR数字滤波器受模拟滤波器类型的约束，只适合设计具有片断常数特性的滤波器，如低通、高通、带通和带阻等。而FIR数字滤波器不但可以设计具有片断常数特性的滤波器，而且还能设计具有某些特殊用途的滤波器，如微分器、正交变换器、线性调频器、复杂形状的滤波器等用巴特沃斯、切比雪夫方法无法实现的滤波器。另外，IIR数字滤波器适用于对线性相位特性要求不高的场合，如语音通信等；而FIR数字滤波器可用于对线性相位特性要求较高的地方，如图像信号处理、数据传输等以波形携带信息的系统。

从比较中可以看出，IIR数字滤波器和FIR数字滤波器各有所长。设计人员应根据实际需求，在满足技术指标要求的前提下，综合考虑经济上的要求和计算工具等各方面因素来进行设计。

7.6 其他类型的数字滤波器设计

前面已经介绍了IIR和FIR数字滤波器的分析和设计方法，所设计的滤波器基本可以满足各种实际应用。但是在实际中根据应用场合，常常要对滤波器提出一些特殊要求。例如，要求滤波器尽量简单、阶次较低、处理速度尽量快，而其他要求则不高。掌握这些具有特色的特殊类型滤波器，对工程设计和系统分析非常有用。

7.6.1 全通滤波器

如果滤波器幅频特性对所有频率均等于常数或1，即

$$|H(e^{j\omega})| = 1, 0 \leqslant \omega \leqslant 2\pi \tag{7-6-1}$$

则该滤波器被称为全通滤波器。全通滤波器的系统频率响应函数为

$$H(e^{j\omega}) = e^{j\varphi(\omega)} \tag{7-6-2}$$

式（7-6-2）表明信号通过全通滤波器后，幅度谱保持不变，仅相位谱 $\varphi(\omega)$ 随 ω 改变，起到了纯相位滤波作用。因此，如果对某一系统的相频特性进行校正或调整，而同时又想保持原系统的幅频特性不变，就可以通过级联一个全通系统完成设计。

全通滤波器的系统函数一般形式为

$$H(z) = \frac{\sum_{k=0}^{N} a_k z^{-N+k}}{\sum_{k=0}^{N-1} a_k z^{-k}} = \frac{z^{-N} + a_1 z^{-N+1} + a_2 z^{-N+2} + \cdots + a_N}{1 + a_1 z^{-1} + a_2 z^{-2} + \cdots + a_N z^{-N}}, \quad a_0 = 1 \tag{7-6-3}$$

或者写成多个二阶滤波器级联的形式，即

$$H(z) = \prod_{i=1}^{L} \frac{z^{-2} + a_{1i} z^{-1} + a_{2i}}{1 + a_{1i} z^{-1} + a_{2i} z^{-2}} \tag{7-6-4}$$

上面两式中的系数均为实数。可以看出，全通滤波器系统函数 $H(z)$ 的构成特点是其分子、分母多项式的系数相同，但排列顺序相反。可以证明式（7-6-3）表示的滤波器具有全通幅频特性。

$$H(z) = \frac{\sum_{k=0}^{N} a_k z^{-N+k}}{\sum_{k=0}^{N-1} a_k z^{-k}} = z^{-N} \frac{\sum_{k=0}^{N} a_k z^{k}}{\sum_{k=0}^{N-1} a_k z^{-k}} = z^{-N} \frac{D(z^{-1})}{D(z)} \tag{7-6-5}$$

式中，$D(z) = \sum_{k=0}^{N} a_k z^{-k}$，因为系数是实数，所以有

$$D(z^{-1})\big|_{z=e^{j\omega}} = D(e^{-j\omega}) = D^*(e^{j\omega})$$

式中 $D^*(e^{j\omega})$ 是 $D(e^{-j\omega})$ 的共轭，所以得到

$$|H(e^{j\omega})| = \left|\frac{D^*(e^{j\omega})}{D(e^{j\omega})}\right| = 1$$

这就证明了式（7-6-3）表示的 $H(z)$ 具有全通幅频特性。

全通滤波器的零点和极点互为共轭倒易关系。设 z_k 为 $H(z)$ 的零点，按照式（7-6-5），z_k^{-1} 必然是 $H(z)$ 的极点，记为 $p_k = z_k^{-1}$，则 $p_k z_k = 1$。如果 $D(z)$ 和 $D(z^{-1})$ 的系数是实数，其极点、零点或者为实数，或者以共轭复数对出现，则复数零点、复数极点必然以四个一组的形式出现。例如，z_k 为 $H(z)$ 的零点，则必有零点 z_k^*、极点 $p_k = z_k^{-1}$、$p_k^* = (z_k^{-1})^*$ 同时存在。如果零极点为实数，则会同时出现两个且互为倒数。零极点位置示意图如图7-6-1所示。

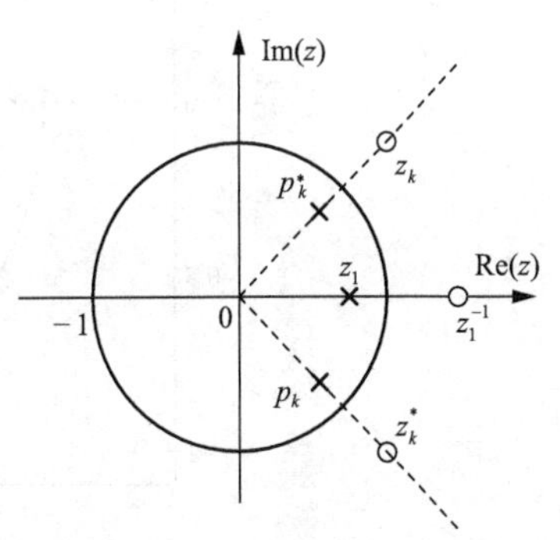

图7-6-1 全通滤波器零极点位置示意图

观察图7-6-1，如果将零点 z_k 和极点 p_k^* 组成一对，将零点 z_k^* 与极点 p_k 组成一对，那么全通滤波器的极点和零点便

以共轭倒易关系出现，即如果 z_k^{-1} 为全通滤波器的零点，则 z_k^* 必然是全通滤波器的极点。所以全通滤波器可写成如下形式

$$H(z) = \prod_{k=1}^{N} \frac{z^{-1} - z_k}{1 - z_k^* z^{-1}} \tag{7-6-6}$$

显然式（7-6-6）中极点和零点互为共轭倒易关系。为保证分子、分母多项式是实系数，极点和零点分别以共轭对形式出现，当 $N = 1$ 时，零极点均为实数。

全通滤波器是一种纯相位滤波器，经常用于相位均衡。对于幅频特性满足要求而相频特性有缺陷的滤波器，它们可以通过级联全通滤波器进行相位校正。

7.6.2 梳状滤波器

设滤波器的系统函数为 $H(z)$，如果在滤波器的单位圆上按相角 $0:2\pi$ 均匀配置若干个零点，就可以产生梳状幅频特性。这种滤波器被称为梳状滤波器。它的分子具有 $z^N - 1$ 或 $z^N + 1$ 的形式。

因为 $z^N - a = 0$ 时的 N 个根为

$$z_k = a^{\frac{1}{N}} e^{j\frac{2k}{N}\pi}, \quad k = 0,1,\cdots,N-1 \tag{7-6-7}$$

而 $z^N + a = 0$ 的 N 个根为

$$z_k = a^{\frac{1}{N}} e^{j\frac{(2k+1)}{N}\pi}, \quad k = 0,1,\cdots,N-1 \tag{7-6-8}$$

所以梳状滤波器有 N 个零点且均匀分布在单位圆上。

例 7-6-1 设系统的系统函数为 $H(z) = \dfrac{1 - z^{-N}}{1 - az^{-N}}, 0 < a < 1, N = 8$，求其零极点分布和幅频特性。

解 系统有 8 个在单位圆上的零点和 8 个在单位圆内的极点。利用式（7-6-7）和式（7-6-8）可以很容易得到零极点的解析式。

用 MATLAB 可以方便地画出零极点分布和幅频特性，语句如下，得到的结果如图 7-6-2 和图 7-6-3 所示。

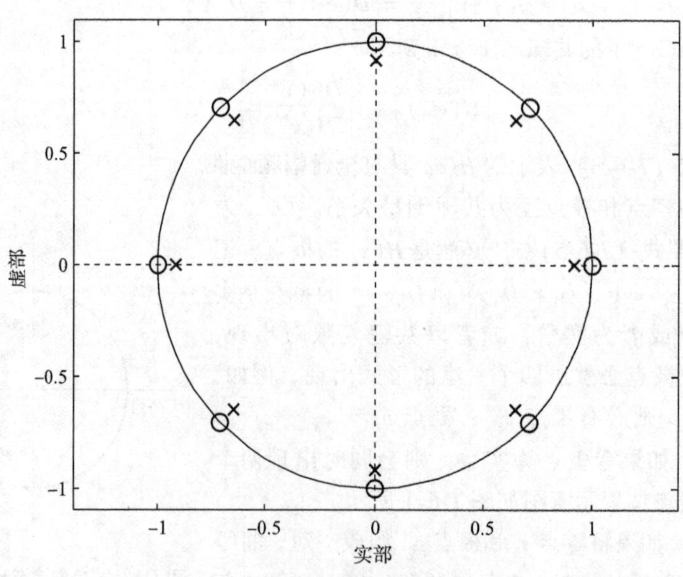

图7-6-2 八阶梳状滤波器零极点分布图

```
b=[1,0,0,0,0,0,0,0,-1];a=[1,0,0,0,0,0,0,0,-0.5];  % 输入分子、分母多项式
zplane(b,a);                                      % 画零极点分布图
freqz(b,a,'whole');                               % 画幅频特性
```

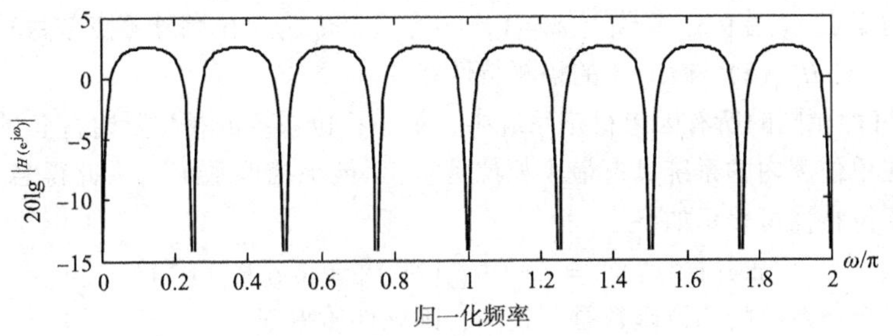

图7-6-3 八阶梳状滤波器幅频特性

从图7-6-3中看出幅频特性形状很像梳子，梳状滤波器的这种特定的幅频特性可以阻挡特定频率信号通过系统，这种特性有时也被称为陷波特性。从零极点分布图中可以看出极点位于单位圆内，以保证系统稳定。极点位置离相应零点的位置越近，陷波特性就越窄。这种滤波器可用于消除电网谐波干扰，在彩色电视机中用于进行亮色分离等。

7.6.3 最小相位系统

一个线性时不变系统 $H(z)$ 因果稳定的充要条件是系统的全部极点必须位于单位圆内。只要频率响应特性满足要求，零点可位于z平面的任何位置。实际上在幅频特性满足要求的情况下，构成此系统的系统函数并不唯一。比如，全通滤波器都具有幅频特性 $|H(e^{j\omega})|=1$ 的特点，但系统函数却不同，表现在系统的相位特性也不同。如果对系统的零点也进行约束，即要求全部零点必须位于单位圆内，则在幅度特性确定的情况下，可以唯一地确定该系统的系统函数，也就可以唯一地确定其相位特性，这就是最小相位系统。

如果因果稳定系统 $H(z)$ 的全部零点都在单位圆内，则称之为最小相位系统，记为 $H_{\min}(z)$；反之，如果所有零点都在单位圆外，则称之为最大相位系统；若单位圆内、外都有零点，则称之为混合相位系统。最小相位系统在工程领域较为重要，下面给出最小相位系统的几个重要特点。

① 任何一个非最小相位系统均可表示成一个最小相位系统 $H_{\min}(z)$ 和一个全通系统 $H_{ap}(z)$ 的级联形式，即

$$H(z)=H_{\min}(z)H_{ap}(z) \tag{7-6-9}$$

证明 假设因果稳定系统 $H(z)$ 有一个零点 $z=1/z_0$ 在单位圆外，这里 $|z_0|<1$，其余零极点都在单位圆内，则 $H(z)$ 可表示为

$$\begin{aligned}H(z)&=H_1(z)(z^{-1}-z_0)\\&=H_1(z)(z^{-1}-z_0)\frac{(1-z_0^*z^{-1})}{1-z_0^*z^{-1}}\\&=H_1(z)(1-z_0^*z^{-1})\frac{z^{-1}-z_0}{1-z_0^*z^{-1}}\end{aligned} \tag{7-6-10}$$

根据假设可知 $H_1(z)$ 为最小相位系统，所以 $H_1(z)(1-z_0^*z^{-1})$ 也是最小相位系统。根据式（7-6-6）

可知 $\frac{z^{-1}-z_0}{1-z_0^* z^{-1}}$ 为全通系统，所以式（7-6-9）成立，显然 $|H(\mathrm{e}^{\mathrm{j}\omega})|=|H_{\min}(\mathrm{e}^{\mathrm{j}\omega})|$。

该特点说明如果将单位圆外的零点或极点 z_k 用 $1/z_k^*$ 替代，则系统的幅频特性形状保持不变。如果用一个非最小相位系统来构造一个幅频特性相同的最小相位系统，则只要将非最小相位系统的单位圆外的零点 z_{0k} 用 $1/z_{0k}^*$ 替代（$k=1,2,\cdots,m_0$，m_0 为单位圆外零点数目），即可得最小相位系统 $H_{\min}(z)$，且 $H_{\min}(z)$ 与 $H(z)$ 的幅频特性相同。

② 在幅频特性相同的所有因果稳定系统中，最小相位系统的相位延时（负的相位值）最小。

全部零点在单位圆内的系统具有最小相位延时，"最小相位系统"由此得名。任何一个非最小相位系统的相位特性可表示如下

$$\arg[H(\mathrm{e}^{\mathrm{j}\omega})]=\arg[H_{\min}(\mathrm{e}^{\mathrm{j}\omega})]+\arg[H_{\mathrm{ap}}(\mathrm{e}^{\mathrm{j}\omega})] \tag{7-6-11}$$

因此只要证明了全通系统的相位函数是非正的，则该性质得证。

高阶全通系统总可以用一阶和二阶全通系统函数相乘来表示。一阶和二阶全通系统的系统函数分别如下

$$H_{\mathrm{ap}}(z)=\frac{z^{-1}-a}{1-az^{-1}}\quad (a\text{ 为实数}, |a|<1) \tag{7-6-12}$$

$$H_{\mathrm{ap}}(z)=\frac{z^{-1}-a^*}{1-az^{-1}}\cdot\frac{z^{-1}-a}{1-a^*z^{-1}}\quad (a\text{ 为复数,设 }a=r\mathrm{e}^{\mathrm{j}\theta},\ |a|<1) \tag{7-6-13}$$

对一阶系统，可以证明下式成立

$$\arg[H_{\mathrm{ap}}(\mathrm{e}^{\mathrm{j}\omega})]=\arg\left(\mathrm{e}^{\mathrm{j}\omega}\frac{\mathrm{e}^{-\mathrm{j}\omega}-a}{\mathrm{e}^{\mathrm{j}\omega}-a}\right)=\omega-2\arctan\left(\frac{\sin\omega}{\cos\omega-a}\right) \tag{7-6-14}$$

对二阶系统，可以证明下式成立

$$\begin{aligned}\arg[H_{\mathrm{ap}}(\mathrm{e}^{\mathrm{j}\omega})]&=\arg\left(\mathrm{e}^{2\mathrm{j}\omega}\frac{\mathrm{e}^{-\mathrm{j}\omega}-a^*}{\mathrm{e}^{\mathrm{j}\omega}-a}\frac{\mathrm{e}^{-\mathrm{j}\omega}-a}{\mathrm{e}^{\mathrm{j}\omega}-a^*}\right)\\&=2\omega-2\arctan\left(\frac{\sin\omega-r\sin\theta}{\cos\omega-r\cos\theta}\right)-2\arctan\left(\frac{\sin\omega+r\sin\theta}{\cos\omega-r\cos\theta}\right)\end{aligned} \tag{7-6-15}$$

当 $0\leqslant\omega\leqslant\pi$ 时，可以证明均有 $\arg[H_{\mathrm{ap}}(\mathrm{e}^{\mathrm{j}\omega})]<0$ 成立（具体证明过程可参阅其他资料），所以证明了最小相位系统的相位延时最小这一性质。

这一性质的物理解释是最小相位系统的时域响应波形延时和能量延时均最小。下面由式（7-6-9）首先对时域响应波形延时的结论进行推导，将式（7-6-9）重写如下

$$H(z)=H_{\min}(z)H_{\mathrm{ap}}(z)$$

由上式可以得到

$$|H(\mathrm{e}^{\mathrm{j}\omega})|=|H_{\min}(\mathrm{e}^{\mathrm{j}\omega})|$$

由初值定理可以得到

$$H(z)\big|_{z=\infty}=h(0)$$

$$H_{\min}(z)\big|_{z=\infty}=h_{\min}(0)$$

由于

$$|H_{\mathrm{ap}}(z)|\big|_{z=\infty}=\left|\prod_{k=1}\frac{z^{-1}-a_k}{1-a_kz^{-1}}\right|\Bigg|_{z=\infty}=\left|\prod_{k=1}a_k\right|$$

对因果稳定的系统，$|a_k|<1$，所以

$$|h(0)|<|h_{\min}(0)| \tag{7-6-16}$$

式（7-6-16）说明，在幅频特性相同的所有因果稳定系统中，最小相位系统的单位脉冲响应

波形延时最小。如果定义 $h(n)$ 的积累能量 $E(m)$ 为

$$E(m) = \sum_{n=0}^{m} h^2(n), \quad 0 \leqslant m < +\infty \tag{7-6-17}$$

则系统最小相位系统的能量延时满足下面的关系：

$$\sum_{n=0}^{m} h_{\min}^2(n) \geqslant \sum_{n=0}^{m} h^2(n) \tag{7-6-18}$$

由于 $|H(e^{j\omega})| = |H_{\min}(e^{j\omega})|$，即

$$\int_{-\pi}^{\pi} |H(e^{j\omega})|^2 d\omega = \int_{-\pi}^{\pi} |H_{\min}(e^{j\omega})|^2 d\omega$$

根据帕塞瓦尔（parseval）定理可得

$$\sum_{n=0}^{+\infty} h^2(n) = \sum_{n=0}^{+\infty} h_{\min}^2(n)$$

式（7-6-18）表明 $h_{\min}(n)$ 的能量集中在了 n 较小的范围内，这说明最小相位系统能量延时最小。

③ 最小相位系统保证其逆系统存在。

一个因果稳定的系统 $H(z)$，其逆系统存在，且可表示为

$$H_{\mathrm{INV}}(z) = \frac{1}{H(z)} \tag{7-6-19}$$

式中，$H_{\mathrm{INV}}(z)$ 为 $H(z)$ 的逆系统。只有当 $H(z)$ 为最小相位系统时，此时系统的零极点才都位于单位圆内，这样才能保证 $H_{\mathrm{INV}}(z)$ 是因果稳定的，即此时 $H_{\mathrm{INV}}(z)$ 物理可实现。

如果定义 $G(z) = H(z)H_{\mathrm{INV}}(z)$，则 $G(z)$ 相当于一个全通系统。如果 $H(z)$ 为非最小相位系统，由于

$$H(z) = H_{\min}(z)H_{\mathrm{ap}}(z)$$

只要选

$$H_{\mathrm{INV}}(z) = \frac{1}{H_{\min}(z)}$$

即可实现对系统幅度特性的完全补偿，但相位不能实现完全补偿。信号处理中通常会碰到系统求逆问题，如解卷积、信号检测、信道均衡等。

7.7 本章小结

第7章复习

FIR 数字滤波器的单位脉冲响应为有限长序列，通常为非递归结构，即无反馈环节。一般情况下，FIR 数字滤波器只有 $z = 0$ 的极点，所以系统总是稳定的。通过采用具有对称性的时域冲激响应，可以设计具有线性相位特性的 FIR 数字滤波器。线性相位条件可综合表示为

$$h(n) = \pm h(N - n - 1)$$

各种时域对称序列的幅度特性在频域也有相应的对称性，可综合表示为

$$H_g(\omega) = \pm H_g(2\pi - \omega)$$

利用窗函数法设计 FIR 数字滤波器，由于截断必然会产生吉布斯效应，为了减小吉布斯效应的影响，可以增加截取长度和选择合适的窗口形状。通过增加截取长度可以减小过渡带的宽度和加大波动的频率，但不能减小波动的大小；通过选择合适的窗口形状可以减小波动的大小，使

阻带衰减降低，但须以增加过渡带的宽度为代价。窗函数法设计简单、实用，但边界频率不易控制。

频域采样法是直接从频域对期望滤波器频率响应函数进行逼近的一种方法，它通过对期望滤波器频率响应函数 $H_d(e^{j\omega})$ 进行采样，得到采样点 $H_d(k)$，并把采样点视为所设计的FIR数字滤波器的单位脉冲响应 $h(n)$ 的DFT，那么该FIR数字滤波器的频率响应函数 $H(e^{j\omega})$ 在这些样本点处必定与 $H_d(e^{j\omega})$ 相同；另外，$H(e^{j\omega})$ 是对 $H_d(e^{j\omega})$ 在某种程度上的逼近，故必然存在误差。设计出的滤波器与理想滤波器间在幅度特性 $H_d(\omega)$ 的不连续点处会由于吉布斯效应而出现最大误差。通过在间断点处增加过渡点，可改善波动，提高阻带衰减，但过渡带相应也会变得更宽。

切比雪夫逼近法是一种优化设计方法，这种方法将理想频率响应和实际频率响应之间的加权逼近误差均匀地分散到了滤波器的整个通带和阻带，并且可以最小化最大误差，这样就可以利用相对较小的阶数来满足滤波器性能指标的要求。在设计时，同时可以实现边界频率的精确控制，克服了窗函数法和频域采样法在这方面的不足。

习题7

【7-1】试述FIR数字滤波器的特点。

【7-2】试述线性相位FIR数字滤波器的条件和幅度特性。

【7-3】试述线性相位FIR数字滤波器的零点分布特点。

【7-4】试述较理想的窗函数应该符合什么标准。

【7-5】试述使用窗函数法进行截断时，造成的吉布斯效应在频域的反应是怎样的？

【7-6】试述产生吉布斯效应的原因以及怎样改善吉布斯效应的影响。

【7-7】试比较IIR和FIR数字滤波器的优缺点。

【7-8】已知FIR数字滤波器的单位脉冲响应为

(1) $N = 6$

$h(0) = h(5) = 0.5$

$h(1) = h(4) = 2$

$h(2) = h(3) = 3$

(2) $N = 7$

$h(0) = -h(6) = 2$

$h(1) = -h(5) = -3$

$h(2) = -h(4) = 1$

$h(3) = 0$

试画出它们的线性相位型结构图，并分别说明它们的幅度特性、相位特性各有什么特点。

【7-9】已知FIR数字滤波器的16个频域采样值为

$H(0) = 10$　　　　$H(3):H(13) = 0$

$H(1) = 1 + j\sqrt{3}$　　　　$H(14) = 2 + j$

$H(2) = -2 - j$　　　　$H(15) = 1 - j\sqrt{3}$

试画出其频域采样结构，选择 $r = 1$，可以用复数乘法器。

【7-10】设FIR数字滤波器的系统函数为

$$H(z) = \frac{1}{10}(1 + 0.5z^{-1} + 2.5z^{-2} + 0.5z^{-3} + z^{-4})$$

求出该滤波器的单位脉冲响应 $h(n)$，判断其是否具有线性相位，并求出其幅度特性和相位特性，最后画出其直接型结构和线性相位型结构。

【7-11】用矩形窗设计线性相位低通滤波器，逼近滤波器系统传输函数 $H_d(e^{j\omega})$ 为

$$H_d(e^{j\omega}) = \begin{cases} e^{-j\omega\alpha}, & |\omega| \leqslant \omega_c \\ 0, & \omega_c < |\omega| \leqslant \pi \end{cases}$$

(1) 求出对应于理想低通的单位脉冲响应 $h_d(n)$；

(2) 求出基于矩形窗法设计的 $h(n)$ 表达式，并确定 α 与 N 的关系；

(3) N 取奇数或偶数对滤波器特性有什么影响？

【7-12】 用矩形窗设计一线性相位高通滤波器，逼近滤波器系统传输（频率响应）函数 $H_d(e^{j\omega})$ 为

$$H_d(e^{j\omega}) = \begin{cases} e^{-j\omega\alpha}, & \omega_c < |\omega| \leqslant \pi \\ 0, & \text{其他} \end{cases}$$

(1) 求出该理想高通的单位脉冲响应 $h_d(n)$；

(2) 求出基于矩形窗法设计的 $h(n)$ 的表达式，并确定 α 与 N 的关系；

(3) N 的取值有什么限制？为什么？

【7-13】 理想带通特性为

$$H_d(e^{j\omega}) = \begin{cases} e^{-j\omega\alpha}, & \omega_c \leqslant |\omega| \leqslant \omega_c + B \\ 0, & |\omega| < \omega_c, \omega_c + B < |\omega| \leqslant \pi \end{cases}$$

其幅度特性 $|H_d(\omega)|$ 如图 7-13 所示。

(1) 求出该理想带通滤波器的单位脉冲响应 $h_d(n)$；

(2) 求出基于升余弦窗设计的滤波器 $h(n)$，并确定 N 与 α 的关系；

(3) N 的取值是否有限制？为什么？

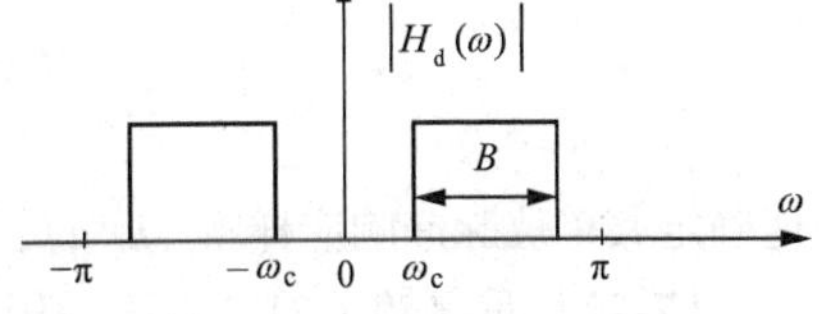

题图 7-13　幅度特性

【7-14】 试完成下面两题。

(1) 设低通滤波器的单位脉冲响应与系统传输函数分别为 $h(n)$ 和 $H(e^{j\omega})$，如果另一个滤波器的单位脉冲响应为 $h_1(n)$，它与 $h(n)$ 的关系是 $h_1(n) = (-1)^n h(n)$，试证明滤波器 $h_1(n)$ 是一个高通滤波器。

(2) 设低通滤波器的单位脉冲响应与系统传输函数分别为 $h(n)$ 和 $H(e^{j\omega})$，截止频率为 ω_c。如果另一个滤波器的单位脉冲响应为 $h_2(n)$，它与 $h(n)$ 的关系是 $h_2(n) = 2h(n)\cos\omega_0 n$，且 $\omega_c < \omega_0 < (\pi - \omega_c)$，试证明滤波器 $h_2(n)$ 是一个带通滤波器。

【7-15】 在题图 7-15 中，$h_1(n)$ 是偶对称序列，$N=8$，$h_2(n)$ 是 $h_1(n)$ 圆周移位（移 $N/2=4$）后的序列，设

$$H_1(k) = \text{DFT}[h_1(n)], \quad k = 0,1,\cdots,N-1$$
$$H_2(k) = \text{DFT}[h_2(n)], \quad k = 0,1,\cdots,N-1$$

(1) $|H_1(k)| = |H_2(k)|$ 是否成立？为什么？

(2) 用 $h_1(n)$ 和 $h_2(n)$ 分别构成的低通滤波器是否具有线性相位？群延时是多少？

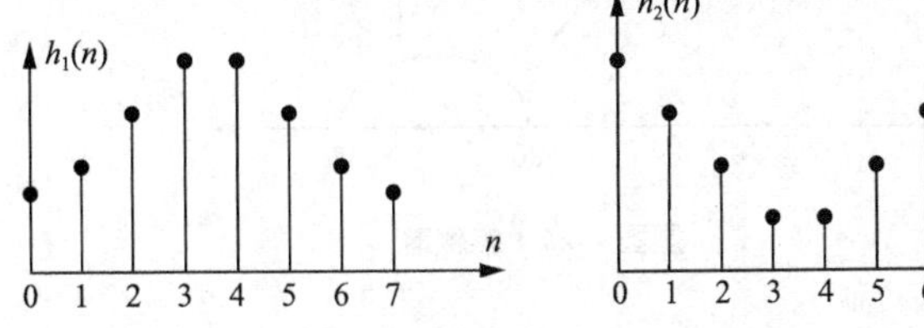

题图 7-15　序列图

【7-16】利用矩形窗、升余弦窗、改进升余弦窗和布莱克曼窗设计线性相位 FIR 低通滤波器。要求通带截止频率 $\omega_c = \pi/4\mathrm{rad}$，$N=21$。求出分别对应的单位脉冲响应，绘出它们的幅频特性并进行比较。

【7-17】将技术要求改为设计线性相位高通滤波器，重复题 7-16。

【7-18】利用窗函数（汉明窗）法设计一个数字微分器，逼近题图 7-18 所示的理想幅度特性，并绘出其幅频特性。

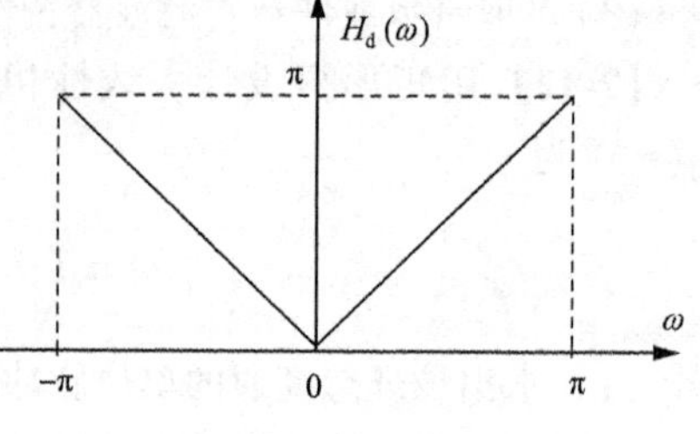

题图 7-18　理想幅度特性

【7-19】利用频域采样法设计一个线性相位 FIR 低通滤波器，给定 $N=21$，通带截止频率 $\omega_c = 0.3\pi\mathrm{rad}$。求出 $h(n)$，为了改善其频率响应应采取什么措施？

【7-20】利用频域采样法设计线性相位 FIR 数字滤波器，设 $N=15$，给定滤波器的幅度采样值为

$$H_d(k) = \begin{cases} 1, & k=0,1,2,3 \\ 0, & k=4,5,6,7 \end{cases}$$

请确定其单位脉冲响应样本 $\{h(n)\}$。

【7-21】利用频域采样法设计线性相位 FIR 低通滤波器，设 $N=16$，给定滤波器的幅频采样值为

$$H_d(k) = \begin{cases} 1, & k=0,1,2,3 \\ 0.4, & k=4 \\ 0, & k=5,6,7 \end{cases}$$

请确定其单位脉冲响应样本 $\{h(n)\}$。

【7-22】重复题 7-21，但改为用矩形窗法进行设计，并将设计结果与题 7-21 进行比较。

【7-23】利用频域采样法设计线性相位 FIR 带通滤波器，设 $N=33$，理想幅度特性 $H_d(\omega)$ 如题图 7-23 所示。

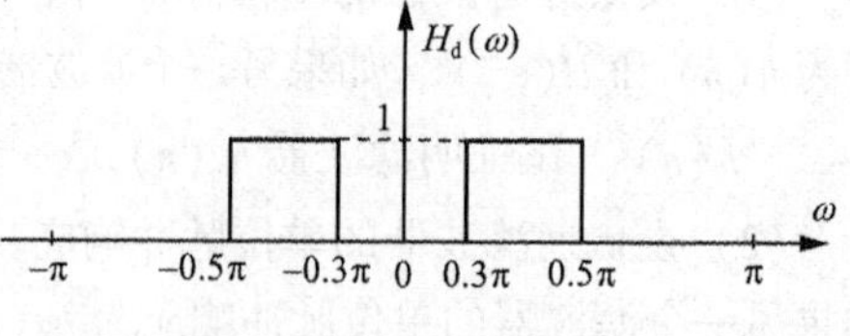

题图 7-23　理想幅度特性

【7-24】设信号 $x(t)=s(t)+v(t)$，其中 $v(t)$ 是干扰，$s(t)$ 与 $v(t)$ 的频谱不混叠，其幅度谱如题图 7-24 所示，要求设计一个数字滤波器，将干扰滤除，指标是允许 $|s(f)|$ 在 $0 \leqslant f \leqslant 15\ \mathrm{kHz}$ 频率范围中幅度失真为 ±2%（$\delta_1 = 0.02$）；$f > 20\mathrm{kHz}$，衰减大于 40dB（$\delta_2 = 0.01$）；希望分别用 FIR 和 IIR 数字滤波器进行滤除干扰，最后对两者的处理结果进行比较。

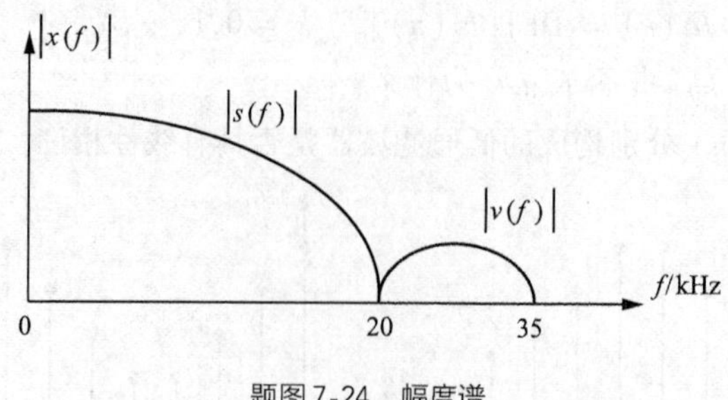

题图 7-24　幅度谱

【7-25】要通过给截止频率 $\omega_c = 0.3\pi$ 的理想离散时间低通滤波器的单位脉冲响应 $h_d(n)$ 加

窗函数 $w(n)$ 来设计一个 FIR 低通滤波器，并满足技术指标：

$$0.95 < H(e^{j\omega}) < 1.05, \quad |\omega| \leqslant 0.25\pi$$

$$-0.1 < H(e^{j\omega}) < 0.1, \quad 0.35\pi \leqslant |\omega| \leqslant \pi$$

哪种窗函数滤波器可满足这一要求？对于每一个能满足这一要求的窗函数，求出滤波器所要求的最小长度 $M+1$。

【7-26】 利用加窗傅里叶级数法，设计一个具有如下指标的线性相位 FIR 低通滤波器：通带截止频率为 2rad/s，阻带截止频率为 4rad/s，最大阻带衰减为 0.1dB，最小阻带衰减为 40dB，采样频率为 20rad/s。利用下面的各个窗函数进行设计：汉明窗、汉宁窗、布莱克曼窗和凯塞－贝赛窗。对于每种情况，显示冲激响应的系数并画出所设计的滤波器的增益响应，然后分析结果。注意不要用 MATLAB 的函数 fir1。

【7-27】 分别利用题 7-26 中用到的窗函数及 MATLAB 的函数 fir1，设计线性相位 FIR 低通滤波器。对于每种情况，分别显示其冲激响应系数并画出设计的滤波器的增益响应，最后将结果与题 7-26 得到的结果进行比较。

第 8 章

数字信号处理实验

8.1 实验一：信号的表示

8.1.1 实验目的

（1）了解 MATLAB 程序设计语言的基本特点，熟悉 MATLAB 软件运行环境。

（2）掌握各种信号的建模方式。

（3）掌握各种信号的图形表示方法。

（4）掌握变量等有关概念，具备初步的将一般数学模型转化为对应的计算机模型并进行处理的能力。

8.1.2 实验设备

（1）PC。

（2）MATLAB 7.0 软件。

8.1.3 实验内容

学习使用 MATLAB 7.0 软件；学习信号的图形表示方法，掌握各种信号的建模方式；实现单位采样序列 $\delta(n)$、单位阶跃序列 $u(n)$、矩形序列 $R_N(n)$ 、三角波、方波、锯齿波、Sinc 函数。

8.1.4 参考实例

常用的 MATLAB 绘图语句有 figure、plot、subplot、stem 等，图形修饰语有 title、axis、text 等。

1. figure 语句

figure 有两种用法。当只有一句 figure 命令时，程序会创建一个新的图形窗口，并返回一个整数型的窗口编号。当采用 figure（n）时，表示将第 n 个图形窗口作为当前的图形窗口，并将其显示在所有窗口的最前面。如果该图形窗口不存在，则新建一个窗口，并赋以编号 n。

2. plot 语句

线形绘图函数，用法为 plot(x,y,'s')。参数 x 为横轴变量；y 为纵轴变量；s 用以控制图形的基本特征，如颜色、粗细等，通常可以省略。plot 语句的参数及其含义如表 8-1-1 所示。

表 8-1-1　plot 语句的参数及其含义

参数	含义	参数	含义	参数	含义
y	黄色	.	点	-	实线
m	紫色	o	圆	:	虚线
c	青色	x	打叉	-.	点划线
r	红色	+	加号	--	破折线
g	绿色	*	星号	^	向上三角形
b	蓝色	s	正方形	<	向左三角形
w	白色	d	菱形	>	向右三角形
k	黑色	v	向下三角形	p	五角星形

3. subplot 语句

subplot（m，n，i）是分割显示图形窗口命令，它可以把一个图形窗口分为 m 行 n 列共 m×n 个小窗口，并指定第 i 个小窗口为当前窗口。

4. 二维统计分析图

在 MATLAB 中，二维统计分析图有很多，常见的有条形图、阶梯图、杆图和填充图等，所采用的函数分别是：

```
bar(x,y,选项)
stairs(x,y,选项)
stem(x,y,选项)
fill(x1,y1,选项 1,x2,y2,选项 2,…)
```

例 8-1-1　分别以条形图、阶梯图、杆图和填充图形式绘制曲线 y = 2sin（x）。

解　程序如下：

```
x =0:pi/10:2* pi;
y =2* sin(x);
subplot(2,2,1);bar(x,y,'g');
title('bar(x,y,''g'')');axis([0,7, -2,2]);
subplot(2,2,2);stairs(x,y,'b');
title('stairs(x,y,''b'')');axis([0,7, -2,2]);
subplot(2,2,3);stem(x,y,'k');
title('stem(x,y,''k'')');axis([0,7, -2,2]);
subplot(2,2,4);fill(x,y,'y');
title('fill(x,y,''y'')');axis([0,7, -2,2]);
```

结果如图 8-1-1 所示。

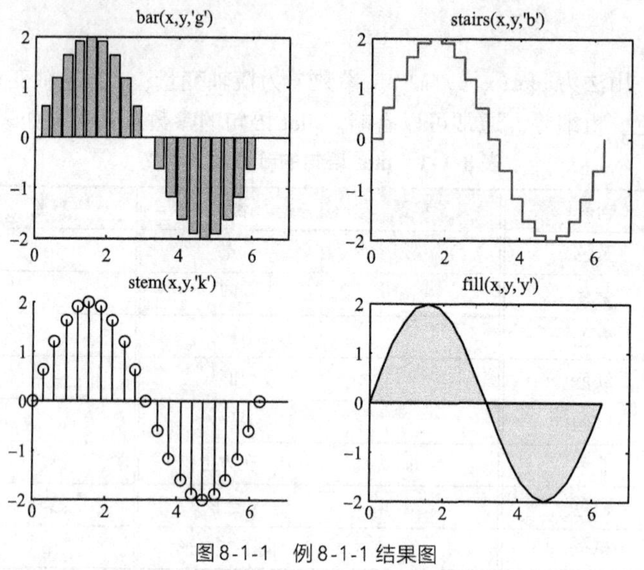

图 8-1-1　例 8-1-1 结果图

5. 图形保持

hold on/off 命令控制的是保持原有图形还是刷新原有图形，不带参数的 hold 命令可在两种状态之间进行切换。

例 8-1-2　采用图形保持，在同一坐标内绘制曲线 $y1 = 0.2e^{-0.5}x\cos(4\pi x)$ 和 $y2 = 2e^{-0.5}x\cos(\pi x)$。

解　程序如下：

```
x=0:pi/100:2*pi;
y1=0.2*exp(-0.5*x).*cos(4*pi*x);
plot(x,y1)
hold on
y2=2*exp(-0.5*x).*cos(pi*x);
plot(x,y2);
hold off
```

结果如图 8-1-2 所示。

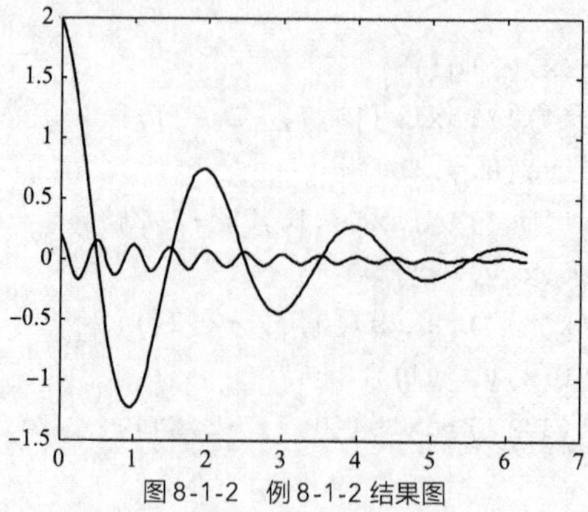

图 8-1-2　例 8-1-2 结果图

6. 绘图修饰命令

```
title(图形名称)
xlabel(x 轴说明)
ylabel(y 轴说明)
text(x,y,图形说明)
legend(图例1,图例2,…)
```

例8-1-3 在0≤x≤2π区间内，绘制曲线 y1 = 2e - 0.5x 和 y2 = cos(4πx)，并添加图形标注。

解　程序如下：

```
x=0:pi/100:2*pi;
y1=2*exp(-0.5*x);
y2=cos(4*pi*x);
plot(x,y1,'-'x,y2,':');
title('x from 0 to 2{\pi}');                    % 加图形标题
xlabel('Variable X');                            % 加X轴说明
ylabel('Variable Y');                            % 加Y轴说明
text(0.8,1.5,'曲线 y1=2e^{-0.5x}');              % 在指定位置添加图形说明
text(2.5,1.1,'曲线 y2=cos(4{\pi}x)');
legend('y1',' y2')                               % 加图例
```

结果如图8-1-3所示。

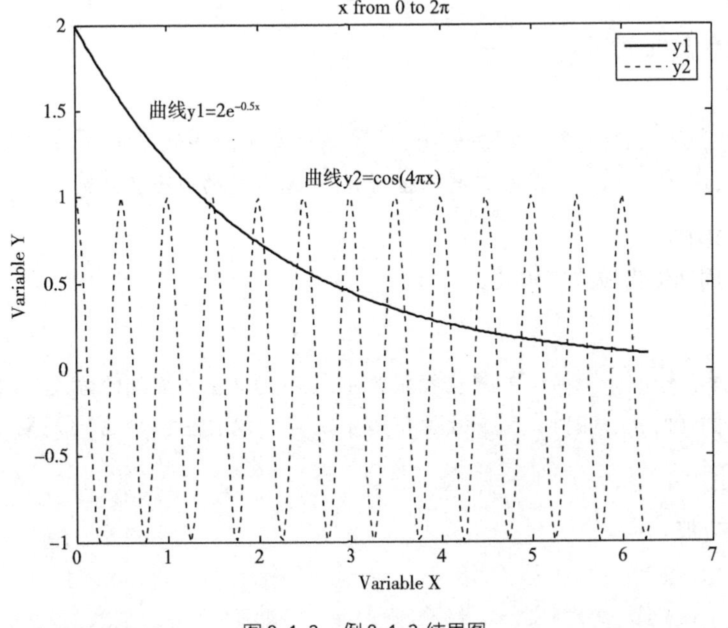

图8-1-3　例8-1-3结果图

7. MATLAB 常用信号生成函数

（1）ZEROS

功能：产生全零阵列。

调用格式：

```
X = ZEROS (N)              % 产生N行N列的全零矩阵
X = ZEROS(M,N)             % 产生M行N列的全零矩阵
```

（2）ONES

功能：产生全 1 阵列。

调用格式：

```
X = ONES(N)                % 产生N行N列的全1矩阵
X = ONES(M,N)              % 产生M行N列的全1矩阵
```

（3）SINC

功能：辛格函数。

调用格式：

```
Y = SINC(X)
```

（4）RECTPULS

功能：产生矩形脉冲信号。

调用格式：

```
Y = RECTPULS (T)           % 产生高度为1、宽度为1、关于T=0对称的矩形脉冲
Y = RECTPULS (T,W)         % 产生高度为1、宽度为W、关于T=0对称的矩形脉冲
```

（5）RAND

功能：产生伪随机序列。

调用格式：

```
Y = RAND (1,N)             % 产生[0,1]上均匀分布的随机序列
Y = RANDN (1,N)            % 产生均值为0、方差为1的白噪声序列
```

（6）SAWTOOTH

功能：产生周期锯齿波或三角波。

调用格式：

```
Y = SAWTOOTH (T)           % 产生幅值为+1、-1,以2为周期的方波
Y = SAWTOOTH(T,WIDTH)      % 产生幅值为+1、-1,以WIDTH * 2为周期的方波
```

（7）SQUARE

功能：产生方波。

调用格式：

```
Y = SQUARE (T)             % 产生幅值为+1、-1,以2为周期的锯齿波
Y = SQUARE(T,DUTY)         % 产生幅值为+1、-1,以占空比为DUTY的方波
```

例如：

```
T=0:.0001:.0625;
Y=SQUARE(2* pi* 30* T,80); plot(T,Y)     % 产生一个占空比为80%的方波
```

（8）FLIPLR

功能：序列左右翻转。

调用格式：

```
Y=FLIPLR(X)
% X=1 2 3  翻转后  3 2 1
%   4 5 6          6 5 4
```

（9）CUMSUM、SUM

功能：计算序列累加。

调用格式：

```
Y=CUMSUM(X)  % 向量X元素累加,记录每次的累加结果;SUM只记录最后的结果
```

8.1.5 思考题及实验报告

（1）实现单位采样序列 $\delta(n)$ 、单位阶跃序列 $u(n)$ 、矩形序列 $R_N(n)$，并用图形显示；写出程序并输出图形。

（2）实现三角波、方波、锯齿波、Sinc 函数，并用图形显示。写出程序并输出图形。

（3）写出实验心得和对课程与实验的一些建议。

8.2 实验二：FFT 频谱分析及应用

8.2.1 实验目的

（1）通过实验加深对 FFT 的理解。

（2）熟悉应用 FFT 对典型信号进行频谱分析的方法。

8.2.2 实验设备

（1）PC。

（2）MATLAB 7.0 软件。

8.2.3 实验内容

使用 MATLAB 7.0 软件程序实现信号频域特性的分析，涉及离散傅里叶变换（DFT）、快速傅里叶变换（FFT）及信号频率分辨率等知识点。

8.2.4 参考实例

在各种信号序列中，有限长度序列占重要地位。对有限长度序列可以利用 DFT 进行分析。DFT 不但可以很好地反映序列的频谱特性，而且易于用 FFT 算法在计算机上进行分析。

有限长度序列的 DFT 是其 Z 变换在单位圆上的等距离采样，或者说是序列傅里叶的等距离采样，因此可以用于序列的谱分析。FFT 是 DFT 的一种快速算法，它通过对变换式进行一次次分解，使其成为若干小数据点的组合，从而减少运算量。

在 MATLAB 信号处理工具箱中的函数 fft（x，n），可以用于实现序列的 N 点快速傅里叶变换。

经函数 fft(x,n)求得的序列一般是复序列，通常需要求出其幅值和相位。MATLAB 中提供了求复数的幅值和相位的函数：abs、angle。这些函数一般会和 fft(x,n)同时使用。

例 8-2-1 模拟信号 $x(t) = 2\sin(4\pi t) + 5\cos(8\pi t)$，以 $t = 0.01n(n = 0:N-1)$ 进行采样，求：

（1）$N=40$ 点 FFT 的幅度频谱，从图中能否观察出信号的 2 个频谱分量？

（2）提高采样点数，如取 $N=128$，再求该信号的幅度频谱，此时幅度频谱发生了什么变化？

解 程序如下：

```
N=40;n=0:N-1;
t=0.01*n;
x=2*sin(4*pi*t)+5*cos(8*pi*t);
k=0:N/2;w=2*pi/N*k;
X=fft(x,N);
magX=abs(X(1:N/2+1));
subplot(2,1,1);stem(n,x,'.');title('signal x(n)');
subplot(2,1,2);plot(w/pi,magX);title('FFT N=40');
xlabel('f (unit :pi)');ylabel(' |X|');grid
N=128;n=0:N-1;
t=0.01*n;
x=2*sin(4*pi*t)+5*cos(8*pi*t);
k=0:N/2;w=2*pi/N*k;
X=fft(x,N);
magX=abs(X(1:N/2+1));
subplot(2,1,1);stem(n,x,'.');title('signal x(n)');
subplot(2,1,2);plot(w/pi,magX);title('FFT N=128');
xlabel('f (unit :pi)');ylabel(' |X|');grid
```

结果分别如图 8-2-1 和图 8-2-2 所示。

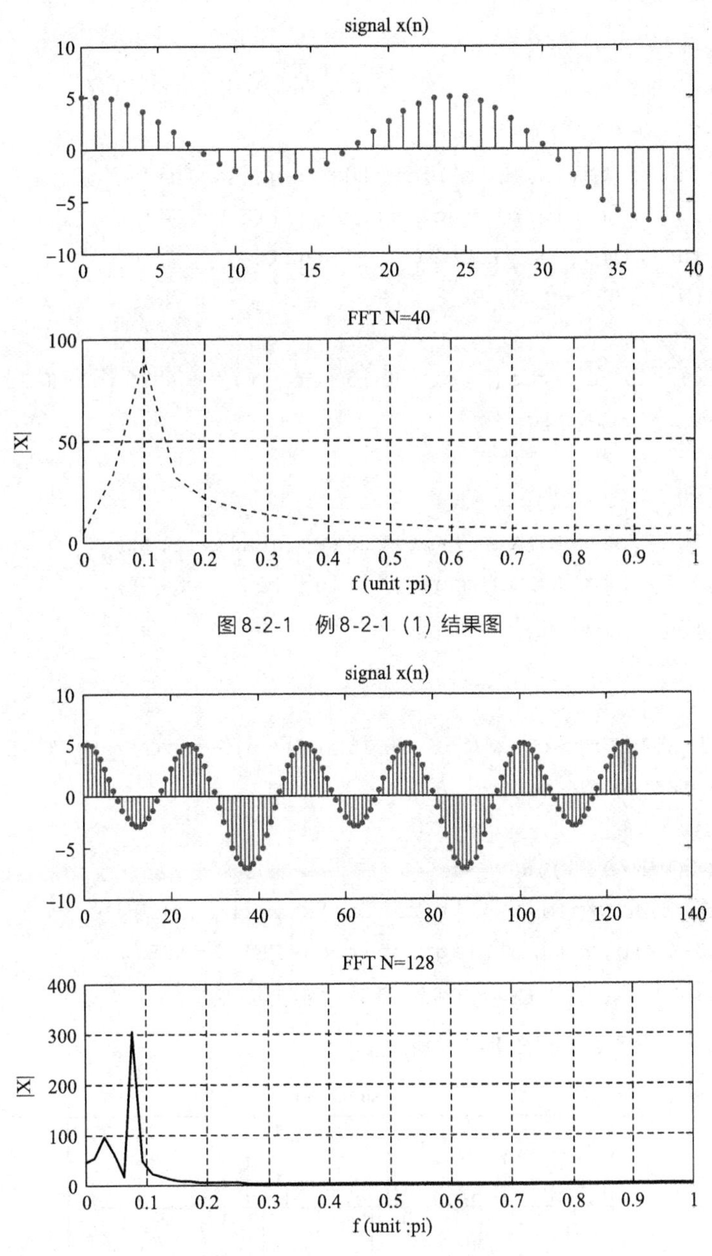

图8-2-1 例8-2-1（1）结果图

图8-2-2 例8-2-1（2）结果图

例8-2-2 一个连续信号含3个频谱分量，经采样得以下序列：

$$x(n) = \sin(2\pi \times 0.15n) + \cos(2\pi \times (0.15 + \mathrm{d}f)n) + \cos(2\pi \times (0.15 + 2\mathrm{d}f)n)$$

（1）$N=64$，df 分别为1/16、1/64，观察其频谱；

（2）$N=64$、128，df 为1/64，做128点FFT，其结果有何不同？

解 程序如下：

```
N=64;n=0:N-1;
df=1/16;
x=sin(2*pi*0.15*n)+cos(2*pi*(0.15+df)*n)+cos(2*pi*(0.15+2*df)*n);
```

```
k=0:N/2;w=2* pi/N* k;
X=fft(x,N);
magX=abs(X(1:N/2+1));
subplot(2,1,1);stem(n,x,'.');title('signal x(n)');
subplot(2,1,2);plot(w/pi,magX);title('FFT N=64');
xlabel('f (unit:pi)');ylabel(' |X|');grid
N=64;n=0:N-1;
df=1/64;
x=sin(2* pi* 0.15* n)+cos(2* pi* (0.15+df)* n)+cos(2* pi* (0.15+2* df)* n);
k=0:N/2;w=2* pi/N* k;
X=fft(x,N);
magX=abs(X(1:N/2+1));
subplot(2,1,1);stem(n,x,'.');title('signal x(n)');
subplot(2,1,2);plot(w/pi,magX);title('FFT N=64');
xlabel('f (unit:pi)');ylabel(' |X|');grid
N=128;n=0:N-1;
df=1/64;
x=sin(2* pi* 0.15* n)+cos(2* pi* (0.15+df)* n)+cos(2* pi* (0.15+2* df)* n);
k=0:N/2;w=2* pi/N* k;
X=fft(x,N);
magX=abs(X(1:N/2+1));
subplot(2,1,1);stem(n,x,'.');title('signal x(n)');
subplot(2,1,2);plot(w/pi,magX);title('FFT N=128');
xlabel('f (unit:pi)');ylabel(' |X|');grid
```

结果如图 8-2-3、图 8-2-4 和图 8-2-5 所示。

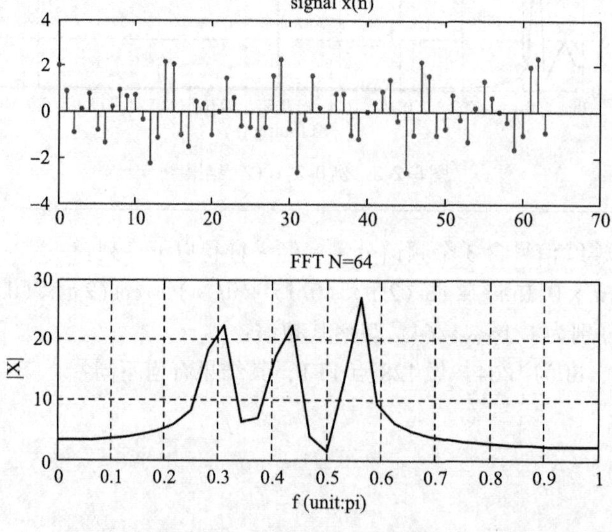

图 8-2-3　例 8-2-2（1）结果图

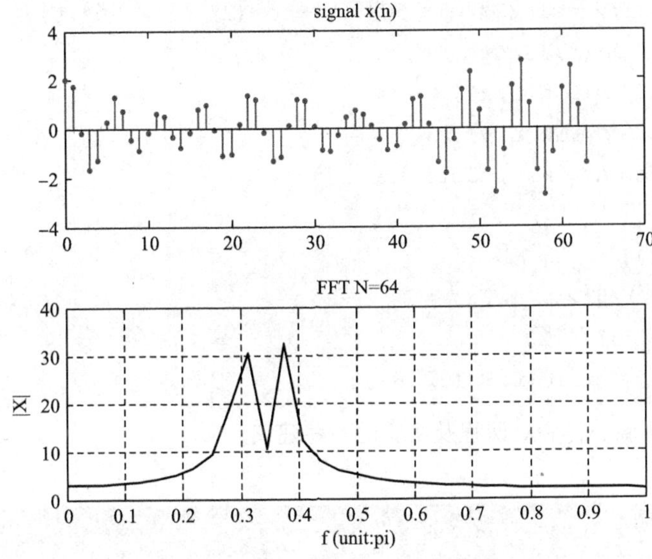

图8-2-4　例8-2-2（2）结果图（$N=64$）

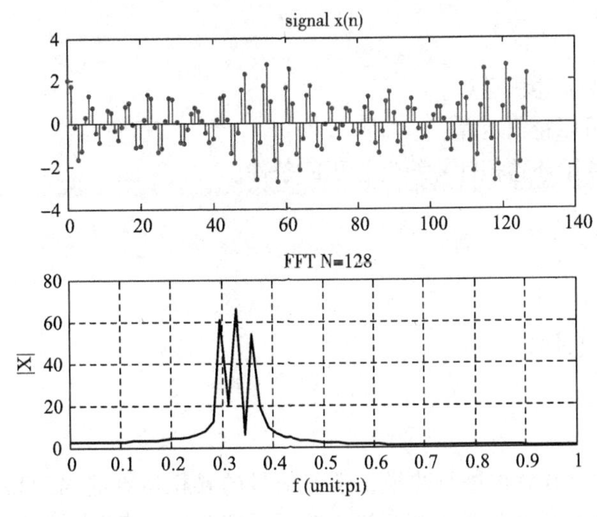

图8-2-5　例8-2-2（2）结果图（$N=128$）

8.2.5　思考题及实验报告

（1）被噪声污染的信号，比较难从中看出所包含的频率分量，如一个由50Hz和120Hz正弦信号构成的信号，受零均值随机噪声的干扰，数据采样频率为1000Hz，试用fft(x,n)函数来分析其信号频率成分，要求：①画出时域波形；②分析信号功率谱密度。

注：在MATLAB中，可用函数rand（1，N）产生均值为0、方差为1、长度为N的高斯随机序列。

参考程序：

```
t=0:0.001:0.8;x=sin(2*pi*50*t)+cos(2*pi*120*t);
y=x+1.5*randn(1,length(t));
subplot(3,1,1);plot(t,x);
subplot(3,1,2);plot(t,y);
% title('press any key,continue...');
% pause;
Y=fft(y,512);
P=Y.*conj(Y)/512;
f=1000*(0:255)/512;
subplot(3,1,3);plot(f,P(1:256));
```

（2）写出本次实验心得和对课程及实验的一些建议。

8.3 实验三：信号的运算——卷积

8.3.1 实验目的

（1）掌握信号的线性卷积运算。
（2）掌握信号的循环卷积运算。
（3）掌握利用信号循环卷积计算线性卷积的条件。

8.3.2 实验设备

（1）PC。
（2）MATLAB 7.0 软件 。

8.3.3 实验内容

学习使用 MATLAB 7.0 软件进行建模；学习信号的卷积运算的 MATLAB 实现；实现信号的线性卷积运算、应用 DFT 实现线性卷积运算、验证循环卷积计算线性卷积的条件。

8.3.4 参考实例

例 8-3-1 如果信号 $x(n) = x_1(n) \otimes x_2(n)$，利用循环卷积进行计算，用 circonvt 函数实现如下：

```
function y=circonvt(x1,x2,N)
if (length(x1)>N | length(x2)>N)
    error('N必须大于或等于x的长度');
```

```
end
x1 = [x1 zeros(1,N - length(x1))];
x2 = [x2 zeros(1,N - length(x2))];
X1 = fft(x1,N); X2 = fft(x2,N);X = X1.* X2;
y = ifft(X,N);y = real(y);
```

例 8-3-2 假设卷积下面的信号

$$x(n)=\begin{cases}(0.9)^n, & 0\leqslant n<13\\0, & 其他\end{cases},\quad h(n)=\begin{cases}1, & 9\leqslant n<21\\0, & 其他\end{cases}$$

选定循环卷积的长度为 $N=21$ 。确定 $y_1(n)=x(n)\otimes h(n)$ 的哪些数值与线性卷积 $y_2(n)=x(n)*h(n)$ 结果中的数值相同。编写程序代码并输出图形，怎样才能使两者的数据相同？

解 程序如下：

```
n1 =0:1:12;
x1 =0.9.^n1;
h = ones(1,12);
h = [zeros(1,9) h];
N = length(x1) + length(h) -1;
n =0:N -1;
ny =0:20;
y1 = circonvt(x1,h,21);
y2 = circonvt(x1,h,N);
x1 = [x1 zeros(1,N - length(x1))];
h = [h zeros(1,N - length(h))];
X1 = fft(x1,N);
H = fft(h,N);
X = X1.* H;
x = ifft(X);
x = real(x);
subplot(2,2,1);stem(n,x1);title('x1(n)');axis([0,33,0,1]);
subplot(2,2,2);stem(n,h);title('h(n)');axis([0,33,0,1]);
subplot(2,2,3);stem(ny,y1,'fill');title('21点循环卷积');axis([0,33,0,8]);
hold on;subplot(2,2,4);stem(n,x);title('线性卷积');axis([0,33,0,8]);
subplot(2,2,3);stem(n,x,'r','--'); axis([0,33,0,8]);
hold off
```

结果如图 8-3-1 所示。

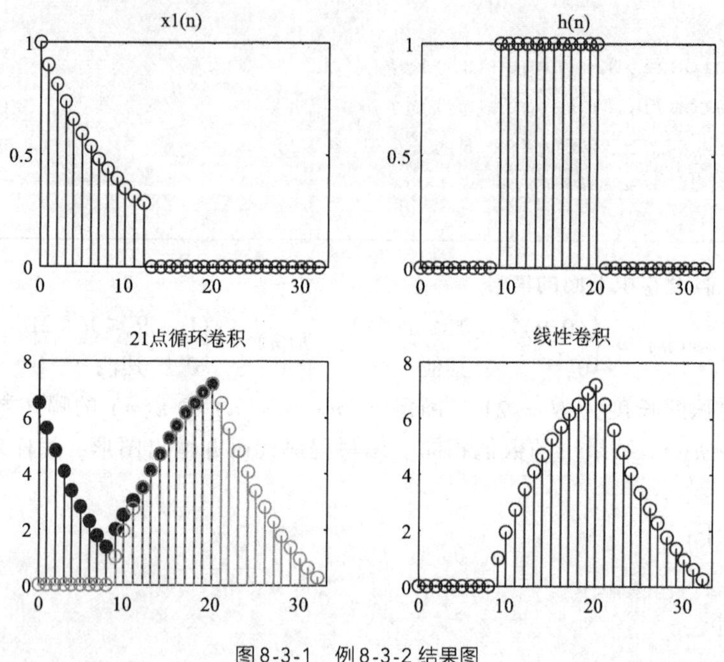

图 8-3-1　例 8-3-2 结果图

8.3.5　思考题及实验报告

（1）如果信号 $x(n) = x_1(n) * x_2(n)$ 利用线性卷积进行计算，用 conv 函数实现如下：

```
y=conv(x1,x2)
```

（2）假设卷积下面的信号：

$$x(n) = \begin{cases} (0.9)^n, & 0 \leqslant n < 13 \\ 0, & \text{其他} \end{cases}, \quad h(n) = \begin{cases} 1, & 0 \leqslant n < 12 \\ 0, & \text{其他} \end{cases}$$

选定循环卷积的长度为 $N = 21$ 。确定 $y_1(n) = x(n) \otimes h(n)$ 的哪些数值与线性卷积 $y_2(n) = x(n) * h(n)$ 结果中的数值相同。编写程序代码并输出图形，分析产生错误数据的原因，怎样才能使两者的数据相同？

（3）已知系统响应为 $h(n) = \sin(0.2n) + \cos(0.5n), 0 \leqslant n < 20$，输入为 $x(n) = \exp(0.2n), 0 \leqslant n < 10$，画出用 DFT 方法所求系统输出的系统框图，编写用 DFT 方法实现的程序代码并输出图形。

（4）写出本次实验心得和对课程及实验的一些建议。

8.4　实验四：线性卷积的快速处理方法——重叠相加法

8.4.1　实验目的

（1）掌握线性卷积的快速处理方法——重叠相加法的原理。

（2）掌握线性卷积的快速处理方法——重叠相加法的实现方法。

（3）通过实验和分析深入了解重叠相加法。

8.4.2　实验设备

（1）PC。

（2）MATLAB 7.0 软件。

8.4.3　实验内容

学习使用 MATLAB 7.0 软件进行建模；学习信号的重叠相加法的基本原理；学习重叠相加法的 MATLAB 实现；实现信号的重叠相加法运算；通过与卷积运算进行对比，分析重叠相加法浮点运算的次数与消耗的时间。

8.4.4　参考实例

重叠相加法把长的输入信号分成小的非重叠段。如果这些段的长度是 M，冲激响应的长度是 L_h，那么一个长度为 $N > M + L_h - 1$ 的循环卷积将会避免所有的时间混叠效应（通过添补零）。然而，每一段输出的长度现在大于 M。要将输出的各段合起来，必须把每一段的重叠部分加起来。因此，这个方法也被称为“重叠输出法”。这里讲解得较简略，更详细的论述请在相关教科书中查找。

下列代码改自 MATLAB 实现重叠相加法的 fftfilt 函数。注意段的长度与 fft 长度不同。

```
function yf = fftfilt(x,h,Nfft)
H = fft(h,Nfft);
M = Nfft - length(h) +1;                 % ----Section Length
Nx = length(x);
if (mod(Nx,M) ~ =0)
Nxx = mod(Nx,M);
x = [x zeros(1,(M - Nxx))];
end
y = zeros(1,length(x) + length(h) -1);
% ************** assume that length(x) is multiple of M*****
for ix =1:M:length(x)
    x_seg = x(ix:ix +M -1);              % -----segment x[n]
    X = fft(x_seg,Nfft);
    Y = X.* H;
    y_seg = ifft(Y);
    y(ix:ix +Nfft -1) = y(ix:ix +Nfft -1) +y_seg(1: Nfft);
end
% -----------check for purely REAL case--------
if ~any(imag(h))& ~any(imag(x))
    yf = real(y(1: Nx));
end
```

例 8-4-1 通过与用 conv 函数所做的卷积进行比较来测试 conv 函数。编写程序代码并输出图形，考虑使用下面的信号：

冲激响应 $h(n)=\sin(0.2n)+\cos(0.5n), 0\leqslant n<20$；输入信号 $x(n)=\exp(0.2n), 0\leqslant n<10$。

```
n1 =0:1:19;
hn =sin(0.2* n1) +cos(0.5* n1);
n2 =0:1:9;
xn =exp(0.2* n2);
z =conv(hn,xn);
N =length(xn) +length(hn) -1;
hn =[hn zeros(1, N -length(hn))];
R =length(xn);
M =length(hn);
y =fftfilt(xn,hn,30);
k1 =1:length(y);k =1:N;
plot(k1,y,'b -o',k,z, 'g -x')
xlabel('Time index n');ylabel('Amplitude')
legend('y[n]','z[n]')
```

结果如图 8-4-1 所示。

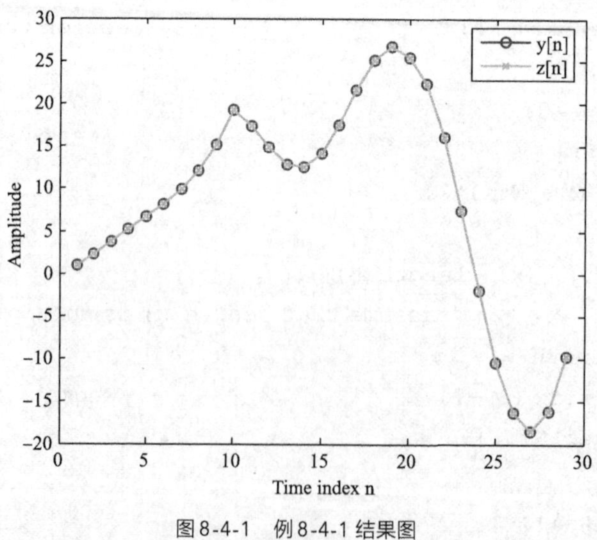

图 8-4-1　例 8-4-1 结果图

8.4.5　思考题及实验报告

（1）编写一个实现块卷积重叠相加法的 M 文件函数。该函数的输入之一应是段的长度 M，或者是 FFT 的长度。循环卷积应在 DFT 域中进行。最终，这将会使程序以最快速度运行。

（2）写出本次实验心得和对课程及实验的一些建议。

8.5 实验五：线性卷积的快速处理方法——重叠保留法

8.5.1 实验目的

（1）掌握线性卷积的快速处理方法——重叠保留法的原理。
（2）掌握线性卷积的快速处理方法——重叠保留法的实现方法。
（3）通过实验和分析深入了解重叠保留法。

8.5.2 实验设备

（1）PC。
（2）MATLAB 7.0 软件。

8.5.3 实验内容

学习使用 MATLAB 7.0 软件进行建模；学习信号的重叠保留法的基本原理；学习重叠保留法的 MATLAB 实现；实现信号的重叠保留法运算；通过与卷积运算进行对比，分析重叠保留法浮点运算的次数及消耗的时间。

8.5.4 参考实例

重叠保留法使用一种不同于重叠相加法的做法来分解输入信号。重叠保留法：在每段的前端保留原来的输入序列值，用 DFT 实现圆周卷积。

设 $x(n)$ 中的任意一段长为 N 的序列 $x_i(n)$ 与长为 M 的 $h(n)$ 的 N 点循环卷积为

$$y_i'(n) = x_i(n) \otimes h(n) = \sum_{m=0}^{N-1} x_i(n) h((n-m))_N R_N(n)$$

在 $(M-1) \leqslant n \leqslant (N-1)$ 范围内，循环卷积与线性卷积的结果一样，则前 $M-1$ 个值应去掉。为了不造成输出信号的遗漏，对 $x(n)$ 进行分段时，需要使相邻两段有 $M-1$ 个点的重叠。第一段 $x(n)$ 由于没有前一段保留的信号，在其前补充 $M-1$ 个零点值。

定义

$$x_k(n) = \begin{cases} x[n+k(N-(M-1))-M+1], & 0 \leqslant n \leqslant (N-1) \\ 0, & \text{其他} \end{cases}$$

则

$$y(n) = \sum_{k=0}^{\infty} y_i(n-k(N-M+1))$$

式中，n 是总输出序列 $y(n)$ 的序号。

$$y_k(n) = \begin{cases} y_k'(n), & (M-1) \leqslant n \leqslant (N-1) \\ 0, & \text{其他} \end{cases}$$

例 8-5-1 编写一个 MATLAB 函数来实现块卷积的重叠保留法。必须指定循环卷积的长度

N。因为使用 FFT 算法通常应选择 N 为 2 的幂。

解

```
function [y] = ovrlpsav(x,h,N);
Lenx = length(x); M = length(h);              % x为输入序列,h为冲激响应
if N < M
    N = M + 2;
end
M1 = M - 1; L = N - M1;                       % N为段长
h = [h, zeros(1,N - M)];
x = [zeros(1,M1), x, zeros(1,N - 1)];         % 预置M-1个零点
K = floor((Lenx + M - 1)/(L));                % 段数
Y = zeros(K + 1,N);
for k = 0:K
    xk = x(k* L + 1:k* L + N);
    Y(k + 1,:) = circonvt(xk,h,N);
end
Y = Y(:,M:N)';                                % 去掉前M-1个值
y = (Y(:))';                                  % 输出
```

8.5.5 思考题及实验报告

（1）通过 conv 函数来测试上面所编函数的正确性，考虑使用下面的信号：

$$x(n)=\begin{cases}1, & 0\leqslant n<17\\ 0, & \text{其他}\end{cases},\qquad h(n)=\begin{cases}\sin(n\pi/13), & 0\leqslant n<100\\ 0, & \text{其他}\end{cases}$$

（2）写出本次实验心得和对课程及实验的一些建议。

8.6 实验六： IIR 数字滤波器的设计

8.6.1 实验目的

（1）掌握利用脉冲响应不变法和双线性变换法设计 IIR 数字滤波器的原理和方法；

（2）观察双线性变换法和脉冲响应不变法设计的滤波器的频域特性，了解双线性变换法和脉冲响应不变法的特点和区别。

8.6.2 实验设备

（1）PC。

（2）MATLAB 7.0 软件。

8.6.3　实验内容

使用MATLAB编写程序，实现IIR数字滤波器的设计；涉及利用脉冲响应不变法和双线性变换法设计IIR数字滤波器的方法、不同设计方法得到的IIR滤波器频域特性异同等知识点。

8.6.4　参考实例

1. 脉冲响应不变法

所谓脉冲响应不变法就是使数字滤波器的单位脉冲响应序列 $h(n)$ 等于模拟滤波器的单位冲激响应和 $h_a(t)$ 的采样值，即：$h(n) = h_a(t)|_{t=nT} = h_a(nt)$，其中，$T$ 为采样周期。

在MATLAB中，可用函数impinvar实现从模拟滤波器到数字滤波器的脉冲响应不变映射，调用格式为：

```
[b,a]=impinvar(c,d,fs);
[b,a]=impinvar(c,d);
```

其中，c、d分别为模拟滤波器的分子和分母多项式系数向量；fs为采样频率（Hz），默认值fs = 1Hz；b、a分别为数字滤波器分子和分母多项式系数向量。

2. 双线性变换法

由于 s 平面和 z 平面的单值双线性映射关系为 $s = \frac{2}{T}\frac{1-z^{-1}}{1+z^{-1}}$，其中，$T$ 为采样周期。因此，若已知模拟滤波器的传递函数，则将上式代入传递函数即可得到数字滤波器的系统函数 $H(z)$。在双线性变换中，模拟角频率和数字角频率的变换关系为

$$\Omega = \frac{2}{T}\tan\frac{\omega}{2}$$

可见，Ω 和 ω 之间的变换关系为非线性的。

在MATLAB中，可用函数bilinear实现从模拟滤波器到数字滤波器的双线性变换映射，调用格式为

```
[b,a]=bilinear(c,d,fs);
```

3. 设计步骤

（1）将给定技术指标转换为模拟低通原型设计性能指标。

（2）估计满足性能指标的模拟低通性能阶数和截止频率。

利用MATLAB中的buttord、cheb1ord、cheb2ord、ellipord等函数，调用格式为：

```
[n,Wn]=buttord(Wp,Ws,Rp,Rs,'s');
```

其中，Wp为带通边界频率，rad/s；Ws为阻带边界频率，rad/s；Rp为带通波动，dB；Rs为阻带衰减，dB；'s'表示模拟滤波器；函数返回值n为模拟滤波器的最小阶数；Wn为模拟滤波器的截止频率（-3dB频率），rad/s。函数适用低通、高通、带通、带阻滤波器。

（3）设计模拟低通原型。利用MATLAB中的buttap、cheb1ap、cheb2ap、elliap等函数，调用格式为：

```
[z,p,k]=buttap(n);
```

采用上述函数所得原型滤波器的传递函数为零点、极点、增益表达式，需要和函数[c,d] = zp2tf(z,p,k)配合使用，以将其转化为多项式形式。

（4）由模拟低通原型经频率变换获得模拟低通、高通、带通或带阻滤波器。

利用 MATLAB 中的 lp2lp、lp2hp、lp2bp、lp2bs 等函数，调用格式为：

```
[c1,d1] = lp2lp(c,d,Wn);
```

（5）利用脉冲响应不变法或双线性不变法，实现模拟滤波器到数字滤波器的映射。

【说明】 MATLAB 信号处理工具箱还提供了模拟滤波器设计的完全工具函数：butter、cheby1、cheby2、ellip、besself。用户只需一次调用即可自动完成以上步骤中的（3）～（4）步，调用格式为：

```
[c,d] = butter(n,Wn,'ftype','s');
```

其中，'ftype'为滤波器类型；'high'表示高通滤波器，截止频率为 Wn；'stop'表示带阻滤波器，Wn = [W1,W2]（W1 < W2）；'ftype'默认表示低通或带通滤波器。

4. 本实验用到的特殊函数

```
[db,mag,pha,grd,w] = freqz_m(b,a);     % 计算幅频和相频响应
x = ecg(N);                            % 产生心电图函数
```

例 8-6-1 $f_p = 0.1\text{kHz}$，$R_p = 1\text{dB}$，$f_s = 0.3\text{kHz}$，$R_s = 25\text{dB}$，$T = 1\text{ms}$；分别用脉冲响应不变法和双线性变换法设计一个 Butterworth 数字低通滤波器：

（1）观察所设计的数字低通滤波器的幅频特性曲线，记录带宽和衰减量；

（2）总结双线性变换法和脉冲响应不变法的特点和区别；

（3）利用 y = filter(b,a,x)函数观察所设计的数字滤波器对实际心电图信号的滤波效果。

人体心电图信号在测量过程中往往会受到工业高频干扰，因此必须经过低通滤波器处理。已知某一实际心电图信号的采样序列如下：

```
x(n) = ecg(N) + 0.1* randn([1 N]);
```

参考程序如下文所示。

心电图信号的滤波程序：

```
% Filter
Fs = 1000;
N = 1000;
x = ecg(N) + 0.1* randn([1 N]);
Y = filter(bbs,abs,x);
n = 0:N - 1;
figure
subplot(2,1,1);plot(n,x);subplot(2,1,2);plot(n,Y);
```

双线性变换法程序：

```
% digital filter specifications:
lfp =100;
lfs =300;
ws =2* pi* lfs;
wp =2* pi* lfp;
Rp =1;
Rs =25;
fs =1000;
% 数字指标到模拟指标的变化——双线性变换
% 计算阶数和截止频率
[n,Wn] =buttord(wp,ws,Rp,Rs,'s');
% 设计模拟低通原型
[z,p,k] =buttap(n);
[b,a] =zp2tf(z,p,k);
% 由模拟低通原型经频率变换获得模拟低通、高通、带通或带阻滤波器
[bt,at] =lp2lp(b,a,Wn);
% 利用脉冲响应不变法或双线性变换法实现模拟滤波器到数字滤波器的映射
[bbs,abs] =bilinear(bt,at,fs);
% 滤波器频率响应
[dB,mag,pha,grd,w] =freqz_m(bbs,abs);
Ripple =10^(-Rp/20);
Attn =10^(-Rs/20);
% 画图
figure
subplot(2,2,1);
plot(w/pi,mag);                   % 数字滤波器幅度响应
title('幅频响应');
xlabel('归一化频率');
axis([0,1,0,1.1]);
set(gca,'XTickMode','manual','XTick',[0,2* lfp/fs,2* lfs/fs,1]);
set(gca,'YTickMode','manual','YTick',[Attn,Ripple,1]);
grid;
subplot(2,2,2);
plot(w/pi,pha/pi);                % 数字滤波器相频响应
title('相频响应');
xlabel('归一化频率');
ylabel('单位:pi');
axis([0,1,-1.1,1.1]);
set(gca,'XTickMode','manual','XTick',[0,2* lfp/fs,2* lfs/fs,1]);
```

```
set(gca,'YTickMode','manual','YTick',[-1,-0.5,0,0.5,1]);
grid;
subplot(2,2,3);
plot(w/pi,dB,'red');                    % 数字滤波器幅频响应(dB)
title('幅频响应:dB');
xlabel('归一化频率');
axis([0,1,-60,5]);
set(gca,'XTickMode','manual','XTick',[0,2* lfp/fs,2* lfs/fs,1]);
set(gca,'YTickMode','manual','YTick',[-60,-40,-20,5]);
grid;
subplot(2,2,4);
plot(w/pi,grd,'red');                   % 数字滤波器群时延
title('群时延');
xlabel('归一化频率');

axis([0,1,0,6]);
set(gca,'XTickMode','manual','XTick',[0,2* lfp/fs,2* lfs/fs,1]);
set(gca,'YTickMode','manual','YTick',[0,1,2,4,6]);
grid; % 采用数字域频率变换法设计数字带阻滤波器
N=1000;
x=ecg(N)+0.1* randn([1 N]);
Y=filter(bbs,abs,x);
figure
n=0:N-1;
subplot(2,1,1);plot(n,x,'k');grid on; subplot(2,1,2);plot(n,Y,'k');grid
on
```

双线性变换法设计的滤波器特性如图8-6-1所示，原始心电图信号和经过滤波后的心电图信号（一）如图8-6-2所示。

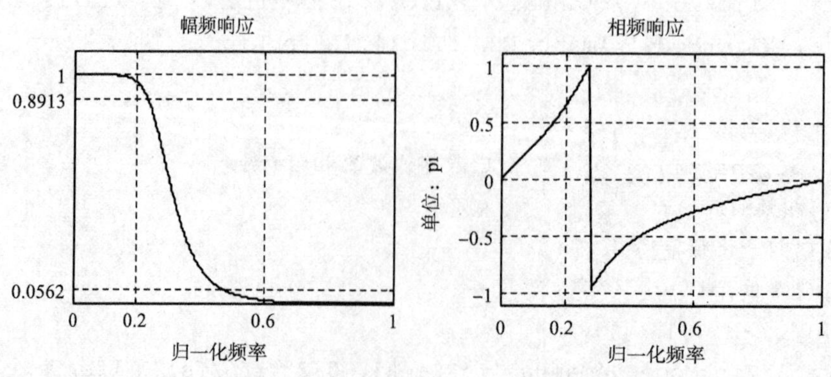

图8-6-1　双线性变换法设计的滤波器特性

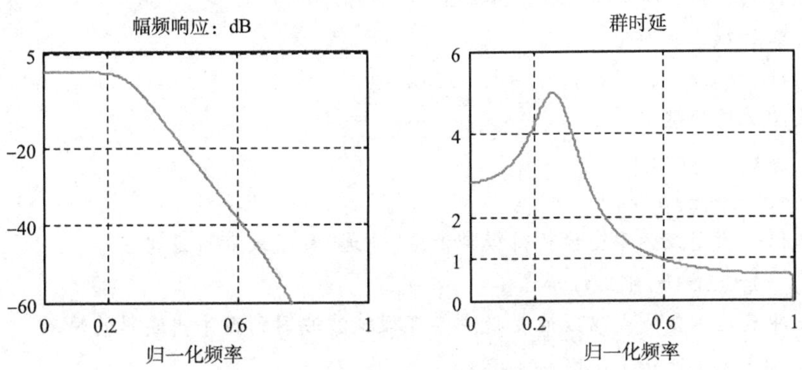

图 8-6-1 双线性变换法设计的滤波器特性（续）

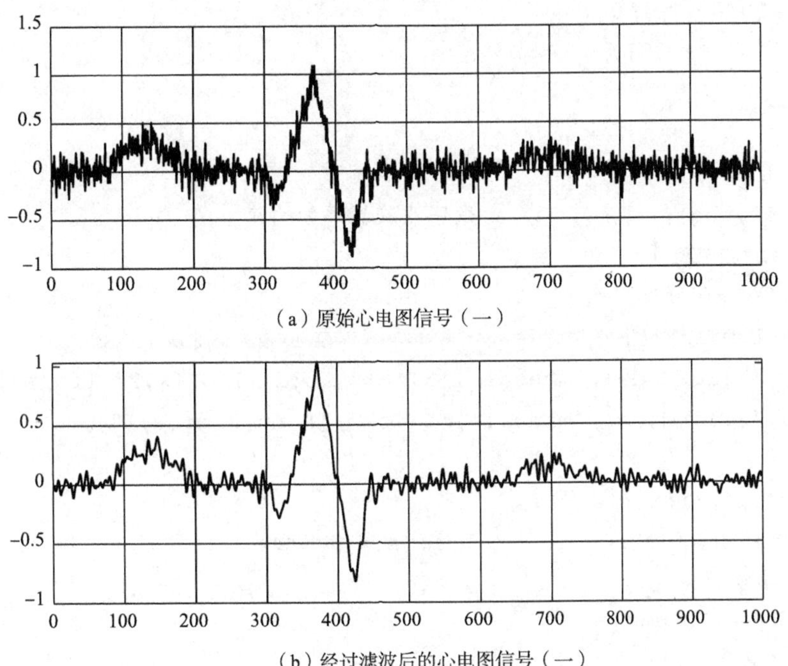

（a）原始心电图信号（一）

（b）经过滤波后的心电图信号（一）

图 8-6-2 原始心电图信号和经过滤波后的心电图信号（一）

脉冲响应不变法程序：

```
% digital filter specifications:
lfp =100;
lfs =300;
ws =2* pi* lfs;
wp =2* pi* lfp;
Rp =1;
Rs =25;
fs =1000;
```

```
% 数字指标到模拟指标的变化——双线性变换
% 计算阶数和截止频率
[n,Wn] = buttord(wp,ws,Rp,Rs,'s');
% 设计模拟低通原型
[z,p,k] = buttap(n);
[b,a] = zp2tf(z,p,k);
% 由模拟低通原型经频率变换获得模拟低通、高通、带通或带阻滤波器
[bt,at] = lp2lp(b,a,Wn);
% 利用脉冲响应不变法或双线性变换法实现模拟滤波器到数字滤波器的映射
[bbs,abs] = impinvar(bt,at,fs);
% 滤波器频率响应
[dB,mag,pha,grd,w] = freqz_m(bbs,abs);
Ripple = 10^(-Rp/20);
Attn = 10^(-Rs/20);
% 画图
figure
subplot(2,2,1);
plot(w/pi,mag);              % 数字滤波器幅频响应
title('幅频响应');
xlabel('归一化频率');
axis([0,1,0,1.1]);
set(gca,'XTickMode','manual','XTick',[0,2* lfp/fs,2* lfs/fs,1]);
set(gca,'YTickMode','manual','YTick',[Attn,Ripple,1]);
grid;
subplot(2,2,2);
plot(w/pi,pha/pi);           % 数字滤波器相频响应
title('相频响应');
xlabel('归一化频率');
ylabel('单位:pi');
axis([0,1,-1.1,1.1]);
set(gca,'XTickMode','manual','XTick',[0,2* lfp/fs,2* lfs/fs,1]);
set(gca,'YTickMode','manual','YTick',[-1,-0.5,0,0.5,1]);
grid;
subplot(2,2,3);
plot(w/pi,dB,'red');         % 数字滤波器幅频响应(dB)
title('幅频响应:dB');
xlabel('归一化频率');
axis([0,1,-60,5]);
set(gca,'XTickMode','manual','XTick',[0,2* lfp/fs,2* lfs/fs,1]);
```

```
set(gca,'YTickMode','manual','YTick',[-60,-40,-20,5]);
grid;
subplot(2,2,4);
plot(w/pi,grd,'red');                 % 数字滤波器群时延
title('群时延');
xlabel('归一化频率');

axis([0,1,0,6]);
set(gca,'XTickMode','manual','XTick',[0,2* lfp/fs,2* lfs/fs,1]);
set(gca,'YTickMode','manual','YTick',[0,1,2,4,6]);
grid; % 采用数字域频率变换法设计数字带阻滤波器
N=1000;
x=ecg(N)+0.1* randn([1 N]);
Y=filter(bbs,abs,x);
n=0:N-1;
figure
subplot(2,1,1);plot(n,x,'k');grid on; subplot(2,1,2);plot(n,Y,'k');grid on
```

脉冲响应不变法设计的滤波器特性如图 8-6-3 所示，原始心电图和经过滤波后的心电图信号（二）如图 8-6-4 所示。

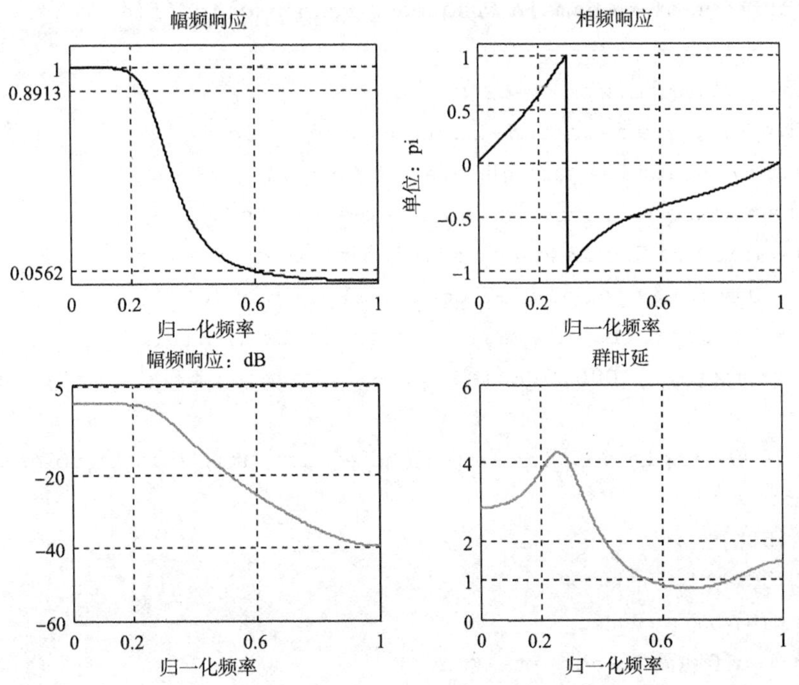

图 8-6-3　脉冲响应不变法设计的滤波器特性

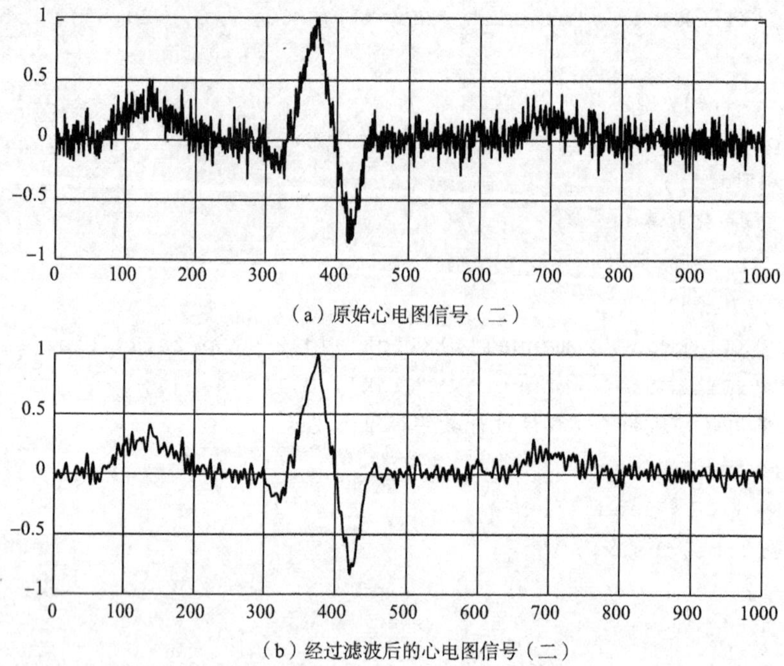

（a）原始心电图信号（二）

（b）经过滤波后的心电图信号（二）

图8-6-4 原始心电图信号和经过滤波后的心电图信号（二）

函数 freqz_ m（）：

```
function [dB,mag,pha,grd,w] = freqz_m(b,a)
% computation of s-domain frequency response:modified version
% -----------------------------------------------------------
% [dB,mag,pha,grd,w] = freqz_m(b,a);
%     dB = Relative magnitude in dB over [0 to 2pi]
%     mag = Absolute magnitude over [0 to 2pi]
%     pha = Phase response in radians over [0 to 2pi]
%     w = array of 500 frequeny samples between [0 to 2pi]
%     b = numerator polynomial coefficients of H(z)
%     a = denominator polynomial coefficients of H(z)
[H,w] = freqz(b,a,1000,'whole');   % w ranging from 0 to 2pi radians per sample.
% uses 1000 sample points around the entire unit circle to calculate the frequency response.
H = (H(1:501))';
w = (w(1:501))';
mag = abs(H);
dB = 20* log10((mag + eps)/max(mag));
pha = angle(H);
grd = grpdelay(b,a,w);
```

函数 ecg ( ):

```
function x = ecg(L)
a0 = [0,1,40,1,0, -34,118, -99,0,2,21,2,0,0,0]; % Template
d0 = [0,27,59,91,131,141,163,185,195,275,307,339,357,390,440];
a = a0 / max(a0);
d = round(d0 *  L / d0(15)); %  Scale them to fit in length L
d(15) = L;
for i =1:14,
        m = d(i) : d(i +1) - 1;
        slope = (a(i +1) - a(i)) / (d(i +1) - d(i));
        x(m +1) = a(i) + slope *  (m - d(i));
end
```

8.6.5　思考题及实验报告

（1）查看帮助文件，了解相关函数的调用格式。

（2）用双线性变换法设计一个 Chebyshev1 型数字带通滤波器，设计指标为：$T = 1\text{ms}$，$R_p = 1\text{dB}$，$W_{p1} = 0.35\pi$，$W_{p2} = 0.65\pi$，$R_s = 60\text{dB}$，$W_{s1} = 0.2\pi$，$W_{s2} = 0.8\pi$。

按实验步骤附上所设计滤波器的 $H(z)$ 及相应的幅频特性曲线定性分析得到的图形，判断设计是否满足要求。

（3）写出本次实验心得和对课程及实验的一些建议。

8.7　实验七：FIR数字滤波器的设计

8.7.1　实验目的

（1）掌握用窗函数法和频域采样法设计 FIR 数字滤波器的原理和方法。

（2）熟悉线性相位 FIR 数字滤波器的幅频特性和相频特性。

（3）了解不同窗函数对滤波器性能的影响。

8.7.2　实验设备

（1）PC。

（2）MATLAB 7.0 软件。

8.7.3　实验内容

使用 MATLAB 编写程序，实现 FIR 数字滤波器的设计；涉及窗函数法和频域采样法设计 FIR 数字滤波器的方法、线性相位 FIR 数字滤波器的幅频特性和相频特性的特点、窗函数选择及其对滤波器性能的影响等知识点。

8.7.4 参考实例

（1）窗函数法设计线性相位 FIR 数字滤波器的一般步骤为：

① 确定理想滤波器 $H_d(e^{j\omega})$ 的特性。

② 由 $H_d(e^{j\omega})$ 求出 $h_d(n)$。

③ 选择适当的窗函数，并根据线性相位条件确定窗函数的长度 N；在 MATLAB 中，可由 w = boxcar(N)(矩形窗)、w = hanning(N)(汉宁窗)、w = hamming(N)(汉明窗)、w = Blackman (N)(布莱克曼窗)、w = Kaiser(N,beta)（凯塞－贝赛窗）等函数来实现窗函数法中所需的窗函数。

④ 由 $h(n) = h_d(n) \cdot w(n)$，$0 \leqslant n \leqslant (N-1)$，得出单位脉冲响应 $h(n)$。

（2）对 $h(n)$ 作离散时间傅里叶变换，得到 $H(e^{j\omega})$。

（3）频域采样法设计线性相位 FIR 数字滤波器的一般步骤为：频域采样法是从频域出发，对给定的理想频率响 $H_d(e^{j\omega})$ 加以等间隔采样，$H_d(e^{j\omega})|_{\omega=\frac{2\pi}{N}k} = H_d(k)$，然后将此 $H_d(k)$ 作为实际 FIR 数字滤波器频率特性的采样值 $H(k)$，即令 $H(k) = H_d(k) = H_d(e^{j\omega})|_{\omega=\frac{2\pi}{N}k}$，$k = 0,1,\cdots,N-1$。

由于有限长度序列 $h(n)$ 和它的 DFT 是一一对应的，因此可以由频域的这 N 个采样值通过 IDFT 来确定有限长 $h(n)$，同时根据 $H(z)$ 的内插公式，也可由这 N 个频域采样值内插恢复出 FIR 数字滤波器的 $H(z)$ 和 $H(e^{j\omega})$。

用频域采样法设计线性相位 FIR 数字滤波器的一般步骤如下。

① 设计要求选择滤波器的种类。

② 根据线性相位的约束条件确定 H_k，进而得到 $H(k)$。

（4）将 $H(k)$ 代入 $H(e^{j\omega})$ 内插公式，得到所设计滤波器的频率响应。

第（3）步，在 MATLAB 中可由函数 h = real(ifft(H,N)) 和 [db,mag,pha,w] = freqz_ m(h,1) 实现。

（5）本实验用到的特殊函数：

```
hd = ideal_lp(Wc,N);  % 计算截止频率为 Wc 的理想低通滤波器的单位脉冲响应 hd(n)
[db,mag,pha,grd,w] = freqz_m(b,a);  % 计算幅频和相频响应
```

例 8-7-1 用窗函数法设计一个线性相位 FIR 低通滤波器，设计指标为：

$$W_p = 0.3\pi,\ W_s = 0.5\pi,\ R_p = 0.25\text{dB},\ R_s = 50\text{dB}$$

（1）选择一个合适的窗函数，取 $N = 15$，观察所设计滤波器的幅频特性，分析其是否满足设计要求。

（2）取 $N = 45$，重复上述设计，观察幅频和相频特性的变化，并分析长度 N 变化对滤波器的影响。

（3）保持 $N = 45$ 不变，改变窗函数（如将汉明窗变为布莱克曼窗），观察并记录窗函数对滤波器幅频特性的影响，比较两种窗各自的特点。

参考程序如下：

```
% design a digital FIR lowpass filter with Hamming window
wp = 0.3* pi;
ws = 0.5* pi;
tr_width = ws - wp;
```

```
N=ceil(6.6*pi/tr_width)+1;                   % N=34
% N=ceil(6.6*pi/tr_width);                   % N=33
n=[0:1:N-1];
wc=(ws+wp)/2;                                % ideal LPF cutoff frequency
hd=ideal_lp(wc,N);
w_ham=(hamming(N))';
h=hd.*w_ham;
[dB,mag,pha,grd,w]=freqz_m(h,[1]);
delta_w=2*pi/1000;
Rp=-(min(dB(1:1:wp/delta_w+1)));             % actual passband ripple
As=-round(max(dB(ws/delta_w+1:1:501)));      % Min stopband attenuation
% plots
subplot(2,2,1);
stem(n,hd);
title('理想脉冲响应');
axis([0,N-1,-0.09,0.5]);
xlabel('n');
set(gca,'YTickMode','manual','YTick',[0,0.1,0.2,0.3]);
subplot(2,2,2);
stem(n,w_ham);
title('汉明窗');
axis([0,N-1,0,1.1]);
xlabel('n');
subplot(2,2,3);
stem(n,h);
title('实际脉冲响应');
axis([0,N-1,-0.09,0.5]);
xlabel('n');
set(gca,'YTickMode','manual','YTick',[0,0.1,0.2,0.3]);
subplot(2,2,4);
plot(w/pi,dB);
title('幅频响应:dB');
grid;
axis([0,1,-100,0]);
xlabel('pi');
ylabel('dB');
% set(gca,'XTickMode','manual','XTick',[0,0.1,0.2,0.3,0.4,0.5,0.6,0.7,0.8,
0.9,1.0]);
% set(gca,'YTickMode','manual','YTick',[-100,-90,-80,-70,-60,-50,-40,
-30,-20,-10,0]);
```

用汉明窗法和布莱克曼窗法设计滤波器的时域响应和幅频响应特性分别如图 8-7-1 和图 8-7-2 所示。

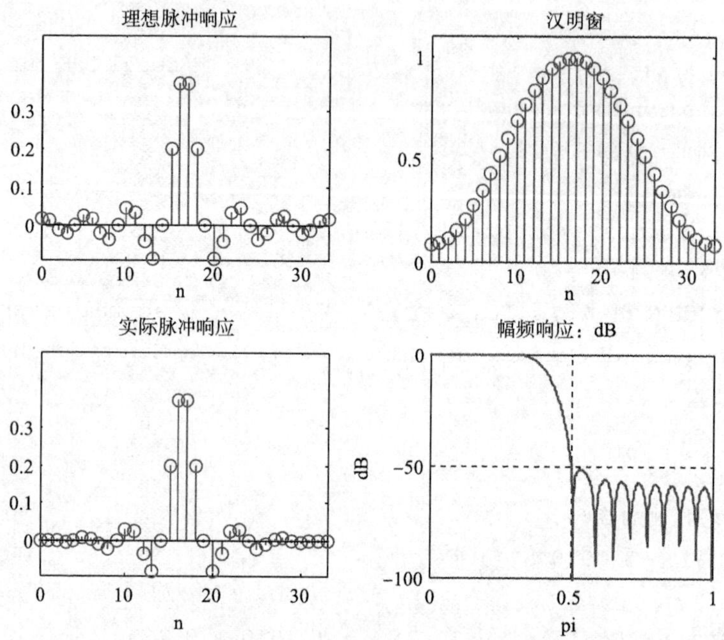

图 8-7-1　汉明窗法设计滤波器的时域响应和幅频响应特性图

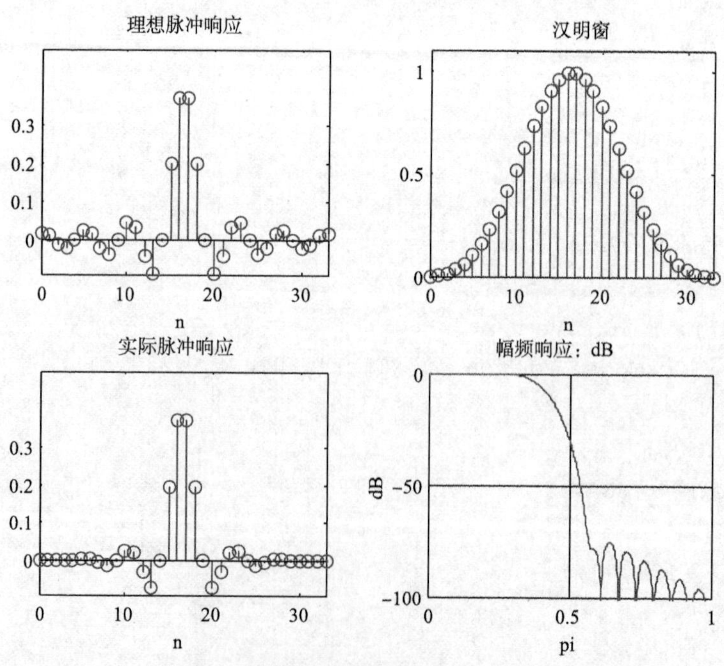

图 8-7-2　布莱克曼窗法设计滤波器的时域响应和幅频响应特性图

部分参考程序如下：

```
% 函数 ideal_lp
function hd = ideal_lp(wc,N);
alpha = (N -1)/2;
n =0:1:N -1;
m = n - alpha + eps;
hd = sin(wc* m). /(pi* m);
```

8.7.5 思考题及实验报告

（1）用布莱克曼窗设计一个数字带通滤波器。设计指标为：$R_p = 1\text{dB}$，$W_{p1} = 0.35\pi$，$W_{p2} = 0.65\pi$，$R_s = 60\text{dB}$，$W_{s1} = 0.2\pi$，$W_{s2} = 0.8\pi$。

（2）附加题：用频域采样法设计一个低通滤波器。设计指标为：$W_p = 0.2\pi$，$W_s = 0.55\pi$，$R_p = 1\text{dB}$，$R_s = 60\text{dB}$。

① 采样点数 $N = 33$，过渡带设置一个采样点，$H(k) = 0.5$，最小阻带衰减为多少，是否满足设计要求？

② 采样点数 $N = 34$，过渡带设置两个采样点，$H_1(k) = 0.5925$，$H_2(k) = 0.1099$，最小阻带衰减为多少，是否满足设计要求？

（3）写出本次实验心得和对课程及实验的一些建议。

参考文献

[1] 万建伟，王玲. 信号处理仿真技术[M]. 长沙：国防科技大学出版社，2008.
[2] 阎鸿森，王新凤，田慧生. 信号与线性系统[M]. 西安：西安交通大学出版社，1999.
[3] 丁玉美，高西全. 数字信号处理[M]. 西安：西安电子科技大学出版社，2001.
[4] 李勇，徐震. MATLAB 辅助现代工程数字信号处理[M]. 西安：西安电子科技大学出版社，2002.
[5] 王振宇，张培珍. 数字信号处理[M]. 北京：北京大学出版社，2010.
[6] 阎毅，黄联芬. 数字信号处理[M]. 北京：北京大学出版社，2006.
[7] W D STANNIE. 数字信号处理[M]. 常迥，译. 北京：科学出版社，1979.
[8] 邹理合. 数字滤波器[M]. 北京：国防工业出版社，1982.
[9] 邵朝，阴亚芳，卢光跃. 数字信号处理[M]. 北京：北京邮电大学出版社，2004.
[10] A V OPPENHEIM. 信号处理[M]. 刘树棠,译. 西安：西安交通大学出版社，1985.
[11] A V OPPENHEIM. 信号与系统[M]. 刘树棠，译. 2 版. 西安：西安交通大学出版社，2002.
[12] 程佩青. 数字信号处理教程[M]. 北京：清华大学出版社，1995.
[13] 胡广书. 数字信号处理——理论、算法与实现[M]. 北京：清华大学出版社，1997.
[14] 王世一. 数字信号处理[M]. 北京：北京工业学院出版社，1987.
[15] A V OPPENHEIM，SCHAFER. Discrete – Time Signal Processing[M]. Engelwood Cliffs，NJ：Prentice – Hal，1975.
[16] VINAY K INGLE，JOHN G PROAKIS. 数字信号处理及 MATLAB 实现[M]. 陈怀琛，王朝英，高西全，等译. 北京：电子工业出版社，1998.
[17] 姚天任，江太辉. 数字信号处理[M]. 3 版. 武汉：华中科技大学出版社，2007.
[18] 张洪涛，万红，杨述斌，等. 数字信号处理[M]. 武汉：华中科技大学出版社，2007.
[19] 刘益成，孙祥娥. 数字信号处理[M]. 北京：电子工业出版社，2007.
[20] 樊昌信，詹道庸，徐炳祥，等. 通信原理[M]. 4 版. 北京：国防工业出版社，1995.
[21] 张辉，曹丽娜. 现代通信原理与技术[M]. 2 版. 西安：西安电子科技大学出版社，2008.
[22] 赵训威，林辉，张明，等. 3GPP 长期演进（LTE）系统架构与技术规范[M]. 北京：人民邮电出版社，2010.
[23] 沈嘉，索士强，全海洋，等. 3GPP 长期演进（LTE）技术原理与系统设计[M]. 北京：人民邮电出版社，2008.
[24] 周恩，张兴，吕召彪，等. 下一代宽带无线通信 OFDM 与 MIMO 技术[M]. 北京：人民邮电出版社，2008.
[25] 王文博，郑侃. 宽带无线通信 OFDM 技术[M]. 2 版. 北京：人民邮电出版社，2007.
[26] 陈后金，薛健，胡健，等. 数字信号处理[M]. 3 版. 北京：高等教育出版社，2018.